Photoshop 智能手机UI设计

叶经文 王志成
主编
龚龙煜 胡蓉 胡宏伟
副主编

人民邮电出版社
北京

图书在版编目（CIP）数据

Photoshop智能手机UI设计 / 叶经文，王志成主编. -- 北京 : 人民邮电出版社，2016.8
ISBN 978-7-115-42374-0

Ⅰ. ①P… Ⅱ. ①叶… ②王… Ⅲ. ①智能电话—移动电话机—应用程序—程序设计②图象处理软件 Ⅳ. ①TN929.53②TP391.41

中国版本图书馆CIP数据核字(2016)第091885号

内 容 提 要

本书详细介绍了使用 Photoshop 软件设计与制作 App UI 的思路和方法。全书分为 3 个部分，共 11 章。第 1 部分为第 1 章、第 2 章，介绍了 UI 设计的基础知识；第 2 部分为第 3 章至第 10 章，详细介绍了用 Photoshop 制作各种 UI 常用元素（图形、控件、启动图标以及图片等）的方法与过程；第 3 部分为第 11 章，详细介绍了不同手机系统下的 UI 设计案例。

本书提供所有实例的多媒体教学视频、所有实例的素材和源文件，下载地址为：http://pan.baidu.com/s/1pKUJRyN。

本书适合已经掌握 Photoshop CC 软件基本使用方法的读者阅读。

◆ 主　　编　叶经文　王志成
　副 主 编　龚龙煜　胡　蓉　胡宏伟
　责任编辑　邹文波
　责任印制　杨林杰

◆ 人民邮电出版社出版发行　　北京市丰台区成寿寺路 11 号
　邮编　100164　　电子邮件　315@ptpress.com.cn
　网址　http://www.ptpress.com.cn
　北京天宇星印刷厂印刷

◆ 开本：787×1092　1/16
　印张：21.75　　　　　2016 年 8 月第 1 版
　字数：442 千字　　　　2016 年 8 月北京第 1 次印刷

定价：89.00 元

读者服务热线：(010)81055256　印装质量热线：(010)81055316
反盗版热线：(010)81055315

前 言

随着移动互联网的成长，通过移动 App 实现商品交易与社交越来越频繁，合理的人性化设计在 App UI（User Interface）设计中凸现出举足轻重的地位。优秀 App 的导航、布局、交互设计能够极大地提高终端设备易用性，对实现 App 的高效运作具有实际意义。

编者长期从事智能手机 UI 的设计与培训工作。在实际工作中，经常发现年轻人的 UI 设计不得要领，觉得很有必要写一本既有基本理论，又有实践操作的指导书。为此，编者组织了相关领域的专家，从设计方法的基础原理和实际操作出发，编写了本书。

本书详细介绍了使用 Photoshop 软件设计与制作智能手机 UI 的思路和方法。全书主要内容如下。

第 1 章　智能手机 UI 设计概述，介绍优秀 UI 的特点、UI 设计的布局与分类、制作优秀 UI 的注意事项。

第 2 章　手机 UI 设计基础，介绍智能手机操作系统的分类、UI 设计的相关知识、UI 设计的原则。

第 3 章　Photoshop 制作图标常用的编辑操作，介绍使用 Photoshop 软件进行 APP UI 设计的基础知识，通过一组图标的设计过程演示来学习手机 UI 图标的设计流程。

第 4 章　手机 UI 的平面图标制作，介绍最简单的手机 UI 平面图标制作方法，通过大量的案例来解决最基本的图形设计问题。

第 5 章　手机 UI 的字效表现，介绍手机 UI 设计中比较难处理的字体特效案例。

第 6 章　手机 UI 的质感表现，介绍通过光效、渐变等手法来表现金属、木头、陶瓷、玻璃等 UI 图标常见的物体质感。

第 7 章　手机 UI 的立体图标制作，介绍 3D 立体图标的表现技法。本章是平面图标的技术延伸，通过倒角、阴影及光线来处理视觉效果。

第 8 章　手机 UI 的按钮设计，介绍手机控件中最常见的按钮设计方法。

第 9 章　手机 UI 局部设计，介绍 UI 的局部界面设计，包括登录界面、界面开关、通知列表、日历界面等控件表现，最后还介绍了进度条及配色卡的相关知识。

第 10 章　手机 UI 零件设计大集合，介绍手机 UI 零件设计的若干案例，包括进度条、音量控制按钮、选项控制按钮、导航列表等案例的制作方法。

第 11 章　手机 UI 整体制作，介绍了智能手机 UI 的总体制作案例，包括 iOS 系统、安卓系统和 Windows Phone 三大系统的总体界面设计。

附录还介绍了作者常用的网络资源（包括有助于学习的技术论坛、图库、常用字体等资料）和辅助设计工具。

本书提供所有实例的多媒体教学视频、所有实例的素材和源文件，下载地址为：http://pan.baidu.com/s/1pKUJRyN。

本书适合已经掌握 Photoshop CC 软件基本使用方法的读者阅读。

编者

2016 年 8 月

目　录

第 1 章　手机 UI 设计概述

第 2 章　手机 UI 设计基础

第 3 章 Photoshop 制作图标常用的编辑操作

第 4 章 手机 UI 的平面图标制作

第 5 章 手机 UI 的字效表现

第 6 章 手机 UI 的质感表现

第 7 章 手机 UI 的立体图标制作

第 8 章　手机 UI 的按钮设计

第 9 章　手机 UI 局部设计

第 10 章　手机 UI 零件设计大集合

第 11 章　手机 UI 整体制作

附录　网络资源与常用 UI 设计工具

Chapter 01 手机 UI 设计概述

智能手机的 UI 设计是指对手机软件的人机交互、操作逻辑、界面美观的整体设计。好的 UI 设计不仅是让软件变得有个性，有品味，还要让软件的操作变得舒适、简单、自由，充分体现软件的定位和特点。

1.1 手机 UI 设计概述

在设计 UI 之前，必须要弄清楚什么是智能手机的 UI、优秀的 UI 呈现什么样子。接下来，我们将带着这些问题来学习本章的内容。

1.1.1 什么是 UI？

UI 可以直译为用户界面，就是在用户使用工具完成任务的过程中，用户所做的操作以及工具的响应的总和。所以 UI 设计，不仅要考虑如何摆放按钮和菜单，还要考虑程序、设备与用户如何互动。但是由于用户看不到隐藏在背后的代码，所以 UI 就代表了产品的全部。因此，比较科学的做法就是先设计 UI，再做代码。

ios7 主界面

聊天

购物

门户

游戏

音乐

1.1.2　优秀的 UI 具有哪些特点

智能手机的软件五花八门，UI 的美观程度和友善程度也是良莠不齐，质量差的 UI 设计常常让用户在使用过程中摸不着北。下面让我们看看优秀的 UI 都应该具有哪些特点。

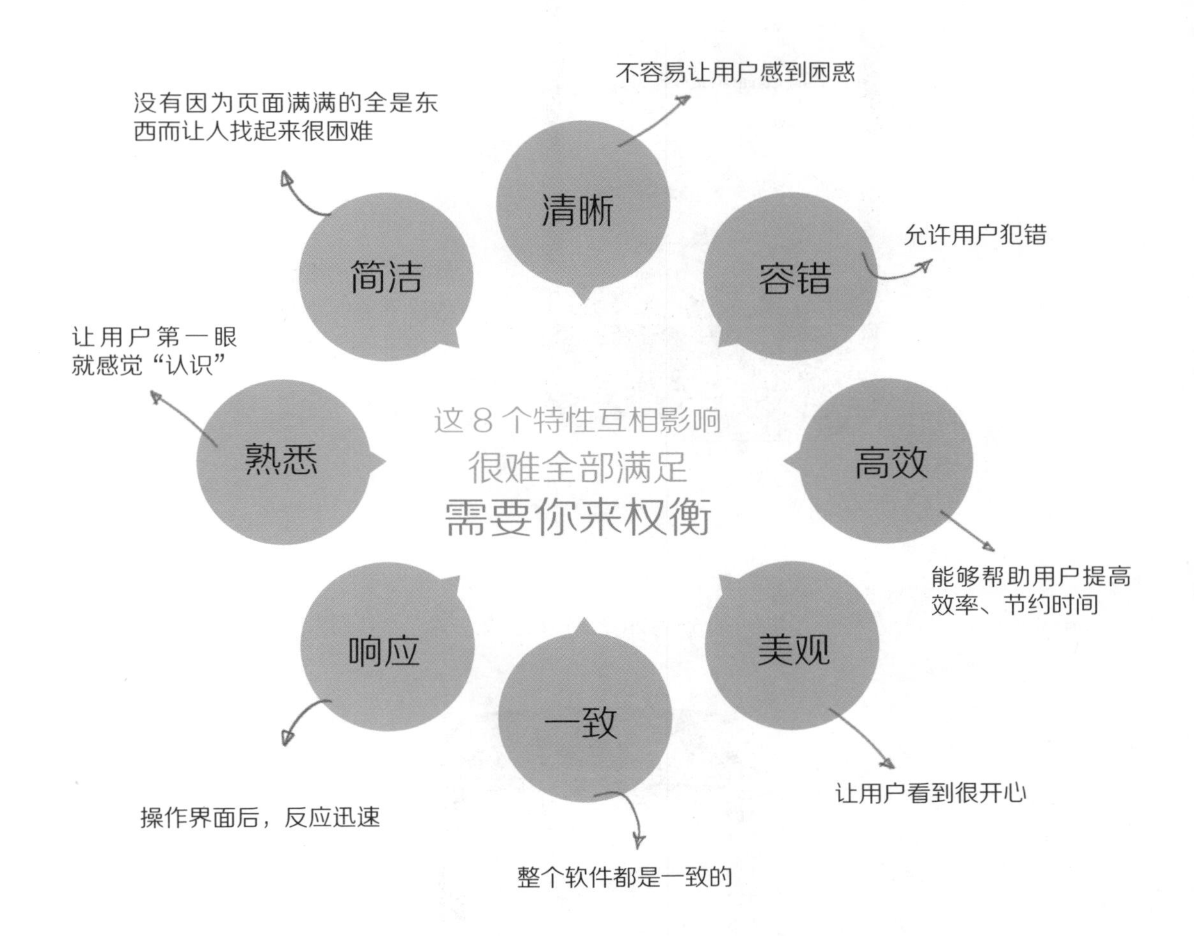

1.2　UI 设计的布局和分类

1.2.1　UI 设计的布局

下面将对 iPhone、Android、Windows Phone 的 APP UI 布局进行剖析对比，从而了解不同的系统在 APP 设计时的异同。

iPhone 系统的 UI 元素一般分为三个部分：状态栏、导航栏（标题）、标签栏 / 工具栏。

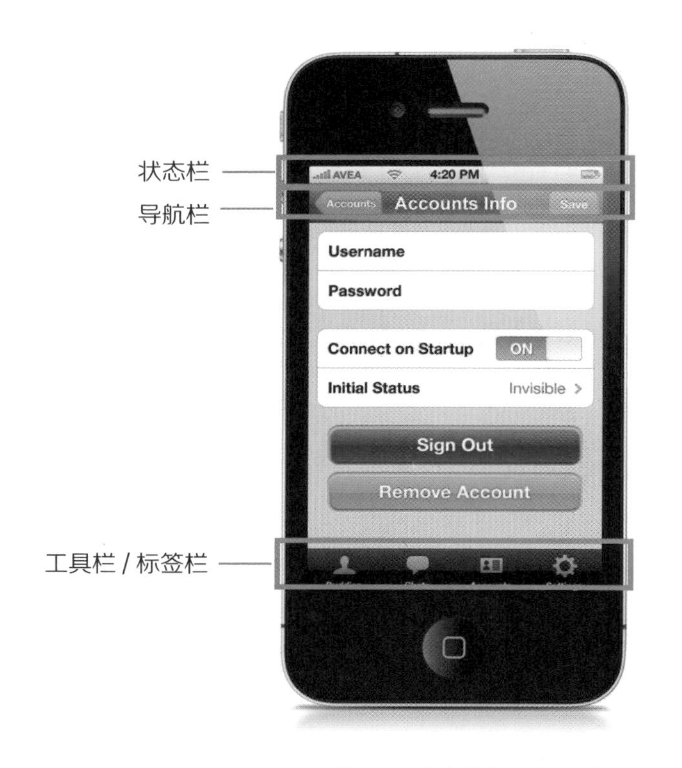

状态栏：显示应用运行状态。

导航栏：文本居中显示当前APP的标题名称。左侧为返回按钮，右侧为当前APP内容操作按钮。

标签栏/工具栏：标签栏和工具栏共用一个位置，在iPhone的最下方，根据APP的需要来选择一个。工具栏按钮不超过5个。

iPhone 系统的布局界面图

Android 系统的布局界面元素一般分为四个部分：状态栏、标题栏、标签栏、工具栏。

标签栏：在标签栏中放置的是APP的导航菜单，标签栏可以在APP主体的上方也可以在下方，标签的项目不宜超过5个。

工具栏：针对当前的APP页面，是否有相应的操作，若是有的话，会放置在工具栏中。

标题栏：文本在左方显示当前的APP名称。

状态栏：位于界面的最上方。当有短信、通知、应用更新、连接状态变更时，会在左侧显示，而右侧则是电量、闹钟、信号、时间等常规手机信息。按住状态栏往下拉，可以查看信息、通知、应用更新等详细情况。

Android 系统的布局界面图

Windows Phone 布局界面元素一般分为四个部分：状态栏、标题栏、枢轴和工具栏。

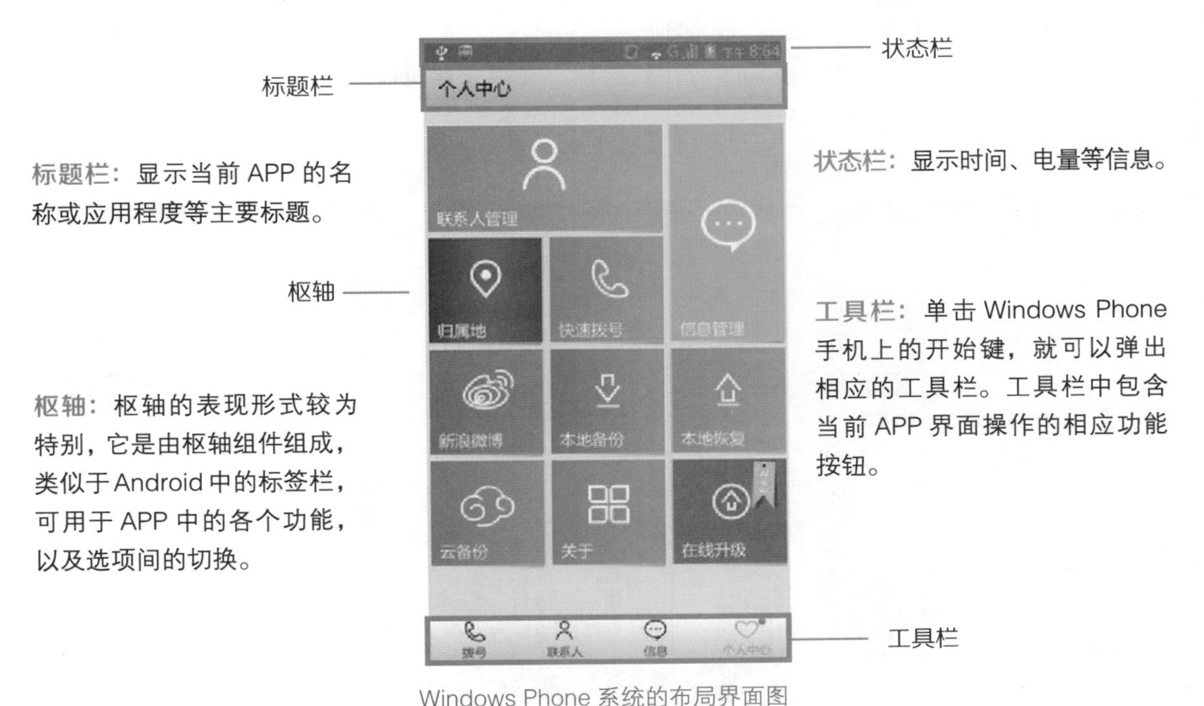

Windows Phone 系统的布局界面图

1.2.2　UI 设计的分类

一般来说可将智能手机的 UI 设计分为 6 种形式。

1. 平铺成条：以长条的形式横向平铺。

横向界面分类给人一种简洁的印象，让操作更简单，分类更明晰。虽然这种横向平铺的构图从艺术角度讲有点呆板，但在 APP UI 里却是最常用的，也是让用户更易操作的常用界面分类方式。

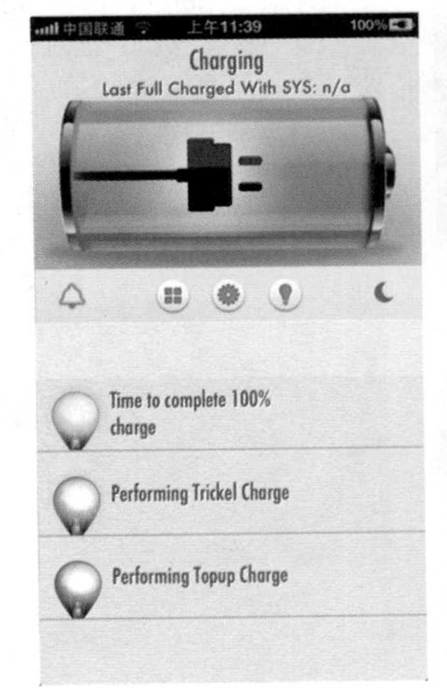

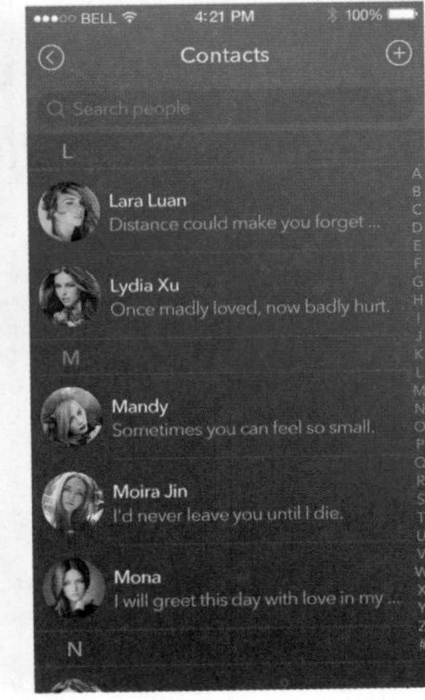

2. 九宫格：以九宫格的方式进行网格式横向和纵向排列。

九宫格界面分类是最为常见、最基本的构图方法。如果把画面当作一个有边框的面积，把左、右、上、下四个边都分成三等分，然后用直线把这些对应的点连起来，画面中就构成一个井字，画面面积分成相等的九个方格，井字的四个交叉点就是趣味中心。

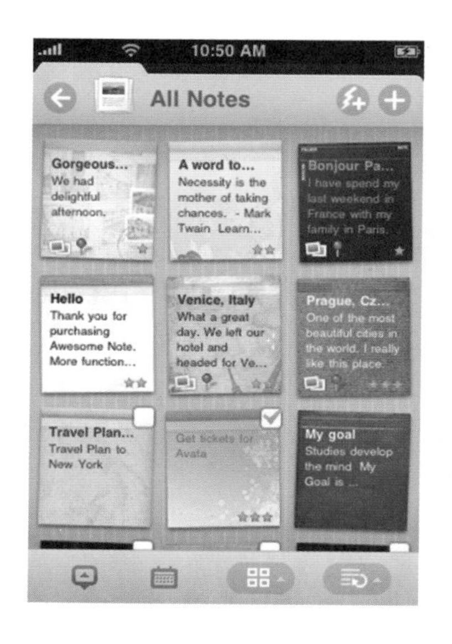

3. 大图滑动：以一张大图的方式布满全屏。

整屏滑动界面分类方式受益于系统速度和网速的提高，手机读取速度提高了，这种大图滑动才得以普及。大图滑动方式很有气势，画面也更加整洁，常用于软件的多屏浏览。

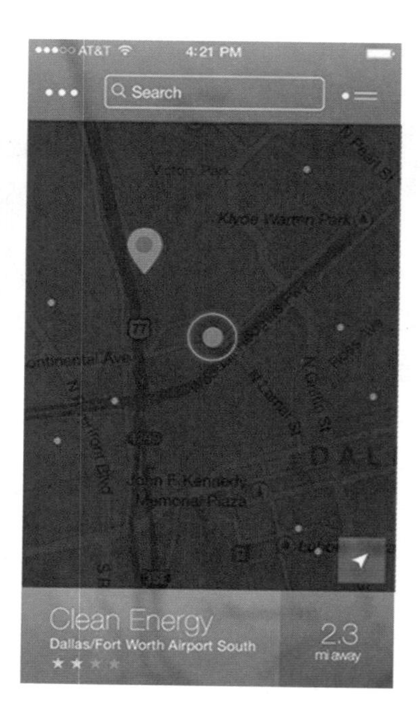

4. 图片平铺：所有图片不规则地平铺于界面之中。

这种图片平铺的界面分类方式一开始来自于 Facebook 和微软系统的界面，优势是多个元素同时展示在用户面前，面积可以平均分配也可以穿插画中画效果，这种平铺界面分类的优点是比较灵活。

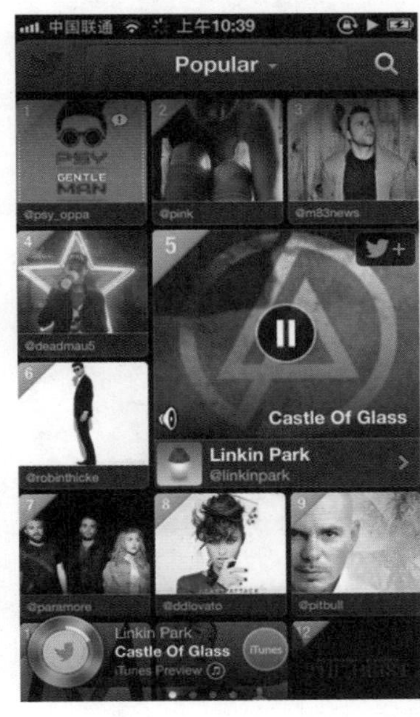

5. 分类标签：以标签的形式进行分类，导航条的下方水平铺开，可以左右滑动。

标签界面分类方式是以图标的形式将类别可视化，通常体现在 APP 软件、功能等分类首页上。这种标签界面分类的优点在于视觉导向明晰，利于操控。

6. 下拉选项框：以下拉列表或下拉选项的方式呈现，主要对信息进行筛选。

下拉选项框的优点是可以将大量信息分门别类隐藏在框中，适用于列表式的选项。常见的有歌曲菜单、地址列表等。查询方式可以采用英文字母排序等多种搜索方法。

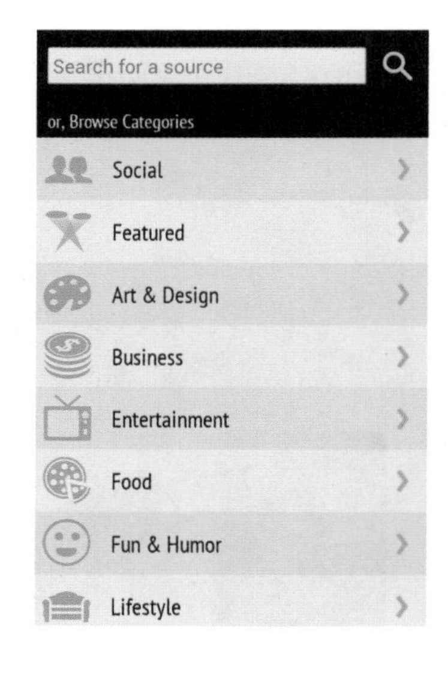

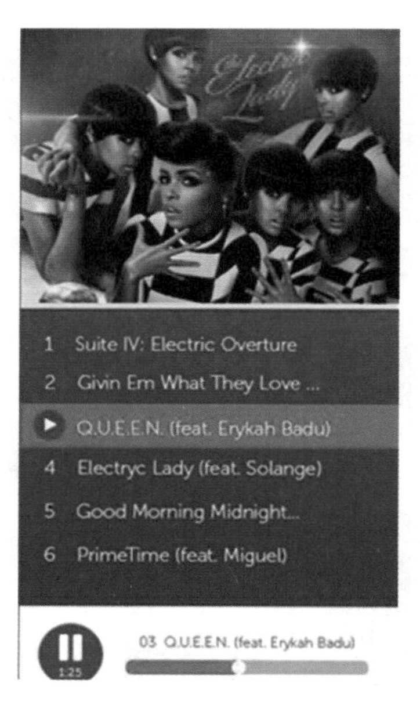

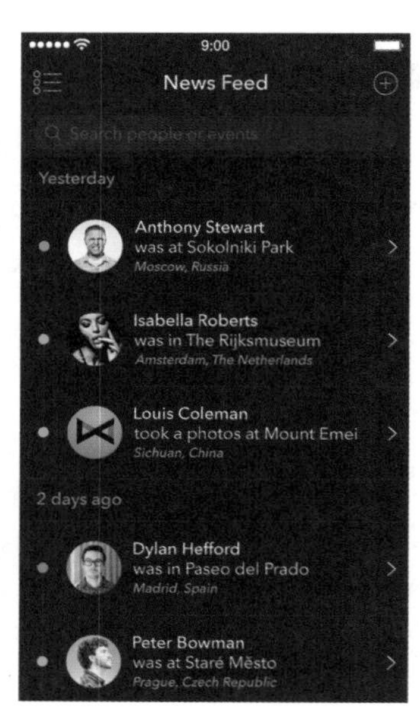

1.3 如何制作出优秀的 UI

精湛的技巧和理解用户与程序的关系是设计出一个有魅力的 UI 的前提。一个有效的用户界面应该时刻关注着用户目标的实现，这就要求包括视觉元素与功能操作在内的所有东西都必须要完整一致。

1. 你的 UI 是不是保持着高度一致？

当用户来到你的站点，他的脑子里会保持着自己的思维习惯，为了避免把用户的思维方式打乱，你的 UI 就需要和用户保持一致。你不仅可以将按钮放到不同页面相似的位置，使用相契合的配色，还可以使用一致的语法和书写习惯，让你的页面拥有一致的结构。例如你的某个品目下的产品可以拖放到购物车，那么你站点中所有产品都应该可以这样操作。

微淘界面设计风格高度一致

2. 用户可以自由掌控自己的操作吗？

当在设计 UI 之前，你应当考虑到自己的站点是否容易导航。一个优秀的 UI，用户不仅能自由掌控自己的浏览行为，还要确保他们能从某个地点跳出或毫无障碍地退出。而这些在用户离开前弹出窗口的行为，正是用来判断 UI 易用性的标准。

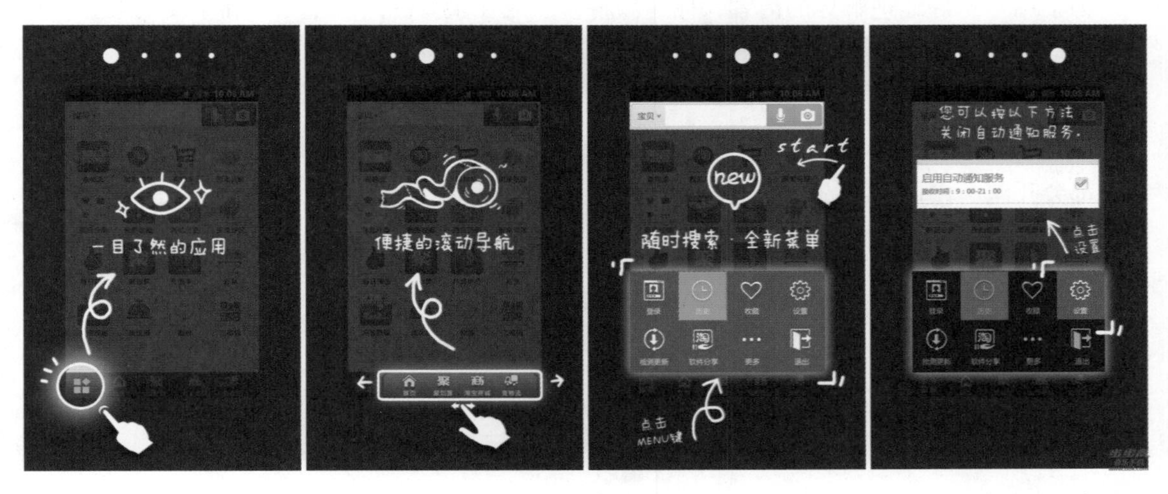

友好的用户界面

3. 你对你的用户群了解吗？

只有对你的用户群有所了解，才能设计出有效的 UI。因为不同的用户阶层对不同的设计元素有着不同的理解，比如 16~20 岁年龄段的人和 35~55 岁年龄段的人的喜好和习惯肯定有很大的不同，所以你的 UI 设计必须要有针对性。

适合儿童的界面设计（简单、活泼）

适合年轻人的界面设计（亮丽）　　适合老年人的界面设计（规整）

4. 你有预防错误的措施吗？

我们应该尽可能检查程序中的错误和 Bug，而 Beta 测试是消减错误的最好方法。为了更好的用户体验，最好减少那些弹出一个窗口告诉用户发生了什么的东西。

5. 你有没有在重要的位置为用户展示最重要的内容？

为了用户更好地理解你的内容，你应该将重点放在重要的内容上面，在重要的位置为用户展示最重要的内容。

6. 你的设计是不是显得很简约？

你的 UI 功能可以很强大，但是设计一定要简约，因为拥挤的界面，不管功能是多么的强大，都会吓跑用户，而简约的设计不仅能增强 UI 的易用性，还可以让用户不必关心那些无关的信息。所以很多优秀的站点的设计都显得十分简约。

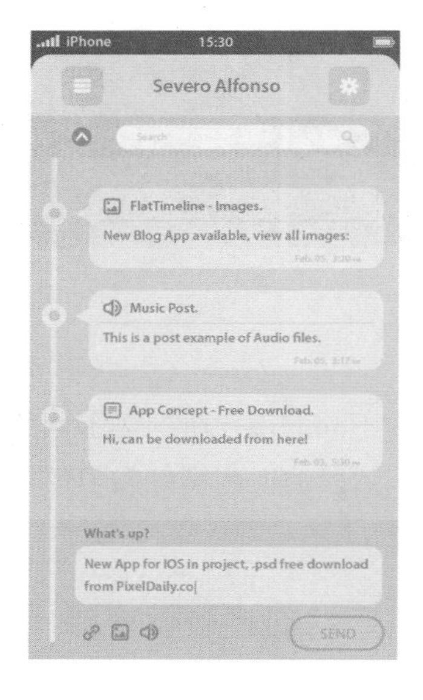

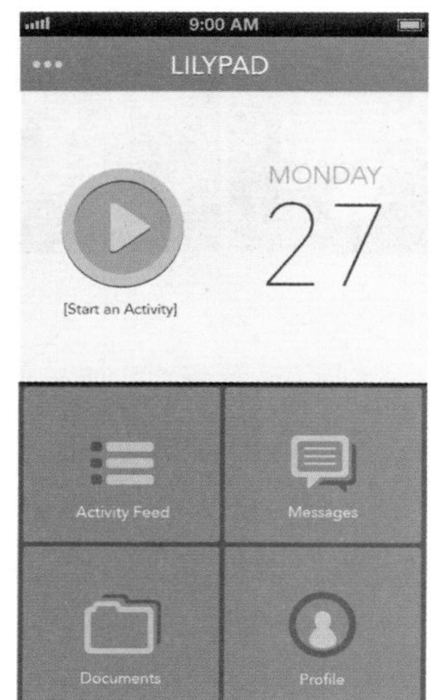

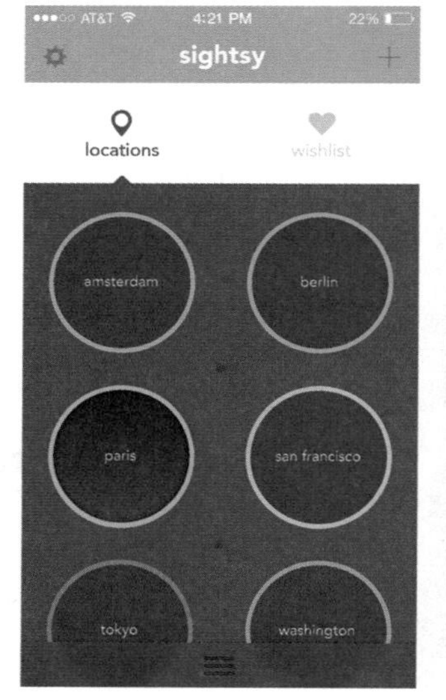

一些简约设计的界面

7. 你有没有使用视觉提示？

当你使用了像 Ajax 和 Flash 一类的技术，在加载内容的时候，你应当提供视觉提示，要让用户知道目前他在做什么。

8. 你的 UI 有操作提示吗？

你的用户是靠自己的研究还是看 FAQ 文档学习来操作 UI。一个优秀的 UI，应当在 UI 现场提供类似于在 jQuery 的各个 UI 元素上显示简单的操作提示。

9. 你的内容清晰吗？

文本的清晰和准确是确保内容的两个重要因素。

10. 你是怎样使用色彩的？

UI 的重要元素是色彩，不同的颜色代表着不同的心情。在使用色彩的时候，一定要和站点及主题相吻合；其次还应当考虑到色盲用户的感受，如果你选定了某种配色，就应该在整个站点及主题统一使用这种配色，以保持色彩的统一性。

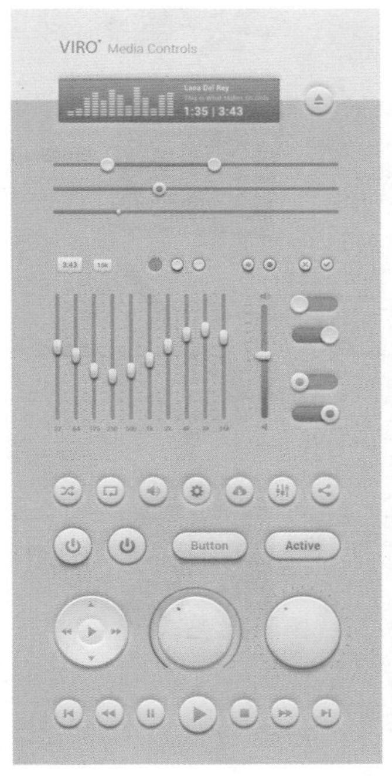

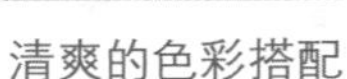
清爽的色彩搭配

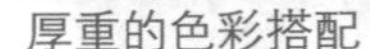
厚重的色彩搭配

张扬时尚的色彩搭配

11. 你的 UI 是不是太过花哨？

最好的设计是用来体验的，而不是用来看的。所以你的 UI 不要放一些花哨的东西给用户看，而是应该让用户去体验。因为越是简单的 UI 设计，用户体验越好。

12. 你的 UI 结构是否清晰明了？

在你的 UI 中，总体结构应当清晰明了，各个元素应当放在它们适当的位置，彼此之间相互关联，那些不相关的东西，我们可以把它们单独放置。

1.4 UI 设计师如何自我提升

在职业发展道路上，你遇到过困难，面临过瓶颈吗？如果有，那么“如何自我提升”便常常成为值得探讨、研究与相互学习的热点话题了。让我们从美术职业发展的角度上来探讨一下如何自我提升吧。

关于如何提升自我这个问题的提出，伴随而来的疑问也有不少。什么是美术人员必备的素质？如何打造对玩家和游戏有意义的作品？如何提升美术技能？很多人会告诉你“不断地动手练习啊”“不断地实战演练啊”“不断地吸取经验教训啊”。虽然这基本上是对的，但答案不止于此。毕竟，你要花很多时间在错误的道路上磨练——如果真的是这样的话，你的提高会有很多局限性。

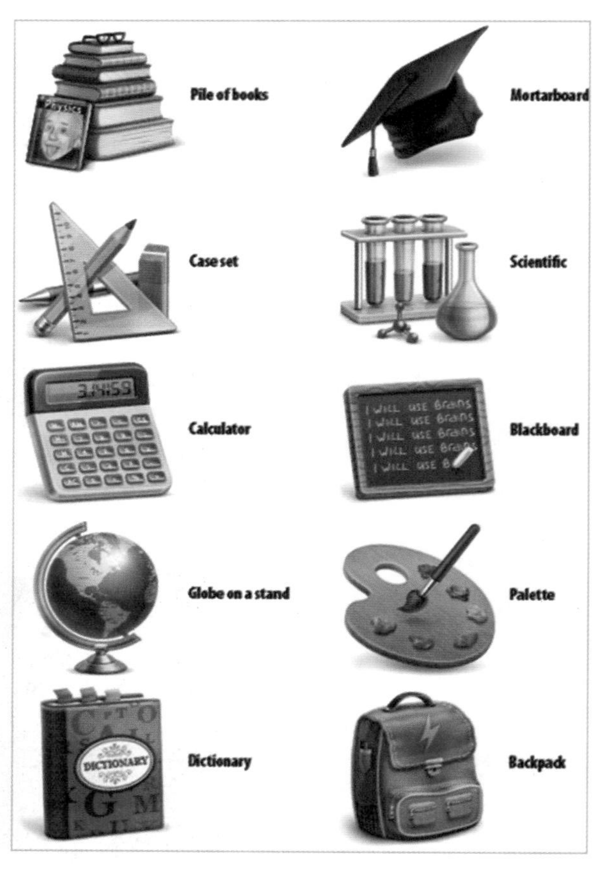

过程必然是苦闷的。所以，在开始谈论自我提升这条道路之前，我想与大家分享一条非洲人的智慧箴言：“很不幸，种树的最佳时机是 20 年以前；幸运的是，现在就是下一个最佳时机。”

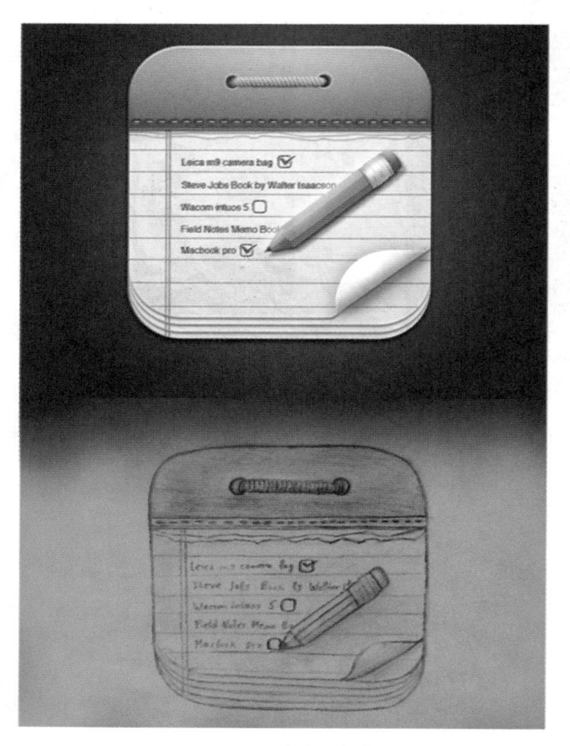

图标设计稿和最终稿的对比

1.4.1 形状 / 轮廓

我们通过物体的边缘来感知物体。为了清楚地表达，你应该首先考虑轮廓，确保通过轮廓可以识别物体。为了增加趣味，物体应该让人容易理解，不引起困惑。在保持美术风格的同时，你应该努力让观者只看轮廓就能识别道具和角色。

1.4.2　美术基础

首先，我们是美术设计师，画出好图的基本功应该是必需的。使用工具、使用设计软件的唯一用途就是执行你的想法。把重点放在想象力、执行速度和工作合作方面，与相关团队保持有效的沟通。从想法、清楚的意图、理想的目标和贯彻设计原则的合理的方法开始，将所有选择导向你的目标。

一个图标的草图设计稿

1.4.3　色彩识别

色彩是一个值得讨论的话题，主观性也比较强。没有什么硬性标准，如果有的话，也都有例外。所以只要记住几件事：颜色带有温度和情绪范围，要以所表达、表现的意图为基础，可能要避免使用某些颜色（例如大面积的黑色，会造成空间上的不透气，画面不美观等）。可以用颜色创造象征性的联系。这可能很微妙，但却很强大，比如皮克斯动画公司的《飞屋环游记》就用得很好。在那部动画里，美工用紫红色作为 Ellie 的象征色，在她的穿着和使用的物品中经常可以看到紫红色；当粉红色的阳光消失在窗户的反光中，她离开了，这种既定的色彩象征为观众描绘了一幅凄美的画面。很多书都专门讨论了色彩，但学习色彩的有效方法是看电影，然后仔细分析其中的色彩运用以及对剧情表达的作用。我们不只关注和谐的色彩搭配，还要注意剧情氛围与和谐的色彩之间的组合。以下列举了最常用的设计原则和元素。

设计原则：统一、冲突、支配、重复、交替、平衡、和谐、渐变。

设计元素：线条、值、色彩、色相、纹理、形状、轮廓、尺寸、方位。

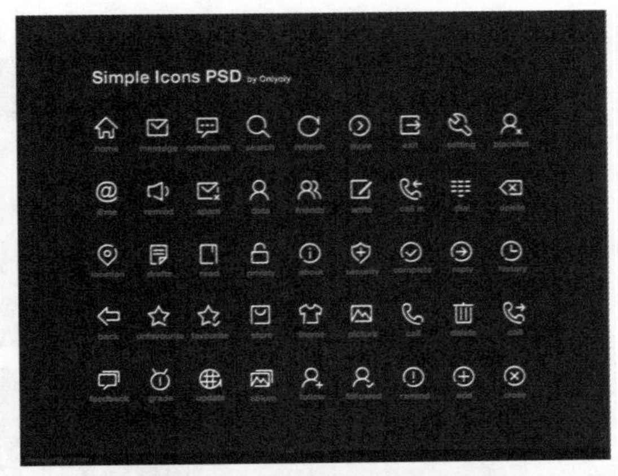

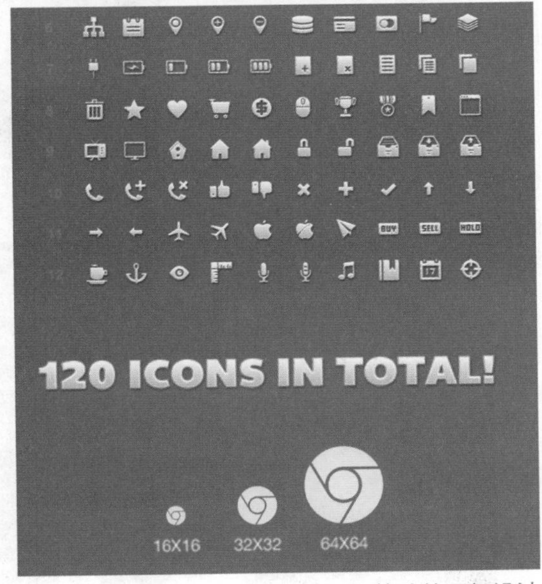

几组简洁的图标设计

利用以上原则和元素，一定会帮助你构思出清楚准确的画面。可以借助这些工具从设计的角度看待画面，当你觉得对基本形状、比例满意后，再从各个独立元素出发，把注意力放在正题画面上。如果你的基本设计草稿都不耐看，那么就谈不上什么细节了。

1.4.4 引导视觉

在美术概念中，构成大概是最难理解的。如果我可以将它表述成一句简单的话，那我会说，构成是通过画面引导视觉的艺术。假设不存在糟糕的构成，只有误用的构成——太紧密或太松散。在某个情节中管用的构成放到另一个情景中可能就不管用了。构成的唯一目的就是让玩家读并且理解预期的空间和剧情，最常用的办法是使用冲突和对比，形状上的冲突、颜色上的视觉冲突、方向线带来的视觉引导。人的眼睛通常最先注意到框架内的最高对比区域。当你确定焦点，请确保其他元素不会产生冲突或干扰观者的注意力。所有元素的分层结构应该最终引向一个焦点。人们往往误解了构成，把它简单地理解为黄金分割，事实上构成的内涵远不止于此。

从铅笔设计稿到 Photoshop 上色稿

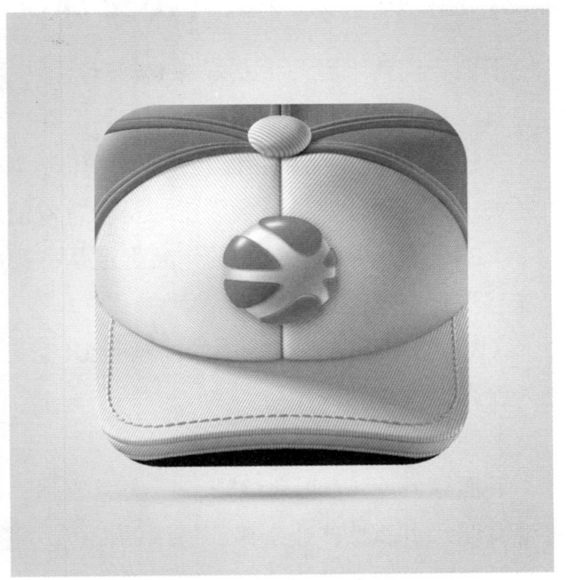

不同质感的图标设计

不同尺寸的图标设计完成稿

设计思路：如何设计出更加友好的 UI

下面我们就来看几个友好的 UI 设计。

1. 友好 UI 设计的几大特点

（1）简约而不简单。看上去非常简洁，其实往往都是非常讲究的。细节丰富，架构清晰，主题突出，层次分明，最大限度地呈现有效信息，良好地引导用户。

（2）用色大胆奔放。好的作品肯定是将颜色完美地融合到 UI 里。让用户享受服务的同时，也能感受到一丝美感。

（3）图形运用。高水平的插画与 UI 完美地融合。小到图标，大到模块乃至整个页面，处处流露出设计功底。

2. 完美的栅格

下面这几个 UI 非常整洁，层次感较强，张弛有度，页面整体非常棒，搭调的配色，完美的比例让人顿觉眼前一亮，即使看不懂外文也会被它深深地吸引，设计上有非常多值得我们参考和学习的地方。栅格的安排控制得非常合理，几乎所有的浏览器下都能显示到两行的栅格内容。版式非常灵活和自然，无论是哪种屏幕分辨率下，设计师都进行了自然的重组和排序，而且对于内容也没有丝毫的影响，不必考虑太多对于响应式实现的过多准备，实际效果非常好。

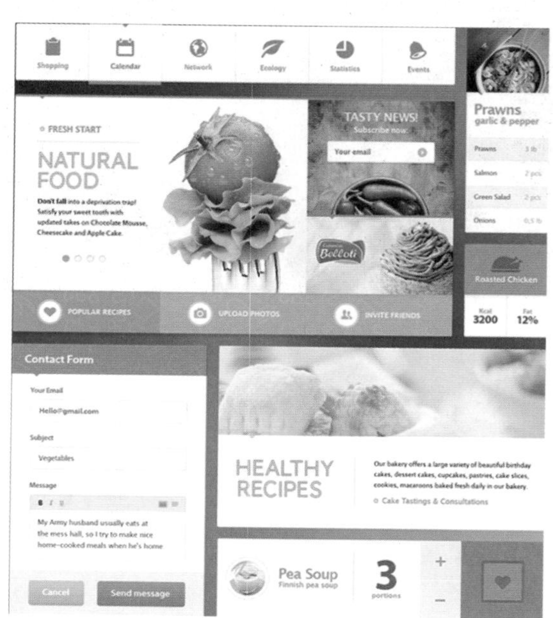

3. 配色柔和，图文清晰

配色是一门艺术，一般采用的是高级灰，所谓高级灰就是有“色相”和“纯度”的蓝灰色，相对于欧美配色的浓重来说，中文的 UI 应该比较柔和唯美，符合东方人的审美，背景宜采用浅灰和白色层叠，将黑色的标题文字和彩色的图片映衬得非常清晰，没有拖泥带水，整个软件的线框和背景都要保持一致。文字标题全是图片，更加强调视觉体验。

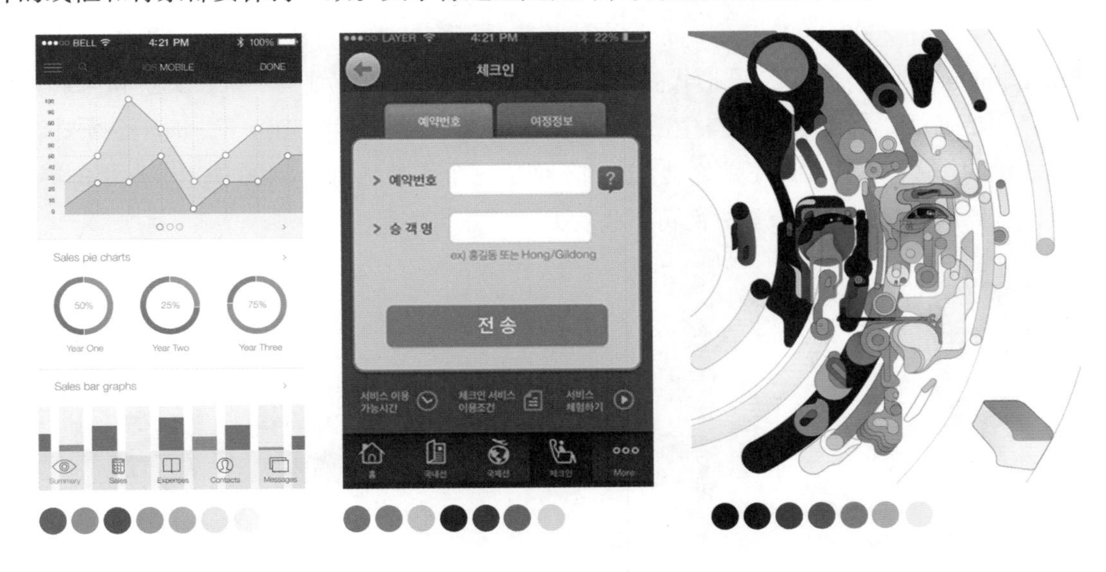

4. 细腻的细节

手机 UI 应该着重细节的处理，因为本身尺寸就很小。下面这些 UI 的细节处理让人佩服，每一个图片的处理，文字的摆放都恰到好处，仿佛页面整体维护都是一位高级设计师在负责，而非“编辑”。仔细一看，页面中所有的图片广告视觉语言都是统一的，比如文字和图片的位置都是一致的，同板块图片的底色高度统一，给人一种严谨的整洁感。画面细腻养眼，图标精致典雅，没有勉强的拼凑，没有过分的修饰，让人百看不厌。

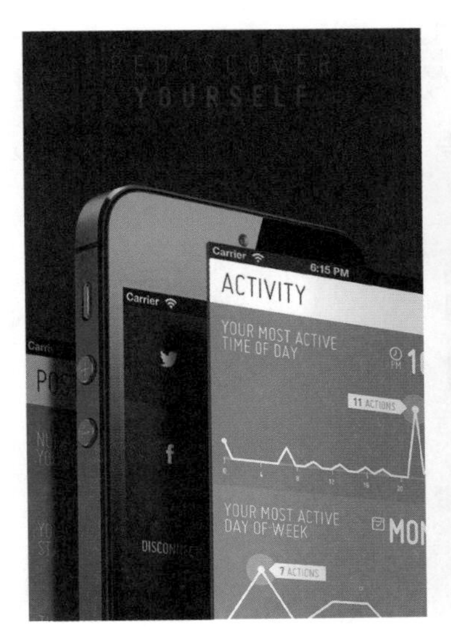

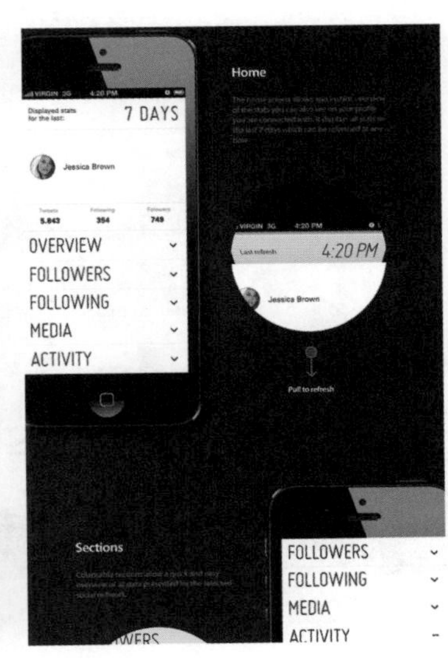

知识扩展：浏览本书所有范例，从视觉上总结 UI 设计的基本要素

1. 图形样式

因为 icon 最重要的是对形状的把握，所以在定稿之前，不仅要多画草图，还要考虑到形的表现形式。早在 2008~2009 年，icon 的设计趋势是三维样式，自从 iphone 上市后，它的终端 icon 和 iphone 一样，还以二维形式展现。不管是哪种形式（三维、二维、文字和像素）都要表现得简洁易懂。好的设计源自生活细节的提炼，在当今时代的趋势下，icon 必须要设计出更人性化的作品，才能立于不败之地。比如下面的这个作品是 800×400 像素分辨率的屏幕，我们可以从像素、颜色、细节等方面再下些功夫。

二维图标

三维图标

一般情况下，一套 icon 要有一个统一的外形，这样才能统一 UI 设计风格，比如，下面的图标都是在一个方形的容器里面去做的，所以 icon 的四面要顶到容器。同样地，你的容器定位是三角、正三角、梯形，也是如此。通常我会做 2~4 像素的浮动空间。

其次还要有素描关系，一套 icon 的透视角度和光源角度必须保持一致，不然就会显得很凌乱。如果光源角度是 50° ，我们还要考虑 icon 的高光、反光、阴影。

不同投影方向的三维图标

2. 元素组合搭配

图标的组合元素最好是 1~2 个组合，元素过多会导致识别混乱。就算两个元素的组合也要有主次（大小区分或颜色轻重区分）。要是一套图标里面含有共同的元素，我们只需要把元素之间相互组合即可，没必要重新设计。需要注意的是，如果在同一 UI 上，一个元素的应用很多，就会导致识别性不高，这时就需要做一些小小的调整。

通常一个图标由不同元素组合而成

3. 配色方案

一个 icon 的颜色在三个颜色以内是最好的。因为颜色要是超出三个， icon 就会和 UI 的设计一样，显得很花。

整套 icon 的颜色灰度和基调应该保持一致。当然，并不是说完全一致，它是有左右浮动的空间，设计师可以凭着感觉取色。

icon 和背景明暗距离以及 icon 的明暗反差都要调整好，需要注意的是要突出主次关系。

颜色过于复杂，影响识别效果

简单的配色更适合图标

4. 视觉体验

（1）质感的确定。对于 icon 设计对用户的视觉体验来说，质感非常重要。一般情况下，我们在开始设计的时候，就要考虑到 icon 的质感效果（如金属质感、水晶玻璃、纸质、亚光质感等）和质感定型（如好几种体现剔透的水晶质感，我们只选取体现高光的）。

（2）质感的表现。一套 icon 在草稿纸上画好后，我们就用其中最好表现的一个图标进行做质感的尝试。这时候，只要我们能想到的质感的表现方式，都可以尝试做一下。其实只要做完一个 icon，就可以仿照着做其他 icon。

水晶玻璃效果　木质效果

皮革效果　金属效果

Chapter 02 手机 UI 设计基础

智能手机 UI 的设计基础是基于优秀的平面设计能力和对 Photoshop 软件的熟练掌握。本章我们将讨论作为手机 UI 设计师应该遵循哪些设计原则，以及对平面设计师与 UI 设计师有哪些不同要求。最后学习一下手机 UI 设计的重要性。

2.1　关于手机

2.1.1　智能手机操作系统的分类

智能手机就跟个人计算机一样，是具有独立的操作系统，用户可以根据自己的需要，自定义安装由第三方服务商提供的应用程序，并可以通过通信网络来实现无线上网的一类手机。

Android 系统智能手机示例图

目前智能手机的操作系统有 Windows Phone、Windows Mobile、iOS、Android、Plam OS、BlackBerry OS 等。本书中 UI 设计主要是针对 Android、iOS、Windows Phone 这三个最热门的系统进行设计的。

iOS 系统智能手机示例图

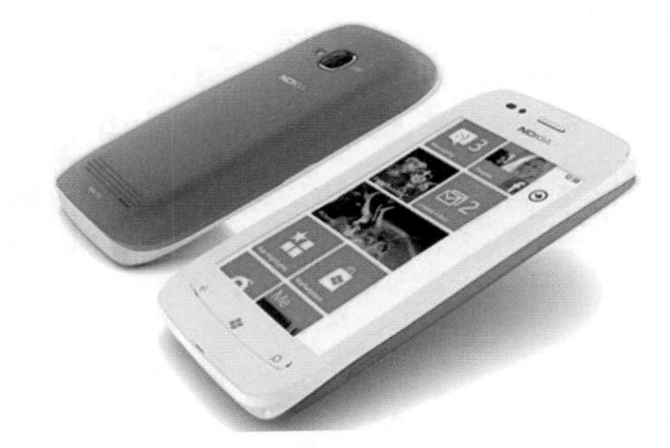

Windows Phone 系统智能手机示例图

2.1.2　手机屏幕的分辨率

我们平时用的手机屏幕采用的是和笔记本一样的液晶屏，液晶屏幕的分辨率都是固定的，一个点就代表着一个像素。但是手机分辨率和屏幕的大小没有关系，因为手机分辨率并不是指屏幕大小。

我们常用的手机屏幕分辨率规格共有 QVGA、HVGA、WQVGA、VGA、WVGA 等五种形式。

QVGA(Quarter VGA) 其分辨率为 240 × 320 像素，是当下智能手机最常用的分辨率级别。240 × 320 像素的意思就是，手机屏幕横向每行有 240 个像素点，纵向每列有 320 个像素点，乘起来就是 320 × 240=76800 个像素点。早期的智能手机也大都采用这一显示级别的屏幕。

WQVGA(Wide Quarter Video Graphics Array) 是数码产品屏幕分辨率的一种，代表 480 × 272 像素（宽高比 16：9）或者 400 × 240 像素（宽高比 5：3）的屏幕分辨率，代表作为三星 2008 年机皇 I908。

HVGA(Half-size VGA) 其分辨率为 480 像素 × 320 像素，宽高比为 3：2。一直都很热销的

iPhone 和黑莓的 Bold 9000，Android 系统手机谷歌 G1、G2、G3 都采用了这一显示级别的屏幕。

VGA(Video Graphics Array) 其分辨率为 640 像素 ×480 像素，宽高比为 5:4。昔日的 HT 机皇 Diamond 采用的就是 VGA 分辨率。

WVGA(Wide VGA) 是 VGA 的宽屏模式，分辨率更是达到了 800×480 像素和 854×480 像素两种，HTC 后来生产的 Diamond 2 和 Touch HD 就是 WVGA 的代表作，而 MOTO 的里程碑的分辨率是 854×480 像素。

iPhone 5 的这种视网膜显示屏具有 1136×640 像素的分辨率，326 像素 / 英寸，对比度 800:1，细腻程度比 iPhone 4S 高很多，因而用它浏览文字、观看视频和图片的效果都有一种极致的感受。

刚才说，手机分辨率和屏幕的大小没有关系，但是，单就屏幕显示来说，分辨率和屏幕大小也不是一点关系没有。如果屏幕大小一定，那么分辨率越高屏幕显示就会越清晰；反言之，如果分辨率一定，屏幕越小显示图像也就越清晰。

iOS 系统　　Android 系统　　Windows Phone 系统

在了解了手机屏幕分辨率规格之后，我们在以后下载所需软件时，要先看好规格再下载。随着科技的发展和时代的进步，手机正在向着大屏幕高分辨率发展，根据屏幕规格分类的软件肯定会日益增多！

2.1.3　屏幕的色彩

在谈到屏幕色彩之前，我们先了解一下色阶。色阶就是手机屏幕的颜色问题。屏幕色彩和色阶两者相辅相成，主要指的是液晶显示屏亮度强弱的指数标准。一般情况下，现阶段手机屏幕色彩有 65536 色、26 万色和 16000 万色等三种。不同的颜色质量，其显示效果也不相同。颜色数量越高，显示效果就会越好。对于我们来说，高色彩通常意味着能有更好逼真感。但有时候，我们通过实际体验，发现有的 1600 万色的显示能力还比不上 26 万色。就像诺基亚的 1600 万色的 N86 屏幕还不如 htc G3 的 26 万色屏幕显示效果好。

总而言之，我们在选购手机的时候，要进行有效的科学对比，不能单单看手机屏幕色彩或者分辨率，不然就会在选购手机、评测手机中出现很多差错。我们要将屏幕色彩和屏幕分辨率两者结合起来合理分析手机的优劣。

2.2　UI 设计相关知识

本节介绍的是手机 UI 设计的基本概念，其中包括什么是 UI 设计、做 UI 设计的目的、UI 设计的重要性、UI 设计中最重要的元素是什么、平面 UI 和手机 UI 的不同等内容。通过本章的学习，读者将认识到手机 UI 设计的概念。

2.2.1　什么是 UI 设计

UI 可以直译为用户界面。UI 设计不仅仅是指界面美化设计，从文字的意思上能够看出 UI 还有与“用户与界面”直接的交互关系。所以，UI 设计不仅仅是为了美化界面，它还需要研究用户，让界面变得更简洁、易用、舒适。

用户界面无处不在。它可以是软件界面，也可以是登录界面，不论是在手机还是在 PC 上都有它的存在，“在你使用工具完成任务的过程中，你所做的操作及工具的响应，这些结合起来构成了界面”。

用户界面设计，不只是要考虑如何摆放按钮和菜单，更为重要的是考虑程序、设备如何与用户互动。

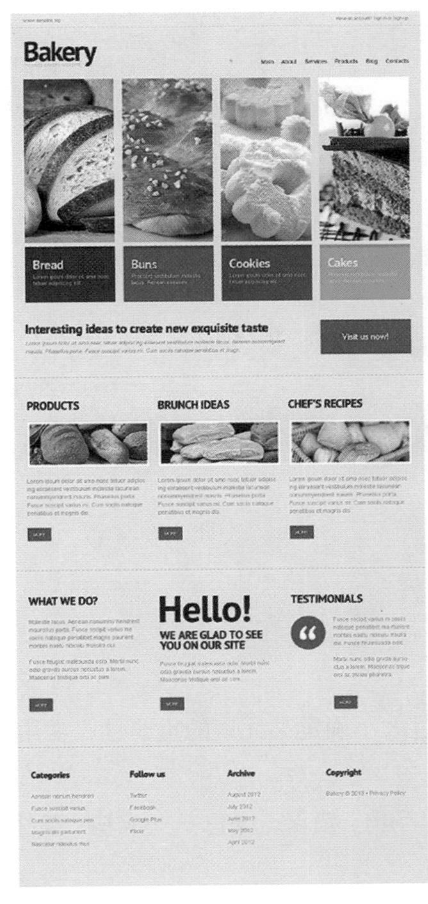

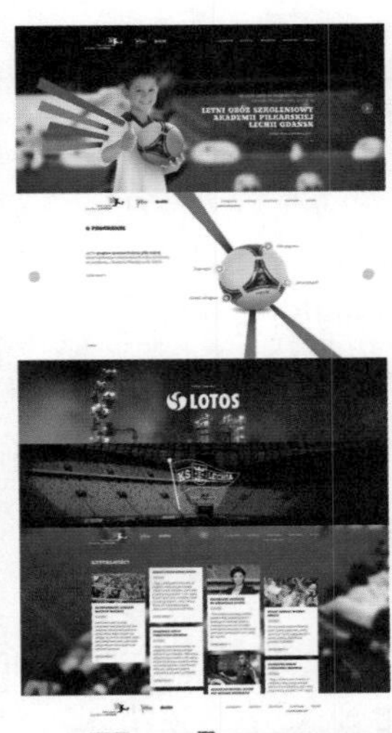

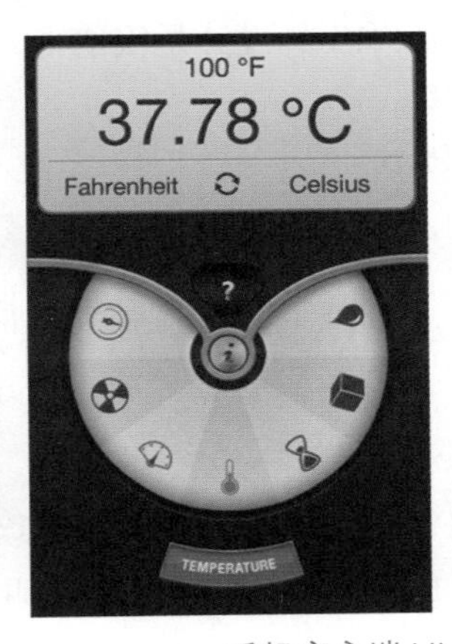

网站客户端 UI　　平版客户端 UI　　手机客户端 UI

2.2.2 UI 设计的目的和重要性

做 UI 设计的目的是让用户理解程序的用途及如何操作程序。外观和视觉感不是界面设计的主要目的，仅仅是一部分，界面的主要目的还是沟通，通过沟通让用户理解程序。

UI 设计包括美化和交互两个方面。为了使读者直观了解 UI 设计的重要性，我们将用 UI 设计前的和 UI 设计后的对应图来做对比分析。

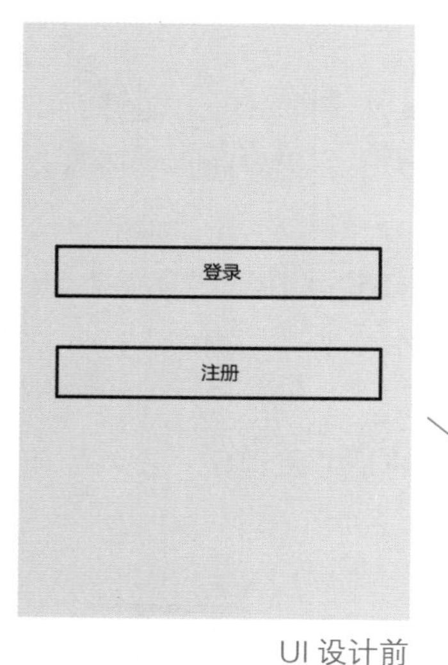

UI 设计前

从左图中我们可以看出，未被 UI 设计后的界面有明显的特点：

（1）界面过于简单。

（2）“登录”没有体现出按钮的立体感，让人看起来就像是单纯的文字，而不会单击。

（3）在没有其他说明的情况下，无法知道登录界面输入哪种软件。

UI 设计前后对比图

UI 设计后

从右图中可以看到，UI 设计后的界面有明显的如下特点。

（1）画面内容丰富，具有时尚感和立体感。

（2）“登录”和“注册”按钮具有美感，使人们明确知道通过单击它们就可以进入“登录”或“注册”的界面中。

（3）从图片上的色调就让人们知道这是一个美团的登录界面。

从对比图中我们就可以看到没有被 UI 设计的界面是非常简陋的，因此对于智能手机 APP 来说，UI 的设计是很值得人们重视的。

2.2.3 UI 设计中最重要的元素是什么

UI 设计中最重要的元素如下。

（1）布局和定位（版面结构）。

（2）形状和尺寸（通过形状，让人迅速地辨识；通过大小确定某元素的重要性，常用的要大，容易按到）。

（3）颜色（不同的颜色有不同含义，红色——危险、停止、错误，绿色——成功、继续；颜色可以突出显示内容，如高亮显示）。

（4）对比（加强对比可以提高辨识度，如黑白；降低对比可以融合；通过加强和降低对比，让用户可以分清主次）。

（5）材质（在对话框的四角加材质，可以提示用户拖曳）。

2.2.4　平面 UI 与手机 UI 的不同

手机 UI 的范围基本被锁定在手机的 App/ 客户端上。而平面 UI 的范围就非常广。手机 UI 独特的尺寸要求、空间和组件类型使得很多平面 UI 设计者对手机 UI 的设计了解得不到位。

通过比较，我们可以直观地了解到手机 UI 与一般网页 UI 的区别，在同样功能的页面上，内容也是相差很远的。

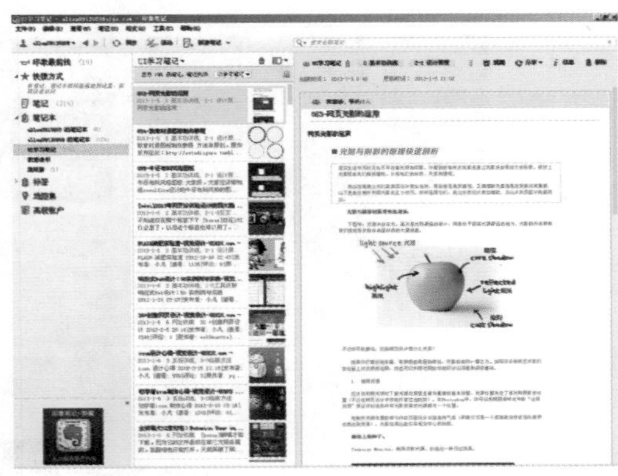

PC 端印象笔记登录界面（内容含量更多）

手机印象笔记主页（内容更紧凑）

2.3 UI 设计的原则

世界级图形设计大师 Paul Rand（保罗·兰德）说："设计绝不是简单的排列组合与简单的再编辑，它应当充满着价值和意义，去说明道理，去删繁就简，去阐明演绎，去修饰美化，去赞美褒扬，使其有戏剧意味，让人们信服你所言……"从这句话可以看出，设计不是轻而易举之事，要想设计出优秀的 UI 得要费很大的精力。

1. 区分重点

为了保持屏幕元素的统一性，初级设计师经常对需要加以区分的元素采用相同的视觉处理效果，其实采用不同的视觉效果也是可以的。由于屏幕元素各自的功能不同，所以它们的外观也不同。换句话也就是说，要是功能相同或者相近，那么它们看起来就应该是一样的。

美团（左）和大众点评（右）UI 的设计风格布局较为接近

旅行网站又是另一种界面布局

2. 界面统一性

为了保持界面的统一性，就要把一样的功能放在同样的位置。一个页面是由一些基本模块组成，而每一种基本模块在 UI 设计的时候，不同的应用实例是否把字形、字号、颜色、按钮颜色、按钮形状、按钮功能、提示文字、行距等元素排列一致？很多设计师在执行的时候

天猫商城风格一致的界面设计

会有一些随意的想法，有些想法可能还是比较好的，但是我们还是要执行统一的界面标准。比如在 Windows 里面，不同的窗口关闭按钮不仅在不同的位置，并且颜色还不一样，这样就显得非常凌乱。

3. 清晰度是工作的重中之重

在界面设计中，清晰度是第一步工作，也是最重要的工作。如果你想要用户认可并喜欢你设计的界面，就必须让用户能够识别出它，再让用户知道使用它的原因。就像当用户使用时，不仅能预料到发生什么，还能成功地和它交互。清晰的界面才能够长期吸引用户不断地重复使用，如果界面设计得不太清晰，那么只能满足用户一时的需求。

购物和游戏网站宜采用清晰的产品图片和文字

4. 界面的存在就是为了促进交流和互动

界面的存在，主要是为了促进用户和我们之间的互动。一个优秀的界面，不仅能够让我们做事有效率，还能够激发和加强我们与这个世界的联系。

5. 让界面处在用户的掌控之中

大家可能会有这样一种感觉：人们对能够掌控自己的环境感到很舒心。而那些不考虑用户感受的软件，就不会带给用户这种舒适感。我们应该保证界面时刻处在用户的掌控之中，

美图秀秀的人性化功能界面，只看图表也能进行操作

让用户自己决定系统状态，只需要稍加引导，就会使用户达到所希望的目标。

6. 界面的存在必须有所用途

在设计领域，衡量一个界面设计的成功与否，就是有用户使用它。比如一件漂亮的衣服，虽然做工精细，材质细腻，但是如果穿着不合适，那么客户就不会选择它，它也就是一个失败的设计。所以，界面设计只能满足其设计者的虚荣心是远远不够的，它必须有实用的价值。即界面设计是先设计一个使用环境，再创造一个值得使用的艺术品。

百度地图的界面设计让人感觉使用起来非常方便

7. 强烈的视觉层次感

想要让屏幕的视觉元素具有清晰的浏览次序，只有通过强烈的视觉层次感来实现。换言之，要是视觉层次感不明显的话，用户每次都按照相同的顺序浏览同样的东西，那么他就不知道哪里才是目光停留的重点，最终只会让用户感到一片茫然。可是在设计不断变更的情况下，要保持明确的层次关系，就显得十分困难。如果要想把所有的元素都突出显示，那么就没有重点可言，因为所有的元素层次关系都是相对的。为了再次实现明确的视觉层次，就需要设计师添加一个需要特别突出的元素。这是增强视觉层次的最简单最有效的办法。

几个具有强烈视觉冲击力的界面设计

设计思路：一个 UI 设计师去找工作，如何展示他的价值

一个 UI 设计师去找工作，如何展示他的价值？一般来说可以从以下几个方面着手。

1. 给力的工作经验

一是要求从业人员精通 Photoshop、Illustrator、Flash 等图形软件，HTML、DreamWeaver 等网页制作工具，能够独立完成静态网页设计工作，熟练操作常用办公软件，且具备其他软件应用能力，熟悉 HTML、CSS、JavaScript、Ajax。

二是对通用类软件或互联网应用产品的人机交互方面有自己的理解和认识。

三是具备良好的审美能力、深厚的美术功底，有较强的平面设计和网页设计能力。

四是具有敏锐的用户体验观察力，富有创新精神。此外，有人机交互设计的学习和工作经历者优先。

2. 展示很有细节的视觉 UI

设计师这个行业具有一定的特殊性，面试的时候必须提供相关的作品展示，这是衡量你能力的一个前提，也是你区分于其他设计师的一个最重要的标准，因此一定要有作品，而且一定要挑选个人认为最好的作品展示，切忌把所有的作品都放上去展示，有可能筛选简历的人打开的就是你的那幅设计一般或者很差的作品，直接把你拒绝了，这样你就会失去一次宝贵的面试机会。

至于作品的展现形式，个人建议如果有自己的网站或者博客（整理平时的作品或者发表一些文章，谈谈设计思路），那是最佳的，因为本身也是你专业水平的一个体现，会让 HR 觉得你是个很有规划很有想法的人。当然如果没有条件，你可以在一些设计网站上，比如 68design 创建自己的设计空间，把自己的设计作品上传上去，当然只要有链接，HR 一般都会看的。

3. 与实力均衡的工资

你的工资应该和你的实力相均衡。遇到工作 10 年的，工资还只要求平均工资以下的，那只能说明你能力差，不自信。而刚刚工作两三年的，要求太离谱的，每个公司都会有内部的一个工资体系，超过一个度，就不会考虑。

所以各位求职者一定要正确地衡量自己的价值，才能提高你面试的机率，调整好心态，才能在众多设计师中脱颖而出。

知识扩展：思考一下 UI 设计的流程？

在一个成熟且高效的手机 APP 产品团队中，UI 设计者会在前期就加入项目，针对 UI 设计的产品分析、定位等多方面问题进行探讨。下面我们讲述了 UI 设计项目的流程及方法，可以有效帮助 UI 设计者。

[出发点]

1. 了解设计的原则。没有原则，就丧失了设计的立足点。

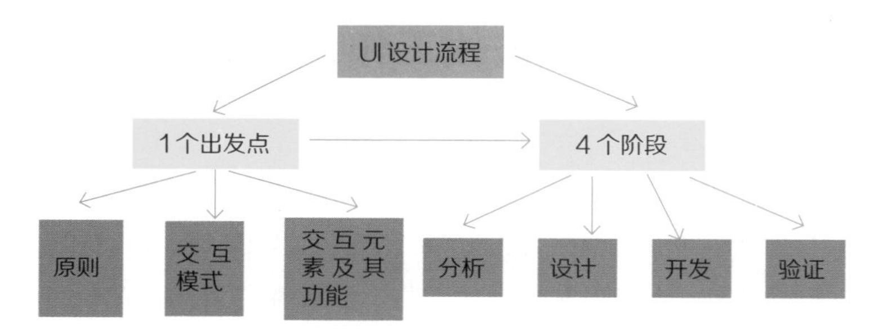

2. 了解交互模式。在做 UI 设计时，不了解模式就会对设计原则的实施产生影响。

3. 了解交互元素及其功能。如果对于基本交互元素和功能都不了解，如何设计呢？

[阶段一：分析]

1. 用户需求分析

2. 用户交互场景分析

3. 竞争产品分析

出发点与分析阶段可以说是相辅相成的。对于一个较为正规的 UI 项目来说，必然会对用户的需求进行分析，如果说设计原则是设计中的出发点，那么用户需求就是本次设计的出发点。

要想做出好的 UI 设计，必须要对用户进行深刻的了解，因此用户交互场景分析就很重要。对于大部分项目组来说也许没有时间和精力去实际勘查用户的现有交互，制作完善的交互模型考察，但是设计人员在分析的时候一定要站在用户角度思考：如果我是用户，这里我会需要什么？

竞争产品能够上市并且被 UI 设计者知道，必然有其长处。这就是所谓三人行必有我师的意思。每个设计者的思维都有局限性，学习别人的设计会有触类旁通的好处。

当然有的时候可以参考的并不一定是竞争产品。

[阶段二：设计]

采用面向场景、面向事件和面向对象的设计方法。

UI 设计着重于交互，因此必然要对最终用户的交互场景进行设计。

软件是交互产品，用户所做的就是对软件事件的响应以及触发软件内置的事件。因此要面向事件设计。

面向对象设计可以有效地体现面向场景和面向事件的特点。

因此设计的四个要素是交互对象、数据对象、事件（交互事件和异常）、动作。

[阶段三：开发]

通过用户交互图（说明用户和系统之间的联系），用户交互流程图（说明交互和事件之间的联系）、交互功能设计图（说明功能和交互的对应关系），最终得到设计产品。

[阶段四：验证]

产品的验证主要从下面几个方面入手：

1. 功能性对照。UI 设计得再好，和需求不一致也不可以。

2. 实用性内部测试。UI 设计的最重要点就是实用性。

通过以上 1 个出发点和 4 个阶段的设计，就可以做出完美的、符合用户需求的 UI 设计。

本章我们透过 UI 设计高手的设计思路来学习图标设计的过程。最后了解文件格式对于 UI 设计的影响。

3.1 UI 设计的准则

在这半年多的时间里，我参与一个 UI 项目，这期间有加班的苦累，也有受到用户好评的欢喜。在这期间，我也经历了像 PC 版、Web 版、iPhone 版、Android 版和 iPad 版这些不同的平台，得到了快速的成长。今天，我对应着交互专家 Jeff Johnson 提出的 UI 设计准则，和大家分享一下我的心得。

图上所示的这些问题，我们和大家一样，都在努力地寻找着的它们的答案。这些问题，在开工之前，每个团队都要明确并花费足够的时间来回答。寻找答案的方法主要有以下三种。

专注于用户和他们的任务，而不是技术！
先考虑功能，再考虑展示！
与用户看任务的角度一致！
设计要符合常见情况！
不要分散用户对他们目标的注意力！
方便学习，传递信息，而不是数据！
设计应满足相应需求！
让用户试用后再修改！

Jeff Johnson，拥有耶鲁大学及斯坦福大学心理学学位。UI Wizards 公司董事长兼首席顾问。他是 GUI 设计的先驱，著有畅销书《GUI 设计禁忌》。

值得思考的问题

谁是目标客户？
设计出来的东西是做什么用的？
给我们提供了什么？
用户喜欢什么？
如何影响用户？

1. 明确定位目标用户

任何产品在规划早期都要确定这个产品是为哪些用户开发的。虽然每个人都想说是为所有人服务的，因为谁都希望自己的产品能在用户市场上占有很高的覆盖率，可是事实证明，无论多么优秀的产品都不可能让每个人都满意，众口难调说的就是这个道理。所以我们要选择一个特定的基本目标人群作为主要目标用户群，这样才能集中精力为这部分用户开发这个产品，即使这个产品可能也有其他类型的少数用户。

2. 调查目标用户的特点

要想深入理解用户的想法，首先要充分理解潜在用户的相关特征。我们怎么样才能获取目标用户的相关信息呢？方法很多，比如我们可以用访谈用户、可用性测试、焦点小组等方法来获取并整理信息输送给产品组成员。在这里，我就不细说了，在后面我们还会详细讲到。

3. 多维度定义目标用户的类型

我们经常犯的一个错误就是认为谁是一个特定产品的用户，然后就臆想他处于这个范围内的什么位置。不要把用户简单地定义在“小白”到“专家”这个范围内，事实上不存在这个范围。

根据 Jeff Johnson 的观点论述，目标用户要在三个独立的知识维度上进行划分。

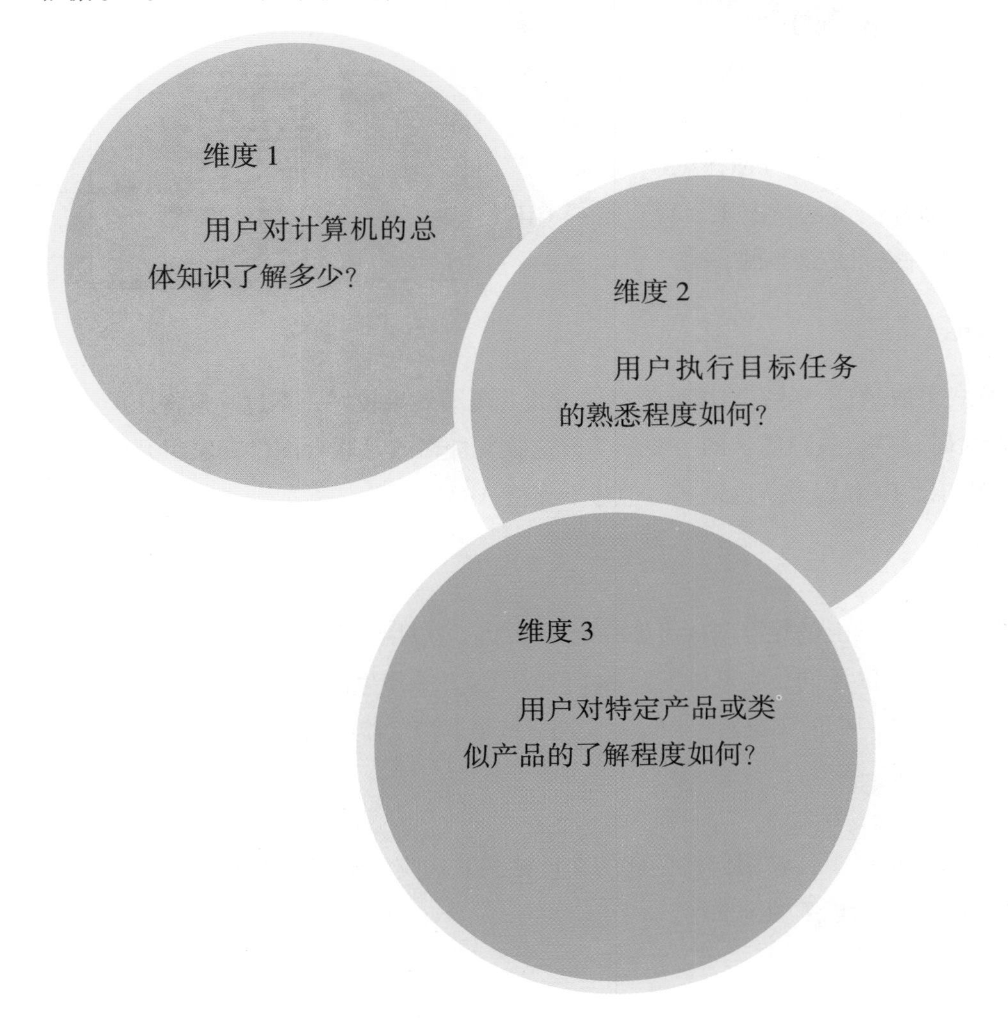

这里需要注意的是，一个维度上的认识不代表另一个维度上的认识，每个用户在不同维度上的水平高低都不同。例如，小白和专家用户都有可能在某家购买火车票的网站上“迷路”，不太了解财务知识的程序员在使用财务软件时会抓狂，但是没有编程经验的财务专家却能轻松上手。

综上所述，功能大而全的产品未必是用户想要的，一个优秀的产品需要了解用户，了解所执行的任务及考虑软件工作的环境。

3.2 图标设计的格式和大小

文件格式决定了图像数据的存储方式、压缩方法，支持什么样的 Photoshop 功能，以及文件是否与一些应用程序兼容。使用“存储”“存储为”命令保存图像时，可以在打开的对话框中选择文件的保存格式。

对图标格式的选择，应该将实际情况纳入到考虑的范围中。如果要保持图片色泽质量饱和度等，而且不需要进行透明背景处理时，JPEG 是最好的选择；如果 App 不涉及网上下载，需要进行图片透明处理，就可以选择 PNG 格式。如果不要求背景透明和图片质量的情况下，可以选择 GIF 格式，GIF 格式占空间是最小的。

3.2.1 JPEG 格式

JPEG 格式采取的是一种有损压缩的存储方式，压缩效果较好，不过一旦将压缩品质的数值设定比较大时，就会失掉图像的一些细节，这款文件格式是联合图像专家组开发的。该格式还支持 GMYK、RGB 以及灰度模式，但却不支持 Alpha 通道。

3.2.2 PNG 格式

该格式是被作为 GIF 的无专利替代品而开发的，它可以用于存储无损压缩图像以及在 Web 上显示的图像。与 GIF 不同，它可以支持 244 位的图像并能产生没有锯齿状的透明的背景度，但是该格式却与一些早期的浏览器不相兼容（即有些早期浏览器不支持此种格式的图像）。

3.2.3 GIF 格式

GIF 是基于在网络上传输图像而创建的文件格式，它支持透明背景和动画，被广泛地应用于网页制作，可存储连续帧画面。

3.2.4 图标尺寸大小

App 的图标（ICON）不仅指的是应用程序的启动图标，还包括菜单栏、状态栏以及切换导航栏等位置出现的其他标示性图标，所以 ICON 是指这些图标的集合。

ICON 也受屏幕密度的制约，屏幕密度分为 iDPI（低）、mDPI（中等）、hDPI（高）、xhDPI（特高）四种，如表所示为 Android 系统屏幕密度标准尺寸。

Android 系统屏幕密度标准尺寸

ICON 类型	屏幕密度标准尺寸			
Android	低密度 idpi	中密度 mdpi	高密度 hdpi	特高密度 xhdpi
Launcher	36px × 36px	48px × 48px	72px × 72px	96px × 96px
Menu	36px × 36px	48px × 48px	72px × 72px	96px × 96px
Status Bar	24px × 24px	32px × 32px	48px × 48px	72px × 72px
List View	24px × 24px	32px × 32px	48px × 48px	72px × 72px
Tab	24px × 24px	32px × 32px	48px × 48px	72px × 72px
Dialog	24px × 24px	32px × 32px	48px × 48px	72px × 72px

注：Launcher，程序主界面、启动图标；Menu，菜单栏；Status Bar，状态栏；List View，列表显示；Tab，切换、标签；Dialog，对话框。

iPhone 的屏幕密度默认为 mdpi。所以没有 Android 分得那么详细，按照手机、设备版本的类型进行划分就可以了，如表所示。

iPhone 系统屏幕密度标准尺寸

ICON 类型	屏幕标准尺寸			
版本	iPhone3	iPhone4	iPod touch	iPad
Launcher	57px × 57px	114px × 114px	57px × 57px	72px × 72px
APP Store 建议	512px × 512px	512px × 512px	512px × 512px	512px × 512px
设置	29px × 29px	29px × 29px	29px × 29px	29px × 29px
spotlight 搜索	29px × 29px	29px × 29px	29px × 29px	50px × 50px

Windows Phone 的图标标准非常简单和统一，对于设计师来说是最容易上手的，如表所示。

Windows Phone 系统屏幕密度标准尺寸

ICON 类型	屏幕标准尺寸
应用工具栏	48px × 48px
主菜单图标	173px × 173px

3.3 跟大师设计一组图标

下面我们设计一组图标。

3.3.1 准备工作

在制作图标之前，我们需要做好准备工具，打开 Photoshop 软件，执行“新建”命令，新建一个 50cm × 50cm、300 像素的文档。

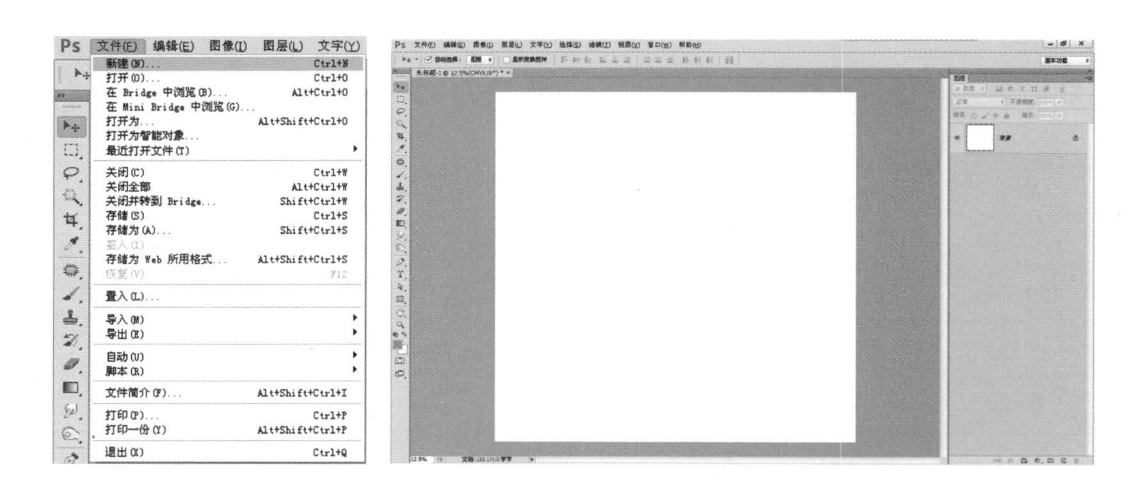

3.3.2 构思、草图

现在我们抛开计算机，闭上眼睛思考，在脑子里形成一个构思，确定想法后，就开始动手绘画，用笔快速将创意呈现纸上，先大致画一部分有代表性的示例，避免灵感丢失。

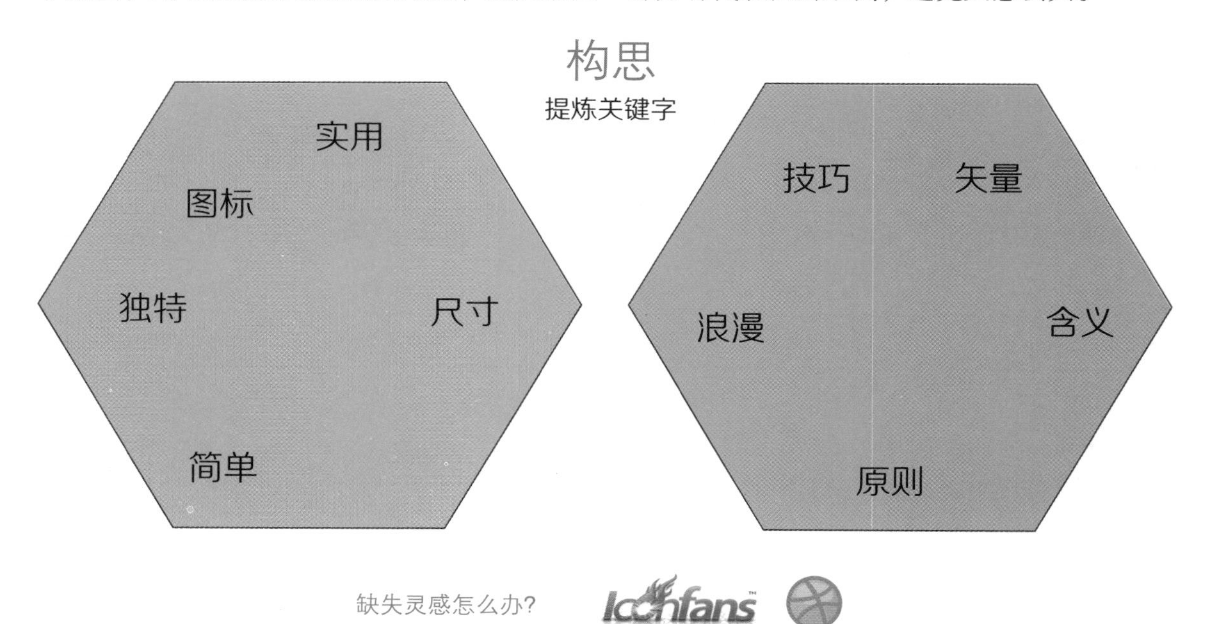

草图看起来很难看，不过没关系，后期会进行改善

3.3.3　辅助背景制作

绘制图标限制，统一视觉大小。使用矩形选框工具，绘制 8cm×8cm 大小的正方形选区，填充灰色，按住 Alt 键移动并进行复制，水平方向复制 3 个副本，垂直方向，可将第一排 4 个正方形全部选中，按住 Alt 键进行移动复制，复制 3 次，最终得到垂直和水平方向共 16 个正方形，得到辅助背景。

为了避免背景干扰，为其填充较淡的颜色。

绘制完成后，新建组，将其拖入到组 1 中，进行锁定。

3.3.4　基本形、放大

在辅助背景上绘制基本形，将其放大，可以观察到像素点。

灰色背景辅助的定界框,此处设定为常用的 16px × 16px，用眼睛衡量，注意视觉均衡，比如尺寸一致的情况下，矩形会显得偏大。

按 Ctrl++ 组合键，将画布放大到 600%，注意调节不要太猛，这样就看到了像素点和网格粗线了。

消除锯齿通常是为了清晰，而不是锐利，不要为了消灭而消灭，我们需要保留一些杂边，图标才能平滑。

基本形

放大

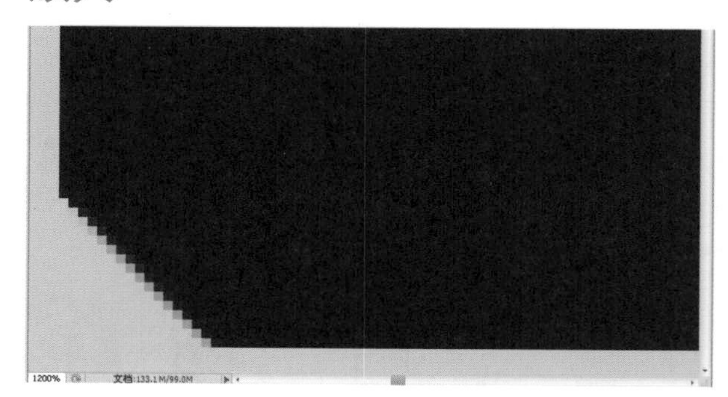

3.3.5　创作过程

一切准备就绪，现在就开始创作吧！好些人创作的时候，画完一个就缺少灵感了，那就试试举一反三的方法吧。

常用方法

加减法

对称

旋转

微调整

基本形的演变

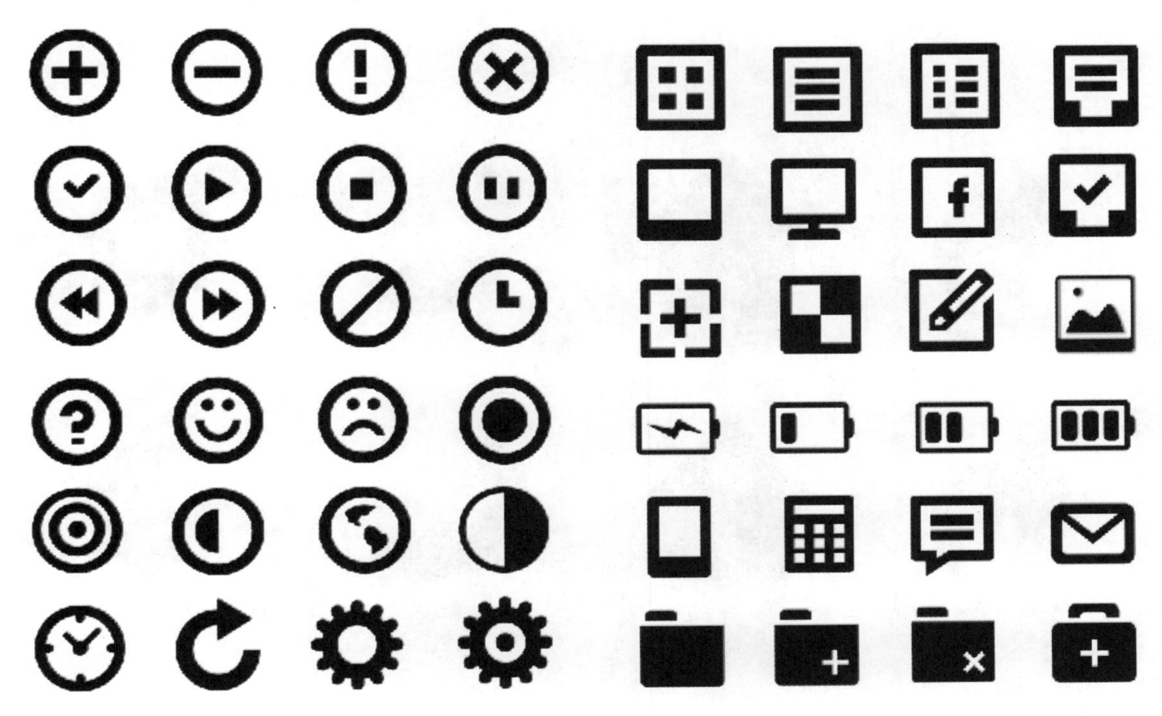

圆的演变　　规则矩形的演变

不规则常用形状　　不规则其他形状

3.3.6 常用方法——变形

创作图标的时候，最常使用的方法就是变形，可以将其他基本形状进行组合，自由发挥，遵循“整体到局部”的原则，先造型再修饰细节。

形状组合

椭圆和长方形组合形成箭头形状

三角形和长方形组合形成房屋形状

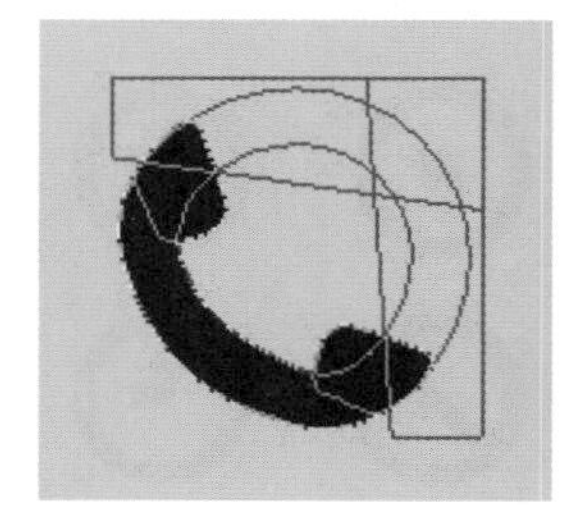

圆形和长方形组合形成电话形状

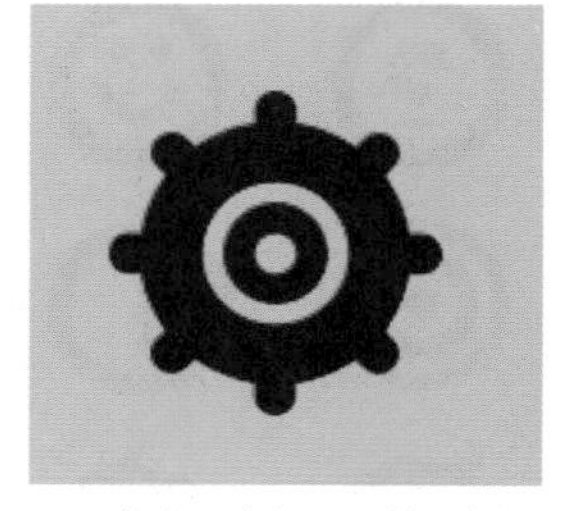
圆角矩形和圆形组合形成设置图标

圆形和长方形组合形成白云形状

圆形和长方形组合形成照相机形状

椭圆和圆角矩形组合形成锁子形状

三角形和五边形组合形成五角星形状

3.3.7　成品

为图标加上背景，完成设计。

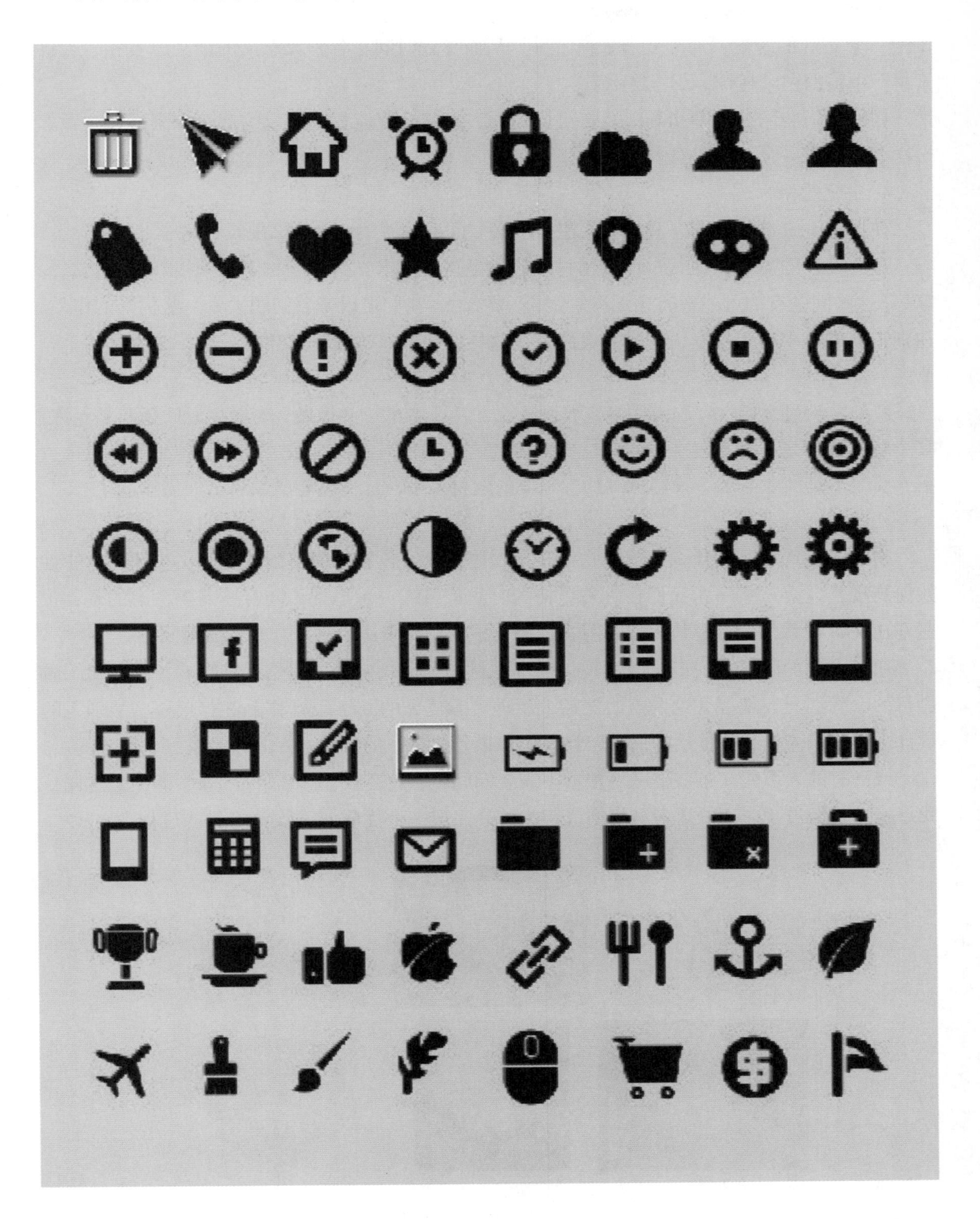

设计思路：设计图标的三个阶段

平时看到那些大师们的 icon，我们总是惊讶不已。作为初学者的我们，当被要求或者想要做一个 icon 的时候，却不知道如何下手，从而导致时间在各种无意义的杂乱思考和“寻找素材”中被白白消耗掉。

在这里，我结合大师指导以及自己的经历，总结一套流程和大家一起来分享：初学者怎么样才能完成一个 icon 设计？

1. 确定题材

在进行 icon 制作之前，我们要先想一些必要问题的答案：为什么要设计这个 icon ?

这个设计的需求是什么？什么题材才能满足这些需求？这个题材能做到很好的表达么？等等。这些问题有的可能暂时还没有答案，不要着急，我们可以带着问题去看一些优秀的作品，在别人的成果中得到启发，有时候灵感就是这样产生的。激发灵感还有一个方法就是随手画草图。

我们在想过之后，在脑海中确定要画什么，还要考虑一些像做一套图标时间是不是允许，某个题材细节是不是太复杂导致无法完成等的客观条件。我们可以选择几个题材作为备选方案。要是不是商业需求，我们可以从感兴趣的题材入手，这样就能激发自己的创作欲望。

2. 确定表现风格

物体的展现形式是什么？单个物体还是物体组合？色彩如何搭配才能突出主题？趣味性如何展现？以上这些问题我们在表现风格的时候都要一一考虑到，同时还需要考虑的是，根据现在 icon 设计的流行趋势来选择写实风格，根据所要表达的主题选择材质等问题。

通过上述的问题，我们可以发现，确定题材和确定风格的过程是互相影响，相互交织着进行的。我们只要把握住这两点，然后大量地观看优秀的 icon 设计作品和打草稿，从别人的设计中吸收别人作品所传达的信息，让我们知道什么是好的作品，好的作品是怎么组成的。

或许有的人可能在某些情况下根本不需要问问题，直接上手就开始做 icon。即便是这样，我想他也是经过了前期的思考和权衡。因为这是完成一个优质 icon 设计必经的过程。

不同设计师给 dridddle 网设计的 logo 形象

3. 具体实现

确定了题材和表现风格之后，我们就开始进入实战操作了。现在需要考虑的问题是怎么实现题材和风格，选择什么技巧工具和方法。

很多初学者，在具体实现这个步骤的时候，不知道怎么实现某种材质，也不知道怎么制作某种高光。在这里，我给大家介绍几个方法。

（1）临摹

创造是从临摹开始的。我们在临摹的时候，要选择最好作品来临摹。这虽然可能有些难度，但是临摹好作品比临摹水平一般的作品出来的效果要好很多。

需要强调的是，我们在临摹之前要仔细地观察分析，观察光源的位置、颜色分布以及 icon 的层次等。这样比直接上手的效率要高得多。

（2）找 PSD 文件学习

分析大师的 PSD 文件，看他们是怎么用图层样式来实现金属质感、制作高光，以及耐心地堆叠细节的。

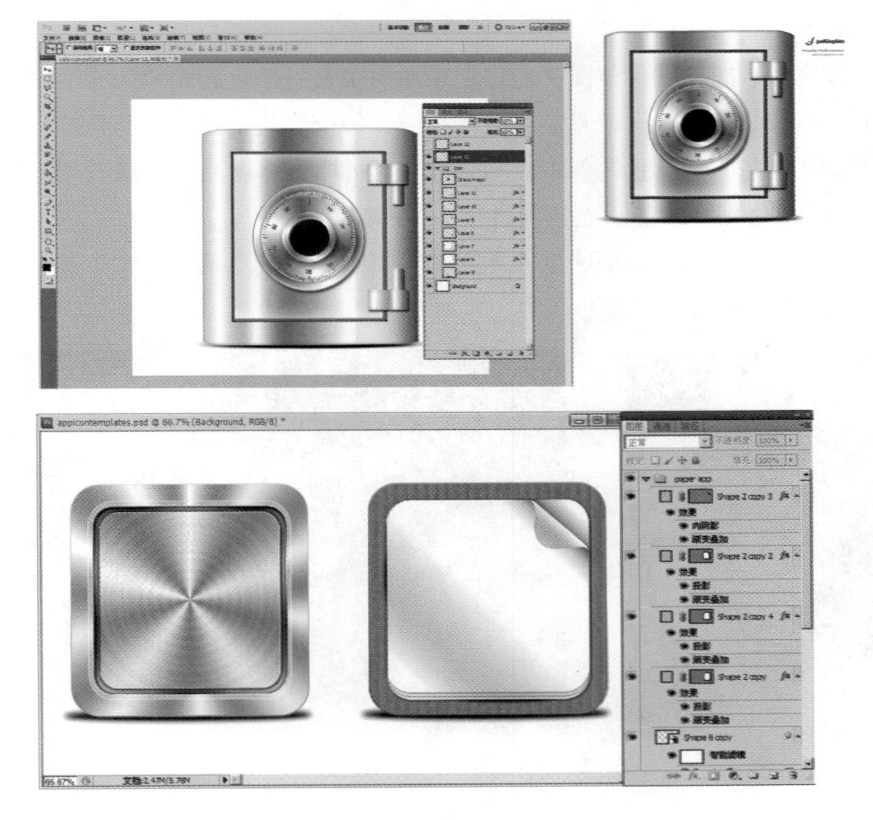

制作 icon 过程中需要注意的细节有以下 3 点。

（1）越是精细的图标就越是要注意路径对像素的影响。

（2）因为 icon 尺寸较小，所以就要求色彩饱满、突出对比度和有丰富的色阶层次。

（3）缩放图标时，要注意相应调整。

知识扩展：图标格式的那点事

要了解图片格式的特性，我们首先得从一些基本概念开始。如果你把这部分内容读完，相信会有很多收获。

1. 矢量与位图

（1）矢量图

一幅完美的几何图形矢量图是通过组成图形的点、线、面、边框，边框的粗细、颜色以及填充的颜色等一些基本元素，再通过计算的方式来显示图形的。这就像我们在几何学里面描述一个圆可以通过它的圆心位置和半径来描述一样。通过这些数据，计算机就可以绘制出我们所定义的图像。

任何东西都有两面性。矢量图的优点是文件相对较小，不管放大还是缩小都不会失真。缺点就是这些完美的几何图形难以表现自然度高的写实图像。

需要强调的是，我们在 Web 页面上所使用的图像都是位图，有些像矢量 icon 等称为矢量图形其实也是通过矢量工具进行绘制然后再转成位图格式在 Web 上使用的。

（2）位图

位图又叫像素图、栅格图。位图是通过记录图像中每一个点的颜色、深度和透明度等信息来存储和显示图像。一张位图就是一幅大的拼图，每个拼块都是一个纯色的像素点，当我们按照一定规律把这些不同颜色的像素点排列在一起的时候，就是我们所看到的图像。因此当我们放大一幅像素图时，就能看到这些拼片一样的像素点。

位图的优点是方便显示色彩层次比较丰富的写实图像。缺点是文件大小差别较大，放大和缩小图像就会失真，即放大和缩小图片，看起来都是比较虚的。

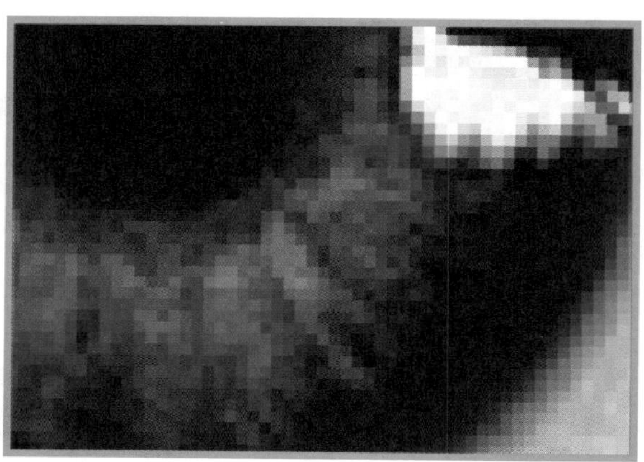

2. JPG 格式应该什么时候使用

从上面的介绍中，我们知道存储摄影和写实图像，还是 JPG 更适合。接下来，我们不妨找一张摄影作品试试。我们分别用 JPG 60%、PNG8 256 色 无仿色、PNG8 256 色 扩散仿色和 PNG32 等四种格式进行存储。很明显，用 JPG 存储图像的时候，不但压缩率是最大的，而且也能尽量保证原图的最佳还原效果。使用 PNG8 格式进行保存的时候，图像文件不仅大小变化大，而且失真也最严重。使用 PNG24 的格式的保存，虽然能保证品质，但是文件大小要比 JPG 格式大得多。之所以会有这种结果，是因为 JPG 格式和 PNG 格式各自的压缩算法不同。

由于受到环境光线的影响，摄影以及写实作品在图像上的色彩层次很丰富。就拿下面的图片来说，由于反光、阴影和透视效果，人物腮部区域会形成明暗、深浅不同的区域。要是用 PNG 格式去保存，就需要不同明暗度的肤色去存储这个区域。PNG8 的 256 色根本没有办法索引整张图片上出现的所有颜色，因此在存储的时候，就会因为丢失颜色而失真。PNG24 虽然能保证图像的效果，但是需要比较广泛的色彩范围来进行存储，因此文件也会显得比较大，远远不如 JPG 的存储效果。因此，要压缩那些真实世界中的复杂的色彩，还要保持还原最佳的视觉效果，JPG 的压缩算法是最好的。

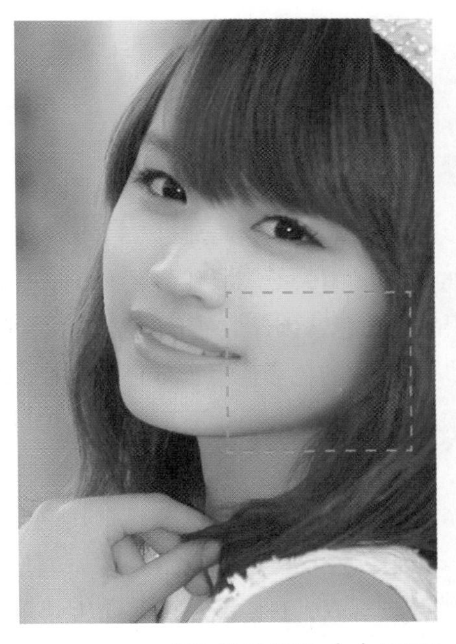

JPG 品质 60% 大小 200K　　PNG8 256 无仿色 大小 260K

所以，我们可以得出以下结论：对于写实的摄影图像以及颜色层次比较丰富的图像，要想保存成图片格式，还要达到最佳的压缩效果，JPG 的图片格式保存是最佳选择。比如，人像采集、商品图片或者实物素材制作的广告 Banner 等图像采用 JPG 的图片格式保存，就比其他格式的要好得多。

综上所述，我们在存储图像的时候，主要依据图像上的色彩层次和颜色数量进行选择采用 JPG 或是 PNG。对于那些颜色较多层次丰富的图像，我们就采用 JPG 格式存储；而针对一些颜色简单对比强烈的图片我们就采用 PNG 格式存储。但是这也不是绝对地一成不变，像有的图片虽然色彩层次丰富，但是图像尺寸较小，上面所包含的颜色数量也不多，这时候我们也可以采用 PNG 进行存储。像那些由矢量工具绘制的图像，就需要采用 JPG 进行存储，因为它所采用较多的滤镜特效会形成丰富的色彩层次。

另外，针对一些用于容器的背景、按钮、导航的背景等页面结构的基本视觉元素，我们要保证设计的品质，就必须使用 PNG 格式进行存储。因为这样才能更好地加入一些元素。对于那些像商品图片和广告 Banner 等对质量要求不高的，我们用 JPG 格式去进行存储就可以了。

3.PNG 应该什么时候使用

下图所示的是手机里最常见的一个“Search”图片按钮，用 JPG 和 PNG8 两个格式分别进行保存，大家可以看到，JPG 格式保存的文件不仅是 PNG 格式保存的文件大小的 2 倍，还出现了噪点。是什么原因造成这样的差异呢？

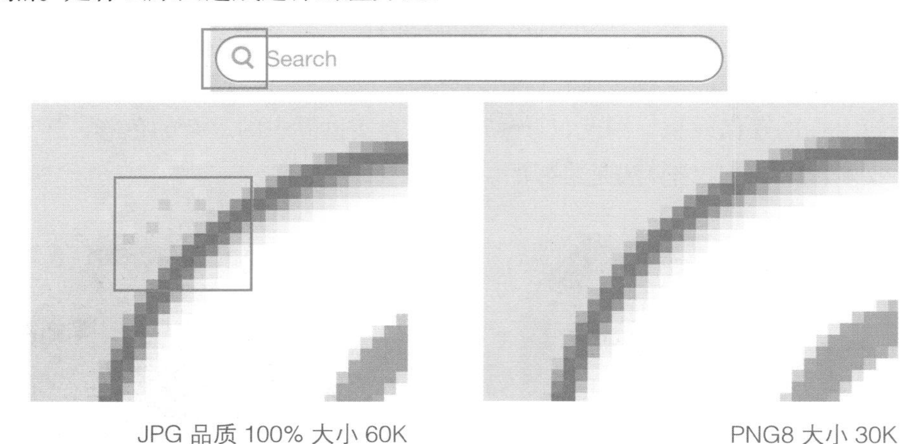

JPG 品质 100% 大小 60K　　　　PNG8 大小 30K

我们可以看到，“Search”这个按钮是通过 Photoshop 用矢量工具绘制出来的，它的渐变填充是很规则的线性渐变，文字颜色和描边都采用的是纯色，因此它所包含的色彩信息很少。所以我们在用 PNG 存储这个图像的时候，只需要保存很少的色彩信息就能还原这个图像。而 JPG 格式存储这种颜色少但对比强烈的图片，由于 JPG 格式的大小主要取决于图像的颜色层次，所以反而不能很好地压缩文件大小。

另外，根据有损压缩的压缩算法，JPG 在压缩图像的时候，会通过渐变或其他方式填充一些被删除的数据信息。图中红色和白色的区域，由于色差较大，所以 JPG 在压缩过程中就会填充一些额外杂色进去，这样就会影响图像的质量。所以，JPG 不利于存储大块颜色相近区域的图像，也不利于存储亮度差异非常明显的图像。

4. 有损压缩与无损压缩

（1）有损压缩

有损压缩，顾名思义，就是在存储图像的时候，不完全真实地记录图像上每个像素点的数据信息。实验证明，人眼对光线的敏感度要比对颜色的敏感度高，当颜色缺失的时候，人脑就会利用与附近最接近的颜色来自动填补缺失的颜色。所以，有损压缩就根据人眼观察的这个特性对图像数据进行处理，去掉那些图像上会被人眼忽略的细节，再使用附近的颜色通过渐变以及其他形式进行填充。这样不仅降低了图像信息的数据量，还不会影响图像的还原效果。

我们最常见的采用对图像信息进行处理的有损压缩是 JPG 格式。JPG 格式在存储图像的时候，首先把图像分解成 8 像素 ×8 像素的栅格，再对每个栅格的数据进行压缩处理。所以我们在放大一幅图像的时候，就会发现这些 8 像素 ×8 像素栅格中有很多细节信息被删除。这就是用 JPG 格 式存储图像会产生块状模糊的原因。

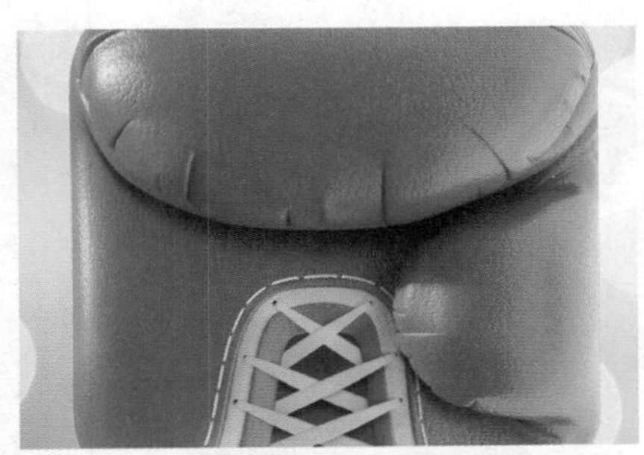
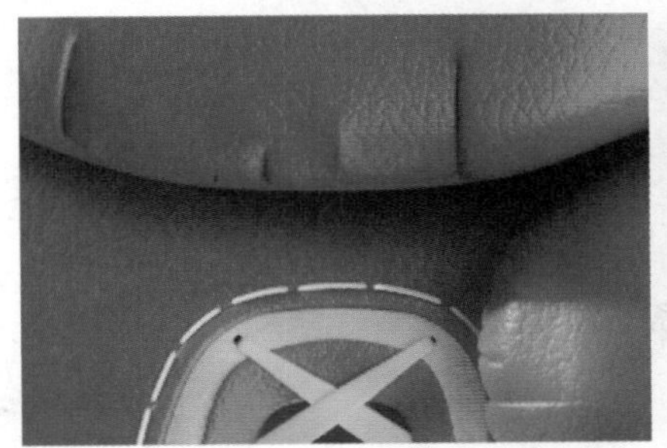

图片放大后看到有损压缩的痕迹

（2）无损压缩

和有损压缩不一样，无损压缩会真实地记录图像上每个像素点的数据信息。为了压缩图像文件的大小，无损压缩还是会采取一些特殊的算法。无损压缩首先要判断图像上哪些区域的颜色是相同的哪些是不同的，再把这些相同的数据信息进行压缩记录，最后把不同的数据另外保存。比如存储一幅蓝天白云的图片，一片蓝色的天空就属于相同的数据信息，我们只需要记录起点和终点的位置，天空上的白云和渐变等这些不同的数据，我们就要另外保存。

最常见的一种采用无损压缩的图片格式是 PNG 格式。因为无损压缩在存储图像的时候，要先判断图像上哪些地方是相同的哪些地方是不同的，所以就要对图像上所有出现的颜色进行索引，这些颜色就是索引色。索引色和绘制这幅图像的调色板一样，PNG 格式在显示图像的时候，就会用（索引色）调色板上的颜色去填充相应的位置。

有的时候，虽然 PNG 采用的是无损压缩的保存，可是图片还会失真。其实对于无损压缩来说，不管图像上的颜色多少，都会损失图像信息。这是因为无损压缩的方式只会尽可能真实地还原图像，但是 PNG 格式是通过索引图像上相同区域的颜色进行压缩和还原的，也就是说只有在图像上出现的颜色数量比我们保存的颜色数量少的时候，无损压缩才能真实地记录和还原图像，要是图像上出现的颜色数量大于我们保存的颜色数量的时候，就会丢失一些图像信息。像 PNG 格式最多才能保存 48 位颜色通道，PNG8 格式最多只能索引 256 种颜色，因此对于颜色较多的图像就不能真实还原。而 PNG24 格式能保存 1600 多万种颜色，这样就能够真实还原我们人类肉眼所可以分辨的所有颜色。

手机 UI 的平面图标制作

手机 UI 离不开矢量图形的制作，本章我们将使用 Photoshop 的矢量图形工具，通过将基本元素进行合并、剪切等操作，一个个生动的图形就呈现在眼前了。本章是 icon 的制作基础，很重要哦！

Home 图标制作

案例综述

本次实例是制作单色 Home 图标，主要运用了三种工具，其中包括“钢笔工具”“圆角矩形工具”“矩形工具”混合使用，完成 Home 图标的制作。

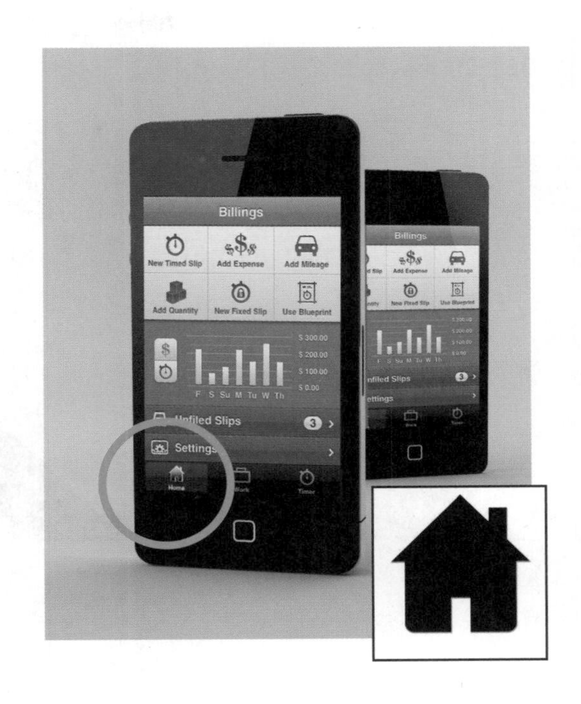

设计规范

尺寸规范	800 × 600（像素）
主要工具	圆角矩形工具、图层样式
文件路径	Chapter04/4-1.psd
视频教学	4-1.avi

造型分析

Home 图标为不规则形状，以三角形和圆角矩形合并形成基本形，以矩形工具的加减运算完成效果。

操作步骤

01 新建文档　执行“文件 > 新建”命令，或按下快捷键 Ctrl+N，打开“新建”对话框，设置宽度和高度分别为 800 像素、600 像素，分辨率为 72 像素 / 英寸，完成后单击“确定”按钮，新建一个空白文档。

02 显示网格　执行“编辑 > 首选项 > 参考线、网格和切片”命令，在打开的“首选项”对话框中，设置网格间距为 80 像素、子网格 4，单击“确定”按钮。执行“视图 > 显示网格”命令，在制作图标的过程中，可以使用网格作为参考，使每个图标大小一致。

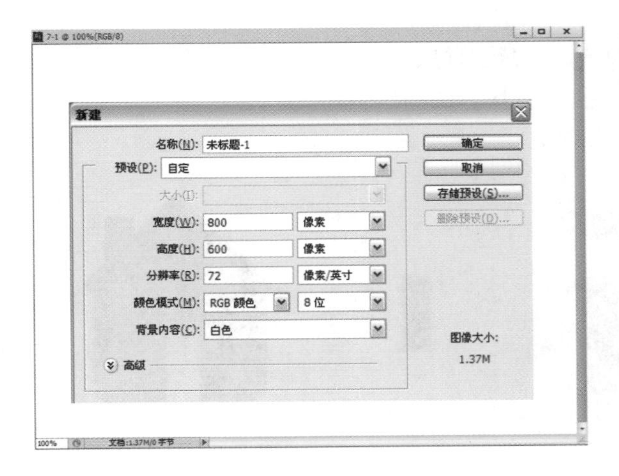

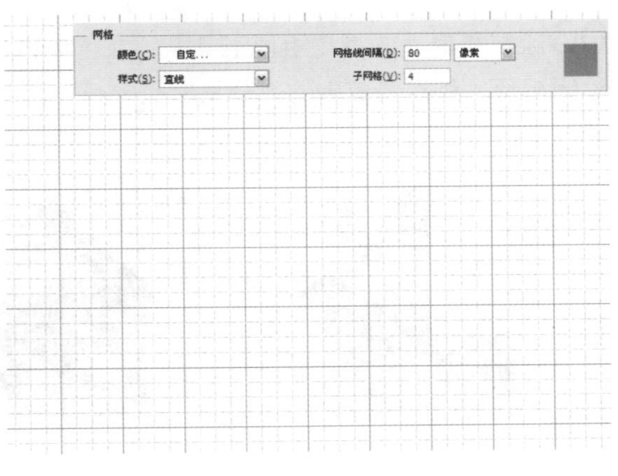

03 绘制三角形 选择“钢笔工具”，在选项栏中选择“形状”选项，在网格上进行绘制，得到三角形。

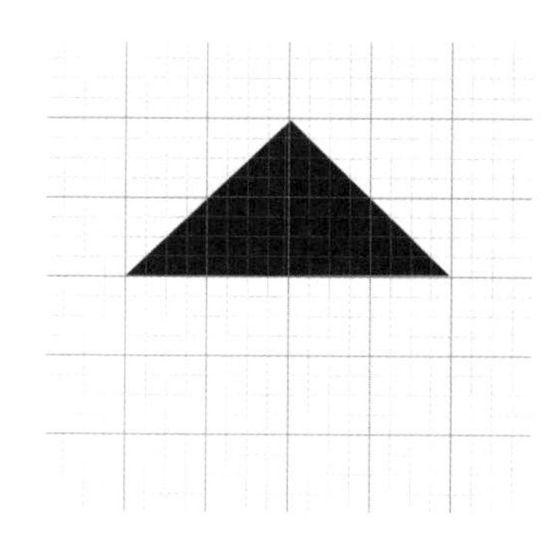

绘制三角形状，除了使用钢笔工具绘制外，还可以使用“多边形工具”，在选项栏中设置边为 3，即可绘制出三角形，不过绘制出来后，还需要使用直接选择工具，将节点选中，进行调整。

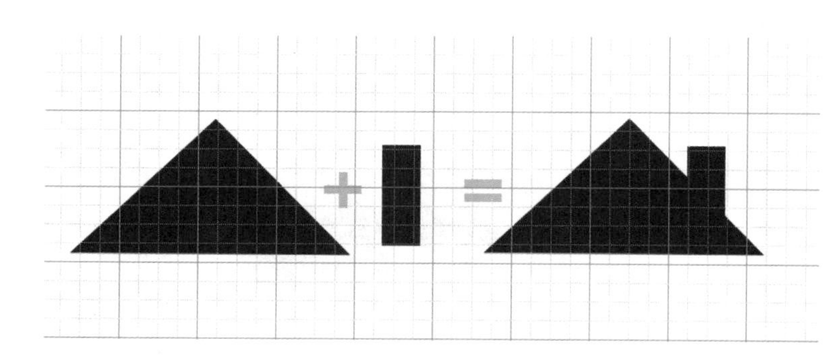

04 绘制矩形 选择“矩形工具”，在选项栏中选择“合并形状”选项，在三角形的右边绘制矩形。

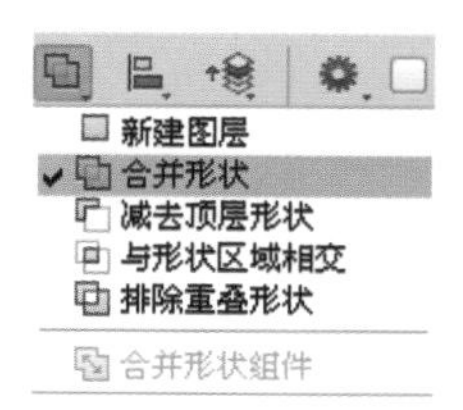

05 绘制圆角矩形 选择“圆角工具”，在选项栏中设置半径为 20 像素，选择“合并形状”选项，在三角形的下方绘制圆角矩形。

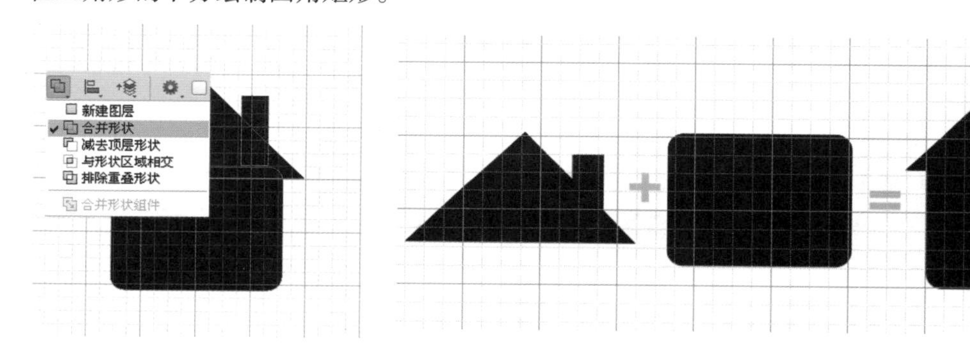

06 绘制矩形 选择“矩形工具”，在选项栏中选择“减去顶层形状”选项，在圆角矩形的下方绘制矩形，将需要减去的部分从形状中减去，完成 Home 图标的制作。

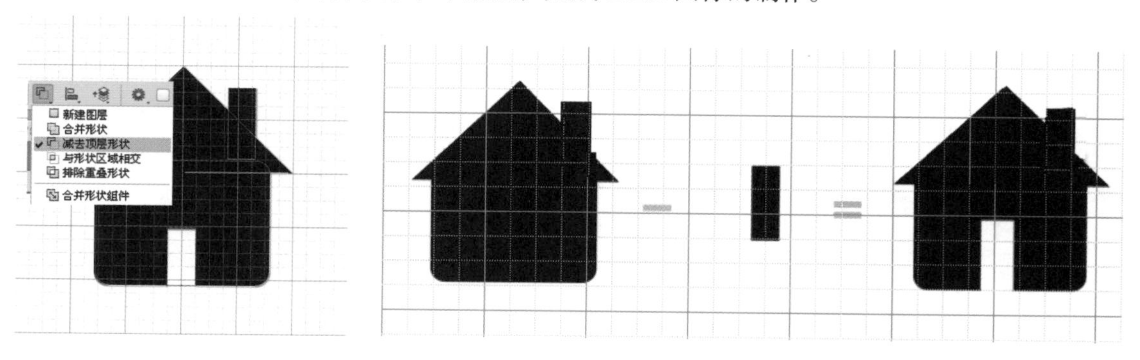

日历图标制作

案例综述

本例是日历图标制作，主要是运用圆角矩形工具绘制基本形，以及路径之间的加减运算，最后使用矩形工具进行绘制，完成日历图标的制作。

设计规范

尺寸规范	800 × 600（像素）
主要工具	圆角矩形工具、图层样式
文件路径	Chapter04/4-2.psd
视频教学	4-2.avi

造型分析

日历图标以圆角矩形为基本形，上面以圆角矩形的加减运算绘制而成，下方以矩形工具的减法运算进行绘制。

操作步骤

01 新建文档　执行“文件 > 新建”命令，或按下快捷键 Ctrl+N，打开“新建”对话框，设置宽度和高度分别为 800 像素、600 像素，分辨率为 72 像素 / 英寸，完成后单击“确定”按钮，新建一个空白文档。

02 填充背景色　单击工具箱底部前景色图标，弹出“拾色器（前景色）”对话框，设置颜色为 R:68 G:108 B:161，单击“确定”按钮，按下快捷键 Alt+Delete，为背景填充蓝色。

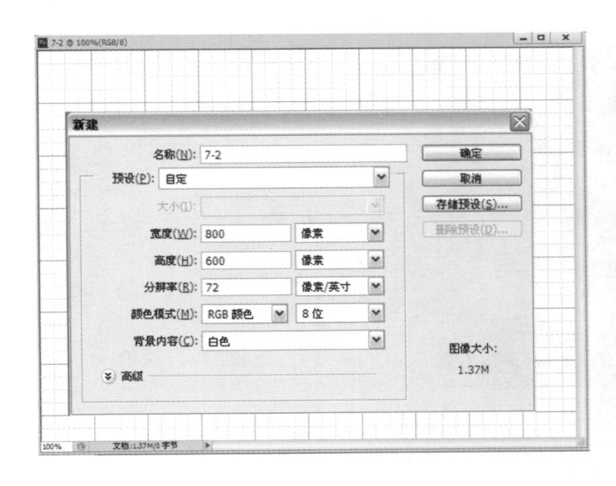

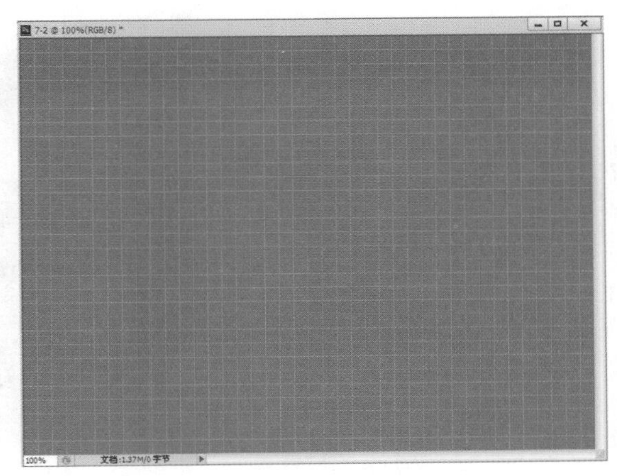

03 绘制圆角矩形 设置前景为R:238 G:238 B:238，单击“确定”按钮，选择“圆角矩形工具”，在选项栏中设置半径为20像素，在图像上绘制圆角矩形。

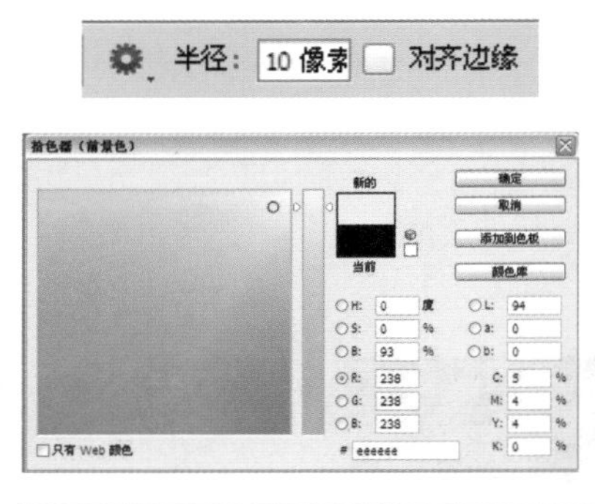

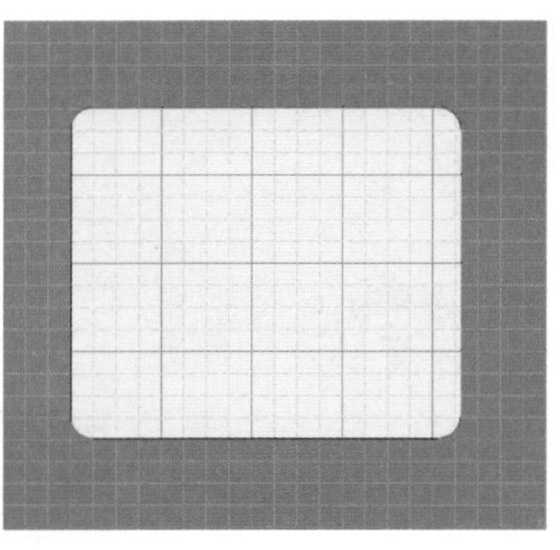

04 从形状中减去 选择“圆角矩形工具”，在选项栏中设置半径为100像素，选择“减去顶层形状”选项，将图像上方绘制的圆角矩形从形状中减去。

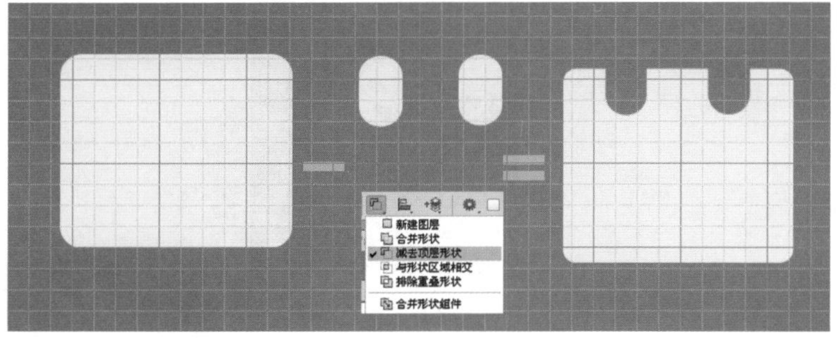

05 合并形状 选择“圆角矩形工具”，在选项栏中选择“合并形状”选项，在图像上绘制圆角矩形，绘制后的形状将与原来的形状合并。

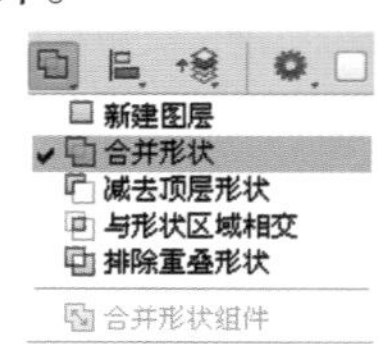

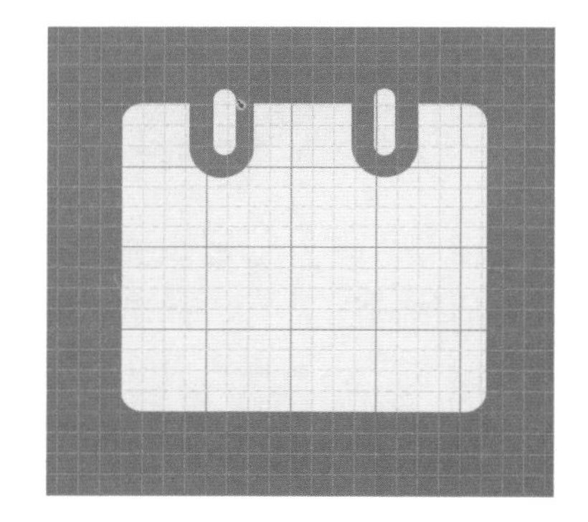

06 减去形状 选择“矩形工具”，在选项栏中选择“减去顶层形状”选项，在图像上绘制矩形，绘制后的形状区域将从原来的区域中减去。

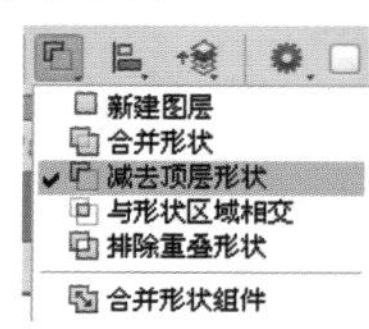

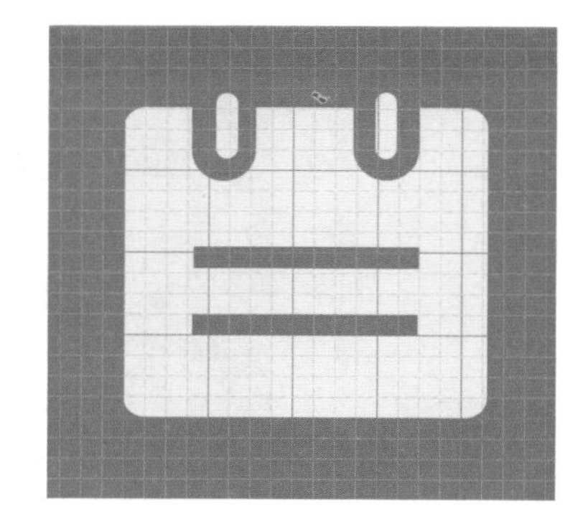

这两步的操作对新手来说，可能有些难度，因为这两步的操作都是需要一步到位，新手在刚开始绘制的时候很难掌握尺度，会导致绘制出来的2个圆角矩形或者矩形框不一样大。在这里有一个方法可供参考，在绘制开始之前，可以使用参考线进行标注，然后根据参考线进行绘制，实在不行的话，也可以将其绘制为单独的图层，调整大小到合适之后，进行复制，移动到合适的位置，最后将图层进行合并。

录音机图标制作

案例综述

本例制作录音机图标，主要是圆角矩形工具和矩形工具搭配使用完成形状。

设计规范

尺寸规范	800×600（像素）
主要工具	圆角矩形工具、图层样式
文件路径	Chapter04/4-3.psd
视频教学	4-3.avi

造型分析

录音机图标为不规则形状，上面以圆角矩形单独绘制而成，下面以圆角矩形和矩形工具混合制作形成。

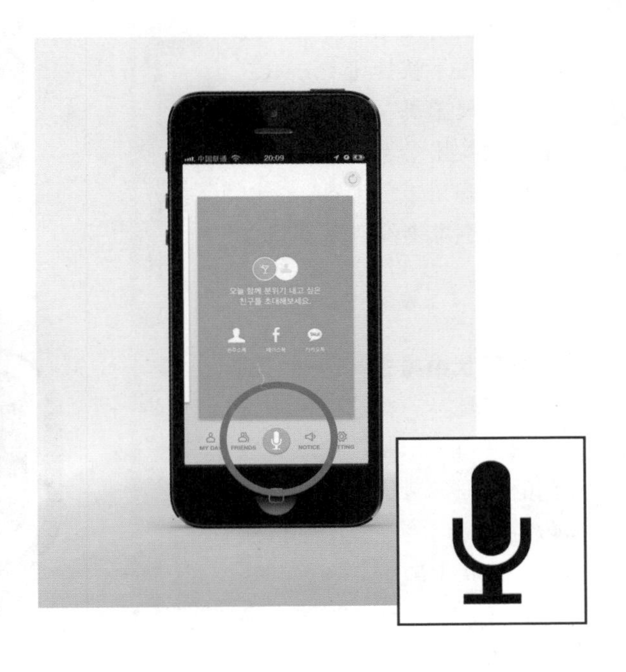

操作步骤

01 新建文档　执行"文件 > 新建"命令，或按下快捷键 Ctrl+N，打开"新建"对话框，设置宽度和高度分别为 800 像素、600 像素，分辨率为 72 像素 / 英寸，完成后单击"确定"按钮，新建一个空白文档。

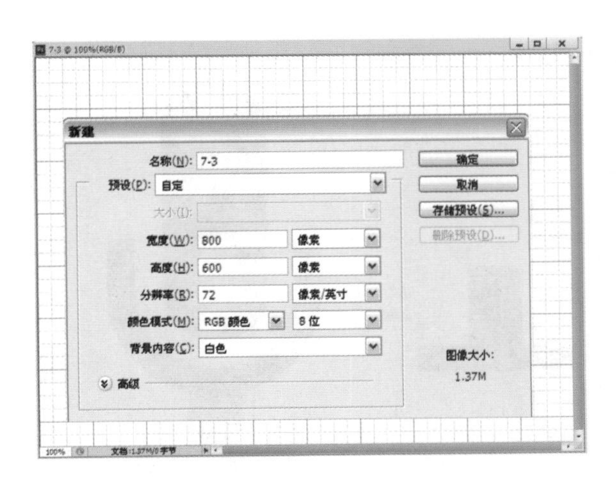

02 绘制圆角矩形　选择"圆角矩形工具"，在选项栏中设置半径为 100 像素，设置前景色为黑色，在图像上绘制圆角矩形。

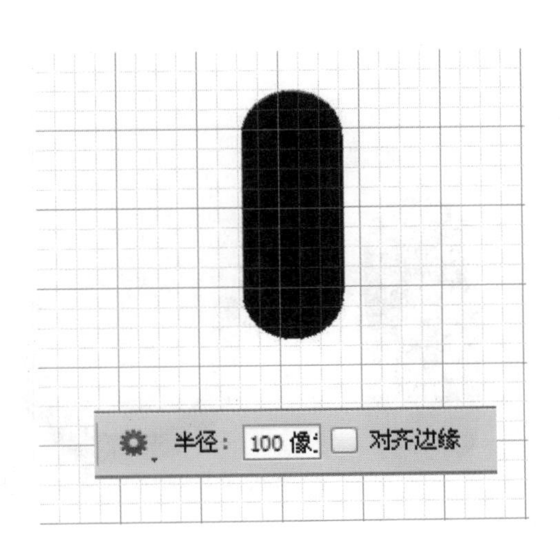

03 绘制圆角矩形 为了方便操作，我们将使用参考线来进行衡量，按下快捷键 Ctrl+R，打开“标尺工具”，从垂直和水平方向拉出参考线，然后再次选择“圆角矩形工具”，以红色的外围参考线为基准建立圆角矩形。

04 从形状中减去 选择“圆角矩形工具”，在选项栏中选择“减去顶层形状”选项，以红色的内围参考线为基准建立圆角矩形，可将建立的选区从原始的形状上减去。选择“矩形工具”，建立选区，减去多余的形状。

05 新建矩形 选择“矩形工具”，在选项栏中选择“新建图层”选项，在形状下方建立矩形框，完成效果。

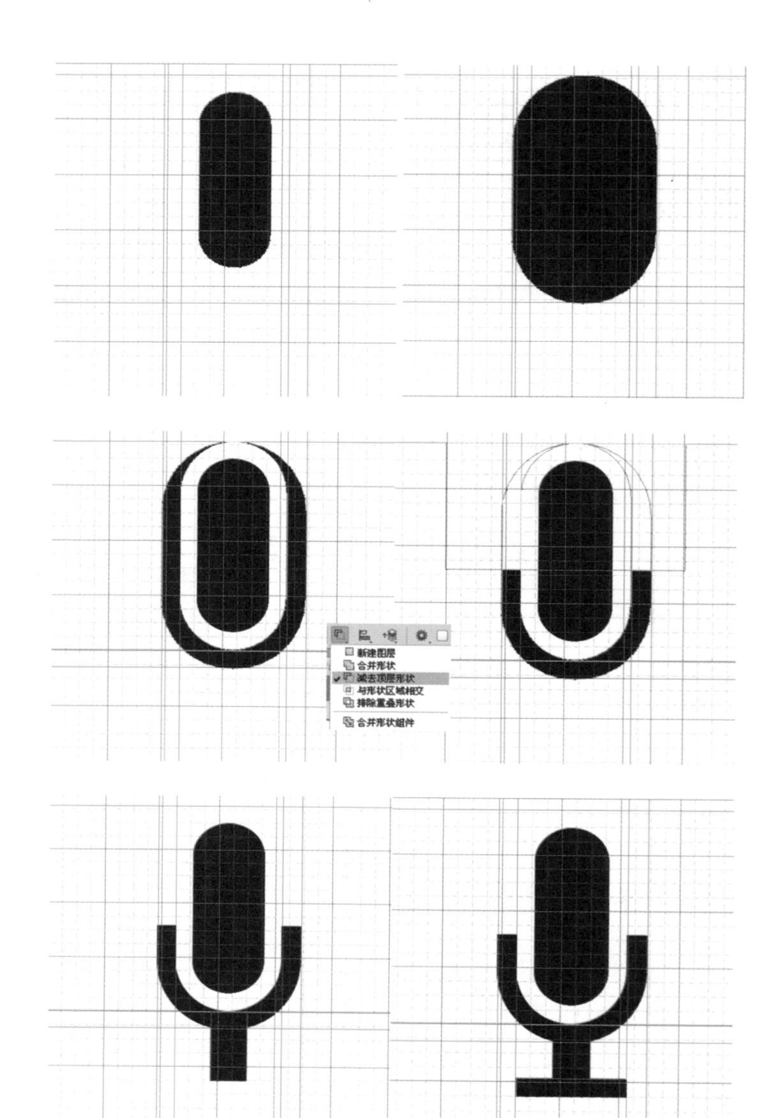

步骤拆解示意图

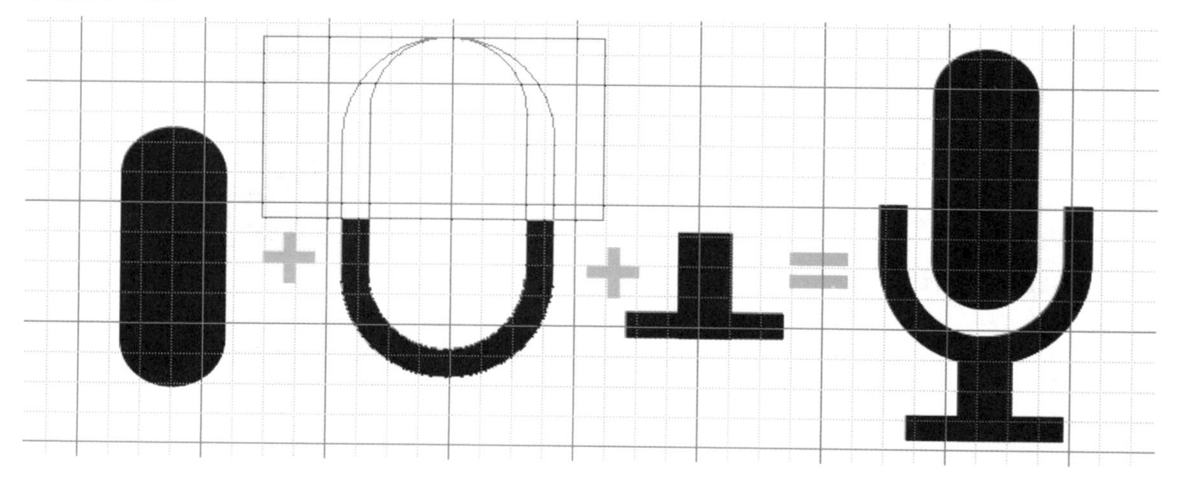

文件夹图标制作

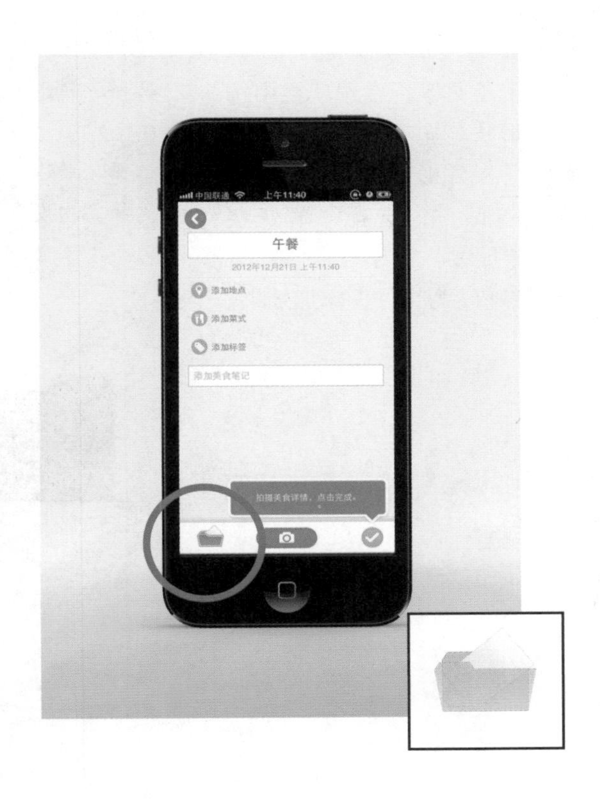

案例综述

本例是制作文件夹图标，使用钢笔工具、矩形工具和图层样式以及“自由变换”命令完成制作。

设计规范

尺寸规范	600 × 600（像素）
主要工具	圆角矩形工具、图层样式
文件路径	Chapter04/4-4.psd
视频教学	4-4.avi

造型分析

文件夹图标以钢笔工具绘制出基本形，通过一系列操作，可形成基本形，最后添加纸张，表现质感。

操作步骤

01 新建文档　执行“文件 > 新建”命令，或按下快捷键 Ctrl+N，打开“新建”对话框，设置宽度和高度分别为 600 像素、600 像素，分辨率为 72 像素 / 英寸，完成后单击“确定”按钮，新建一个空白文档。

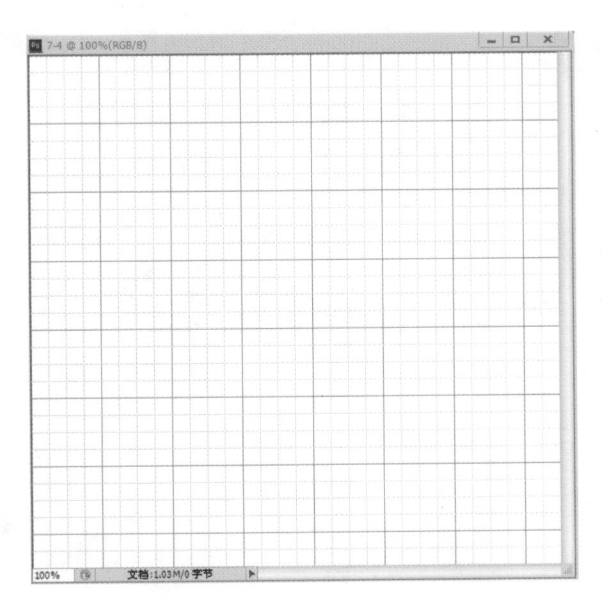

02 绘制文件夹外形 选择“钢笔工具”，在选项栏中选择“形状”选项，在图像上绘制文件夹外形，打开“图层样式”对话框，选择“渐变叠加”“描边”“内发光”效果，设置参数，为文件夹添加效果。

1. 用钢笔工具绘制外形。
2. 选择“渐变叠加”选项，设置渐变条从左到右依次为 R:555 G:210 B:122、R:255 G:185 B:18。
3. 选择“描边”选项，大小 1 像素、颜色 R:192 G:124 B:51。
4. 选择“内发光”选项，混合模式正常，颜色白色，阻塞 100%、大小 1 像素。

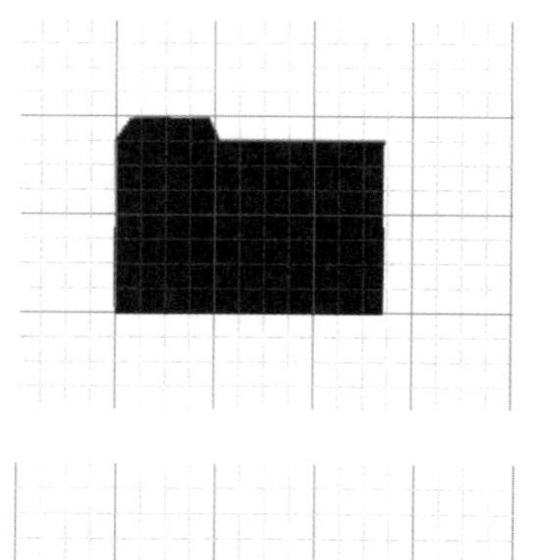

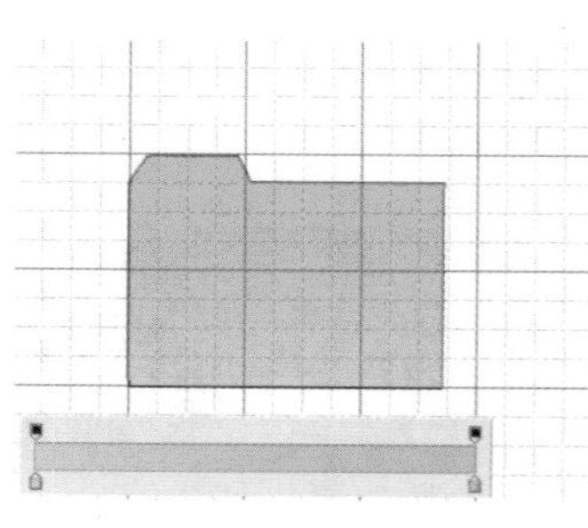

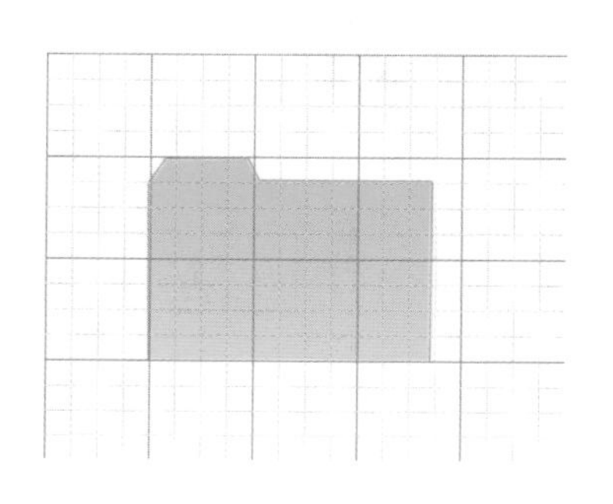

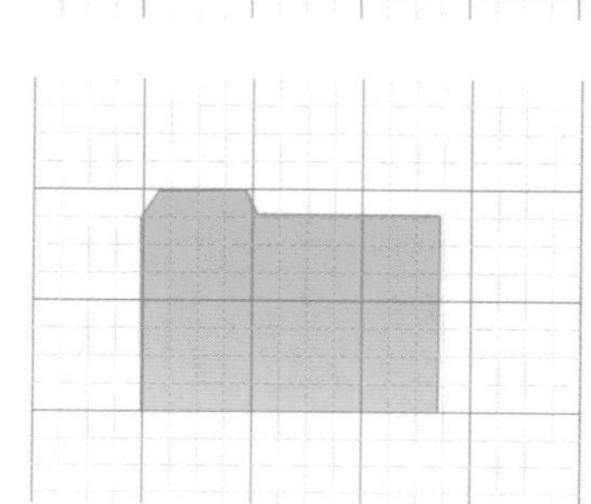

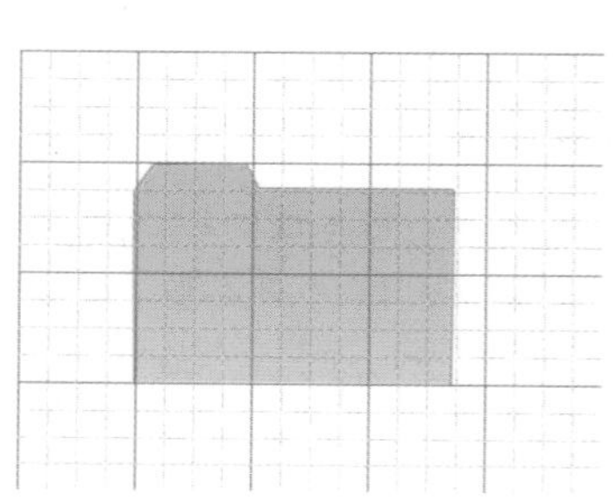

你在使用钢笔工具绘制文件夹的时候，会不会遇到这样的问题呢？即在图像上单击绘制一个锚点的时候，这个锚点会自动吸附到网格上，而导致想要绘制的形状出现偏差。如果有这样的问题，不要着急，执行“视图 > 对齐”命令，将对齐命令前面的对勾去掉，这样你就可以随心所欲地在画布上进行形状绘制了。

03 表现透视效果 将文件夹图层进行复制，选择复制后的图层，按下快捷键 Ctrl+T，自由变换，单击右键，选择“透视”命令，将鼠标确定在右上角的节点上，向右轻轻拖动节点，使文件夹外形向两边扩张，按下 Enter 键确认。

1. 执行“透视”命令。
2. 拖动节点。
3. 确认操作。

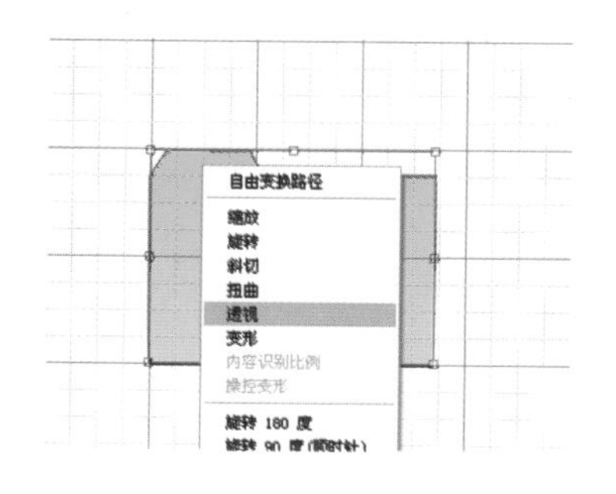

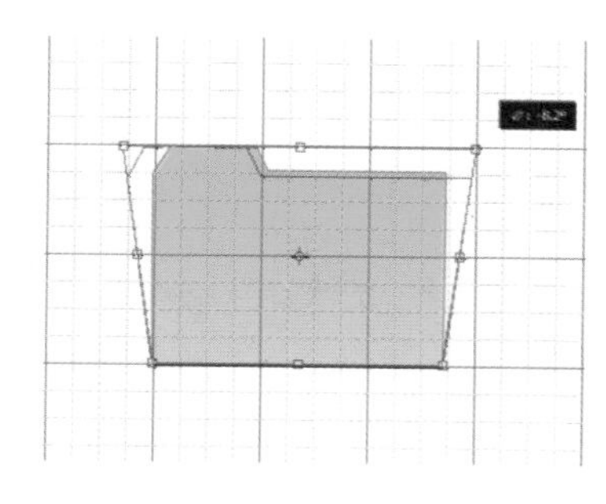

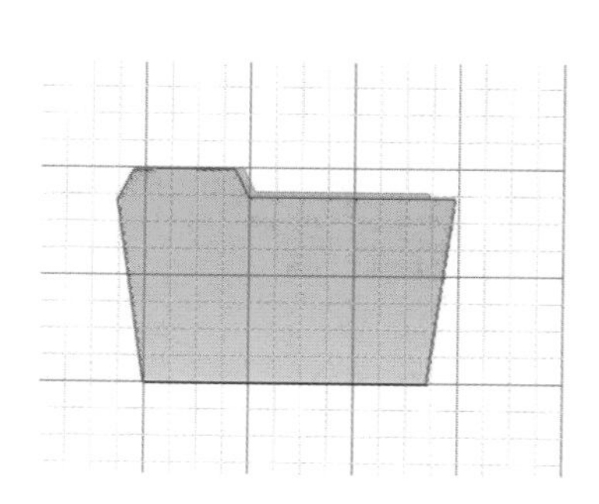

04 改变大小　再次按下快捷键 Ctrl+T，自由变换，选择控制框最上层中间的节点，向下拖动使其缩小一点，让它看起来像 3D 的打开文件夹，完成后，按下 Enter 键确认操作。

1. 向下拖动节点。
2. 确认操作。

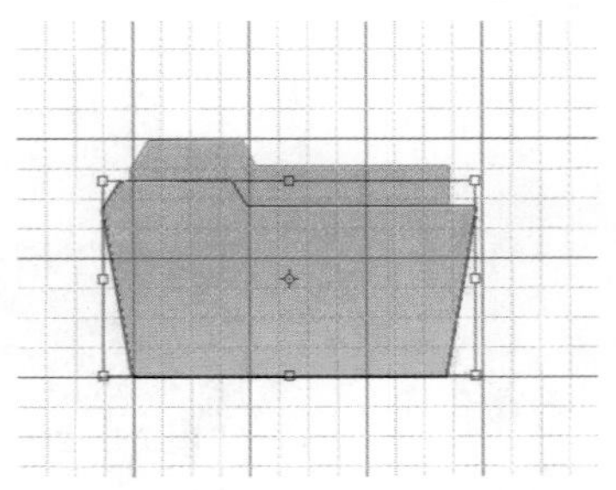

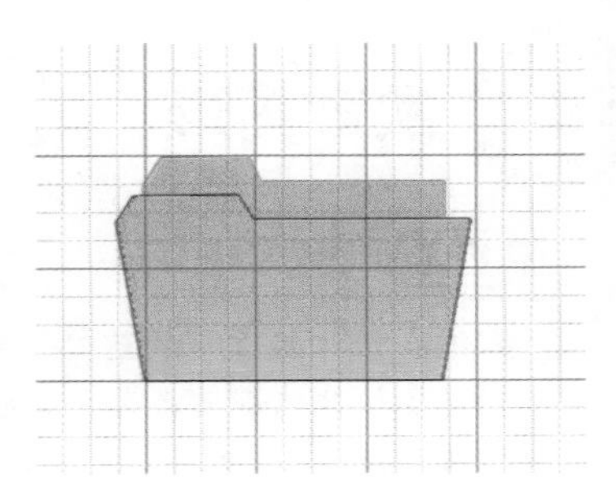

05 制作一张纸　选择“矩形工具”，在文件夹上绘制一张纸，打开该图层“图层样式”对话框，选择“渐变叠加”“描边”选项，设置参数，为纸片添加质感。

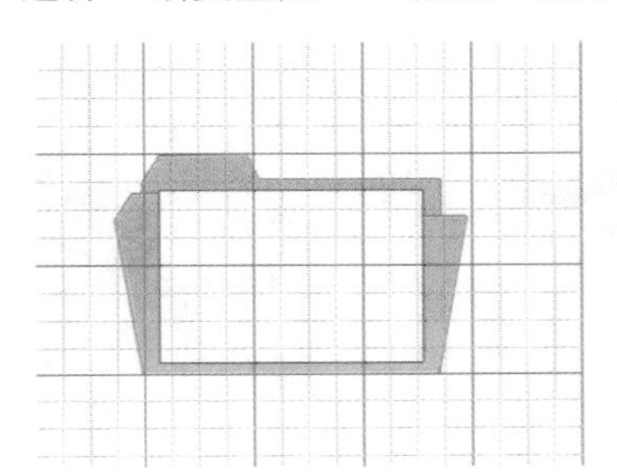

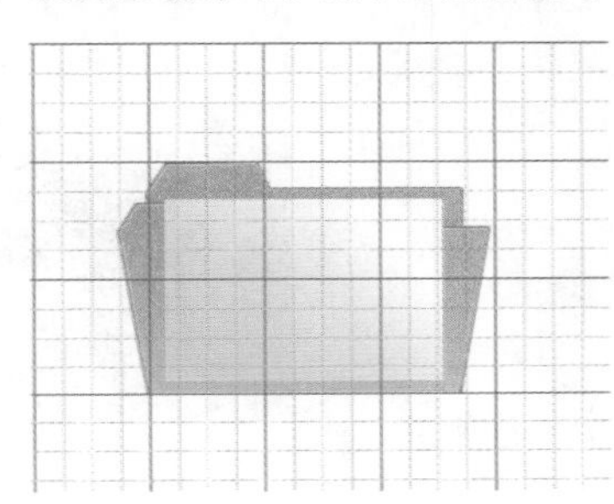

1. 绘制一张纸。
2. 选择“渐变叠加”选项，不透明度 10%、角度 50°。
3. 选择“描边”选项，大小 1 像素、颜色 R:214 G:214 B:214。

06 表现文件夹立体感　按下快捷键 Ctrl+T，自由变换，将纸张向左进行旋转，将纸张图层移动到“形状 1 副本”图层的下方，现在图标看起来漂亮多了，我们还可以使它更酷一些，只需要“形状 1　副本”图层的不透明度降低到 50%~60%左右。

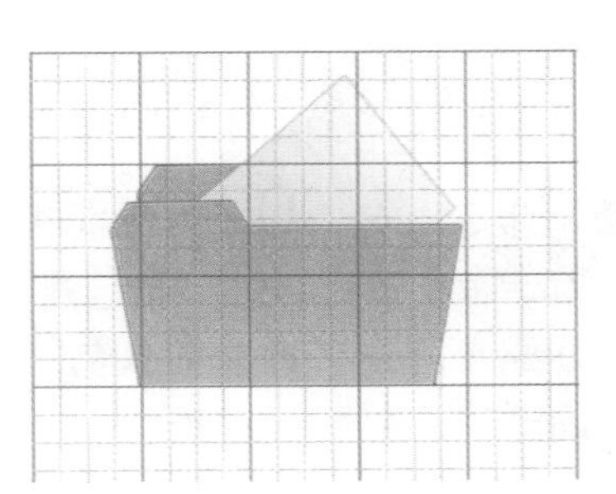

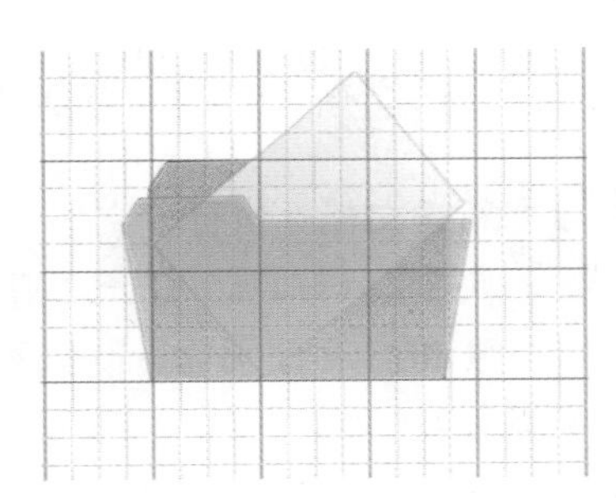

步骤拆解示意图

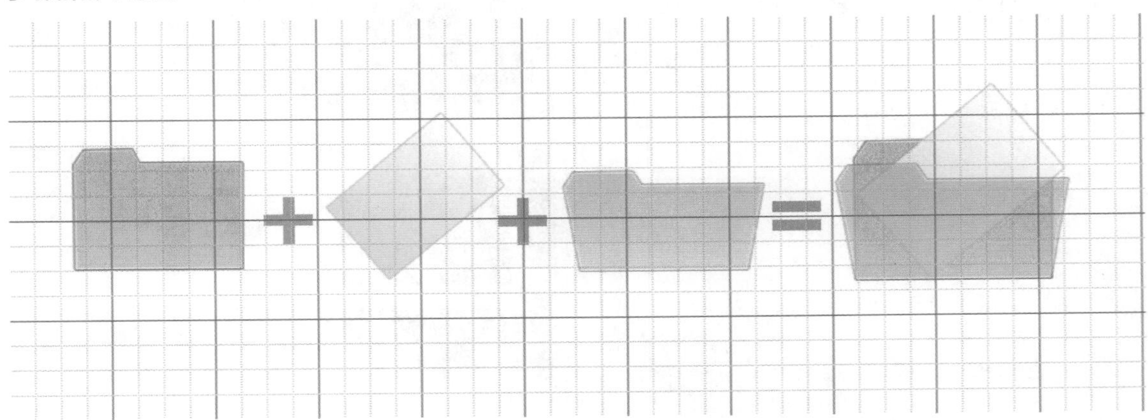

实战05 徽章图形

案例综述

本例我们将制作一个徽章的图形，也可以算是硬币的图案，这种图案通常在 App 页面或者网站中作为宣传图标出现，效果非常吸引人。

设计规范

尺寸规范	650×560（像素）
主要工具	多边形工具、图层样式
文件路径	Chapter04/4-5.psd
视频教学	4-5.avi

配色分析

金色给人以热烈辉煌的感觉，有一种富贵的象征，通常用于奖励、表彰。本例的徽章可以使用在品质保证或者信誉标牌上。

操作步骤

01 新建文档 执行“文件 > 新建”命令，或按下快捷键 Ctrl+N，打开“新建”对话框，设置宽度和高度分别为 650 像素、560 像素，分辨率为 72 像素 / 英寸，完成后单击“确定”按钮，新建一个空白文档，如图所示。

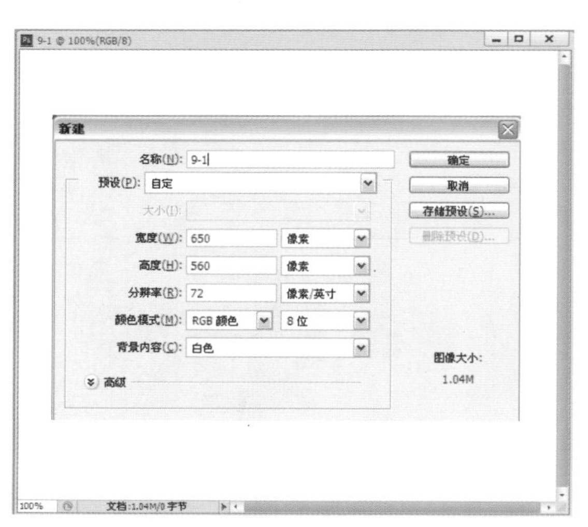

02 为背景填充颜色 单击前景色图标，在弹出的“拾色器（前景色）”对话框中设置参数，改变前景色，按下快捷键 Alt+Delete 为背景填充前景色。

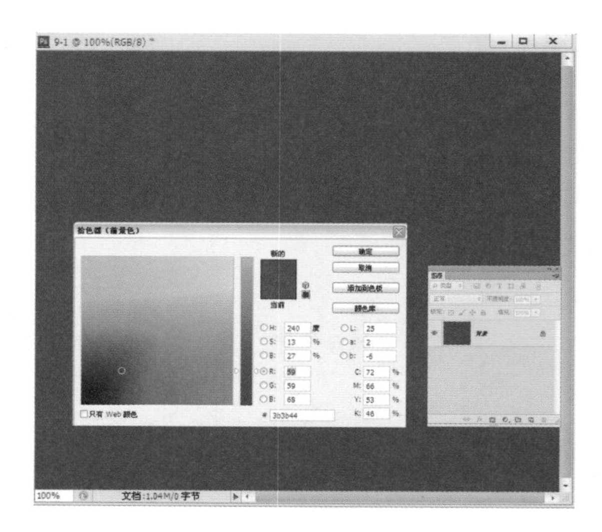

03 绘制外形，添加效果　选择“多边形工具”，在选项栏中设置边为 60，单击设置按钮，在弹出的面板中设置参数，然后前景色为白色，绘制徽章的外部轮廓，得到“形状 1”图层，打开“图层样式”对话框，选择“渐变叠加”选项，设置参数，为形状添加渐变效果。

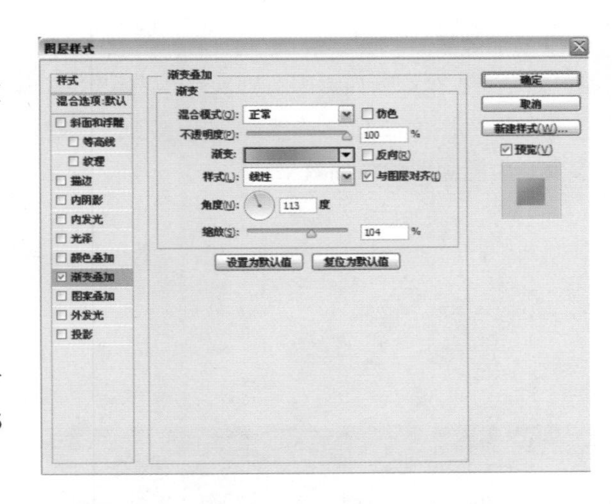

1. 使用多边形工具绘制外部轮廓。
2. 选择“渐变叠加”选项，设置渐变条从左到右依次是 R:245 G:217 B:92 R:193 G:130 B:1、R:245 G:217 B:92，角度 113 度、缩放 104%。

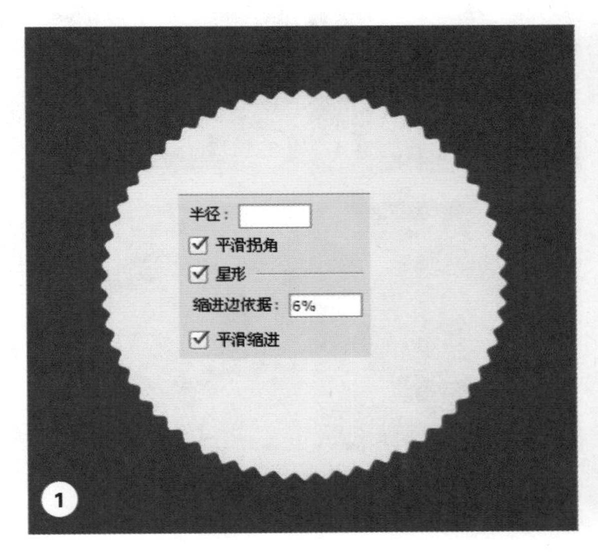

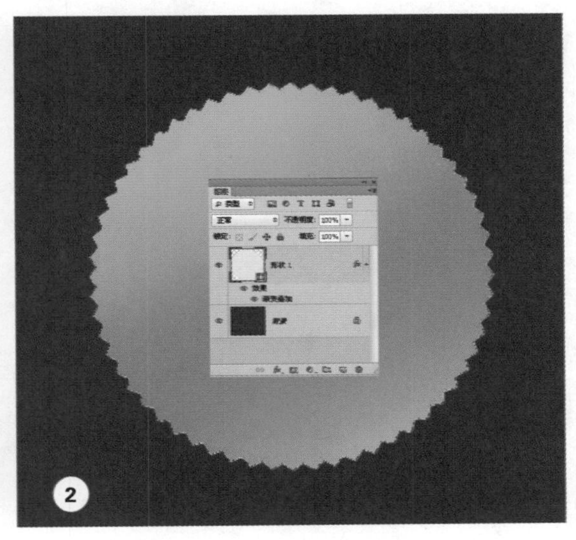

04 绘制同心圆　按下快捷键 Ctrl+R，打开“标尺工具”，从标尺中拉出参考线，使其水平和垂直方向都位于外形轮廓的中央位置，然后选择“椭圆工具”，按住快捷键 Alt+Shift 从参考线交接的地方拖曳开始绘制正圆，得到“椭圆 1”图层，为该图层添加图层蒙版，设置前景色为黑色，绘制正圆，可显示底部形状的颜色。

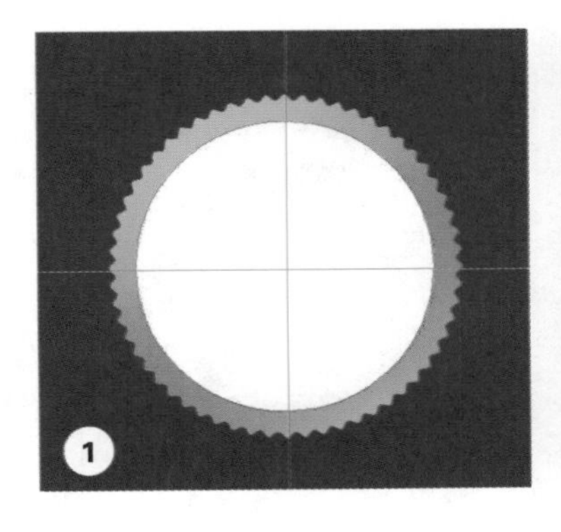

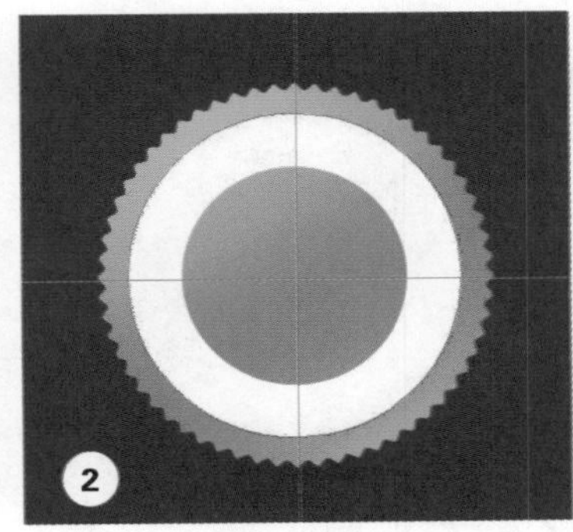

1. 用椭圆工具绘制正圆。
2. 使用蒙版，显示底部形状。

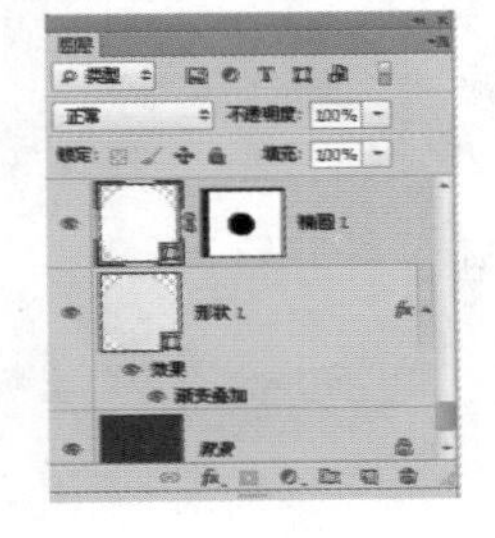

05 添加效果 打开“椭圆 1”图层“图层样式”对话框，在左侧列表中分别选择“描边”“颜色叠加”“图案叠加”“投影”等选项，设置参数，为椭圆形状添加效果。

1. 选择“描边”选项，大小 3 像素，颜色 R:42 G:23 B:6。
2. 选择“颜色叠加”选项，混合模式线性加深，颜色 R:82 G:61 B:23。
3. 选择“图案叠加”选项，选择图案，缩放 165%。
4. 选择“投影”选项，混合模式变亮，颜色 R:244 G:196 B:81，角度 180 度，去掉“使用全局光”对勾，扩展 100%，大小 4 像素。

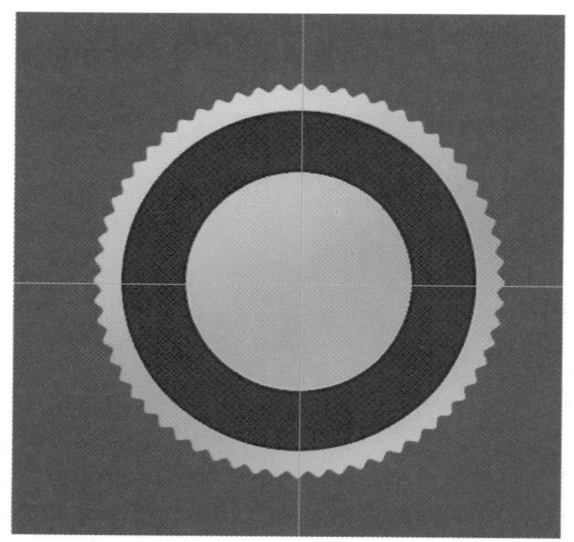

06 绘制内部正圆 再次选择“椭圆工具”，将鼠标放置于与参考线交接的中心点上，按住快捷键 Alt+Shift 拖曳鼠标绘制正圆，得到“椭圆 2”图层，打开该图层“图层样式”对话框，选择“内阴影”“颜色叠加”“图案叠加”等选项，设置参数，为正圆添加效果。

1. 选择“内阴影”选项，混合模式正片叠底，颜色 R:183 G:124 B:0，角度 180 度，去掉“使用全局光”对勾，扩展 1%，大小 95 像素。
2. 选择“颜色叠加”选项，混合模式线性加深，颜色 R:255 G:205 B:48。
3. 选择“图案叠加”选项，选择一种图案。

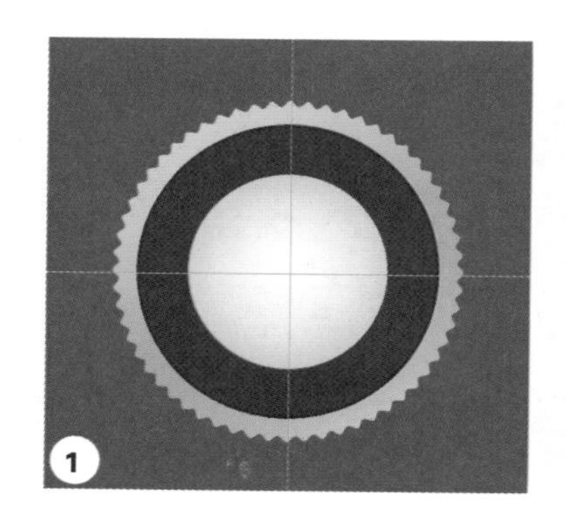

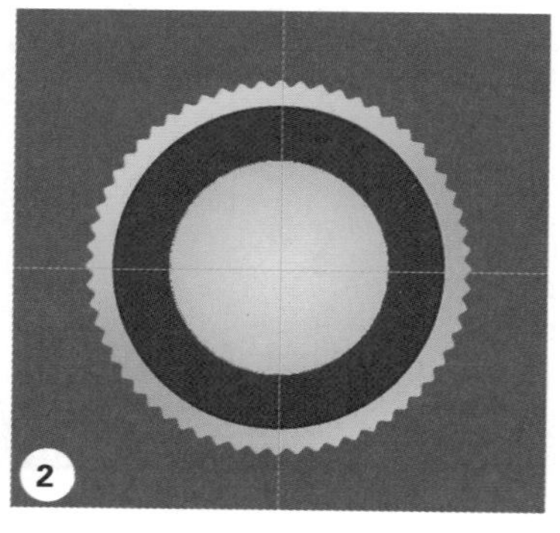

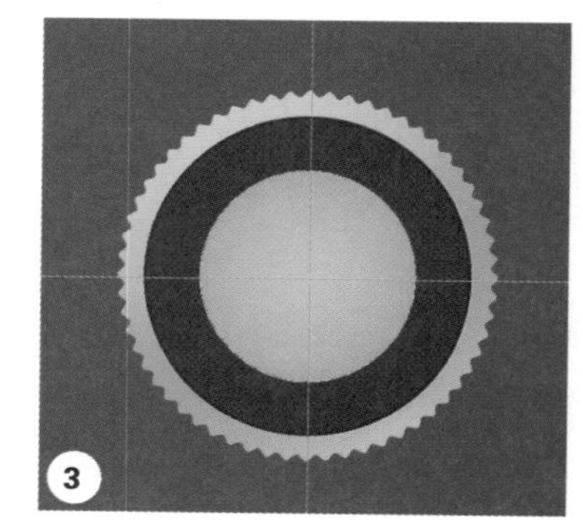

07 绘制星星

选择"钢笔工具"，绘制星星形状，打开"图层样式"对话框，选择"渐变叠加""投影"选项，设置参数，为星星添加渐变、投影效果。

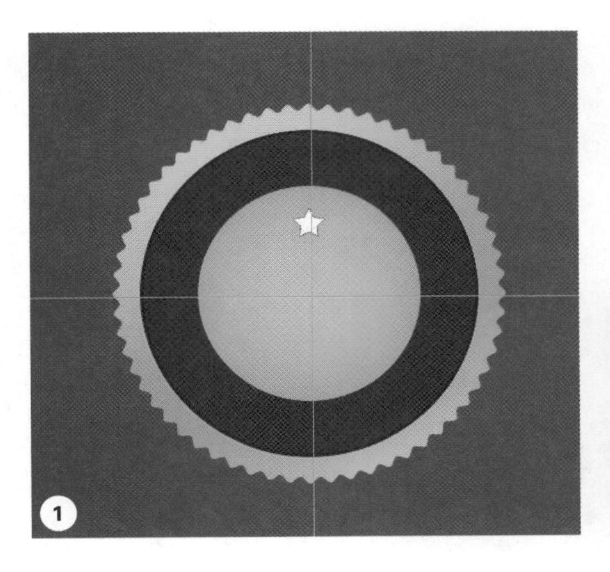

1. 使用钢笔工具绘制星星形状。
2. 选择"渐变叠加"选项，设置渐变条，从左到右颜色 R:251 G:255 B:136、R:254 G:249 B:203。
3. 选择"投影"选项，混合模式正片叠加，颜色 R:66 G:44 B:7，不透明度 36%，角度 120 度，去掉"使用全局光"对勾，距离 1 像素，扩展 100%，大小 1 像素。

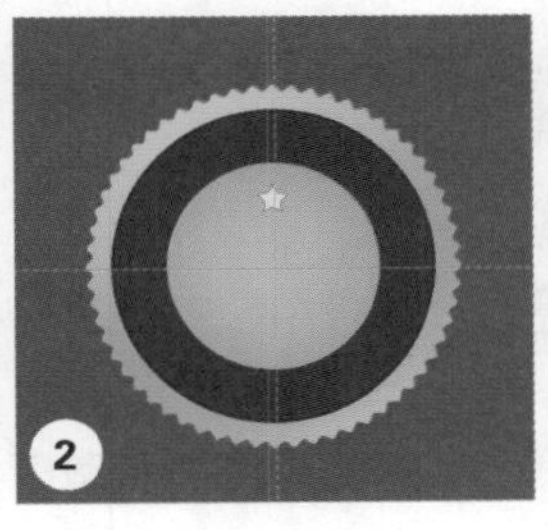

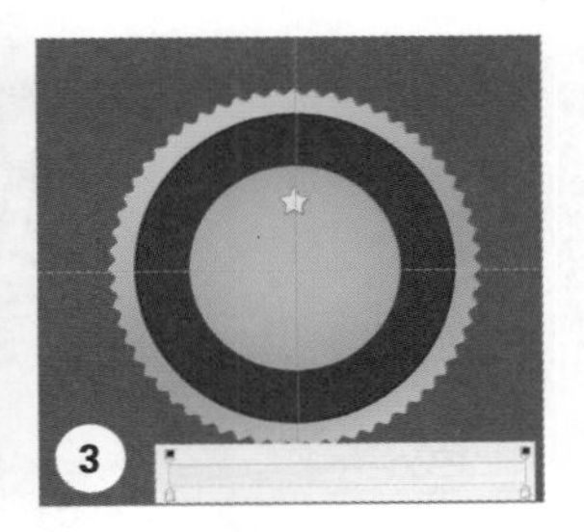

08 复制星星

将星星图层进行复制，按下快捷键 Ctrl+T，自由变换，将其缩小，移动位置，按住 Alt 键的同时选中星星形状，移动位置，可将其进行复制，得到多个星星形状。

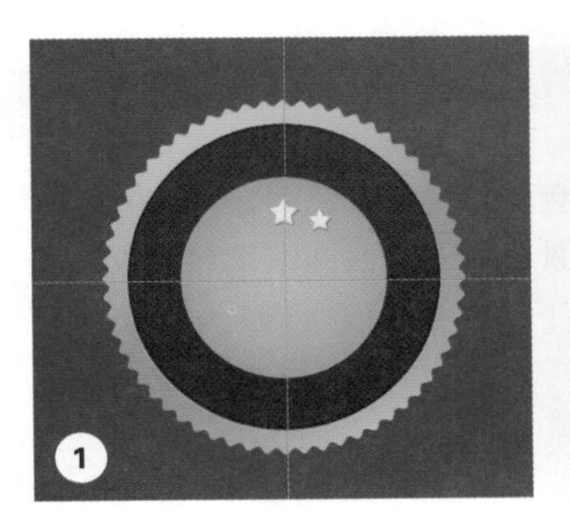

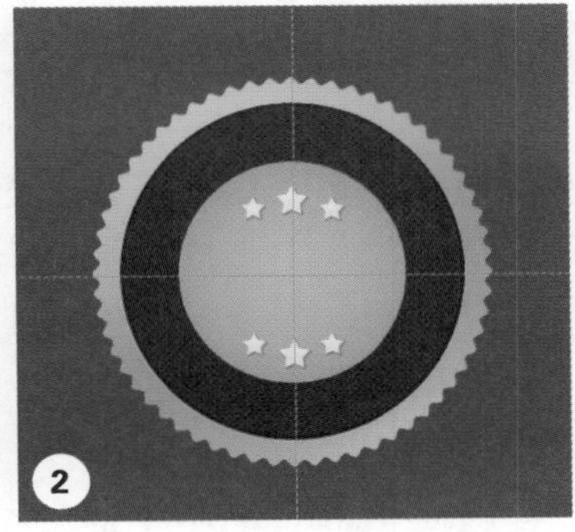

1. 复制星星，改变大小。
2. 多次复制，移动位置。

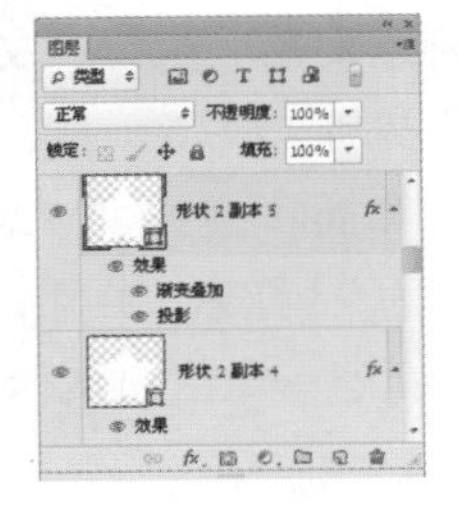

09 添加文字

选择"横排文字工具"，在选项栏中设置文字的颜色、大小、字体等属性，在图像上输入文字，完成效果。

在这一步中，输入的文字属于路径文字，需要先建立路径，然后再输入文字，可以使用钢笔工具或椭圆工具在图像上建立路径，使用文字工具在路径上单击，输入文字，即可形成路径文字。

实战 06 秒表图形

案例综述

本例我们将制作一个秒表图形，这个图形设计参考了简约风格的表盘，配上醒目的红色警示指针，让人感觉到平静中有些不安。

设计规范

尺寸规范	1280×1024（像素）
主要工具	圆形工具、图层样式
文件路径	Chapter04/4-6.psd
视频教学	4-6.avi

配色分析

灰色给人以冷酷或简约的象征，本例将红色元素融于大面积灰色中，让人感觉到传输速率（Mbit/s）是极速的。

操作步骤

01 新建文档 执行“文件 > 新建”命令，或按下快捷键 Ctrl+N，打开“新建”对话框，设置宽度和高度分别为 1280 像素、1024 像素，分辨率为 72 像素 / 英寸，完成后单击“确定”按钮，新建一个空白文档，如图所示。

02 填充背景色 单击前景色图标，在弹出的“拾色器（前景色）”对话框中设置参数，改变前景色，按下快捷键 Alt+Delete 为背景填充前景色。

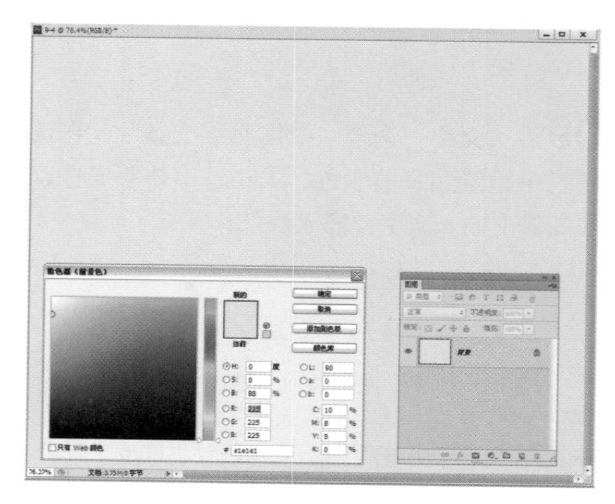

03 绘制秒表外形 选择“椭圆选框工具”，按住 Shift 键绘制正圆，设置前景色为白色，新建“图层 1”图层，为选区填充白色，按下快捷键 Ctrl+D，取消选区。

1. 用椭圆选框工具绘制正圆。
2. 为选区填充白色。
3. 取消选区。

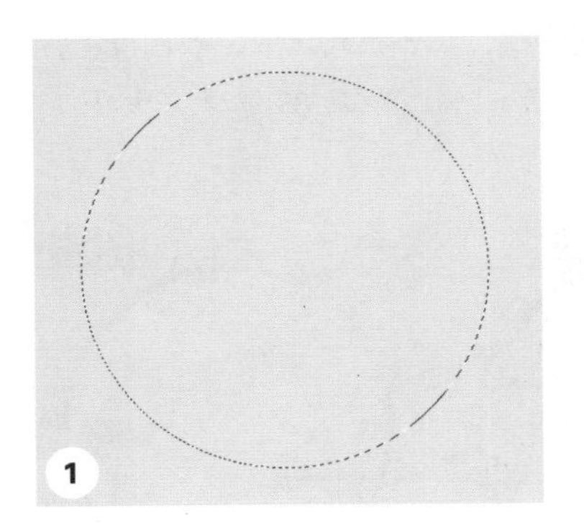

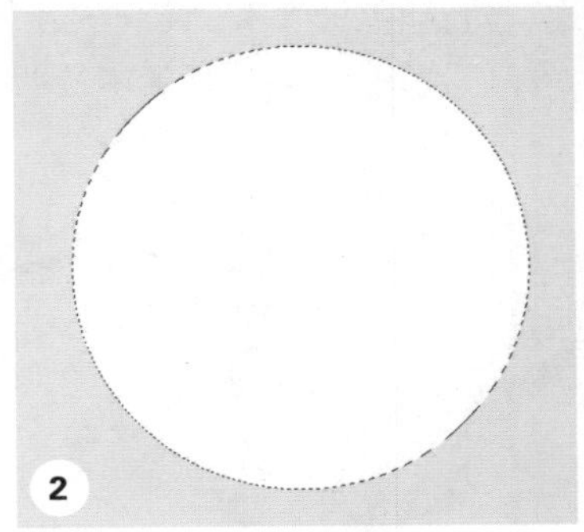

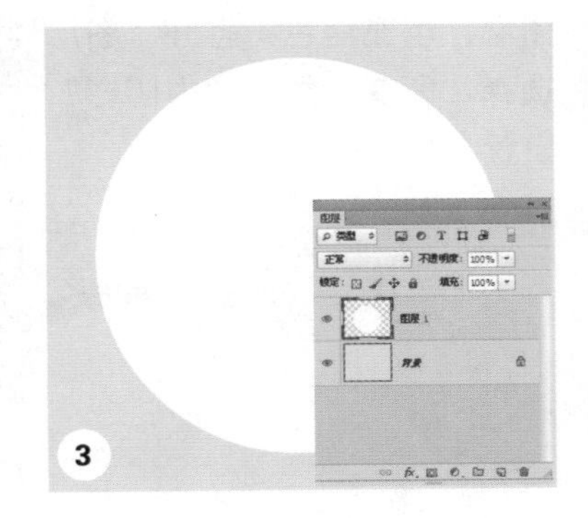

04 添加效果 打开“图层样式”对话框，选择“渐变叠加”“投影”选项，设置参数，单击“确定”按钮，为正圆添加质感。

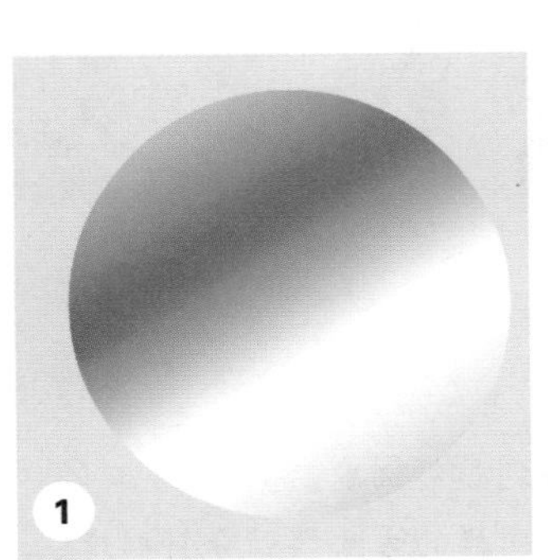

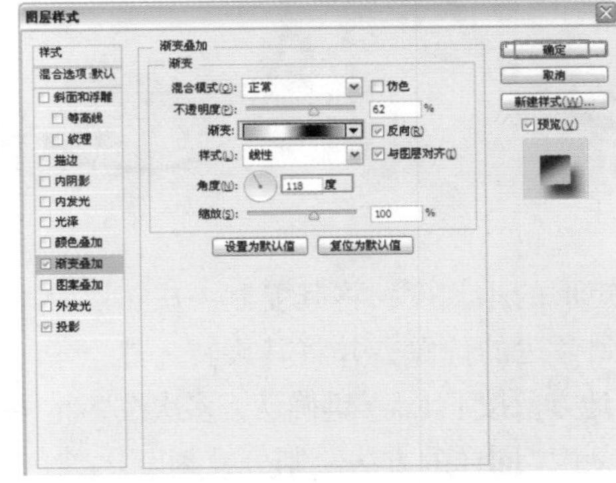

1. 选择“颜色叠加”选项，不透明度 62%，设置渐变条，从左到右依次是 R:188 G:188 B:188、R:0 G:0 B:0、R:255 G:255 B:255、R:171 G:171 B:171，角度 118 度。
2. 选择“投影”选项，距离 16 像素，大小 24 像素。

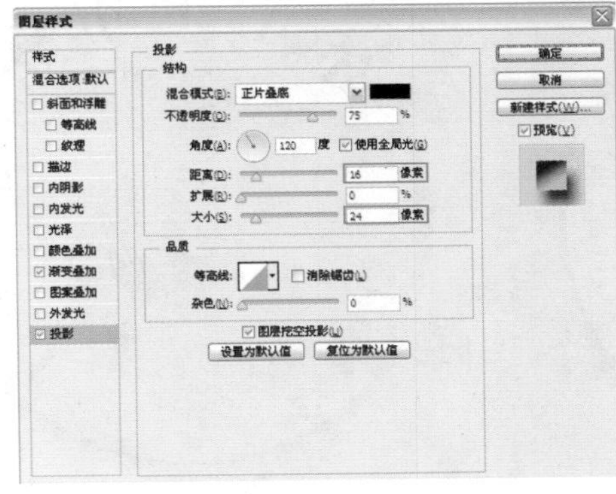

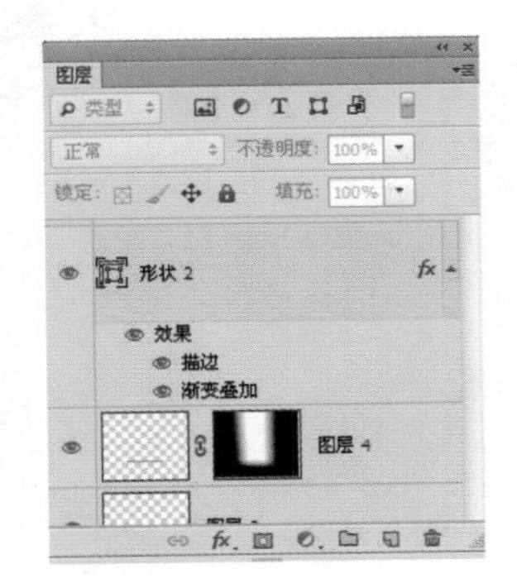

05 绘制同心圆 打开“标尺工具”，拉出参考线，使其位于正圆的中央，再次选择“椭圆选框工具”，从参考线交接的地方开始，按住快捷键 Alt+Shift 绘制同心圆，新建“图层 2”图层，填充白色，打开“图层样式”对话框，选择“渐变叠加”“内阴影”“光泽”选项，设置参数。

1. 用椭圆选框工具绘制同心圆。
2. 选择“渐变叠加”选项，设置不透明度为 0%。
3. 选择“内阴影”选项，设置不透明度为 40%，距离 8 像素，大小 9 像素。
4. 选择“光泽”选项，混合模式正常，颜色白色，设置不透明度为 61%，距离 85 像素，大小 73 像素。

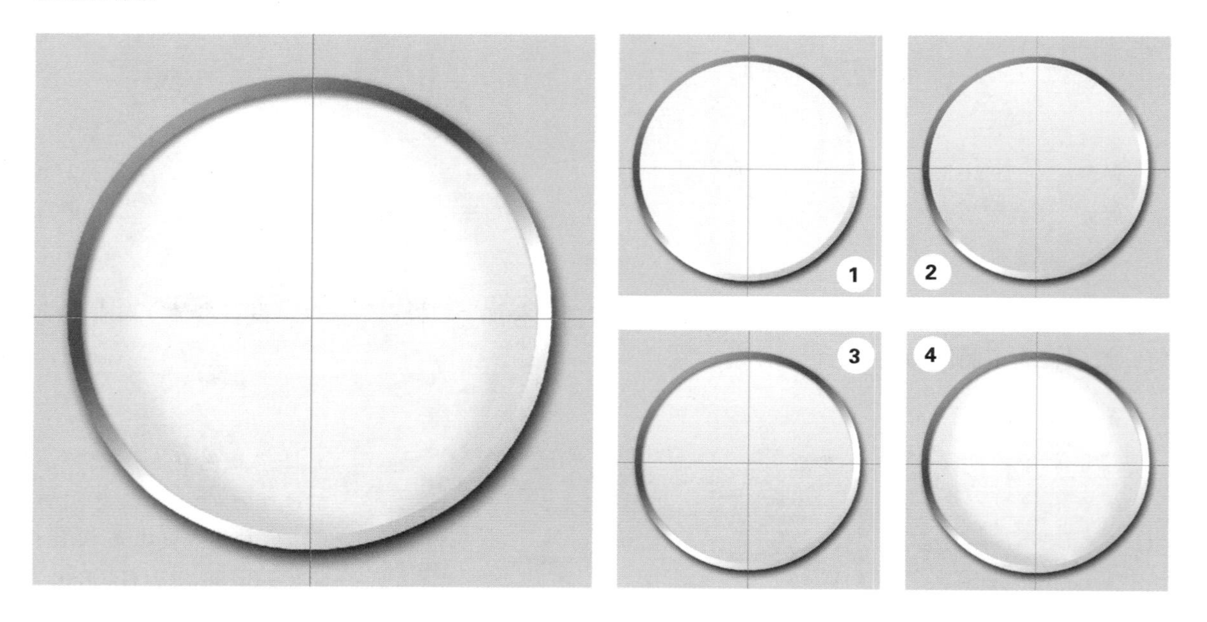

06 绘制秒表刻度 绘制一个矩形的小刻度，将其复制一次，执行“自由变换”命令将其移到旁边的位置，并将其旋转，然后将中心点移动到参考线交接的地方，按下 Enter 键确认，多次按下快捷键 Ctrl+Alt+Shift+T 可得到刻度，同样的方法绘制分针刻度。

1. 得到秒针刻度。
2. 用同样的方法得到分针刻度。

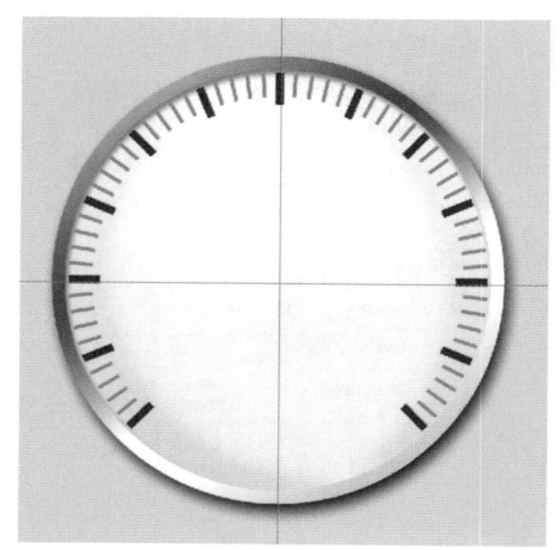

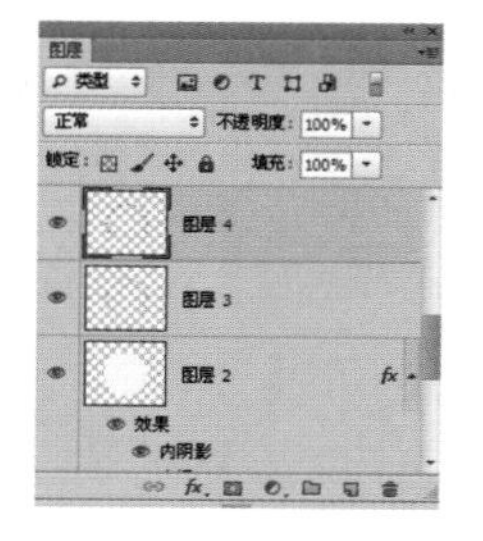

当我们要移动中心点的位置时，可按住 Alt 键选取并移动。

07 输入文字并建立选区　选择“横排文字工具”输入文字，然后选择“钢笔工具”，在图像上建立选区。

1. 用文字工具输入文字。
2. 用钢笔工具建立选区。

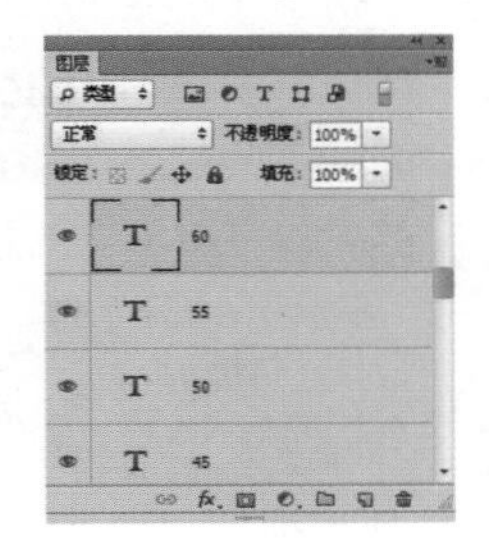

08 为选区添加渐变　新建“图层　5”图层，选择“渐变工具”，在选项栏中单击点按可编辑渐变按钮 ，弹出“渐变编辑器”对话框，设置渐变条，在选区内进行拖曳，绘制渐变。

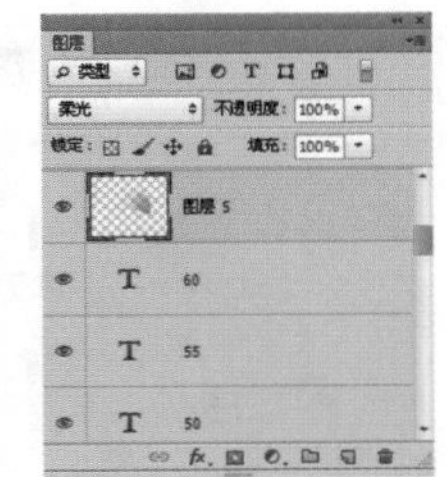

1. 改变混合模式为柔光。
2. 复制图层。
3. 再次复制，改变混合模式为正常，调节不透明度为 40%。

09 改变混合模式　将“图层　5”图层混合模式设置为“柔光”，将其复制两次，选择“图层 5 副本 2”图层，改变混合模式为正常，调整不透明度为 40%。

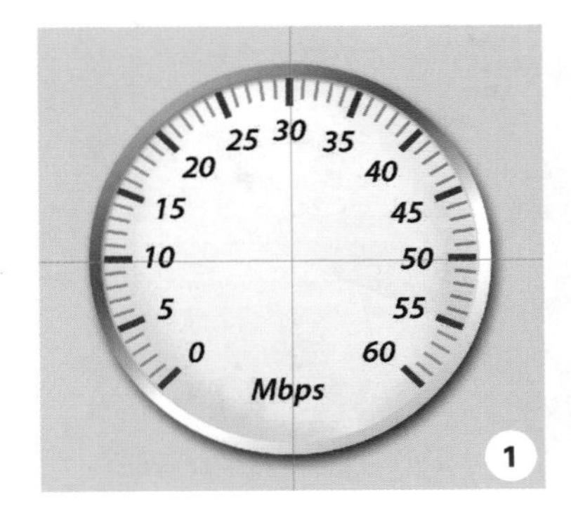

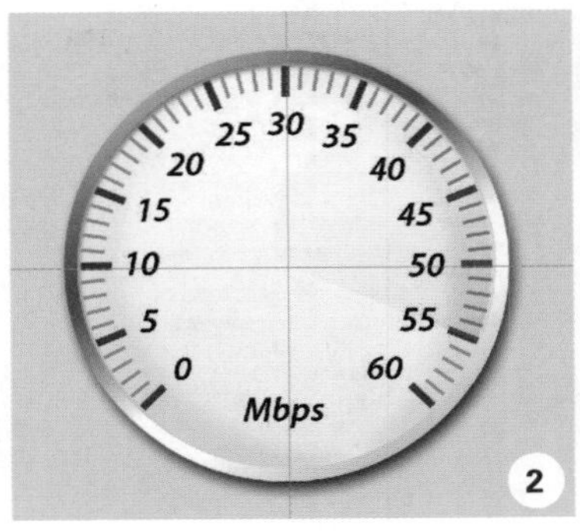

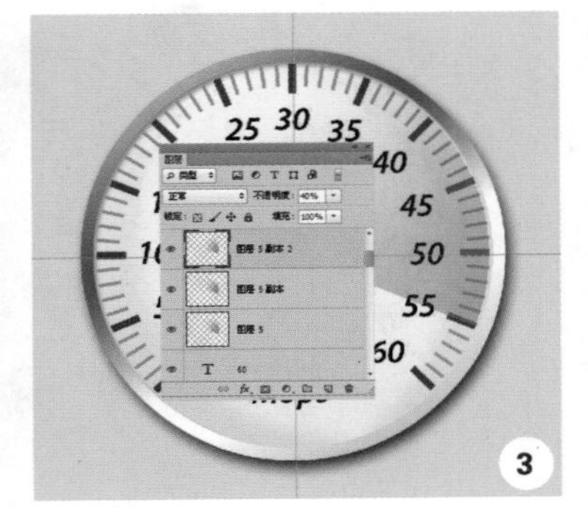

10 绘制指针 选择“钢笔工具”，绘制指针形状，打开该图层“图层样式”对话框，选择“投影”选项设置参数，为其添加投影效果。

1. 用钢笔工具绘制指针形状。
2. 选择“投影”选项，R:165 G:16 B:16，距离 12 像素，大小 10 像素。

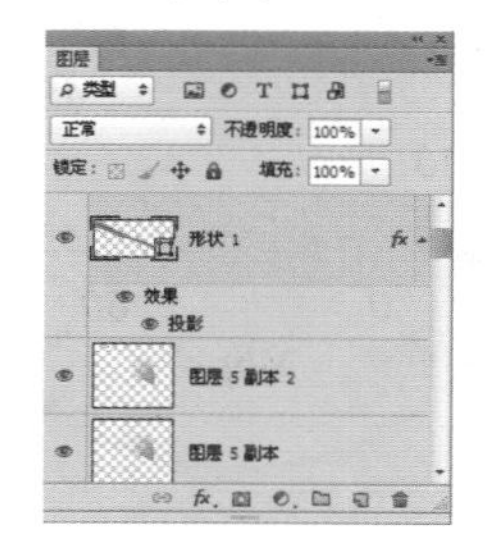

11 绘制正圆 选择“椭圆选框工具”，绘制正圆，新建图层，填充白色，打开“图层样式”对话框，选择“渐变叠加”“投影”选项，设置参数，单击“确定”按钮，为其设置立体感，完成效果。

1. 用椭圆选框工具绘制正圆，新建图层，填充白色，取消选区。
2. 选择“渐变叠加”选项，设置渐变条，从左到右依次是 R:201 G:201 B:201、R:255 G:255、B:255，角度 118 度。
3. 选择“投影”选项，设置不透明度 36%，距离 16 像素，大小 24 像素。

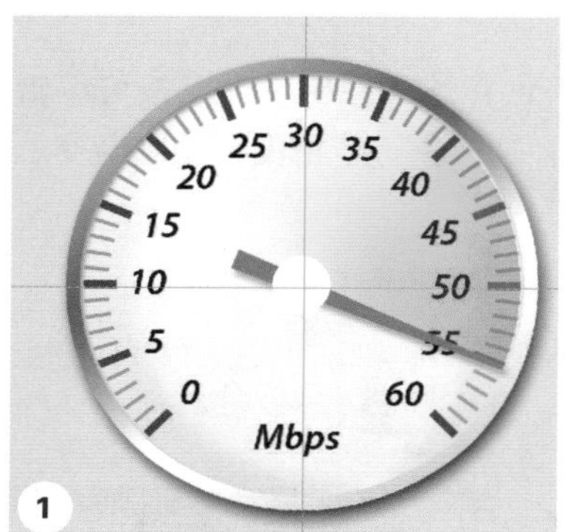

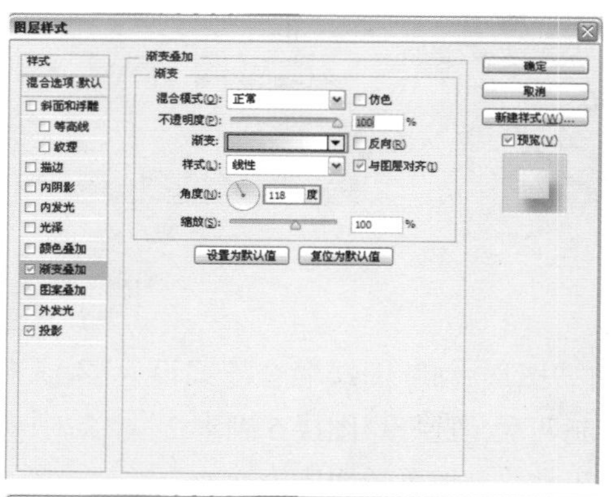

在这一步中绘制正圆，还需要将鼠标指针放置到参考线交接的位置，然后按住快捷键 Alt+Shift 向外拖动绘制正圆，这样做可将正圆绘制到钟表的中央位置。

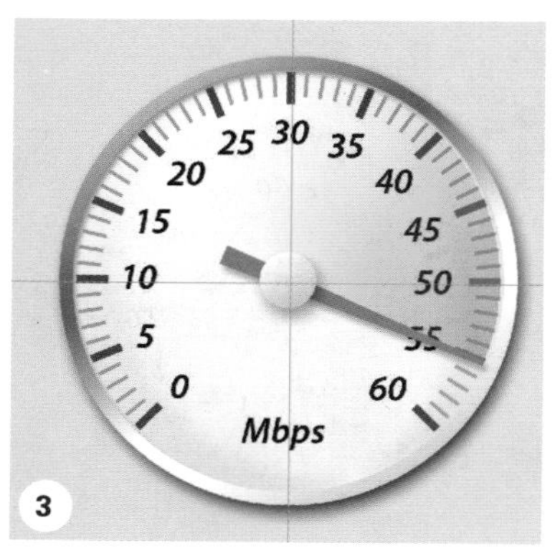

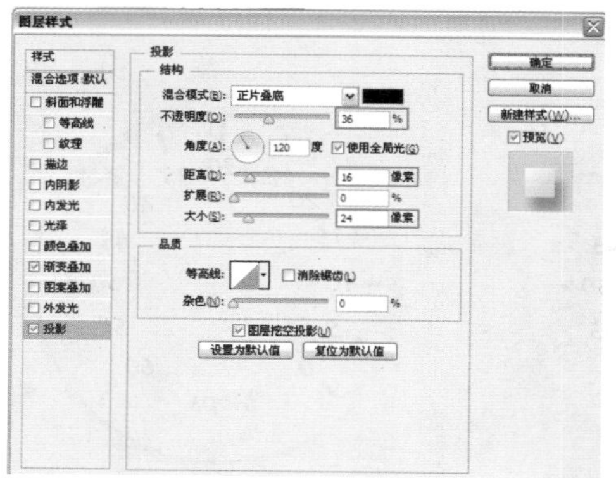

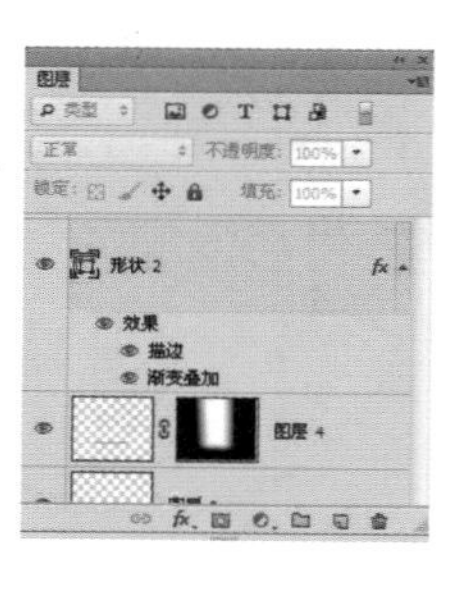

设计思路：绘制基本形状

利用图形工具可以简单、轻松地制作出各种形态的图像，另外还可以组合基本形态的图像，制作出复杂的图形以及任意的形态。接下来我们将学习图像的制作方法。使用图形工具，可以制作出漂亮的图形对象并且不受分辨率的影响。为了方便用户绘制不同样式的图形形状，Photoshop 提供了一些基本的图形绘制工具。利用图形工具可以在图像中绘制直线、矩形、椭圆、多边形和其他自定义形状。执行“图层 > 新建填充图层 > 纯色、渐变、图案”菜单命令，将形状图层更改相应的内容。

用于制作矩形或者圆角矩形，以及各种形态的图形工具。		矩形工具：快捷键为 U 圆角矩形工具：快捷键为 U 椭圆工具：快捷键为 U 多边形工具：快捷键为 U 直线工具：快捷键为 U 自定义形状工具：快捷键为 U

1. 矩形工具

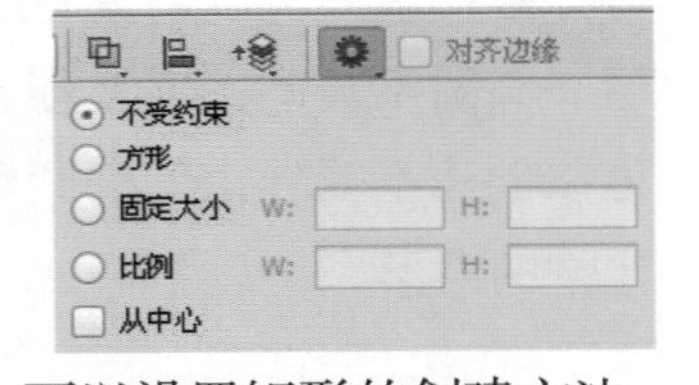

矩形工具用来绘制矩形和正方形。选择该工具后，单击并拖动鼠标可以创建矩形，按住 Shift 键拖动则可以创建正方形，按住 Alt 键拖动会以单击点为中心向外创建矩形，按住快捷键 Shift+Alt 会以单击点为中心向外创建正方形。单击选项栏中的几何选项按钮，可以设置矩形的创建方法。

不受约束：可通过拖动鼠标创建任意大小的矩形和正方形，如图 1 所示。

方形：拖动鼠标时只能创建任意大小的正方形，如图 2 所示。

从中心：以任何方式创建矩形时，鼠标在画面中的单击点即为矩形的中心，拖动鼠标时矩形将由中心向外扩散。

固定大小：勾选该项并在它右侧的文本框中输入数值（W 为宽度，H 为高度），此后单击鼠标时，只创建预设大小的矩形，如图 3 所示为宽度 3 厘米，高度 5 厘米的矩形。

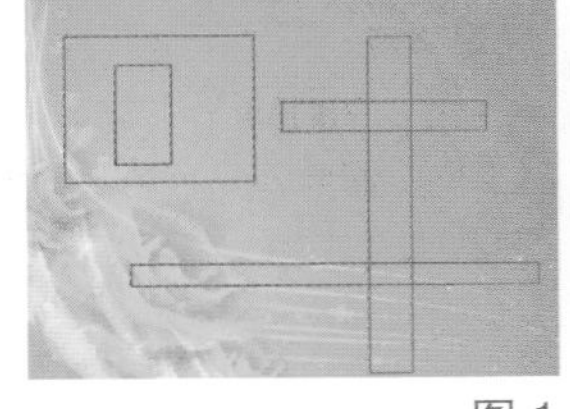
图 1

图 2

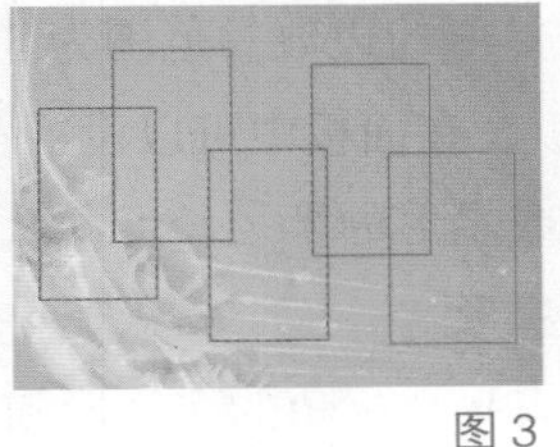
图 3

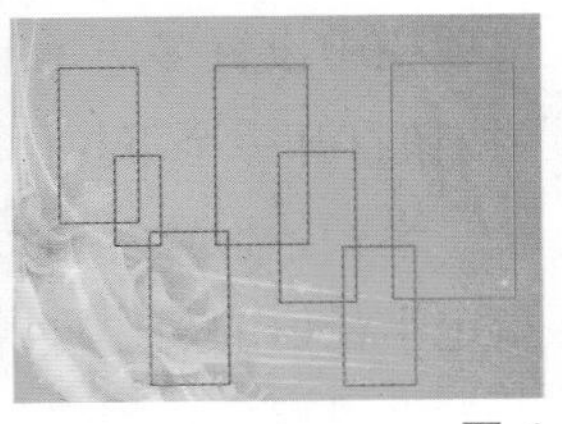
图 4

比例：勾选该项并在它右侧的文本框中输入数值（W 为宽度，H 为高度），此后拖动鼠标时，无论创建多大的矩形，矩形的宽度和高度都保持预设的比例，如图 4 所示为 W:H=1:2。

对齐边缘：矩形的边缘与像素的边缘重

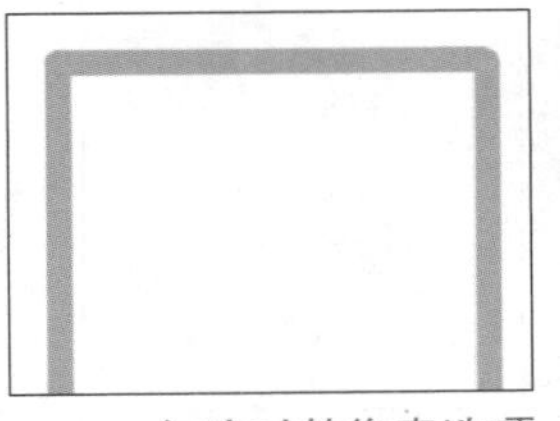
勾选对其像素选项

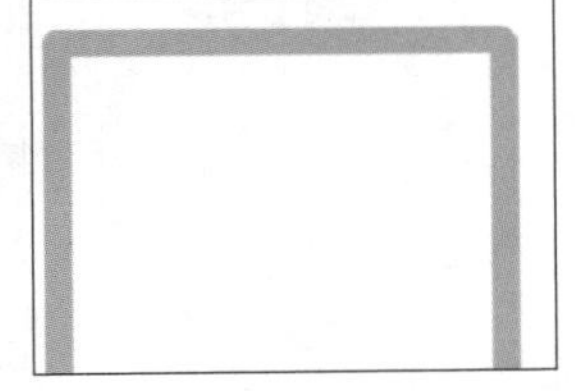
取消对齐像素选项

合，图形的边缘不会出现锯齿；取消勾选时，矩形边缘会出现模糊的像素，如图所示。

2. 圆角矩形工具

圆角矩形工具▢用来创建圆角矩形。它的使用方法以及选项都与矩形工具的相同，多了一个“半径”选项，“半径”用来设置圆角半径，该值越高，圆角越广，如图所示。

半径为 10 像素的圆角矩形

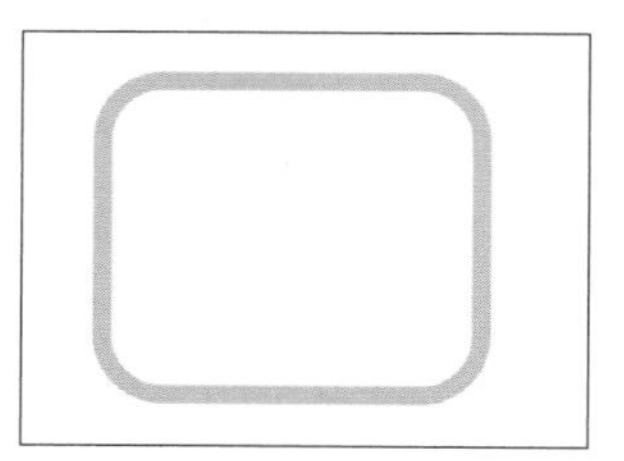
半径为 50 像素的圆角矩形

3. 椭圆工具

椭圆工具◯用来创建椭圆形和圆形，选择该工具后，单击并拖动鼠标可以创建椭圆形，按住 Shift 键拖动则可创建圆形。椭圆工具的选项及创建方法与矩形工具基本相同，我们可以创建不受约束的椭圆和圆形，也可以创建固定大小固定比例的圆形。

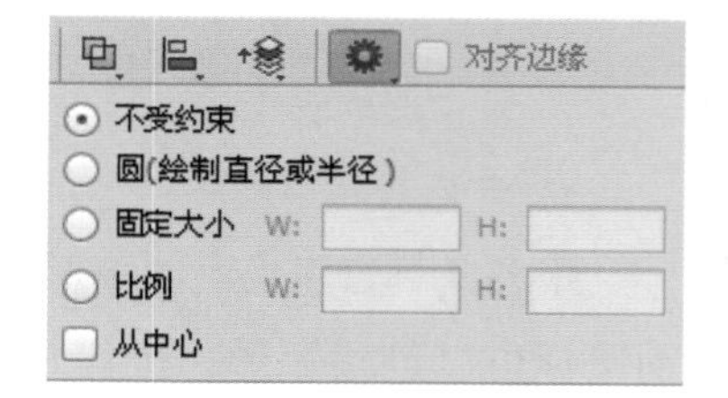

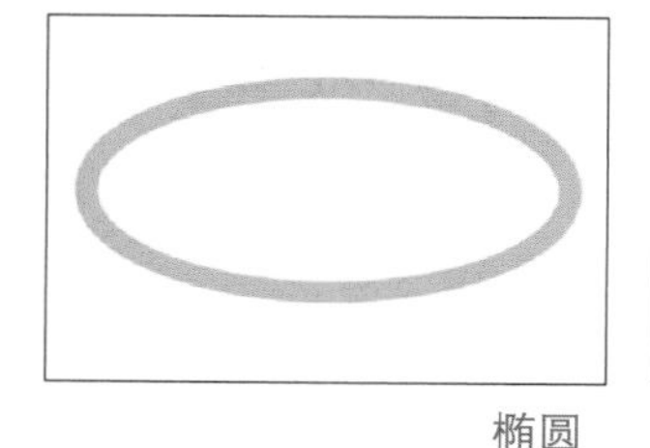
椭圆

正圆

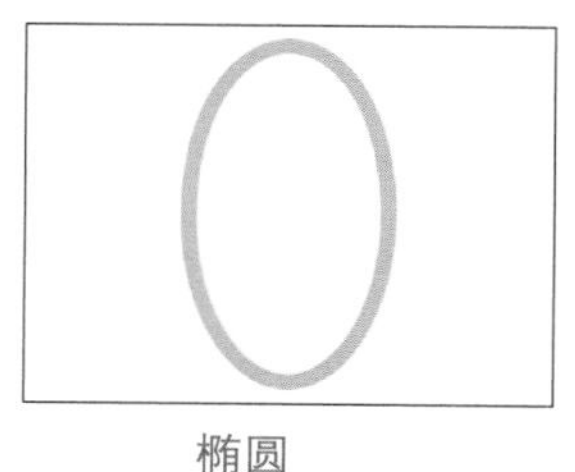
椭圆

用椭圆工具绘制的花型

4. 多边形工具

多边形工具⬠用来创建多边形和星形。选择该工具后，首先要在工具选项栏中设置多边形或星形的边数，范围为 3~100。单击工具选项栏中的▾按钮打开一个下拉面板，在面板中可以设置多边形的选项，如图所示。

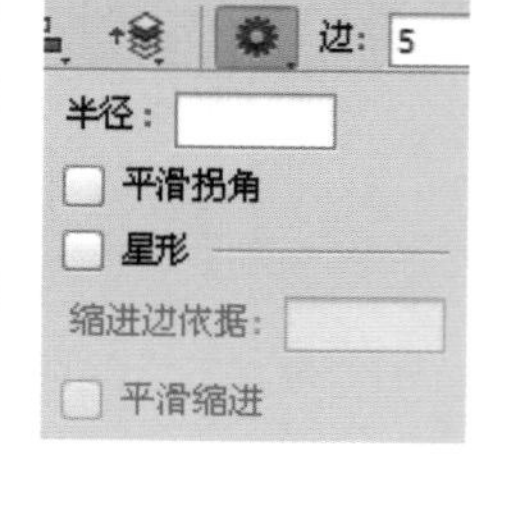

半径：设置多边形或星形的半径长度，此后单击并拖动鼠标时将创建指定半径值的多边形或星形。

平滑拐角：创建具有平滑拐角的多边形和星形，如图所示。

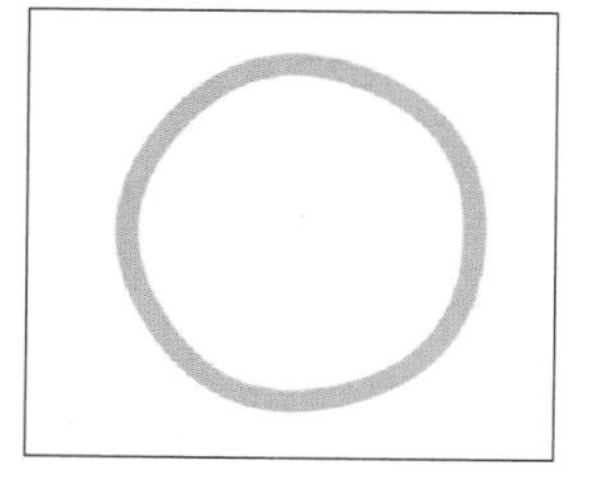
平滑拐角多边形

平滑拐角星形

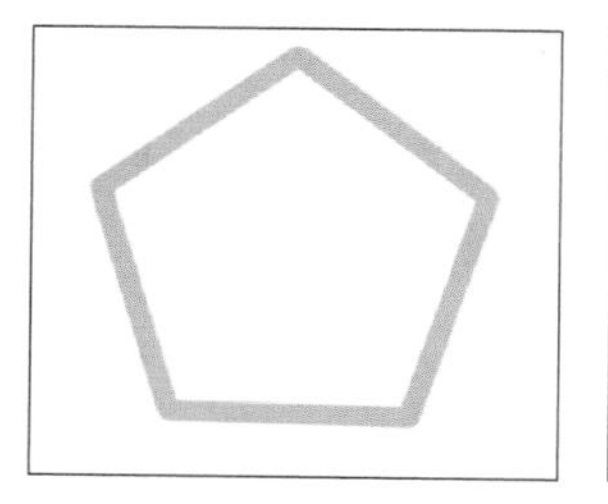
多边形

星形

星形：勾选该项可以创建星形。在“缩进边依据”选项中可以设置星形边缘向中心缩进的数量，该值越高，缩进量越大，如图所示。选择工具后在图像窗口中单击，会弹出“创建

“创建多边形”对话框

缩进边依据：50%

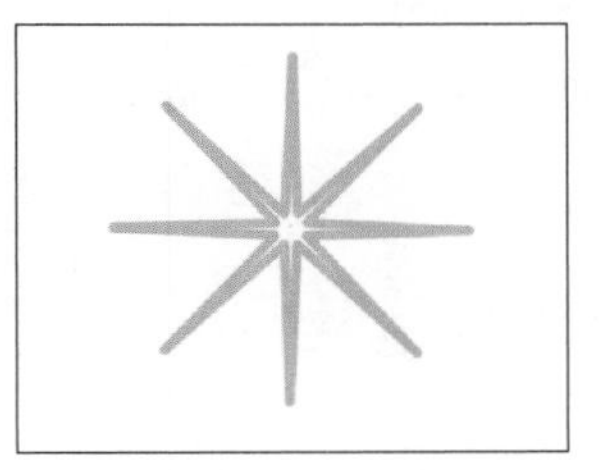
缩进边依据：90%

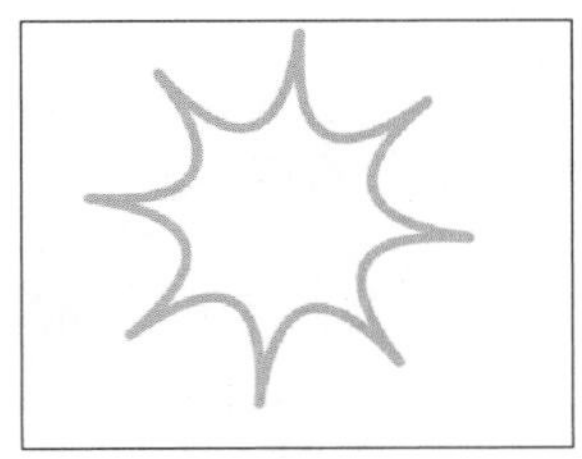
缩进边依据：90%（平滑缩进）

多边形”对话框，勾选“平滑缩进”，可以使星形的边平滑地向中心缩进，如图所示。

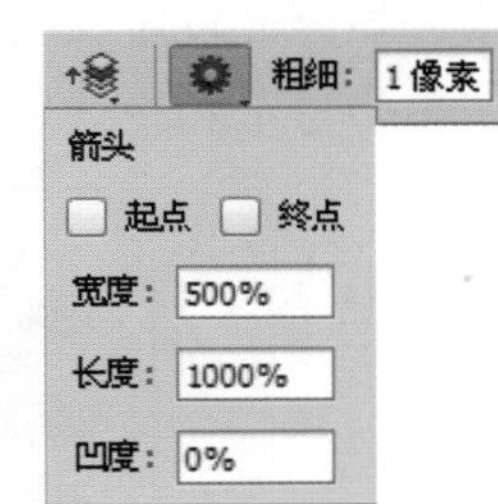

5. 直线工具

直线工具用来创建直线和带有箭头的线段，选择该工具后，单击并拖动鼠标可以创建直线或线段，按住 Shift 键可创建水平、垂直或以 45° 角为增量的直线。它的工具选项栏中包含了设置直线粗细的选项，此外，下拉面板中还包含了设置箭头的选项，如图所示。

起点 / 终点：勾选“起点”，可在直线的起点添加箭头；勾选“终点”，可在直线的终点添加箭头；两项都勾选，则起点和终点都会添加箭头，如图所示。

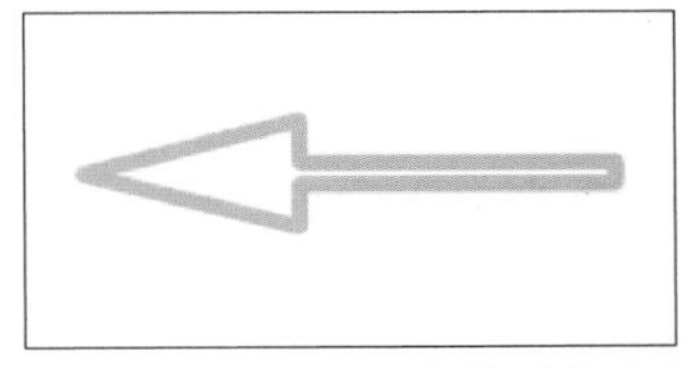
勾选“起点”

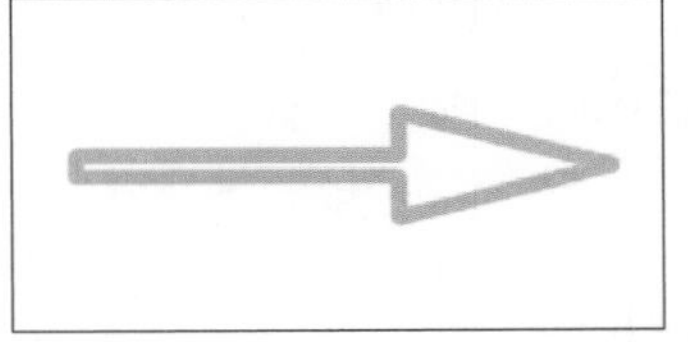
勾选“终点”

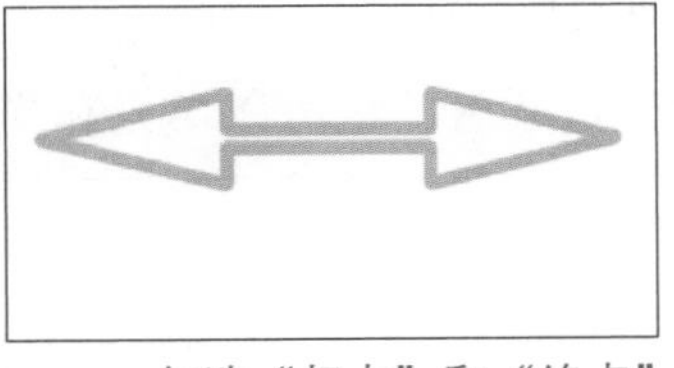
勾选“起点”和“终点”

宽度：用来设置箭头宽度与直线宽度的百分比，范围为 10%~100%。

长度：用来设置箭头的长度与直线的宽度的百分比，范围为 10%~100%。

凹度：用来设置箭头的凹陷程度，范围为 –50%~50%。该值为 0% 时，箭头尾部平齐；该值大于 0% 时，向内凹陷；该值小于 0% 时，向外凸出。

6. 自定义形状工具

使用自定义形状工具可以创建 Photoshop 预设的形状、自定义的形状或者是外部提供的形状。选择该工具以后，需要单击工具选项栏中的按钮，在打开的形状下拉面板中选择一种形状，然后单击并拖动鼠标即可创建该图形。如果要保持形状的比例，可以按住 Shift 键绘制图形。如果要使用其他方法创建图形，可以在“自定义形状选项”下拉面板中设置，如图所示。

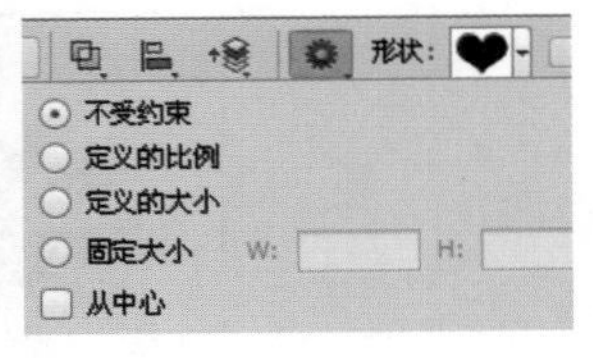

知识扩展 1：了解绘图模式

Photoshop 中的钢笔和形状等矢量图形可以创建不同类型的图形，包括形状图层、工作路径和像素图形。选择一个矢量工具后，需要先在工具选项栏中按下相应的按钮，指定一种绘制模式，然后才能绘图。图所示为钢笔工具的选项栏中包含的绘制模式按钮。

1. 形状图形

选择形状后，可以单独地在形状图层中创建形状。形状图层由填充区域和形状两部分组成，填充区域定义了形状的颜色、图案和图层的不透明度，形状则是一个矢量蒙版，它定义了图像显示和隐藏区域。形状是路径，它出现在“路径”面板中，如图所示。

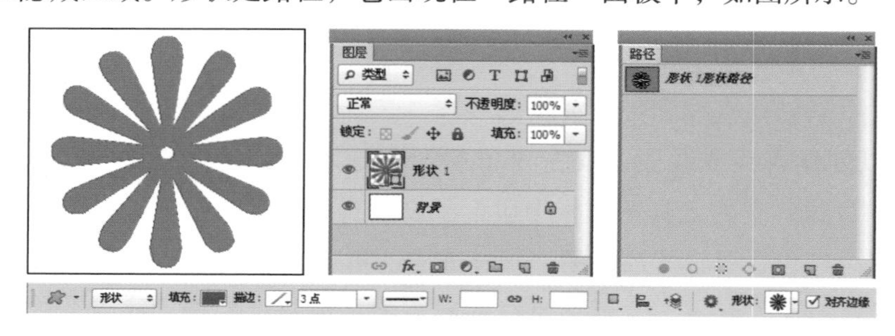

2. 工作路径

选择路径后，可以创建工作路径，它出现在“路径”面板中。工作路径可以转换为选区，创建矢量蒙版，也可以填充和描边从而得到光栅效果的图像。

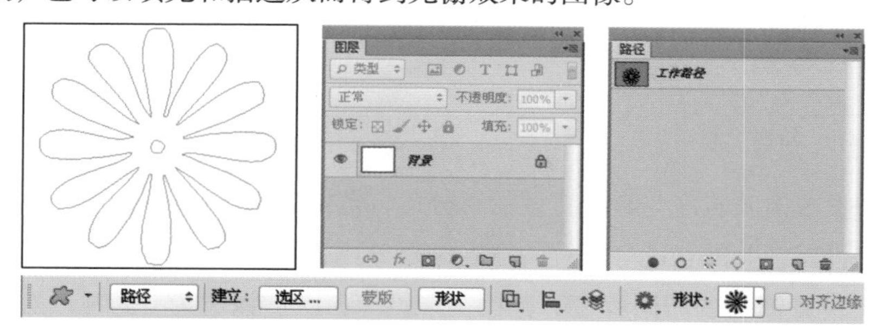

3. 填充区域

选择像素后，可以在当前图层上绘制栅格化的图像（图形的填充颜色为前景色）。由于不能创建矢量图形，因此，“路径”面板中也不会有路径，如图所示。

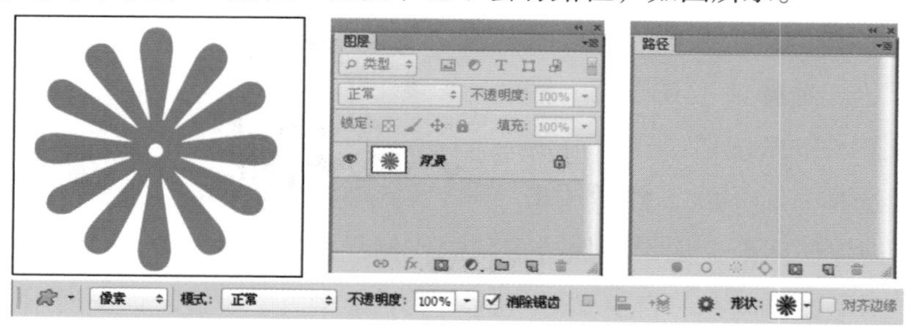

知识扩展 2：了解图层样式

图层样式也叫图层效果，它用于制作纹理和质感，可以为图层中的图像内容添加例如投影、发光、浮雕、描边等效果，创建具有真实质感的水晶、高光、金属等特效。图层样式可以随时修改、隐藏或删除，具有非常强的灵活性。

如果要为图层添加样式，可以先选择这一图层，然后采用下面任意一种方法打开“图层样式”对话框，进行参数设置。

1. 利用菜单命令打开图层样式对话框

执行“图层 > 图层样式”的下级菜单，或者单击“添加图层样式”按钮 fx，在弹出下拉菜单中选择需要的命令，会弹出“图层样式”对话框，如图❶所示。

2. 利用“图层”面板按钮打开图层样式对话框

在“图层”面板中单击添加图层样式按钮 fx，在打开的下拉菜单中选择一个效果命令，可以打开“图层样式”对话框进入到相应效果的设置面板，如图❷所示。

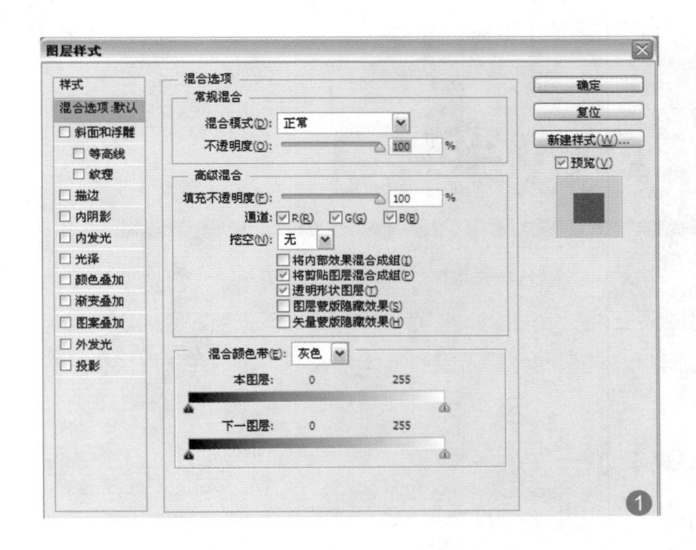

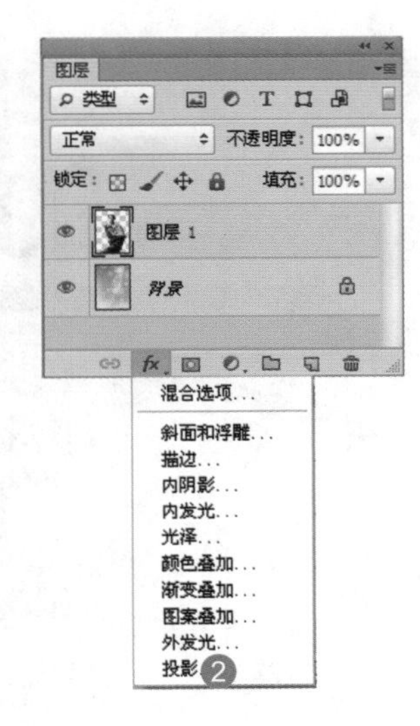

3. 利用鼠标打开图层样式对话框

双击要添加效果的图层，可以打开“图层样式”对话框，在对话框左侧选择要添加的效果，切换到该效果的设置面板。

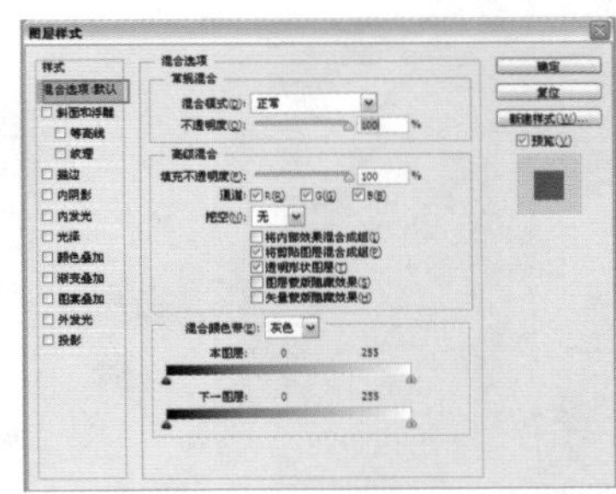
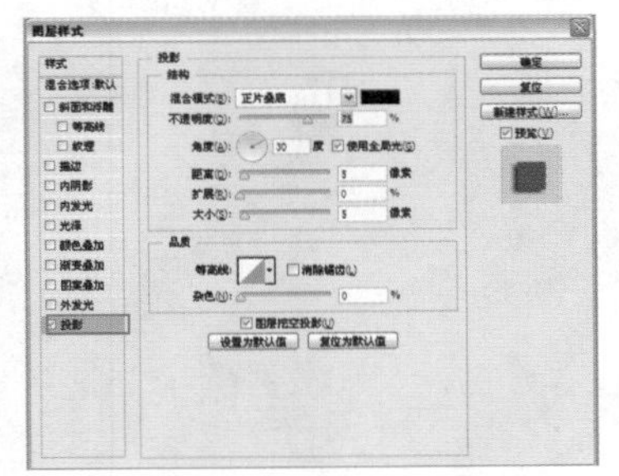
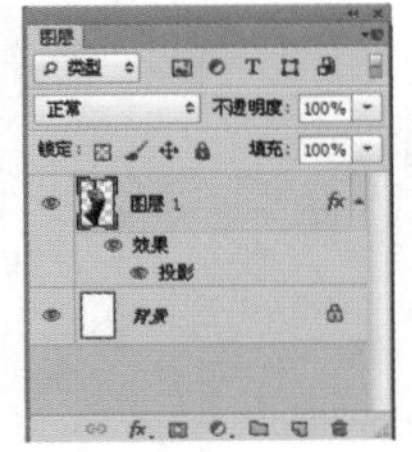

Chapter 05 手机UI的字效表现

在智能手机的UI设计中字体特效的表现非常重要，美观的字体和字效设计能够让图标如虎添翼，能够让界面更加吸引人。作为设计师，能够制作高质量的字体特效不失为一件非常快乐的事情。

车灯字体

案例综述

在本例中，我们将学会使用横排文字工具以及大量的图层样式工具制作车灯字体，为文字添加投影、立体且具有厚度感的效果。

设计规范

尺寸规范	21.17×17.13（厘米）
主要工具	文字工具、图层样式
文件路径	Chapter05/5-1.psd
视频教学	5-1.avi

配色分析

黑色与灰色搭配，给人一种高科技和警觉的心理暗示，本例的车灯质感就体现了这种警示作用。

操作步骤

01 新建文档　执行“文件 > 新建”命令，或按下快捷键 Ctrl+N，打开“新建”对话框，设置宽度和高度分别为 21.17 厘米、17.13 厘米，分辨率为 300 像素 / 英寸，完成后单击“确定”按钮，新建一个空白文档。

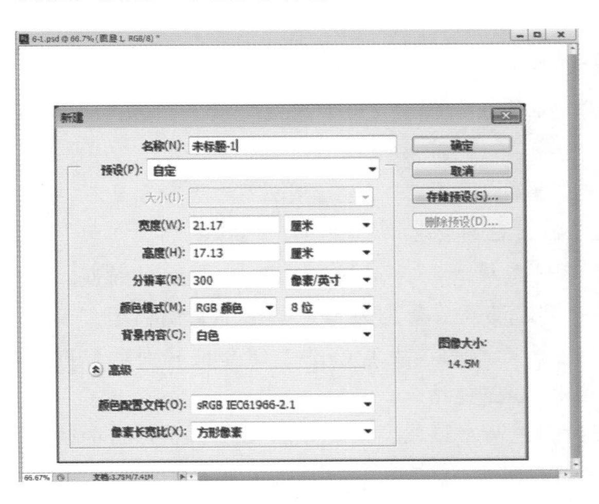

02 导入素材　执行“文件 > 打开”命令，或按下快捷键 Ctrl+O，在弹出的“打开”对话框中，选择“5-1-1.jpg”素材打开，将其拖曳至场景文件中。

03 创建新的填充或调整图层

在图层面板中单击图层面板下方的“创建新的填充或调整图层”按钮，选择“色相 / 饱和度”“渐变”，调整参数。

1. 在工具栏中选择矩形选框工具，在画面下方绘制选区。
2. 选择“色相 / 饱和度”选项，设置明度为 45°。
3. 选择“渐变”，在弹出的“渐变填充”对话框中，设置样式为径向，缩放为 150%，勾选“反向”，单击“确定”按钮结束。

04 添加灯光效果

打开“5-1-2.png”、“5-1-3.png”素材，将其拖曳至场景文件中，设置图层的不透明度。新建图层，在工具栏中选择“椭圆工具”，在画面中绘制灯罩造型。

1. 执行“文件 > 打开”命令，或按下快捷键 Ctrl+O，在弹出的“打开”对话框中，选择“5-1-2.png”、“5-1-3.png”素材打开，将其拖曳至场景文件中，将“5-1-2”放在画面顶部中心位置，“5-1-3”放在画面底部中心位置，设置“5-1-3”图层不透明度为 30%。
2. 新建图层，设置前景色为黑色，工具栏中选择“椭圆工具”，在状态中设置“状态模式”为形状，在画面中绘制椭圆，将椭圆图层复制一层，设置前景色为白色，选中复制椭圆，按下 Alt+Delete 组合键填充白色。按下 Ctrl+T 组合键将白色椭圆缩放到合适大小按下 Enter 键结束。
3. 按下 Shift 键同时选中两个椭圆，右键单击图层，在弹出的快捷菜单中选择“栅格化图层”，再次右键单击图层选择“合并图层”做出灯罩造型，按下 Ctrl+T 组合键，将灯罩缩放到合适大小按下 Enter 键结束，将其放在顶部灯光上。

05 输入文字　选择“横排文字工具”，在选项栏中设置文字的属性，然后在图像上单击绘制输入文字，打开该图层“图层样式”对话框，分别选择“斜面和浮雕”“描边”“内阴影”“光泽”等选项，设置参数，为文字添加效果。

1. 选择“斜面和浮雕”选项，深度 1000%，大小 21 像素，选择“等高线”，设置范围为 100%。
2. 选择“描边”选项，大小为 3，不透明度为 50%，颜色为黑色。
3. 选择“内阴影”选项，混合模式为正片叠底，不透明度 100%，角度 135°，距离 5 像素，大小 5 像素。
4. 选择“光泽”选项，混合模式为正常、颜色为白色，不透明度 100%，角度 135°，距离 171 像素，大小 174 像素。

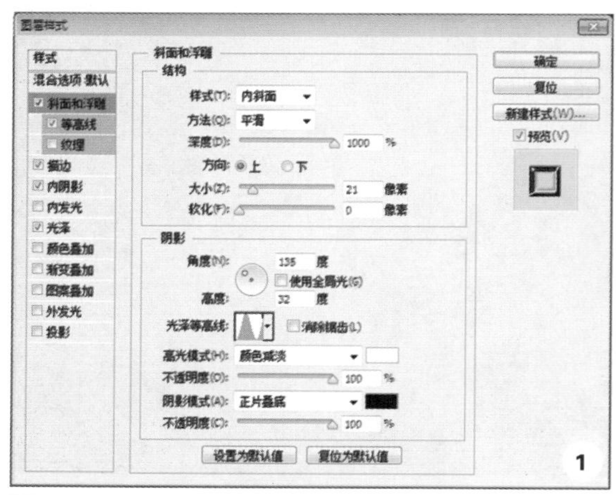

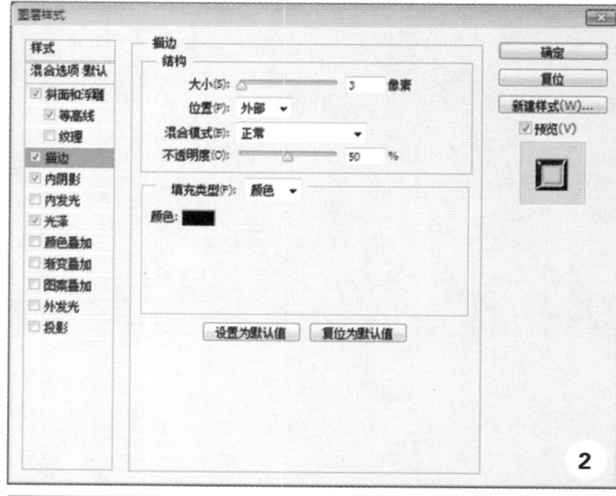

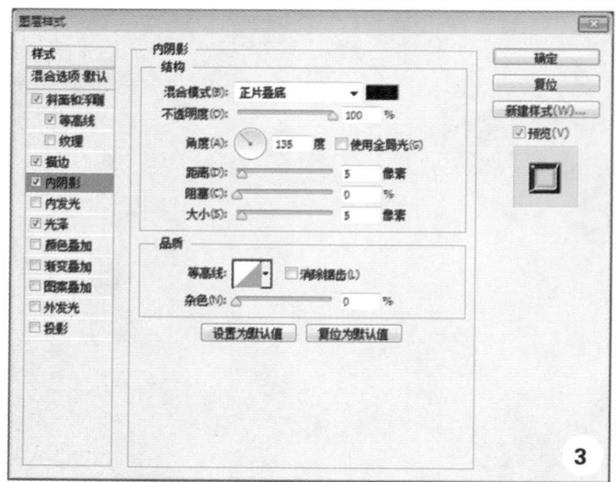

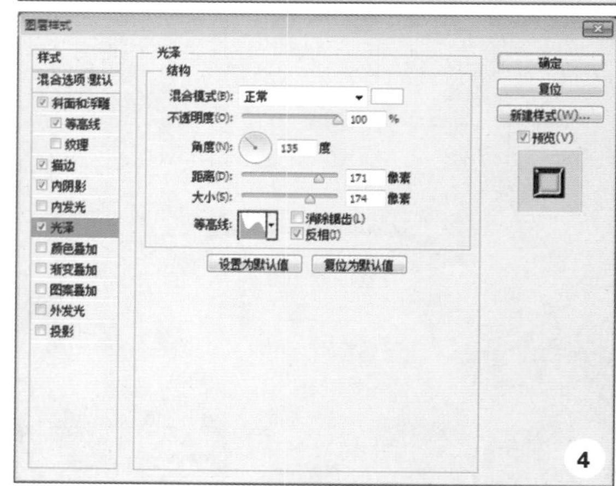

06 添加阴影 新建图层，按下 Ctrl 键同时单击文字图层缩略图，调出文字选区，填充颜色，自由变换大小。打开图层样式，选择“渐变叠加”，设置参数，单击“确定”按钮结束，设置图层的“不透明度”为 70%，将阴影图层放在文字图层下方。

1. 按下 Ctrl 键同时单击文字图层缩略图，调出文字选区。
2. 为选区填充任意颜色，按下 Ctrl+T 组合键，自由变换大小，在画面中右键单击，在快捷菜单中选择透视，将文字顶部制作成透视效果，按下 Enter 键结束。
3. 双击图层，打开“图层样式”，选择“渐变叠加”，设置混合模式为正常，不透明度为 100%，从黑色到 R:94 G:94 B:94 的渐变。
4. 设置图层的“不透明度”为 70%，将投影图层放在文字图层下方。

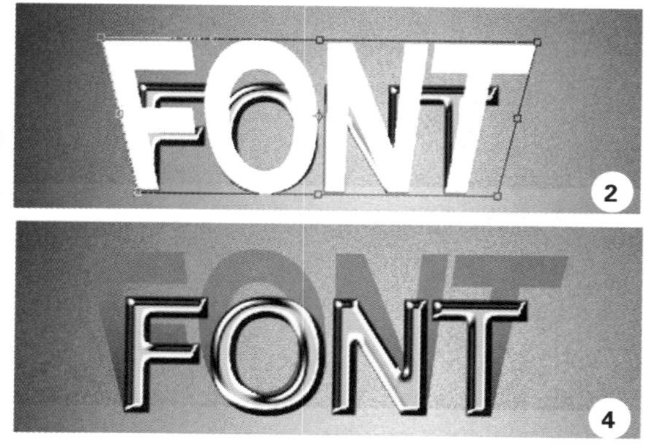

07 添加投影和倒影　新建图层，选择“画笔工具”，设置前景色在文字下方绘制投影，设置投影图层不透明度，将投影图层放到文字图层下方。将文字图层复制一层栅格化图层，按下 Ctrl+T 组合键垂直翻转，将其移动到文字下方，为文字拷贝层添加蒙版，选中蒙版拉由黑到透明的渐变。

1. 在工具栏中选择“画笔工具”，设置前景色为黑色，在状态栏中设置画笔大小为 30 像素，按下 Shift 键同时使用画笔在文字下方绘制投影。
2. 设置投影图层不透明度为 60%，将投影图层放到文字图层下方。
3. 将文字图层复制一层，右键单击图层选择“栅格化文字”，再右键单击图层选择“栅格化图层样式”，按下 Ctrl+T 组合键，在画面中右键单击选择“垂直翻转”将其移动到文字下方。
4. 单击图层面板下方的“添加矢量蒙版”按钮，为文字拷贝层添加蒙版，选中蒙版，在工具栏中选择“渐变工具”，设置状态栏中的渐变为由黑到透明的渐变，在画面中拉渐变。

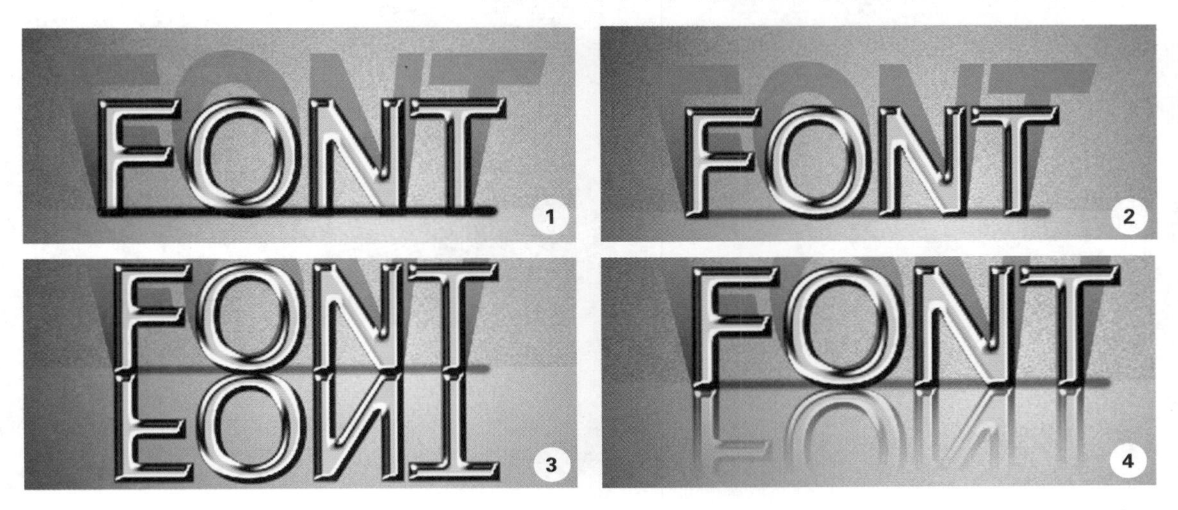

08 最终效果　用同样的方法制作更多文字，如图所示。

星星字体

案例综述

在本例中，我们将学会使用横排文字工具和画笔描边路径制作星星字体，大量使用画笔面板中的选项，为文字添加星星效果。

设计规范

尺寸规范	800×400（像素）
主要工具	圆角矩形工具、图层样式
文件路径	Chapter05/5-2.psd
视频教学	5-2.avi

配色分析

多彩的颜色，如蓝色、红色、绿色等配合星形笔刷给人一种热闹、欢乐的感觉。

操作步骤

01 新建文档 执行“文件 > 新建”命令，或按下快捷键 Ctrl+N，打开“新建”对话框，设置宽度和高度分别为 800 像素 ×400 像素，分辨率为 72 像素 / 英寸，完成后单击“确定”按钮，新建一个空白文档。

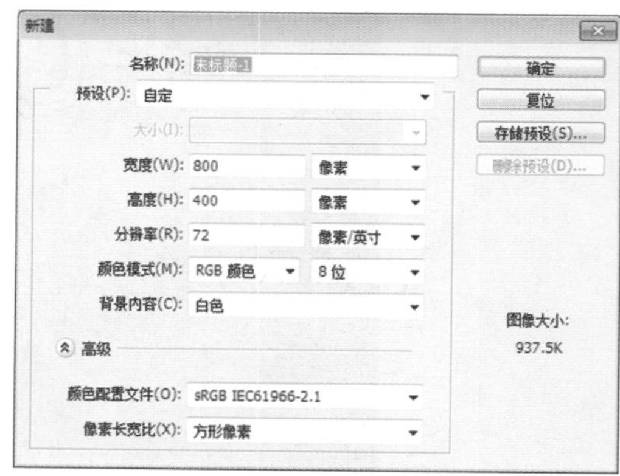

02 定义星星图案　新建图层，关闭背景图层前的眼睛，在工具栏中选择“多边形工具”，在画面上绘制一个五角星。执行“编辑 > 定义画笔预设”命令，将五角星定义为图案。

1. 新建图层，关闭背景图层前的眼睛。
2. 在工具栏中选择“多边形工具”，在状态栏中设置状态属性为像素，边为 5，单击“设置”按钮下的下拉三角，在快捷菜单中勾选星形，在画面中绘制五角星。
3. 执行“编辑 > 定义画笔预设”命令，在弹出的“画笔名称”对话框中，单击“确认”按钮结束。

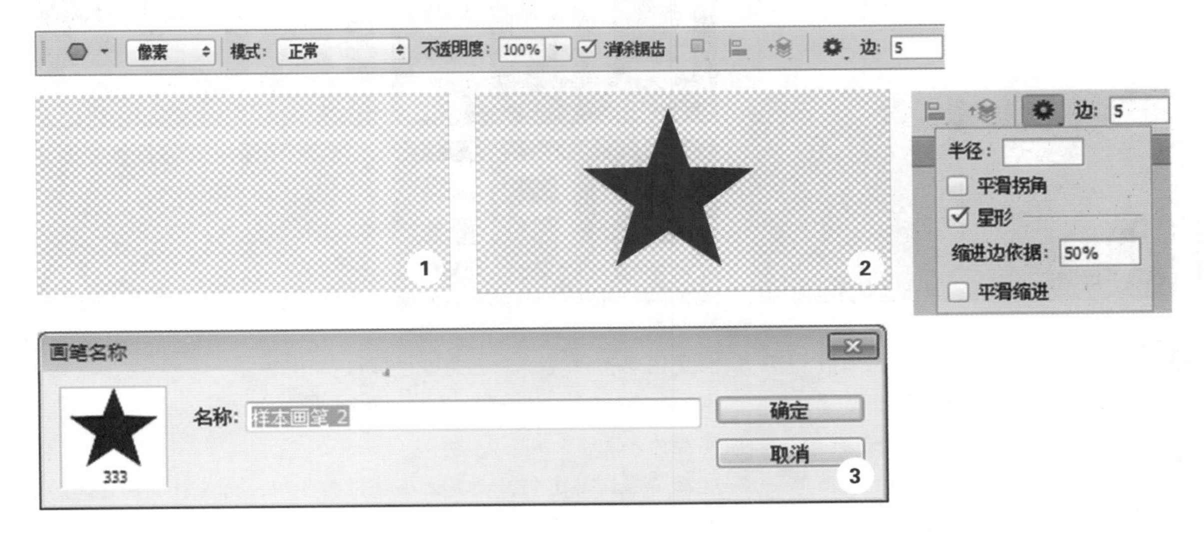

03 填充颜色　删除五角星图层，打开背景图层前的眼睛，在工具栏中设置前景色为 R:36 G:36 B:36，按下 Alt+Delete 组合键为背景图层填充颜色。

04 输入文字并创建路径 选择“横排文字工具”，在画面上单击绘制输入文字，调出文字选区，新建图层，将选区转化为路径。

1. 设置前景色为白色，在选项栏中设置文字的属性输入文字。
2. 按下 Ctrl 键同时单击文字图层缩略图，调出文字图层选区。
3. 在图层面板中单击“路径”按钮，单击路径面板下方的“从选区生成路径”按钮。
4. 回到图层面板中关闭文字图层前面的眼睛。

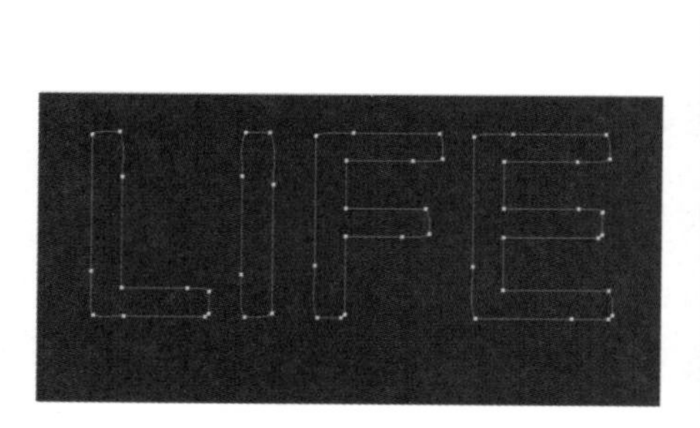

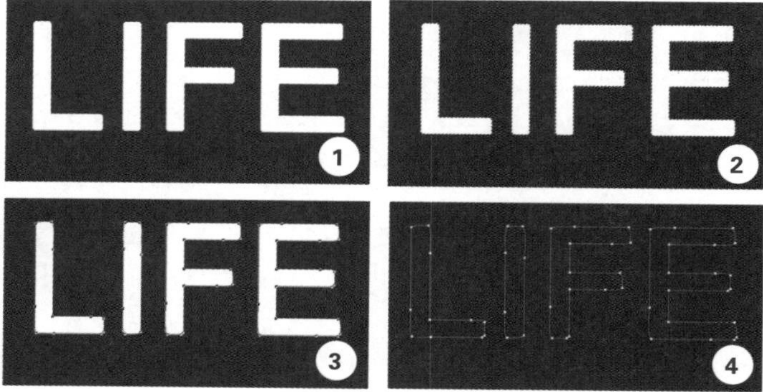

05 画笔描边 新建图层，设置前景色。在工具栏中选择画笔工具，按下 F5 键，在弹出的“画笔”面板中选择画笔笔触，设置画笔参数，在图层面板中单击“路径”按钮，右键单击路径图层，选择“描边路径”。

1. 新建图层，设置前景色为 R:254 G:65 B:65。
2. 在“画笔”面板中选择自定义的星形笔触，设置大小为 40 像素，间距为 165%。
3. 选择“形状动态”，设置大小抖动为 50%，角度抖动为 15%，控制为方向。
4. 选择“散布”，设置散布为 40%，勾选“平滑”。
5. 右键单击路径图层，在快捷菜单中选择“描边路径”，在“描边路径”对话框中，设置工具为画笔，单击确定按钮结束。

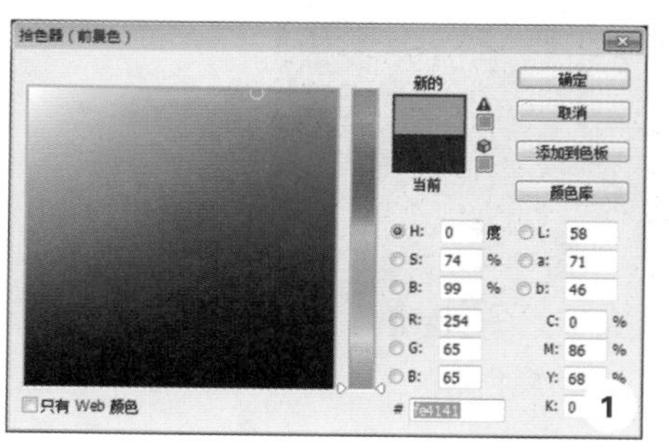

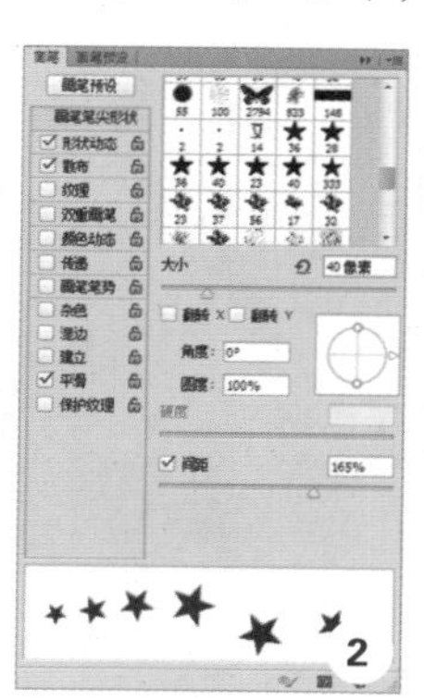

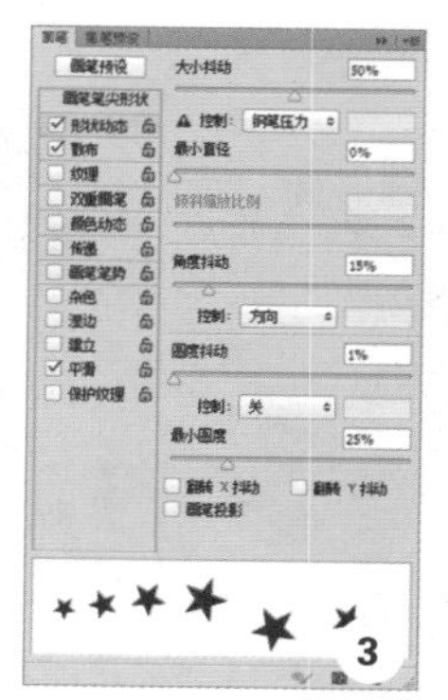

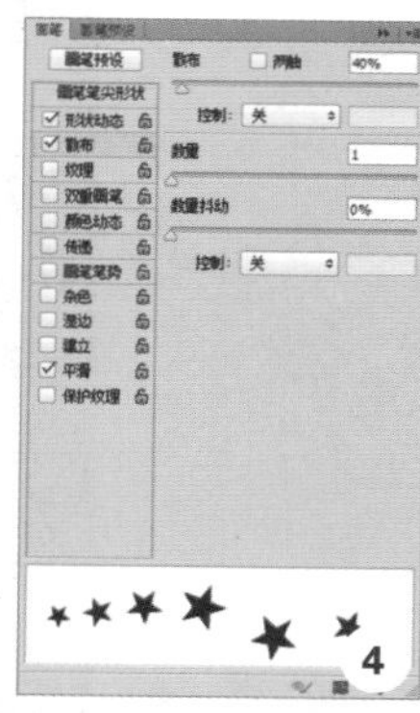

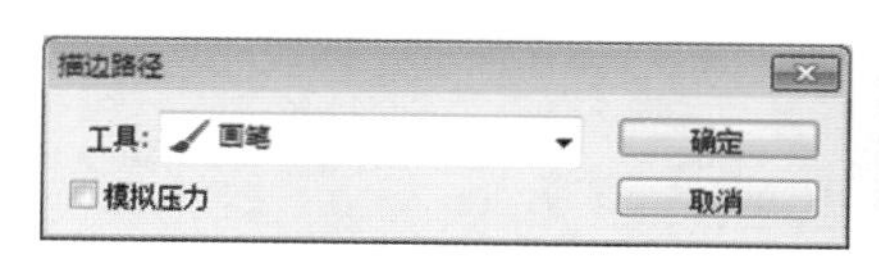

06添加阴影　回到图层面板中，双击描边图层，在弹出的“图层样式”对话框中，选择“投影”，设置“混合模式”为正常，“不透明度”为 100%，“角度”为 120°，“距离”为 5 像素，“大小”为 4 像素，单击“确定”按钮结束。

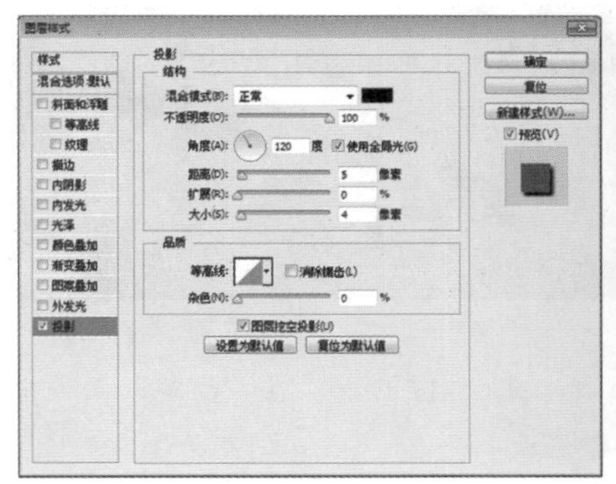

07画笔描边　新建图层，设置前景色。在工具栏中选择画笔工具，按下 F5 键，在弹出的“画笔”面板中选择画笔笔触，设置画笔参数，在图层面板中单击“路径”按钮，右键单击路径图层，选择“描边路径”。复制上一描边图层的图层样式。

1. 新建图层，设置前景色为白色，在“画笔”面板中选择自定义的星形笔触，设置大小为 40 像素，间距为 200%。
2. 选择“形状动态”，设置大小抖动为 60%，角度抖动为 15%，控制为方向。
3. 选择“散布”，设置散布为 50%，勾选“平滑”。
4. 右键单击路径图层，在快捷菜单中选择“描边路径”，在“描边路径”对话框中，设置“工具”为画笔，单击“确定”按钮结束。按下 Alt 键复制上一描边图层的图层样式。

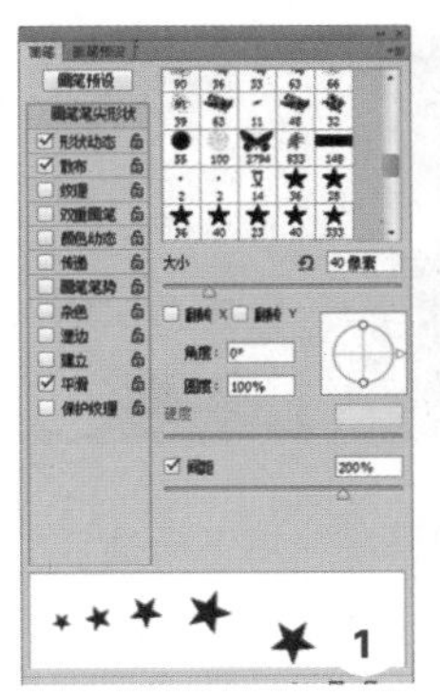

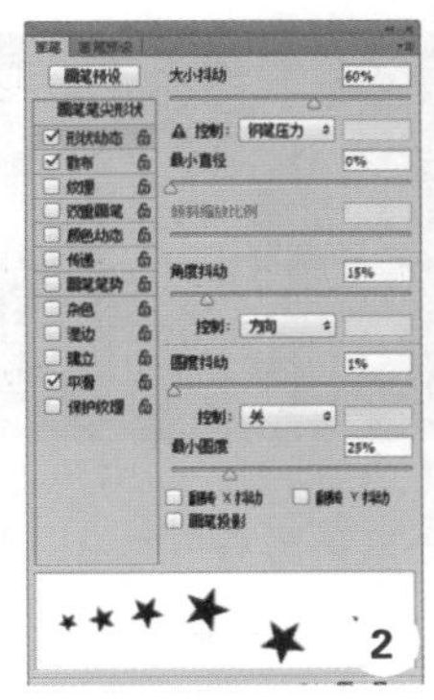

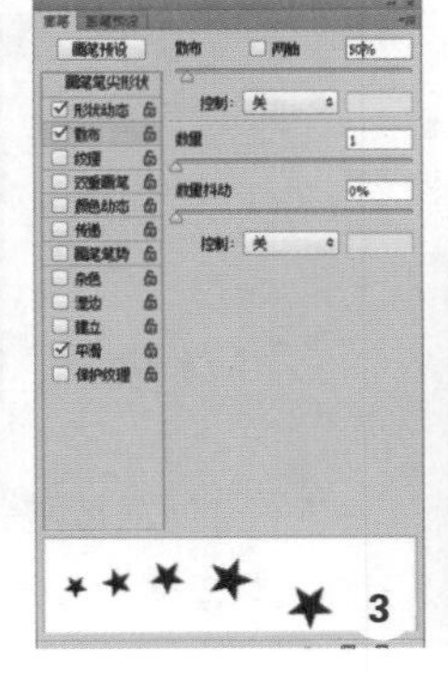

08画笔描边　新建图层，设置前景色。在工具栏中选择画笔工具，按下 F5 键，在弹出的“画笔”面板中选择画笔笔触，设置画笔参数，在图层面板中单击“路径”按钮，右键单击路径图层，选择“描边路径”。复制上一描边图层的图层样式。

1. 新建图层，设置前景色为 R:34 G:118 B:195，在“画笔”面板中选择自定义的星形笔触，设置大小为 40 像素，间距为 185%。
2. 选择“形状动态”，设置大小抖动为 60%，角度抖动为 15%，控制为方向。
3. 选择“散布”，设置散布为 60%，勾选“平滑”。
4. 右键单击路径图层，在快捷菜单中选择“描边路径”，在“描边路径”对话框中，设置“工具”为画笔，单击“确定”按钮结束。按下 Alt 键复制上一描边图层的图层样式。

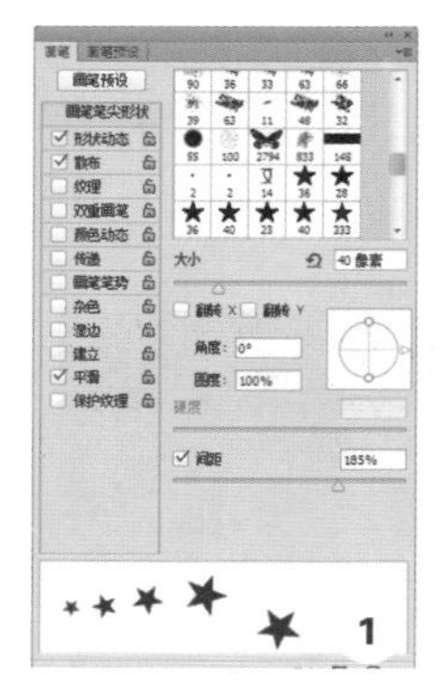

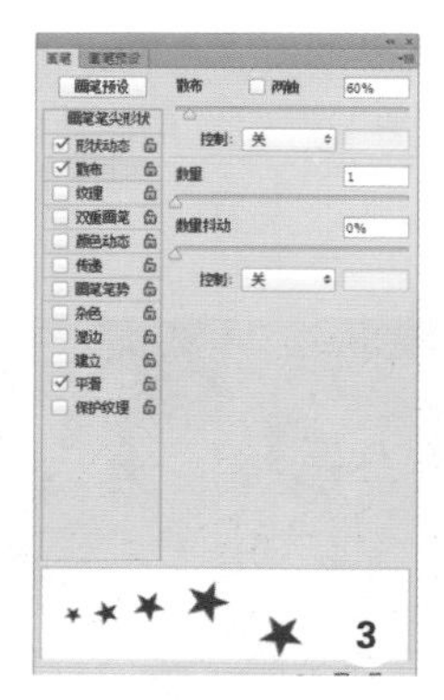

09 画笔描边 新建图层，设置前景色。在工具栏中选择画笔工具，按下 F5 键，在弹出的“画笔”面板中选择画笔笔触，设置画笔参数，在图层面板中单击“路径”按钮，右键单击路径图层，选择“描边路径”。复制上一描边图层的图层样式。

1. 新建图层，设置前景色为 R:108 G:217 B:20，在“画笔”面板中选择自定义的星形笔触，设置大小为 23 像素，间距为 130%。
2. 选择“形状动态”，设置大小抖动为 50%，角度抖动为 15%，控制为方向。
3. 选择“散布”，设置散布为 40%，勾选“平滑”。
4. 右键单击路径图层，在快捷菜单中选择“描边路径”，在“描边路径”对话框中，设置“工具”为画笔，单击确定按钮结束。按下 Alt 键复制上一描边图层的图层样式。

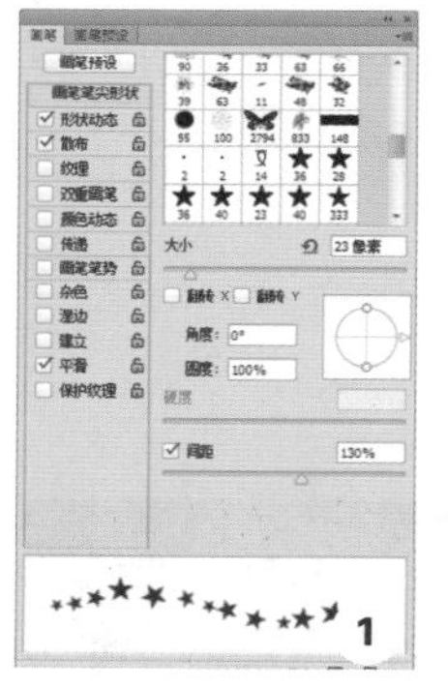
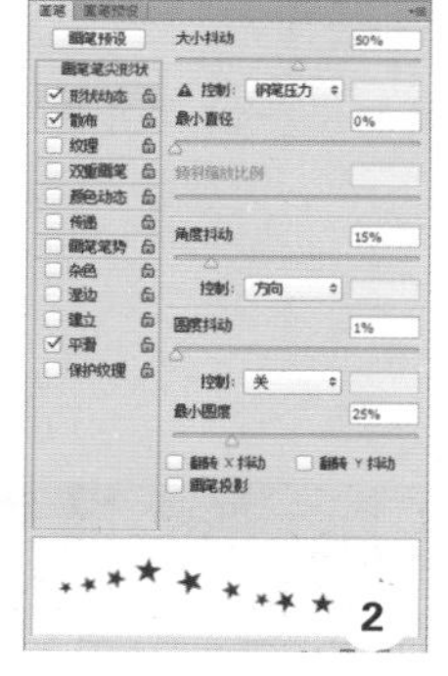
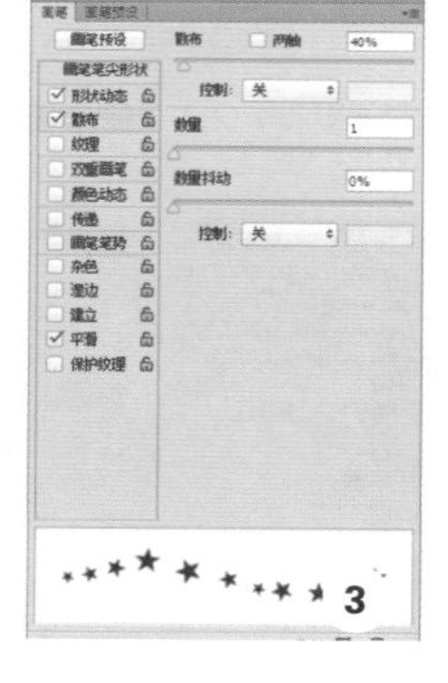

10 创建新路径 在图层面板中单击“路径”按钮，调出路径图层的选区。将选区收缩 10 像素，将路径图层复制一层，单击路径面板中下方的“从选区生成路径”按钮，生成新路径。

1. 按下 Ctrl 键同时单击路径图层缩略图，调出路径图层的选区。
2. 执行“选择 > 修改 > 收缩”命令，在弹出的“收缩选区”对话框中，设置收缩量为 10 像素，单击“确定”按钮。
3. 将路径图层复制一层，单击路径面板中下方的“从选区生成路径”按钮。

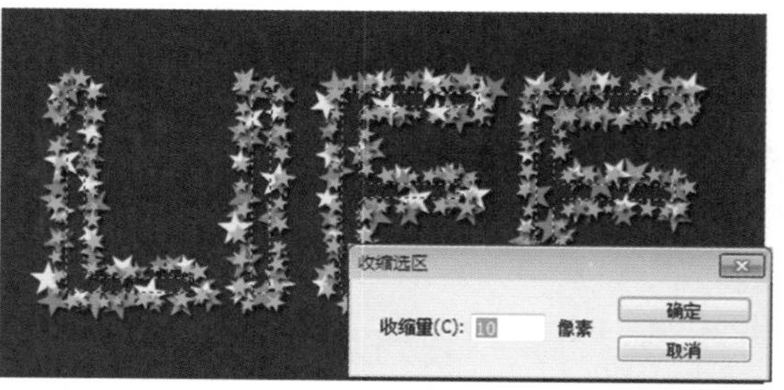

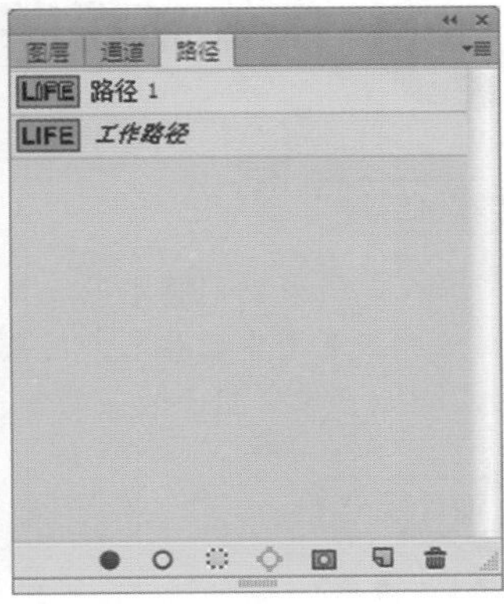

11 画笔描边　结合两个大小不一样的路径，利用同样的画笔描边的方法，制作出更多的各种颜色、大小的星星叠加的效果。

牛仔布料字体

案例综述

在本例中我们将学习一种技术难度较大的字体描边和定义图案的技巧，用来制作牛仔布锁边的特效，这种效果常用于 App 的 logo 特效和 icon 特效中。

设计规范

尺寸规范	210×297（毫米）
主要工具	路径描边、定义画笔
文件路径	Chapter05/5-3.psd
视频教学	5-3.avi

配色分析

蓝色牛仔布和粉色牛仔布的搭配非常轻松愉快，让人联想到了恋爱、情侣和休闲的感觉。

操作步骤

01 新建文档　执行“文件 > 新建”命令，在弹出的“新建”对话框中，设置“宽度”为 210 毫米，“高度”为 297 毫米，“分辨率”为 300 像素 / 英寸，“背景”为白色，单击“确认”按钮结束。打开“5-3-1.jpg”素材，如图所示。

1. 新建文档，设置宽度为 210 毫米，高度为 297 毫米，分辨率为 300 像素，背景为白色。
2. 执行“文件 > 打开”命令，在弹出的打开对话框中选择“5-3-1.jpg”素材打开。

02 定义牛仔图案 将牛仔图案设置为当前操作的文档，按下快捷键 Crtl+A 将图像全选，执行“编辑 > 定义图案”命令，打开“图案名称”对话框，如图所示，单击“确定”按钮，将牛仔定义为图案。

03 填充背景 将新建文件设置为当前操作文档，单击图层面板中的“新建图层”按钮，将工具栏中的前景色设置为白色，按下 Alt+Delete 组合键填充颜色。双击图层打开图层样式，在弹出的图层样式对话框中，选择“渐变叠加”和“图案叠加”，设置参数，单击“确定”按钮结束，如图所示。

1. 新建图层，将工具栏中的前景色设置为白色，按下 Alt+Delete 组合键填充颜色。
2. 选择“渐变叠加”，设置混合模式为强光，不透明度为 100%，角度为 90° 。打开渐变编辑器，添加 2 个色标，左侧色标为 R:255 G:204 B:204，添加的两个色标一个设置为白色，一个为 R:255 G:255 B:153，右侧色标为 R:204 G:204 B:255。按下 Alt 键，分别将红黄紫三个色标复制一个，白色色标复制 3 个，两个红色色标的位置是 0、32%，4 个白色色标位置为 32%、34%、66%、68%，两个黄色色标位置为 34%、66%，两个紫色色标位置为 68%，100%。
3. 选择“图案叠加”，设置混合模式为正常，不透明度为 100%，在“图案”右侧的下拉三角中选择牛仔图案，缩放为 425%。

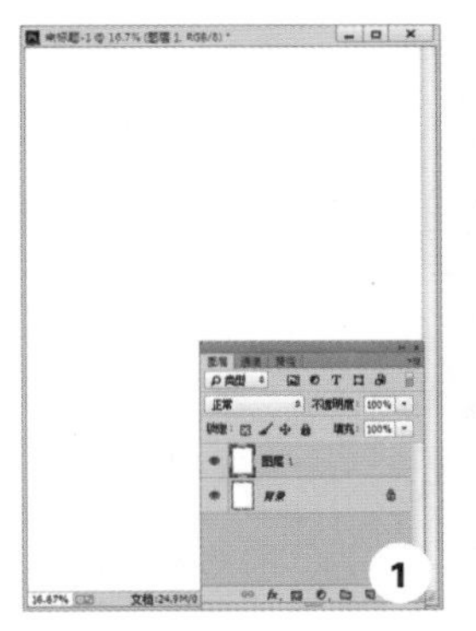

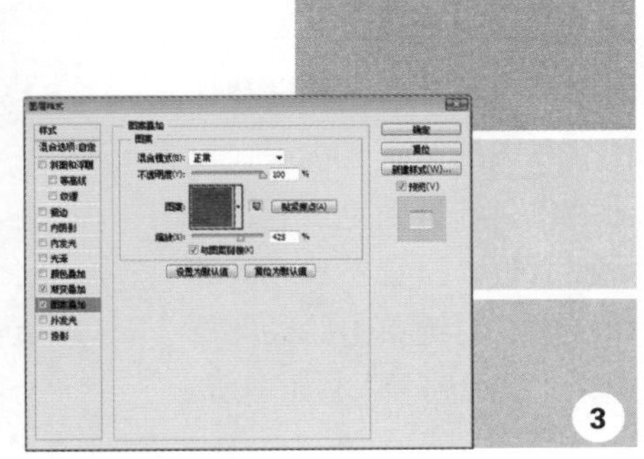

04 制作文字 在工具栏中选择“横版文字工具”，在状态栏中设置你喜欢的字体，然后输入你想要的文字。按下 Ctrl+T 组合键对文字进行合适的自由变换和位置移动，按下“Enter”键结束。双击文字图层，在弹出的图层样式对话框中，选择“投影”“内阴影”“斜面和浮雕”“图案叠加”“描边”，设置参数，单击“确定”按钮结束，如图所示。

1. 选择“横版文字工具”，输入文字，进行合适的自由变化。
2. 选择“斜面和浮雕”，设置深度为 260%，大小为 4 像素，“角度”为 −14° 。
3. 选择“描边”，设置大小为 46 像素，混合模式为正常，颜色为白色。
4. 选择“内阴影”，设置角度为 −14° ，距离为 5 像素，大小为 1 像素。
5. 选择“图案叠加”，设置混合模式为正常，不透明度为 100%，单击图案右侧的下拉三角选择牛仔图案，设置缩放为 400%。
6. 选择“阴影”，设置混合模式为正片叠底，距离为 91 像素，大小为 79 像素。

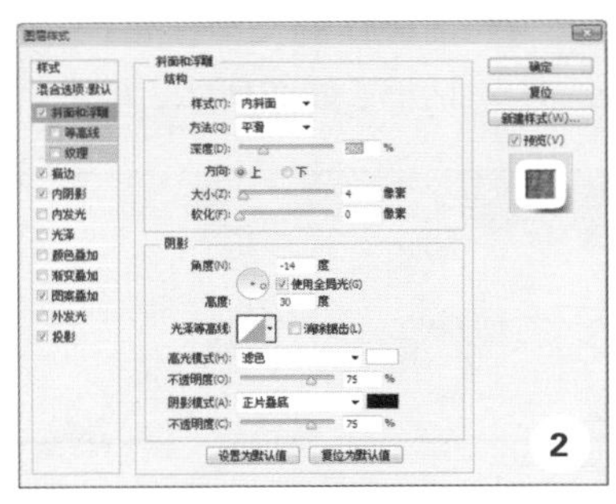
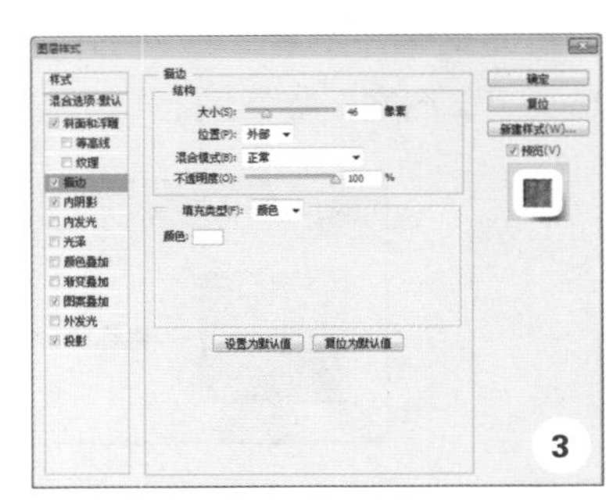
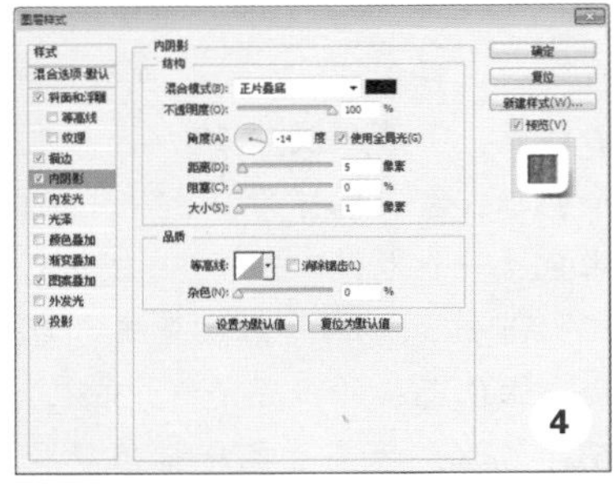
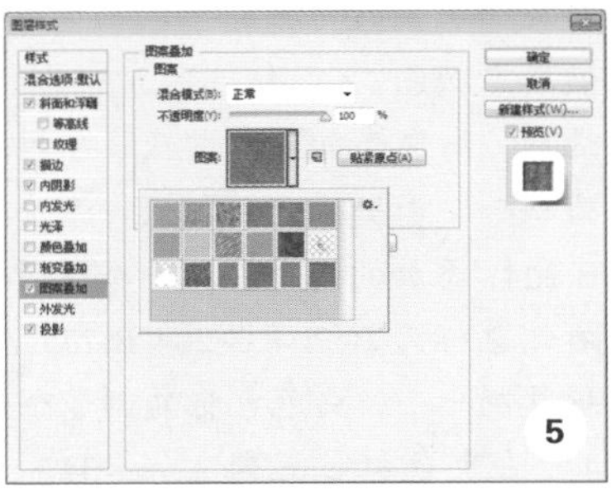
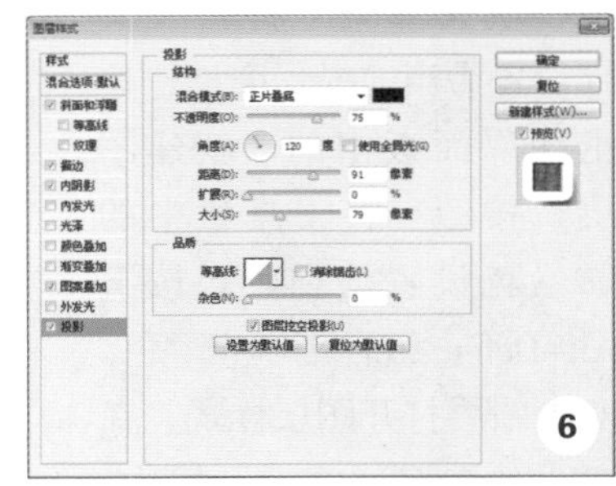

05 选区转换路径 调出文字图层选区，执行“选择 > 修改 > 扩展”命令，设置“扩展量”，单击“确定”结束。在图层面板中，将选区转化成路径。在图层中新建图层，设置前景色，选择画笔工具，调出滑板面板，设置参数，到路径面板中，右键单击路径图层，选择“描边路径”，如图所示。

1. 按下 Ctrl 键单击文字图层缩略图，调出选区，执行“选择 > 修改 > 扩展”命令，设置“扩展量”为 23 像素，在图层面板中，单击“路径”按钮。
2. 单击“建立路径”按钮，将选区转化成路径。
3. 回到图层中新建图层，设置前景色为白色。选择“画笔工具”，按下 F5 键，在弹出的画板面板中选择合适的笔触，设置大小为 15 像素，间距为 1%。勾选并单击“形状动态”设置角度抖动的控制为方向。
4. 回到路径中，右键单击路径图层，在快捷菜单中选择“描边路径”，在弹出的描边路径对话框中，设置工具为画笔，取消勾选模拟压力，单击确定结束。

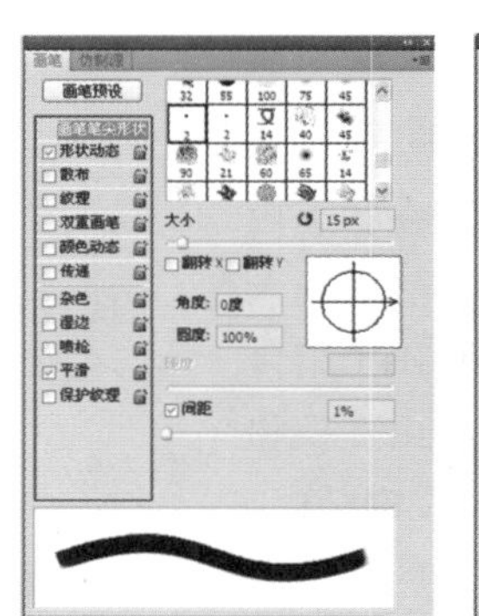
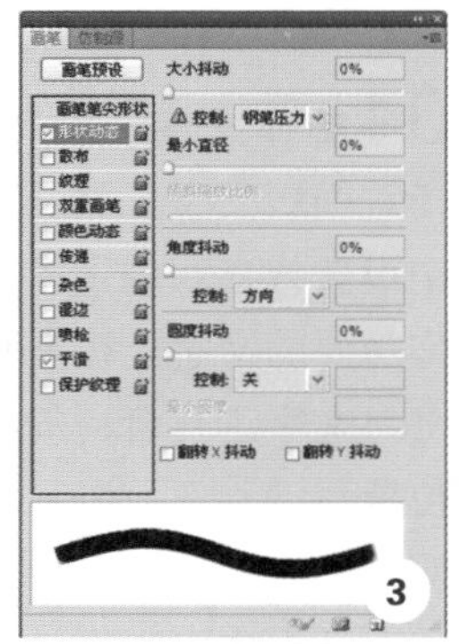

06 制作压线效果 双击描边路径图层，在弹出的“图层样式”对话框中，选择“投影”“斜面和浮雕”，设置参数，单击“确定”按钮结束。新建图层，设置前景色为黑色，在图层面板中单击路径按钮，选择画笔工具，调出画板面板，设置参数，右键单击路径图层，选择“描边路径”，回到图层中，设置虚线描边图层的“不透明度”为 50%，如图所示。

1. 选择“斜面和浮雕”，设置深度为 72%，方向为下，大小为 2 像素，角度为 −14°，阴影模式的不透明度为 10%。
2. 选择“阴影”，设置混合模式为正常，不透明度为 50%，角度为 −14°，距离为 0，大小为 0。
3. 新建图层，设置前景色为黑色，在图层面板中单击路径，选择“画笔工具”，按下 F5 键，在画板面板中单击画笔笔尖形状，选择同样的笔触，设置间距为 300%。
4. 右键单击路径图层，在快捷菜单中选择“描边路径”，在弹出的描边路径对话框中，设置工具为画笔，取消勾选模拟压力，单击“确定”按钮结束，回到图层中，在图层面板中设置虚线层不透明度为 50%。

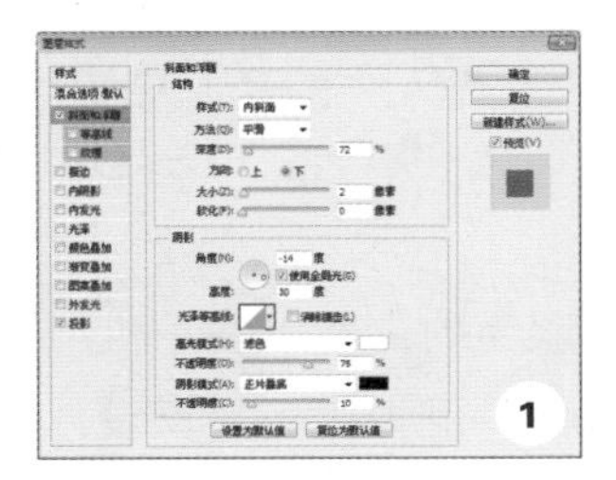
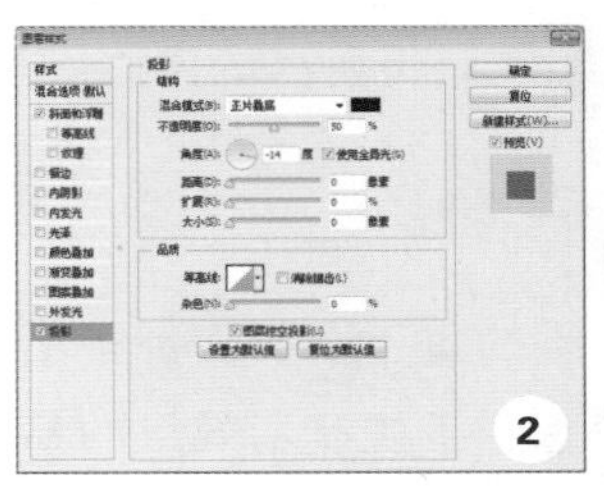

选择画笔工具后，在选项栏中单击可打开画笔预设选取器按钮，在弹出的面板中单击按钮，在下拉列表中选择“载入画笔”选项，弹出“载入”对话框，从中选择需要载入的画笔，单击“载入”按钮即可，被载入的画笔会在画笔面板中的最后显示。

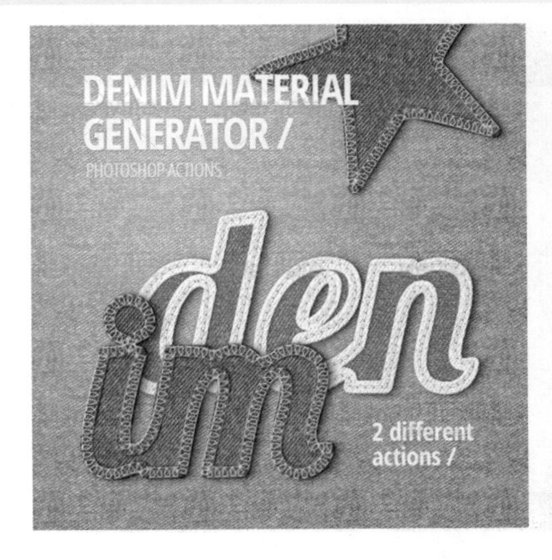

用本例的技术制作的其他特效

设计思路：在 APP UI 中如何控制字号

在手机客户端设计中，有的时候是一个设计师配备好几个开发人员，也有的时候是一个开发人员面对一个设计师和一个切图人员。由于每个开发人员的开发习惯不一样，所以有的人需要点九图，而有的人需要你把字体都放在图标中一起切出来。安卓开发人员拼命地进行屏幕适配的时候，也要不断寻求设计师的协助。而设计师的交互以及视觉工作是和程序员的开发工作同步进行的。另外切图资源的命名一不留神就会发生冲突。此外还有一些既现实又避免不了的问题，比如，资源库中堆积的大量没用的切图，要是不花好几天时间清理，就会导致安装文件无形中变大。还有开发人员忽视了一些公共资源，在后期就要反复找切图人员要资源进行处理。再比如，开发出来的Demo与实际效果图不符，就需要不断地检查，反复地修改，以达到预期效果。

在设计的过程中，我们也应该虚心学习，随时将自己的困惑讲出来，记下来。及时沟通，及时请教，这样才能越做越好。

1. 手机客户端字体大小设计的重要性

字体、字体大小和字体颜色在手机客户端的每一个页面都是不可避免的，所以在手机屏幕这个特殊媒介中，字体大小非常重要。考虑到手机显示效果的易看性，也为了不违反设计意图，所以我们必须了解一下，在电脑做图的时候采用的字号以及开发过程中采用的字号。

首先我们通过例子看一下字体大小对设计究竟有着多大的影响。如下图所示，在电脑做图与手机适配的过程中，左图是电脑设计效果，这个页面的设计表达的是一个旅游选项，我们可以看到有几个洲际旅游分类以及每个洲的分页面国家。这里选择了“亚洲”，所以在设计中应该突出体现“亚洲”页面的视觉效果。我们在手机上适配 GUI 的时候，要达到易看性，国家列表的主标题（亚洲）和副标题（国家名称）字号必须要有区别。左图的洲际和国家的字号完全一样，问题就出现了，内容页的国家的份量与分类标题一样就会导致用户不能一眼理解出内容是在各个洲际之下的，达不到设计意图，体验效果不佳。所以，要想解决这个问题，就必须通过加深洲际的字号和底色的颜色来加重其份量，让国家的名称包含在洲际中。

在 Photoshop 中设计的文字

在手机中适配的效果

调整后的效果

2. 让设计与开发顺利接轨的字体规范

我们知道，用 Photoshop 画效果图时，字体大小我们一般直接用“点”做单位，然而在开发中，一般采用“sp”做单位，如何保证画图时的字号选择和手机适配效果一致呢？下面以几个最常应用的字体效果来说明在 Photoshop 中和开发中字号的选择。

（1）列表的主标题

一般情况下，列表的副标题的字号并没有太多的要求，只要字体颜色和字号小于主标题就可以了。腾讯新闻、QQ 通讯录首页的列表主标题的字号在 Photoshop 中应采用 24~26 号左右，一行大概容纳 16 个字。开发程序中对应的字号是 18sp。

腾讯新闻

QQ 通讯录

需要强调的是不同的字体，相同的字号，显示的大小也会不一样。比如，同样是 16 号字的楷体和黑体，楷体就显得比黑体小得多。

（2）列表的副标题

一般情况下，列表的副标题的字号并没有太多的要求，只要字体颜色和字号小于主标题就可以了。

（3）正文

正文字号的大小要求是每行必须要少于 22 个字。因为字数太多，字号就小，阅读起来就比较吃力。在电脑设计中正文字号要大于 16 号字体，在开发程序中，字号设置要大于 12 号字。

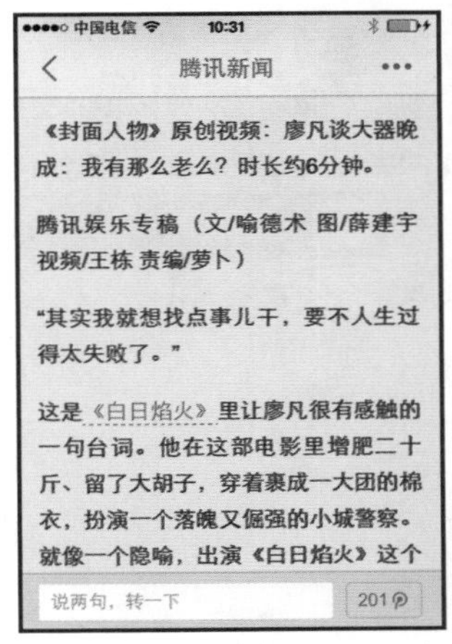

腾讯新闻 APP 正文

大众点评 APP 正文

去哪儿旅游 APP 正文

知识扩展：字体配色的那点事

1. 配色不宜超过三种

手机 UI 配色不要超过三种。常见的色相有赤橙黄绿青蓝紫等，色相差异比较明显，主要色彩的选取就容易多了，我们可以选择一些对比色、临近色、冷暖色调互补等方式，也可以直接从成功作品中借鉴主辅色调配，像朱红点缀深蓝和明黄点缀深绿等色相。话虽如此，但是我们需要面对的设计需求在色彩分配上会出现很多复杂的问题。

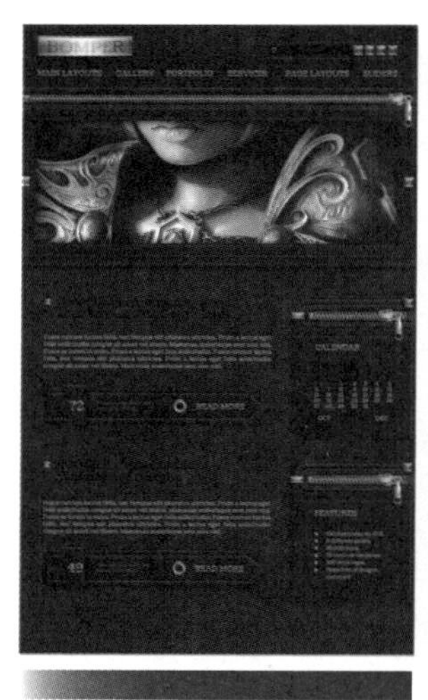

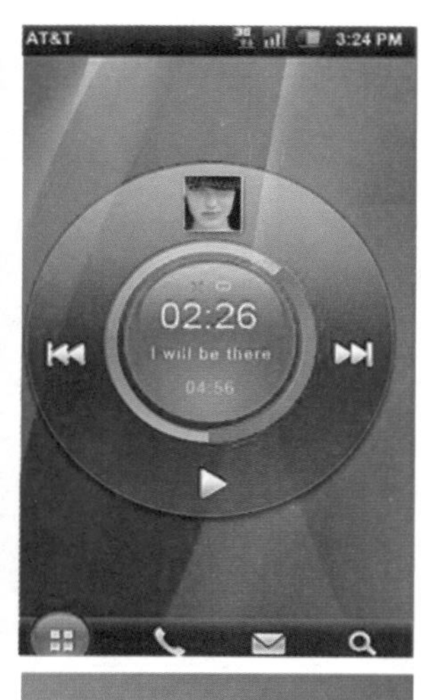

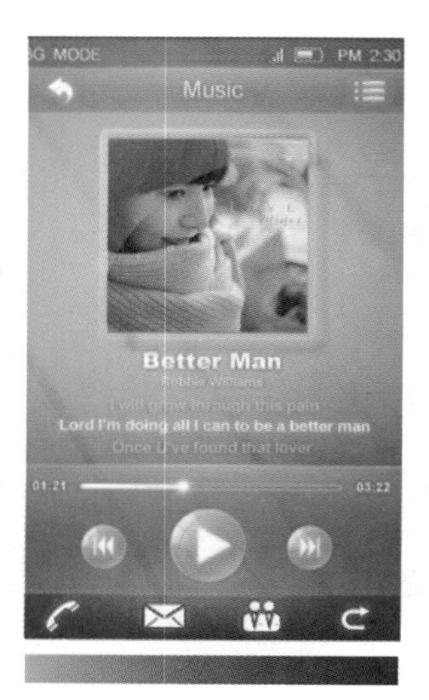

如上所示，根据网页信息的多寡，会有更多色彩区域的层级划分和文字信息层级区分需求，那么在守住“网页色彩（相）不超过三种”的原则下，只能寻找更多同色系的色彩来完善设计，也就是在“饱和度”和“明度”上做文章。

2. 只需要明白三个关键词：叠加、柔光和透明度

在设计当中，只要抓住叠加、柔光和透明度这三个关键词就可以了。但需要注意的是，透明度和填充不一样，透明度是作用于整个图层，而填充则不会影响到“混合选项”的效果。

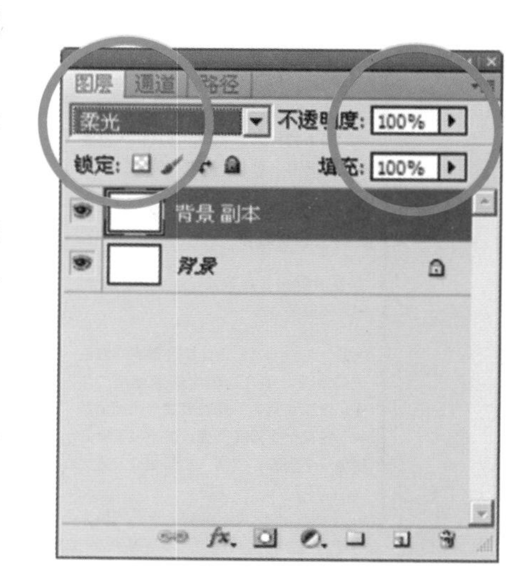

在讲叠加和柔光之前，我们先了解一下配色技巧的原理：用纯白色和纯黑色通过“叠加”和“柔光”的混合模式，再选择一个色彩得到最匹配的颜色。就像调整饱和度和明度，再通过调整透明度选取最适合的辅色一样。

如上图所示，只要调整叠加 / 柔光模式的黑白色块的 10% 到 100% 的透明度就可以得到差异较明显的 40 种配色，通过这种技巧，每一种颜色都能轻易获得“失误是 0 且无穷尽的”天然配色。因为叠加和柔光模式

对图像内的最高亮部分和最阴影部分无调整，所以这种配色方法对纯黑色和纯白色不起任何作用。

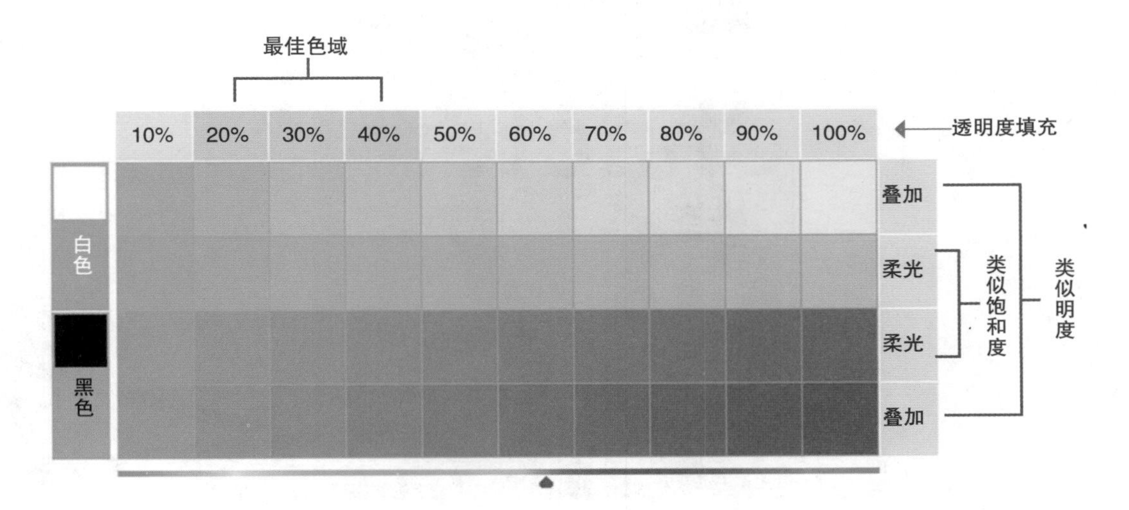

3. 实战演示

通过前面的讲解，我们也试着做一个吧！相信只要理解了上面的方法，就可以在设计工作中自由发挥。

步骤如下所示：

（1）首先选择一个黑色白色或黑白渐变点、线、面或者字体。

（2）再通过混合模式选择叠加或柔光。

（3）最后调整透明度，从 1% 到 100% 随意调试，也可以直接输入一个整数值。轻质感类页面我们可以选择 20% 到 40% 的透明度，重质感类可以选择 60% 以上。

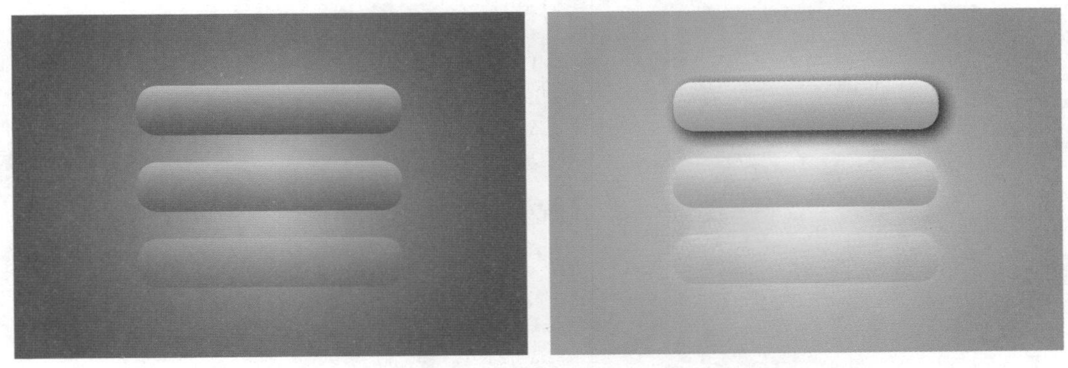

方法延伸：依照前面的方法，再运用到一个按钮上。通过混合选项中的“阴影、外发光、描边、内阴影、内发光”等选项自由地调试。

手机 UI 的质感表现

本章我们将学习使用 Photoshop CC 表现不同的质感，包括金属、玻璃、木质、纸质、皮革、陶瓷、塑料光滑表面等。灵活掌握这些制作方法，有利于今后的 UI 表现技法的学习。

金属

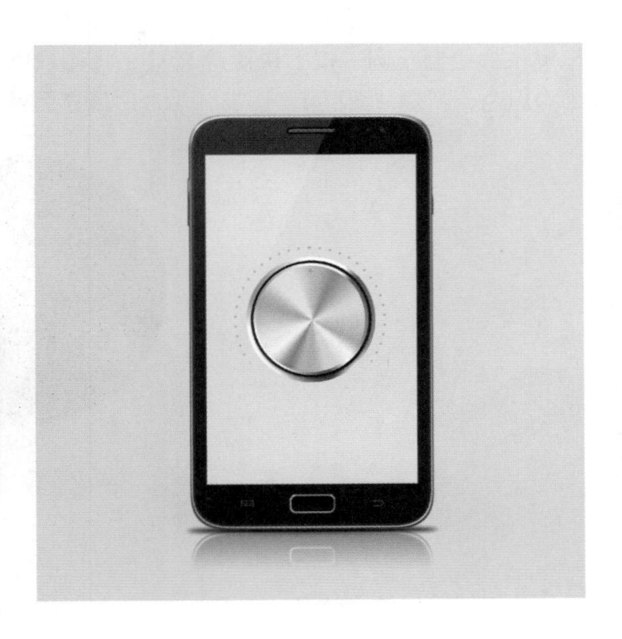

案例综述

在本例中，我们将学会使用椭圆选框工具绘制由中心向外的正圆，通过“图层样式”的“描边”效果为正圆添加金属光泽，通过椭圆工具和“路径”面板配合使用绘制金属效果的外围。

设计规范

尺寸规范	1280 × 1024（像素）
主要工具	圆角矩形工具、图层样式
文件路径	Chapter06/6-1.psd
视频教学	6-1.avi

配色分析

金属材料给人的视觉效果是坚硬、冷，而白色与浅灰色为冷色调，可以带给人压迫感、距离感以及冰凉的感觉。

操作步骤

01 新建文档　执行“文件 > 新建”命令，或按下快捷键 Ctrl+N，打开“新建”对话框，设置宽度和高度分别为 1280 像素、1024 像素，分辨率为 72 像素 / 英寸，完成后单击“确定”按钮，新建一个空白文档，如图所示。

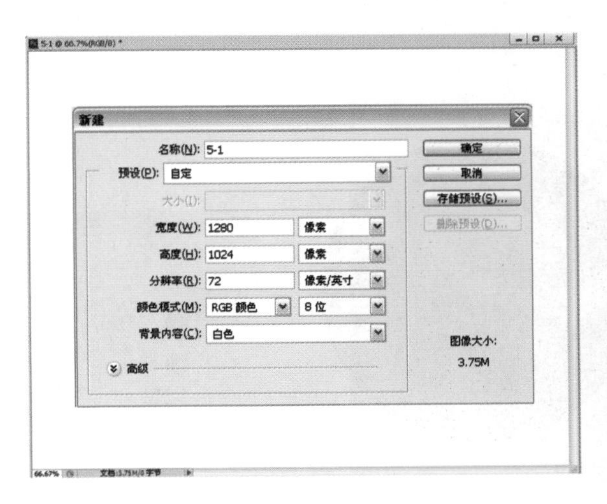

02 填充背景色　单击前景色图标，在弹出的“拾色器（前景色）”对话框中设置参数，改变前景色，按下快捷键 Alt+Delete 为背景填充前景色，在“背景”图层上单击鼠标右键，在弹出的下拉列表中选择“转换为智能滤镜”命令，得到“图层 0”图层，如图所示。

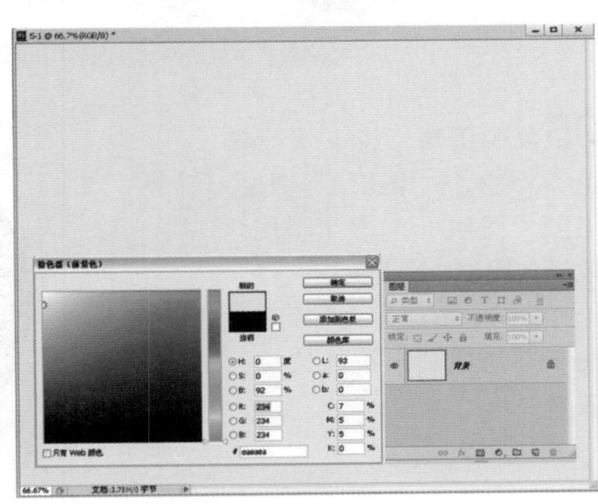

03 绘制正圆 按下快捷键 Ctrl+R，打开“标尺工具”，从垂直和水平方向分别拉出辅助线，使其位于画布的中央，选择“椭圆选框工具”，在辅助线交接的地方单击并按住快捷键 Alt+Shift 拖曳鼠标绘制正圆，按下快捷键 D 键，将前景色和背景色默认为黑白色，新建“图层 1”图层，为选区填充黑色，取消选区。

1. 用椭圆工具绘制正圆。
2. 按下快捷键 Alt+Delete 填充前景色。
3. 按下快捷键 Ctrl+D，取消选区。

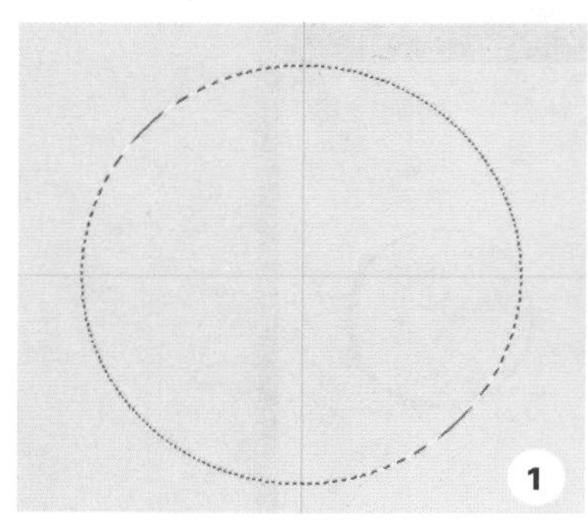

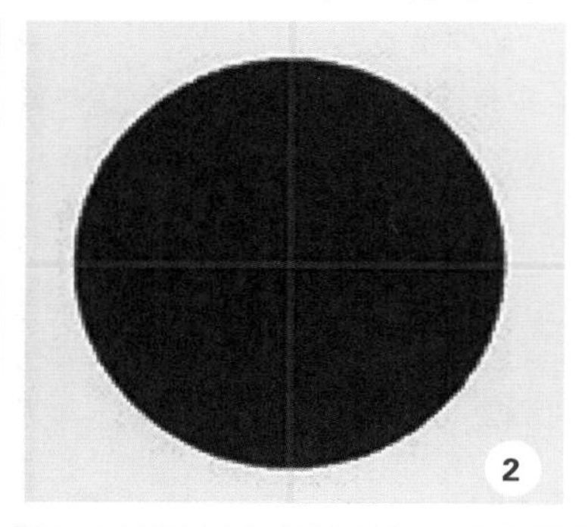

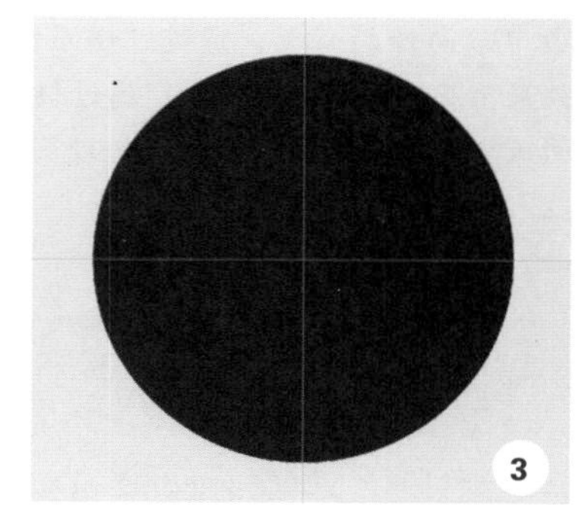

在定位原点的过程中，按住 Shift 键可以使标尺原点与标尺刻度记号对齐。如果要隐藏标尺，可以执行“视图 > 标尺”命令或再次按下快捷键 Ctrl+R。

04 为正圆添加描边效果 双击“图层 1”图层，打开“图层样式”对话框，选择“描边”选项，设置大小 54 像素、位置为内部、填充类型为渐变、样式角度、角度 42 度，单击“确定”按钮，为正圆添加金属描边效果。

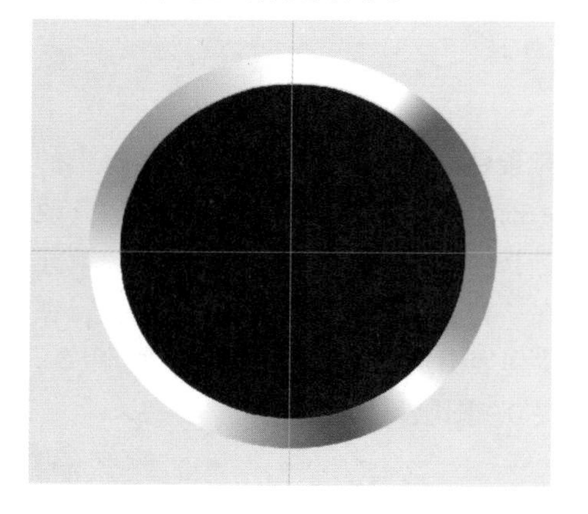

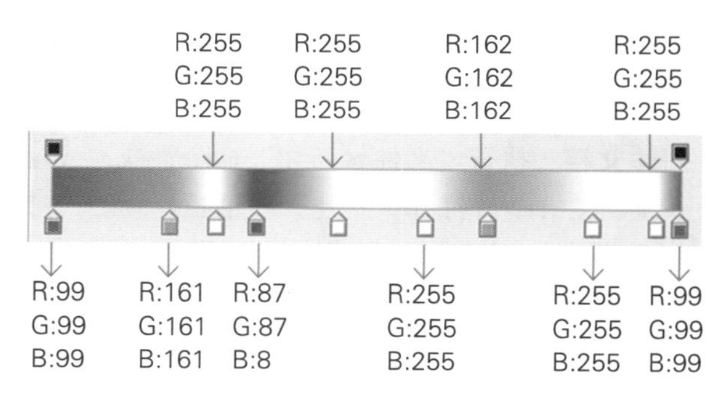

渐变条参数设置

05 复制图层 按下快捷键 Ctrl+J，复制“图层 1”图层，得到“图层 1 副本”图层，选择该图层，单击鼠标右键，选择“清除图层样式”命令，使正圆还原到未被描边前的效果。

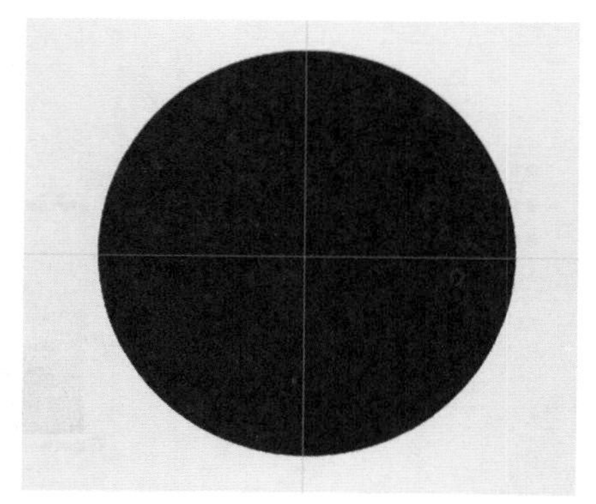

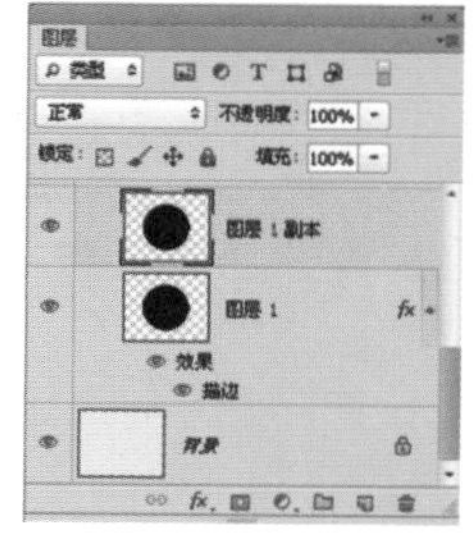

06 **等比例缩小正圆**　按下快捷键 Ctrl+T，在正圆四周出现可调节的控制点，按住快捷键 Alt+Delete 等比例缩小正圆，完成后，按下 Enter 键确认操作。

1. 执行“自由变换”命令。
2. 调整正圆大小。

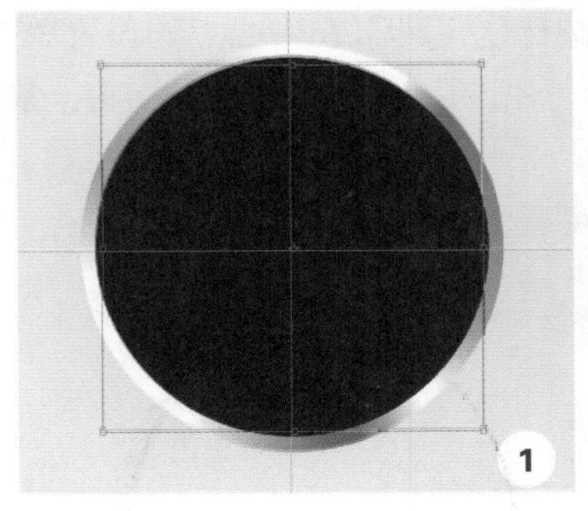

07 **再次复制正圆，进行缩小**　再次将正圆进行复制，然后使用同样的方法进行等比例缩小。

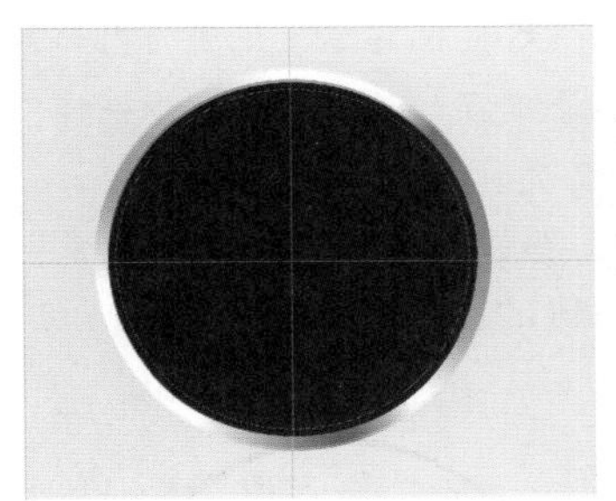

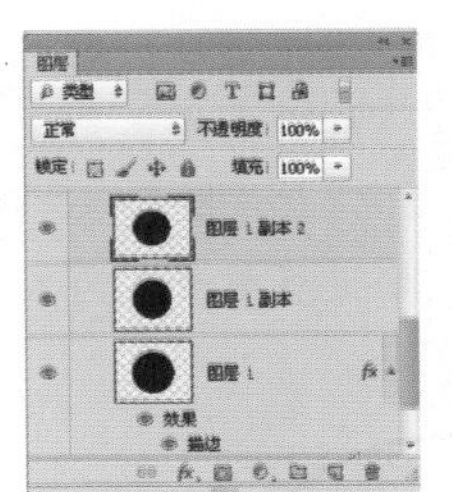

在这一步中出现的选区，只是为了方便读者观看等比例缩小的范围，因为复制后的椭圆也是黑色，读者很难发现到底缩小了多少。

08 **打开金属质感素材**　按下快捷键 Ctrl+O，在弹出的“打开”对话框中选择素材，将其打开，按住 Alt 键的同时双击“背景”素材将其解锁。

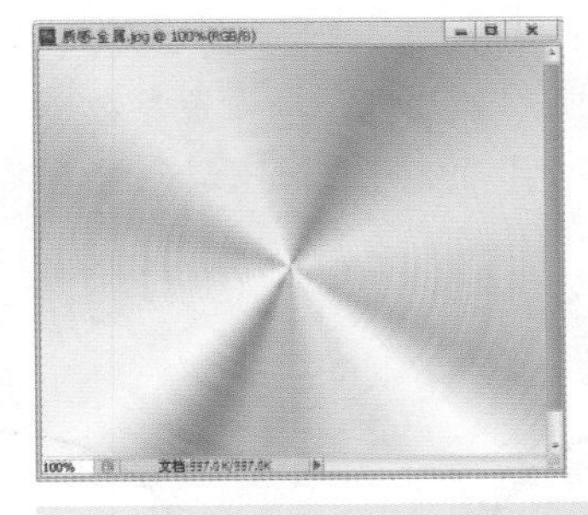

“背景”图层永远在“图层”面板的最底层，不能调整顺序，并且，不能设置不透明度、混合模式，添加效果等。要进行这些操作，需要将“背景”图层进行解锁。

09 **调整大小**　使用“移动工具”，将素材拖曳到当前绘制的文档中，按下快捷键 Ctrl+T，改变素材的大小，调整大小的尺度可将黑色正圆遮挡住即可，选择“图层 2”图层，单击鼠标右键，选择“创建剪贴蒙版”命令，使金属图像限制在刚才绘制的正圆中。

1. 用椭圆工具绘制正圆。
2. 调整素材的大小。
3. 创建剪贴蒙版。

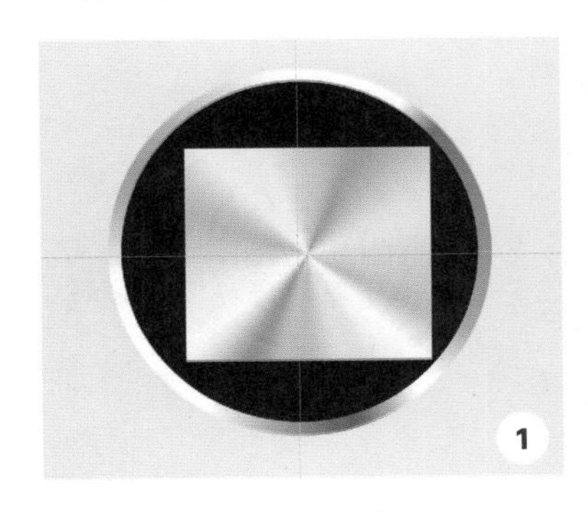

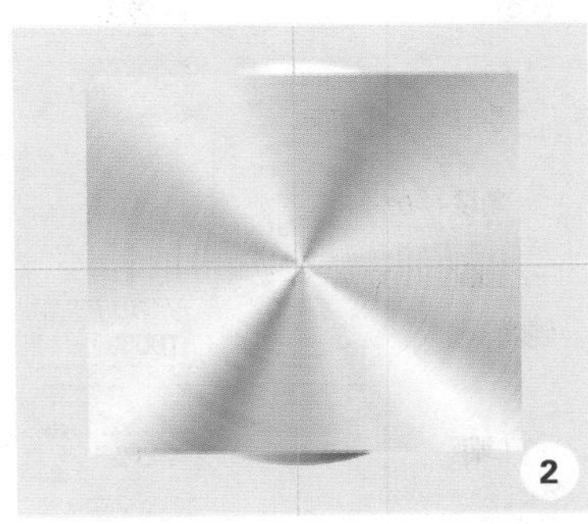

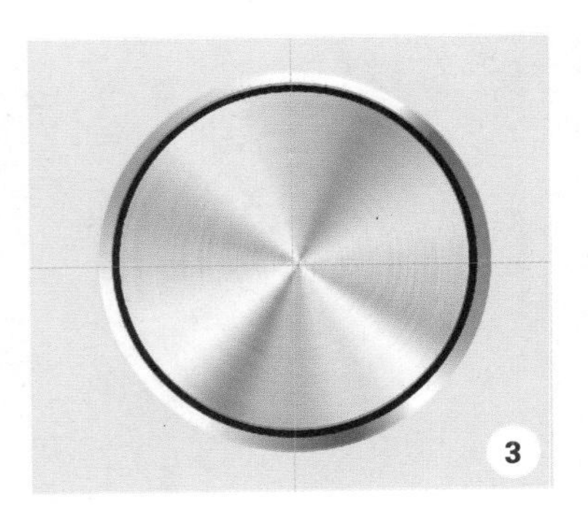

10 打开金属质感素材 选择“椭圆选框工具”，在中心点的位置单击，按住快捷键 Alt+Shift 绘制正圆，此次正圆绘制的范围与金属素材大小相同，按下快捷键 Ctrl+J，复制选区，得到“图层 3”图层。

1. 绘制选区。
2. 复制选区。

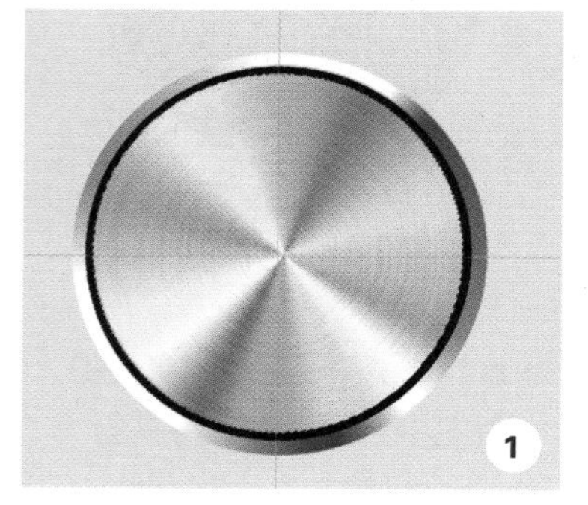

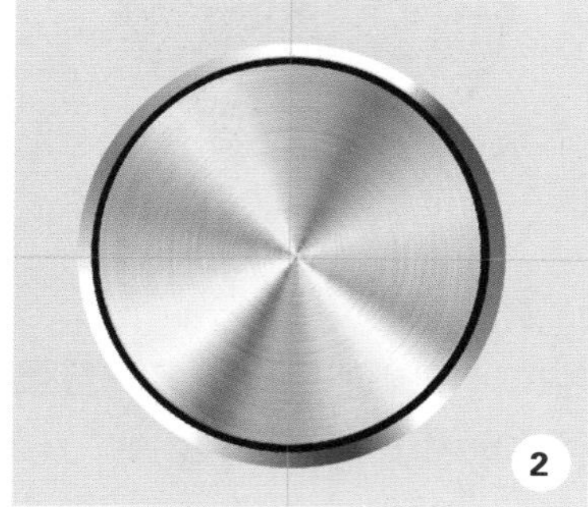

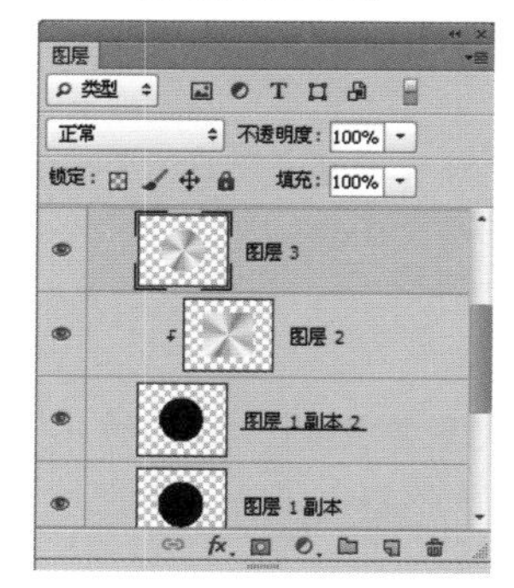

11 添加效果 打开“图层 3”图层“图层样式”对话框，选择“描边”“投影”选项设置参数，为金属添加效果，使用“椭圆选框工具”绘制正圆，填充淡蓝色。

1. 选择“描边”选项，大小 16 像素、位置为内部、填充类型为渐变，渐变条的设置与第 4 步一样，样式角度、角度 42 度。
2. 选择“投影”选项，距离 22 像素、大小 27 像素。
3. 设置前景色为 R:43 G:233 B:222。

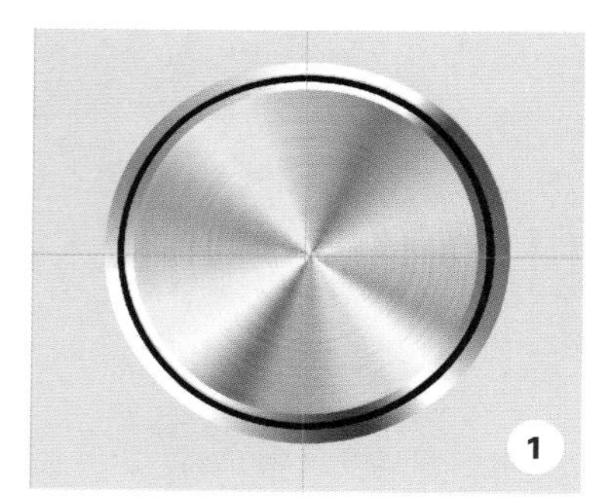

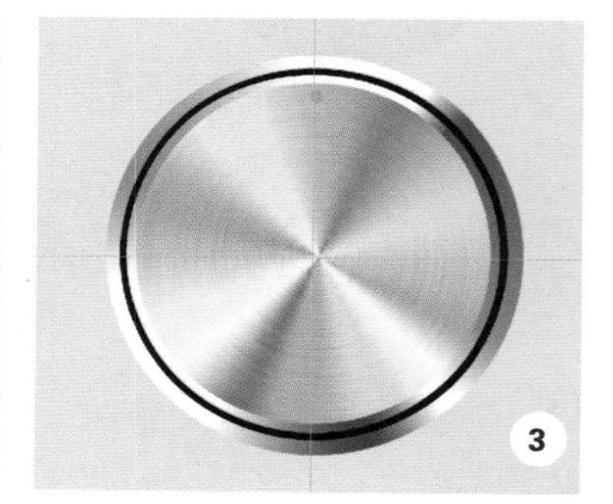

12 绘制路径 选择工具箱中的“椭圆工具”，在选项栏中选择“路径”选项，绘制以中心点出发的正圆路径。设置前景色为黑色，选择“画笔工具”，按下 F5 键，打开“画笔”面板，设置参数。

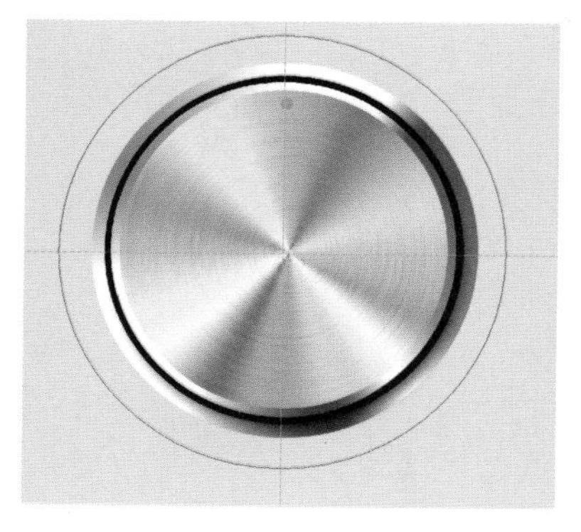

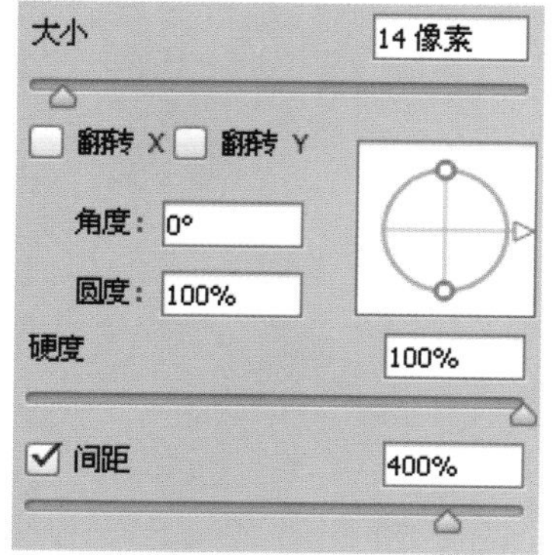

路径是矢量对象，它不包含像素，因此，没有进行填充或者描边处理的路径是不能被打印出来的。

13 描边路径　新建“图层5”图层，执行“窗口 > 路径”命令，打开“路径”面板，在“工作路径”图层上单击右键，选择“描边路径”命令，打开“描边路径”对话框，选择工具为画笔，单击“确定”按钮，为路径进行描边。

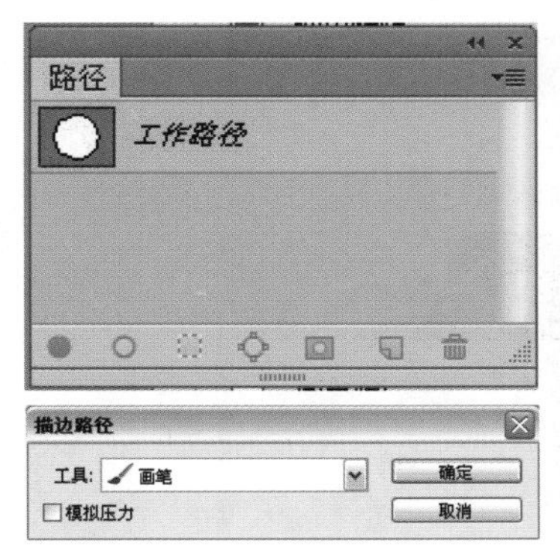

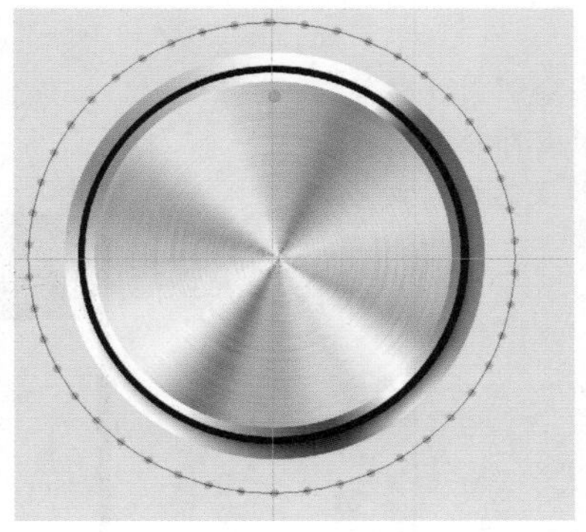

做到这一步也许有些读者会疑惑，为何他绘制出来的原点是黑色或者是其他颜色呢？这就与前景色的颜色有关了，那么我们在执行“描边路径”之前，就要先确定前景色的色调。

14 删除路径　选择“橡皮擦工具”，在进行描边后的路径下方进行涂抹，将下方的原点擦掉，然后在“工作路径”图层上单击右键，选择“删除路径”命令，将路径删除。

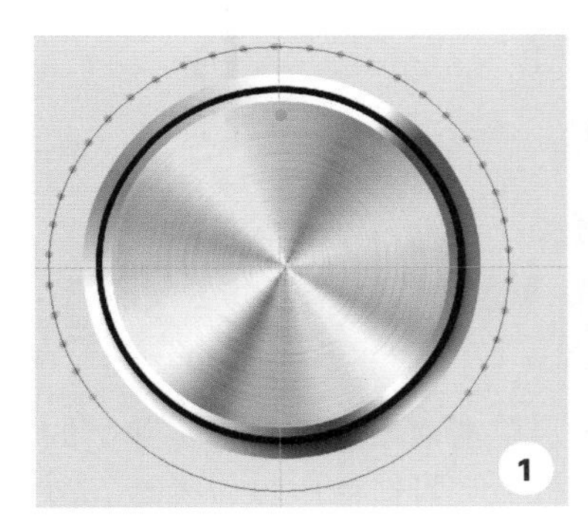

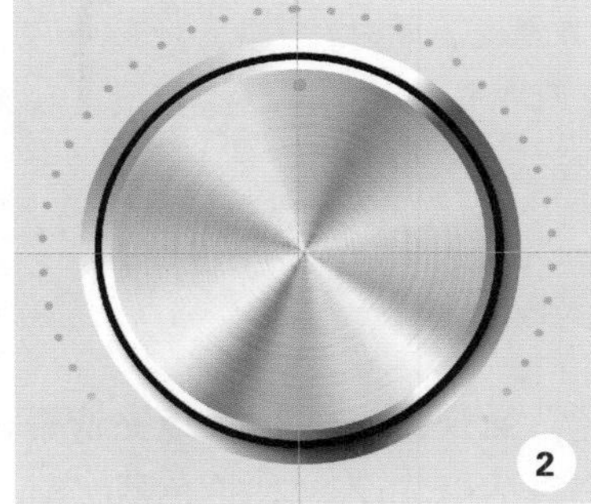

1. 擦掉多余原点。
2. 删除路径。

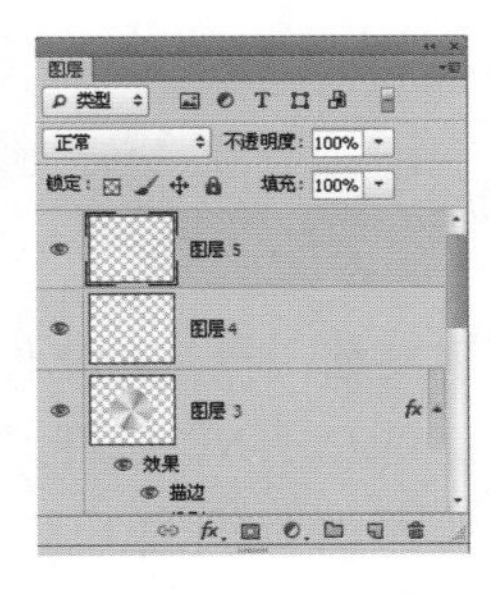

15 添加外发光效果　选择“图层4”图层，打开该图层“图层样式”对话框，选择“外发光”选项，设置混合模式正常，不透明度19%，颜色为R:33 G:255 B:231，大小29，为蓝色圆点添加外发光效果，完成金属的制作。

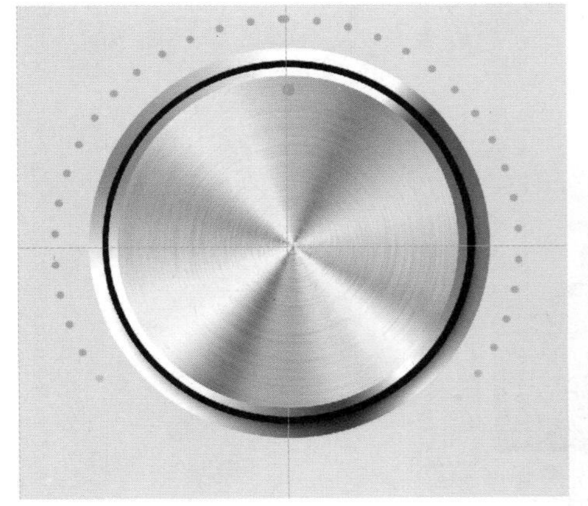

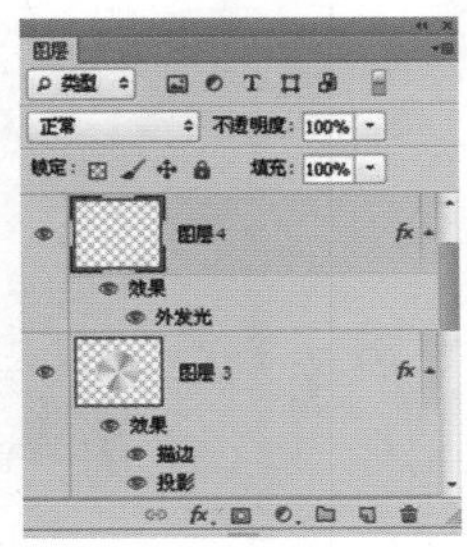

“外发光”效果可以沿着图层内容的边缘向外创建发光效果。其设置面板中“等高线”“消除锯齿”“范围”和“抖动”等选项与“投影”样式相应选项的作用相同。

胶布

案例综述

在本例中，我们将学会使用钢笔绘制创可贴外形，使用画笔工具涂抹，使创可贴中间部分凸起，表现立体感，使用椭圆工具以及图层样式添加圆点，使创可贴看起来有透气的效果。

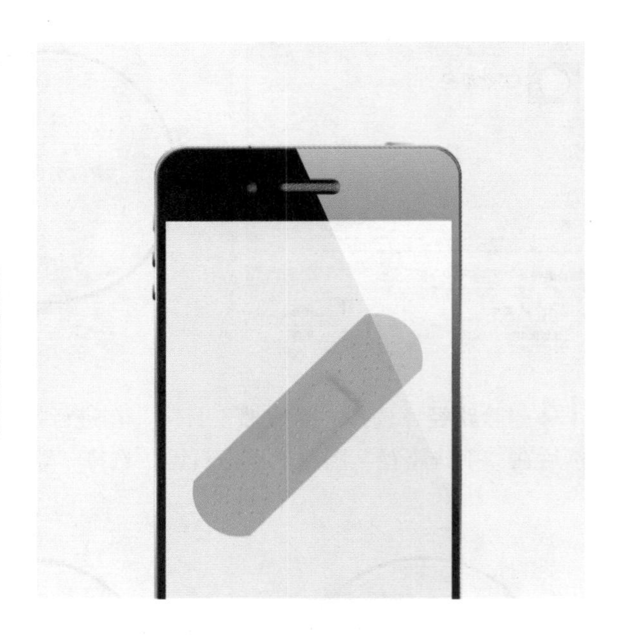

设计规范

尺寸规范	1280 × 1024（像素）
主要工具	钢笔 / 画笔图层样式
文件路径	Chapter06/6-2.psd
视频教学	6-2.avi

配色分析

胶布可以带给人温暖、温馨的心理感受，本例选用黄褐色可以给人温暖、沉稳、大方的感觉。

操作步骤

01 新建文档 执行“文件 > 新建”命令，或按下快捷键 Ctrl+N，打开“新建”对话框，设置宽度和高度分别为 1280 像素、1024 像素，分辨率为 72 像素 / 英寸，完成后单击“确定”按钮，新建一个空白文档，如图所示。

02 填充背景色 单击前景色图标，在弹出的“拾色器（前景色）”对话框中设置参数，改变前景色，按下快捷键 Alt+Delete 为背景填充前景色，在“背景”图层上单击鼠标右键，在弹出的下拉列表中选择“转换为智能滤镜”命令，得到“图层 0”图层，如图所示。

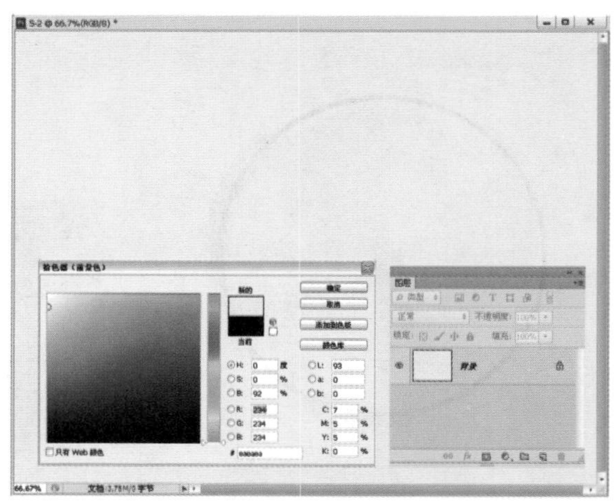

03 绘制外形　选择“钢笔工具”，在图像上绘制创可贴外形，按下快捷键 Ctrl+Enter，将路径转换为选区，新建“图层 1”图层，为其填充接近于创可贴的颜色。

1. 绘制路径。
2. 转换为选区。
3. 转换为选区。

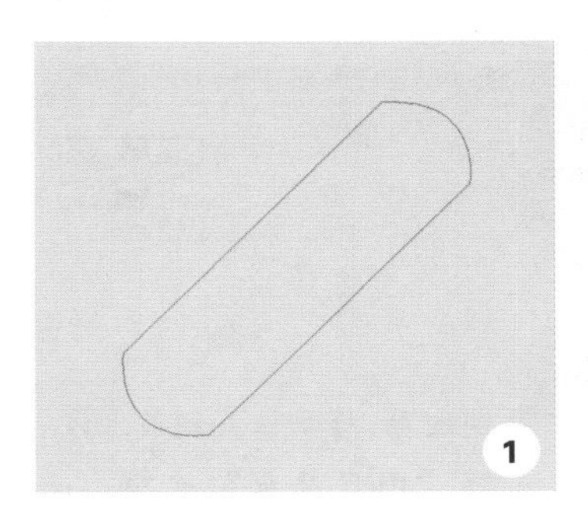
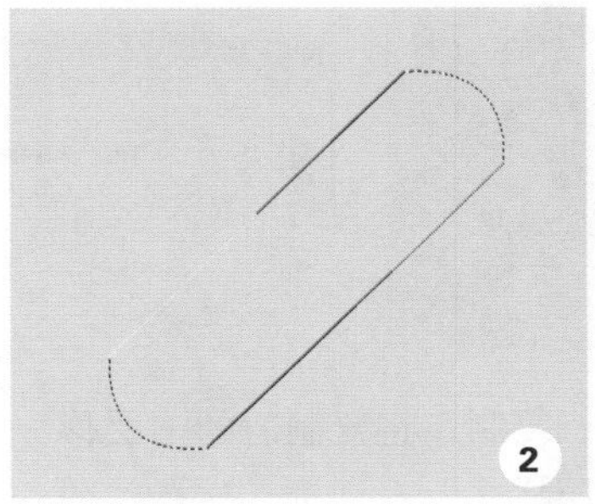
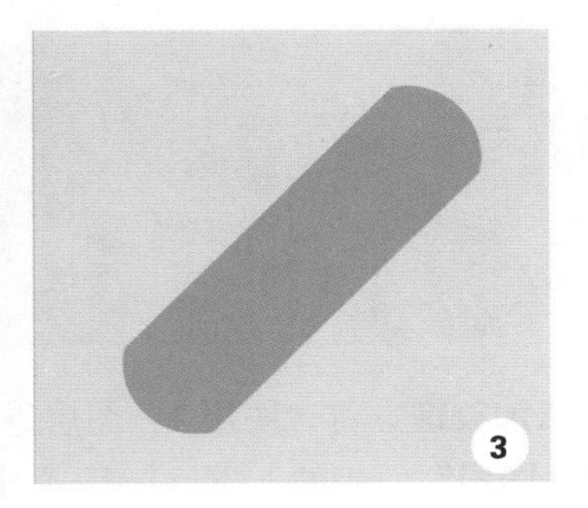

04 画笔绘制　选择“画笔工具”，在选项栏中选择柔角的笔尖，通过不断地改变前景色的颜色在图像上涂抹，绘制出创可贴的立体感。

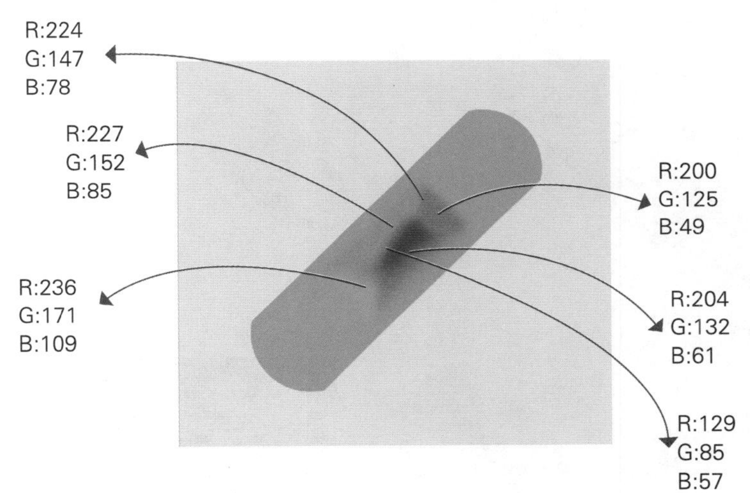

在使用画笔工具绘制的过程，可以通过按住键盘上 [或] 键来调整画笔笔头的大小。在制作的时候我们还可以通过吸管工具来吸取源文件中的颜色，快速改变前景色的颜色，然后进行涂抹。

05 绘制厚度感　再次选择“钢笔工具”，在图像上绘制矩形框，将其转换为路径，新建“图层 3”图层，填充比刚才淡一点的颜色，表现创可贴的厚度。

1. 钢笔绘制矩形框。
2. 设置前景色 R:238 G:156 B:82。

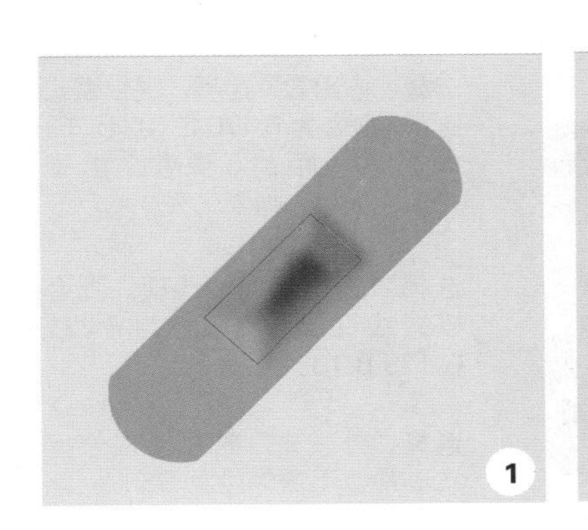
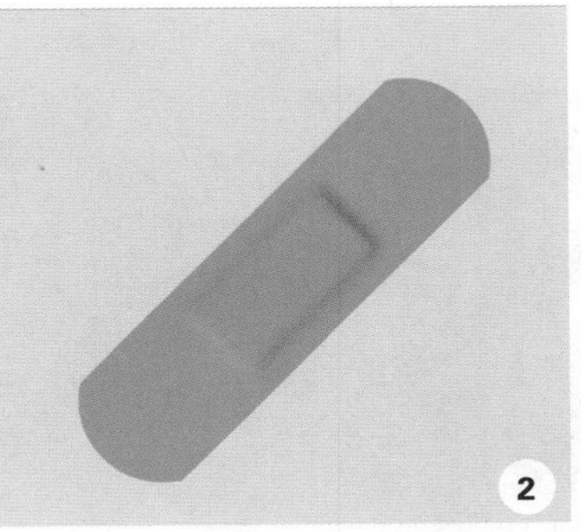
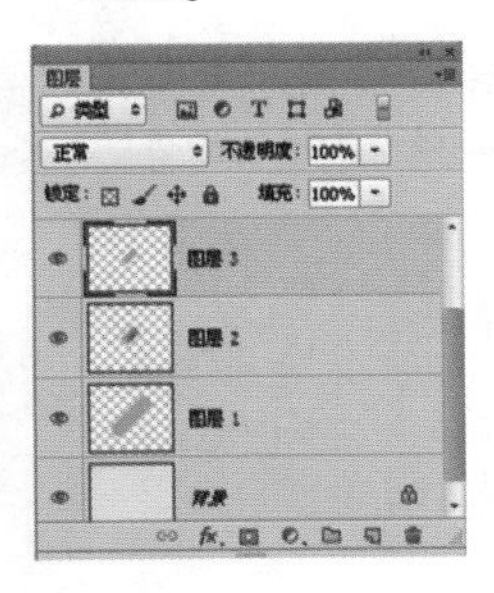

06 定义图案　按下快捷键 Ctrl+O，在弹出的“打开”对话框中，选择布料质感文件，将其打开，执行“编辑 > 定义图案”命令，在弹出的“图案名称”对话框中，单击“确定”按钮，即可将其定义为图案。

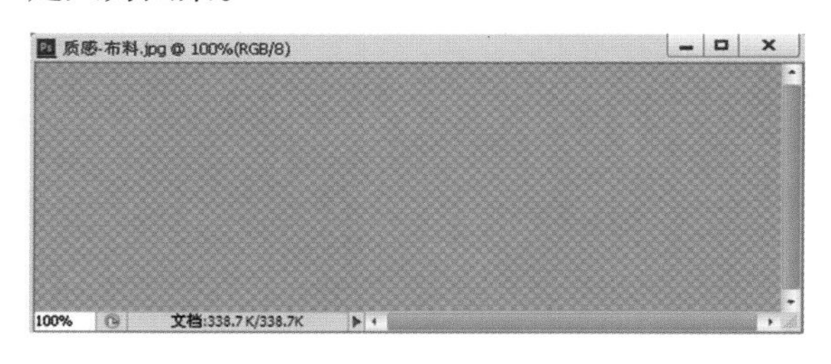

07 添加纹理　将“图层 1”图层进行复制，将复制后的图层移动到“图层”面板的上方，打开“图层样式”对话框，选择“图案叠加”选项，选择刚才定义的图案，单击“确定”按钮，将该图层不透明度降低，为其添加纹理效果。

1. 复制图层,移动位置到最上方。
2. 选择“图案叠加”选项，选择刚才定义的图案。
3. 降低图层不透明度为 30%。

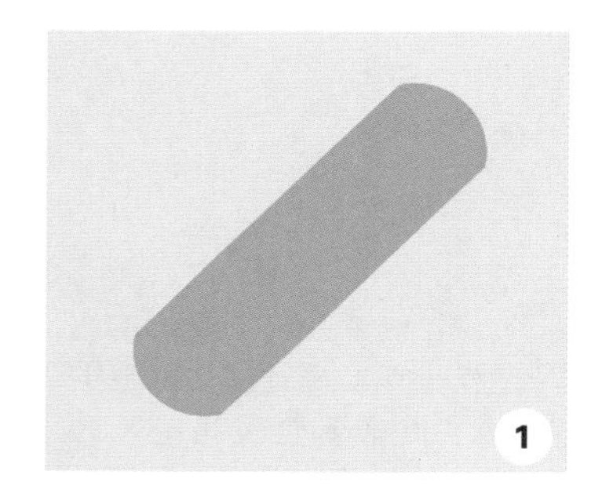

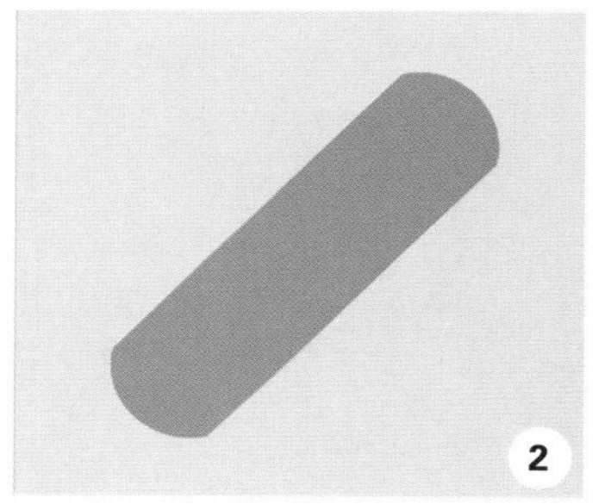

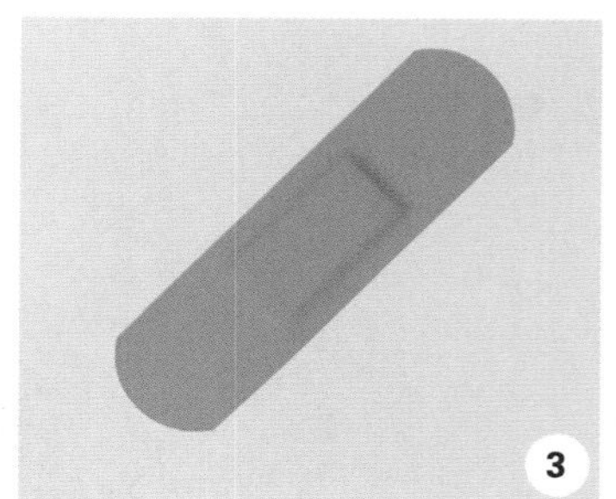

08 绘制小圆点　选择“椭圆工具”绘制小圆点，添加“图层样式”效果，然后按住 Alt 键移动位置进行复制，通过不断地复制和移动位置，完成效果，最后将小圆点进行合并形状。

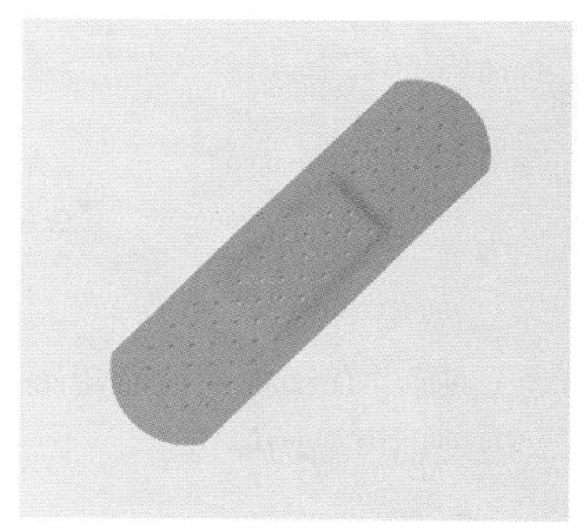

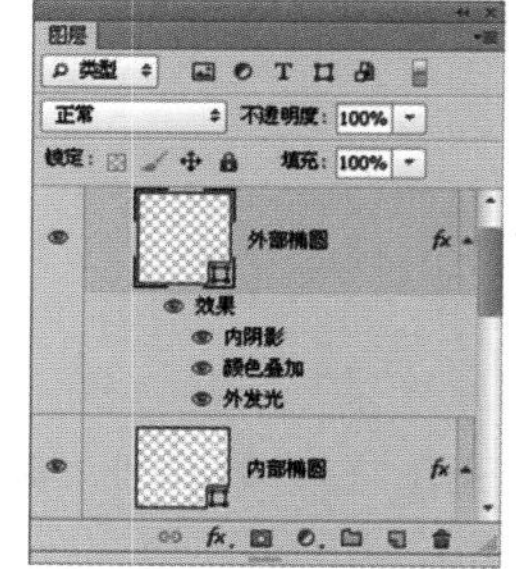

选择“内阴影”选项，颜色为 R:196 G:123 B:55，不透明度 100%、距离 3 像素、阻塞 19%、大小 4 像素

选择“颜色叠加”选项，混合模式线性加深，颜色为 R:251 G:203 B:164，不透明度 58%

选择“外发光”选项，混合模式正常，不透明度为 82%、颜色为 R:242 G:180 B:114，大小 6 像素

选择“内阴影”选项，混合模式正常，颜色为 R:170 G:103 B:25，大小 29、距离 3 像素、阻塞 19%、大小 4 像素

选择“颜色叠加”选项，混合模式线性加深，颜色为 R:231 G:178 B:135

选择“外发光”选项，混合模式正常，不透明度为 36%、颜色为 R:242 G:180 B:114，大小 5 像素

实战 03 玻璃

案例综述

在本例中，我们将学会使用圆角矩形工具绘制电池的基本形，然后使用“图层样式”为其添加效果，最后使用钢笔工具和矩形选框工具以及渐变工具绘制电池容量，使其整体效果完美。

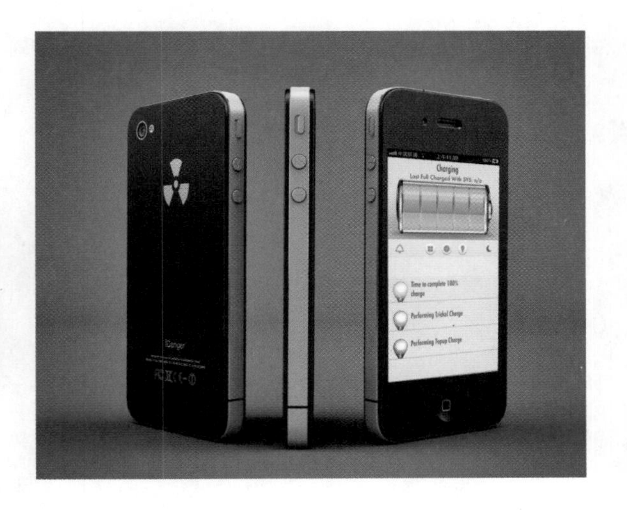

设计规范

尺寸规范	1280×1024（像素）
主要工具	圆角矩形工具、图层样式
文件路径	Chapter06/6-3.psd
视频教学	6-3.avi

配色分析

玻璃材料带给人晶莹剔透的心理感受，本例是制作电池能源，选用绿色给人的感觉是安全、可靠，具有生命力、活力。

操作步骤

01 新建文档　执行“文件 > 新建”命令，或按下快捷键 Ctrl+N，打开“新建”对话框，设置宽度和高度分别为 1280 像素、1024 像素，分辨率为 72 像素 / 英寸，完成后单击“确定”按钮，新建一个空白文档，如图所示。

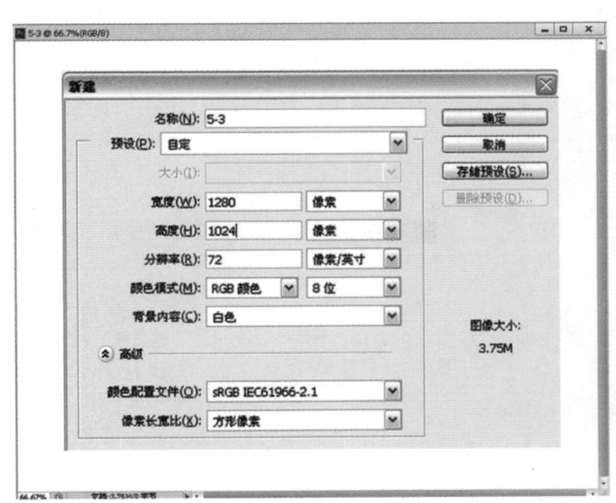

02 填充背景色　单击前景色图标，在弹出的“拾色器（前景色）”对话框中设置参数，改变前景色，按下快捷键 Alt+Delete 为背景填充前景色，在“背景”图层上单击鼠标右键，在弹出的下拉列表中选择“转换为智能滤镜”命令，得到“图层 0”图层，如图所示。

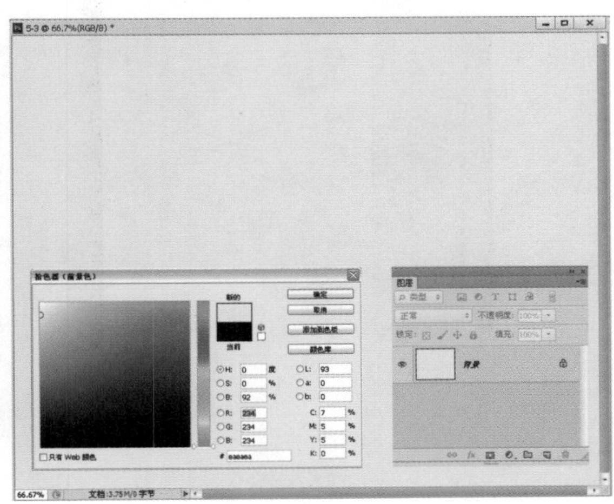

03 绘制基本形 选择“钢笔工具”，在选项栏中选择“路径”选项，在画布上绘制基本形，按下快捷键 Ctrl+Enter，将路径转换为选区，设置前景色为 R:116 G:116 B:116，新建“图层 1”图层，为选区填充灰色，按下快捷键 Ctrl+D，取消选区。

1. 绘制基本形。
2. 转换为选区。
3. 填充颜色，取消选区。

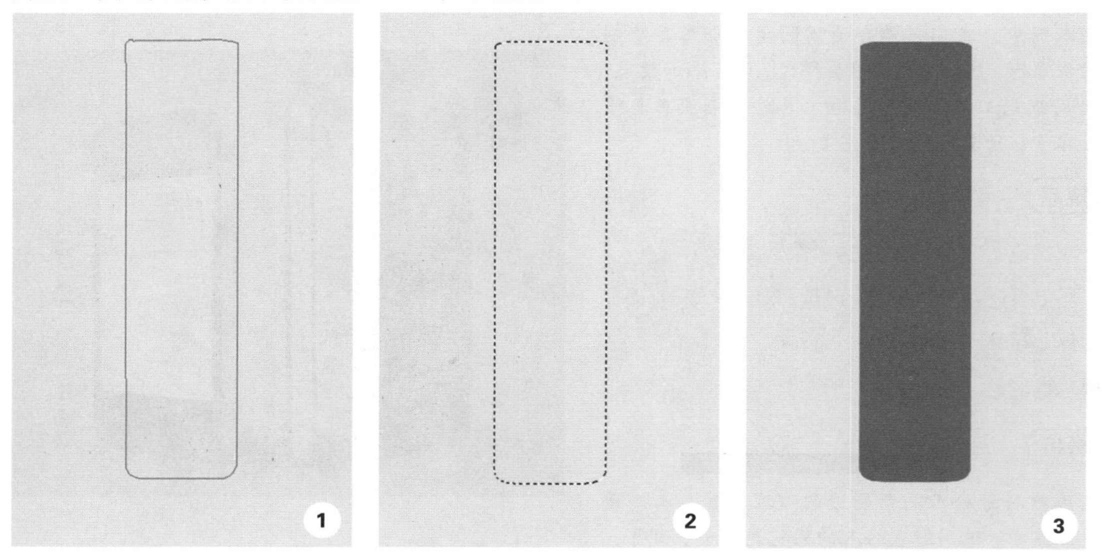

为选区填充颜色有2种方法。一是按下快捷键 Alt+Delte，可为选区填充前景色。二是选择“油漆桶工具”，在选区内单击，也可为选区填充前景色。

04 添加效果 将“图层 1”图层的“图层样式”对话框打开，选择“内阴影”“渐变叠加”选项，设置参数，添加效果。

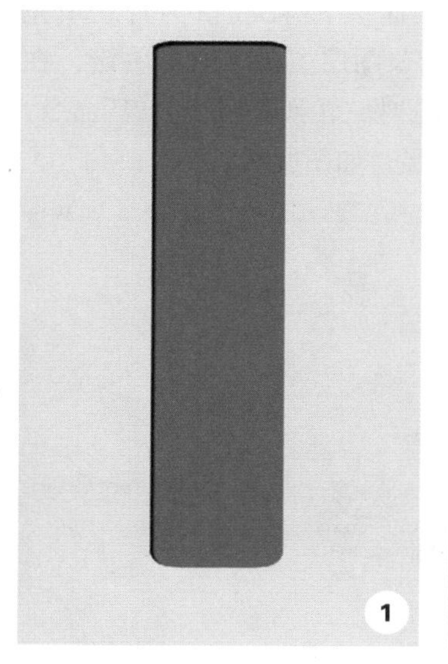

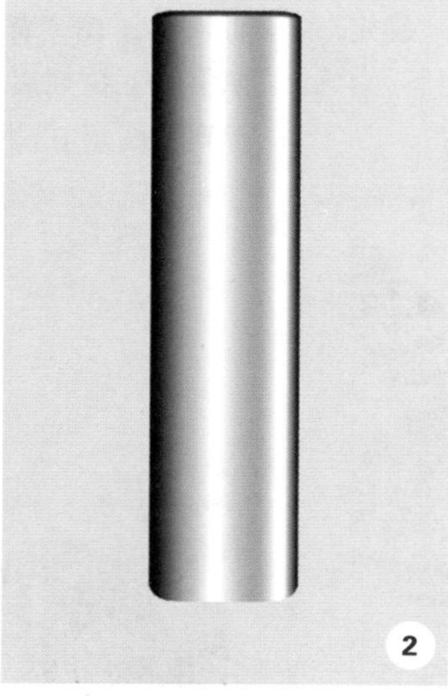

1. 选择“内阴影”选项，距离 5 像素、阻塞 41%、大小 5 像素。
2. 选择“渐变叠加”选项，设置渐变条，角度为 0 度。

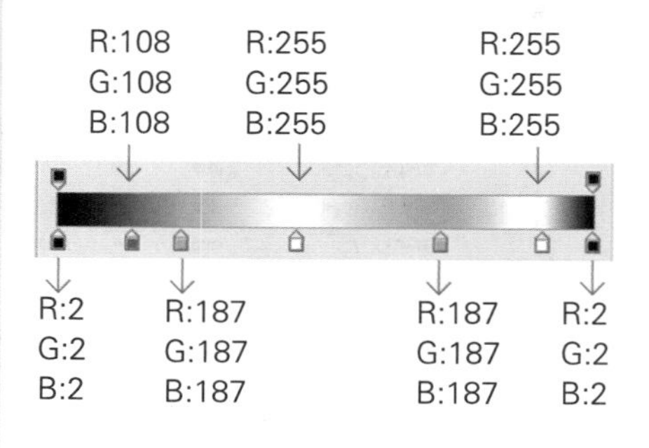

渐变条参数设置

05 绘制电池外形　选择“矩形工具”，在选项栏中选择“形状”选项，在画布上绘制矩形，在“图层”面板生成“形状 1 ”图层，打开该图层的“图层样式”对话框，选择“斜面和浮雕”“渐变叠加”选项，设置参数，为外形添加效果。

1. 绘制矩形。
2. 选择“斜面和浮雕”选项，设置大小为 6 像素。
3. 选择“渐变叠加”选项，设置渐变条，角度为 0 度。

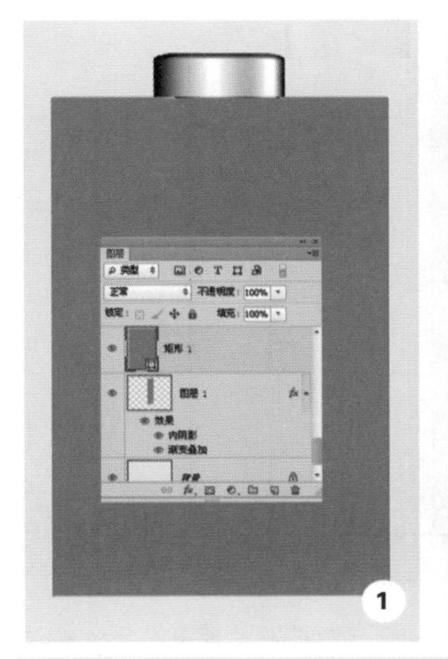

“渐变叠加”“颜色叠加”“图案叠加”效果类似于“渐变”“纯色”“图案”填充图层，只不过它是通过图层样式的形式进行内容叠加的。

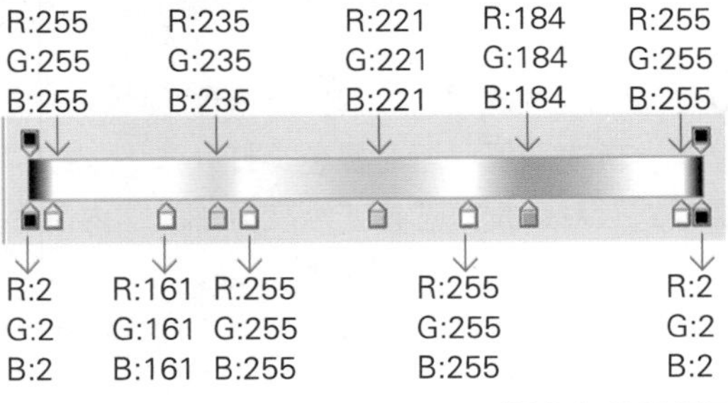

渐变条参数设置

06 绘制圆角矩形　选择“圆角矩形工具”，在选项栏中设置半径为 25 像素，在图像上绘制形状，将该图层的不透明度降低为 7%、填充度降低为 95%，使其呈半透明效果。

1. 绘制半径为 25 像素的圆角矩形。
2. 降低填充和不透明度参数。

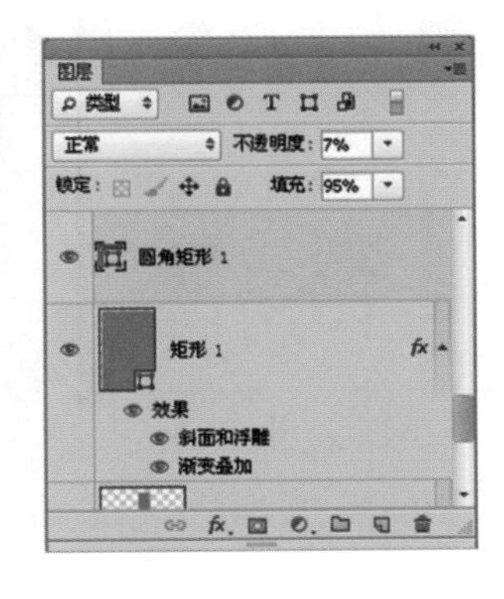

07 改变大小 将“圆角矩形 1”图层进行复制，得到“圆角矩形 1 副本”图层，将该图层的不透明度提高到 70%，填充提高到 100%，按下快捷键 Ctrl+T，执行“自由变换”命令，将形状缩小，按下 Enter 键确认操作。

1. 复制形状，提高不透明度和填充度。
2. 执行“自由变换”命令。
3. 缩小形状。

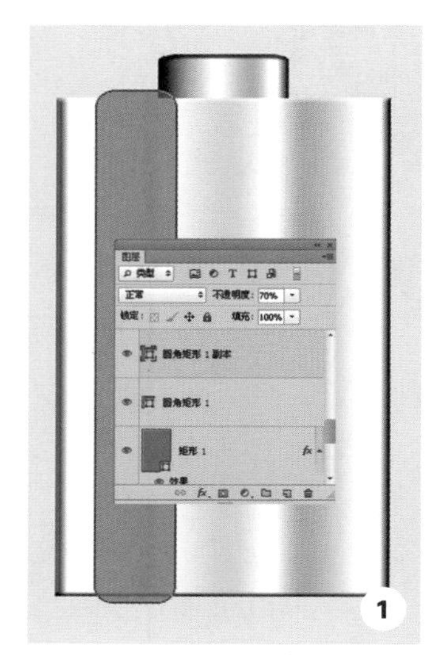

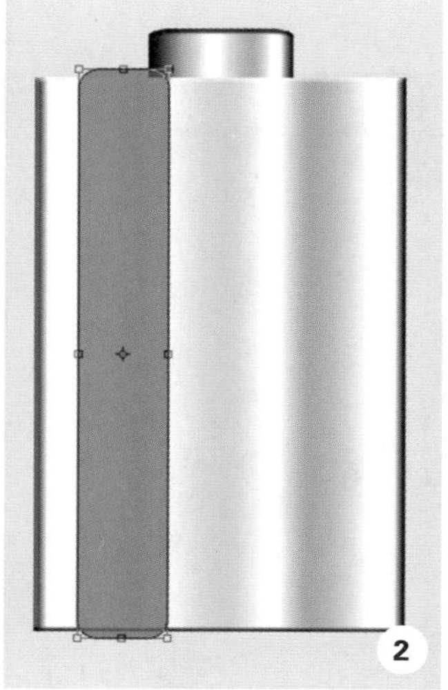

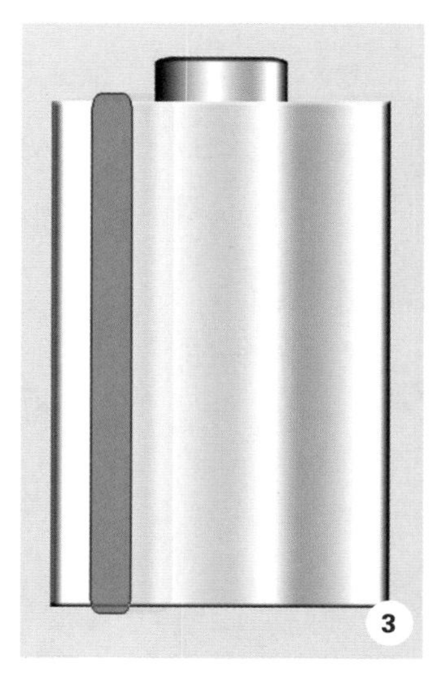

执行“自由变换”命令后，在图像周围出现控制点，选择右边中间的节点，向左拖动即可将图像变小。

08 绘制电池外围 选择“钢笔工具”，绘制形状，新建图层，填充黑色，打开该图层的“图层样式”对话框，选择“渐变叠加”“内阴影”选项，设置参数，为其添加效果。

1. 用钢笔绘制形状。
2. 添加“图层样式”效果，选择“斜面和浮雕”选项，设置大小为 6 像素，选择“渐变叠加”选项，设置渐变条，角度为 0 度。

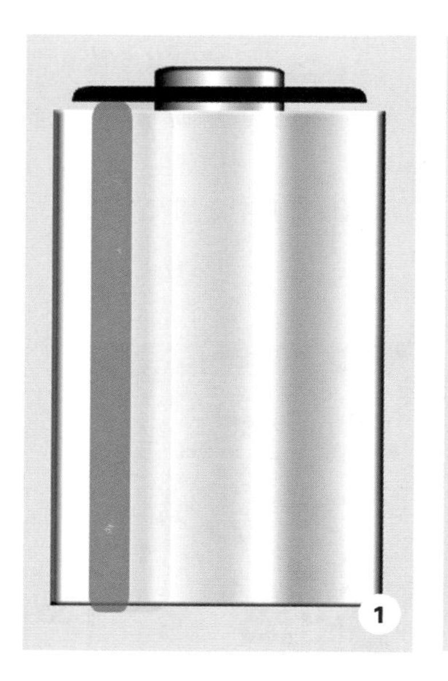

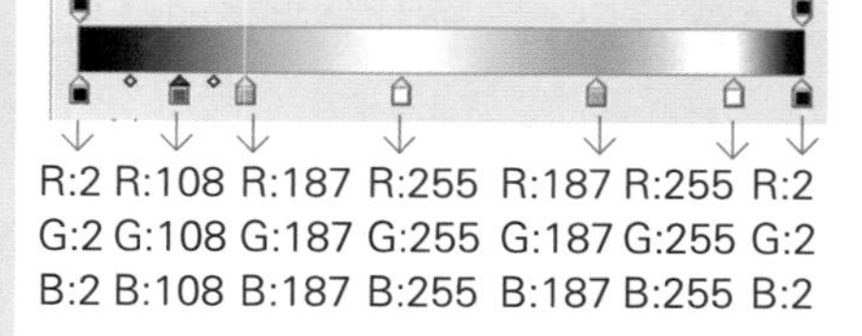

渐变条参数设置

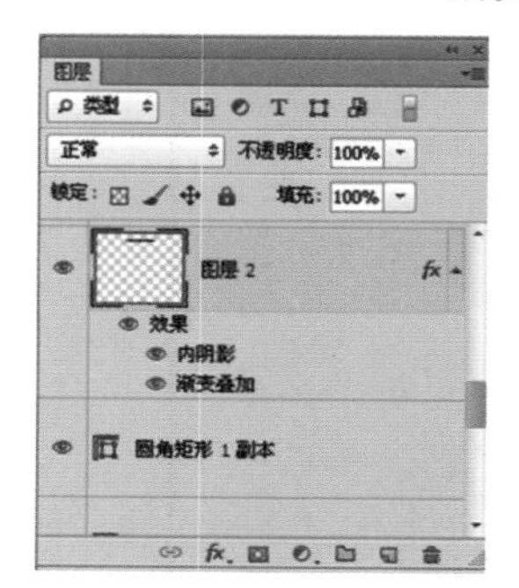

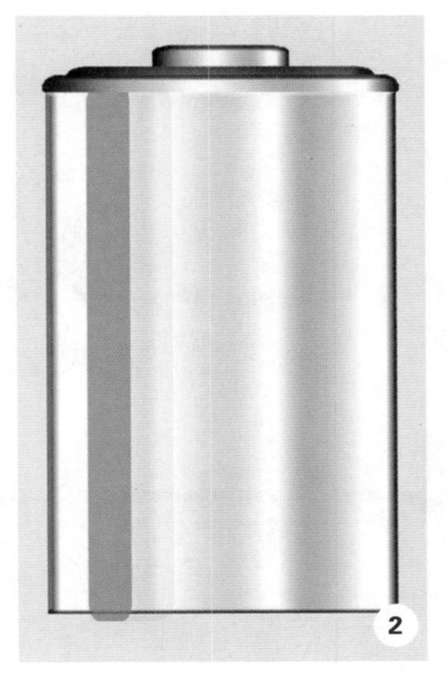

09 复制形状，改变大小 将“图层 2”图层进行复制，得到“图层 2 副本”图层，改变大小和位置，打开“图层样式”对话框，去掉“斜面和浮雕”效果，选择“内阴影”选项，设置参数，“渐变叠加”选项参数不变。

1. 复制形状，改变大小。
2. 选择“内阴影”选项，阻塞 41%、大小 24 像素。

10 复制形状，垂直翻转 将“图层 2”图层和“图层 2 副本”图层选中，按住 Alt 键移动到电池的最下方，可将其进行复制，按下快捷键 Ctrl+T，执行“垂直翻转”命令，按下 Enter 键确认。

1. 复制图层。
2. 执行“垂直翻转”命令。
3. 确认操作。

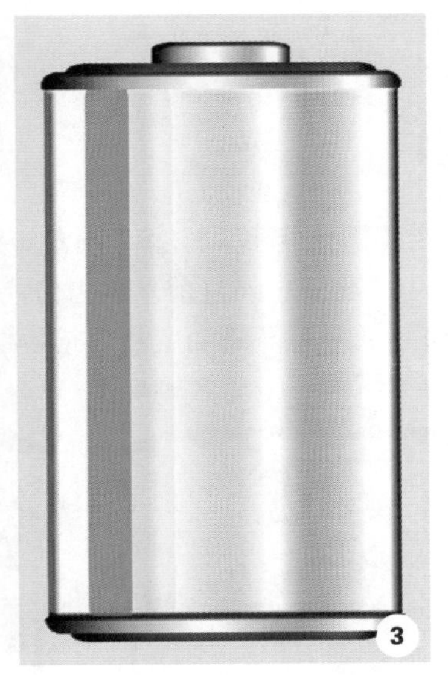

11 绘制电池容量 选择“矩形选框工具”，绘制矩形选区，新建图层，选择“渐变工具”绘制渐变条，在选区内拖曳，为选区添加渐变色。

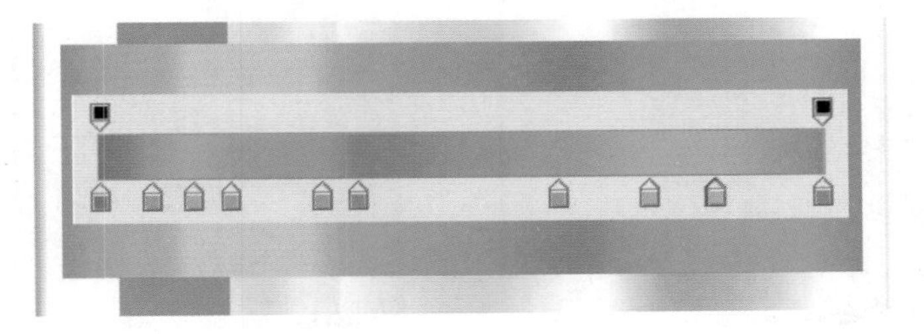

12 继续绘制电池容量 选择“钢笔工具”，绘制电池容量下方棱角，将其转换为选区，新建“图层”，选择“渐变工具”绘制渐变条，为选区填充渐变色。

13 复制电池容量 电池容量绘制完成后，按下快捷键 Ctrl+E 两次向下合并图层，按住 Alt 键的同时移动该形状，将其进行复制。

1. 向下合并图层。
2. 移动并复制。

> 若要去掉某个“图层样式”效果，只需要将该“图层样式”效果前面的对勾去掉。若要应用该效果，再次将对勾选中即可。

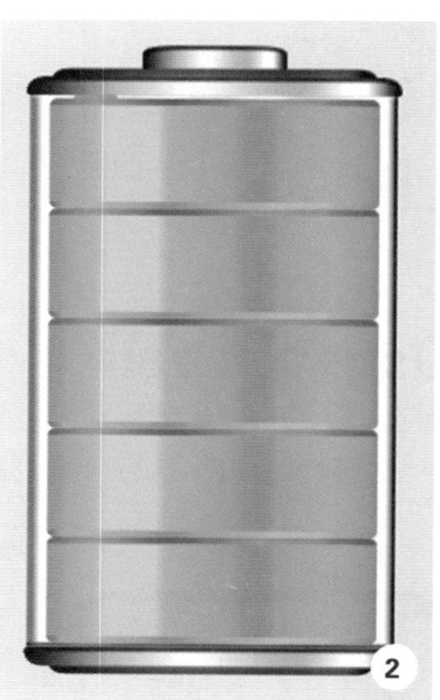

14 绘制圆角矩形 选择“圆角矩形工具”，在选项栏中设置半径为 25 像素，设置前景色为白色，在图像上绘制形状，分别改变这个形状的不透明度和填充参数，完成效果。

1. 绘制形状。
2. 调整不透明度和填充参数。

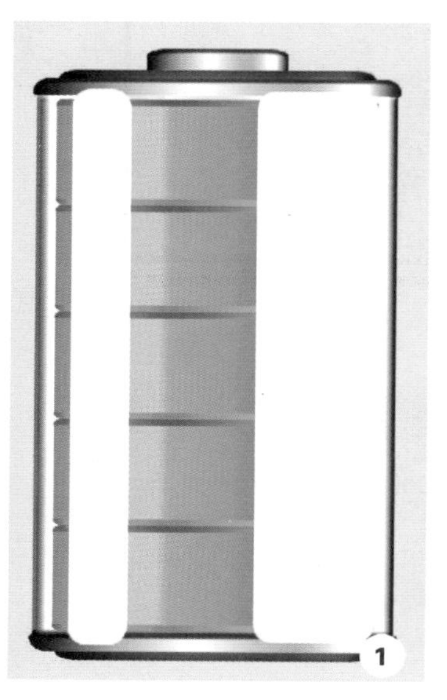

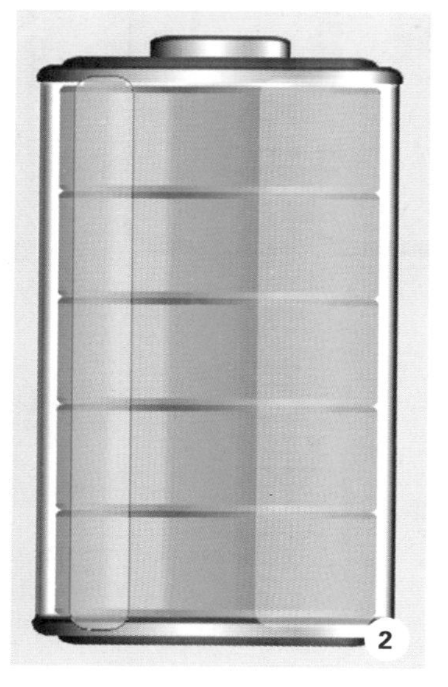

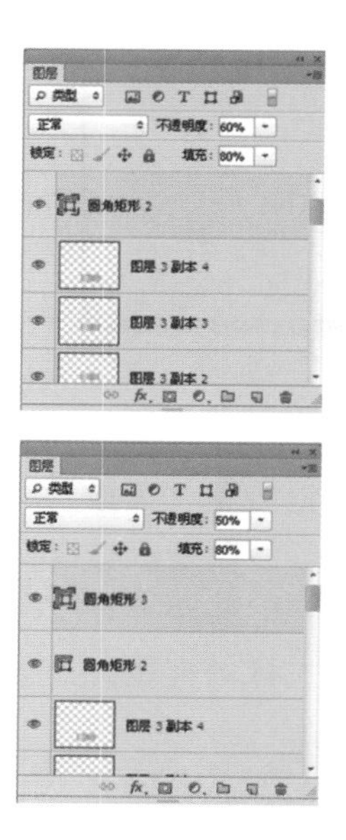

光滑表面

案例综述

在本例中，我们将学会结合不同的工具来绘制手机的外形，大量运用图层的“图层样式”效果来为形状添加效果，使手机表现完美的立体感和质感。

设计规范

尺寸规范	1280 × 1024（像素）
主要工具	圆角矩形工具、图层样式
文件路径	Chapter06/6–4.psd
视频教学	6–4.avi

配色分析

黑色给人的感觉是神秘、沉默，而深蓝色给人的感觉是幽静、深远、冷郁。

操作步骤

01 新建文档　执行“文件 > 新建”命令，或按下快捷键 Ctrl+N，打开“新建”对话框，设置宽度和高度分别为 1280 像素、1024 像素，分辨率为 72 像素 / 英寸，完成后单击“确定”按钮，新建一个空白文档，如图所示。

02 绘制基本形　选择“圆角矩形工具”，在选项栏中设置填充为黑色，半径为 40 像素，在图像上拖曳并绘制基本形。

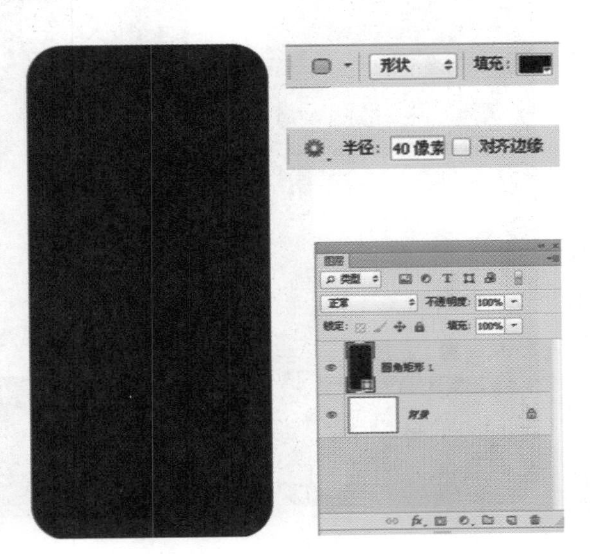

03 复制图层 将“圆角矩形 1”图层进行复制，得到“圆角矩形 1 副本”图层，按下快捷键 Ctrl+T，按住快捷键 Alt+Shift 从中心向内等比缩小形状，按下 Enter 键确认操作。

04 绘制手机屏幕 设置前景色为 R:116 G:116 B:116，选择“矩形工具”，在图像上绘制矩形，为其添加“内阴影”图层样式效果。

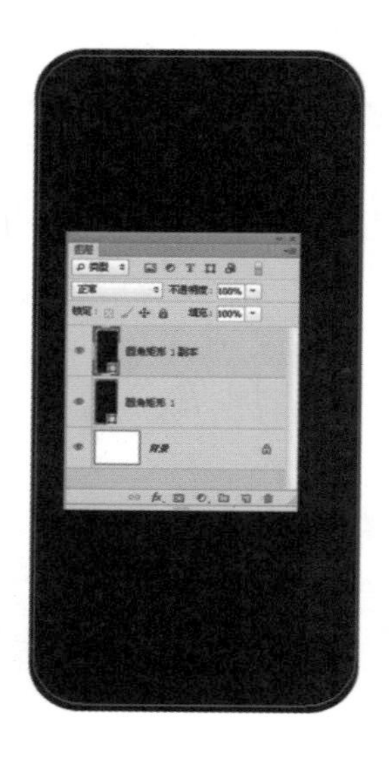

1. 绘制手机屏幕。
2. 选择“内阴影”选项，设置不透明度 57 %、阻塞 5 %、大小 24 像素。

05 绘制开关键 设置前景色为 R:32 G:32 B:32，选择“椭圆工具”，按住 Shift 键绘制正圆。将该图层进行复制，改变椭圆的颜色为黑色，按住键盘上↓键，移动椭圆的位置。

06 绘制路径 选择“钢笔工具”，在选项栏中选择“路径”选项，在开关键上面绘制路径。

1. 绘制开关键。
2. 复制图层，移动位置。

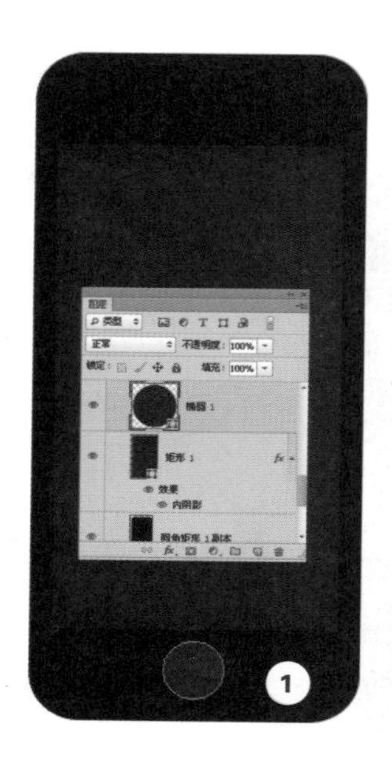

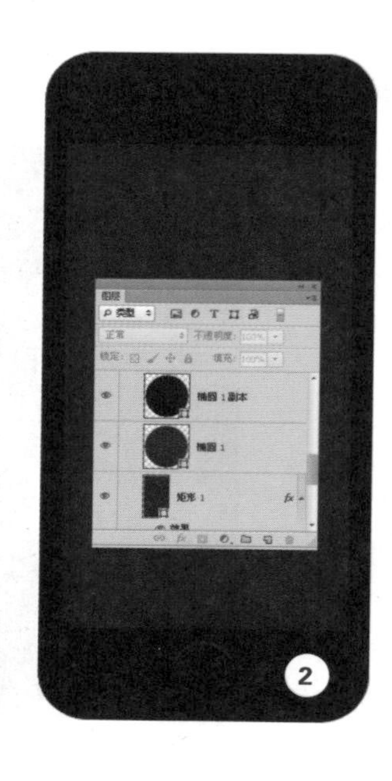

07 为选区填充渐变　将路径转换为选区，新建“图层 1”图层，填充黑色，打开“图层样式”对话框，选择“渐变叠加”选项，设置渐变条从左到右依次为 R:108 G:110 B:116、R:28 G:31 B:37，角度 143 度，添加效果。

08 描边形状　使用同样的方法绘制形状，打开“图层样式”对话框，选择“描边”选项，设置大小 2 像素，位置内部、填充颜色渐变，设置渐变色，从左到右依次为 R:155 G:155 B:160、R:79 G:84 B:89，角度 –34 度，为其添加描边效果。

09 绘制高光　选择“钢笔工具”绘制选区，新建图层，填充颜色，为其添加“渐变叠加”选项，设置渐变条从左到右依次为 R:218 G:218 B:218、R:26 G:26 B:26，角度 -82 度，完成后降低该图层不透明度。

将手机正面绘制完成后，可以单击“图层”面板下方创建组按钮，新建一个组，重新命名组名称，然后将手机正面用到的图层拖动到组中，这样做便于管理图层。

10 绘制手机一些小的东西

我们可以根据自己的需要选择工具，圆形就选择椭圆选框工具，方形就选择矩形选框工具，不规则的形状就选择钢笔工具进行绘制，然后新建图层，填充颜色，添加“图层样式”效果即可。

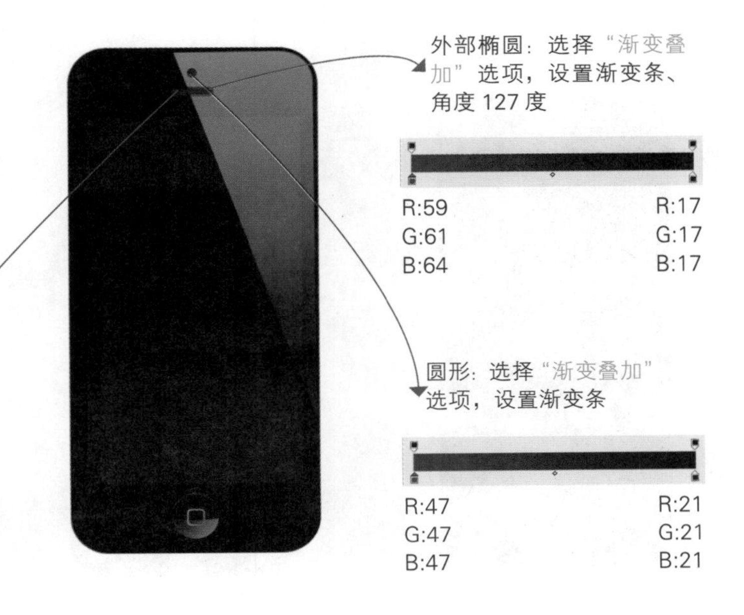

内部椭圆：选择“描边”选项，设置大小 1 像素，位置内部、颜色为 R:31 G:31 B:31

选择“渐变叠加”选项，设置渐变条

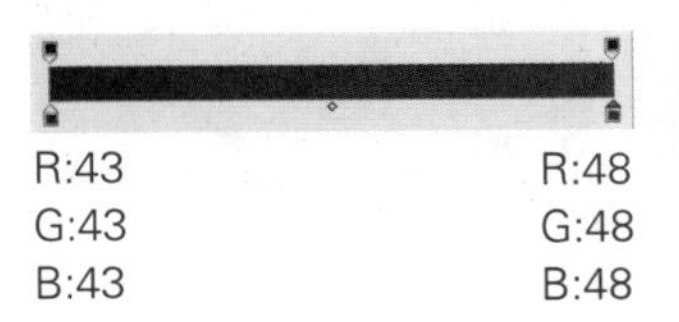

11 制作按钮 选择“矩形选框工具”绘制选区，新建图层，填充颜色，打开“图层样式”对话框，选择“渐变叠加”“内发光”选项，设置参数，添加效果。

1. 用矩形选框工具绘制矩形选区。
2. 选择“渐变叠加”选项，设置渐变条从左到右依次为R:0 G:0 B:0、R:145 G:145 B:145、R:0 G:0 B:0。
3. 选择“内发光”选项，设置不透明度60%、颜色白色、源：边缘、大小5像素。

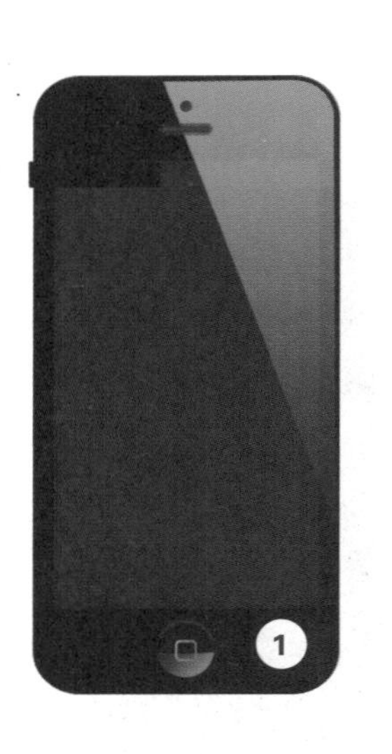

12 复制按钮 选择该图层，将其移动到“图层”面板中的最下方，将该图层复制3次，移动位置，必要时，可制作“自由变换”命令进行90度旋转，放置到合适的位置。

1. 复制图层，移动位置。
2. 执行“自由变换”命令，调整角度。

13 制作反光 选择“圆角矩形 1”图层，再次新建图层，设置前景色为R：147 G:156 B:166，选择“画笔工具”，在手机的四个角的地方进行涂抹，添加反光。

14 制作手机背面　跟制作正面一样，选择“圆角矩形工具”，在图像上绘制手机外壳，然后将正面的反光图层进行复制，移动到背面中，将“圆角矩形 2”图层复制，将其缩小，为其添加“外发光”图层样式效果。

1. 绘制手机背面外壳。
2. 将反光图层进行复制，移动位置。
3. 选择“外发光”选项，设置不透明度 42%、颜色为 R:160 G:169 B:180，大小 5 像素。

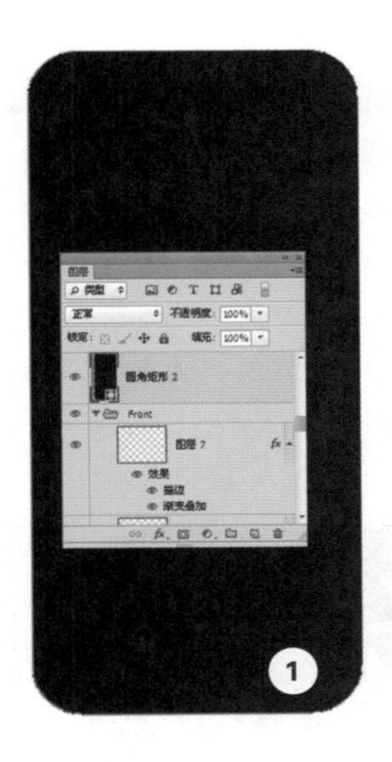

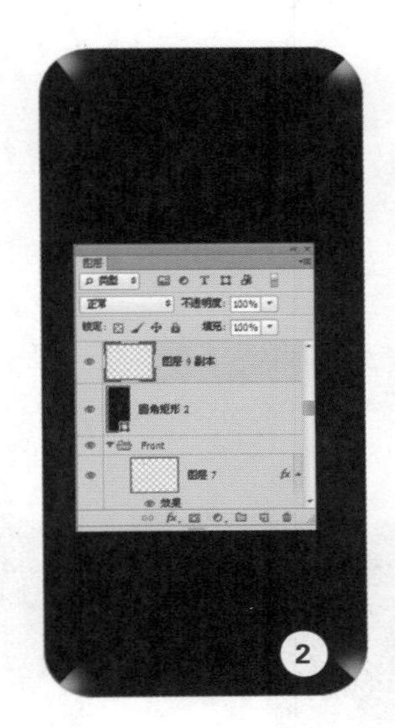

15 绘制矩形　选择“矩形工具”，在图像上绘制矩形框，在“图层”面板中自动生成“矩形 2”图层，打开该图层“图层样式”对话框，选择“渐变叠加”选项，设置参数，为矩形添加效果。

1. 绘制矩形。
2. 选择“渐变叠加”选项，设置渐变条从左到右依次为 R:72 G:85 B:95、R:33 G:40 B:47，角度为 −90° 。

在“图层”面板中，效果前面的眼睛图标用来控制效果的可见性，如果要隐藏一个效果，可以单击该效果名称前的眼睛图标，如果要隐藏一个图层中的所有效果，可单击该图层“效果”前的眼睛图标。隐藏效果后，在原眼睛图标处单击，可以重新显示效果。

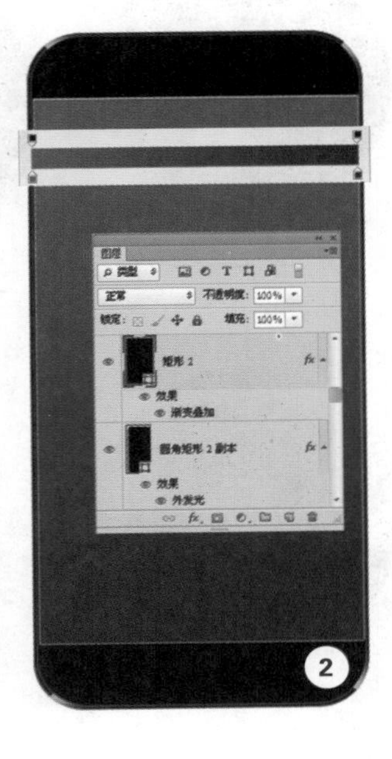

16 绘制摄像头 这一步是绘制手机摄像头，使用“椭圆工具”绘制一个正圆，然后为其添加“图层样式”效果，增强摄像头立体质感。

1. 绘制前景色为 R:170 G:175 B:180 的正圆，选择“描边”选项，设置大小 3 像素、位置内部、填充类型渐变，设置渐变条从左到右依次为 R:139 G:159 B:181、R:25 G:33 B:38、R:103 G:118 B:135、R:23 G:32 B:41、R:23 G:32 B:41、R:139 G:159 B:181，角度 121° 。选择“渐变叠加”选项，设置渐变条，从左到右依次为 R:39 G:42 B:44、R:10 G:8 B:5、角度 141° 。
2. 绘制前景色为 R:92 G:101 B:113 的正圆。选择“渐变叠加”选项，设置渐变条，从左到右依次为 R:64 G:71 B:80、R:38 G:42 B:46。选择“投影”选项，距离 1 像素、大小 1 像素。
3. 绘制前景色为 R:20 G:25 B:31 的正圆。选择，“描边”选项，设置大小 1 像素、填充类型渐变，设置渐变条从左到右依次为 R:87 G:92 B:95、R:1 G:1 B:1，角度 135° 。选择“渐变叠加”选项，设置渐变条从左到右依次为 R:16 G:48 B:89、R:22 G:38 B:65，角度 122° 。
4. 设置前景色为 R:11 G:137 B:201，新建图层，使用虚边的“画笔工具”涂抹。
5. 设置前景色为 R:31 G:31 B:31，使用“圆角矩形工具”，设置半径为 10 像素进行绘制。

17 制作苹果手机标志　这一步主要是制作苹果手机标志，使用“钢笔工具”和“渐变工具”进行制作。

1. 设置前景色为 R:20 G:25 B:31，使用“钢笔工具”绘制苹果标志。
2. 用“钢笔工具”绘制苹果标志的右边，填充渐变，设置渐变条从左到右依次为 R:193 G:196 B:201、R:138 G:147 B:155。

> 选择“渐变工具”后，在图像上方会出现“渐变工具”的选项栏，单击点按可编辑渐变按钮，会弹出“渐变编辑器”对话框，从中设置渐变条，完成后单击“确定”按钮，选择线性渐变图标，在图像拉出渐变条，可为图像填充渐变。

18 添加反光和文字　设置前景色为 R:147 G:152B:156，使用“钢笔工具”绘制反光形状，选择“横排文字工具”，输入文字，在这里对文字的字体要求不大，选择自己认为合适的字体即可。

1. 用钢笔工具绘制反光。
2. 用文字工具添加文字。

19 复制手机正面中的小按钮

将手机正面图层中的小按钮进行复制，移动到手机背面，制作的过程中，使手机正面和背面对称。

20 绘制话筒 这一步的制作非常简单，但也是很重要的，在制作手机的过程中，要考虑到各个组件，这一步主要是使用“椭圆工具”和“画笔工具”进行绘制的。

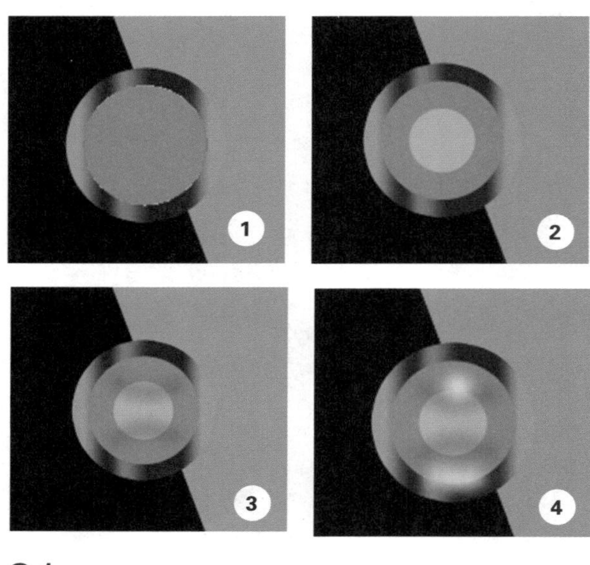

1. 设置前景色为 R:132 G:132 B:127，使用椭圆工具绘制正圆。
2. 设置前景色为 R:184 G:186 B:162，使用椭圆工具绘制正圆。
3. 设置前景色为 R:115 G:115 B:115，使用画笔工具进行涂抹。
4. 设置前景色为 R:225 G:225 B:225，使用画笔工具进行绘制。

21 完成效果 按下快捷键Ctrl+O，完成效果。

木纹

案例综述

木纹效果通常会用到按钮或其他物体上。在本例中，我们将学会使用素材文件配合阴影、斜面、浮雕等图层样式来制作木纹效果。

设计规范

尺寸规范	1280 × 1024（像素）
主要工具	圆角矩形工具、图层样式
文件路径	Chapter07/7-5.psd
视频教学	7-5.avi

配色分析

本例是制作木纹，黄色可以给人光辉、庄重、高贵、忠诚的心理感受。

操作步骤

01 新建文档　执行“文件 > 新建”命令，或按下快捷键 Ctrl+N，打开“新建”对话框，设置宽度和高度分别为 1280 像素、1024 像素，分辨率为 72 像素 / 英寸，完成后单击“确定”按钮，新建一个空白文档。

02 打开素材　按下快捷键 Ctrl+O，在弹出的“打开”对话框中选择木纹素材，将其打开。

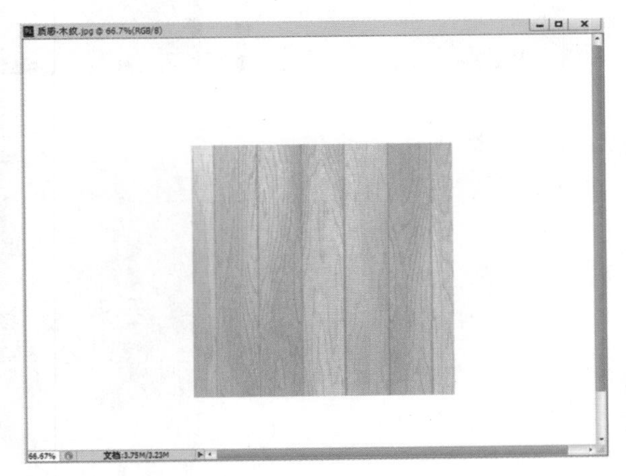

03 移动素材 选择“魔棒工具”，在图像中白色的背景上单击，将白色背景建立为选区，按下快捷键 Ctrl+Shift+I，将选区反选，将木纹建立为选区。使用“移动工具”，将木纹移动到刚才新建的文档中，为其添加“内阴影”图层样式效果。

1. 建立选区，复制选区。
2. 移动素材。
3. 选择“内阴影”选项，设置颜色为 R:68 G:28 B:0，不透明度为 53%、距离 13 像素、阻塞 39%，大小 46 像素。

使用魔棒工具时，按住 Shift 键单击可添加选区；按住 Alt 键单击可在当前选区中减去选区；按住快捷键 Alt+Shift 单击可得到与当前选区相交的选区。

04 为素材添加效果 打开木纹 2 素材，使用同样的方法将其移动到文档中，为其添加“内阴影”“颜色叠加”效果。

1. 选择“内阴影”选项，设置颜色为 R:68 G:28 B:0，不透明度为 81%、距离 7 像素、阻塞 21%，大小 43 像素。
2. 选择“颜色叠加”选项，设置混合模式为滤色，颜色为 R:255 G:220 B:171，不透明度 46%。

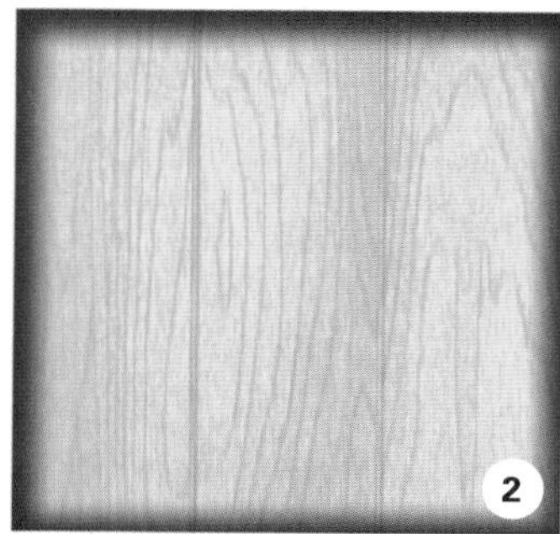

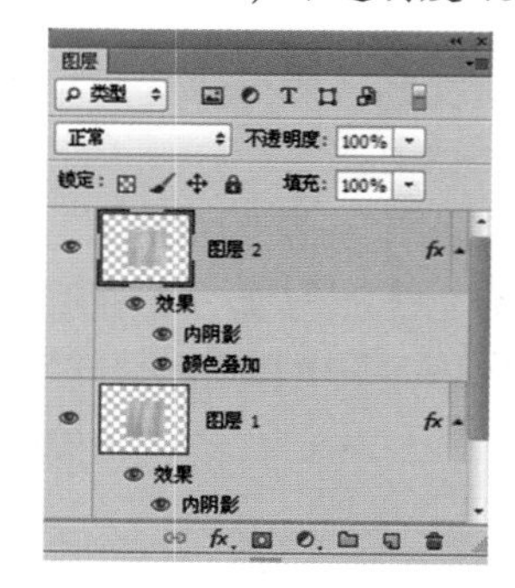

05 建立选区 在两张木纹素材中，使用“钢笔工具”建立选区，按下快捷键 Ctrl+J，将选区复制，然后按下快捷键 Ctrl+T，改变选区的大小、角度和位置，取消选区。

1. 复制选区，自由变换。
2. 取消选区。

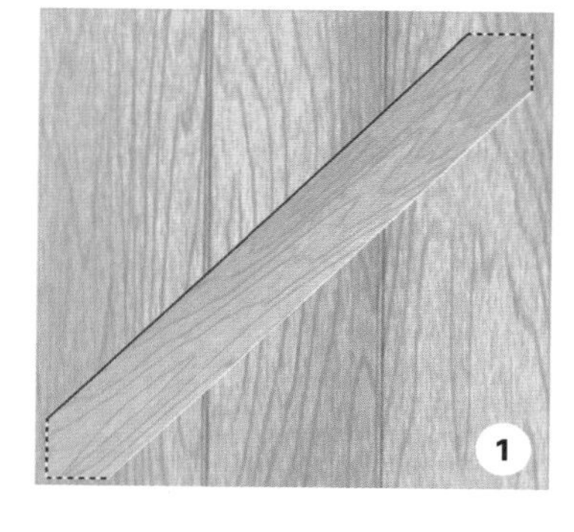

06添加效果　打开“图层3”图层的“图层样式”对话框，选择“斜面和浮雕”“投影”选项，设置参数，为其添加效果。

1. 选择“斜面和浮雕”选项，设置大小2像素、高光模式颜色 R:255 G:220 B:169，不透明度100%，阴影模式颜色 R:90 G:50 B:31。
2. 选择“投影”选项，设置颜色为 R:85 G:60 B:38，距离5像素、大小24像素。

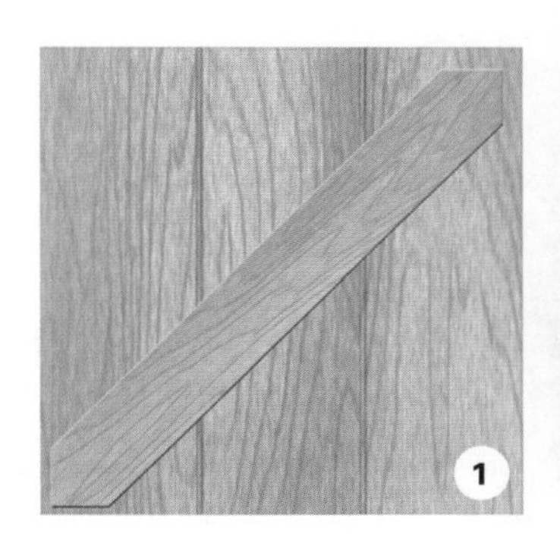

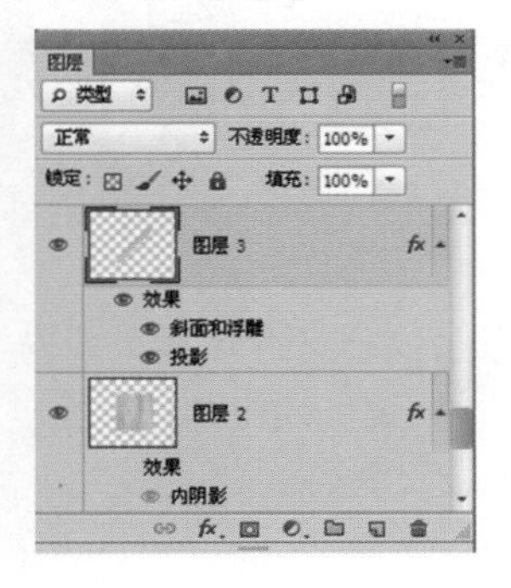

07绘制木框　右侧使用同样的方法在木纹素材中建立选区，将选区复制，得到“图层4”图层，为该图层添加“斜面和浮雕”图层样式效果。

1. 建立选区，复制选区。
2. 选择“斜面和浮雕”选项，设置大小1像素、高光模式为划分，颜色 R:255 G:201 B:125，不透明度100%，阴影模式颜色 R:90 G:50 B:31。

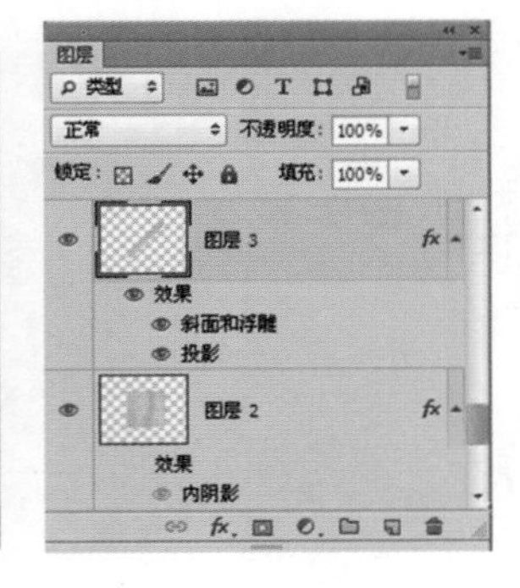

08制作木框　左侧将“图层4”图层进行复制，得到“图层4 副本”图层，按下快捷键Ctrl+T，在控制框内单击右键，选择“水平翻转”命令，将右侧框进行翻转，移动位置。

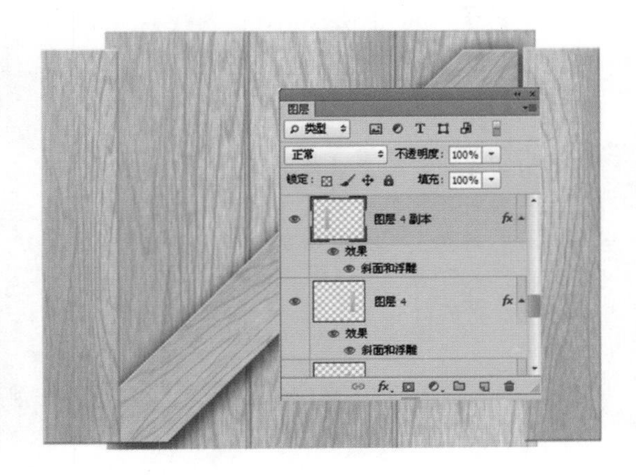

在这几步中提到的在木纹素材上建立选区，这里需要说明一下，你建立的选区不一定跟文中一模一样，只要是木纹底子即可。需要把握的一点是，木纹的颜色和选取角度。

09 绘制木框上下侧 使用同样的方法在木纹素材中建立选区，将选区复制，选择“图层 4”图层，单击右键选择“拷贝图层样式”命令，然后选择复制后得到的图层，单击右键，选择“粘贴图层样式”命令，将图层样式效果进行复制。

1. 复制选区，得到木框上侧。
2. 复制选区，得到木框下侧。
3. 复制选区，得到木框上侧。

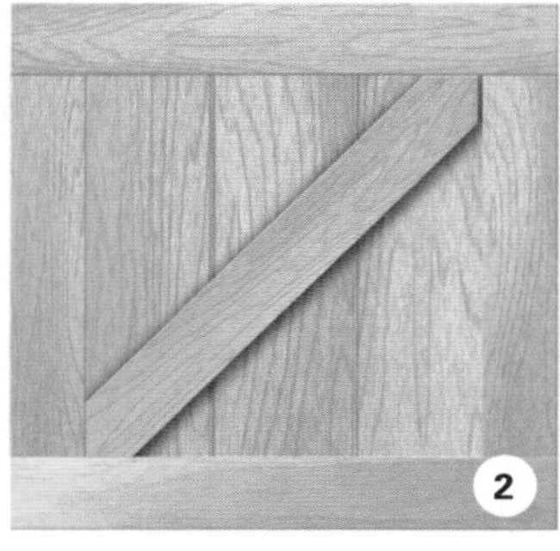

10 制作钉子 使用“椭圆选框工具”在木纹素材中建立一个正圆选区，复制选区，得到“图层 8”图层，为其添加“内阴影”“颜色叠加”选项。

1. 复制选区，得到钉子。
2. 选择“内阴影”选项，不透明度 38%、距离为 1 像素。
3. 选择“颜色叠加”选项，设置颜色为 R:144 G:107 B:74，不透明度 18%。

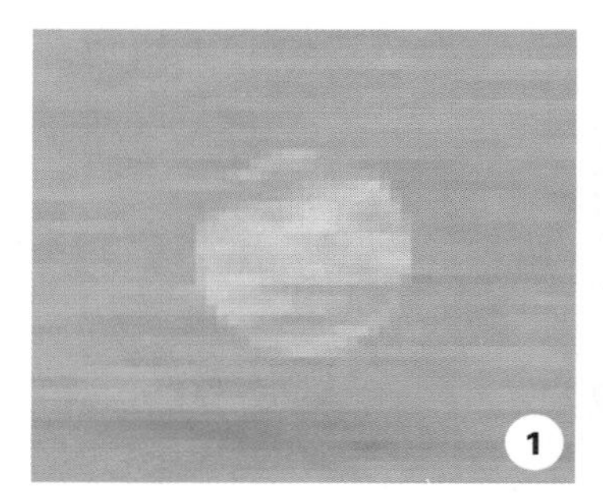

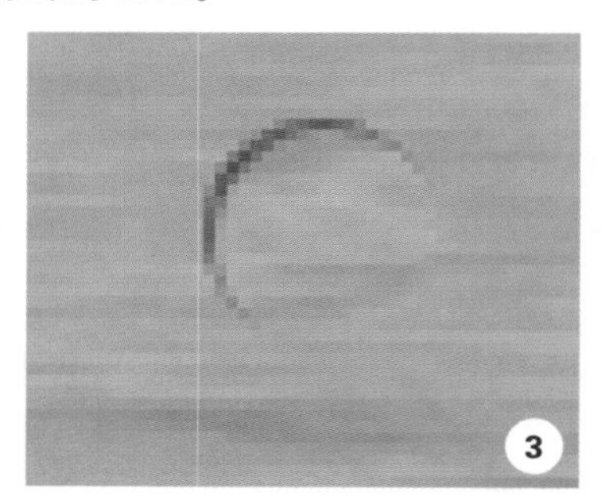

11 复制钉子 将“图层 8”图层进行多次复制，移动到木框的上下左右位置，完成效果。

最后一步中，我有些偷懒，只设置了钉子的一种效果，然后将其复制到木框的各个部位，若想要得到更多的细节，可以将某些地方的钉子效果的角度再调整一下，使效果更加完美。

皮革

案例综述

本例主要是运用“图层样式”效果制作逼真的皮革效果，然后使用工具箱中的工具来制作图案，分别将不同的图案效果进行分组。

设计规范

尺寸规范	680×400（像素）
主要工具	圆角矩形工具、图层样式
文件路径	Chapter06/6-6.psd
视频教学	6-6.avi

配色分析

皮革给人高贵、野性的感觉，选用黄色给人光辉、高贵的感觉，选用灰色给人阴暗、野性的感觉。

操作步骤

01 新建文档　执行“文件 > 新建”命令，或按下快捷键 Ctrl+N，打开“新建”对话框，设置宽度和高度分别为 680 像素 ×400 像素，分辨率为 72 像素 / 英寸，完成后单击“确定”按钮，新建一个空白文档。

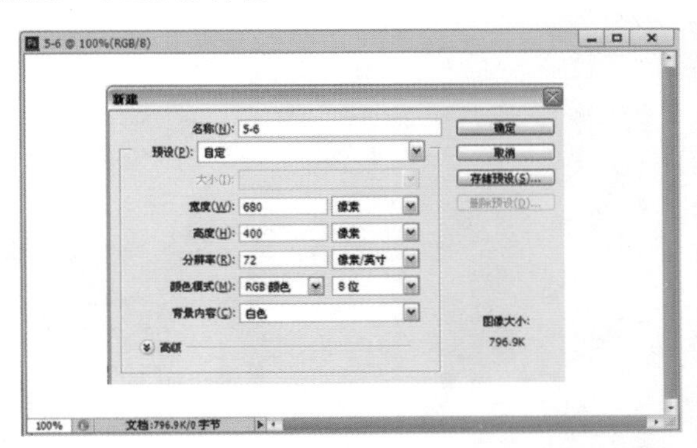

02 填充背景色　设置前景色为浅灰色，按下快捷键 Alt+Delete 为背景填充前景色。

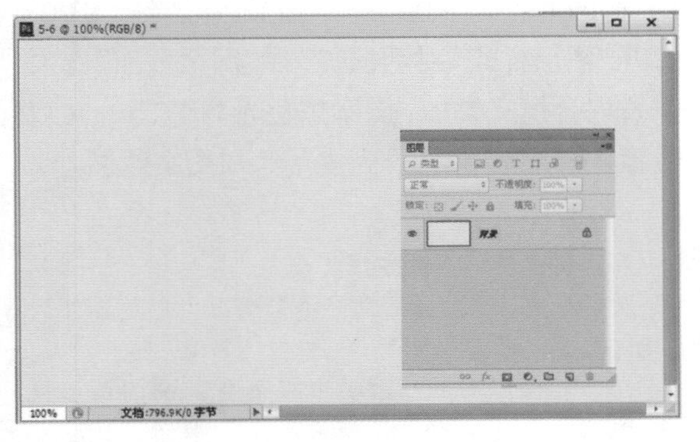

在创建新文档之前，我们就可以将需要填充的背景色设置好，然后在“新建”对话框中的“背景内容”下选择“背景色”选项，即可将工具箱中的背景色作为文档的“背景”图层颜色。

03 绘制皮革背景 选择“椭圆工具”，按住 Shift 键在图像上绘制正圆，打开该图层的“图层样式”对话框，选择“渐变叠加”“描边”“内阴影”“内发光”“投影”选项设置参数，为正圆添加皮革效果。

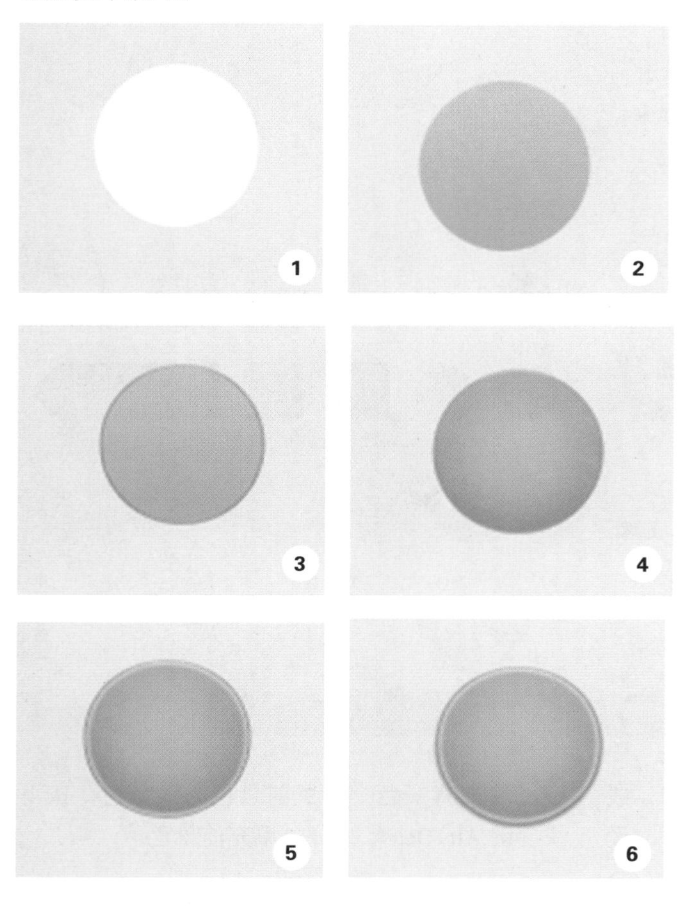

1. 使用“椭圆工具”绘制正圆。
2. 选择“渐变叠加”选项，设置渐变条从左到右依次为 R:210 G:181 B:130、R:230 G:208 B:170。
3. 选择“描边”选项，设置大小 1 像素、位置内部、填充类型渐变，设置渐变条从左到右依次为 R:208 G:176 B:131、R:187 G:147 B:89、R:227 G:204 B:168。
4. 选择“内阴影”选项，混合模式叠加、不透明度 57%，角度 90°，去掉“使用全局光”对勾，距离 3 像素、阻塞 34%、大小 27 像素。
5. 选择“内发光”选项，混合模式叠加、不透明度 74%、颜色白色、源为边缘、阻塞 30%、大小 4 像素。
6. 选择“投影”选项，混合模式正常、不透明度 50%、角度 90°，去掉“使用全局光”对勾，距离 1 像素、大小 2 像素。

04 复制图层 将“椭圆 1”图层进行复制得到“椭圆 1 副本”图层，将该图层填充降低为 0%，打开“图层样式”对话框，选择“图案叠加”选项，设置混合模式叠加、图案黑色光亮纸（128×128 像素）、缩放 50%，为皮革添加图案效果。

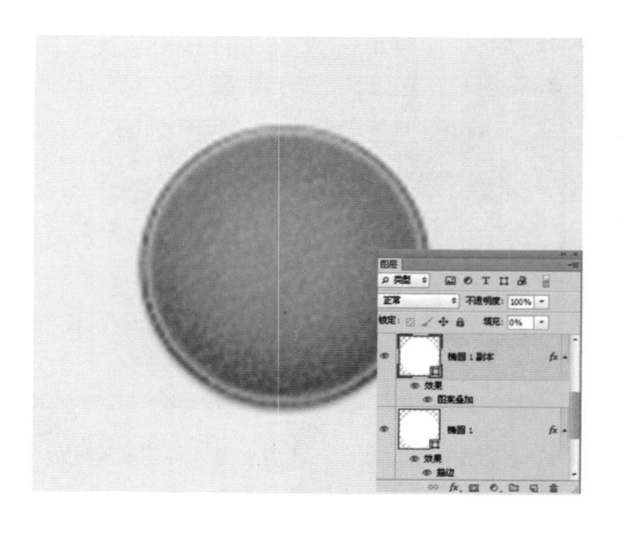

复制图层有三种方法。

一是按住 Alt 键的同时拖动需要复制的图像到其他位置，可进行复制。

二是在“图层”面板中将需要复制的图层拖曳到“图层”面板下方创建新图层按钮上，即可将其进行复制。

三是选择一个图层，执行“图层 > 复制图层”命令，在弹出的“复制图层”对话框中，单击“确定”按钮，可将该图层进行复制。

05 绘制描边线段　选择“椭圆工具”，在选项栏中设置参数，然后在图像上绘制圆形线段。

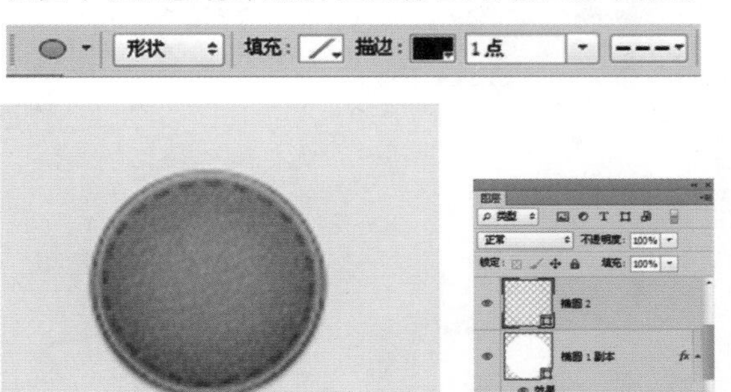

06 改变混合模式　选择“椭圆 2”图层，将该图层的混合模式设置为“柔光”。

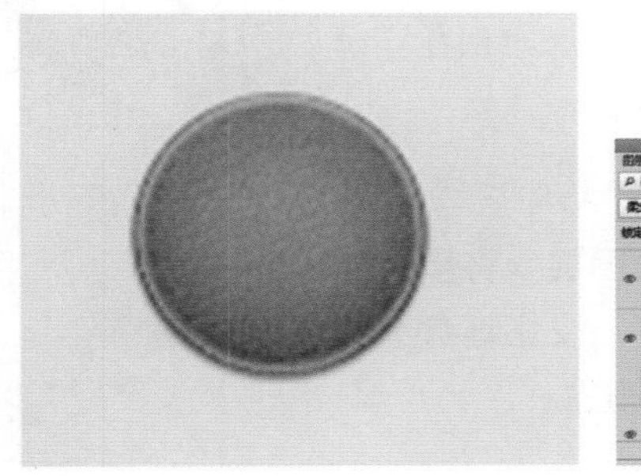

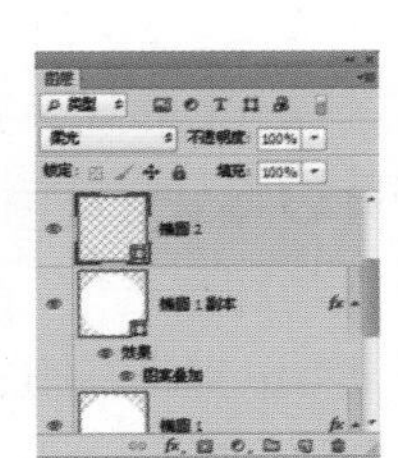

07 添加效果　打开该图层“图层样式”对话框，选择“投影”选项，设置颜色为白色，不透明度 100%、角度 90°，去掉“使用全局光”对勾，距离 1 像素，为其添加投影效果。

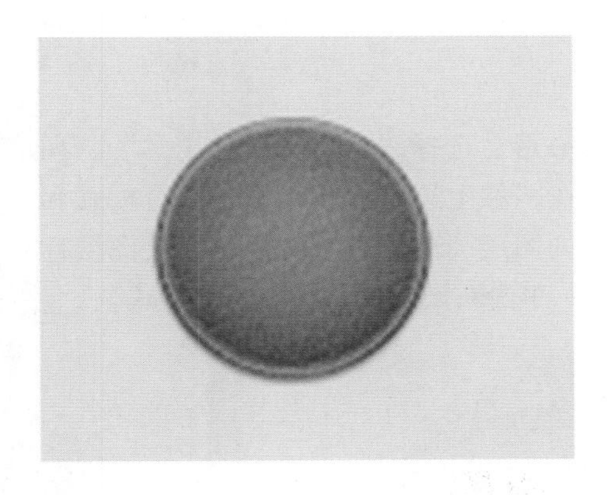

> 这一步中设置图层的混合模式为“柔光”，有两个方法。其一就是文中提到的，选择该图层后，在“图层”面板设置混合模式。其二就是在“投影”选项中，将混合模式设置为“柔光”。不论使用哪种方法，对图像的效果都是一样的。

08 绘制星星　选择“自定义形状工具”，在选项栏中选择“星星”形状，在图像上绘制星星，改变混合模式和不透明度参数，为星星添加“内阴影”“投影”效果。

1. 使用“自定义形状”绘制星星。
2. 混合模式设置为“柔光”，降低不透明度 80%。
3. 选择“内阴影”选项，混合模式正常、不透明度 81%、角度 90°，去掉“使用全局光”对勾，距离 2 像素、大小 3 像素。
4. 选择“投影”选项，设置颜色为白色，不透明度 100%、角度 90°，去掉“使用全局光”对勾，距离 1 像素。

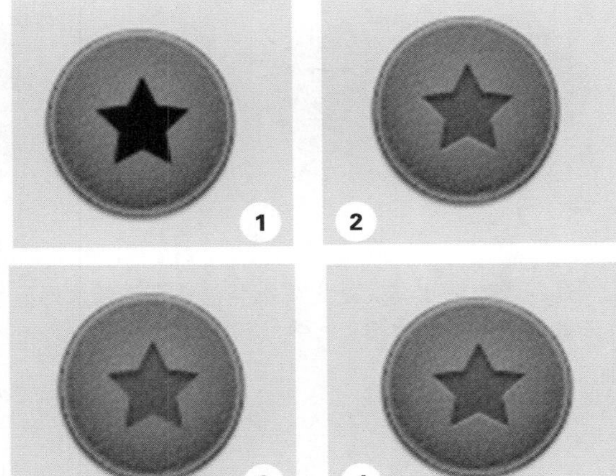

09 新建组 单击“图层”面板下方创建组按钮，新建“组1”，将刚才绘制的图层拖动到“组 1”中。将“组 1”进行复制，移动位置。

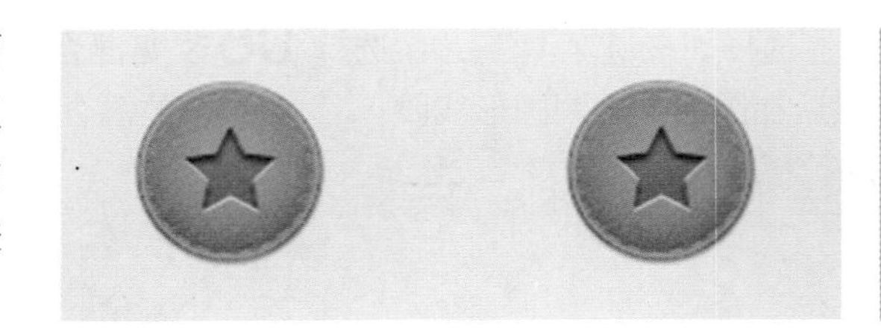

10 删除多余图层 将星星所在的图层选中，按住键盘上的 Delete 键将其删除。

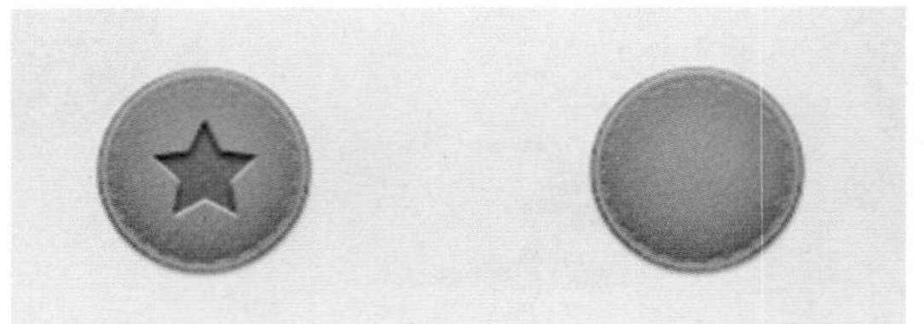

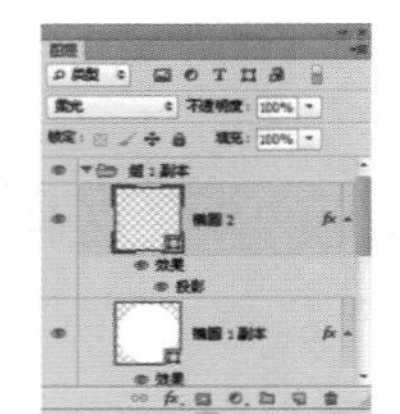

11 绘制心形 选择“自定义形状工具”，在选项栏中选择心形形状，在图像上绘制形状，改变混合模式和不透明度，选择星星所在的图层，单击右键选择“拷贝图层样式”，选择心形形状图层，单击右键选择“粘贴图层样式”。

1. 用“自定义形状工具”绘制心形。
2. 改变混合模式为柔光，不透明度 80%。
3. 粘贴图层样式效果。

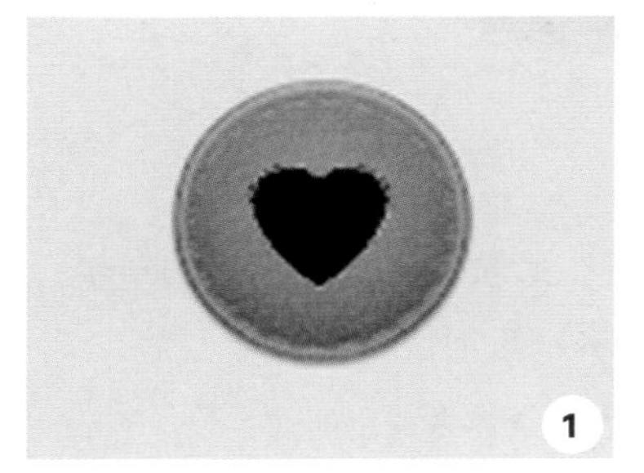

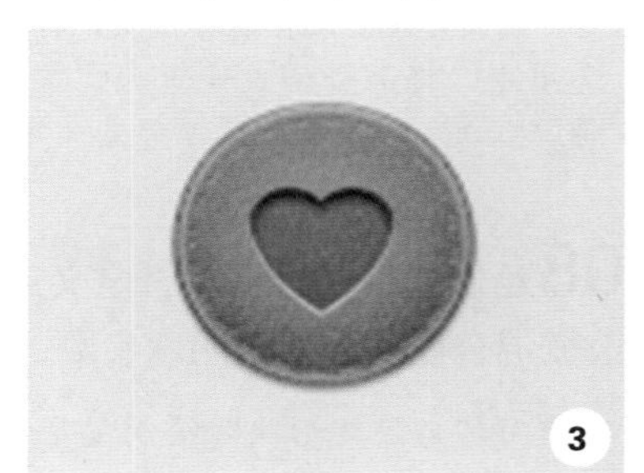

12 完成其他皮革形状 使用同样的方法完成其他形状的皮革效果。

这一步的做法其实是大同小异，只是将基本形的绘制工具改变为“矩形工具”和“钢笔工具”，然后将做好的圆形皮革的图层样式效果粘贴过来即可。相信聪明的你，一定会很快做出来的。

13 绘制灰色皮革　将“组 1”进行复制，选择“椭圆 1”图层，单击右键选择“清除图层样式”，打开“图层样式”对话框，选择“渐变叠加”“斜面和浮雕”“描边”“内阴影”“内发光”“投影”选项进行参数的调节，改变效果为灰色皮革。

1. 选择“渐变叠加”选项，设置渐变条从左到右依次为 R:155 G:155 B:155、R:171 G:171 B:171、R:173 G:173 B:173、R:171 G:171 B:171。
2. 选择“斜面和浮雕”选项，深度 1%、方向为下、大小 4 像素、不透明度 100%。
3. 选择“描边”选项，设置大小 1 像素、位置内部、填充类型渐变，设置渐变条从左到右依次为 R:101 G:94 B:91、R:1 G:1 B:1、R:118 G:116 B:115、R:179 G:169 B:165。
4. 选择“内阴影”选项，混合模式叠加、不透明度 100%、角度 90°，去掉“使用全局光”对勾、阻塞 3%、大小 27 像素。
5. 选择“内发光”选项，混合模式柔光、不透明度 33%、颜色白色、源边缘、大小 54 像素。
6. 选择“投影”选项，混合模式正常、不透明度 50%、角度 90°，去掉“使用全局光”对勾，距离 1 像素、大小 2 像素。

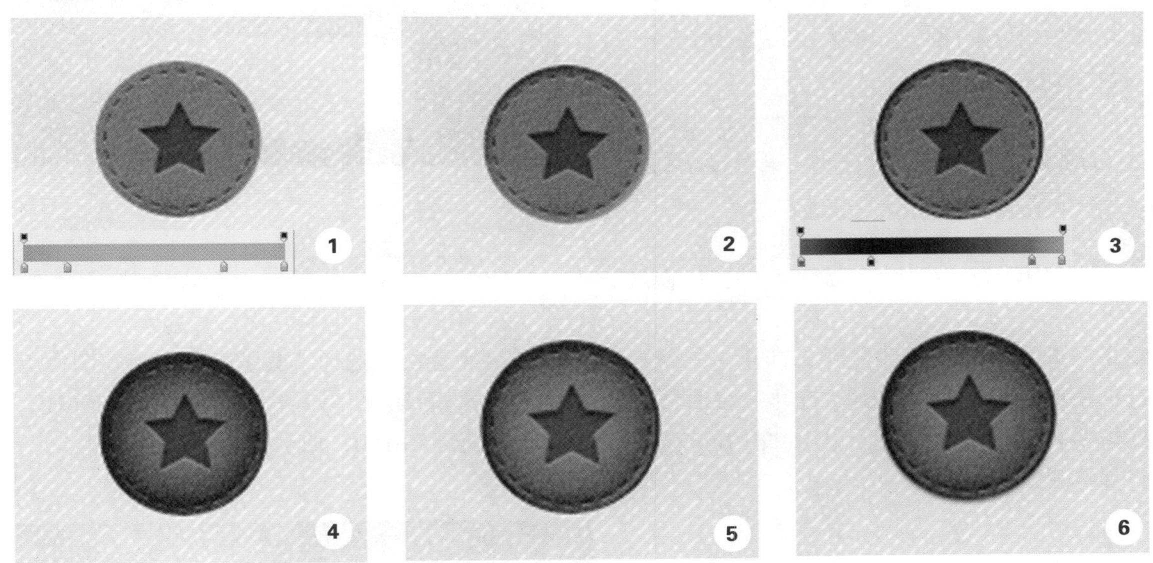

14 绘制其他灰色皮革　做到这一步的时候，相信你已经成功地做出第一个灰色皮革，那么下面的其他灰色皮革对你来说就是小菜一碟了，赶快去完成它吧。

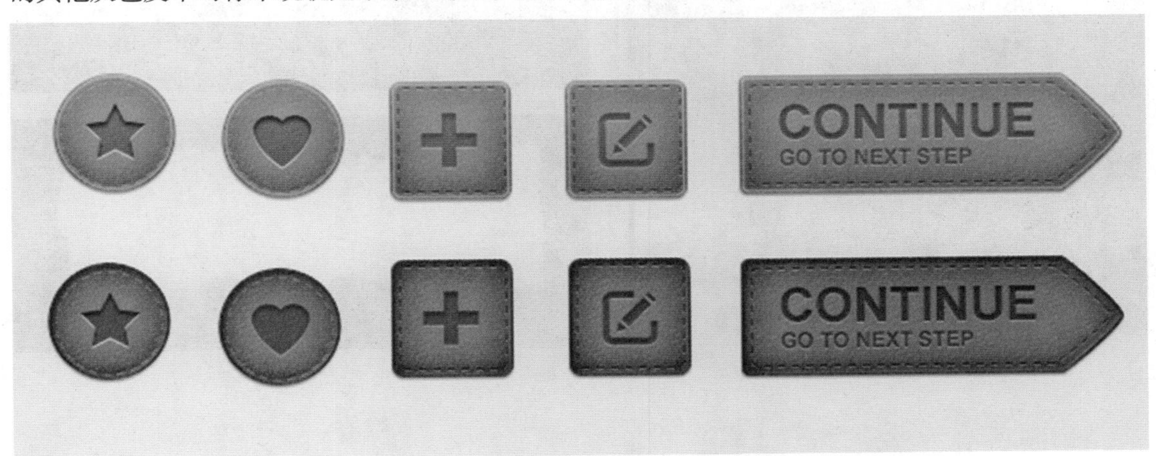

纸张

案例综述

在本例中，我们将学会使用套索工具绘制任意形状，形成纸片的效果，通过复制图层，改变颜色来为纸片添加阴影，使其产生立体的厚度感。

设计规范

尺寸规范	1280×960（像素）
主要工具	圆角矩形工具、图层样式
文件路径	Chapter06/6-7.psd
视频教学	6-7.avi

配色分析

白色带给人单调、朴素、坦率、纯洁的心理感受。

操作步骤

01 打开素材 执行“文件 > 打开”命令，或按下快捷键 Ctrl+O，弹出“打开”对话框，选择需要打开的素材文件，单击“打开”按钮，将其打开。

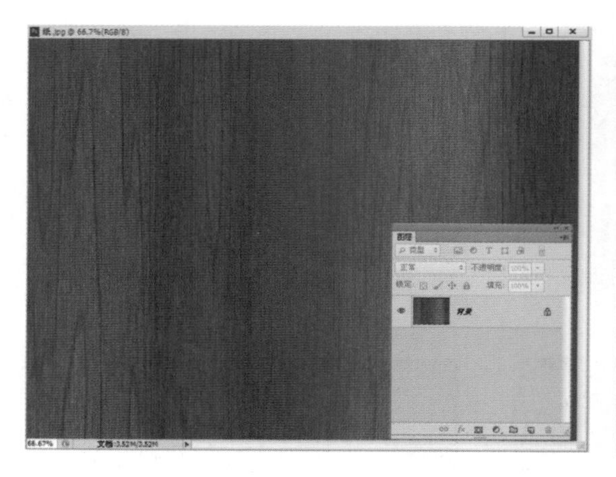

02 绘制选区 选择“套索工具”，在图像上绘制选区，新建“图层 1”图层，为选区填充白色，按下快捷键 Ctrl+D，取消选区。

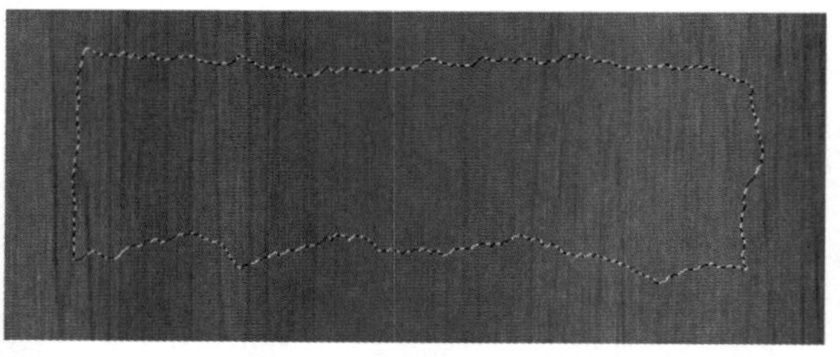

03 绘制阴影　将该图层进行复制，得到“图层 1　副本”图层，按下快捷键 Ctrl+T，改变图像的旋转角度，选择该图层的选区。

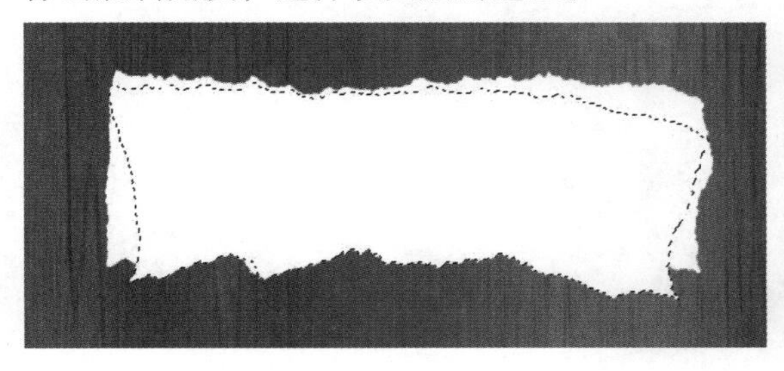

04 取消选区　新建“图层 2”图层，填充黑色，按下快捷键 Ctrl+D，取消选区。

05 降低不透明度　选择该图层，将不透明度降低为 15%，使效果更加自然。

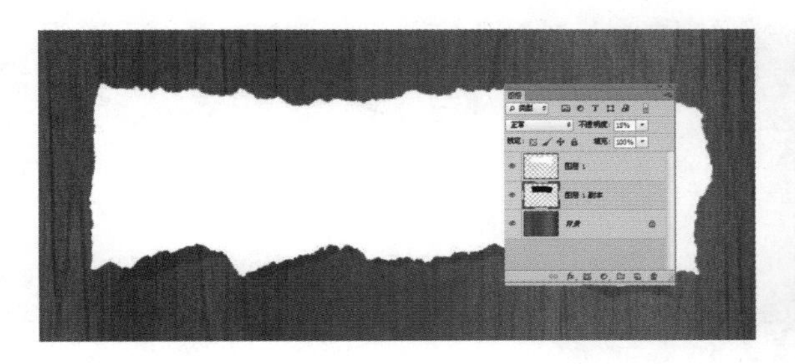

06 羽化选区　选择副本图层的选区，执行“选择 > 修改 > 羽化”命令，在弹出的“羽化选区”对话框中，设置羽化半径为 10 像素。

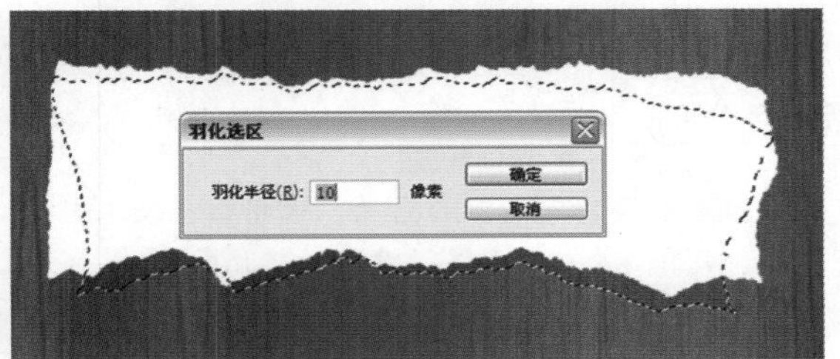

07 填充颜色　选择“背景”图层，单击“图层”面板下方创建新图层按钮，新建“图层 3”图层，填充黑色。

08 降低不透明度　选择该图层，将不透明度降低为 50%，使虚边更加柔和。

09 绘制其他纸片　使用同样的方法，绘制其他不规则形状的纸片，为其添加阴影，完成效果。

> 按住Ctrl键的同时单击某图层的图层缩览图，可选择该图层的选区。对选区执行“羽化”命令，可以将选区进行模糊处理，使选区具有柔和的边缘效果。

实战08 陶瓷

案例综述

在本例中，我们将学会使用钢笔工具绘制杯子的外形以及端手的部分，使用画笔工具为杯子增加更多的细节，最后使用自定义形状工具和文字工具为杯子增加艺术的视觉感受。

设计规范

尺寸规范	1280 × 1024（像素）
主要工具	圆角矩形工具、图层样式
文件路径	Chapter06/6-8.psd
视频教学	6-8.avi

配色分析

陶瓷给人贵气高雅的感觉，选用白色使人产生纯洁、天真、公正、神圣、典雅的超脱感受。

操作步骤

01 新建文档 执行“文件 > 新建”命令，或按下快捷键 Ctrl+N，打开“新建”对话框，设置宽度和高度分别为 1280 像素、1024 像素、分辨率为 72 像素 / 英寸，完成后单击“确定”按钮，新建一个空白文档。

02 填充背景色 设置前景色为浅灰色，按下快捷键 Alt+Delete 为背景填充前景色。

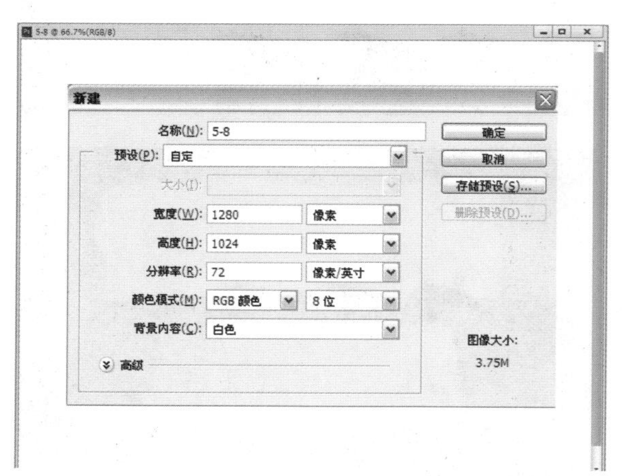

03 绘制杯子外形　选择“钢笔工具”，在画布上绘制杯子的外形轮廓，路径绘制完成后，将其转换为选区，新建“图层 1”图层，填充颜色，为其添加“渐变叠加”图层样式效果。

1. 用钢笔工具勾划路径。
2. 将路径转换为选区。
3. 为选区填充颜色。
4. 选择“渐变叠加”选项，设置渐变条从左到右依次为 R:238 G:238 B:238、R:248 G:248 B:248、R:248 G:248 B:248、R:205 G:205 B:205，角度 0°。

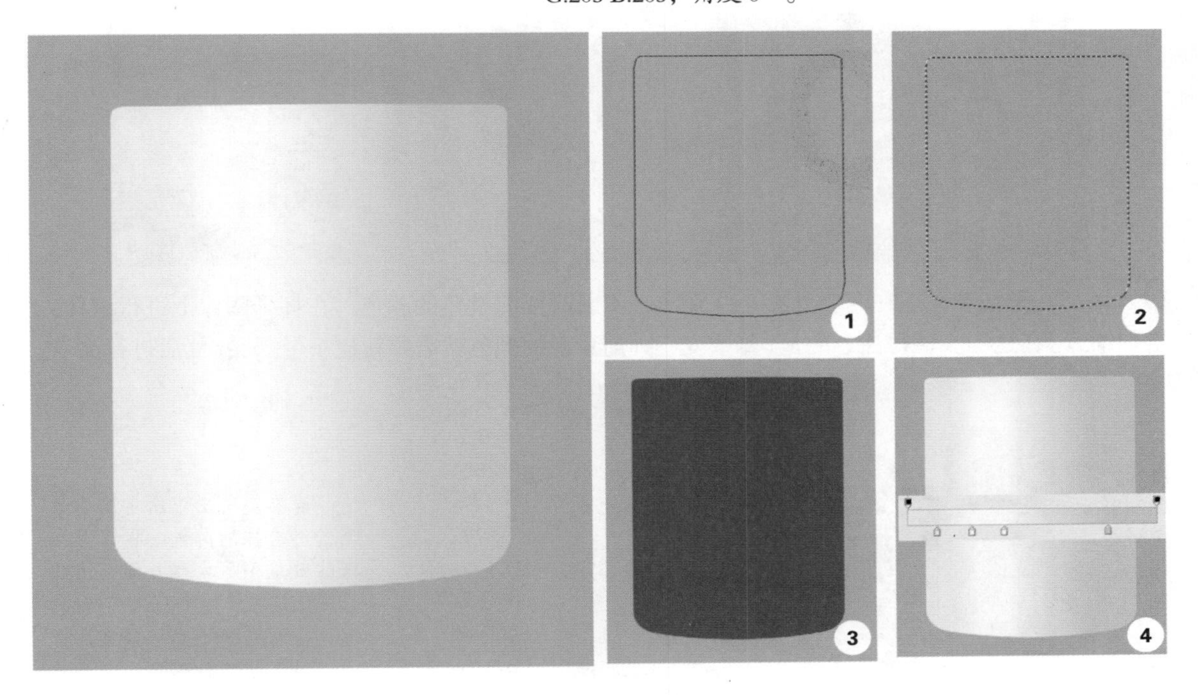

04 复制图层　将“图层 1”图层进行复制，得到“图层 1 副本”图层，按住快捷键 Alt+Shift，将杯子外形放大，向上移动复制后的图像，打开“图层样式”对话框，添加“内发光”效果。

1. 复制图层，改变大小。
2. 选择“内发光”选项，不透明度 27%、颜色白色、源边缘、大小 18 像素。

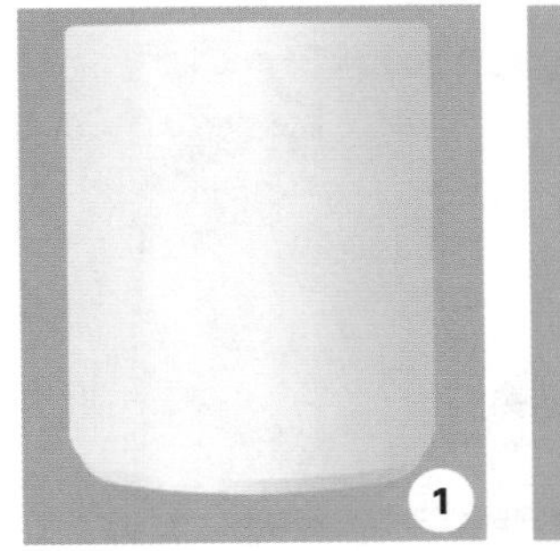

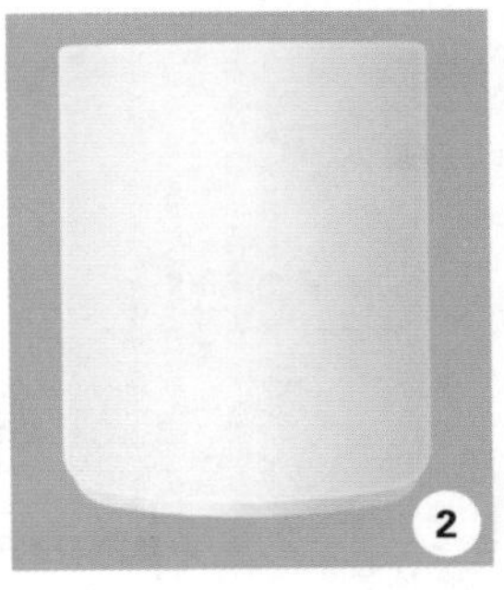

05 绘制杯子端手　选择“背景”图层，新建“图层 2”图层，选择“钢笔工具”，绘制杯子端手处轮廓，为其填充与杯子外形相近的颜色。

06 复制图层 取消选区，复制“图层 2”图层，在这里为了区分，所以将颜色填充黑色，并没有实际的意义。打开该图层“图层样式”对话框，选择“颜色叠加”“内阴影”选项，设置参数，添加立体效果。

1. 复制图层。
2. 选择“颜色叠加”选项，设置颜色为 R:244 G:244 B:244。
3. 选择“内阴影”选项，不透明度 10%、大小 35 像素。

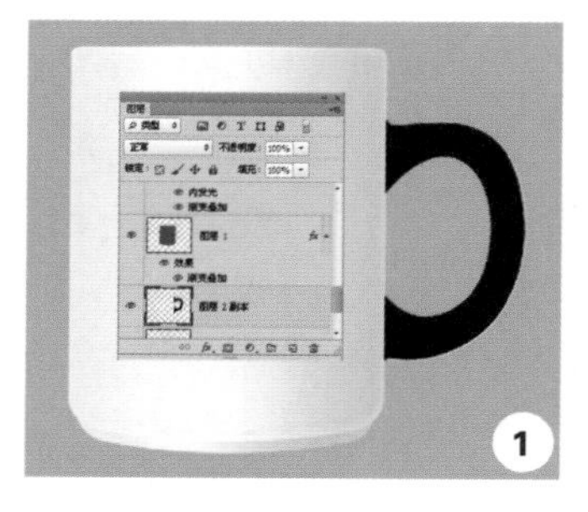

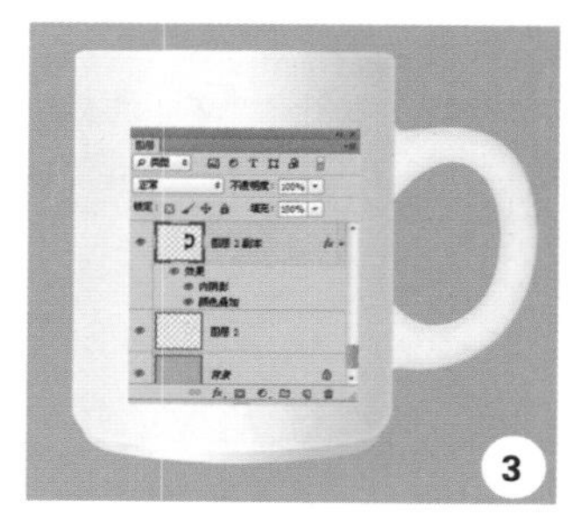

07 增加杯子细节 现在需要处理一些细节，不断改变前景色的颜色，在杯子图像上进行涂抹，增加细节。在这一步值得注意的是，每改变一种前景色的颜色就需要新建一个图层，然后进行涂抹。

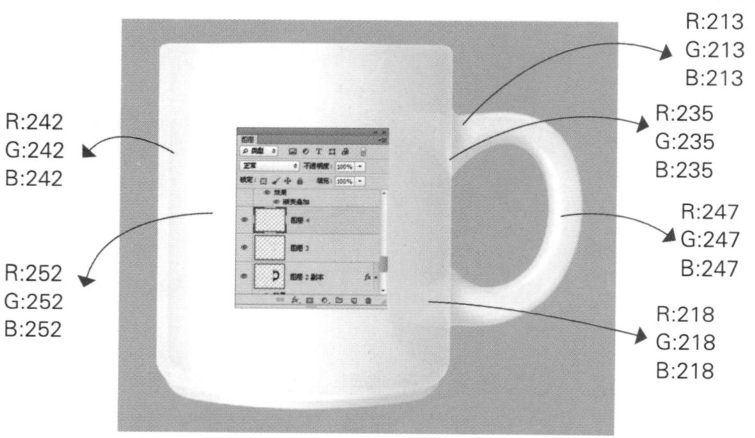

当你使用图中所示的前景色进行涂抹的时候，也许做出来的效果不尽人意，那么请试着降低该图层的不透明度参数，也许会有意想不到的效果。这个时候不断新建图层的好处就体现出来了，可以单独对一种颜色进行涂抹的地方进行调整，而不会影响其他图层的效果。

08 添加形状和文字 选择“自定义形状工具”，在选项栏中选择“心形”形状，在图像上绘制形状，选择“横排文字工具”输入文字，为文字添加“渐变叠加”图层样式，完成效果。

1. 绘制心形形状
2. 输入文字
3. 选择“渐变叠加”选项，设置渐变条，从左到右依次为 R:63 G:63 B:63、R:111 G:111 B:111，角度 174° 。

光滑漆皮

案例综述

本例我们将制作一个红色漆皮手提袋图形，该图形采用了渐变红色，配以高光阴影，象征着购物和女性，多用于时尚购物站点和女性的 App 应用。

设计规范

尺寸规范	1280 × 1024（像素）
主要工具	钢笔工具、图层样式
文件路径	Chapter06/6-9.psd
视频教学	6-9.avi

配色分析

红色给人以热烈奔放的氛围，本例制作的手提袋是为女性购物设计的图形，采用了高光滑度的皮革材质，让人感觉非常时尚。

操作步骤

01 新建文档　执行“文件 > 新建”命令，或按下快捷键 Ctrl+N，打开“新建”对话框，设置宽度和高度分别为 1280 像素、1024 像素，分辨率为 72 像素 / 英寸，完成后单击“确定”按钮，新建一个空白文档，如图所示。

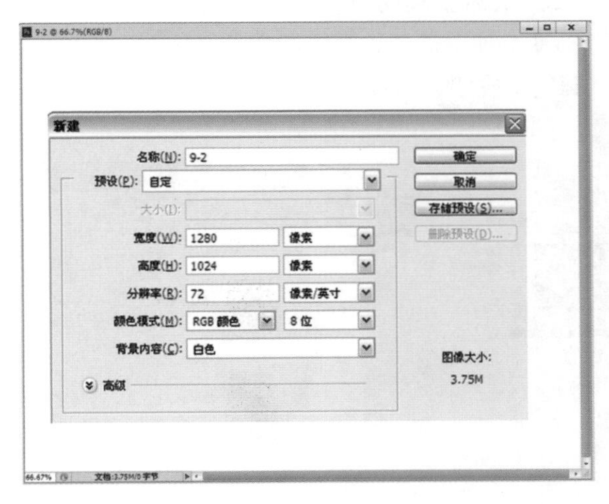

02 绘制手提袋基本形　选择“钢笔工具”，在选项栏中选择“形状”选项，在图像上绘制手提袋基本形。

03 添加外形渐变效果 打开该图层“图层样式”对话框，选择“渐变叠加”选项，设置渐变条，从左到右依次是 R:133 G:31 B:31、R:248 G:34 B:34、R:133 G:31 B:31，角度为 180 度，单击“确定”按钮，可为外形添加渐变效果。

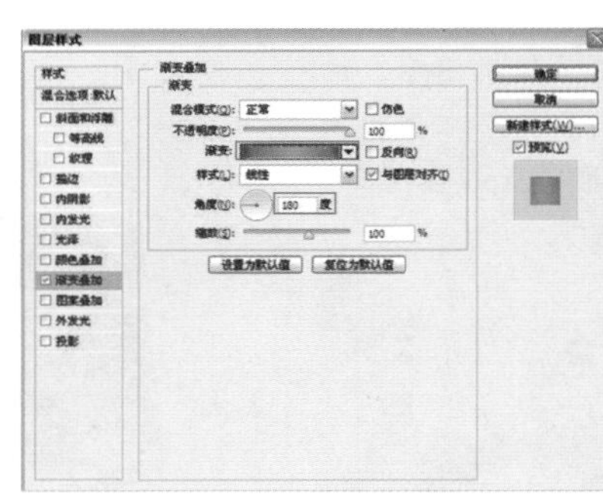

04 绘制阴影 选择“背景”图层，单击“图层”面板下方创建新图层按钮，新建“图层 1”图层，选择画笔工具，设置前景色为黑色，在外形底部进行涂抹，绘制阴影，将该图层不透明度降低为 80%，使效果自然。

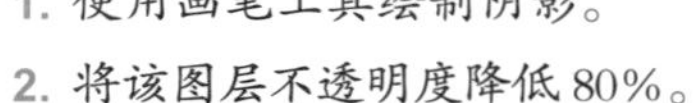

1. 使用画笔工具绘制阴影。
2. 将该图层不透明度降低 80%。

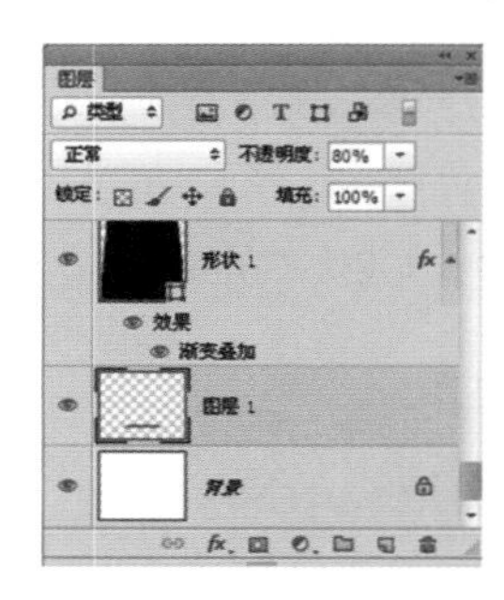

05 制作手提袋正面 将“形状 1”图层进行复制，得到“形状 1 副本”图层，按下快捷键 Ctrl+T，自由变换，选择最上方中间的控制点，按住鼠标左键向下拉，可将该形状缩小，按下 Enter 键确认，打开“图层样式”对话框，选择“渐变叠加”选项，设置渐变条，从左到右依次是 R:128 G:28 B:28、R:232 G:40 B:40，单击“确定”按钮，添加效果。

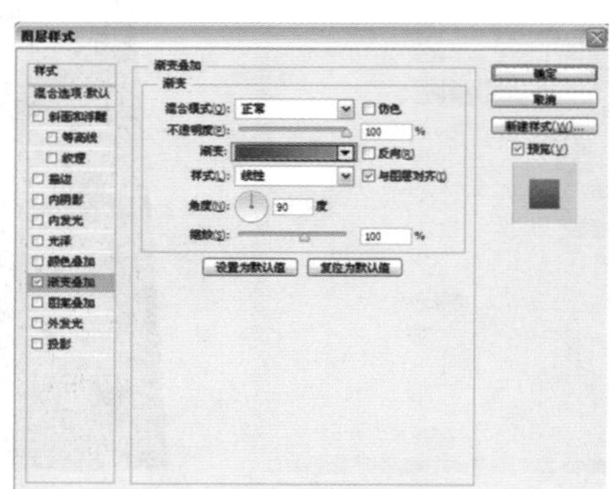

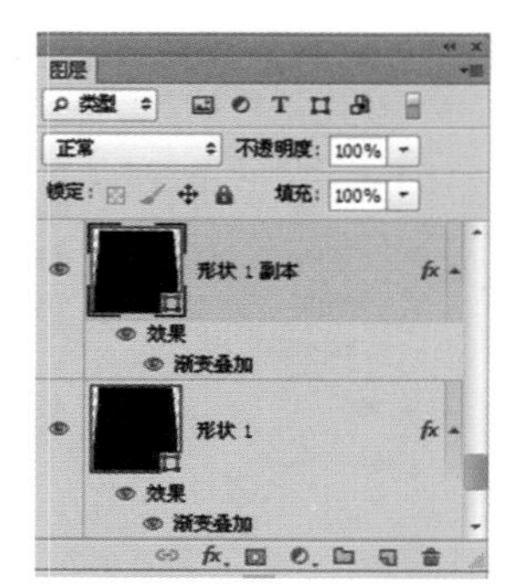

06 添加明暗效果　单击工具箱中的前景色图标，弹出“拾色器（前景色）”对话框，设置参数，单击“确定”按钮，改变前景色的颜色，新建“图层 2”图层，选择“画笔工具”，在选项栏中调整不透明度以及流量参数，在手提袋左右两边以及下方进行涂抹，为手提袋添加明暗效果。

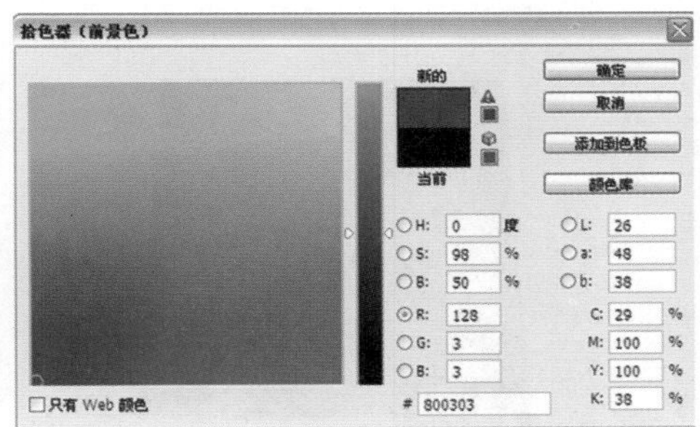

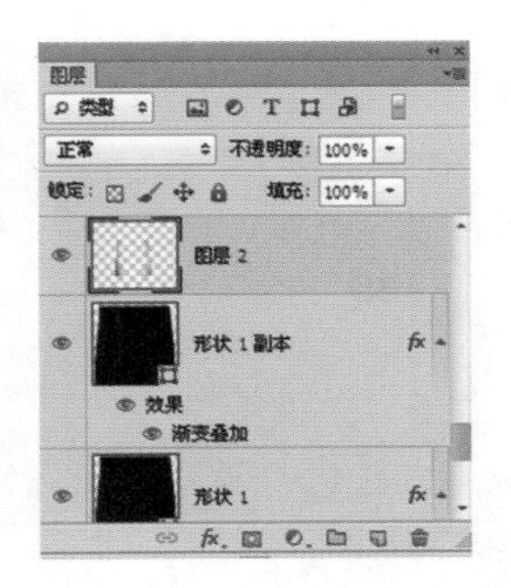

07 添加高光　再次复制“形状 1”图层，得到“形状 1 副本 2”图层，清除该图层的图层样式效果，改变该形状为白色，降低不透明度为 20%。

1. 复制形状，改变颜色为白色。
2. 将该图层不透明度降低 20%。

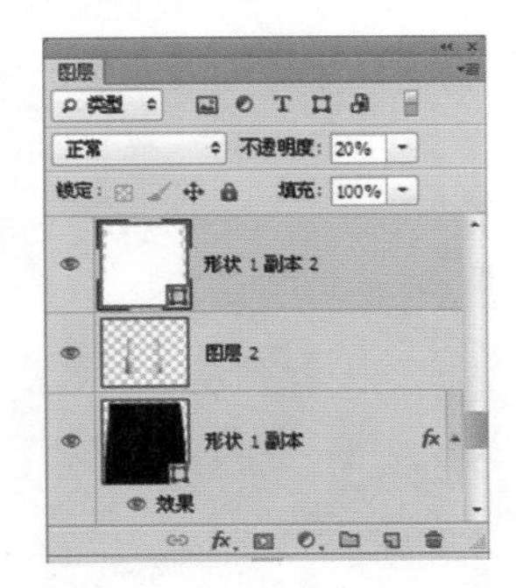

08 使用蒙版涂抹　为该图层添加蒙版，选择渐变工具，设置渐变条，在图像上拉动，使高光效果表现得自然。

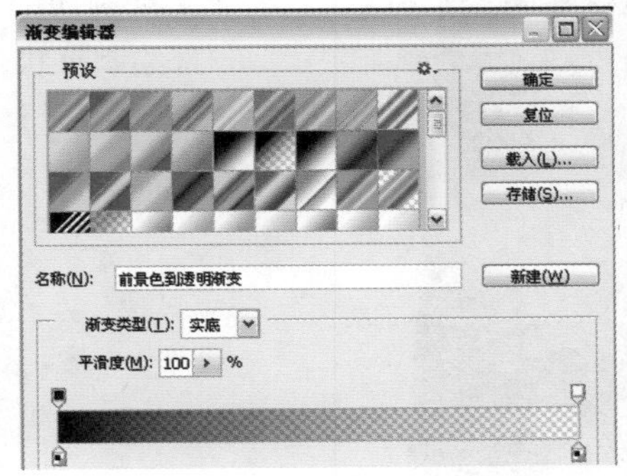

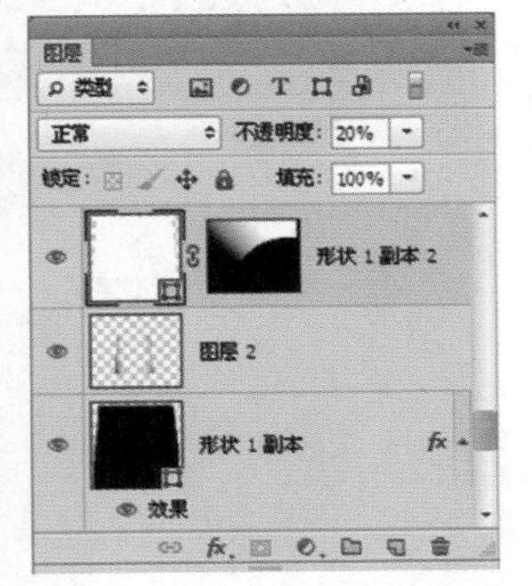

在蒙版上拖渐变时，拖得越长，过渡越自然，拖得越短，过渡越生硬。

09 绘制折角 选择“矩形选框工具”，在图像上绘制矩形选区，新建“图层 3”图层，选择“渐变工具”，在选项栏中单击点按可编辑渐变按钮，打开“渐变编辑器”对话框，设置渐变条，从左到右依次是 R:132 G:0 B:0、R:132 G:0 B:0，单击“确定”按钮，在选区上拉动绘制渐变，取消选区。

1. 用矩形选框工具建立选区。
2. 为选区添加渐变。

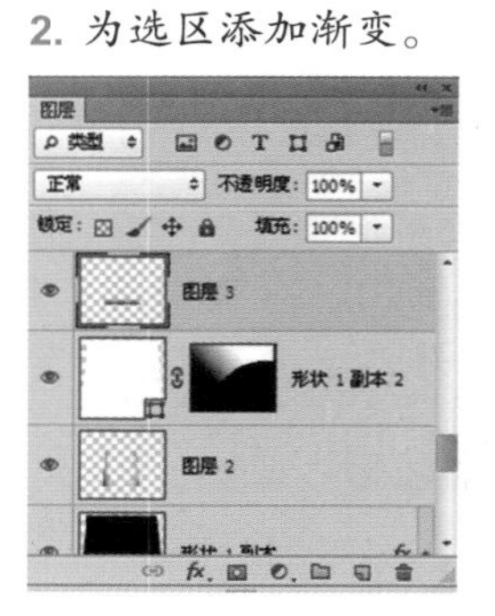

10 绘制折角处阴影 再次选择“矩形选框工具”，在图像上绘制矩形选区，新建“图层 4”图层，选择渐变工具，绘制渐变条 R:206 G:6 B:6 为选区添加渐变，取消选区，为该图层添加蒙版，使用黑色画笔工具涂抹渐变两侧，使不需要的部分隐藏起来。

1. 用矩形选框工具建立选区。
2. 使用蒙版涂抹多余渐变。
3. 使用蒙版继续涂抹渐变。

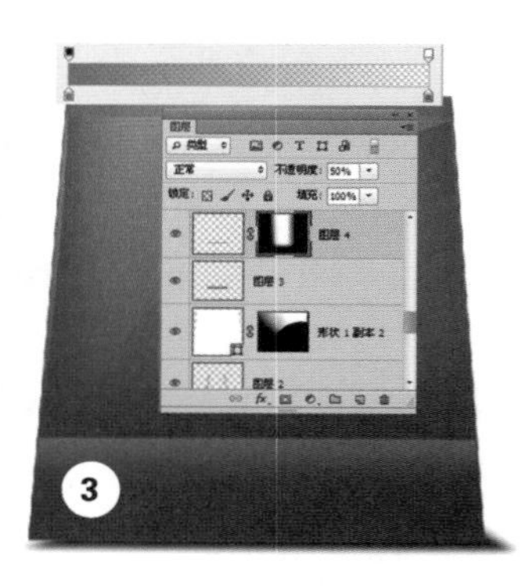

11 绘制内部 选择“钢笔工具”，在手提袋顶部绘制形状，得到“形状 1”图层。

选择钢笔工具在图像上单击创建锚点（在图像上出现的实心方块为锚点），使用鼠标拖曳创建曲线，其上下为方向线，方向线只是用来控制曲线的弧度，不属于曲线的组成部分。

12 添加效果

打开“图层样式”对话框，选择“渐变叠加”“描边”选项，设置参数，单击“确定”按钮，为手提袋添加空间感。

1. 选择“颜色叠加”选项，设置渐变条，从左到右依次是 R:158 G:38 B:38、R:255 G:3 B:39。
2. 选择“描边”选项，大小 2 像素、混合模式柔光、颜色白色。

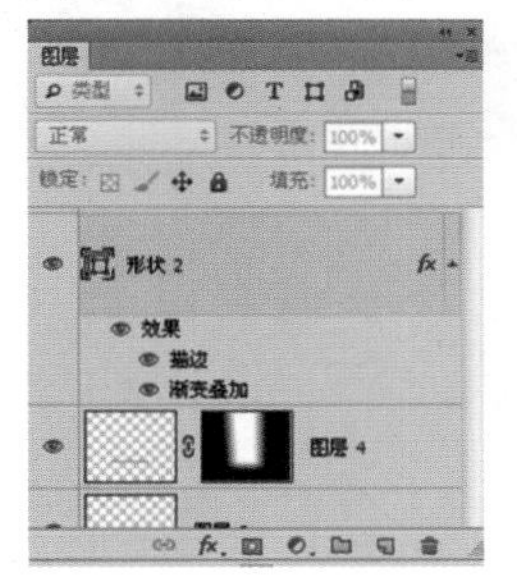

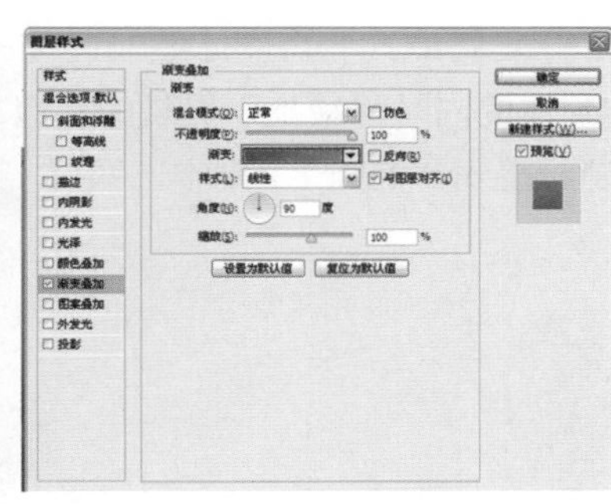

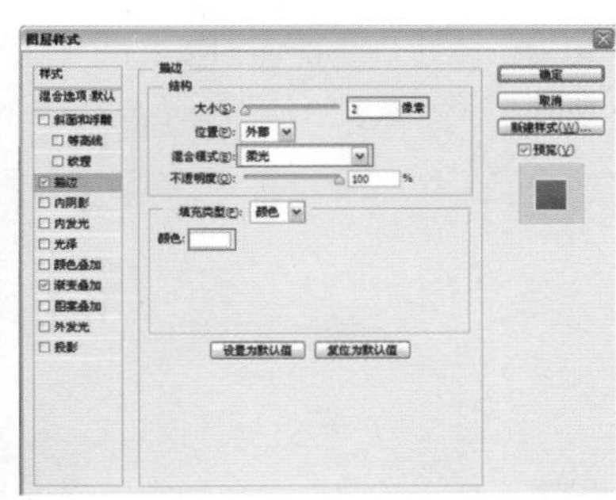

13 绘制绳孔

选择“椭圆工具”，按住 Ctrl 键绘制正圆，得到“椭圆 1”图层，打开“图层样式”对话框，选择“描边”“渐变叠加”“投影”选项，设置参数，单击“确定”按钮，使绳孔效果更加逼真。

1. 用椭圆工具绘制正圆。
2. 选择“描边”选项，大小 3 像素、填充类型渐变，设置渐变条，从左到右依次是 R:175 G:176 B:187、R:255 G:255 B:25。
3. 选择“颜色叠加”选项，设置渐变条，从左到右依次是 R:21 G:23 B:26、R:85 G:86 B:93。
4. 选择“投影”选项，不透明度 41%、距离 2 像素、扩展 76%、大小 4 像素。

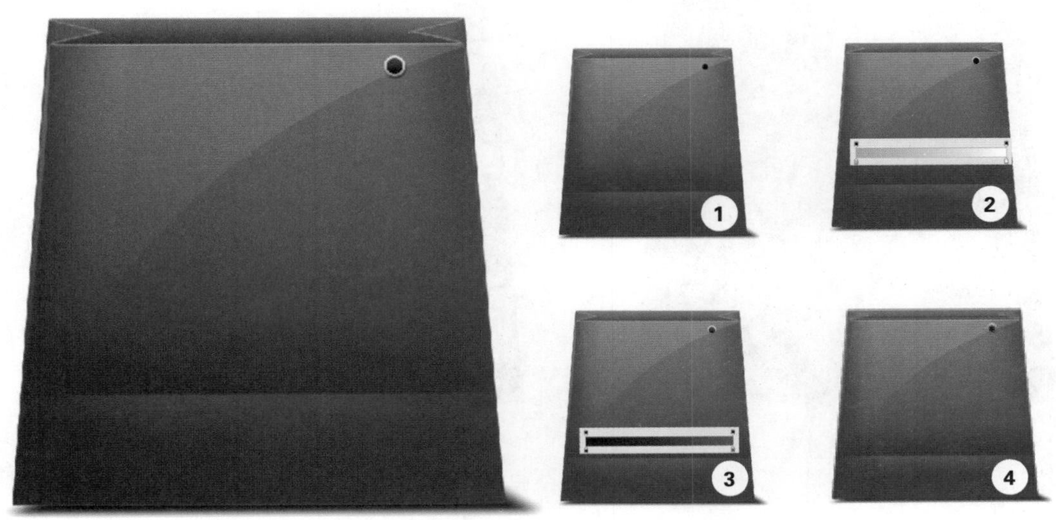

14 复制绳孔 将刚才绘制的绳孔选中，按住Alt键的同时移动到手提袋的左边，将其进行复制，得到“椭圆 1 副本”图层。

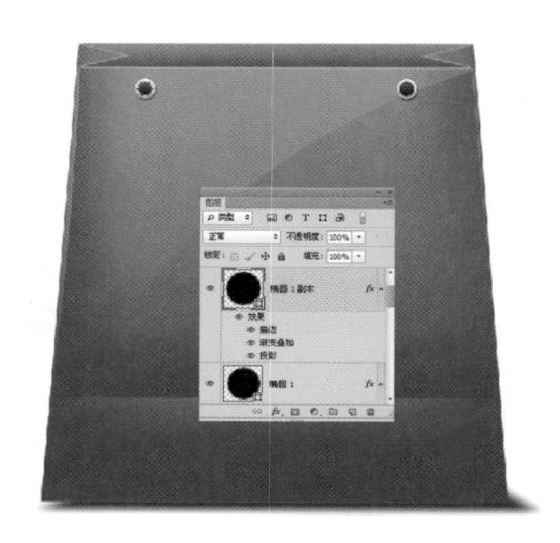

使用椭圆工具单击并拖动鼠标，可以创建椭圆选区；按住 Alt 键，会以单击点为中心向外创建椭圆；按住快捷键 Alt+Shift，会以单击点为中心向外创建正圆。

15 拖入绳子素材 打开绳子素材，将其拖动到当前绘制的文档中，移动到合适的位置，为该图层添加图层蒙版按钮，使用黑色画笔工具涂抹多余的图像，完成效果。

1. 拖入绳子素材。
2. 使用蒙版涂抹，隐藏多余绳子。

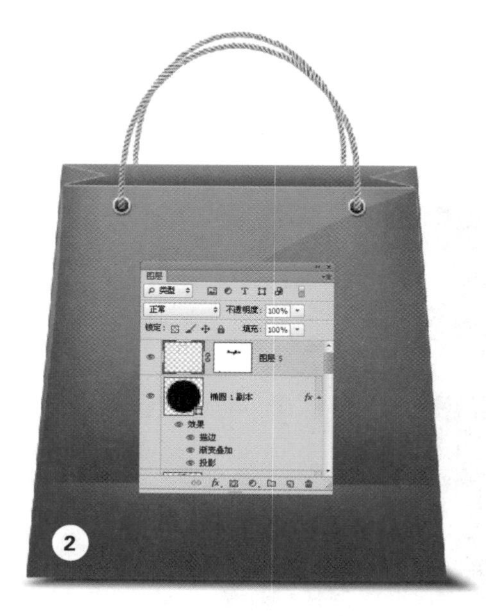

塑料、金属和玻璃综合表现

案例综述

本例我们将制作一个放大镜图形，通常放大镜图形用于查询功能。本例大量使用了渐变色和图层叠加功能，让玻璃质感和金属、塑料质感体现得淋漓尽致。

设计规范

尺寸规范	1280 × 1024（像素）
主要工具	各种矢量工具、图层样式
文件路径	Chapter06/6-10.psd
视频教学	6-10.avi

配色分析

黑白灰通常给人以简洁和简约的感觉。放大镜玻璃采用淡蓝色，金属采用了灰色，手柄采用了黑色，预示着能够迅速快捷地进行查找。

操作步骤

01 新建文档　执行“文件 > 新建”命令，或按下快捷键 Ctrl+N，打开“新建”对话框，设置宽度和高度分别为 1280 像素、1024 像素，分辨率为 72 像素 / 英寸，完成后单击“确定”按钮，新建一个空白文档，如图所示。

02 填充背景色　单击前景色图标，在弹出的“拾色器（前景色）”对话框中设置参数，改变前景色，按下快捷键 Alt+Delete 为背景填充前景色。

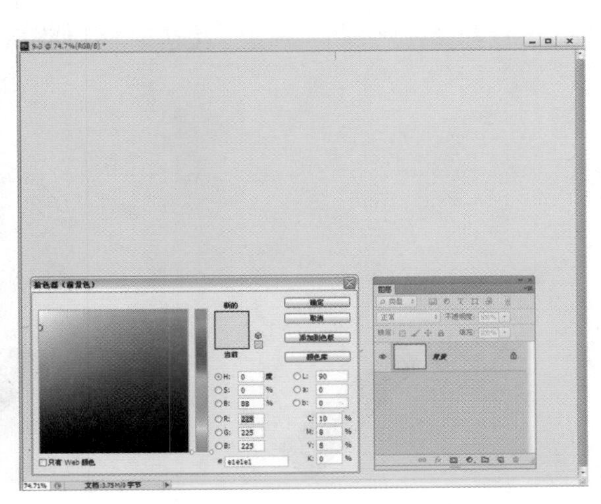

03 绘制圆角矩形 选择“圆角矩形工具”，在选项栏中设置半径为 10 像素，在图像上绘制圆角矩形，执行“自由变换”命令，旋转形状角度，按下 Enter 键确认。

1. 用圆角矩形工具绘制基本形。
2. 自由变换，改变旋转角度。

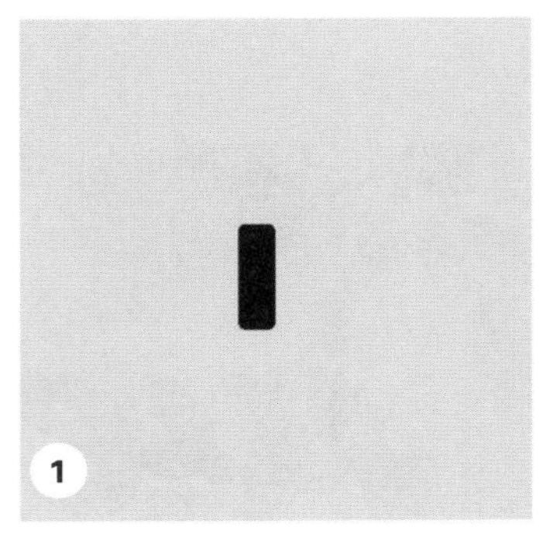

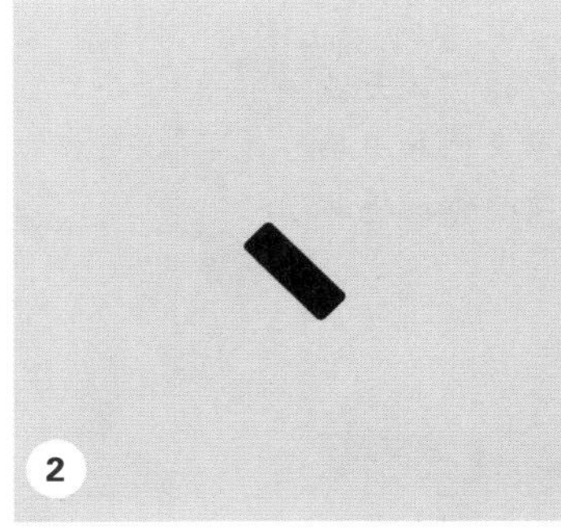

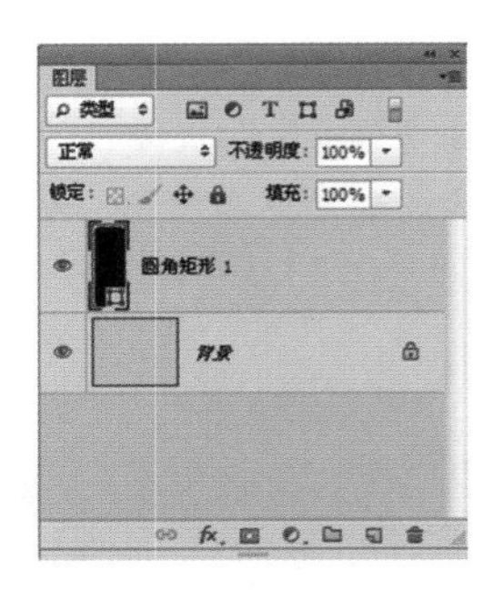

04 添加金属效果 打开“圆角矩形 1”图层的“图层样式”对话框，选择“渐变叠加”选项，设置渐变条，从左到右依次是 R:84 G:84 B:84、R:255 G:255 B:255、R:242 G:242 B:242、R:255 G:255 B:255、R:179 G:179 B:179，角度 45 度，单击“确定”按钮，为形状添加金属效果。

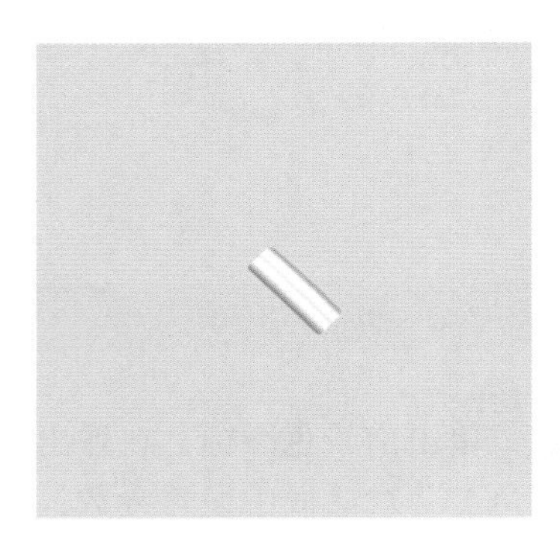

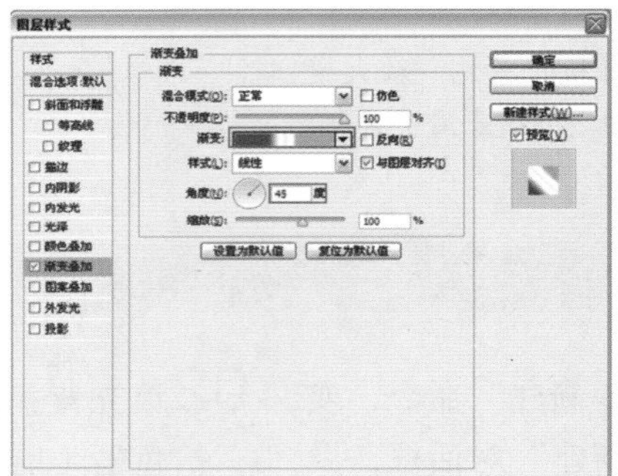

05 绘制放大镜手柄 选择“钢笔工具”绘制放大镜手柄，得到“形状 1”图层，打开“图层样式”对话框，选择“渐变叠加”选项，设置参数，单击“确定”按钮，为手柄添加效果。

1. 用钢笔工具绘制放大镜手柄。
2. 选择“颜色叠加”选项，设置渐变条，从左到右依次是 R:0 G:0 B:0、R:181 G:181 B:181，角度 47 度。

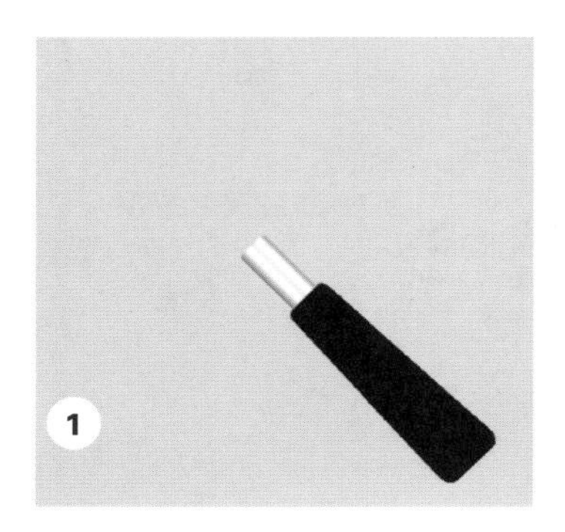

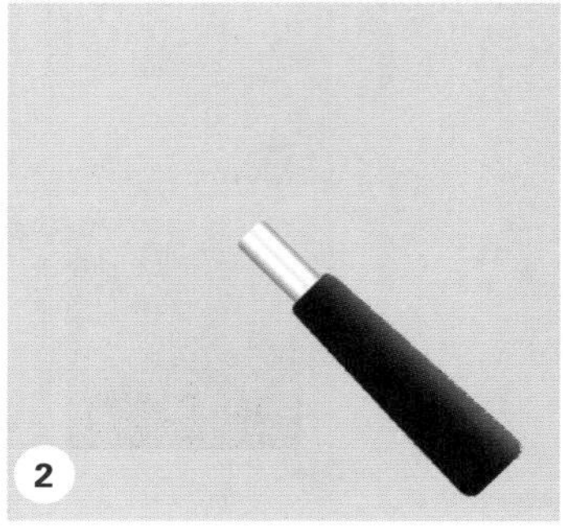

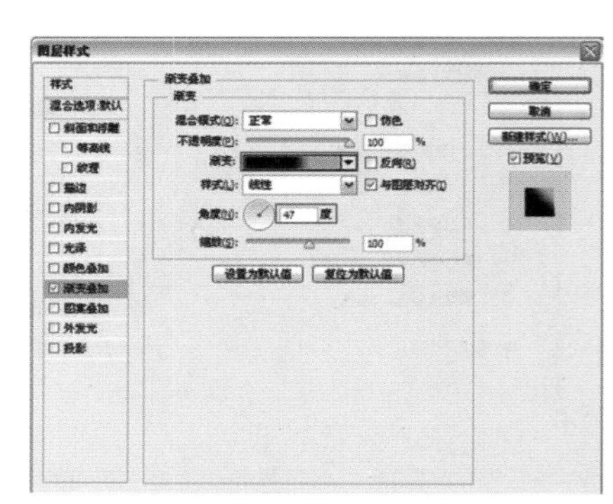

06 画笔添加明暗效果　单击工具箱中的前景色图标，弹出“拾色器（前景色）”对话框，设置参数，单击“确定”按钮，改变前景色的颜色，新建“图层 1”图层，选择“画笔工具”，在选项栏中调整不透明度以及流量参数，在手柄左右边进行涂抹，为手柄添加明暗效果。

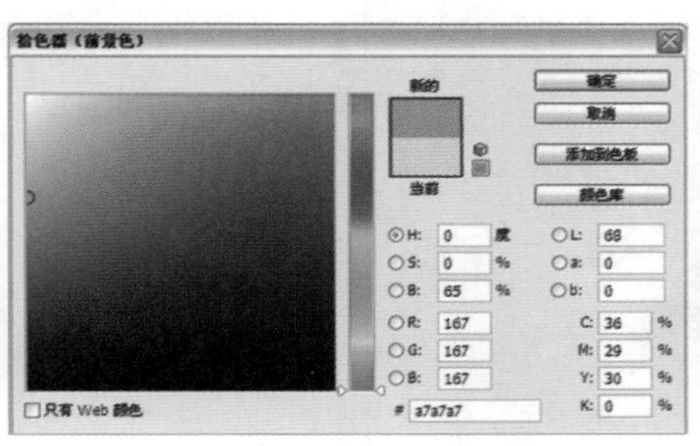

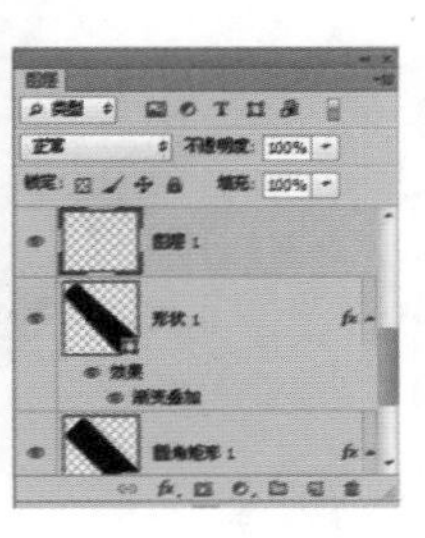

07 再次绘制圆角矩形　选择“圆角矩形工具”，在图像上绘制形状，自由变换，改变角度，打开“图层样式”对话框，选择“内阴影”“渐变叠加”选项，设置参数，单击“确定”按钮，为形状添加金属效果。

1. 用圆角矩形工具绘制形状。
2. 选择“内阴影”选项，距离 5 像素、大小 16 像素。
3. 选择“颜色叠加”选项，设置渐变条，从左到右依次是 R:162 G:162 B:162、R:0 G:0 B:0、R:255 G:255 B:255、R:0 G:0 B:0，角度 45 度。

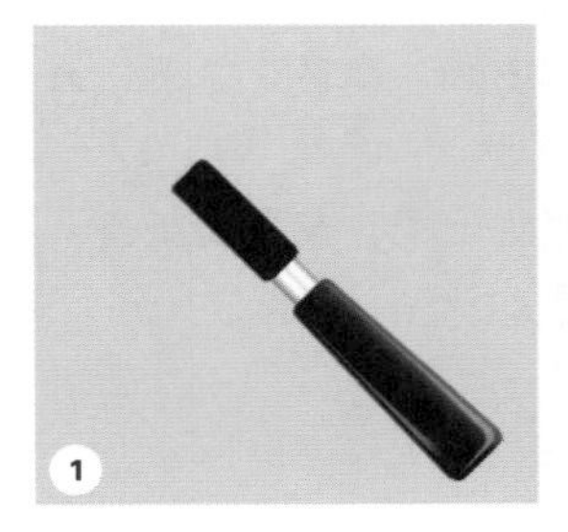

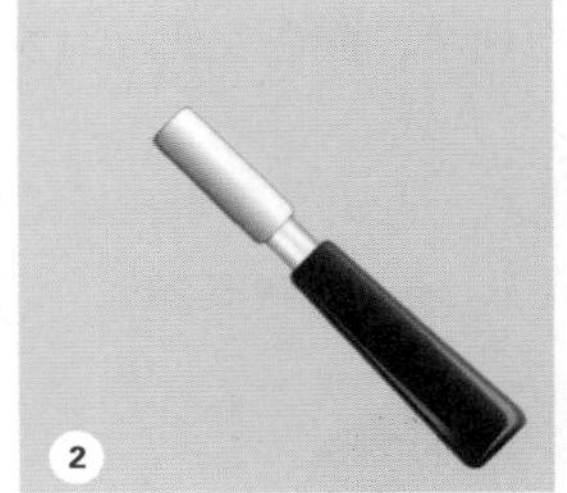

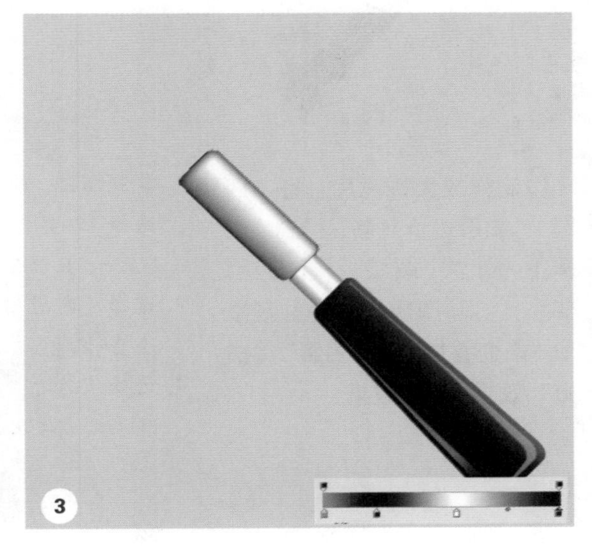

08 绘制放大镜　选择“椭圆工具”，按住 Shift 键绘制正圆，得到“椭圆 1”图层。

09 添加效果 打开“图层样式”对话框，选择“描边”“渐变叠加”选项，设置参数，单击“确定”按钮，为放大镜添加质感。

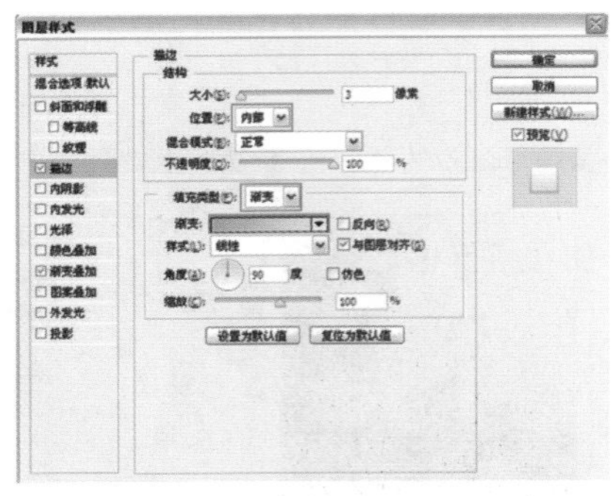

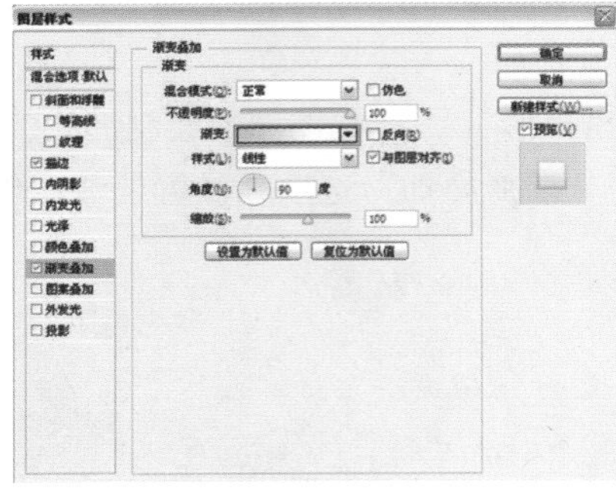

1. 选择“描边”选项，大小3像素、位置内部、填充类型渐变，设置渐变条从左到右依次是R:160 G:160 B:160、R:224 G:224 B:224。
2. 选择“颜色叠加”选项，设置渐变条，从左到右依次是R:196 G:196 B:196、R:215 G:215 B:215 R:250 G:250 B:250。

10 制作放大镜镜片 将“椭圆1”图层进行复制，得到“椭圆1 副本”图层，将该椭圆变小，清除图层样式，重新添加“渐变叠加”“内阴影”“描边”效果，完成效果。

1. 复制椭圆，改变大小，清除图层样式。
2. 选择“渐变叠加”选项，设置渐变条，从左到右依次是R:237 G:248 B:255、R:255 G:255 B:255、R:186 G:224 B:251。
3. 选择“内阴影”选项，颜色R:85 G:126 B:149，距离7像素、大小24像素。
4. 选择“描边”选项，大小8像素、填充类型渐变，设置渐变条，从左到右依次是R:249 G:249 B:249、R:216 G:216 B:216。

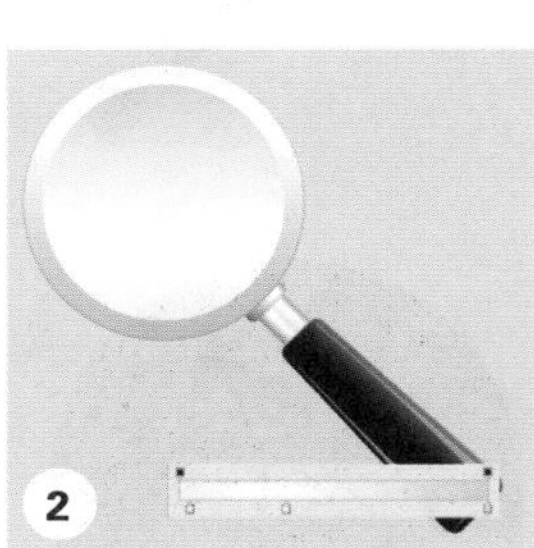

设计思路 1：Apple 和 Android 移动端尺寸指南

这是有关 Apple UI 的设计，包括各种界面尺寸、图标尺寸、图形部件的大小等。

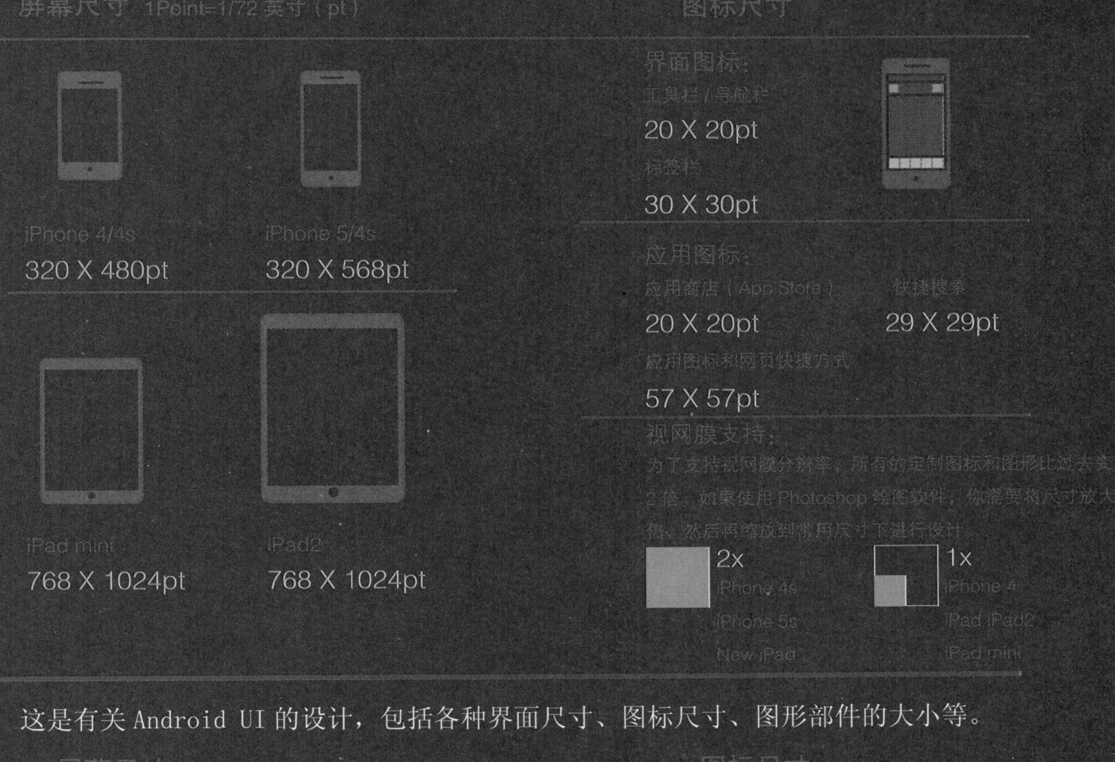

这是有关 Android UI 的设计，包括各种界面尺寸、图标尺寸、图形部件的大小等。

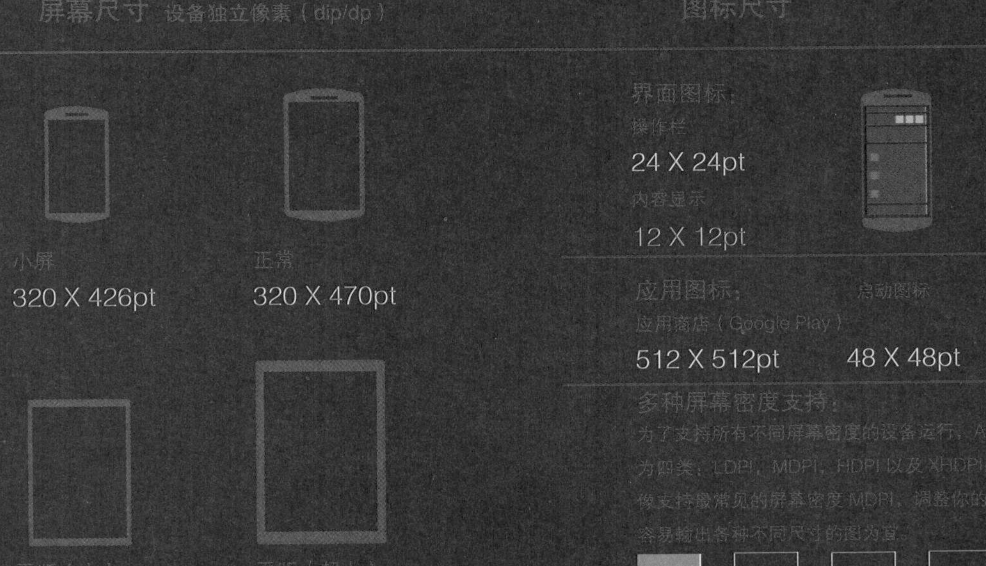

设计思路 2：iOS 扁平化系统有哪些特色

自从 WWDC 大会 iOS 7 系统问世以来，对 iOS 7 与 iOS 6 系统相比所拥有的堪称“翻天覆地”的变化，专业人士、媒体、普通用户以及果粉们褒贬不一。全新 iOS 7 系统的扁平化设计风格在表面上带来了与之前全然不同的简约风格，此外 iOS 7 整个系统在设计理念、设计风格和系统功能上，都有了很大的改变。包括字体、图标等设计的诸多经典元素，都和 iOS 6 不一样，给用户带来异样的体验。

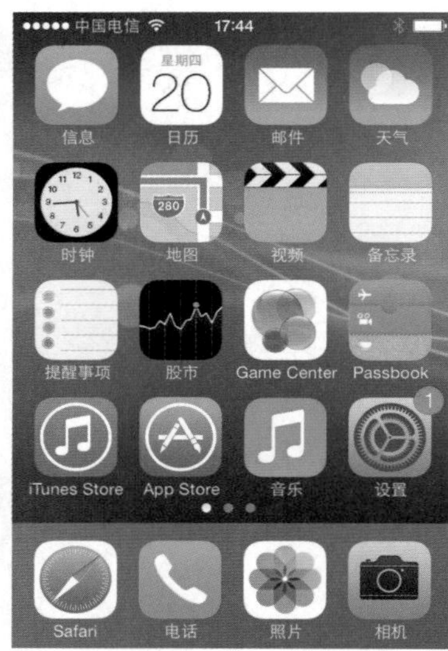

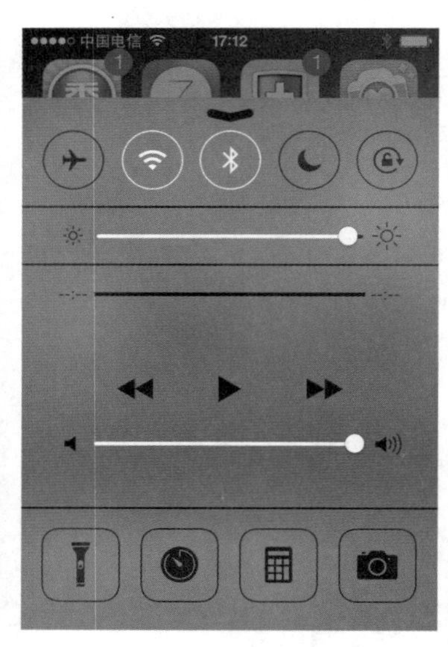

iOS 7 的界面设计

1. 设计理念

iOS 7 的程序及图标扁平化不仅使其变得更为简洁，而且新用户界面对外部复杂环境的适应能力也极大地增强了。比如 iOS 7 系统不仅有根据用户的时差角度调整界面的加速器，还为了方便用户辨识屏幕，利用手机内置的光线感应仪让图标和背景自动适应不同的光线强度，控制面板的文本和色彩也能够按照主题背景图片的色彩自动进行调整。

2. 界面分层和深度

相比 iOS 6 而言，iOS 7 整个系统的图标和应用的细节被简化，但是 iOS 7 所处的系统底层却变得更加复杂。我们发现，iOS 7 的新图标和文本不仅不在共用单一的图标按钮之内，并且其新采用的 Helvetica Neue Ultra Light 字体也被直接显示在屏幕上。这样一来，看上去更加简洁直观。但是由于图形不能以按钮作为基准位置，而是要帮助用户定位漂浮在空间中的文本，所以在图形设计方面，面临着很大的挑战。

另外，iOS 7 系统的屏幕本身也呈现出一种图像密集多层化效果。我们从上面分解的三维投影图上可以看到三个非常清晰的层次。底层是背景图片，中间层是应用程序，顶层是控制中心的背景，具有模糊效果的面板层。乔纳森认为，多层的设计将会给用户带来一种新的质感新的体验。

3. 字体的改变

iOS 7 系统全新启用的 Helvetica Neue Ultra Light 字体是原来 iOS 标准字体 Helvetica Neue 的瘦身版。在 iOS 系统中，该字体显得特别干净和优雅。

iOS 7 的字体设计

但是 iOS 7 系统所使用的 Ultra Light 也有很大的使用风险。因为在大多数背景下，Ultra Light 字体很难辨识。要是 iOS 没有了字体曾经放置的边框和背景，字体就显得很暗淡。也就是说，模糊背景下，这种字体很漂亮，要是用户更换了背景，字体效果就变得很糟糕。

4. 图标风格颠覆性变化

从表面上看，iOS 7 系统与 iOS 6 系统最大的不同就是来自于图标的变化。新系统的图标放弃了之前非常具有质感的偏立体设计，而采用了“扁平化”简洁干净的设计风格。有的人说，苹果正在向微软 Windows Phone 系统风格靠拢，因为苹果放弃使用原本的 skeuomorphic 风格，而开始采用平面化图标设计风格。

其实，在整个 iOS 7 系统中，不仅仅是应用图标的扁平化和简单化，整个新系统的 UI 也改变了苹果之前的拟物化设计，减少了许多装饰。总而言之，苹果公司的审美观正在发生变化。

iOS 7 与 iOS 6 的图标对比

知识扩展：关于透明元素和透明度使用的艺术

在网页设计中使用透明元素，显得非常美观，可是又十分棘手，为什么呢？因为当你没有把握好某个模块的透明度时，就有可能出现体验失调、字体信息不清晰、主次不分明、色调失调、网页设计中关于透明元素和透明度使用的艺术信息捕获不明确等问题。这就是细节成就美，细节决定成败。只要我们细节运用恰当，充分发挥透明元素的作用，就可以让我们的网页栩栩如生。

因为国外网站原创性比较高，所以，接下来我们一起来看看国外的一些案例。

1. 内容模块和网站框架的对比

运用透明图层，不透明度设置为 80% 左右，这样就可以让字体清晰可见，避免挫伤用户体验。下面的例子就是创建对比度，区分内容模块的运用。大家经常见到的灯箱效果，就是一个透明度和背景造成对比的运用，很容易让用户区分。

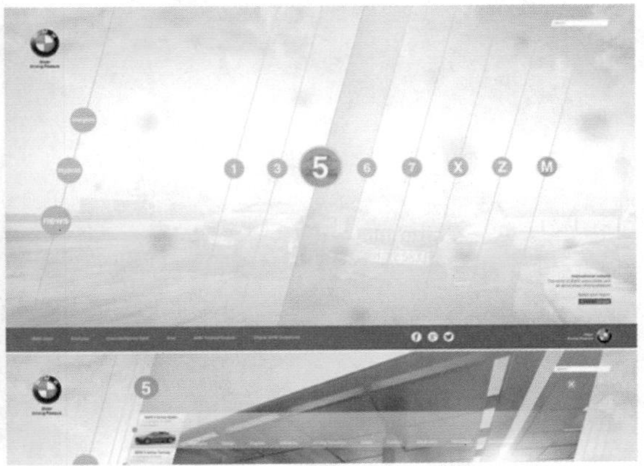

半透明图层的运用

2. 半透明导航的跟踪运用

为方便用户操作主导航，将很多产品都做了半透明导航的跟踪，像新浪微博和腾讯微博等，也都是在顶部导航上做了半透明的处理，用来固定浮动以跟踪用户页面的浏览。如今，半透明导航的跟踪运用非常常见。

半透明导航栏的运用

3. 使用较小的透明模块来衬托

根据营销的用户停留捕获时间为 7 秒，如果用户在 7 秒内没有对你设计的东西做出需求的反应，那么你的设计就是失败的，因此，网站的封面显得至关重要。如果想要让你的页面不再单调，就得要使用合适的文字和透明模块，突出重要信息，从而让页面层级分明，吸引住读者的眼球。

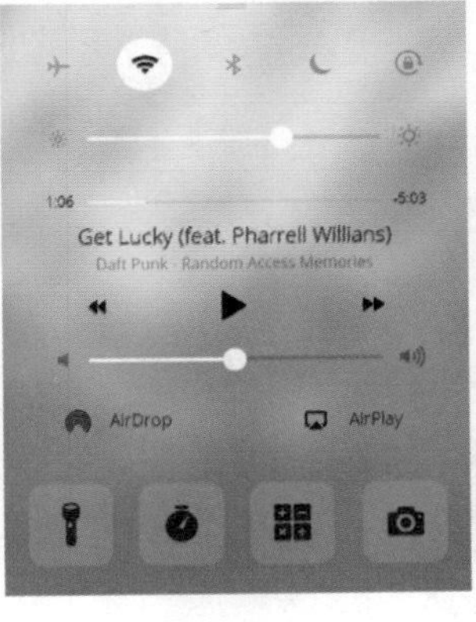

半透明遮挡模块的运用

Chapter 07 手机 UI 的立体图标制作

上一章我们学习了矢量图形绘制，为本章立体图标的制作打下了坚实的基础！立体图标就是根据平面矢量图形进行二次加工，将导角、阴影、光泽、渐变填充等特效添加到形状上，从而得到光影和质感。

Dribbbleb 图标制作

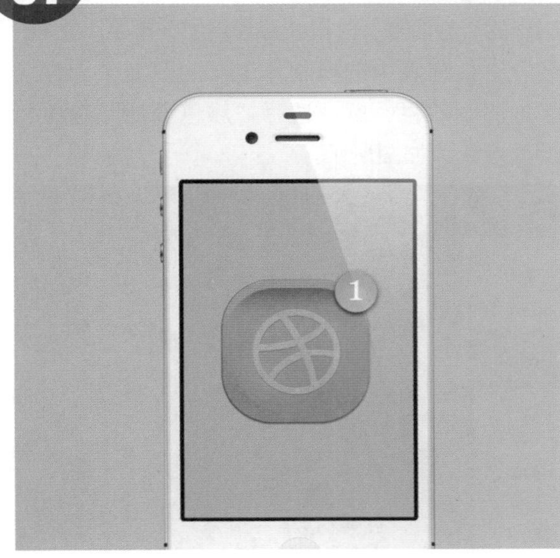

案例综述

在本例中，我们将学会使用图层样式工具、钢笔工具、图层蒙版、圆角矩形工具等制作一个Dribbbleb图标。本例以圆角矩形为基本图形，大量运用了Photoshop内置的图层样式效果，让图标变得有视觉立体感。本例最终效果如图所示。

设计规范

尺寸规范	1200 × 900（像素）
主要工具	圆角矩形工具、图层样式
文件路径	Chapter07/7–1.psd
视频教学	7–1.avi

配色分析

绿色和玫红色给人的印象是生动、激情、浪漫，使人感觉心情愉悦。

操作步骤

01 新建文档　执行“文件 > 新建”命令，或按下快捷键 Ctrl+N，打开“新建”对话框，设置宽度和高度分别为 1200 像素、900 像素、分辨率为 300 像素 / 英寸，完成后单击“确定”按钮，新建一个空白文档，如图所示。

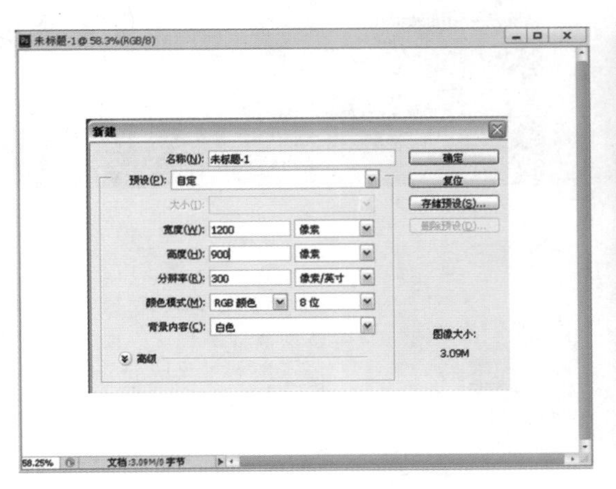

02 填充背景色　单击前景色图标，在弹出的“拾色器（前景色）”对话框中设置参数，改变前景色，按下快捷键 Alt+Delete 为背景填充前景色，在“背景”图层上单击鼠标右键，在弹出的下拉列表中选择“转换为智能滤镜”命令，得到“图层 0”图层，如图所示。

分辨率是指单位长度内包含的像素点的数量，它的单位通常为像素 / 英寸（ppi），如 72ppi 表示每英寸包含 72 个像素点，300ppi 表示每英寸包含 300 个像素点。分辨率决定了位图细节的精细程度，通常情况下，分辨率越高，包含的像素就越多，图像就越清晰。

03 定义图案 打开素材“背景图案.psd”文件，执行“编辑 > 定义图案”命令，弹出“图案名称”对话框，单击“确定”按钮，将打开的背景图案就定义为图案，这一步是便于以后的操作，如图所示。

04 为背景添加图案 现在我们将定义的图案应用于背景中，双击“图层 0”图层，打开“图层样式”对话框，选择“图案叠加”选项，在“图案”下拉列表中选择刚才定义的图案，为背景添加图案效果，然后选择“颜色叠加”选项，设置参数，如图所示。

05 增强背景效果 单击“图层”面板下方新建图层按钮，新建“图层 1”图层，按下快捷键 Alt+Delete，为该图层填充前景色，填充完成后，将该图层的混合模式设置为“叠加”，降低不透明度为 60%，如图所示。

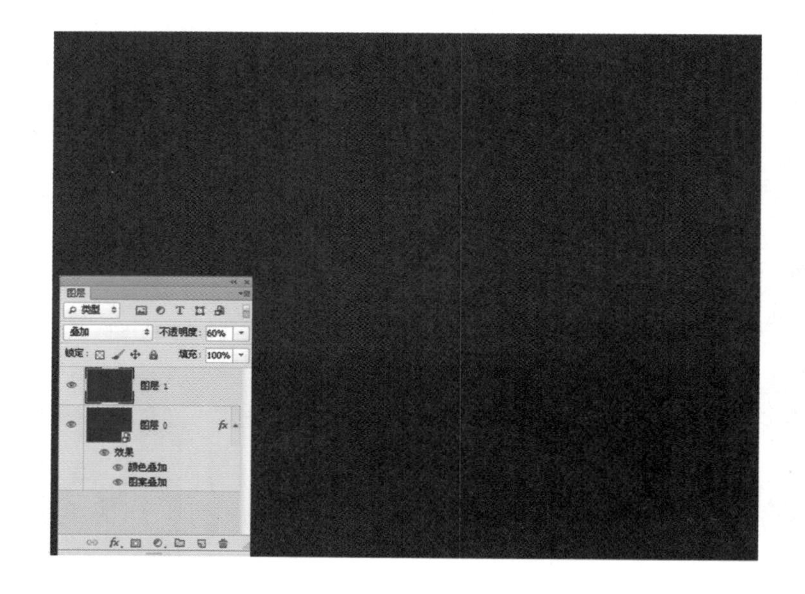

06 新建组 单击“图层”面板下方创建新组按钮，新建组，双击“组 1”名称，为该组重新命名“背景”，如图所示。

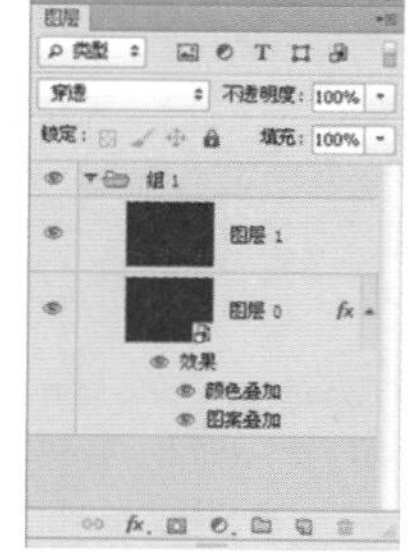

我们创建图层组时，Photoshop 会给它赋予一种特殊的混合模式，即“穿透”模式，它表示图层组没有自己的混合属性。为图层组设置了其他的混合模式以后，Photoshop 就会将图层组内的所有图层视为一幅单独的图像，用所选模式与下面的图像混合。

07 绘制基本形并添加效果 选择工具箱中的圆角矩形工具，绘制圆角矩形，打开“图层样式”对话框，分别对“斜面和浮雕”“渐变叠加”“投影”选项进行参数调节，完成后单击“确定”按钮，如图所示。

1. 半径为 160 像素，填充色 R:255 G:90 B:149。
2. 选择“斜面和浮雕”选项，深度 220%，大小 6 像素，角度 90 度，去掉“使用全局光”的勾，高度 42 度，不透明度 15% 和 27%。
3. 选择“渐变叠加”选项，不透明度 9%。
4. 选择“投影”选项，不透明度 45%、角度 90 度，去掉“使用全局光”勾，距离 3 像素、大小 6 像素。

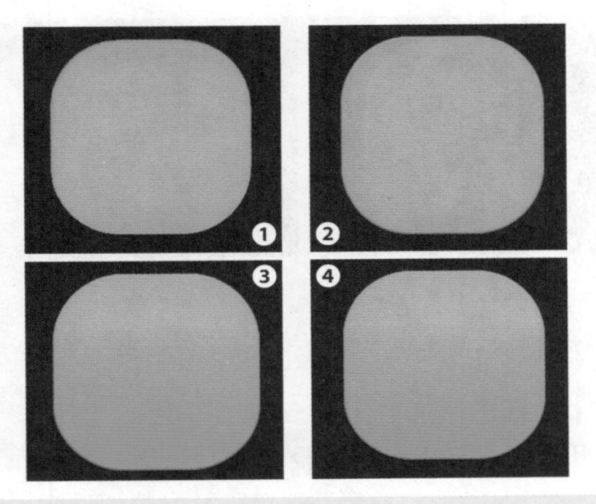

单纯地从图上来看，也许并看不出添加了图层样式效果后的基本形有什么大的变化，但是经过观察，那些细微的变化并不能逃过我们的火眼金睛，当然，不能小看了这次貌似变化不大的图层样式效果，因为细节往往是决定成败的关键。对于眼睛不太亮的读者来说，可以通过 psd 源文件，显示和隐藏图层样式效果来观察基本形的哪些地方发生了细微的变化。

08 绘制高光 单击“图层”面板下方创建新图层按钮，新建“图层 2”图层，选择画笔工具，设置前景色为白色，在图像上单击，绘制高光，为该图层添加图层蒙版，使用黑色画笔工具将部分高光进行隐藏，降低该图层的不透明度为 20%，如图所示。

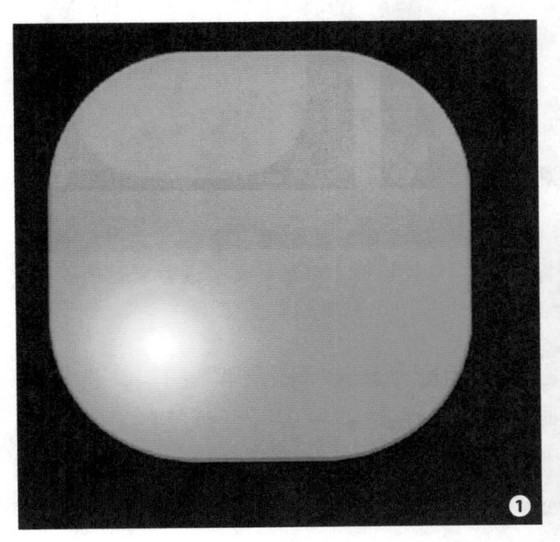

1. 用画笔绘制高光。
2. 使用图层蒙版遮挡部分白光。
3. 使高光变得自然，不突兀。

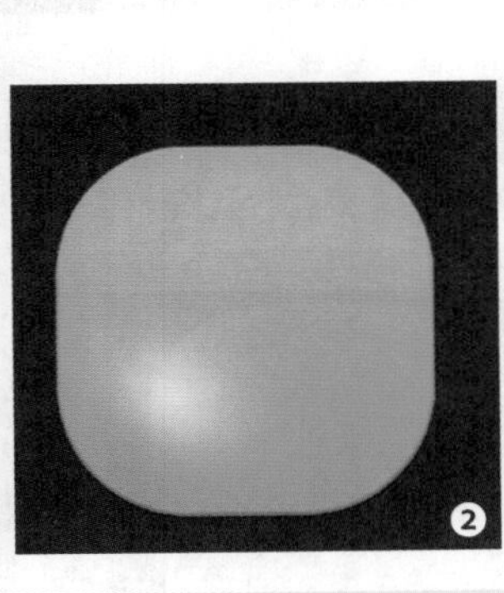

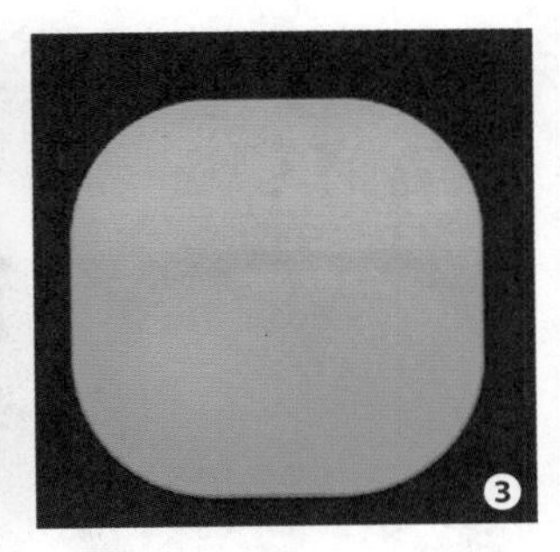

按住键盘上的 { 或 } 键，可将画笔笔头随意地放大或缩小，在绘制的过程中我们先将笔头放大进行单击，然后不断变小进行单击，可形成虚边的效果。

09 表现图标立体效果 选择圆角矩形工具，在图像上拖曳绘制圆角矩形，添加蒙版，使用黑色画笔将多余的图像隐藏，调节该图层的不透明度为50%，使图标看起来更具立体感，如图所示。

1. 绘制颜色为R:119 G:37 B:66的深红色圆角矩形。
2. 添加蒙版，隐藏图像，降低不透明度。

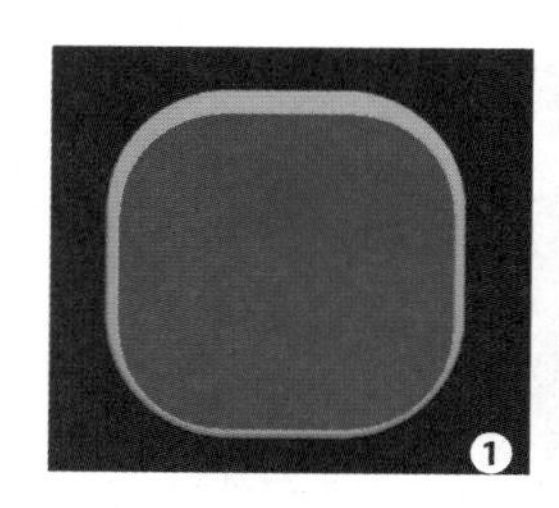

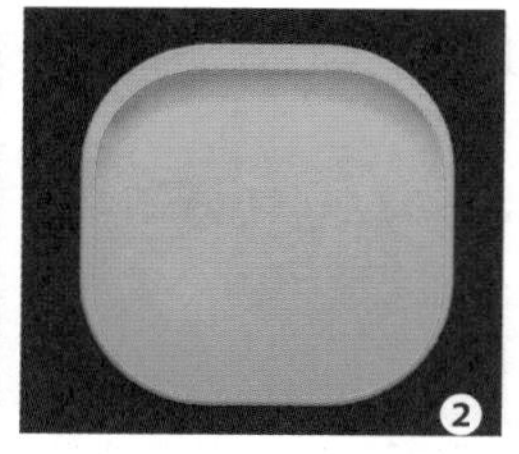

10 绘制图标标志 选择钢笔工具，在图像上绘制标志，按下快捷键Ctrl+Enter，将路径转换为选区，新建“图层3”图层，为选区填充白色，按下快捷键Ctrl+D，取消选区，如图所示。

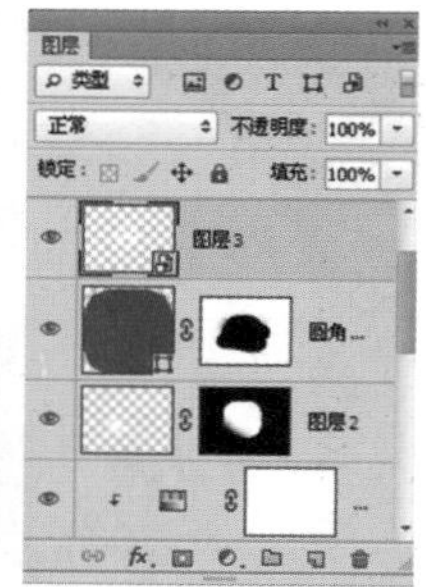

巧妙运用钢笔工具绘制路径：使用钢笔工具时，按住Ctrl键单击路径可以显示锚点，单击锚点则可以选择锚点，按住Ctrl键拖动方向点可以调整方向线，也可以移动锚点位置。

11 为标志添加效果 双击“图层3”图层，打开“图层样式”对话框，分别选择“颜色叠加”“内阴影”“投影”选项进行参数的设置，为标志添加效果，如图所示。

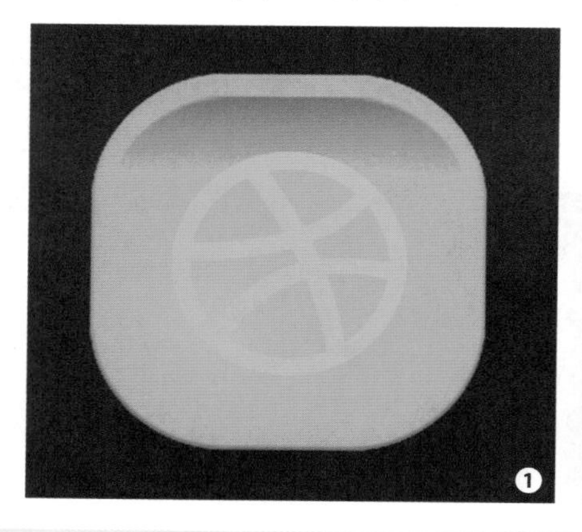

1. 选择“颜色叠加”选项，设置颜色为R:255 G:126 B:172。
2. 选择“内阴影”选项，混合模式为正常，颜色白色，不透明度52%，角度90度，去掉“使用全局光”勾，距离1像素、大小1像素。
3. 选择“投影”选项，不透明度51%，角度90度，去掉“使用全局光”勾，距离1像素、大小1像素。

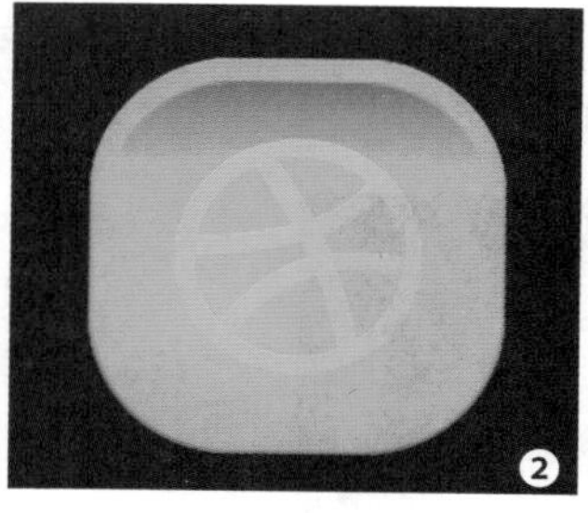

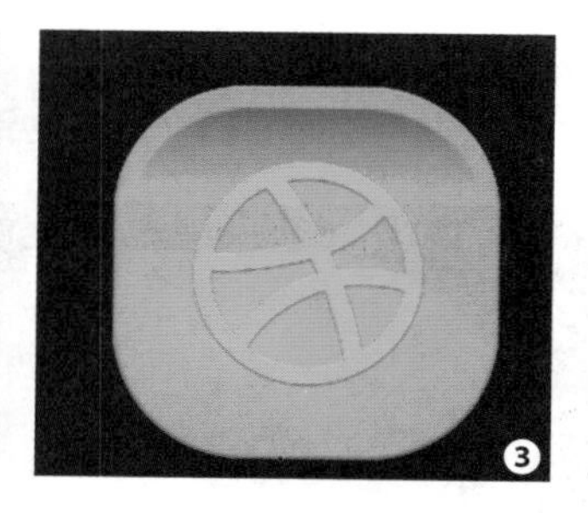

我们可以对添加图层蒙版的前后效果进行对比查看，按住Shift键的同时单击图层蒙版缩览图，即可停用图层蒙版，此时图层蒙版缩览图中会出现红色的叉号标记，在图像中可以看到未添加该蒙版前的图像效果。若需要再次启用图层蒙版，只须在按住Shift键的同时再次单击图层蒙版缩览图即可。

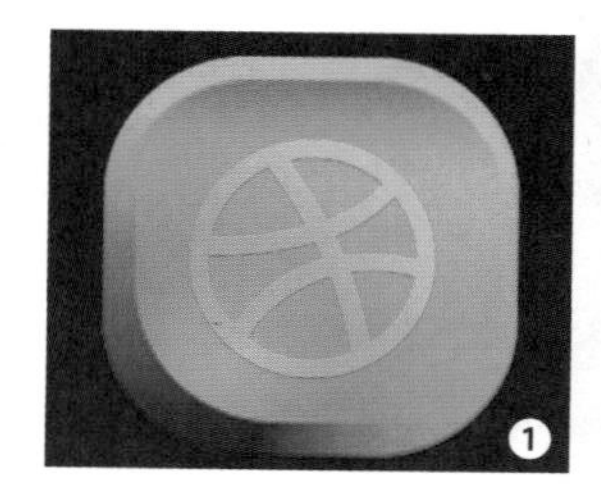

12 添加阴影 新建“图层4”图层，选择黑色画笔工具，在选项栏中降低画笔的不透明度为50%，在图像上绘制阴影，添加蒙版，隐藏部分阴影，如图所示。

1. 用画笔绘制阴影。
2. 添加蒙版，隐藏图像。

"图层"面板中不透明度和"填充"的区别如下。
设置图层不透明度：用来设置当前图层的不透明度，设置呈现透明状态，从而显示出下面图层中的图像内容。
设置填充不透明度：用来设置当前图层的填充不透明度，它与图层不透明度相似，但不会影响图层效果。

13 绘制信息量　选择工具箱中的椭圆工具，设置前景色为白色，按住 Shift 键绘制正圆，打开"图层样式"对话框，分别选择"斜面和浮雕""颜色叠加""渐变叠加""投影"选项设置参数，为正圆添加效果，如图所示。

1. 选择"斜面和浮雕"选项，深度 1%，大小 1 像素，角度 90 度，去掉"使用全局光"的勾，高度 30 度，不透明度 100%。
2. 选择"颜色叠加"选项，设置颜色为绿色，不透明度为 67%。
3. 选择"渐变叠加"选项，设置不透明度为 75%，角度 -90 度，缩放 118%。
4. 选择"投影"选项，不透明度 81%，角度 90 度，去掉"使用全局光"勾，距离 5 像素，大小 21 像素。

14 制作高光　新建"图层 5"图层，选择柔角画笔，设置前景色为白色，在刚才绘制的绿色正圆上进行单击涂抹，绘制高光区域，降低该图层的不透明度为 50%，使高光效果更加自然，如图所示。

1. 使用画笔单击绘制高光区域。
2. 降低不透明度，使效果自然。

15 输入数字并添加效果 选择工具箱中的横排文字工具，在选项栏中选择一个稍胖一点的字体，在绿色正圆上单击并输入数字 1，打开“图层样式”对话框，选择“投影”选项，设置参数，如图所示。

选择“投影”选项，不透明度 46%，角度 90 度，将“使用全局光”的勾去掉，距离 1 像素。

图标展示示意图

实战 02 按钮图标制作

案例综述

在本例中，我们将学会使用图层样式工具、钢笔工具、图层蒙版、圆角矩形工具等制作一个按钮图标。本例以圆角矩形为基本图形，大量运用了 Photoshop 内置的图层样式效果，让图标变得有视觉立体感。本例最终效果如图所示。

设计规范

尺寸规范	1280 × 1024（像素）
主要工具	圆角矩形工具、图层样式
文件路径	Chapter07/7-2.psd
视频教学	7-2.avi

配色分析

黄色给人强有力的视觉冲击，带给人警示的作用。红色给人以热烈、疯狂的感觉。

操作步骤

01 新建文档　执行“文件 > 新建”命令，或按下快捷键 Ctrl+N，打开“新建”对话框，设置宽度和高度分别为 1280 像素、1024 像素，分辨率为 300 像素 / 英寸，完成后单击“确定”按钮，新建一个空白文档，如图所示。

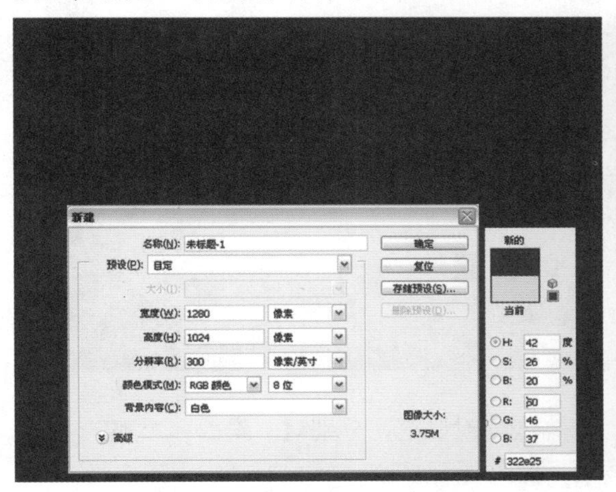

02 绘制基本形　新建“组 1”，选择圆角矩形工具，在图像上方显示圆角矩形工具的选项栏中设置半径为 60 像素，设置填充色 R:13 G:128 B:136，在画布上拖曳并绘制圆角矩形，如图所示。

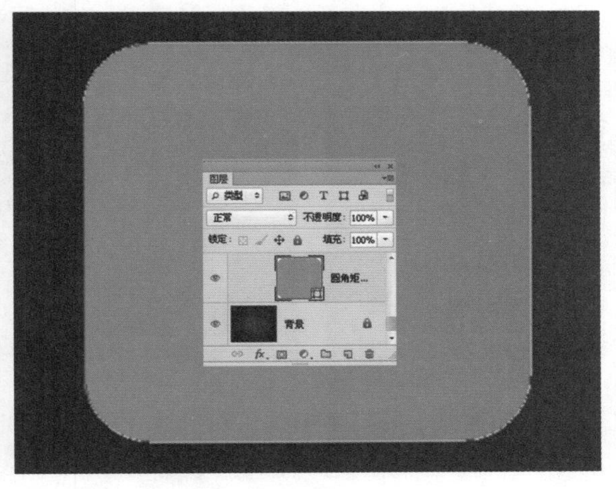

03 增强图标厚重感　想要制作出图标的厚重感，必须不断对基本形进行复制，从而给人视觉上的冲击，现在我们将基本形状复制 4 次，分别将其改变为不同的颜色，然后再稍微向上移动位置，使露出来的地方均匀展示，如图所示。

1. 颜色设置为 R:255 G:154 B:13。
2. 颜色设置为 R:130 G:164 B:33。
3. 颜色设置为 R:138 G:64 B:92。
4. 颜色设置为 R:242 G:230 B:19。

当读者做到这一步的时候，可能会有一些困惑，就是该怎样来改变复制后图层的颜色呢？别急，马上会给你答案，看看自己的“图层”面板，每个形状图层缩略图的右下角会有这样的一个按钮，双击该按钮，可打开一个“拾色器（纯色）”对话框，设置相应的参数后，就会改变形状的颜色了。

04 添加阴影

将最上层黄色的圆角矩形进行隐藏，使用同样的方法添加黑色的圆角矩形，为该图层添加蒙版，使用黑色画笔将多余的部分隐藏，改变该图层的不透明度为70%，如图所示。

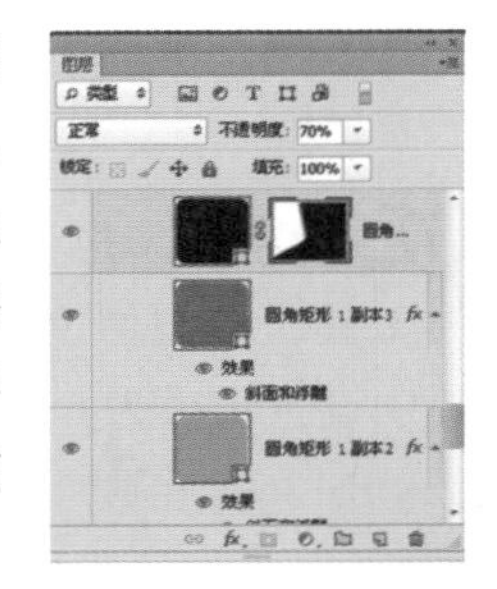

黑色颜色设置为 R:0 G:0 B:0。

05 使图标展示折叠效果

将黄色圆角矩形显示出来，按下快捷键 Ctrl+T，在控制框内单击鼠标右键，选择“变形”命令，选择右下角的节点，向上推动，可形成折叠效果，如图所示。

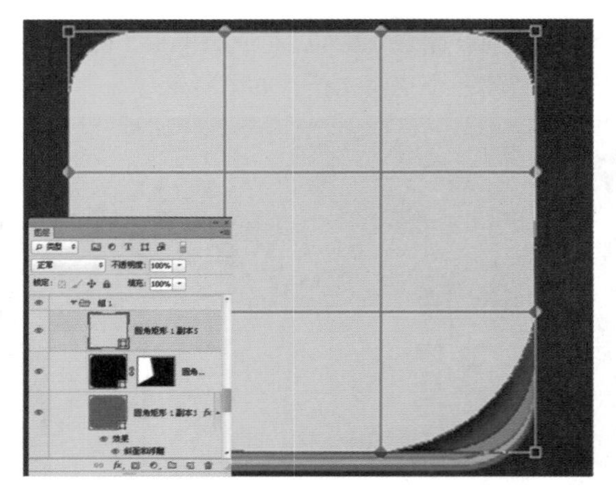

06 添加效果

打开黄色圆角矩形所在图层的“图层样式”对话框，分别对“斜面和浮雕”“内阴影”“渐变叠加”选项进行参数的设置，添加效果，如图所示。

1. 选择“斜面和浮雕”选项，设置角度 90 度，将“使用全局光”勾去掉，高度 64 度。
2. 选择“内阴影”选项，颜色设置为 R:242 G:218 B:11，距离 16 像素、阻塞 30%，大小 120 像素。
3. 选择“渐变叠加”选项，设置渐变条、角度 125 度、缩放 65%，从左到右的颜色值 R:255 G:255 B:41、R:232 G:218 B:6、R:242 G:228 B:11。

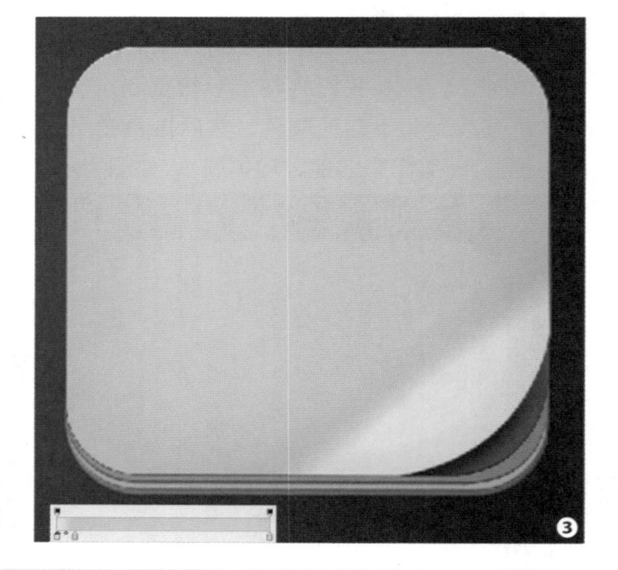

添加“图层样式”有三种方法。

1. 利用菜单命令打开，执行“图层 > 图层样式”命令，可以弹出“图层样式”对话框。

2. 利用“图层”面板按钮打开，在“图层”面板中单击 fx. 按钮，在弹出的菜单中选择一个效果命令，可以打开“图层样式”对话框，进入到相应效果的设置面板。

3. 利用鼠标打开，在“图层”面板中双击要添加效果的图层，可以打开“图层样式”对话框。

07 绘制阴影　选择“背景”图层，新建“图层 1”图层，设置前景色为黑色，使用画笔工具，按住 Shift 键在图像底部绘制直线，为该图层添加蒙版，使用画笔工具在直线两端的位置单击，将其隐藏，完成阴影效果，如图所示。

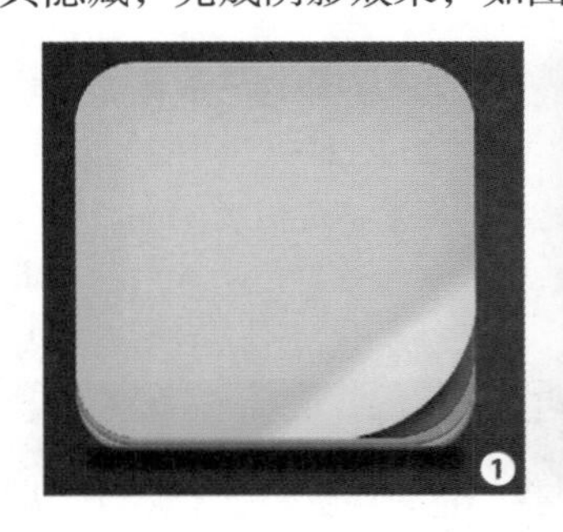

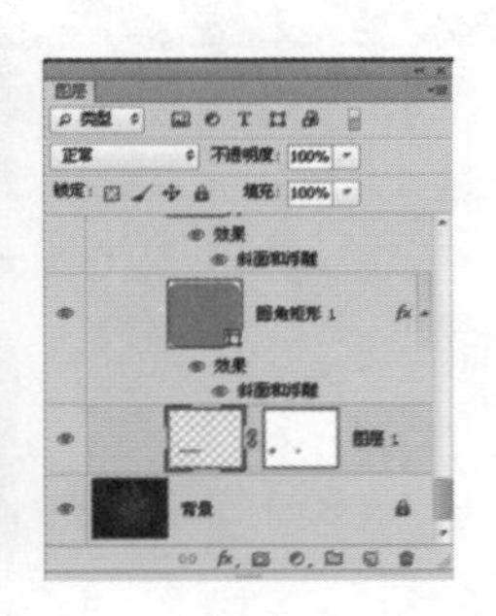

1. 绘制阴影直线。
2. 擦除多余阴影。

图层蒙版的原理：蒙版中的纯白色区域可以遮盖下面图层中的内容，只显示当前图层中的图像；蒙版中的纯黑色区域可以遮盖当前图层功能中的图像，显示出下面图层中的内容；蒙版中的灰色区域会根据其灰度值使当前图层中的图像呈现出不同层次的透明度效果。

08 制作按钮底部　新建“组 2”，选择椭圆工具，在选项栏中选择“形状”选项，按住 Shift 键在图像上绘制正圆，打开“图层样式”对话框，分别对“渐变叠加”“斜面和浮雕”“投影”选项设置参数，如图所示。

1. 颜色设置为 R:0 G:120 B:255。
2. 选择“渐变叠加”选项，设置渐变条从左到右的参数值为 R:164 G:4 B:15、R:255 G:6 B:41。
3. 选择“斜面和浮雕”选项，深度 154%、大小 5 像素、软化 3 像素、角度 143 度，将“使用全局光”勾去掉，高度 64 度。
4. 选择“投影”选项，不透明度 32%、距离 13 像素、扩展 15%、大小 13 像素。

椭圆工具的多种用法：使用椭圆选框工具时，按住 Shift 键，可以绘制一个正圆；按住 Alt 键，会以单击点为中心向外创建选区；按住快捷键 Shift+Alt，会以单击点为中心向外创建圆形。

09 制作按钮厚度 选择钢笔工具，在选项栏中选择“形状”选项，绘制形状，打开该图层“图层样式”对话框，分别对“渐变叠加”“内阴影”选项进行参数设置，如图所示。

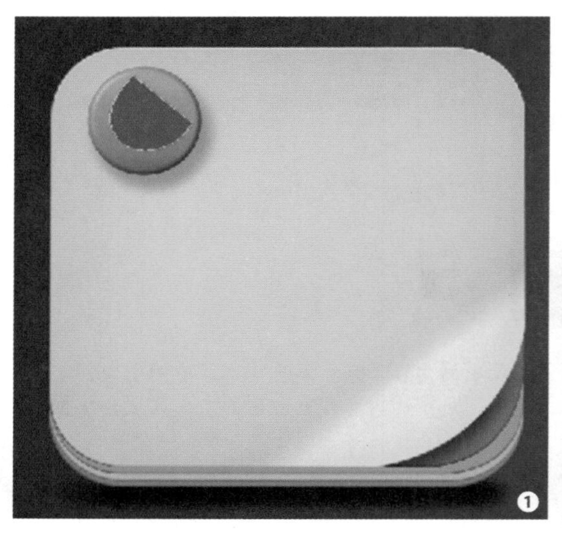

1. 用钢笔工具绘制形状。
2. 选择“渐变叠加”选项，设置渐变条从左到右颜色值 R:140 G:13 B:22、R:255 G:6 B:32。
3. 选择“内阴影”选项，设置不透明度 41%，距离 5 像素、大小 5 像素。

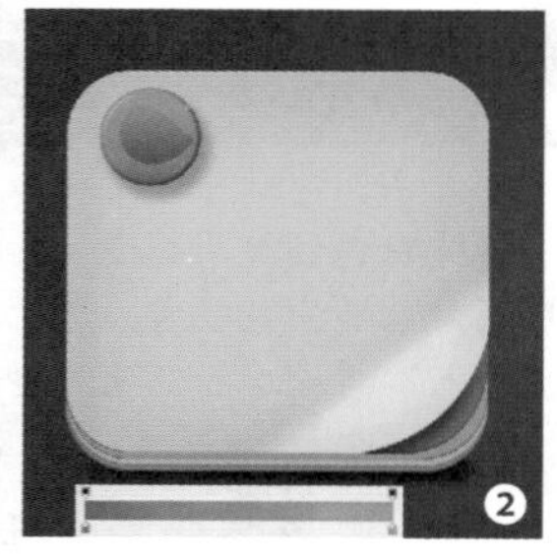

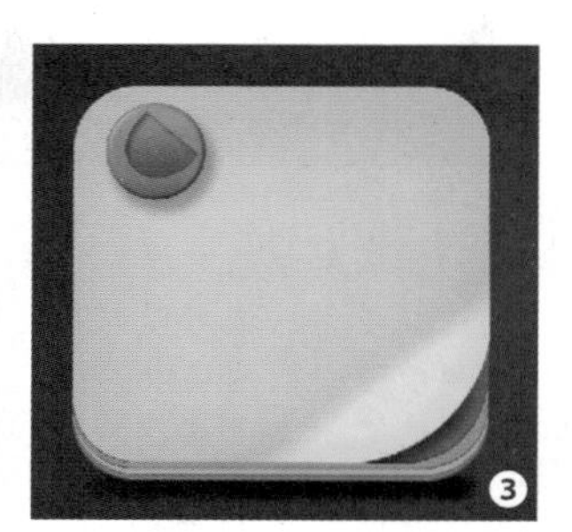

10 表现按钮强烈的立体感 选择椭圆工具，按住 Shift 键绘制正圆，为其添加“斜面和浮雕”效果，复制椭圆图层，改变其混合模式，使用图层蒙版涂抹，使按钮更具真实感，如图所示。

1. 颜色设置为 R:232 G:33 B:37。
2. 选择“斜面和浮雕”选项，设置角度 135 度、去掉“使用全局光”勾，高度 59 度。
3. 复制刚才绘制的正圆，改变图层混合模式为“线性减淡”。
4. 使用蒙版涂抹，让按钮表现高低起伏的质感。

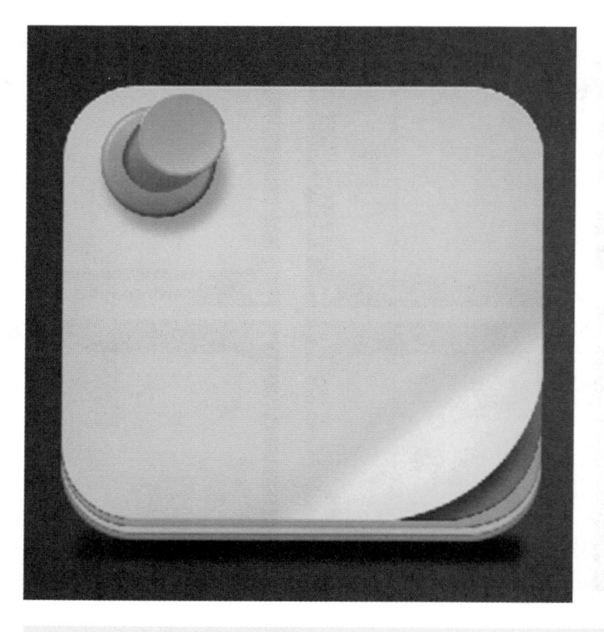

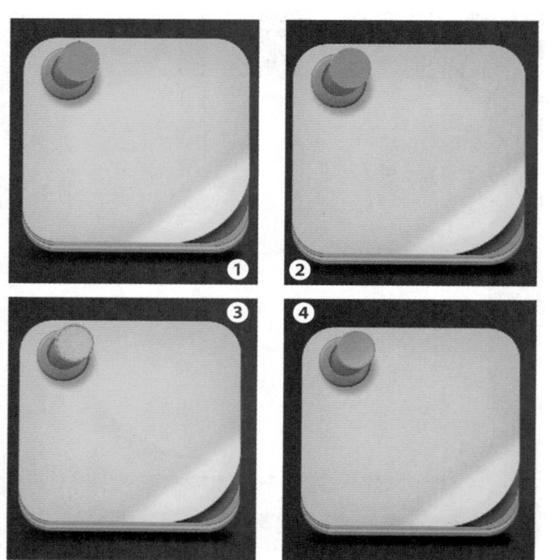

利用“图层”面板复制图层组：在同一个文件中复制图层时，可以利用“图层”面板中的按钮来实现此操作，具体方法是：选择要复制的图层组，然后将其拖曳到“图层”面板下方的创建新图层按钮上，释放鼠标即可对其进行复制。

11 复制“组 1”　在选择栏中勾选“自动选择”选项下的“组”，选择“组 1”，按住 Alt 键的同时移动该组，可对其进行复制，得到“组 1 副本”图层，如图所示。

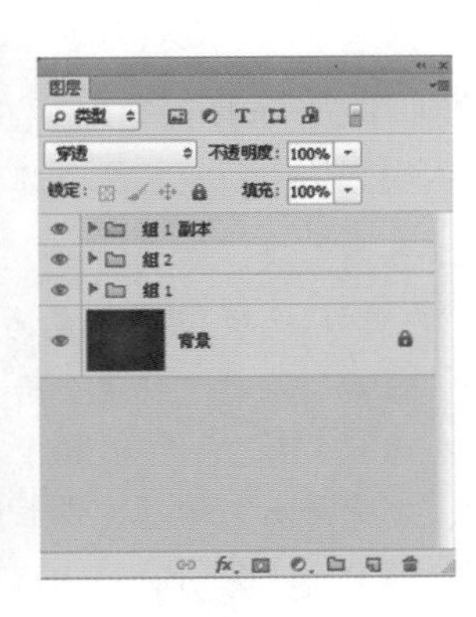

12 绘制形状　选择工具箱中的钢笔工具，在图像上显示钢笔工具的选项中选择“路径”选项，在图像上绘制出轮廓，将形成闭合的线段，如图所示。

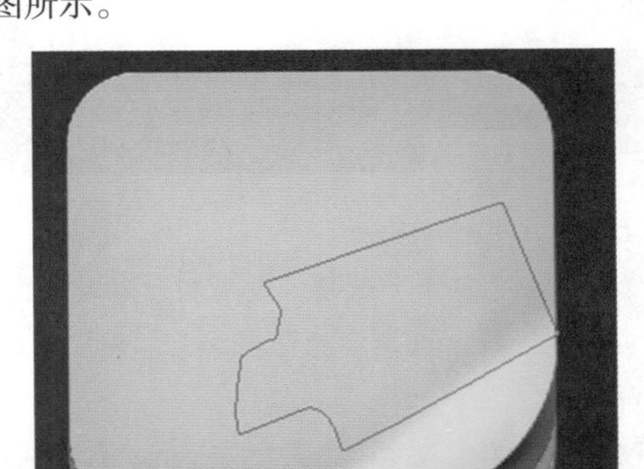

13 羽化选区　按下快捷键 Ctrl+Enter，将路径转换为选区，执行“选择 > 修改 > 羽化”命令，在弹出的对话框中设置羽化半径，单击“确定”按钮，如图所示。

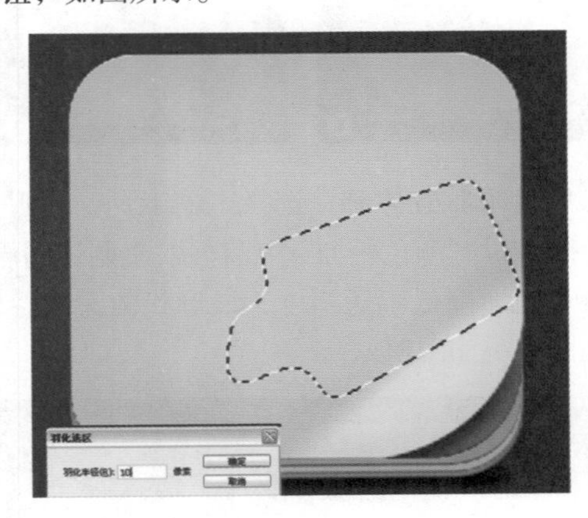

14 绘制阴影　新建“图层 2”图层，将前景色设置为黑色，按下快捷键 Alt+Delete 为选区填充黑色，为该图层添加图层蒙版，选择画笔工具，在图像上进行涂抹，将多余图像隐藏，降低该图层的不透明度为 20%，如图所示。

1. 选区填充黑色。
2. 蒙版进行涂抹。
3. 降低不透明度 20%。

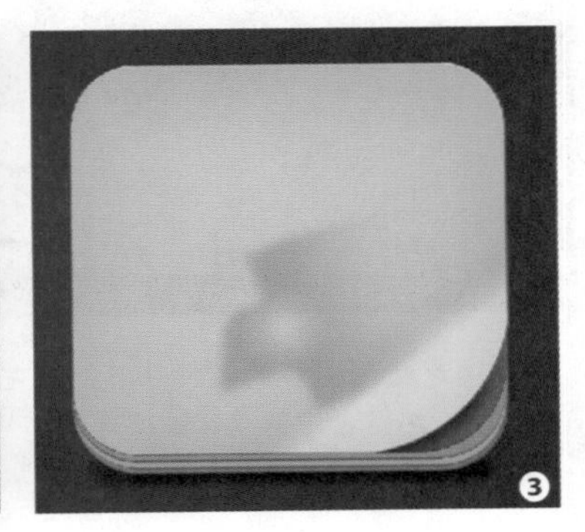

正确设置羽化值：如果选区较小而羽化半径设置得较大，就会弹出羽化警告，单击“确定”按钮，表示确认当前设置的羽化半径，这时选区会变得非常模糊，以致于在画面中看不到，但选区仍然存在。如果不想出现该警告，应减小羽化半径或增大选区的范围。

15 绘制阴影 选择钢笔工具，在选项栏中选择“形状”选项，绘制形状，打开“图层样式”对话框，选择“内阴影”“渐变叠加”选项，设置参数，单击“确定”按钮，为该形状添加效果，如图所示。

1. 用钢笔绘制形状。
2. 选择“内阴影”选项，设置颜色为R:153 G:1 B:19，角度 -55 度，去掉“使用全局光”勾，距离 31 像素、阻塞 8%、大小 46 像素。
3. 选择“渐变叠加”选项，设置渐变条从左到右的颜色值 R:164 G:4 B:15、R:255 G:6 B:41。

16 绘制形状立体感 选择工笔工具，勾画形状轮廓，添加“颜色叠加”图层样式，复制该图层，改变颜色，降低不透明度，该形状的大致轮廓就形成了，如图所示。

1. 用钢笔工具绘制轮廓。
2. 选择“颜色叠加”选项，设置颜色为黑色。
3. 复制该形状，选择“颜色叠加”，设置颜色为白色。
4. 降低不透明度为 25%。

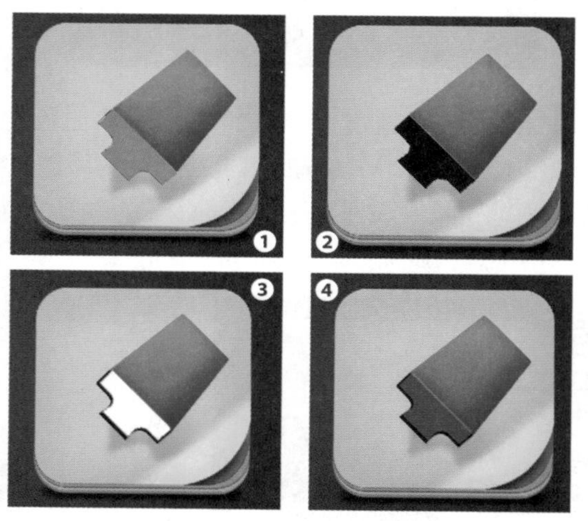

快速修改图层的不透明度：除了手动输入不透明值和调整不透明度的滑块之外，还可快速修改图层的不透明度：按键盘中的数字键即可快速修改图层的不透明度。例如，按下“5”，不透明度会变为 50%；按下“0”，不透明度会变为 100%。

17 绘制阴影

选择钢笔工具，在选项栏中选择“形状”选项，绘制形状，打开“图层样式”对话框，选择“内阴影”“渐变叠加”选项，设置参数，单击“确定”按钮，为该形状添加效果，如图所示。

1. 用钢笔绘制形状。
2. 选择“渐变叠加”选项，设置渐变条从左到右的颜色值 R:160 G:17 B:47、R:245 G:27B:92。
3. 选择“斜面和浮雕”选项，设置深度 307%、大小 5 像素、软化 5 像素、角度 78 度，去掉“使用全局光”勾，高度 16 度、不透明度为 0%、阴影模式正常、颜色 R:229 G:8 B:67、不透明度 97%。

18 绘制亮部高光

选择钢笔工具，在图像上绘制形状，选择“形状 5”图层，降低“形状 5”图层的不透明度参数，使高光看起来更加自然，如图所示。

1. 用钢笔绘制亮部高光。
2. 降低不透明度。

19 绘制暗部高光

选择钢笔工具，在图像上绘制形状，选择“形状 6”图层，打开“图层样式”对话框，选择“渐变叠加”选项，设置参数，为高光添加渐变效果，如图所示。

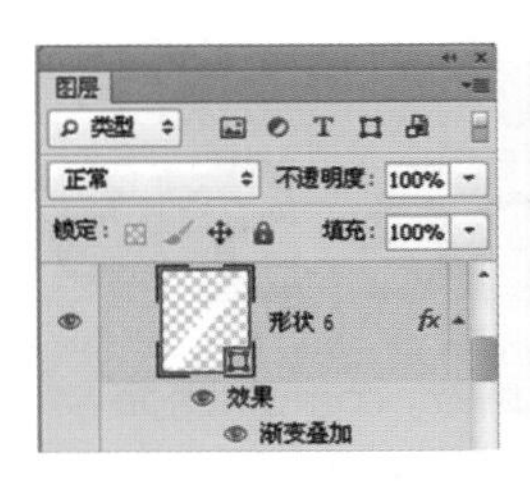

1. 用钢笔绘制暗部高光。
2. 选择“渐变叠加”选项，设置渐变条从左到右的颜色值 R:226 G:75 B:108、R:251 G:32 B:91。

20 绘制阴影和圆圈

选择钢笔工具，设置填充色为黑色，在图像上绘制形状，作为阴影效果，选择画笔工具，绘制圆圈，填充红色，如图所示。

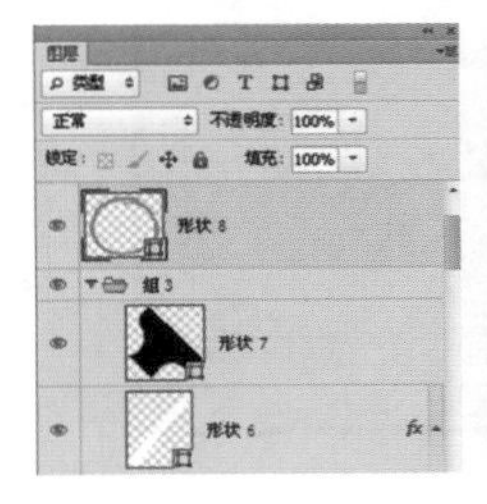

1. 用钢笔绘制阴影。
2. 用画笔画圆圈。

21 输入数字 选择工具箱中的横排文字工具，在图像上输入文字，将文字选中，打开“字符”面板，设置文字的属性，如图所示。

在制作的过程中，常常需要将其他图层进行隐藏来观看画面的效果，这里我们学习一个小技巧：如何快速隐藏其他图层。按住 Alt 键单击一个图层的眼睛图标，可以将该图层外的其他所有图层都隐藏；按住 Alt 键再次单击同一眼睛的图标，可恢复其他图层的可见性。

22 完成效果 将文字添加完成后，按钮图标效果也制作完成了。

图标展示示意图

iPhone 5 S

Template includes every combination of:

5 | 5S　White | Black　Portrait | Landscape | Angled

Chrome 图标制作

案例综述

在本例中，我们将学会使用剪贴蒙版将 Chrome 图标素材嵌入到圆角矩形基本形中，使用图层样式为图标添加立体感。

设计规范

尺寸规范	600 × 400（像素）
主要工具	圆角矩形工具、图层样式
文件路径	Chapter07/7-3.psd
视频教学	7-3.avi

配色分析

红绿黄蓝四色搭配，让人想到了调皮的心理暗示。这种色彩搭配通常应用于活泼丰富的 App 应用中。

操作步骤

01 新建文档　执行“文件 > 新建”命令，或按下快捷键 Ctrl+N，打开“新建”对话框，设置宽度和高度分别为 600 像素、400 像素，分辨率为 72 像素 / 英寸，完成后单击“确定”按钮，新建一个空白文档，将“背景”图层进行解锁，转换为普通图层。

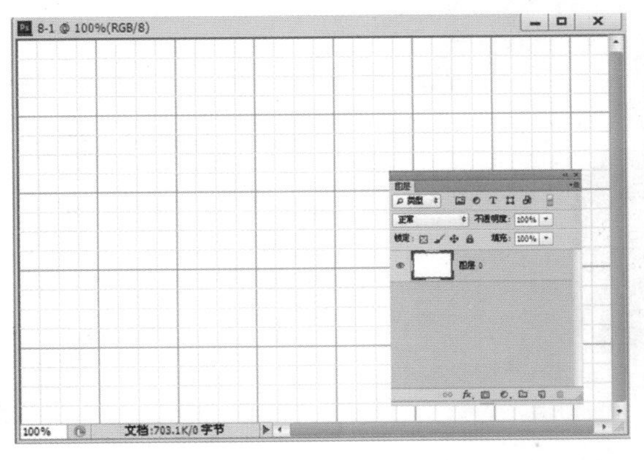

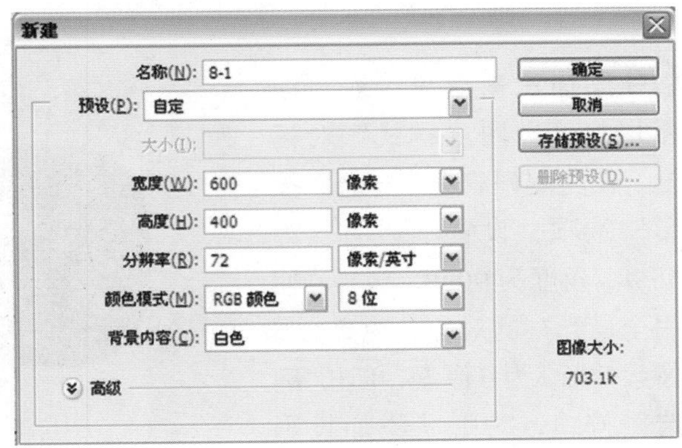

因为我们在上一章制作平面图标的时候，将“网格”命令显示出来，因此，再次重新新建文档，网格会自动出现，若是想隐藏网格，可以执行“视图 > 网格”命令。

02 为背景添加图案 单击“图层”面板下方添加图层样式按钮fx.，在弹出的下拉列表中选择“图案叠加”选项，即可打开“图层样式”对话框，设置图案，单击“确定”按钮，为背景添加图案。

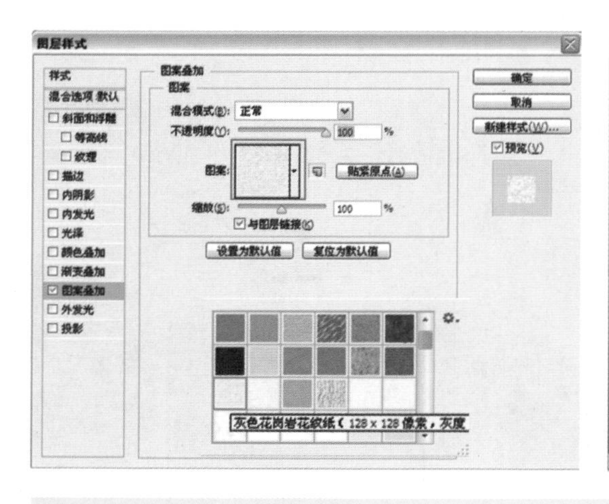

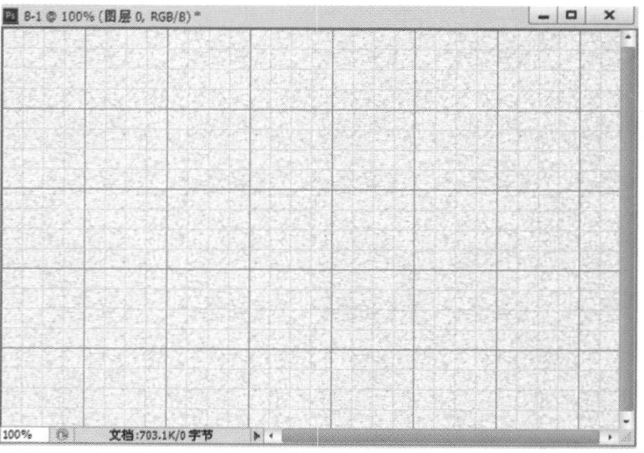

“图案叠加”样式，可以将当前图案创建为新的预设，新图案会保存在“图案”下拉面板中，还可以自定义图案，将其载入到图层样式中，从而可以进行应用。

03 绘制基本形 选择“圆角矩形工具”，在选项栏中设置半径为 80 像素，在网格上绘制 12 × 12 个小方格为基准的圆角矩形。

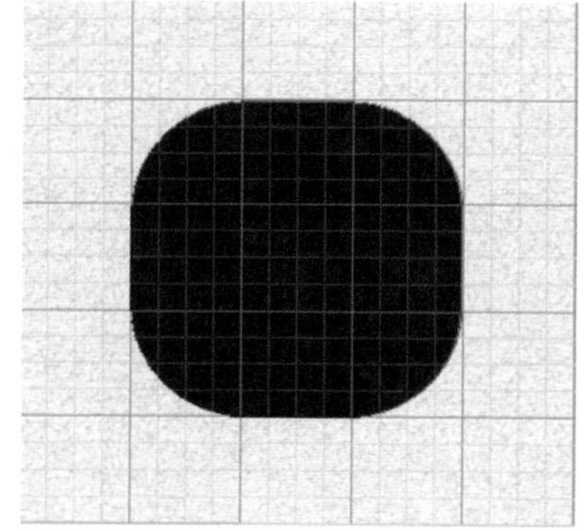

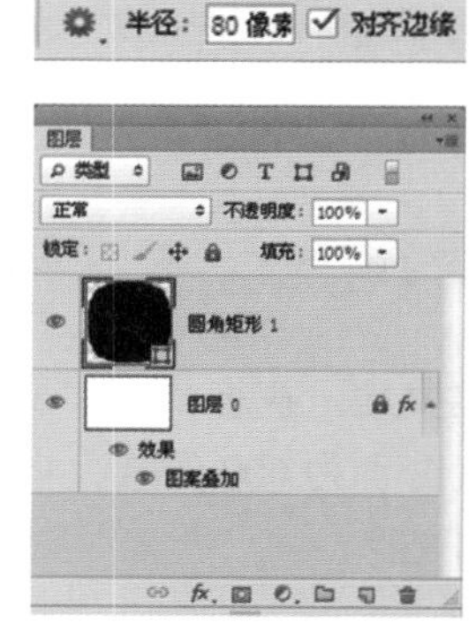

04 添加投影效果 双击该图层打开“图层样式”对话框，在左侧列表框中选择“投影”选项，设置不透明度为 45%，角度为 90 度，去掉“使用全局光”的对勾，距离为 3 像素、大小为 6 像素，单击“确定”按钮，为形状添加投影效果。

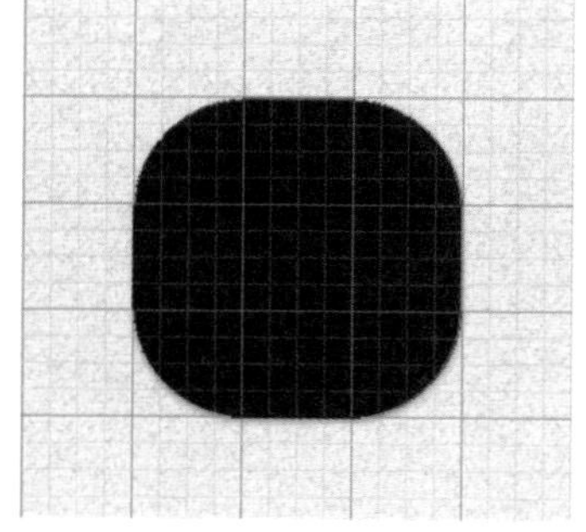

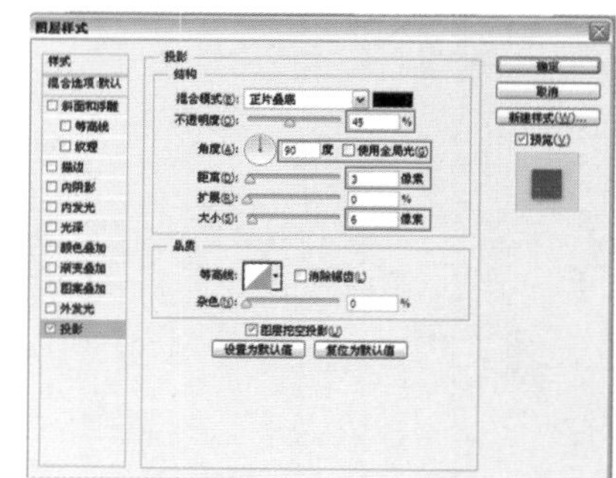

05 添加标志　打开素材文件，将素材文件拖动到当前绘制的文档中，改变位置，使其将圆角矩形全部遮盖，单击右键选择“转换为智能对象”命令，按住 Ctrl 键的同时单击“圆角矩形　1”图层的图层缩览图，选择该图层的选区，单击“图层”面板下方创建图层蒙版按钮，即可将素材遮挡到圆角矩形中。

1. 调出选区。
2. 添加图层蒙版，遮挡多余图像。

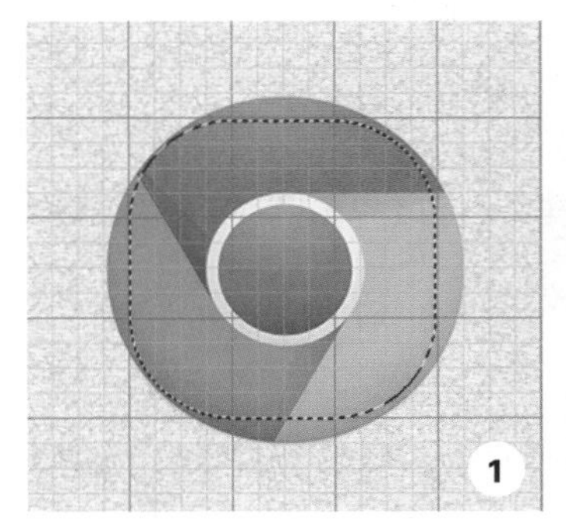

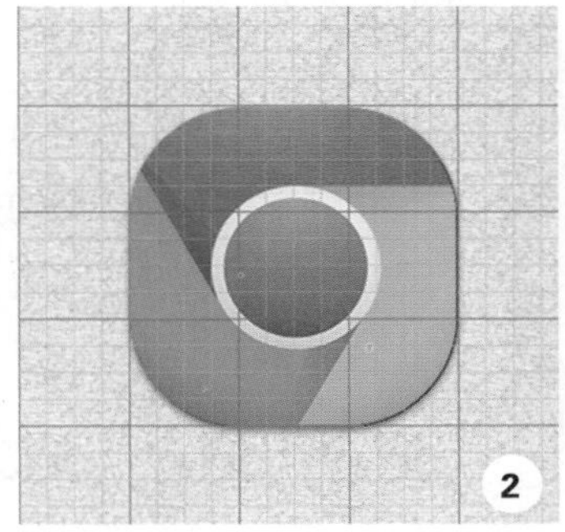

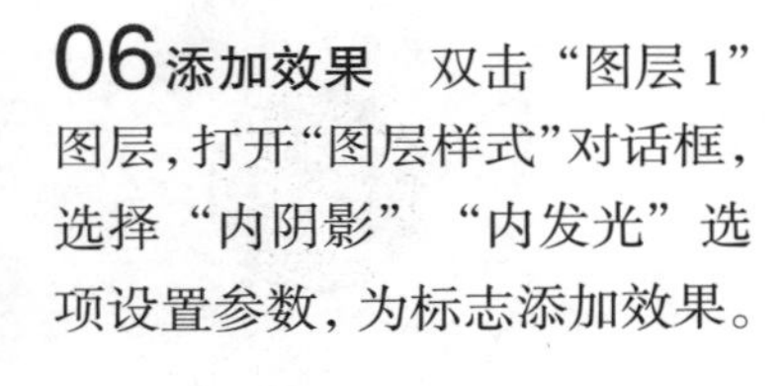

06 添加效果　双击“图层 1”图层，打开“图层样式”对话框，选择“内阴影”“内发光”选项设置参数，为标志添加效果。

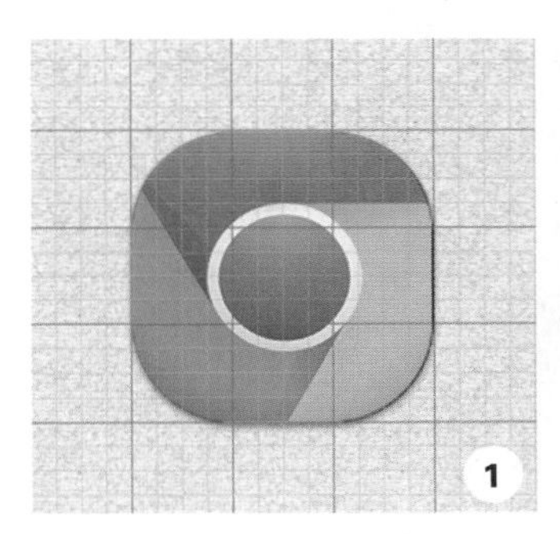

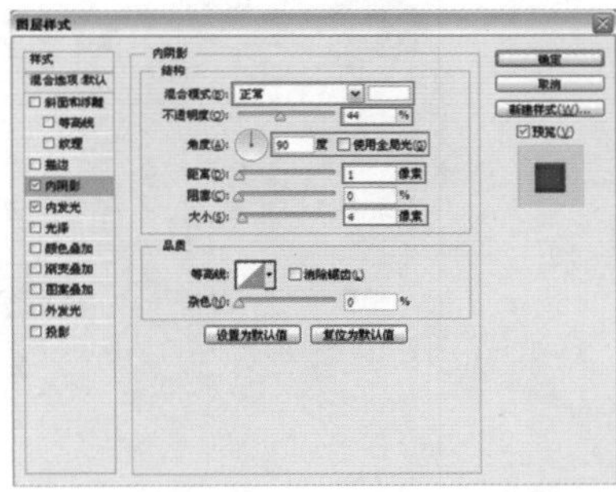

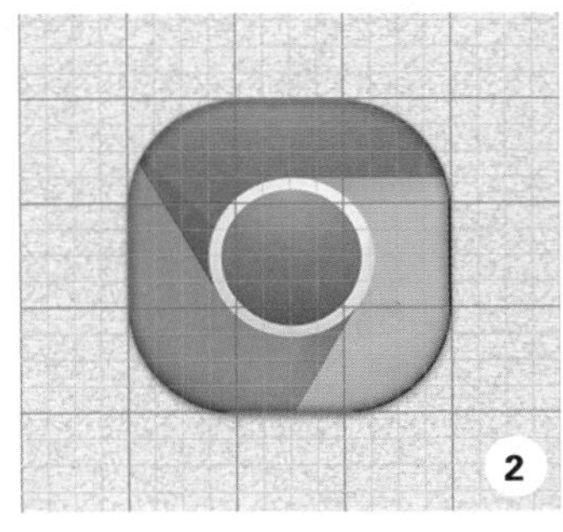

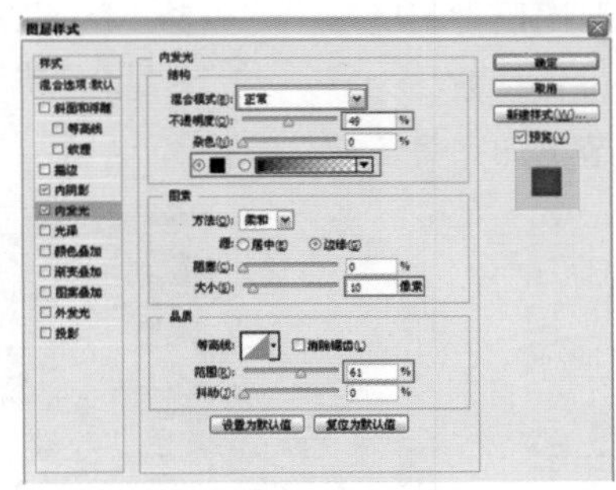

1. 选择“内阴影”选项，混合模式正常、颜色白色、不透明度 44%、角度 90 度，去掉“使用全局光”对勾，距离 1 像素、大小 4 像素。
2. 选择“内发光”选项，混合模式正常、不透明度 49%、颜色黑色、大小 10 像素、范围 61%。

07 绘制高光　新建“图层”图层，选择“画笔工具”，设置前景色为白色，在图标中央的位置进行涂抹，绘制高光，为该图层添加图层蒙版，使用黑色画笔进行涂抹，将多余的白色区域擦掉，最后降低该图层的不透明度为 70%。

1. 绘制高光。
2. 添加图层蒙版，遮挡多余图像。
3. 降低不透明度。

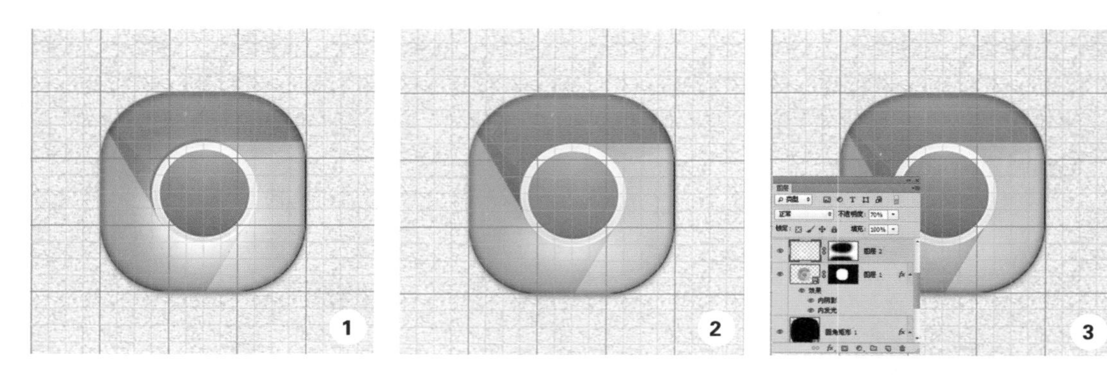

08 新建椭圆 选择“椭圆工具”，按住 Shift 键在图像上绘制正圆，将该“椭圆 1”图层的填充降低为 0%。

1. 调整正圆大小。
2. 降低填充为 0%。

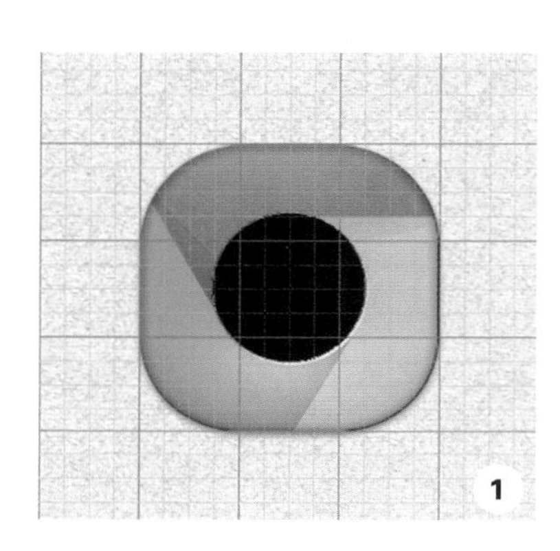

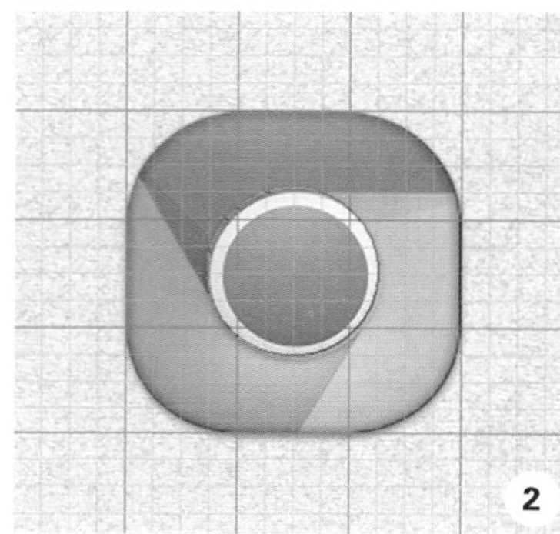

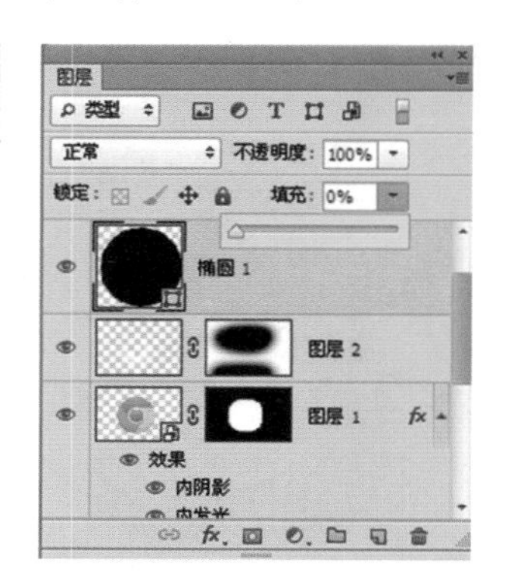

09 添加投影效果 打开“椭圆 1”图层“图层样式”对话框，选择“投影”选项设置参数，为标志内部添加投影效果，使图标细节更加完美。

选择“投影”选项，不透明度 44%、角度 90 度，去掉“使用全局光”对勾，距离 3 像素、大小 7 像素。

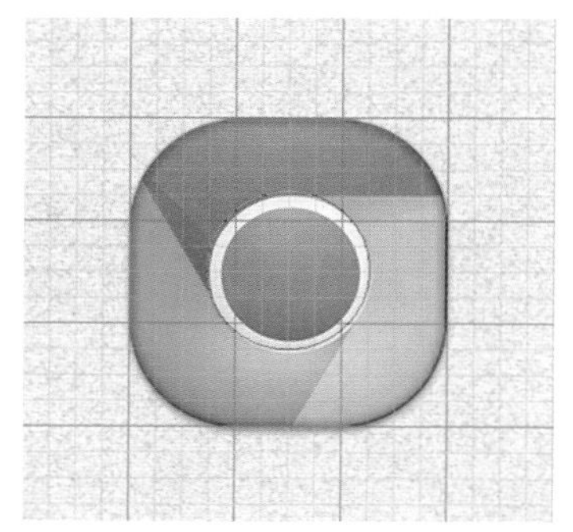

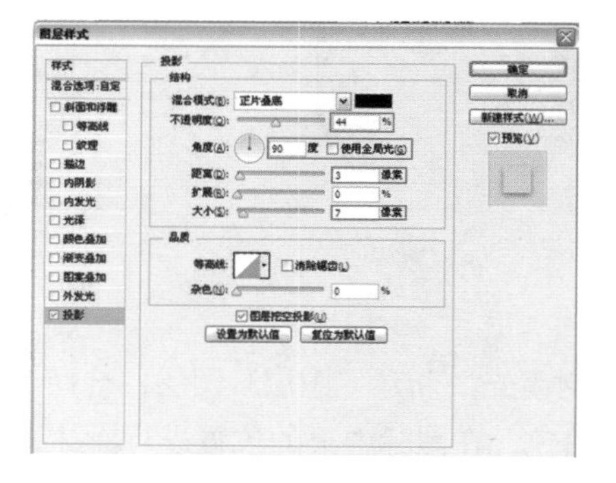

在“图层样式”对话框中，单击一个效果的名称，可以选中该效果，对话框的右侧会显示与之对应的选项，如果单击效果名称前面的复选框，则可以应用该效果，但不会显示效果选项。

10 表现立体感　将“圆角矩形　1”图层进行复制，得到“圆角矩形　1　副本”图层，将复制后的图层移动到“图层”的上方，按住快捷键 Alt+Shift 将圆角矩形等比例缩小，为其添加图层蒙版，使用画笔进行涂抹，隐藏多余图像，调整不透明度为 50%，完成效果。

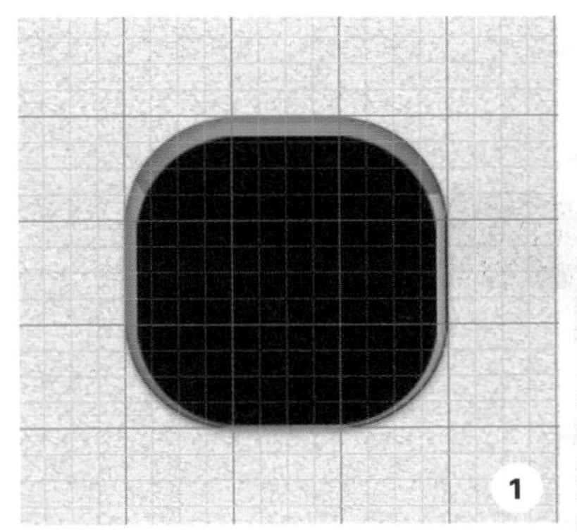

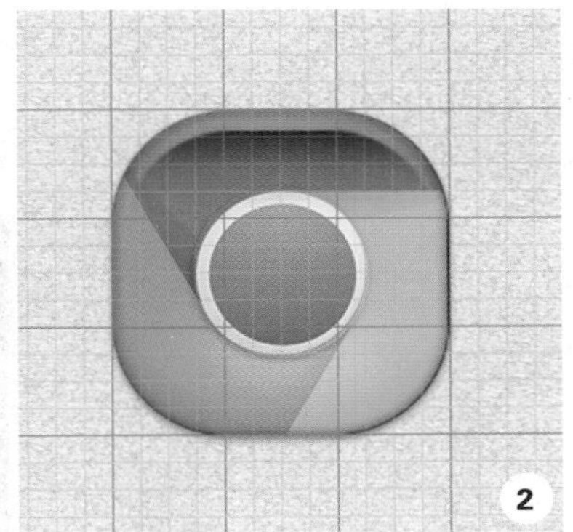

1. 调整复制后圆角矩形大小。
2. 使用蒙版隐藏多余图像。
3. 降低不透明度参数。

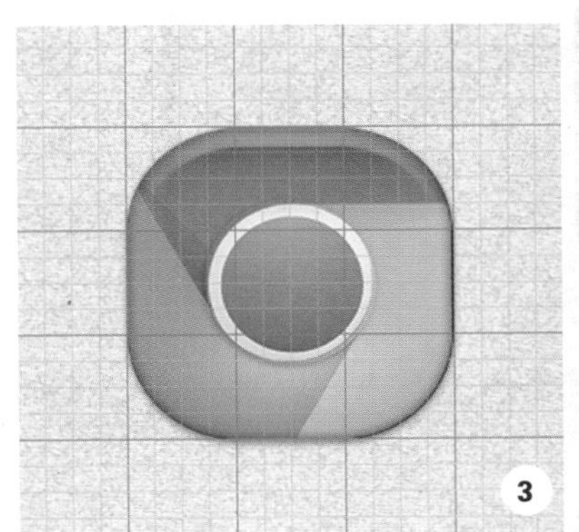

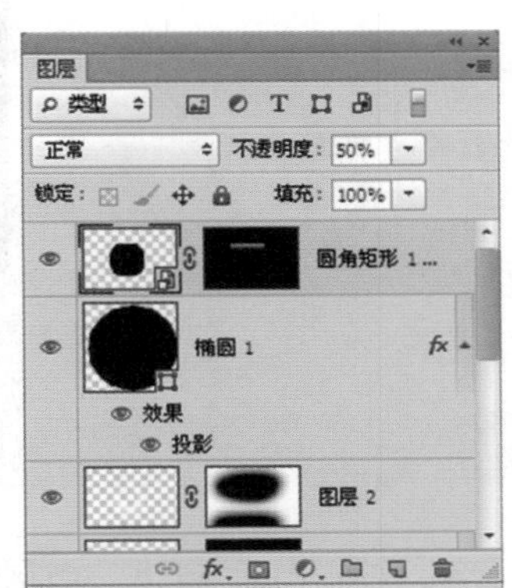

在“图层样式”对话框中为图层添加了一种或多种效果以后，可以将该样式保存到“样式”面板中，以方便以后使用。如果要将效果创建为样式，可以将添加效果的图层选中，单击打开“样式”面板中的创建新样式按钮，在打开的对话框中设置选项并单击“确定”按钮即可创建样式。

图标展示示意图

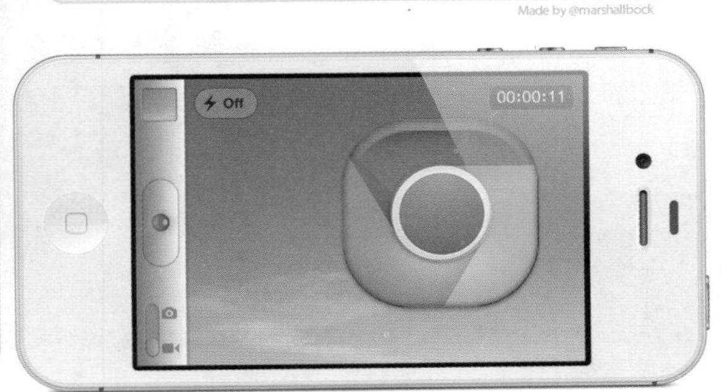

实战 04 twieer 图标制作

案例综述

在本例中，圆角矩形工具绘制基本形，使用图层样式为图标效果，使其表现出强有力的视觉立体感，使用钢笔工具制作飞鸽，完成图标的制作。

设计规范

尺寸规范	600 ×400（像素）
主要工具	圆角矩形工具、图层样式
文件路径	Chapter07/7-4.psd
视频教学	7-4.avi

配色分析

蓝色是天空的色彩，给人空旷、清澈的感觉，白色的飞鸽在蔚蓝的天空飞翔，给人以清新、宽阔的视野。

操作步骤

01 新建文档 执行“文件 > 新建”命令，在弹出的“新建”对话框中设置，宽度和高度为 600 像素、400 像素，分辨率为 72 像素 / 英寸，单击“确定”按钮，新建一个空白文档，将“背景”图层进行解锁，转换为“图层 0”图层，单击“图层”面板下方添加图层样式按钮fx，在弹出的下拉列表中选择“图案叠加”选项，即可打开“图层样式”对话框，设置图案，单击“确定”按钮，为背景添加图案。

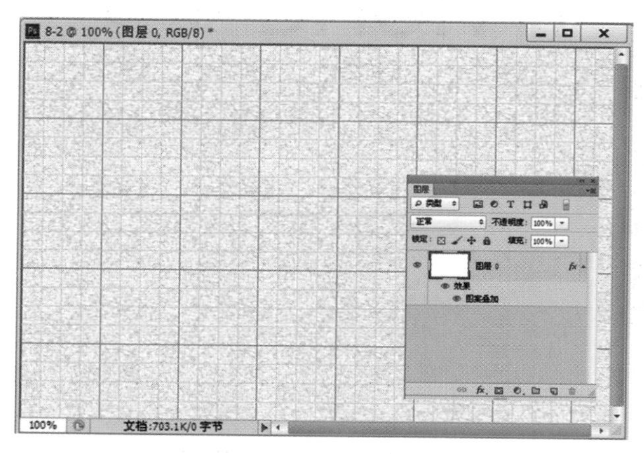

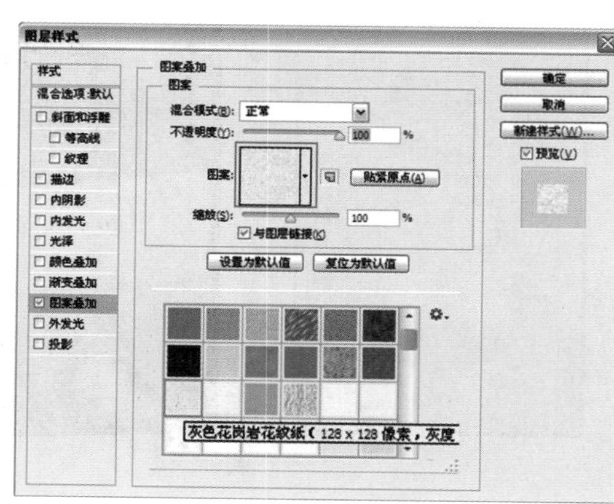

02 绘制基本形　选择“圆角矩形工具”，在选项栏中设置半径为 80 像素，在网格上绘制 12×12 个小方格为基准的圆角矩形，打开该图层的“图层样式”对话框，在左侧列表中分别选择“渐变叠加”“描边”“投影”选项，设置参数，为圆角矩形添加效果。

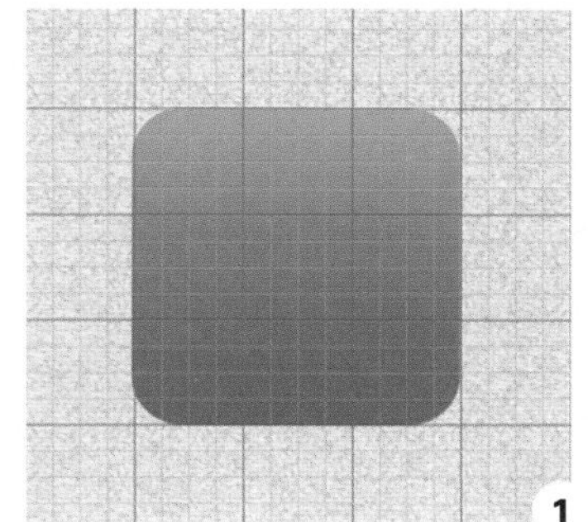

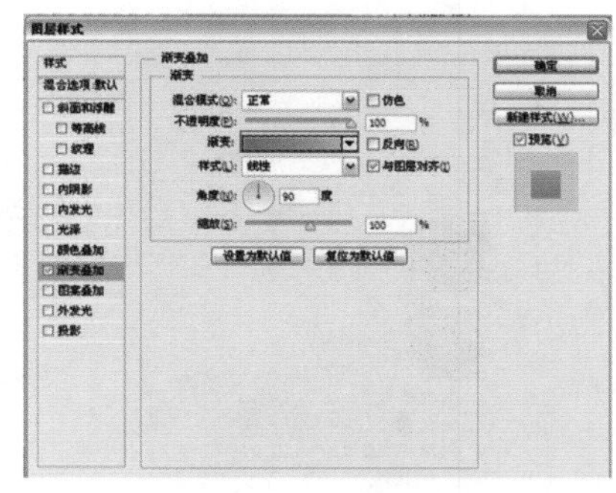

1. 选择“渐变叠加”选项，设置渐变条，从左到右依次为 R:51 G:140 B:181、R:98 G:205 B:255。
2. 选择“描边”选项，大小 1 像素、位置内部、颜色 R:79G:130B:146。
3. 选择“投影”选项，混合模式正常、不透明度 65%、距离 14 像素、大小 30 像素。

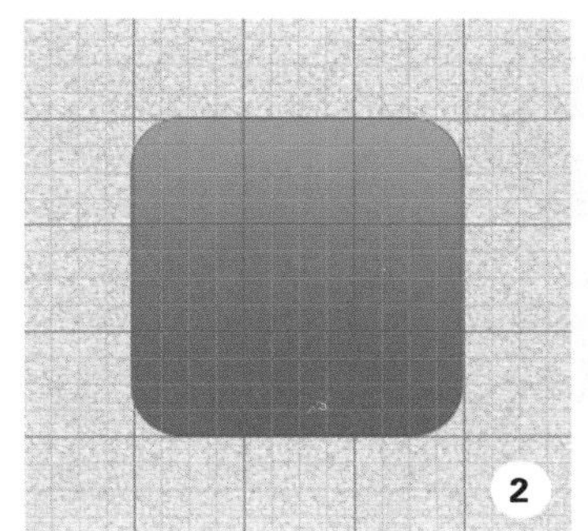

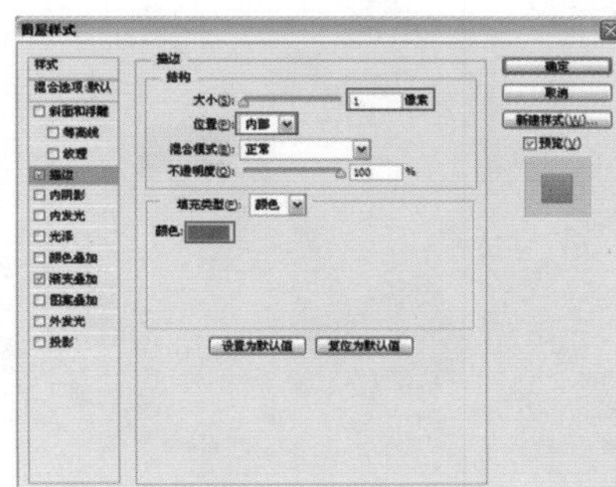

在“渐变叠加”图层样式面板中，单击点按可编辑渐变，可打开“渐变编辑器”对话框，可从“预设”中选择一个渐变，也可以单击下方渐变条的色标来改变颜色，重新编辑渐变，单击“确定”按钮，即可为形状添加渐变。

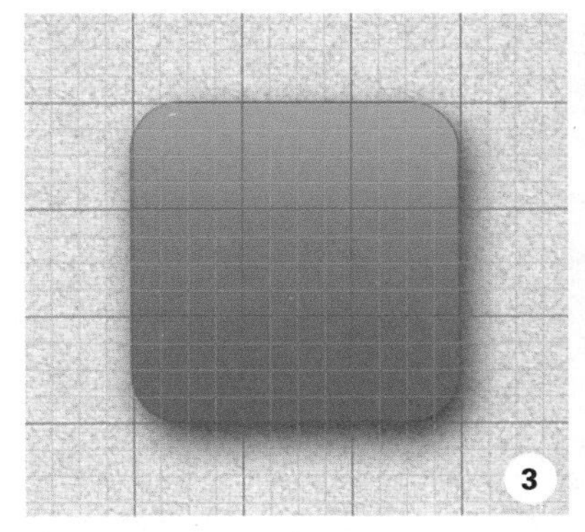

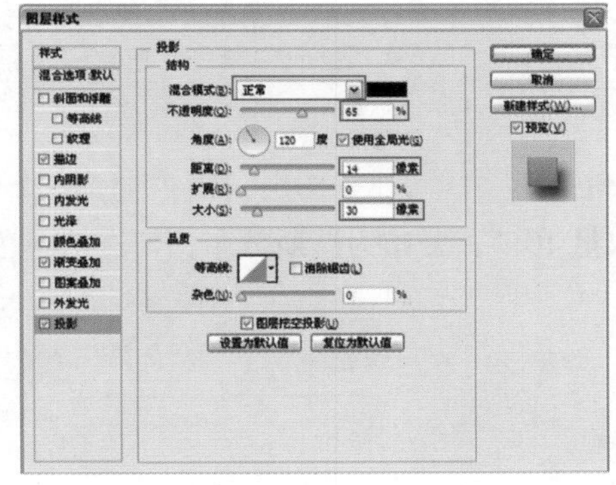

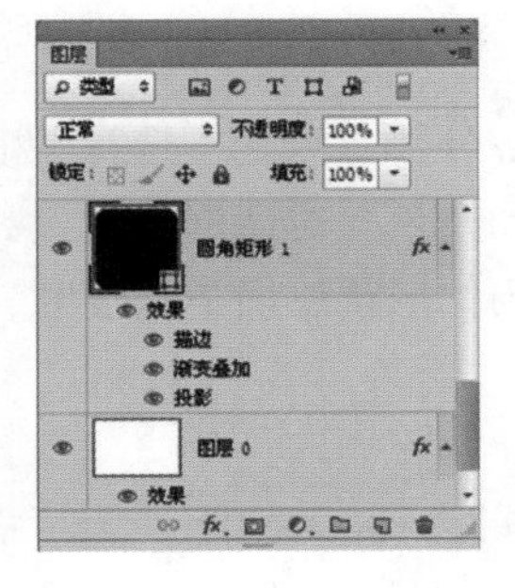

在“图层样式”对话框右侧，有个“预览”选项，将“预览”复选框对勾选中，可从预览图中观看图像效果。

03 复制形状、改变颜色 将“圆角矩形 1”图层进行复制，得到“圆角矩形 1 副本”图层，选择复制后的图层，单击鼠标右键，在弹出的下拉菜单中选择“清除图层样式”命令，双击图层缩览图按钮，打开“拾色器（纯色）”对话框，设置参数为白色，单击“确定”按钮，改变形状为白色。

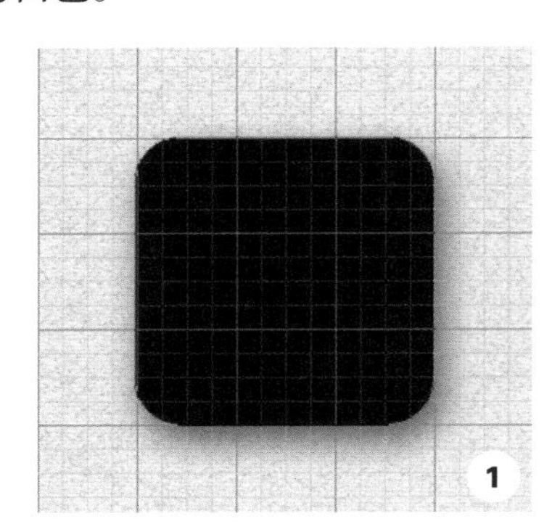

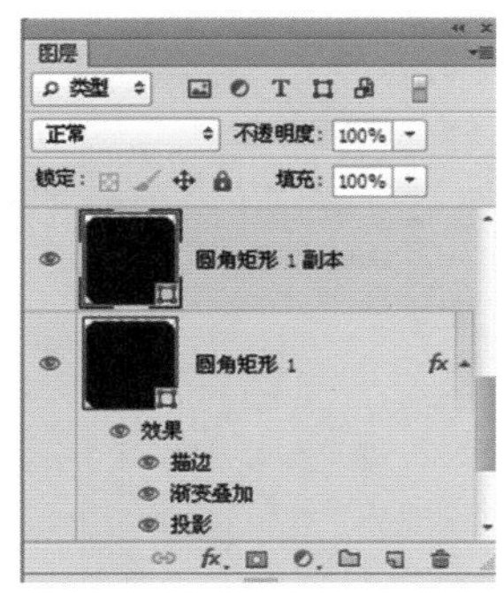

1. 清除图层样式。
2. 改变颜色。

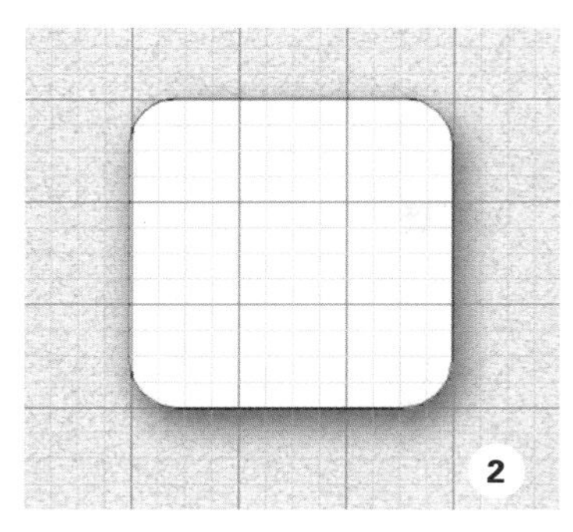

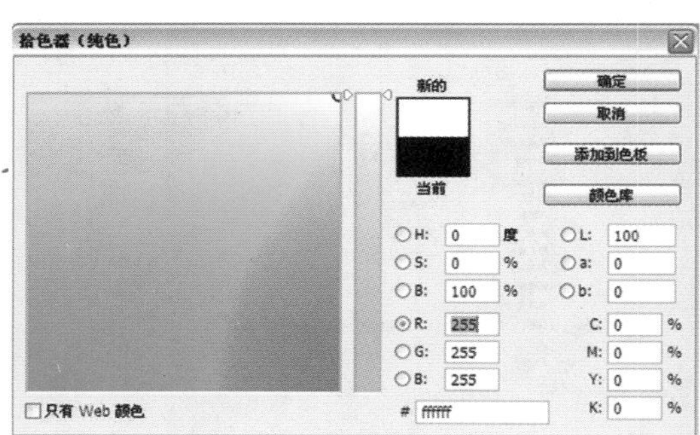

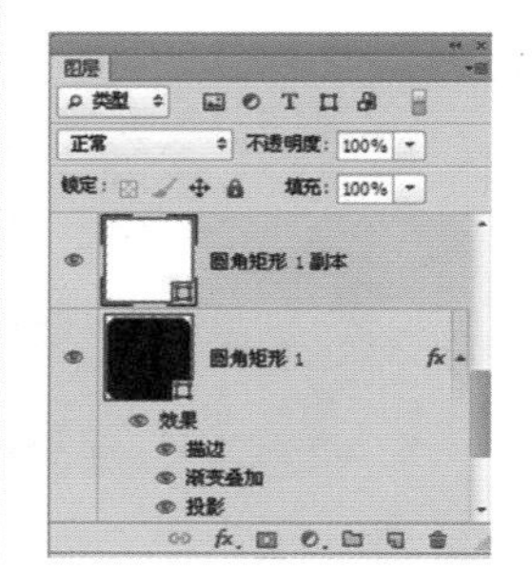

在执行“滤镜 > 杂色 > 添加杂色”命令时，会弹出一个警告对话框，警告内容为此形状图层必须经过栅格化才能处理，是否要栅格化此形状，这里，我们单击“确定”按钮，将对该形状图层进行栅格化处理，从而进行“添加杂色”命令。

04 添加杂色 选择“圆角矩形 1 副本”图层，执行“滤镜 > 杂色 > 添加杂色”命令，在弹出的“添加杂色”对话框中设置数量 10%，分布为高斯分布，勾选“单色”复选框，单击“确定”按钮，为该形状添加杂色效果。

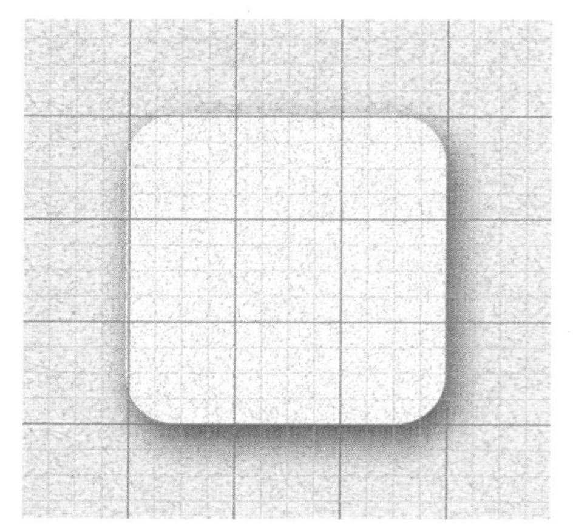

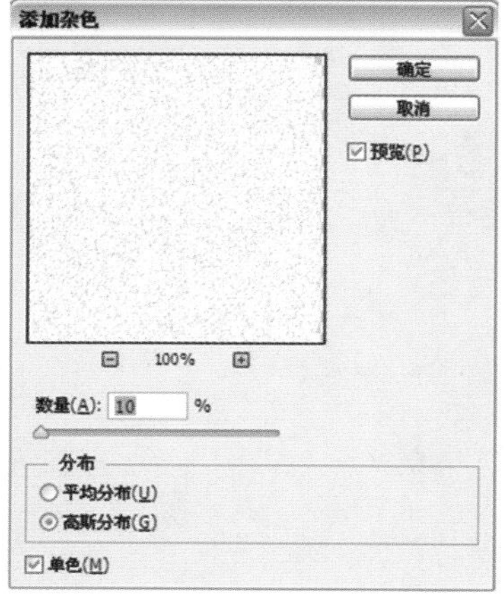

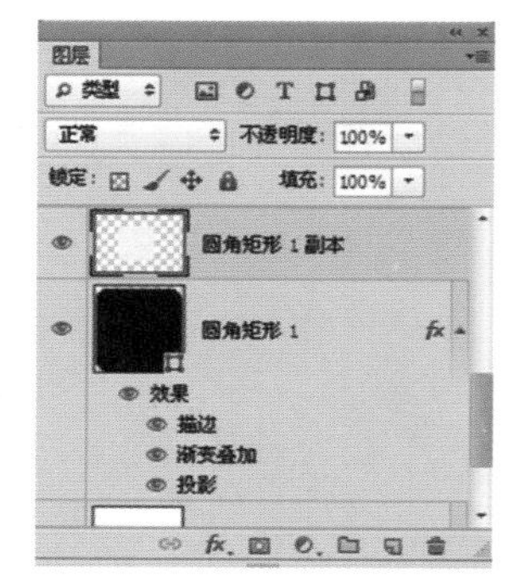

05 改变混合模式　将该图层的混合模式设置为“颜色加深”，降低该图层不透明度参数为 30%，使杂色效果融入图像中。

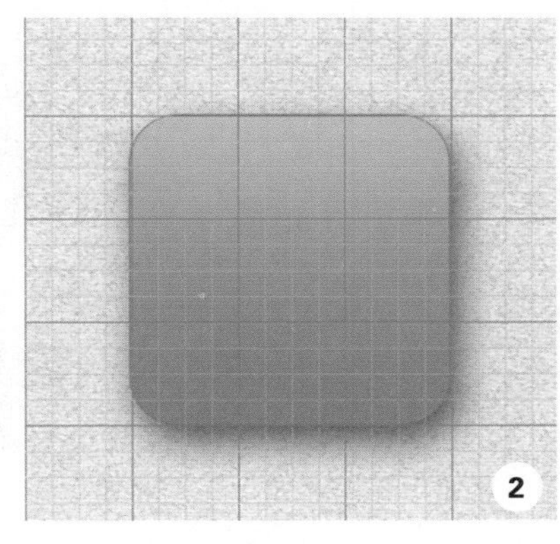

1. 改变混合模式。
2. 降低不透明度。

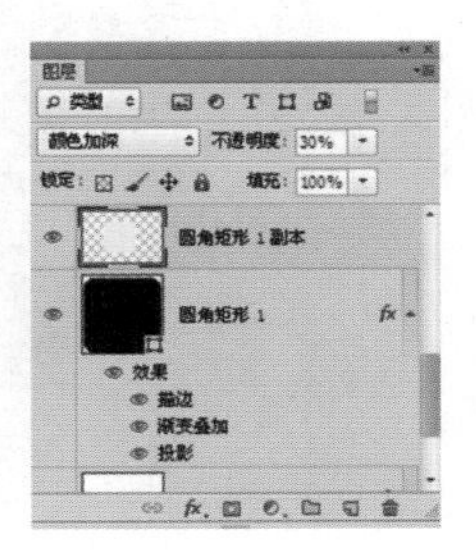

06 绘制飞鸽　选择“钢笔工具”，在选项栏中选择“路径”选项，绘制飞鸽外形，按下快捷键 Ctrl+Enter 将其转换为选区，新建“图层 1”图层，为其填充黑色，取消选区。

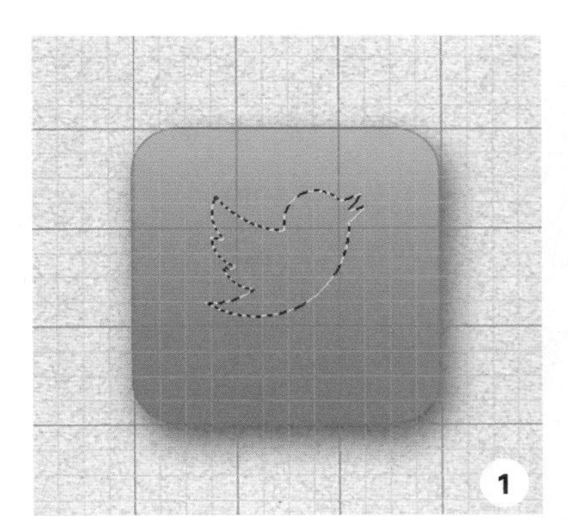

1. 绘制飞鸽轮廓。
2. 填充黑色，取消选区。

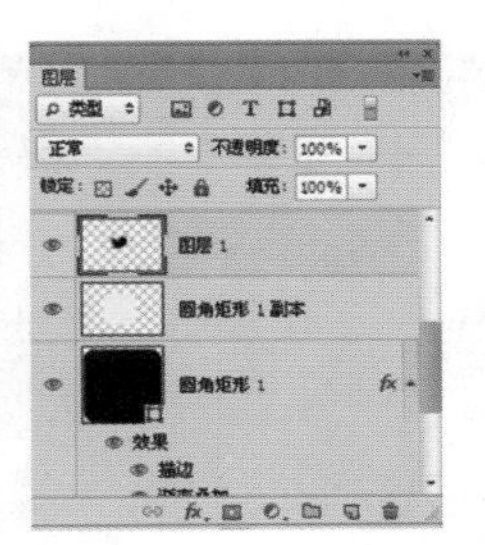

07 添加渐变　打开该图层的“图层样式”对话框，选择“渐变叠加”选项，设置从左到右依次为 R:212 G:212 B:212、R:255 G:255 B:255，单击“确定”按钮，为飞鸽添加渐变效果。

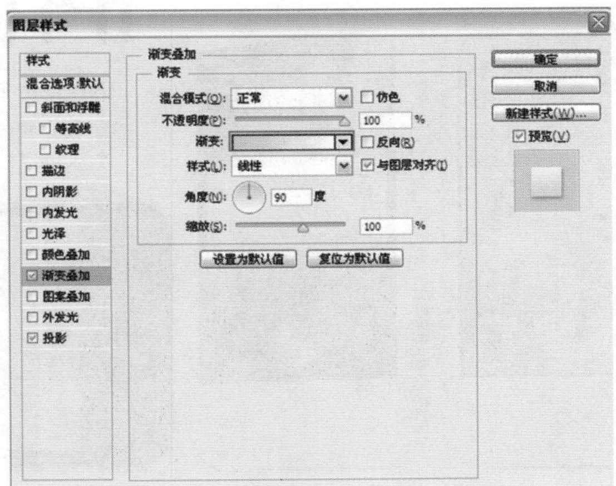

08 添加投影 选择“投影”选项，设置混合模式正常、不透明度 40%、距离 2 像素、大小 4 像素，单击“确定”按钮，为飞鸽添加投影效果。

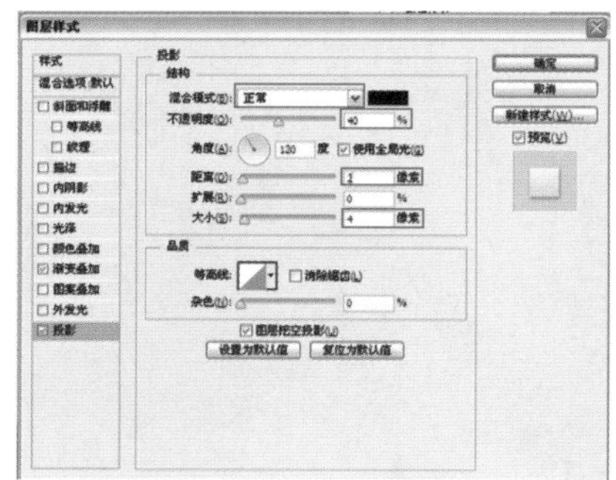

09 输入文字 选择“横排文字工具”输入文字，将飞鸽所在图层的图层样式进行拷贝，粘贴到文字图层。选择“钢笔工具”绘制图中的黑色区域，为其添加“投影”效果，完成后，将该图层不透明度降低为 25%，完成效果。

1. 输入文字。
2. 粘贴图层样式效果。
3. 选择“投影”选项，设置混合模式正常、颜色青色、角度 −90 度、大小 2 像素。
4. 降低图层不透明度 25%。

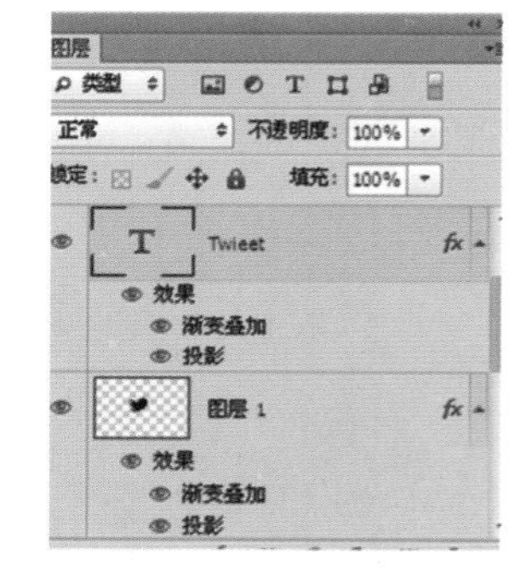

用钢笔绘制黑色区域时，步骤跟绘制飞鸽相同，先绘制轮廓，转换为选区，新建图层，填充颜色，取消选区。

图标展示示意图

iPhone 4 S

Template includes every combination of:

4 | 4S White | Black Portrait | Landscape | Angled

Made by @marshallbock

Twieet

照相机图标制作

案例综述

本例我们将制作一个金属渐变色的相机图标，这里使用了圆角矩形工具和图形叠加功能，渐变色采用了黑白过渡，模拟出金属的高光反射效果。

设计规范

尺寸规范	400 × 400（像素）
主要工具	圆角矩形工具、图层样式
文件路径	Chapter07/7-5.psd
视频教学	7-5.avi

配色分析

黑白灰给人一种高档、整洁和简约的印象，本例使用黑白灰过渡色制作出的金属质感有高科技的感觉。

操作步骤

01 新建文档　执行“文件 > 新建”命令，或按下快捷键 Ctrl+N，打开“新建”对话框，设置宽度和高度分别为 400 像素 × 400 像素、分辨率为 72 像素 / 英寸，完成后单击“确定”按钮，新建一个空白文档，如图所示。

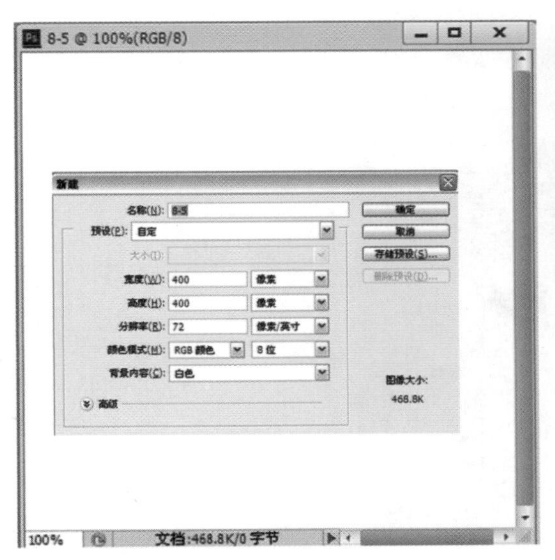

02 填充渐变色　选择“渐变工具”，在选项栏中单击点按可编辑渐变按钮，可打开“渐变编辑器”对话框，设置渐变条左右两边的颜色为 R：144 G:144 B:144、中间的颜色为 R：253 G:253 B:253，单击“确定”按钮，在画布上拉出渐变。

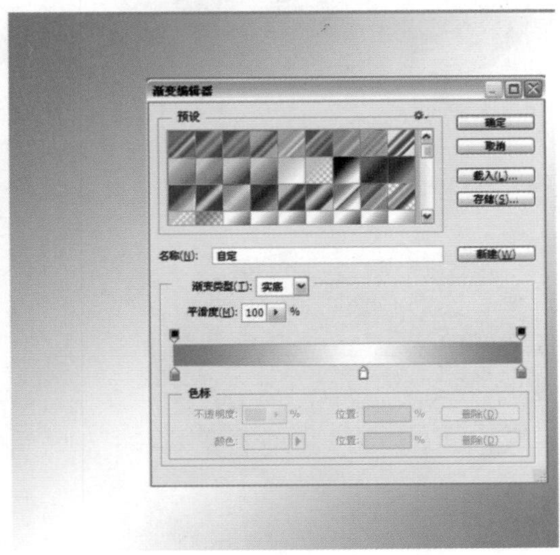

03 绘制基本形 选择“圆角矩形工具”在选项栏中设置半径为 200 像素，在画布上拖曳并绘制圆角矩形，在“图层”面板自动生成“圆角矩形 1”图层，打开“图层样式”对话框，选择“渐变叠加”“投影”选项，设置参数，为其添加效果。

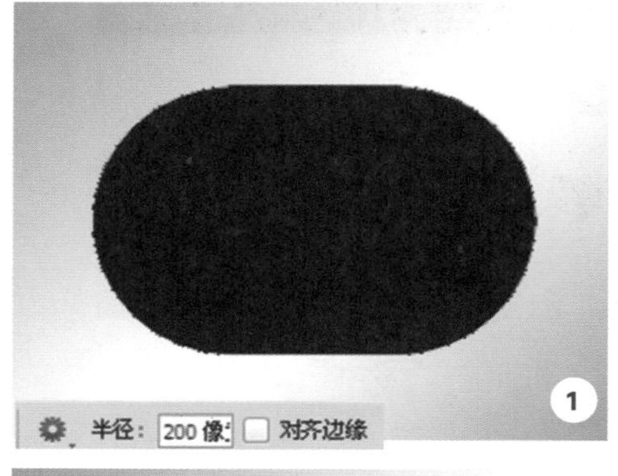

1. 绘制基本形。
2. 选择“渐变叠加”选项，样式径向，角度 167 度，设置渐变条。
3. 选择“投影”选项，不透明度 44%、角度 -90 度，去掉“使用全局光”对勾，扩展 2 像素、大小 5 像素。

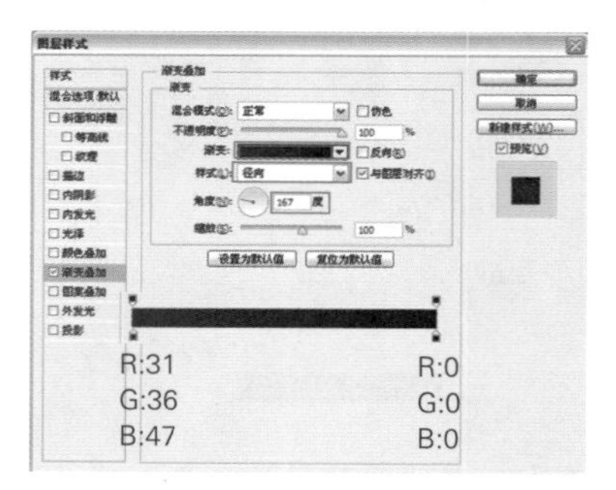

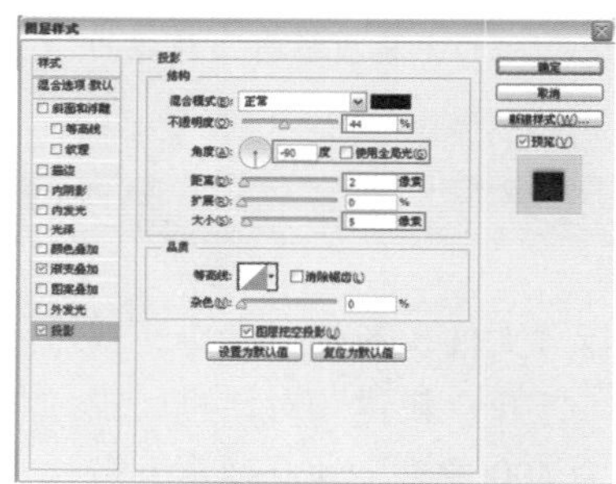

04 降低不透明度和填充 将“图层样式”效果添加完成后，选择该图层，将该图层的不透明度降低为 85%，填充降低为 0%，使图标颜色变淡一些。

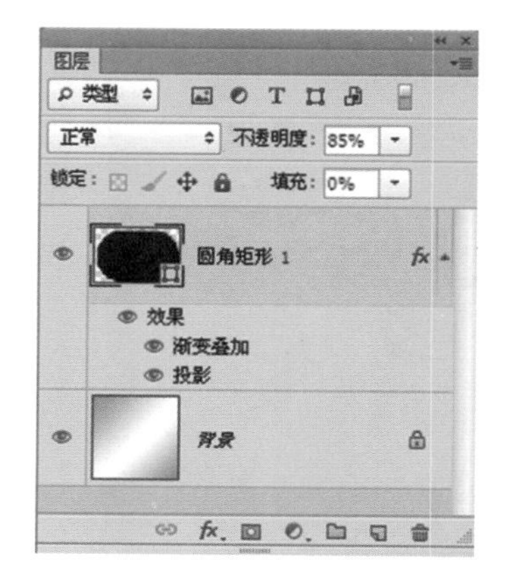

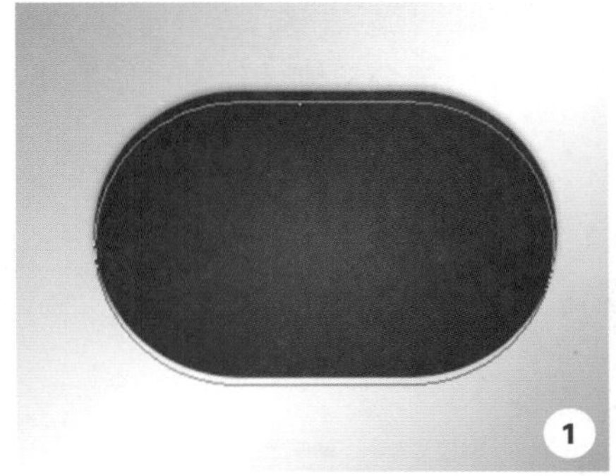

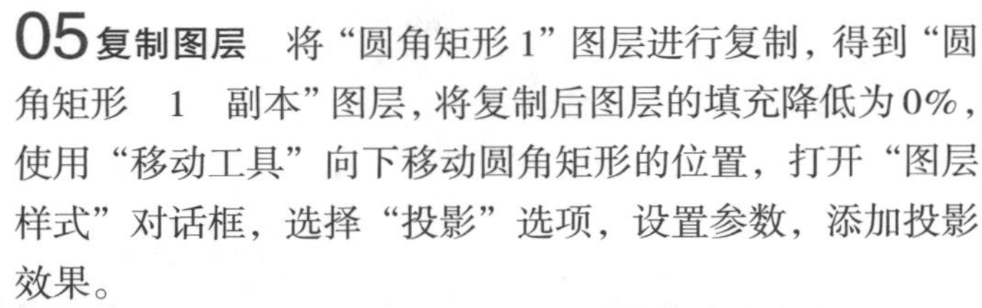

05 复制图层　将“圆角矩形 1”图层进行复制，得到“圆角矩形　1　副本”图层，将复制后图层的填充降低为 0%，使用“移动工具”向下移动圆角矩形的位置，打开“图层样式”对话框，选择“投影”选项，设置参数，添加投影效果。

1. 将复制后图层填充降低为 0%。
2. 选择“投影”选项，不透明度 78%、角度 −90 度，去掉“使用全局光”对勾，扩展 3 像素、大小 10 像素。

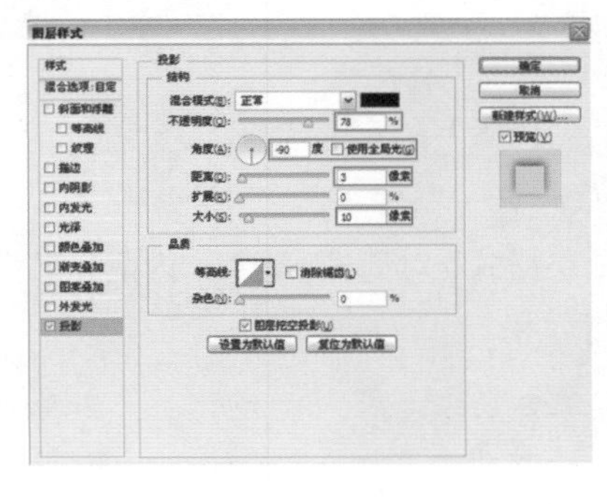

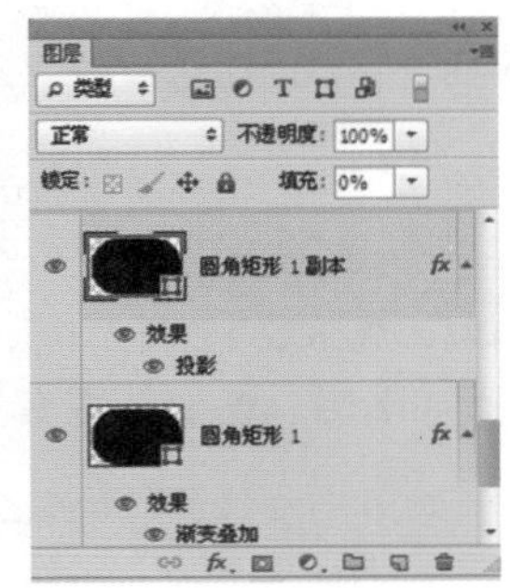

06 绘制基本形　再次复制“圆角矩形 1”图层，得到“圆角矩形　1　副本　2”图层，将复制后图层的填充降低为 0%，按下快捷键 Ctrl+T，按住快捷键 Alt+Shift 向内收缩形状，使其变小一点，打开复制后图层“图层样式”对话框，在左侧列表中选择“渐变叠加”“图案叠加”选项，设置参数，为图标添加渐变和图案效果。

1. 绘制基本形。
2. 选择“渐变叠加”选项，设置渐变条，颜色为黑色，不透明度从左到右为 36%、14%。
3. 选择“图案叠加”选项，不透明度 30%，选择一种图案。

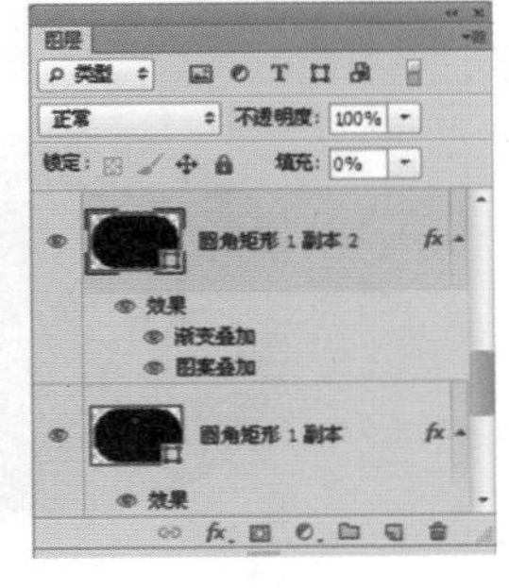

设置图层不透明度是用来设置当前图层的不透明度，使之呈现透明状态，从而显示下面图层中的图像内容。

设置图层的填充不透明度是用来设置当前图层的填充不透明度，它与图层不透明度相似，但不会影响图层效果。

07 从选区中减去

选择“圆角矩形工具”，在图像上绘制黑色圆角矩形，然后在选项栏中选择“减去顶层形状”选项，再次进行绘制，此时绘制出来的形状会将不需要的部分从刚才绘制的形状上减去，完成后，将该图层的填充降低为0%。

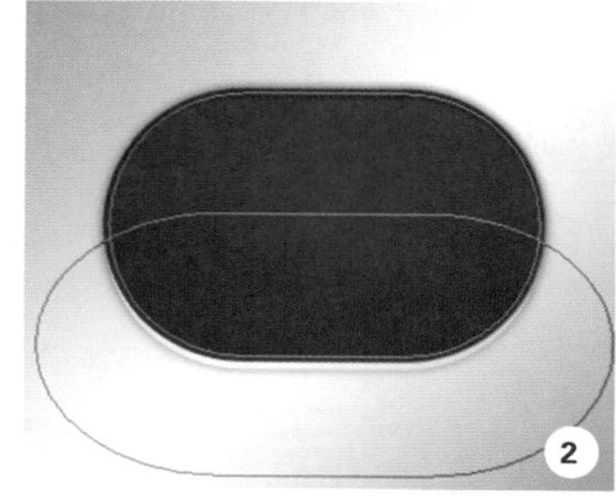

1. 从形状中减去。
2. 降低填充为0%。

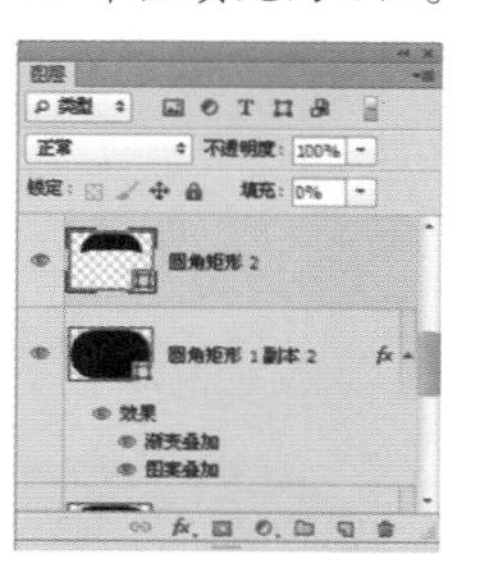

08 添加效果

打开“图层样式”对话框，选择“内阴影”“渐变叠加”“图案叠加”选项设置参数，添加阴影、渐变、图案等效果。

1. 选择“内阴影”选项，混合模式正常、不透明度27%、角度-90度，去掉“使用全局光”对勾，距离2像素、大小6像素。
2. 选择“渐变叠加”选项，不透明度24%，设置渐变条，从左到右依次为R:125 G:125 B:125、R:44 G:44 B:44、R:109 G:109 B:109。
3. 选择“图案叠加”选项，不透明度30%，选择一种图案。

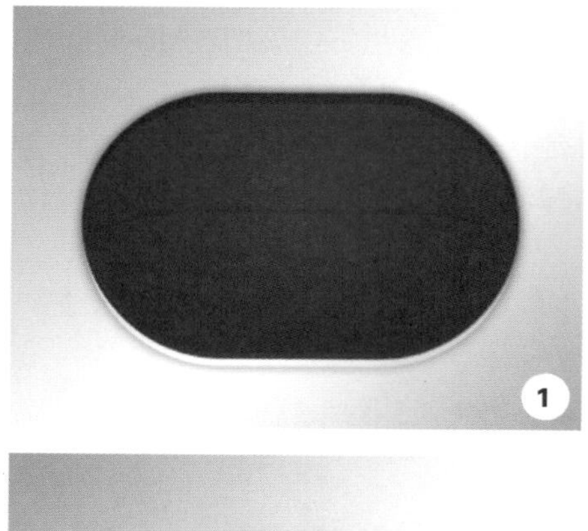

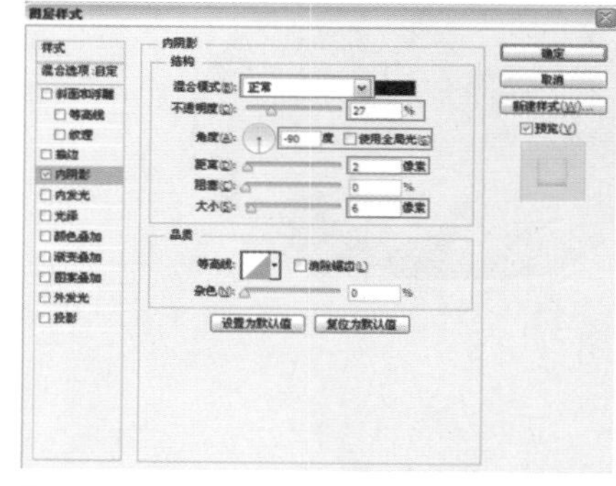

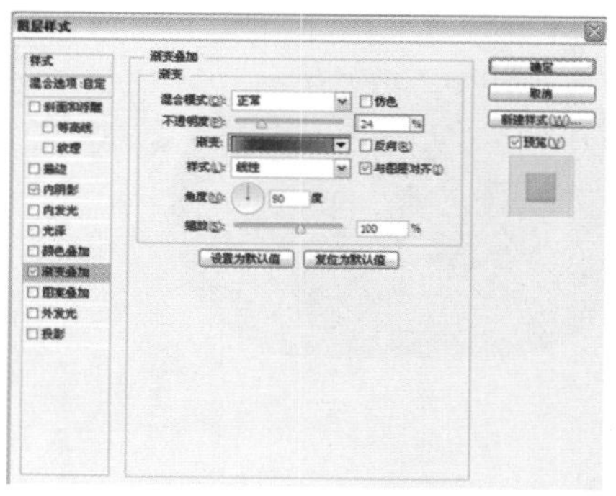

在“图案叠加”这一步中，选择图案的类型没有明确的说明，是因为只需要选择一种带有岩石纹理的图案即可，不需要与文中一模一样。

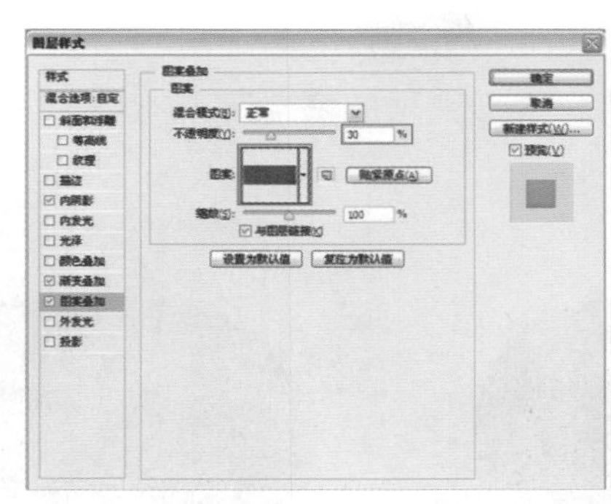

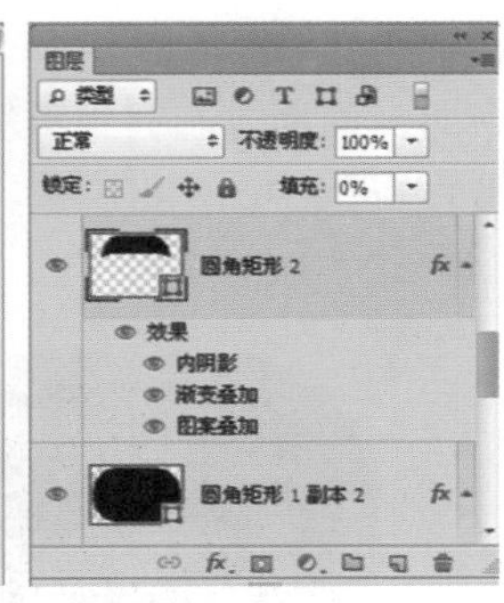

09 绘制内部形状　选择“圆角矩形工具”，在图像上绘制黑色圆角矩形，然后在选项栏中选择“减去顶层形状”选项，再次进行绘制，此时绘制出来的形状会将不需要的部分从刚才绘制的形状上减去，完成后，将该图层的填充降低为0%，打开“图层样式”对话框，选择“投影”选项，设置参数，添加投影效果。

1. 降低填充为 0%。
2. 绘制内部形状。
3. 选择“投影”选项，混合模式正常、颜色白色、不透明度 9%、角度 -90 度，去掉“使用全局光”对勾，距离 3 像素、大小 10 像素。

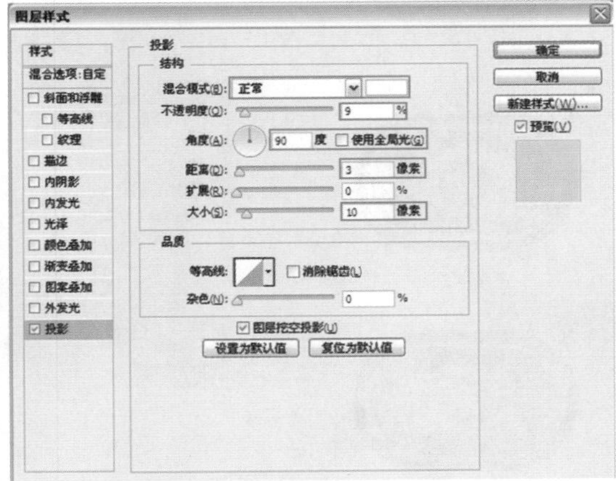

10 再次绘制内部形状 选择"圆角矩形工具"，在图标内部绘制圆角矩形，将该图层的填充降低为 0%。

1. 绘制内部形状。
2. 降低填充为 0%。

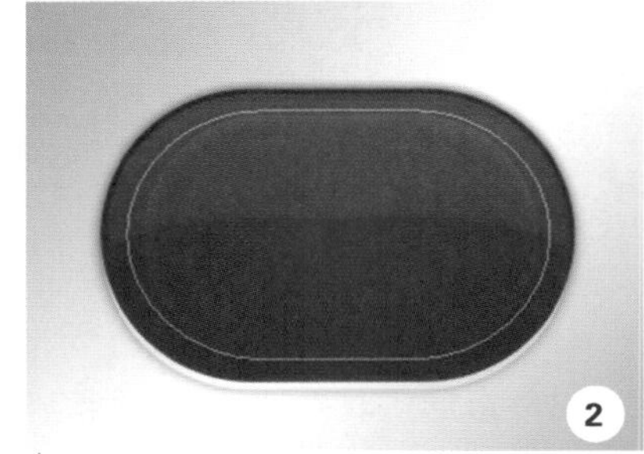

11 绘制基本形 打开"圆角矩形 4"图层的"图层样式"对话框，选择"描边"选项，设置大小 6 像素、位置内部、填充类型渐变、设置渐变条，为其添加描边效果。

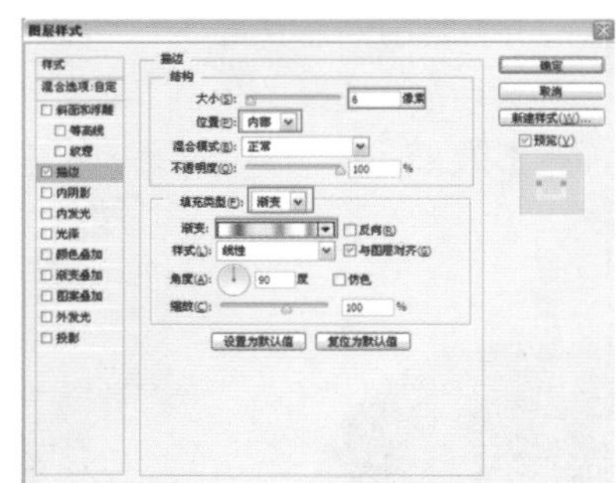

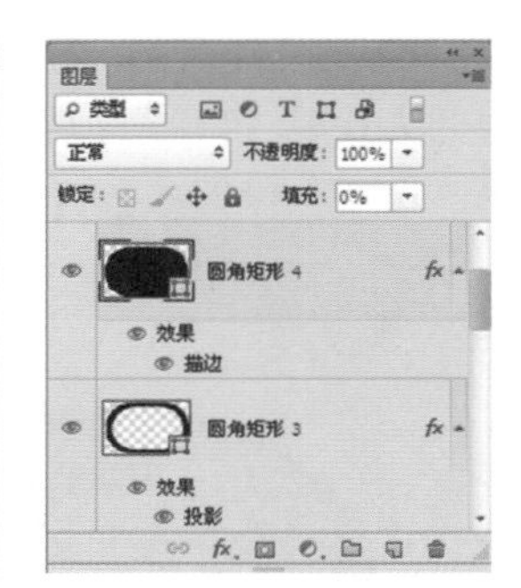

12 绘制照相机图标 制作照相机图标采用的方法与第 5 章简单图标的制作方法相同，使用圆角矩形工具和椭圆工具搭配路径的加减运算可绘制出来，绘制出来得到"形状 1"图层 ，将该图层混合模式设置为亮光，填充 70%，为其添加"颜色叠加"选项，完成效果。

1. 绘制照相机图标。
2. 改变混合模式为亮光，填充为 70%。
3. 选择"颜色叠加"选项，混合模式色相、颜色白色、不透明度 50%。

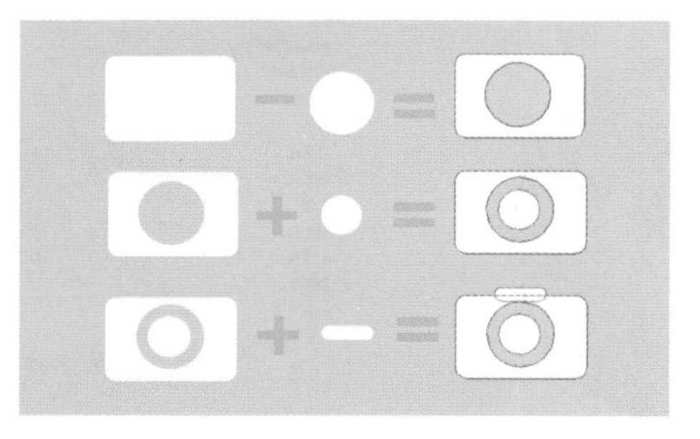

照相机图标分解示意图

图标展示示意图

设计思路 1：图标设计的流程

俗话说人是活的，流程是死的，这里介绍的是图标的通用设计流程，大家不一定要 拘泥于这里讲的流程，要灵活掌握。

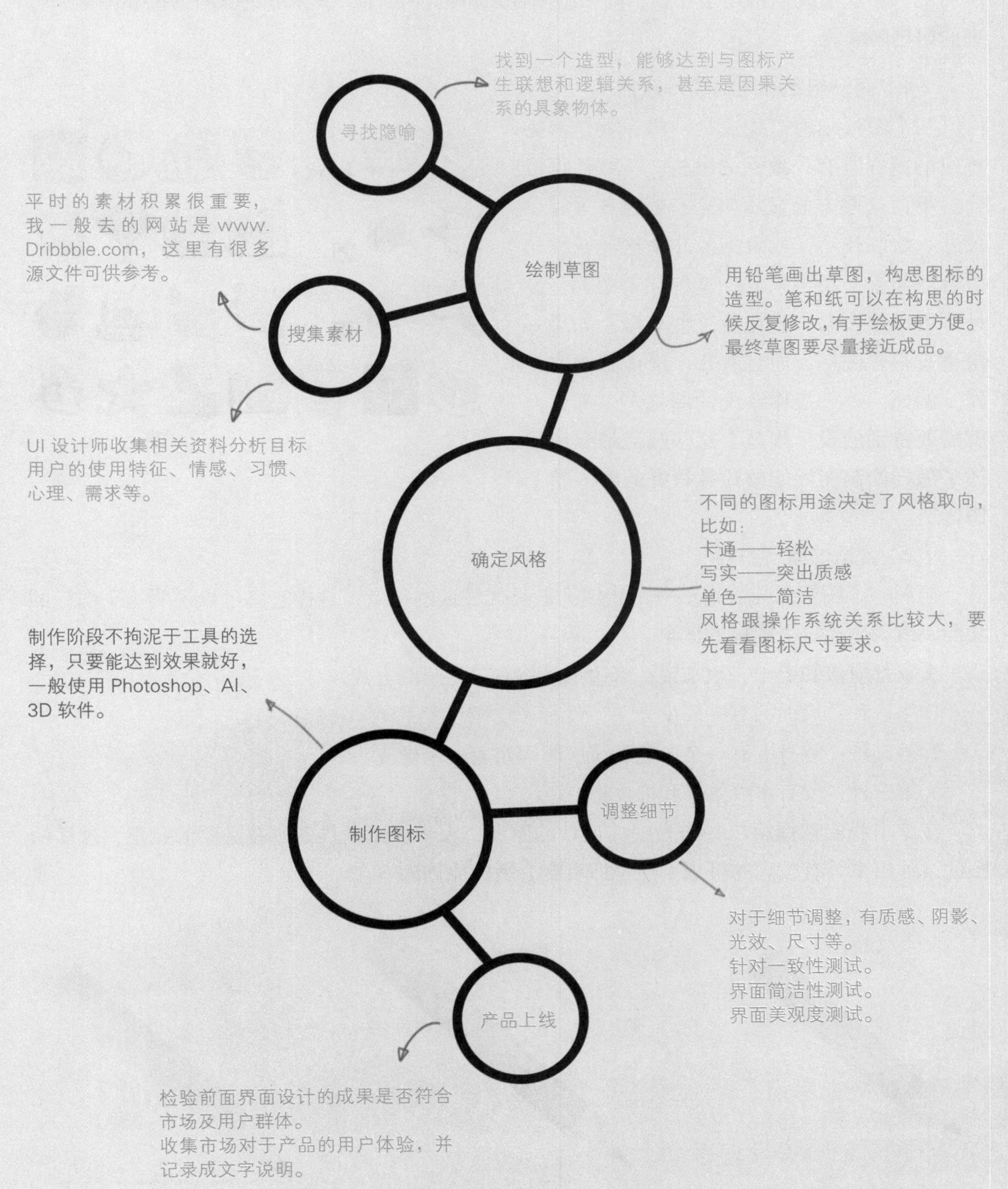

设计思路 2：如何让图标更具吸引力

设计图标的目的在于能够一下抓住人们的视觉中心，那么该怎样设计才能让图标更具吸引力呢？在这里我们讲述了 3 点：同一组图标风格的一致性、图标里正确的透视和阴影、合理的原创隐喻。

（1）同一组图标风格的一致性

几个图标之所以能成为一组，就是因为该组的图标具有一致性的风格。一致性可以通过下面这些方面显示出来：配色、透视、尺寸、绘制技巧，或者类似几个这样属性的组合。如果一组中只有少量的几个图标，设计师可以很容易一直记住这些规则。如果一组里有很多图标，而且有几个设计师同时工作（例如，一个操作系统的图标），那么，就需要特别的设计规范。这些规范细致地描述了怎样绘制图标能够让其很好的融入整个图标组。

（2）合适的原创隐喻

绘制一个图标意味着描绘一个物体的最具代表性的特点，这样它就可以说明这个图标的功能，或者阐述这个图标的概念。

大家都应该知道，一般来说，多边形柱体有三种绘图方式。

1. 第一种：表面涂有一层反光漆，没有橡皮擦。

2. 第二种：笔身上有一个白色的金属圈固定着一个橡皮头。

3. 第三种：没有木纹效果和橡皮擦。

在这里我们选择第二种作为图标设计的原型，因为该原型具备所有必要的元素，这样的图标设计出来具有很高的可识别性，即具有合适的原创隐喻。

第一种　　第二种　　第三种

知识扩展：立体图标的设计原则

（1）视觉效果

图标设计的视觉效果，很大程度上取决于设计师的天赋、美感和艺术修养，有些设计师做了很多年的设计，作品一堆，拿出来一看，粗糙、刺眼、土气。

追求视觉效果，一定是要在保证差异性、可识别性、统一性、协调性原则的基础上，要先满足基本的功能需求，才可以考虑更高层次的要求——情感需求。

这一条我不想说太多，因为这几乎是每个设计都努力的目标，我提供一套迅速提高技能的方法，最原始，但也最管用：那就是多看、多模仿、多创作。当然还少了一个前提，那就是设计师的天赋。勤奋 + 天赋 = 成功。

（2）原创性

这一条对图标设计师提出了更高的要求，这是一个挑战，但我认为，图标设计的原创性并不是必要的，因为目前常用的图标风格种类已经很多，易用性较高的风格也就那么多种，过度追求图标的原创性和艺术效果，会导致图标设计另辟蹊径，这样做往往会降低图标的易用性，也就是说所谓的好看不实用。当然，这里也要看你的产品的侧重点，如果考虑更多的是情感化的设计和完美的艺术效果，这样做也无可厚非。

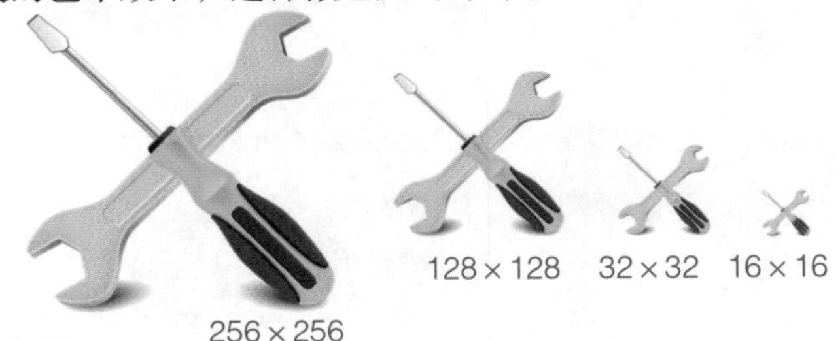

（3）尺寸大小和格式

图标的尺寸常有 16 × 16，24 × 24，32 × 32，48 × 48，64 × 64，128 × 128，256 × 256 等几种。

图标过大占用界面空间过多，过小又会降低精细度，具体该使用多大尺寸的图标，常常根据界面的需求而定。

图标的常用格式有以下几种。

PNG。PNG 用于无损压缩和在 Web 上显示图像，支持透明，兼顾图像质量和文件大小，但某些早期的浏览器不支持该格式。

GIF。GIF 是基于在网络上传输图像而创建的文件格式，支持透明，优点是压缩的文件小，支持 GIF 动画，缺点是不支持半透明，最多只能显示 256 种颜色，透明图标的边缘会有锯齿，要解决此问题，必须在存成此格式时候，添加相同背景色的杂边，比较麻烦。

BMP。BMP 是一种用于 Windows 操作系统的图像格式，主要用于保存位图文件。该格式可以处理 24 位颜色的图像，支持 RGB、位图、灰度和索引模式，但不支持 Alpha 通道。

JPG。JPG 采用有损压缩方式，具有较好的压缩效果，优点是文件小，图像颜色丰富，缺点是不支持透明和半透明。

Chapter 08 手机 UI 的按钮设计

从本章开始，我们将进入一个微型的设计世界，这里要学习很多关于 APP 手机应用当中的细节设计。包括各种质感的按钮、开关、旋钮。这里面要用到的特效可不少，所有小物件都要发挥出设计师的极致构思。

发光按钮

案例综述

本例我们将制作一个蓝色荧光发光按钮，这种开关按钮被大多数音频软件所采用，黑色的背景映射出蓝色渐变的光晕，十分醒目。

设计规范

尺寸规范	800 × 600（像素）
主要工具	圆形工具、图层样式
文件路径	Chapter08/8–1.psd
视频教学	8–1.avi

造型分析

本例使用了两个同心圆，中间的同心圆被分割成开口形状，开口部分使用了圆形作为补充，形成导角效果。

操作步骤

01 新建文档　执行“文件 > 新建”命令，或按下快捷键 Ctrl+N，打开“新建”对话框，设置宽度和高度分别为 800 像素、600 像素，分辨率为 72 像素 / 英寸，完成后单击“确定”按钮，新建一个空白文档，如图所示。

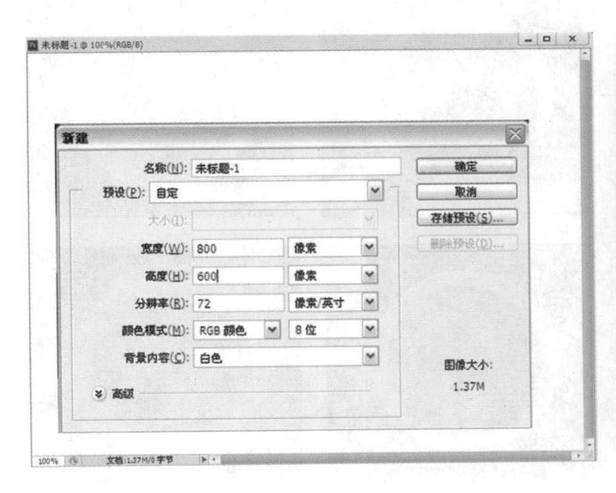

02 填充背景色　单击前景色图标，在弹出的“拾色器(前景色)”对话框中设置前景色为黑色，按下快捷键 Alt+Delete 为背景填充前景色。

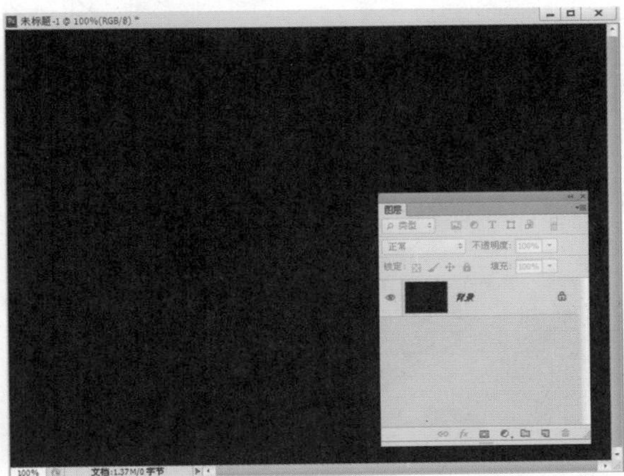

03 绘制同心圆 选择“椭圆选框工具”，按住快捷键 Alt+Shift，拖动鼠标从中心点的位置出发绘制椭圆选区，在选项栏中选择“从选区中减去”选项，再次绘制正圆，新建“图层 1”图层，为选区填充白色，取消选区，得到同心圆。

1. 用椭圆选框工具绘制同心圆。
2. 新建图层，为选区填充白色。
3. 取消选区。

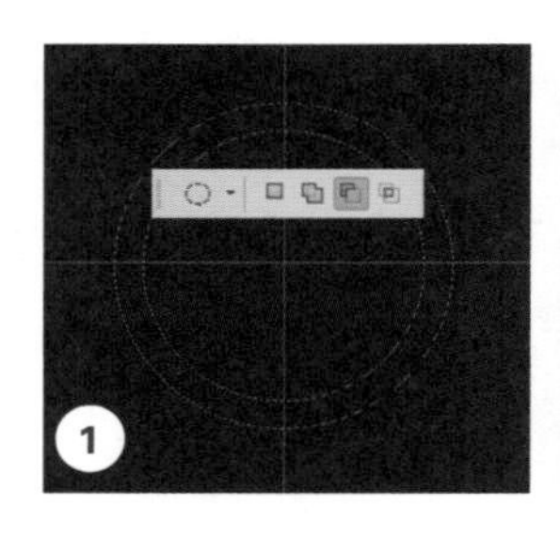

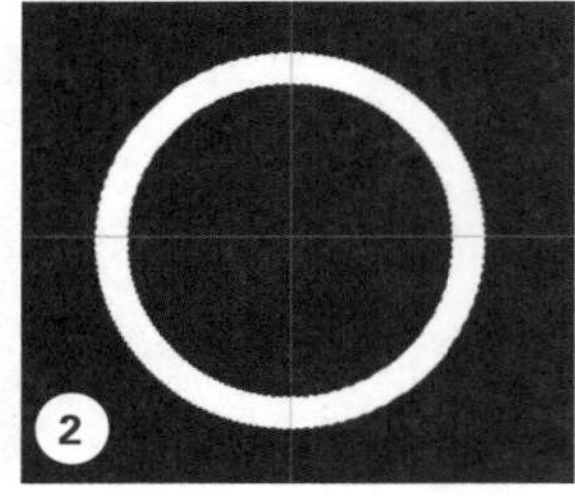

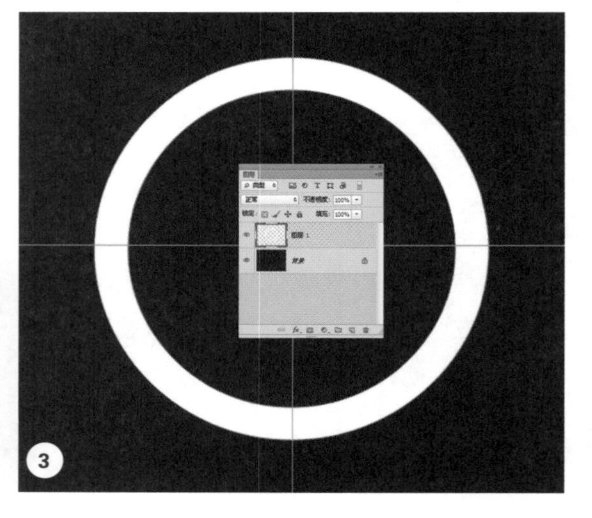

想要确定中心点的位置，需要按下快捷键 Ctrl+R，打开标尺工具，从垂直和水平方向的刻度尺中拉出参考线，使其位于画布的中央位置，参考线交接的地方即为中心点位置。

04 添加效果 打开“图层 1”图层“图层样式”对话框，选择“渐变叠加”“斜面和浮雕”“描边”“外发光”选项，设置参数，为同心圆添加发光立体效果。

1. 选择“渐变叠加”选项，设置渐变条，从左到右依次是 R:161 G:215 B:227、R:38 G:255 B:145。
2. 选择“斜面和浮雕”选项，方向上、大小 13 像素、软化 11 像素、高光模式颜色 R:28 G:187 B:246，不透明度 100%、不透明度 0%。
3. 选择“描边”选项，大小 3 像素，颜色为 R:142 G:206 B:255。
4. 选择“外发光”选项，颜色为 R:3 G:69 B:217，大小 46 像素。

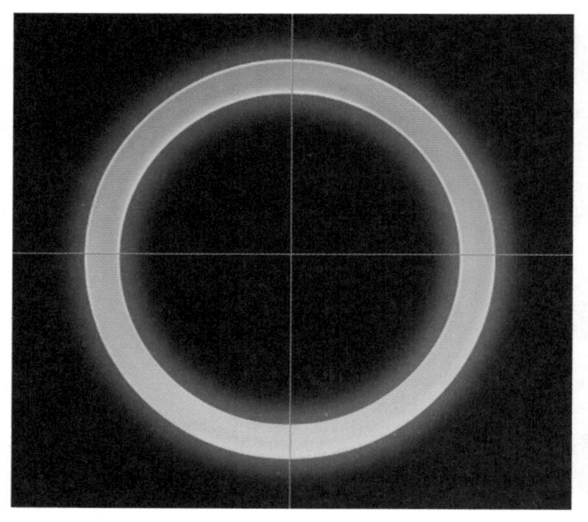

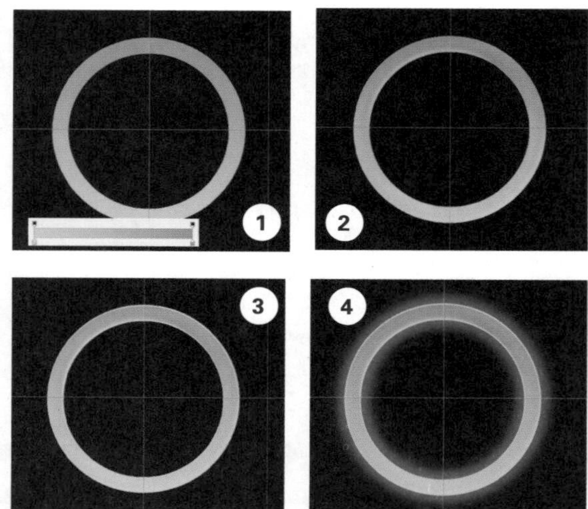

05 绘制亮光　选择“钢笔工具”，在同心圆的下方绘制选区，新建“图层 2”图层，选择“渐变工具”，绘制颜色为 R:108　G:203　B:255 到透明的渐变条，为选区添加渐变，取消选区。

1. 用钢笔绘制高光选区。
2. 为选区添加渐变。
3. 取消选区。

在第 2 小步为了方便读者观看添加渐变的效果，作者将其他的图层进行隐藏，第 3 小步即为添加高光部分的效果。

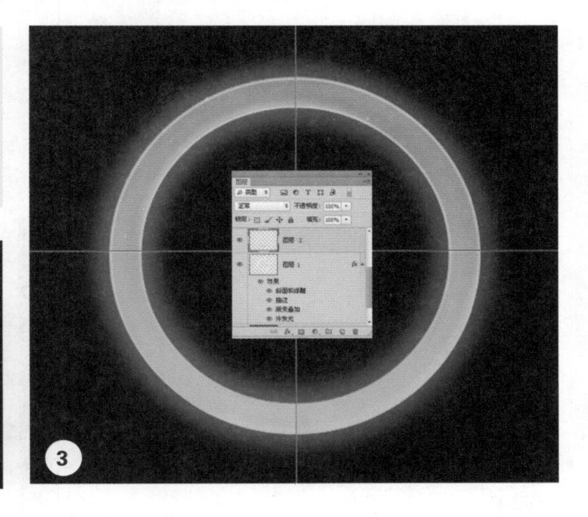

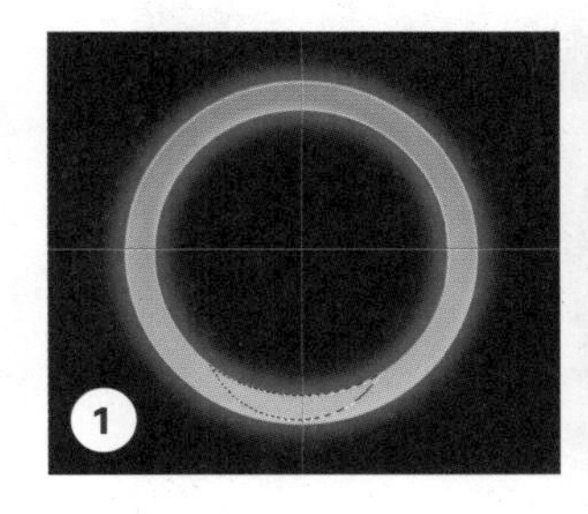

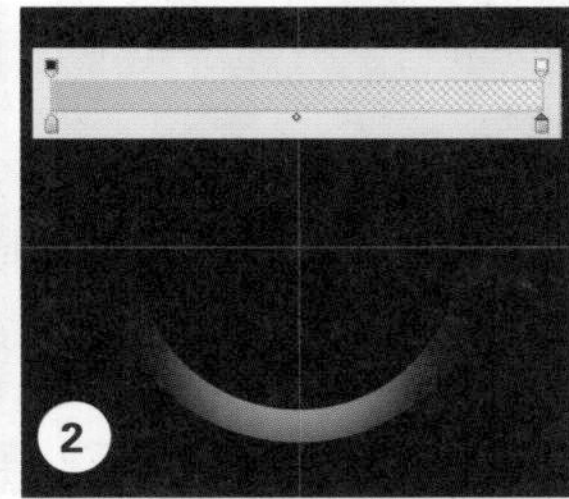

06 绘制选区　选择“钢笔工具”，在按钮外形的上方和下方分别绘制选区，新建“图层 3”图层，为选区填充白色，取消选区，将该图层的不透明度降低为 80%。

1. 用钢笔绘制选区。
2. 为选区填充白色，降低不透明度为 80%。

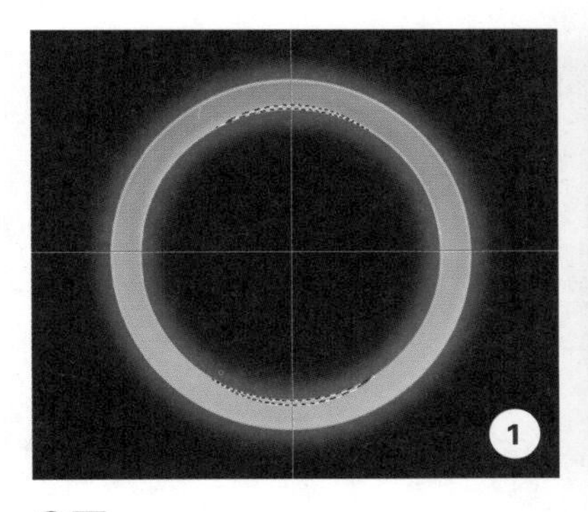

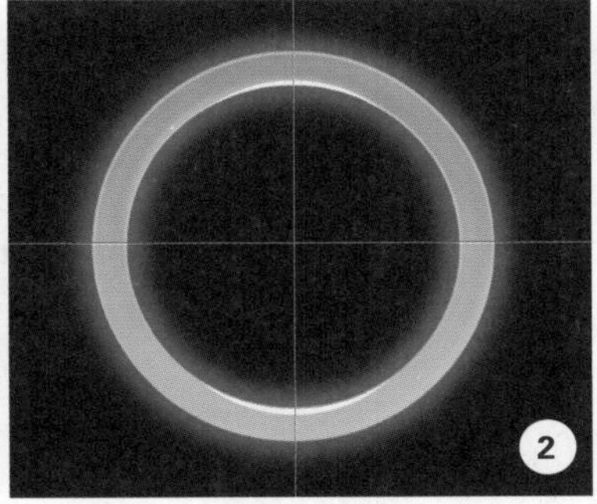

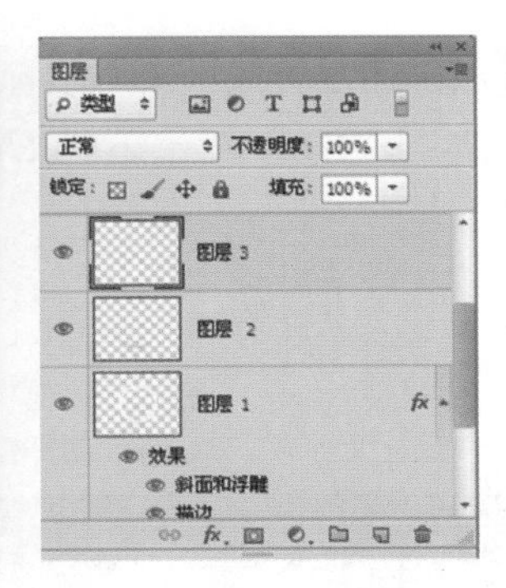

07 为外形上方复制亮光　将“图层 2”图层进行复制，得到“图层 2　副本”图层，按下快捷键 Ctrl+T，单击鼠标右键，选择“垂直翻转”命令，移动该高光到按钮外形的正上方，按下 Enter 键确认。

1. 执行“垂直翻转”命令。
2. 翻转后效果。
3. 移动位置，确认操作。

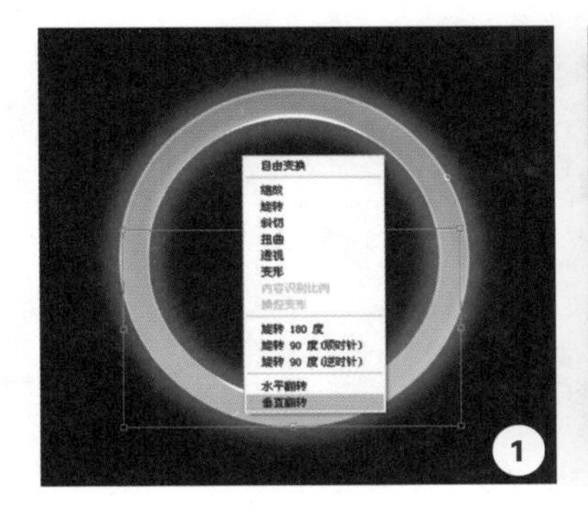

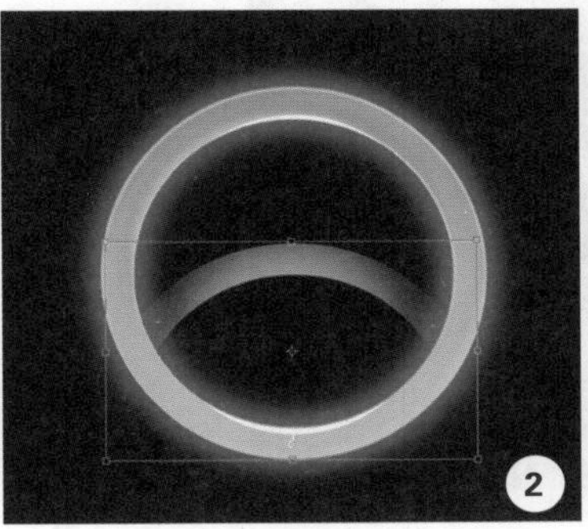

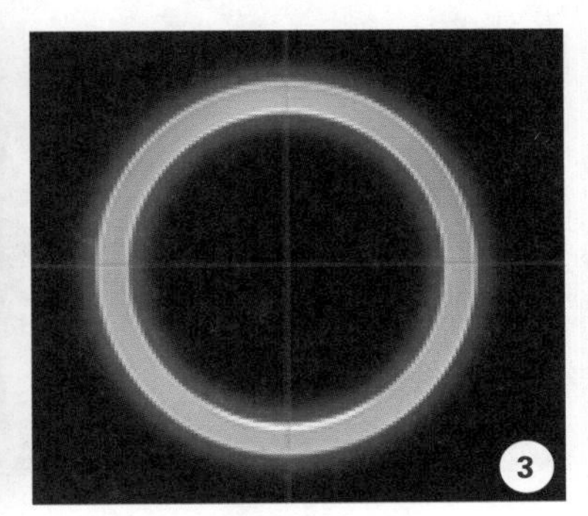

08 绘制图标 选择“椭圆工具”绘制同心圆，然后选择“矩形工具”从同心圆中减去一部分形状，选择“椭圆工具”绘制椭圆，最后使用“圆角矩形工具”绘制圆角矩形，形成开始图标。

1. 选择“椭圆工具”，绘制正圆，在选项栏中选择“减去顶层形状”选项，然后从中心点出发绘制同心圆。
2. 选择“矩形工具”，在选项栏中选择“减去顶层形状”选项，绘制矩形。
3. 选择“椭圆工具”，在选项栏中选择“合并形状”选项，绘制两个椭圆。
4. 选择“圆角矩形工具”，在选项栏中设置半径为 80 像素、选择“合并形状”选项，绘制圆角矩形。

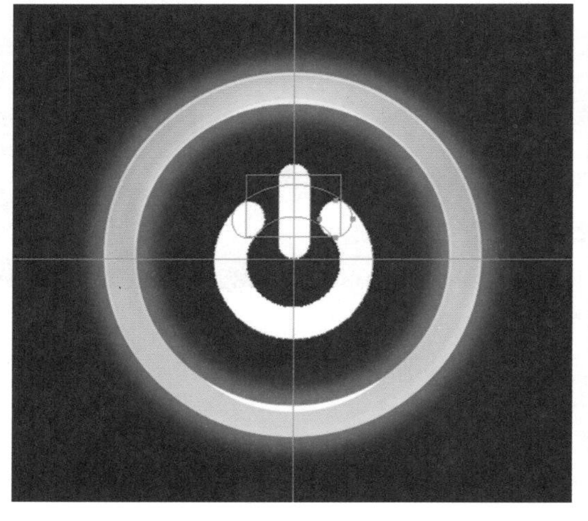

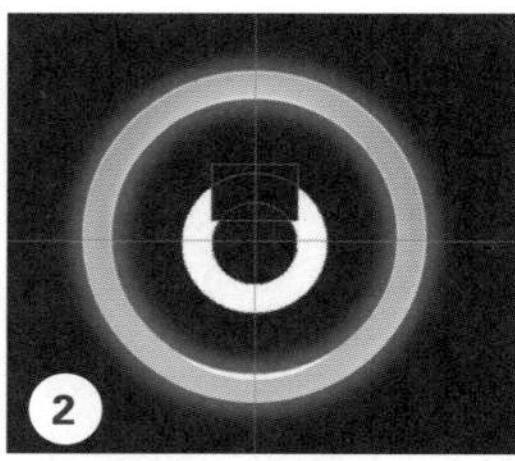

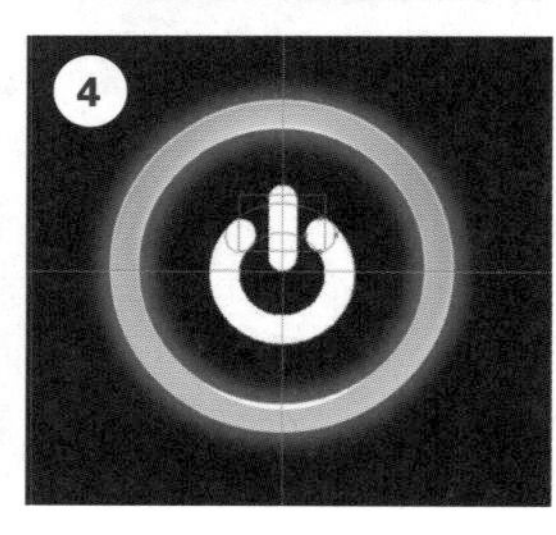

09 粘贴图层样式效果 图标绘制完成后，为其粘贴“图层 1”图层样式效果，完成制作。

粘贴图层样式效果的方法是，将想要粘贴图层样式的图层选中，单击鼠标右键，在弹出的下拉列表中选择“拷贝图层样式”命令，然后选择需要粘贴的图层，再次单击鼠标右键，在弹出的下拉列表中选择“粘贴图层样式”命令，即可为该图层粘贴相同的图层样式效果。

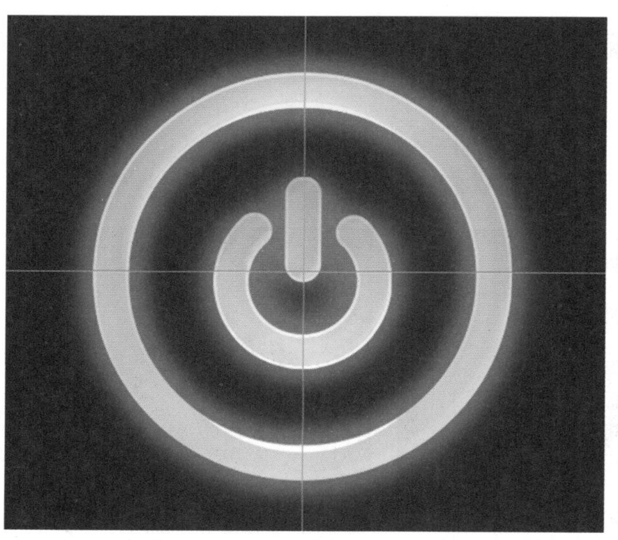

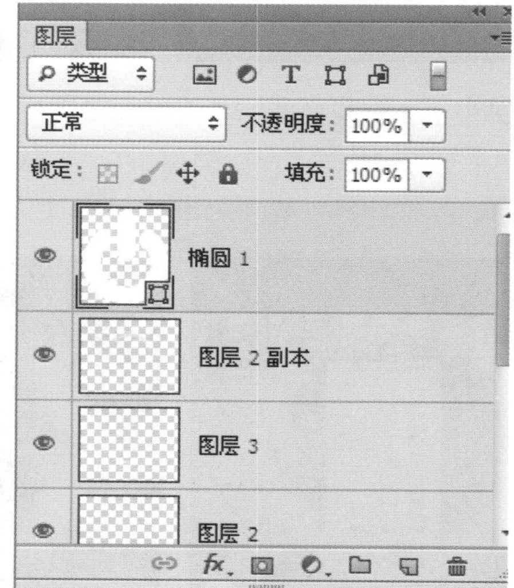

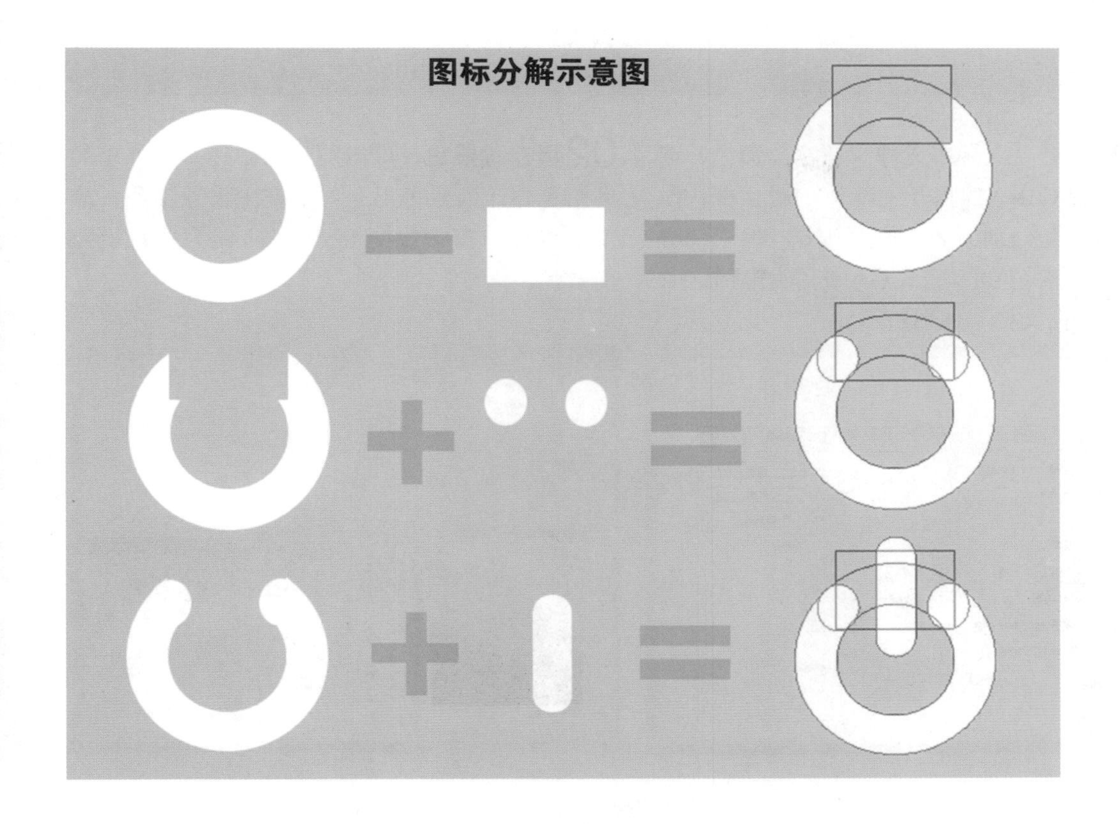

控制键按钮

案例综述

本例我们将制作一个半透明的白色按钮，中间产生了一个镂空荧光绿文字。这种效果在 iPod 播放器的界面上经常采用。

设计规范

尺寸规范	800 × 600（像素）
主要工具	钢笔工具、图层样式
文件路径	Chapter08/8-2.psd
视频教学	8-2.avi

造型分析

同样是两个同心圆按钮，中间部分嵌入了荧光绿文字，四周被切割成不同大小的长条按钮。

操作步骤

01 新建文档 执行“文件 > 新建”命令，或按下快捷键 Ctrl+N，打开“新建”对话框，设置宽度和高度分别为 800 像素 ×600 像素，分辨率为 72 像素 / 英寸，完成后单击“确定”按钮，新建一个空白文档，如图所示。

02 填充背景色 单击前景色图标，在弹出的“拾色器（前景色）”对话框中设置参数，改变前景色，按下快捷键 Alt+Delete 为背景填充前景色。

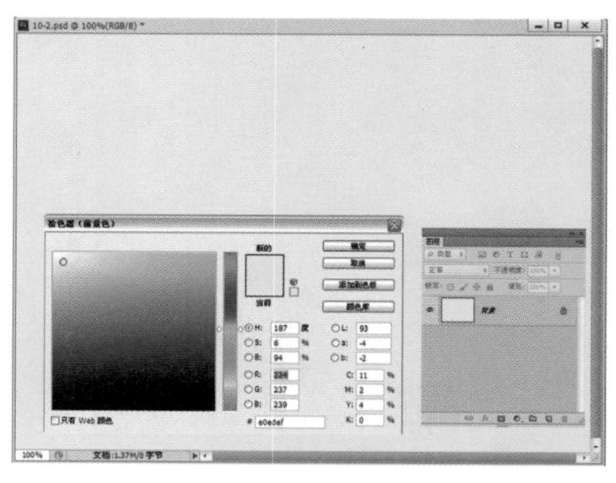

03 绘制按钮外形 单击前景色图标，在弹出的“拾色器（前景色）”对话框中设置参数 R:150 G:190 B:194，改变前景色，选择“椭圆工具”，按住 Shift 键绘制正圆，得到“椭圆 1”图层。

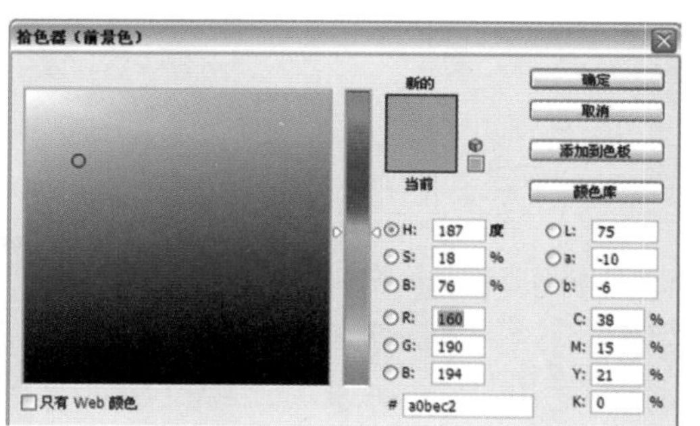

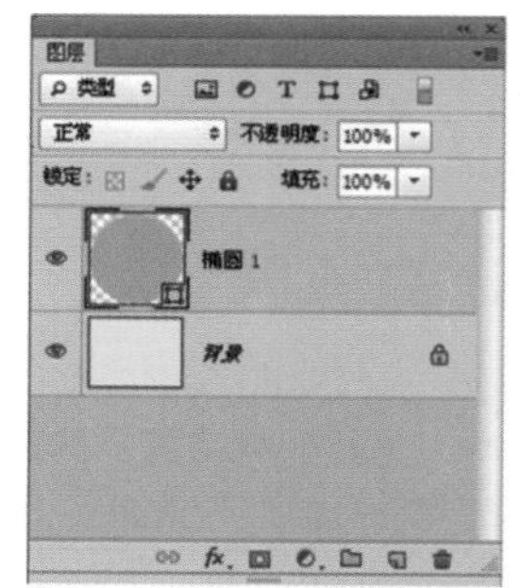

04 添加内阴影 打开“图层样式”对话框，选择“内阴影”选项，设置距离 5 像素、大小 49 像素，单击“确定”按钮，为正圆添加效果。

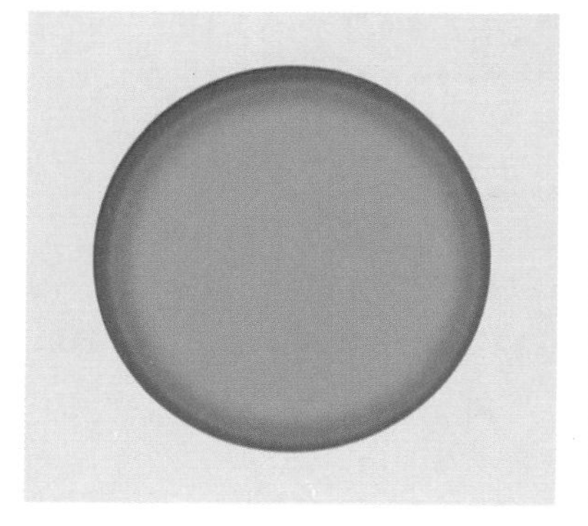

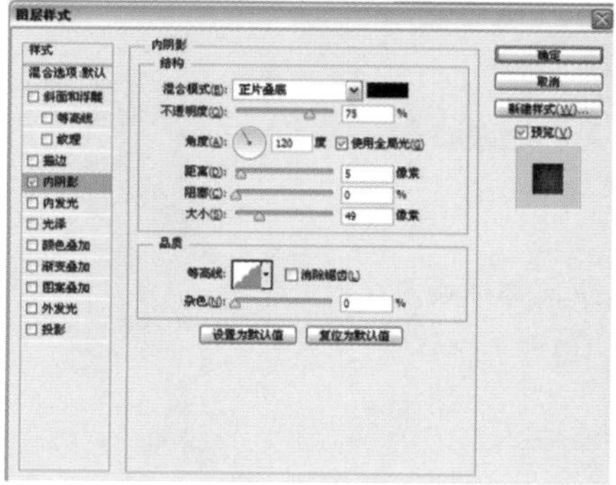

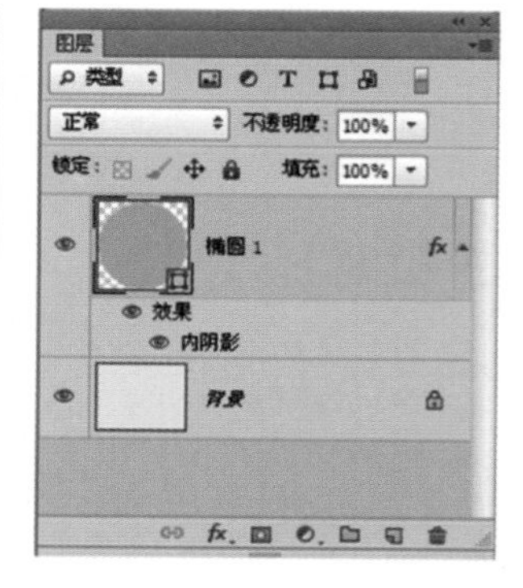

05 绘制上下方向键 选择“钢笔工具”绘制形状，将图层进行复制，执行“自由变换”命令，单击鼠标右键选择“垂直翻转”命令，将形状翻转，使用“移动工具”进行移动。

1. 用“钢笔工具”绘制形状。
2. 复制图层，执行“垂直翻转”命令。
3. 用移动工具移动位置。

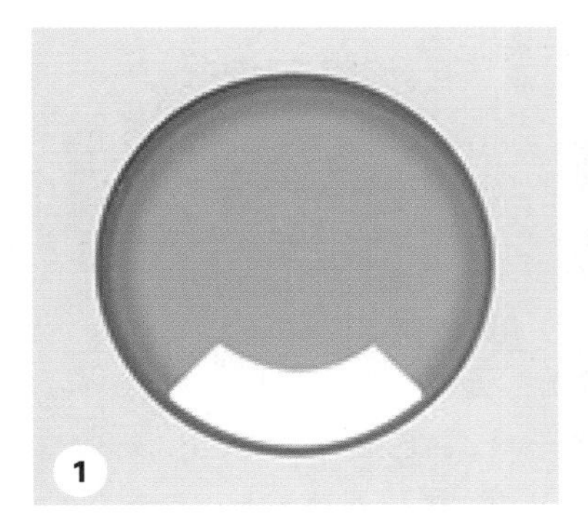

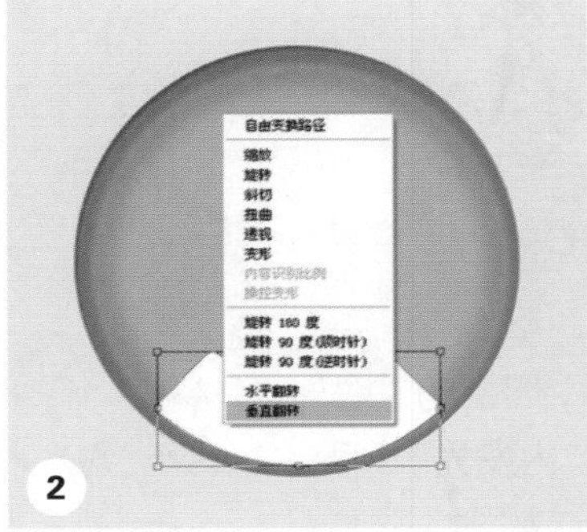

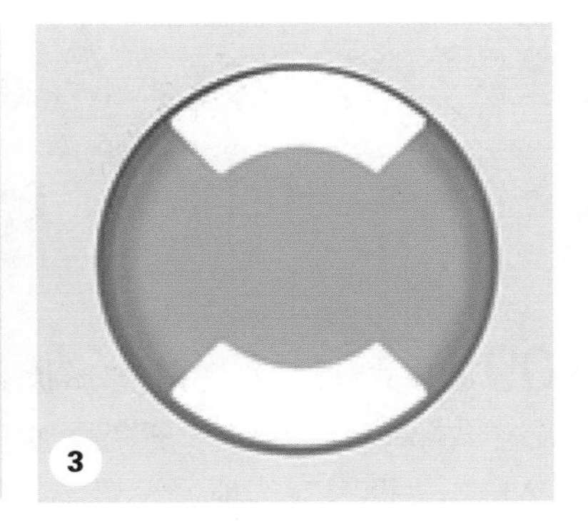

06 绘制右方向键 复制“形状 1”图层，执行“自由变换”命令，单击鼠标右键选择“旋转 90 度（顺时针）”命令，将形状进行 90 度旋转，使用“移动工具”移动位置。

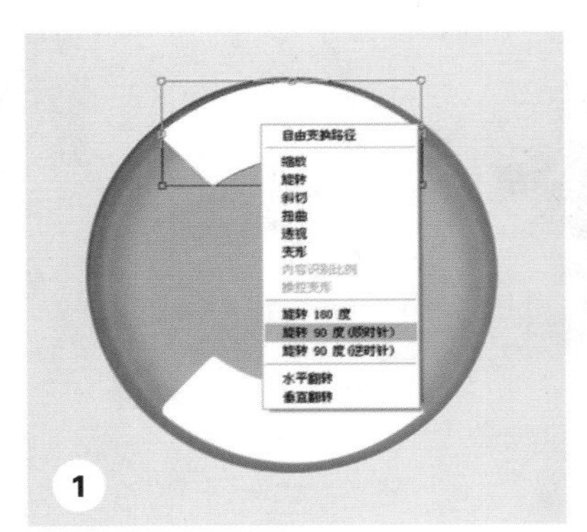

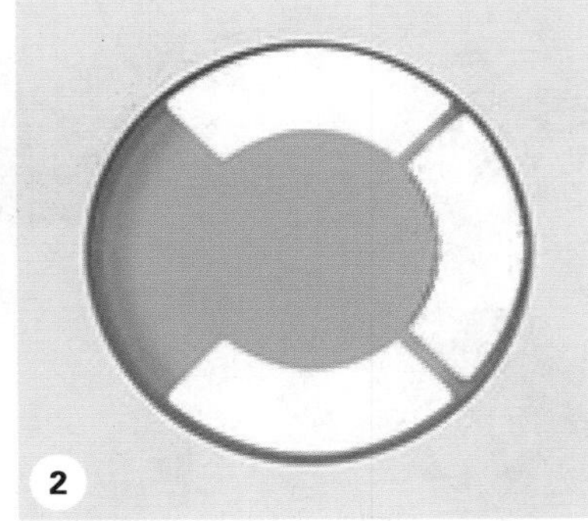

1. 90 度旋转形状。
2. 移动位置。

07 绘制左方向键 复制右方向键图层，执行“自由变换”命令，选择“水平翻转”命令，按下 Enter 键确认，移动位置，方向键制作完成。

1. 复制图层，水平翻转。
2. 移动位置。

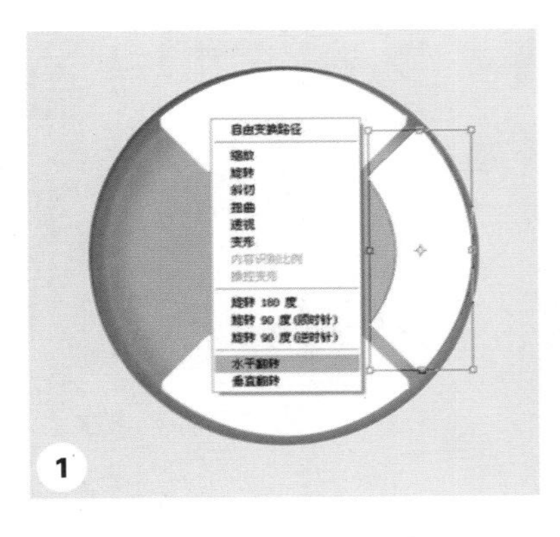

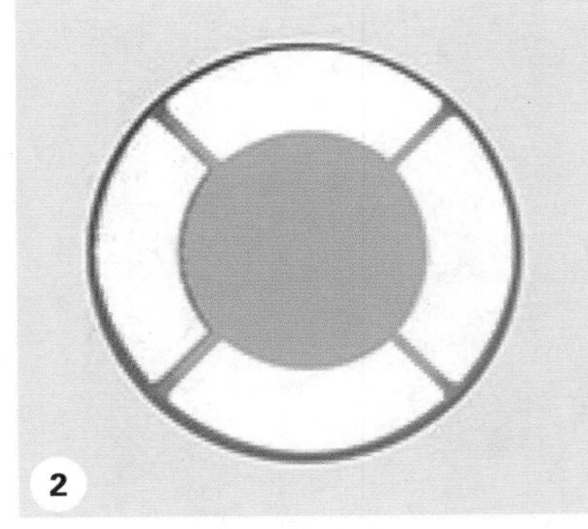

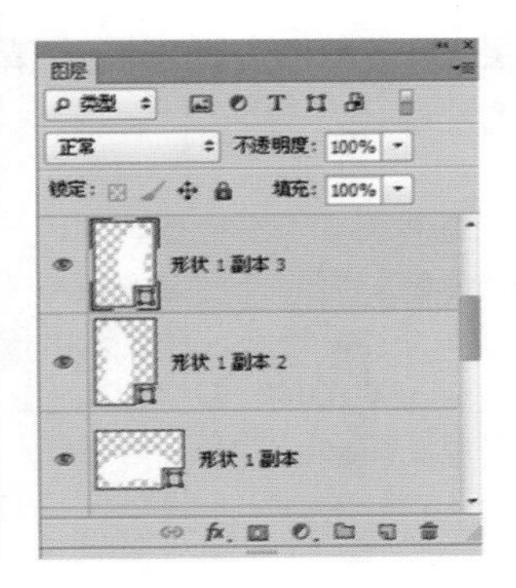

08 制作 ok 键 选择“椭圆工具”，绘制正圆，将方向键的所有图层全部选中，单击右键，选择“合并形状”命令。

椭圆工具选项及创建方法与矩形工具、圆角矩形工具等工具基本相同，可以创建不受约束的椭圆和正圆，也可以创建固定大小、固定比例的圆形。

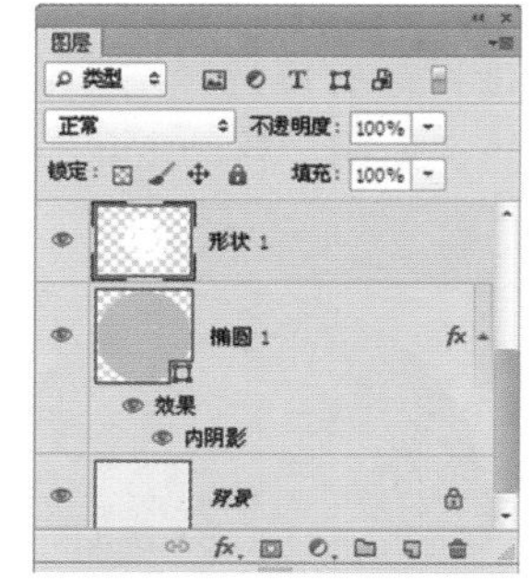

09 添加立体效果 打开“形状 1”图层的“图层样式”对话框，选择“渐变叠加”“内发光”“外发光”“投影”选项，设置参数，为图标添加立体效果。

1. 选择“渐变叠加”选项，保持参数不变。
2. 选择“内发光”选项，颜色为白色、大小 13 像素。
3. 选择“外发光”选项，不透明度 63%，颜色 R:63 G:216 B:226、扩展 31%、大小 13 像素。
4. 选择“投影”选项，不透明度 100%、距离 6 像素。

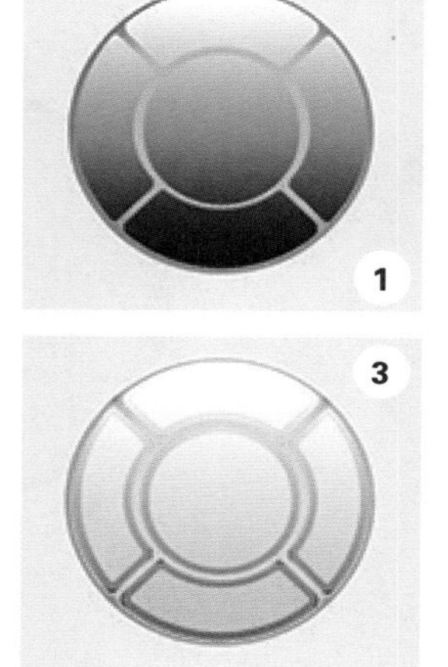

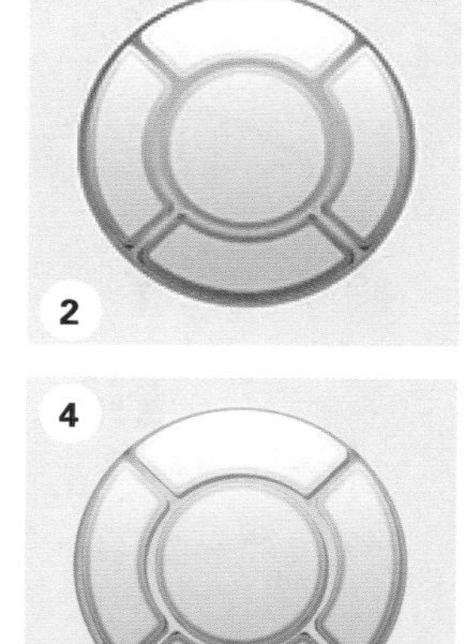

10 清除图层样式 复制“形状 1”图层，得到“形状 1 副本”图层，单击鼠标右键，执行“清除图层样式”命令。

要想删除一个图层的所有效果，除了文中执行的“清除图层样式”命令外，还可以将效果图标 fx. 拖动到“图层”面板底部的删除图层按钮上，也可将效果清除。

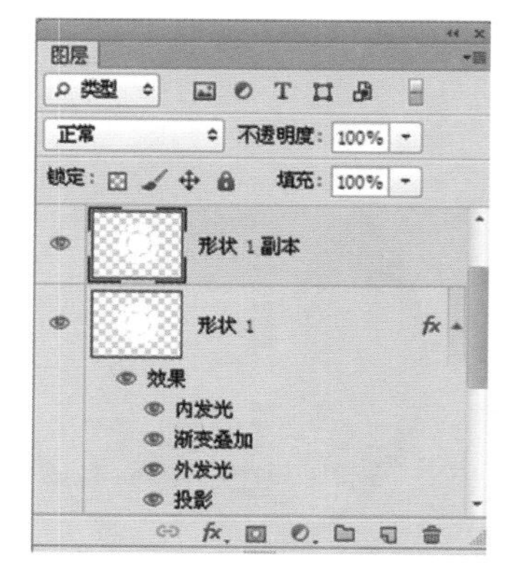

11 添加效果 打开“图层样式”对话框，选择“渐变叠加”“内发光”选项，设置参数，添加效果。

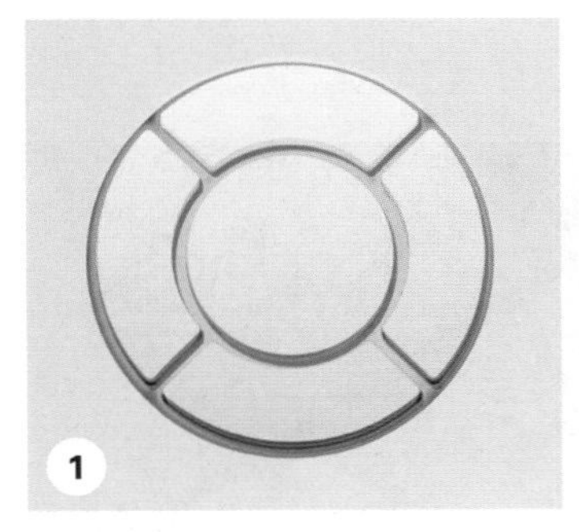
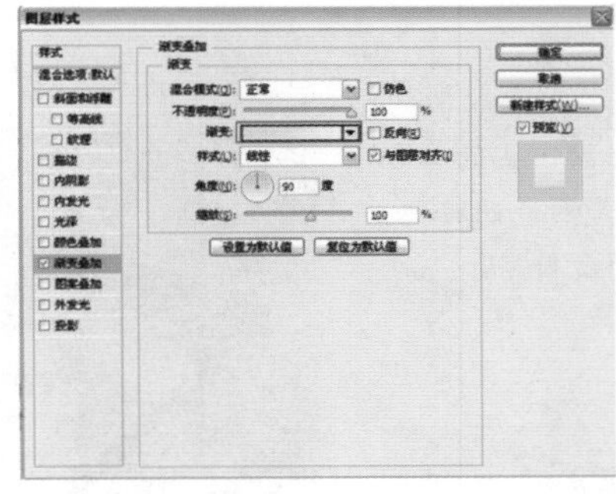

1. 选择“渐变叠加”选项，设置渐变条，从左到右依次是 R:229 G:229 B:229、R:246 G:246 B:246。
2. 选择“内发光”选项，设置颜色为白色，大小 40 像素。

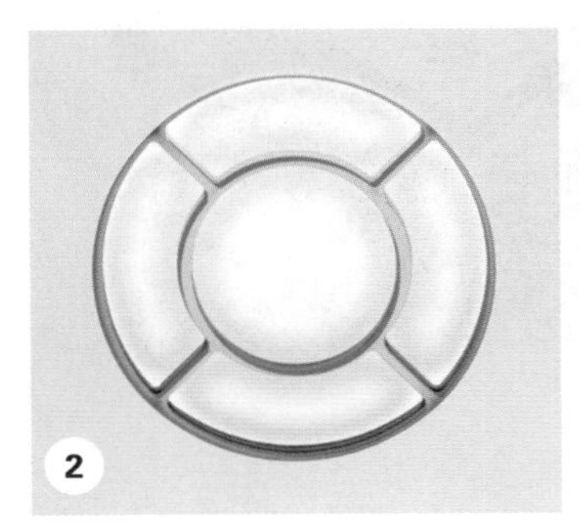
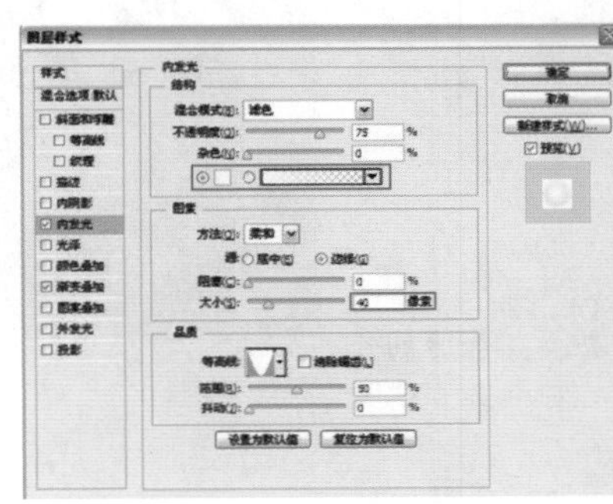
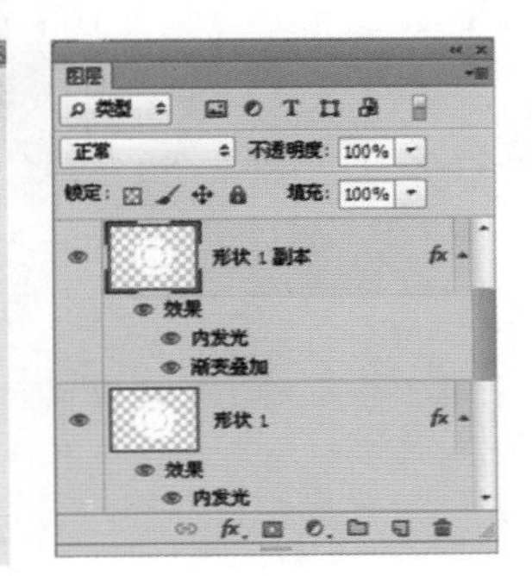

12 输入 ok 字样 选择工具箱中的“横排文字工具”，在选项栏中设置文字的大小、颜色、字体等属性，在图像上单击并输入文字，打开“图层样式”对话框，选择“外发光”选项，设置参数，为文字添加发光效果，完成效果。

1. 用横排文字工具输入文字。
2. 选择“外发光”选项，设置不透明度为 19%、颜色为 R:33 G:255 B:231、大小 29 像素。

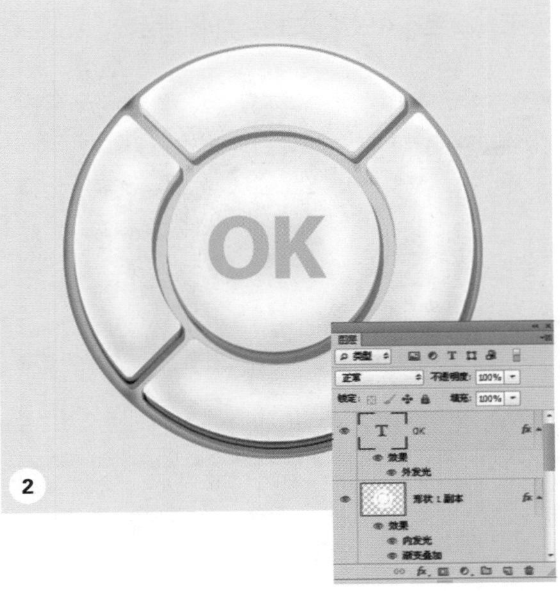

实战 03 播放器按钮

案例综述

本例我们将制作一组播放器按钮，按下去的部分形成一个天蓝色的播放键，默认情况下是白色的按钮，受环境色影响，白色按钮产生了蓝色的反射。

设计规范

尺寸规范	1280 × 1024（像素）
主要工具	圆角矩形工具、图层样式
文件路径	Chapter08/8-3.psd
视频教学	8-3.avi

效果分析

本例采用了全局光效果的模拟方法，在普通的按钮效果上加入了环境色，让整个界面有一种真实的三维效果。

操作步骤

01 新建文档 执行"文件 > 新建"命令，或按下快捷键 Ctrl+N，打开"新建"对话框，设置宽度和高度分别为 1280 像素、1024 像素，分辨率为 72 像素 / 英寸，完成后单击"确定"按钮，新建一个空白文档，如图所示。

02 填充背景色 单击前景色图标，在弹出的"拾色器（前景色）"对话框中设置参数，改变前景色，按下快捷键 Alt+Delete 为背景填充前景色。

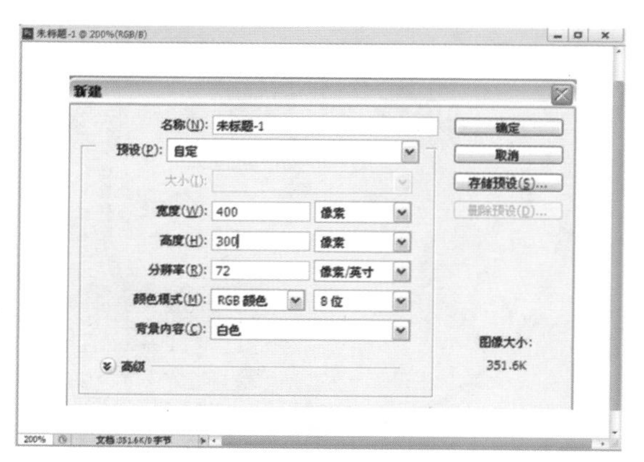

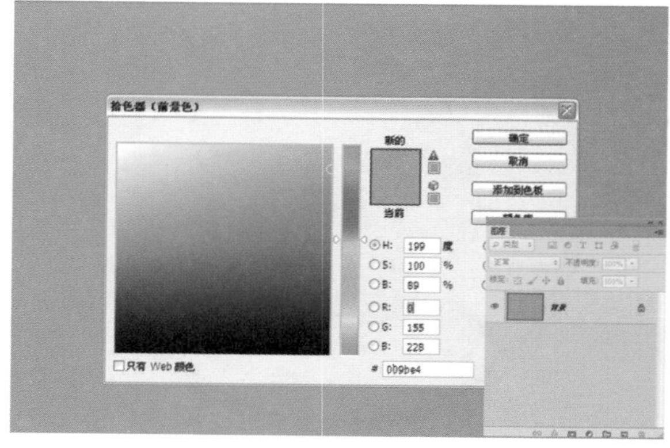

03 绘制播放器外形　选择“圆角矩形工具”，在选项栏中设置半径为 100 像素，打开“图层样式”对话框，选择“渐变叠加”“内阴影”选项，设置参数，添加效果。

1. 选择“渐变叠加”选项，混合模式正片叠加，不透明度 55%，从左到右依次是 R:0 G:0 B:0、R:145 G:145 B:145。
2. 选择“内阴影”选项，角度 90 度，去掉“使用全局光”对勾，距离 1 像素、大小 3 像素。

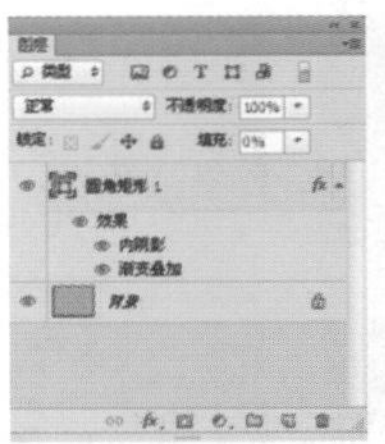

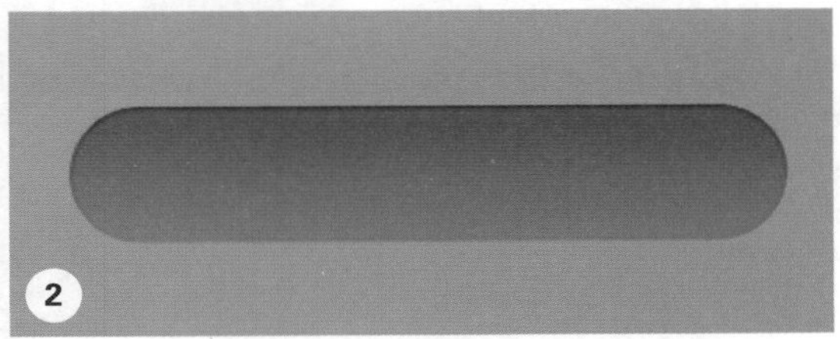

04 复制形状　将该图层进行复制，得到“圆角矩形　1　副本”图层，执行“清除图层样式”命令，为该图层添加蒙版，选择矩形选框工具在形状下方的中央位置建立选区，填充黑色，使其显示下面的内容，完成后，将该图层的不透明度降低为 25%。

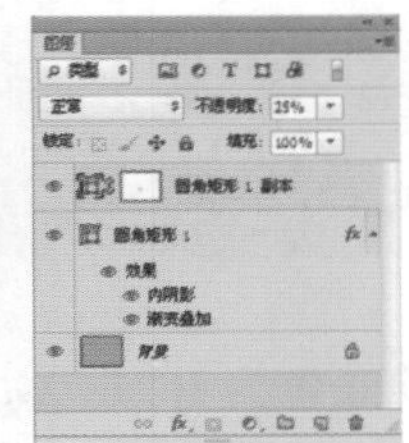

1. 复制形状，清除图层样式效果。
2. 用蒙版显示部分内容。
3. 降低不透明度 25%。

05 制作按钮底座　再次复制该图层，将不透明度还原到 100%，继续使用蒙版以及矩形选框工具来显示下方的内容。

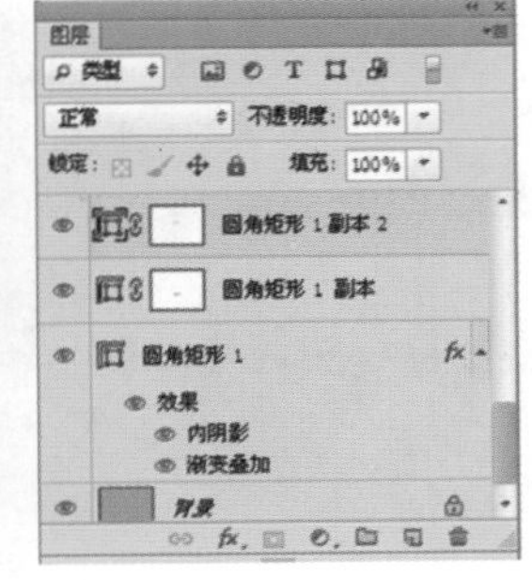

06 添加效果 双击“圆角矩形 1 副本 2”图层，打开“图层样式”对话框，选择“渐变叠加”“投影”选项，设置参数，添加效果。

1. 选择“渐变叠加”选项，设置渐变条，从左到右依次是 R:123 G:166 B:193、R:239 G:245 B:247。
2. 选择“投影”选项，角度 90 度，去掉“使用全局光”对勾，距离 1 像素、大小 1 像素。

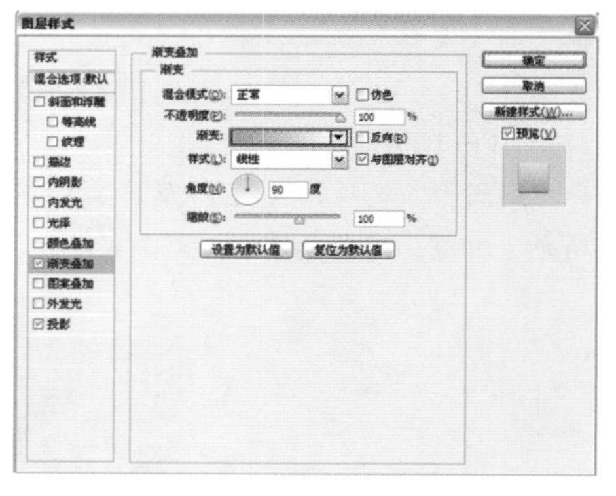

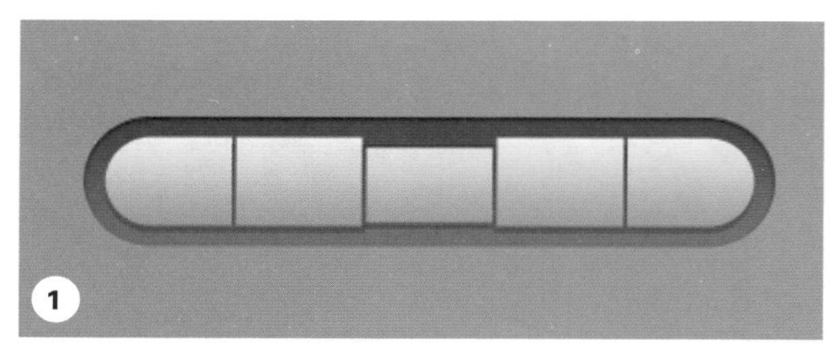

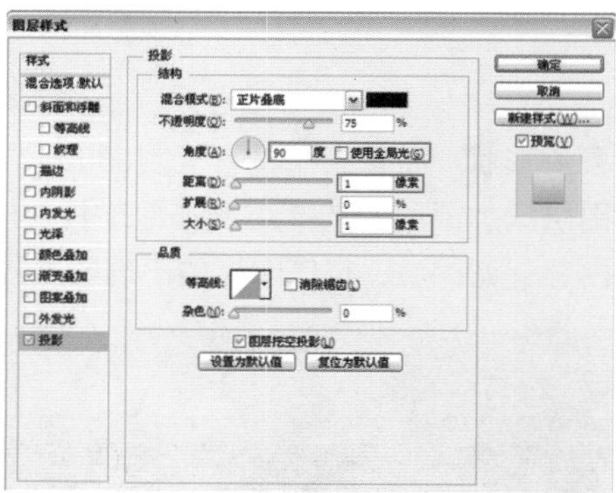

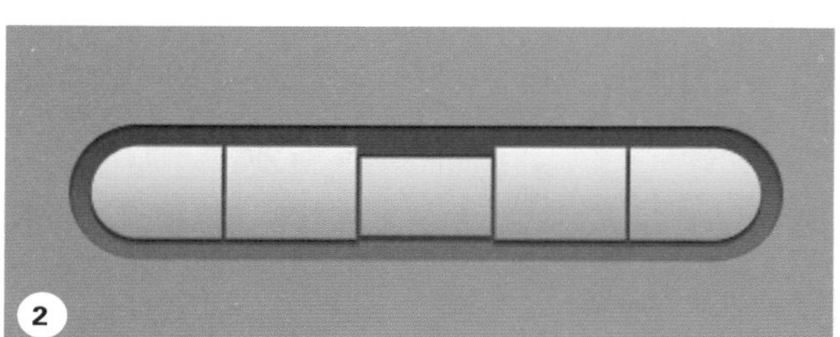

07 制作播放按钮底部 设置前景色为 R:21 G:170 B:255，单击“确定”按钮，选择“矩形工具”，在按钮外形的中央位置绘制矩形，为该图层添加图层蒙版，选择矩形选框工具绘制矩形选区，进行反向，填充黑色，使按钮与播放器外形融合。

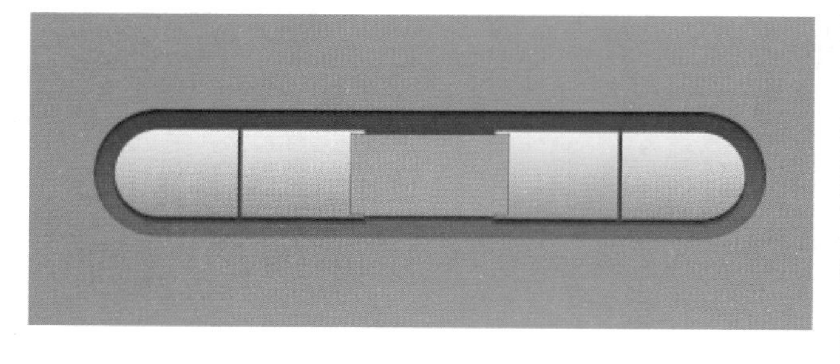

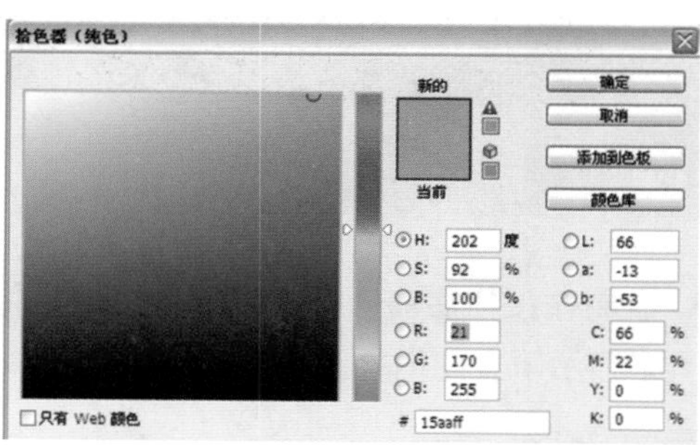

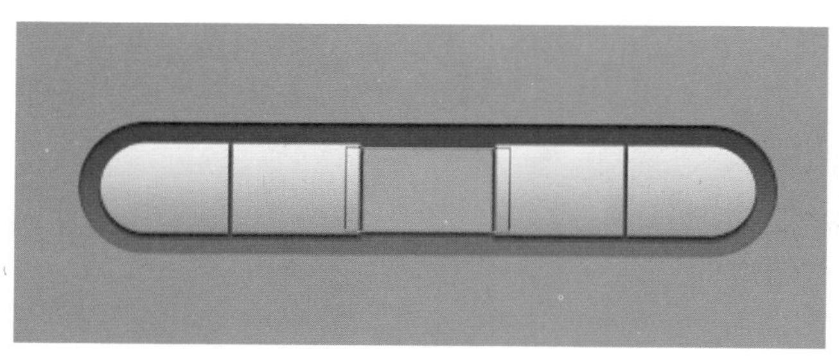

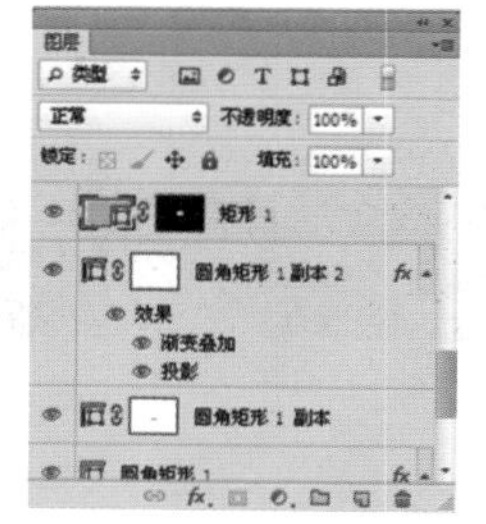

08 添加效果　打开“图层样式”对话框，选择“斜面和浮雕”“渐变叠加”选项，设置参数，为播放按钮底部形状添加效果。

1. 选择“斜面和浮雕”选项，大小 4 像素、软化 4 像素、不透明度 0%、阴影模式颜色减淡、颜色白色、不透明度 45%。
2. 选择“渐变叠加”选项，设置渐变条，从左到右依次是 R:23 G:62 B:152、R:64 G:186 B:231，缩放 143%。

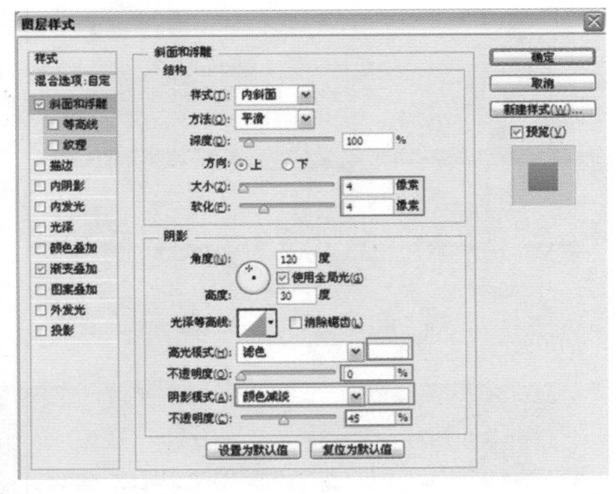

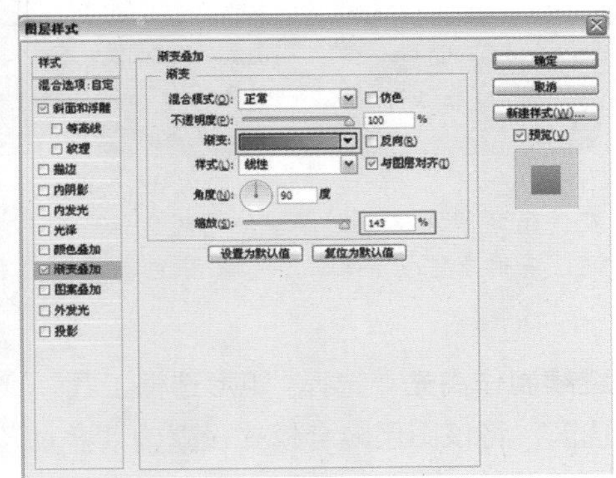

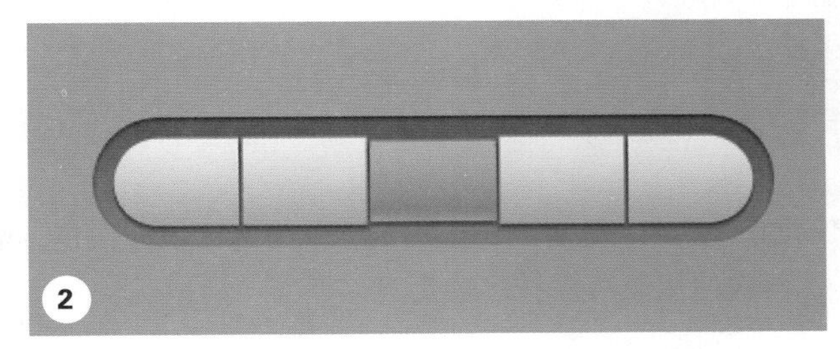

09 添加内阴影　复制“形状 1”图层，得到“形状 1 副本”图层，将该图层的填充降低为 0%，打开“图层样式”对话框，选择“内阴影”选项，设置混合模式叠加、不透明度 50%、角度 90 度，去掉“使用全局光”对勾，大小 5 像素，单击“确定”按钮，添加内阴影效果。

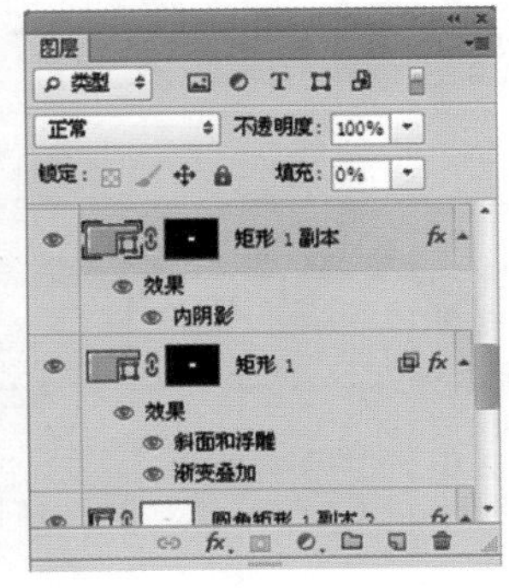

为图层添加“图层样式”效果后，若调整“填充”选项的数值，则改变的是图像的透明显示效果，而图像中添加图层样式的部分仍保持不变。

10 绘制高光 新建“图层 1”图层，设置前景色为白色，选择“画笔工具”，在播放按钮底部绘制亮光，将该图层混合模式设置为“叠加”，为该图层添加蒙版，选择黑色画笔工具进行涂抹，隐藏多余高光。

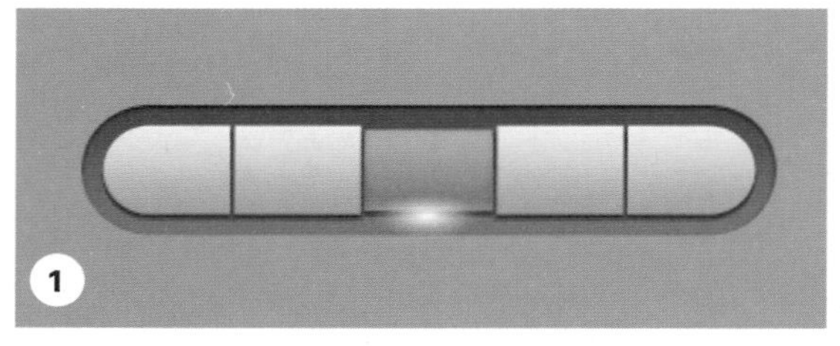

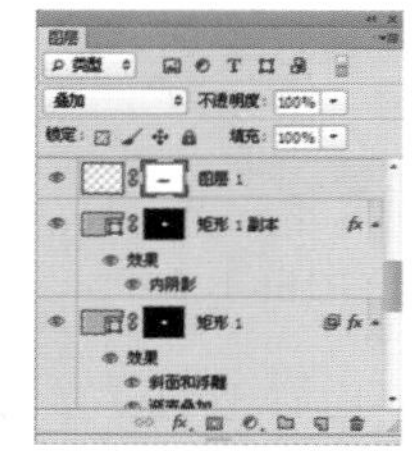

1. 用画笔工具绘制高光。
2. 改变混合模式为叠加。
3. 用蒙版涂抹，隐藏多余高光。

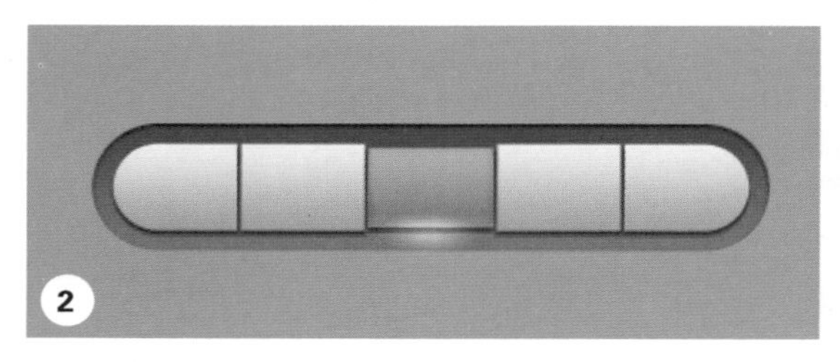

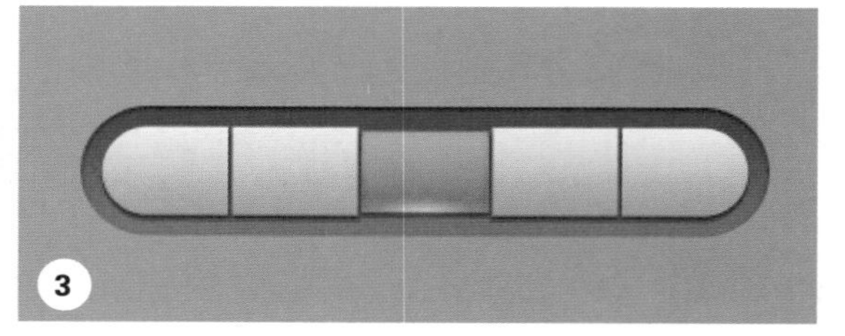

在使用蒙版涂抹的时候，使用黑色涂抹可以用蒙版遮盖图像，如果涂抹到了不该涂抹的区域，可以按住 X 键，将前景色切换到白色，用白色画笔进行涂抹可重新显示图像。

11 继续制作高光 选择“矩形选框工具”，绘制矩形选区，新建“图层 2”图层，为选区填充白色，取消选区，将该图层混合模式设置为“叠加”，再次使用蒙版涂抹多余高光。

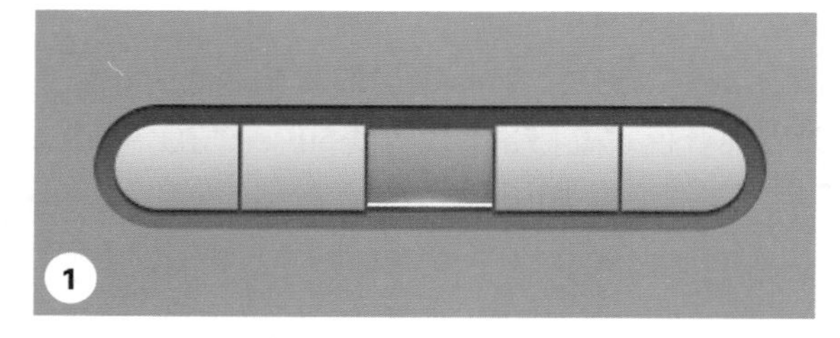

1. 用矩形选框工具绘制选区，填充白色。
2. 改变混合模式为叠加。
3. 用蒙版涂抹隐藏多余高光。

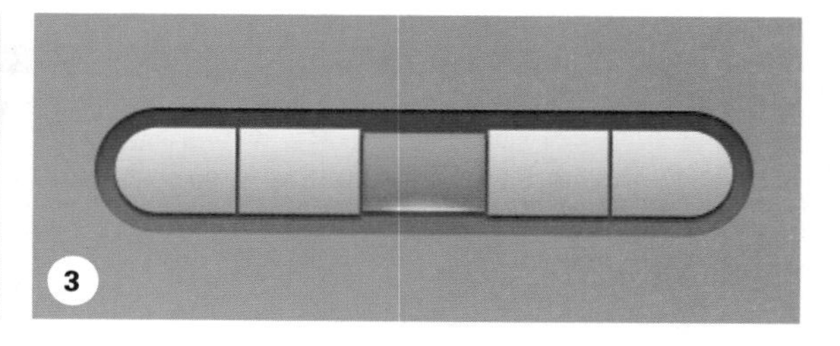

“叠加”模式是将图案或颜色在现有像素上进行叠加，同时保留基色的明暗对比。不替换基色，但基色与混合色相混合以反映原色的亮部或暗度。

12 绘制播放图标　选择“钢笔工具”，绘制播放图标，打开“图层样式”对话框，选择“投影”选项，设置混合模式为“叠加”、角度 –90 度，去掉“使用全局光”对勾，距离 1 像素，单击“确定”按钮，添加效果。

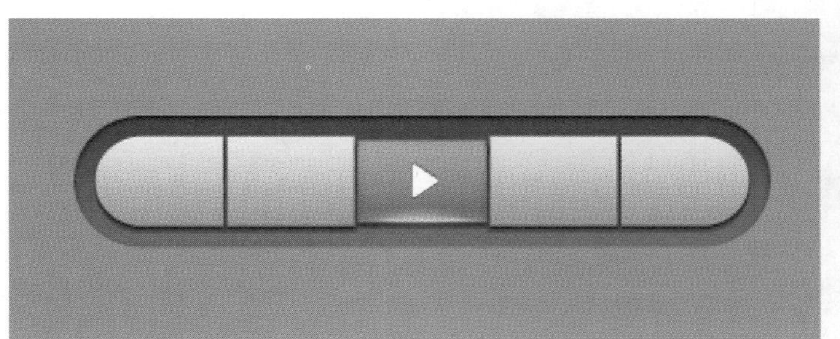

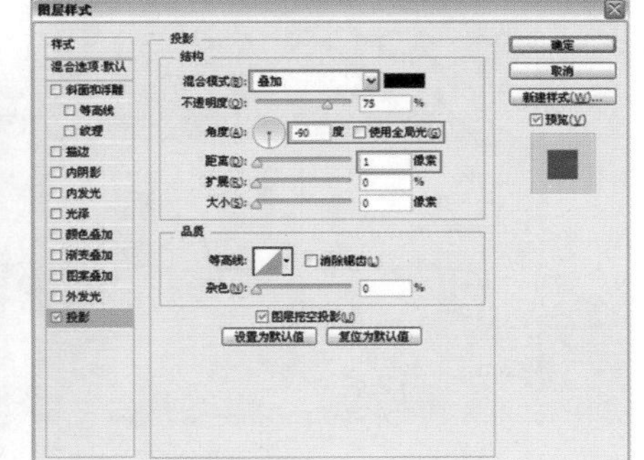

13 绘制图标　选择“圆角矩形工具”，在选项栏中设置半径为 2 像素，将该图层填充降低为 0%，打开“图层样式”对话框，选择“渐变叠加”“内阴影”“投影”选项，设置参数，添加效果。

1. 用圆角矩形工具绘制图标。
2. 降低填充为 0%。
3. 选择“渐变叠加”选项，混合模式为正片叠底、不透明度为 55%，设置渐变条，从左到右依次是 R:0 G:0 B:0、R:145 G:145 B:145，勾选“反向”对勾。
4. 选择“内阴影”选项，角度 90 度，去掉“使用全局光”对勾，距离 1 像素、大小 3 像素。
5. 选择“投影”选项，混合模式叠加、颜色白色、不透明度 35%、距离 1 像素。

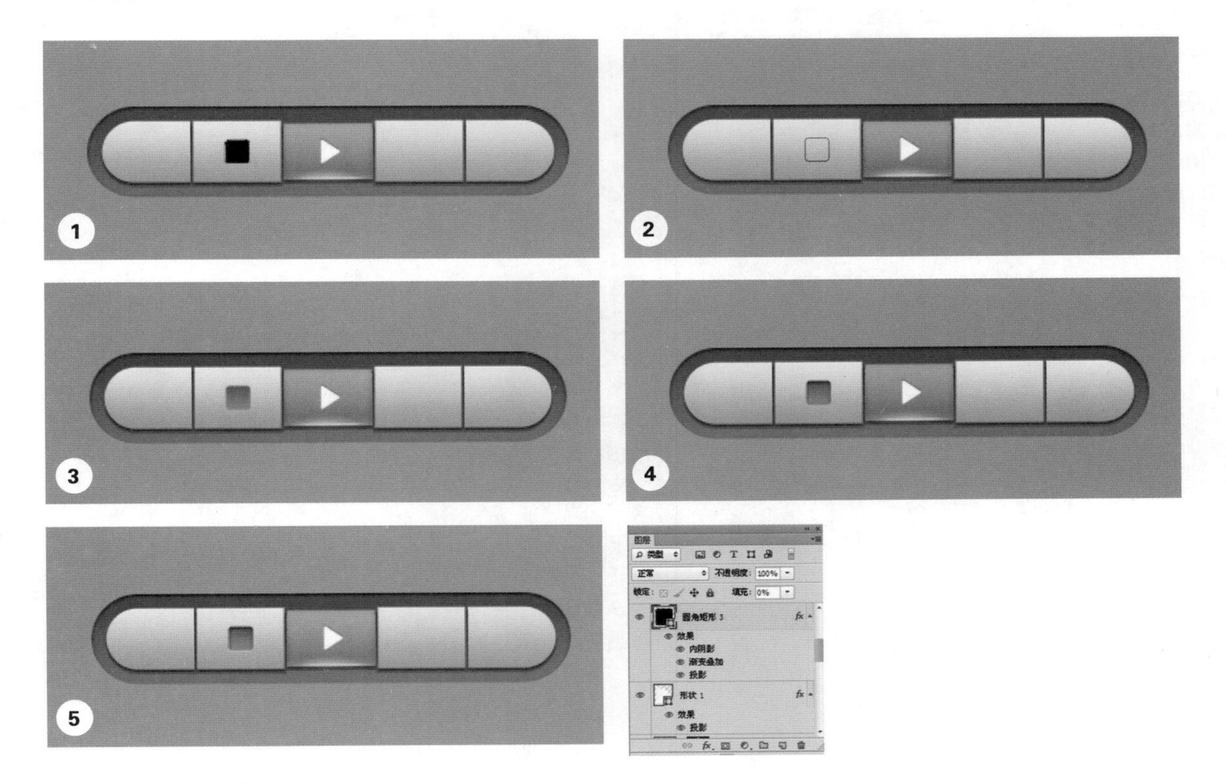

14 绘制暂停图标 选择“圆角矩形工具”，在播放器上绘制暂停图标，将刚才绘制的图形图层样式进行拷贝，粘贴到暂停图标上，为暂停图标添加图层样式效果。

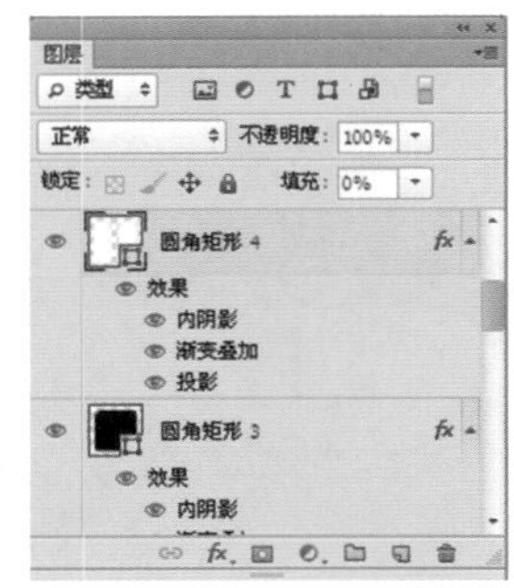

15 绘制其他图标 选择“钢笔工具”绘制图标，粘贴效果，选择“圆角矩形工具”绘制图标，粘贴效果，绘制出向后播放图标，将该图标进行复制，制作“水平翻转”命令，移动位置，得到向前播放图标，完成效果。

1. 用钢笔工具绘制图标，粘贴效果。
2. 用圆角矩形工具绘制图标，粘贴效果。
3. 水平翻转，得到向前播放图标。

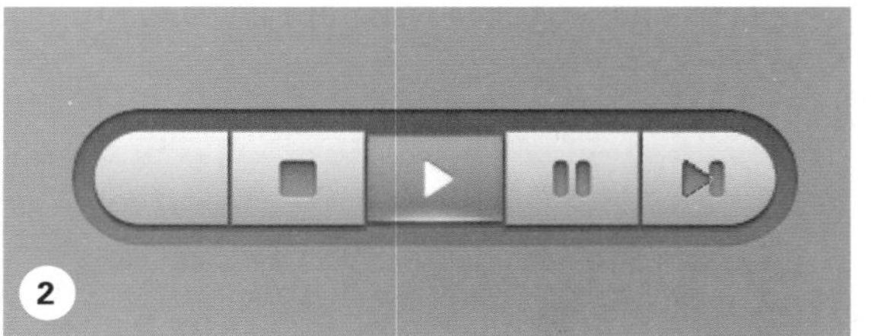

清新开关按钮

案例综述

本例我们将制作一系列具有清新风格的开关按钮，这是一整组 UI 设计中的若干开关按钮，尺寸略有不同，造型也有变化（凹凸方向不同）。

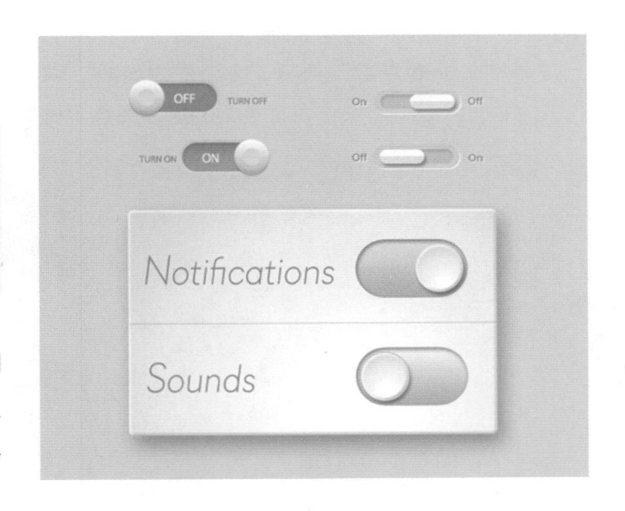

设计规范

尺寸规范	650 × 560（像素）
主要工具	圆角矩形工具、图层样式
文件路径	Chapter08/8–4.psd
视频教学	8–4.avi

配色分析

灰色底子产生了干净整洁的视觉效果，上面有嫩绿和浅蓝色作为开关按钮的激活方式，给人一种清新典雅的视觉感受。

操作步骤

效果 1

01 新建文档　执行“文件 > 新建”命令，或按下快捷键 Ctrl+N，打开“新建”对话框，设置宽度和高度分别为 650 像素、560 像素，分辨率为 72 像素 / 英寸，完成后单击“确定”按钮，新建一个空白文档，如图所示。

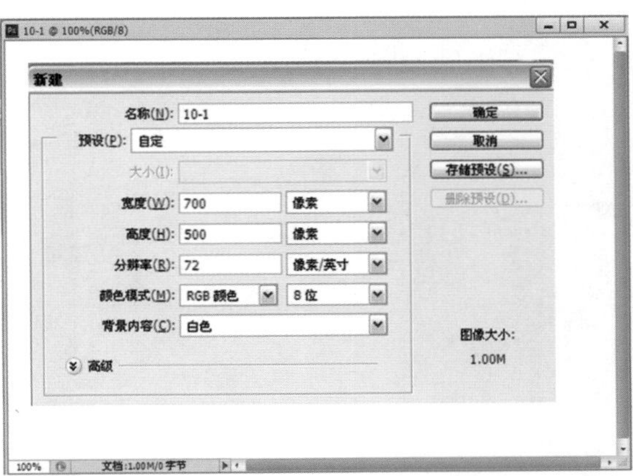

02 为背景填充颜色　单击前景色图标，在弹出的“拾色器（前景色）”对话框中设置参数，改变前景色，按下快捷键 Alt+Delete 为背景填充前景色。

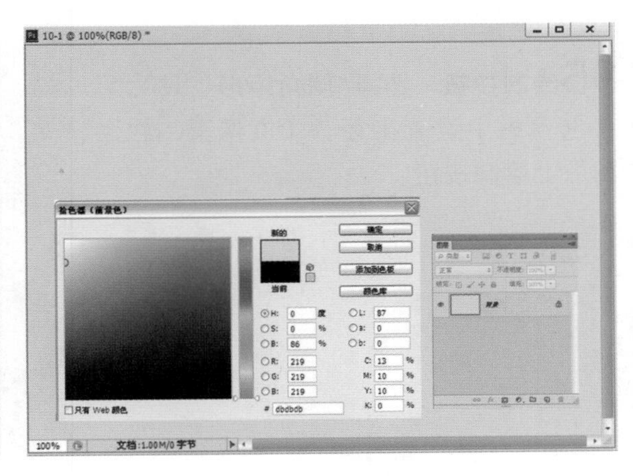

03 绘制圆角矩形 选择“圆角矩形工具”，在选项栏中设置半径为 10 像素，在图像上绘制圆角矩形，得到“圆角矩形 1”图层，打开“图层样式”对话框，选择“斜面和浮雕”“渐变叠加”“投影”选项，设置参数，添加效果。

1. 用圆角矩形工具绘制形状。
2. 选择“渐变叠加”选项，设置渐变条，颜色由左到右依次是 R:223 G:223 B:223、R:255 G:255 B:255 样式径向，角度 32 度。
3. 选择“斜面和浮雕”选项，方法雕刻清晰、深度 205%、大小 2 像素、角度 131 度，去掉“使用全局光”对勾，高度 42 度、高光模式正常，颜色为 R:168 G:168 B:168，不透明度 63%，阴影模式正常、不透明度 100%。
4. 选择“投影”选项，不透明度 31%、距离 11 像素、大小 21 像素。

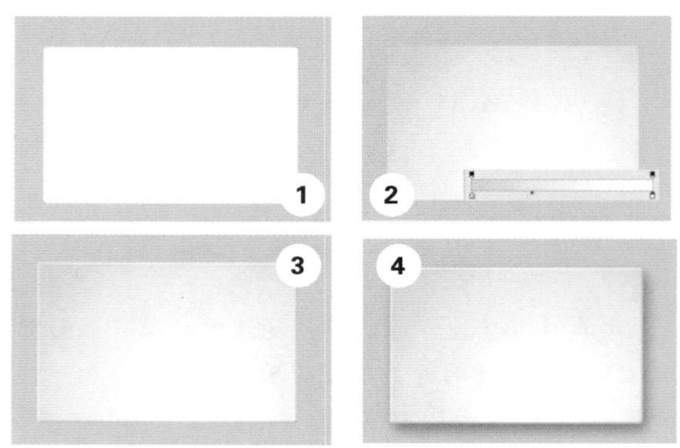

04 添加分界线和文字 选择“矩形工具”，设置前景色的颜色 R:220 G:220 B:220，在圆角矩形的中央位置绘制矩形形状，然后选择“横排文字工具”，设置文字的大小、颜色、字体等属性，输入文字。

1. 用矩形工具绘制分割线。
2. 用横排文字工具输入文字。

05 绘制按钮 选择“圆角矩形工具”，在选项栏中设置半径为 100 像素，在图像上绘制按钮。

06 表现按钮立体感　打开“圆角矩形 2”图层的“图层样式”对话框，选择“颜色叠加”“内阴影”“渐变叠加”选项设置参数，为按钮添加立体感。

1. 选择“颜色叠加”选项，设置颜色为 R:167 G:244 B:236，不透明度为 57%。
2. 选择“内阴影”选项，不透明度 53%、距离 2 像素、大小 5 像素。
3. 选择“渐变叠加”选项，颜色由左到右依次是 R:195 G:195 B:195、R:255 G:255 B:255、缩放 134%。

07 制作按钮开关　选择“椭圆工具”，在按钮上绘制正圆，打开该图层的“图层样式”对话框，在左侧列表中分别选择“渐变叠加”“斜面和浮雕”“投影”等选项，设置参数，为椭圆开关添加效果。

1. 选择椭圆工具绘制按钮开关。
2. 设置渐变条，颜色由左到右依次是 R:223 G:223 B:223、R:255 G:255 B:255，样式径向，角度 32 度。
3. 选择“斜面和浮雕”选项，方法雕刻清晰、深度 205%、大小 2 像素、角度 131 度，去掉“使用全局光”对勾，高度 42 度、高光模式正常、颜色为 R:168、G:168、B:168，不透明度 63%，阴影模式正常、不透明度 100%。
4. 选择“投影”选项，不透明度 31%、距离 11 像素、大小 21 像素。

08 输入文字　选择“横排文字工具”，在图像上输入文字。

输入文字前，可以在选项栏中设置好文字的属性，然后在图像上单击输入文字，也可以将文字输入完成后，将其选中，打开“字符”面板设置文字属性。

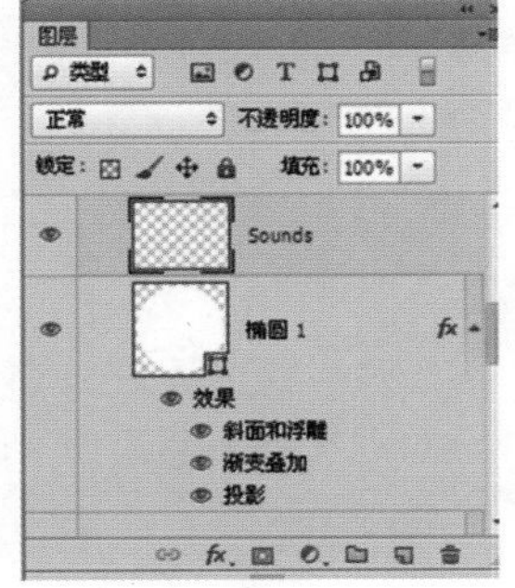

09 制作关闭按钮 将“圆角矩形 2”图层进行复制，得到“圆角矩形 2 副本”图层，执行“清除图层样式”命令，打开“图层样式”对话框，选择“渐变叠加”“内阴影”选项，设置参数，添加效果。

1. 选择“内阴影”选项，不透明度53%、距离2像素、大小5像素。
2. 选择“渐变叠加”选项，颜色由左到右依次是R:176 G:176 B:176、R:255 G:255 B:255，缩放134%。

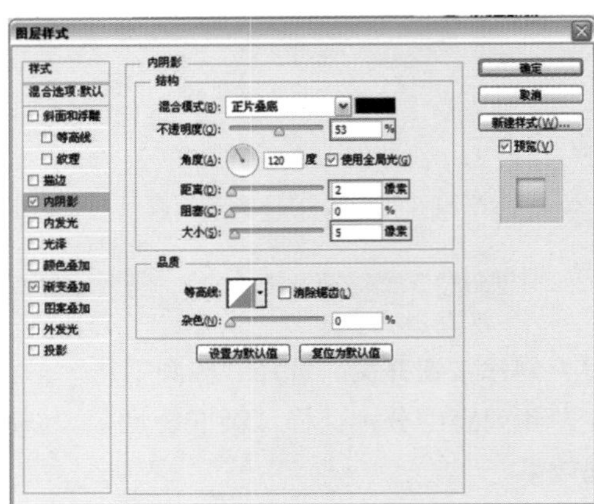

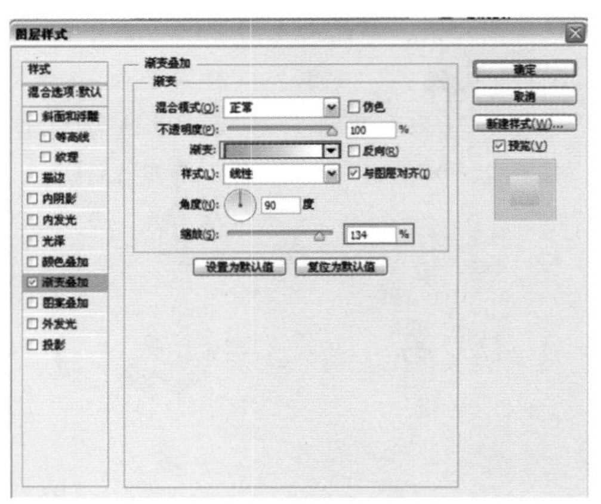

10 新建组 将“椭圆 1”图层进行复制，得到“椭圆 1 副本”图层，移动位置到刚才绘制的按钮上，新建“组 1”，将绘制的图层移动到“组 1”中，完成效果。

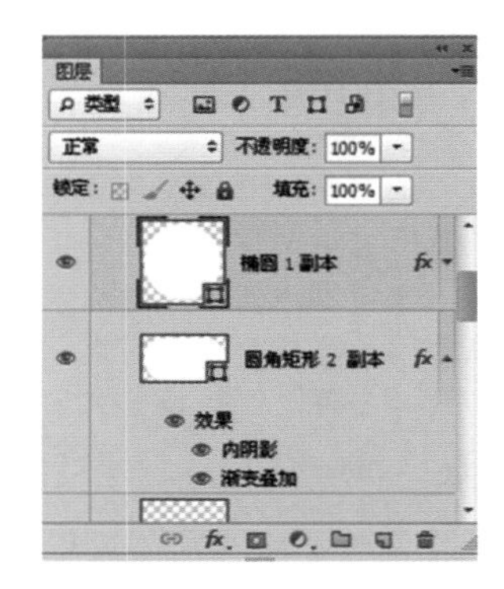

效果 2

01 绘制按钮外形　设置前景色为 R:156 G:186 B:63，选择“圆角矩形工具”，在选项栏中设置半径为 100 像素，在图像上绘制按钮外形，打开“图层样式”对话框，选择“描边”“内阴影”“渐变叠加”选项设置参数，为按钮外形添加立体感。

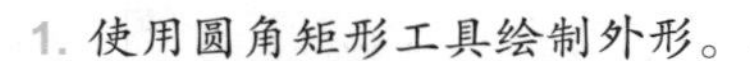

1. 使用圆角矩形工具绘制外形。
2. 选择“描边”选项，大小 3 像素、不透明度 15%、填充类型渐变，设置渐变条，颜色从左到右依次为 R:153 G:153 B:153、R:255 G:255 B:255。
3. 选择“渐变叠加”选项，混合模式柔光、不透明度 25%，勾选“反向”复选框。

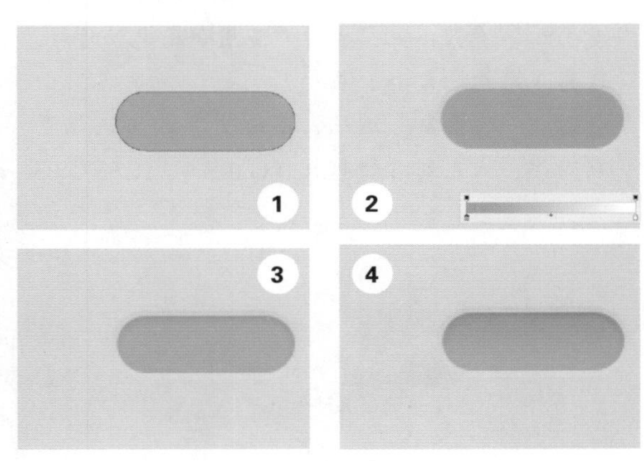

02 输入文字　选择“横排文字工具”，设置前景色为 R:175 G:175 B:175，在按钮左侧输入文字，打开“图层样式”对话框，选择“内阴影”“投影”选项，设置参数，为文字添加效果。

1. 用横排文字工具输入文字。
2. 选择“内阴影”选项，混合模式正常、不透明度 15%、距离 1 像素。
3. 选择“投影”选项，混合模式正常、颜色白色、不透明度 50%、距离 1 像素、大小 1 像素。

03 输入 on 文字　再次使用“横排文字工具”输入文字，改变文字的颜色为白色。

04 绘制开关按钮 选择“椭圆工具”，设置前景色为白色，打开“图层样式”对话框，选择“描边”“内阴影”“渐变叠加”“内发光”“投影”选项设置参数，为开关按钮添加立体效果。

1. 用椭圆工具绘制开关按钮。
2. 选择“描边”选项，大小 1 像素、填充类型渐变，设置渐变条，从左到右颜色 R:153 G:153 B:153、R:255 G:255 B:255。
3. 选择“内阴影”选项，混合模式正常，不透明度 10%、角度 -90，去掉“使用全局光”对勾，距离 3 像素、大小 1 像素。
4. 选择“渐变叠加”选项，不透明度 20%、设置渐变条，从左到右颜色 R:0 G:0 B:0、R:85 G:85 B:85、R:255 G:255 B:255。
5. 选择“内发光”选项，混合模式正常、不透明度 40%、颜色白色、阻塞 50%、大小 1 像素。
6. 选择“投影”选项，混合模式正常、不透明度 10%、角度 90，去掉“使用全局光”对勾，距离 3 像素。

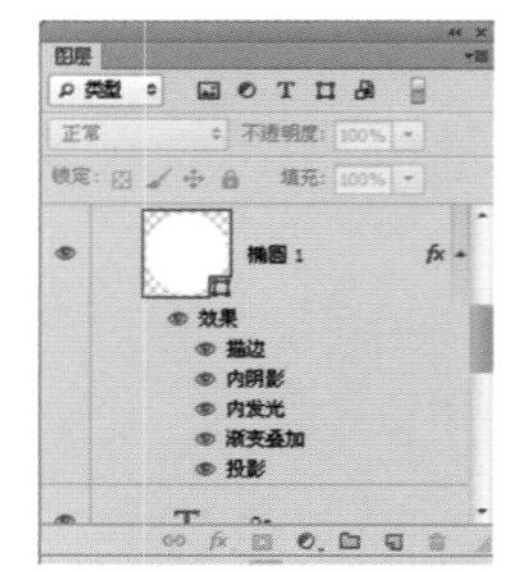

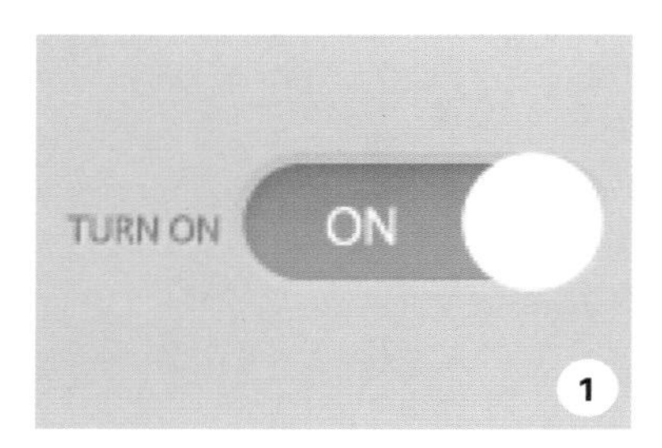

1

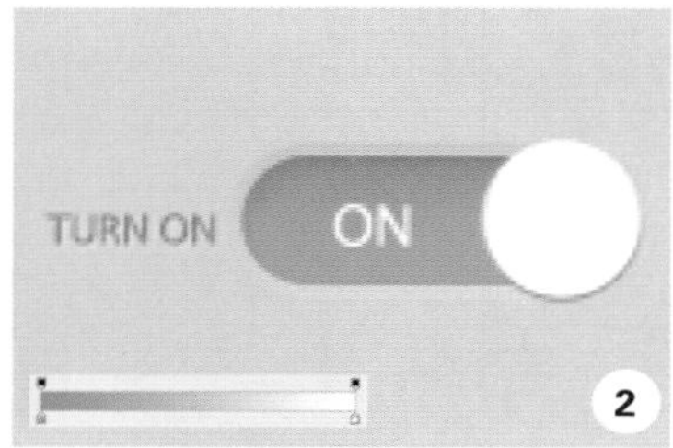

2

3

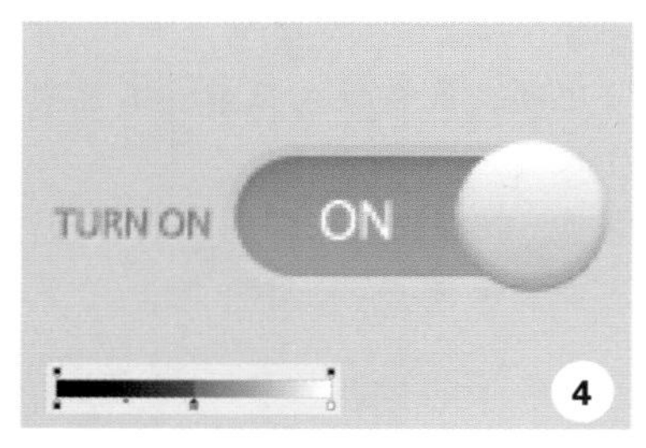

4

5

6

05 添加质感 再次使用“椭圆工具”，设置前景色为 R:221 G:221 B:221 在开关按钮上绘制正圆，打开“图层样式”对话框，选择“内阴影”“渐变叠加”选项，设置参数，为开关按钮添加质感。

1

2

3

06 复制组　新建“组 2”，将刚才绘制的图层拖入到组 2 中，复制“组 2”，得到“组 2 副本”，移动按钮的位置，改变文字。

1. 新建组，复制组，移动图像位置。
2. 改变按钮中文字。

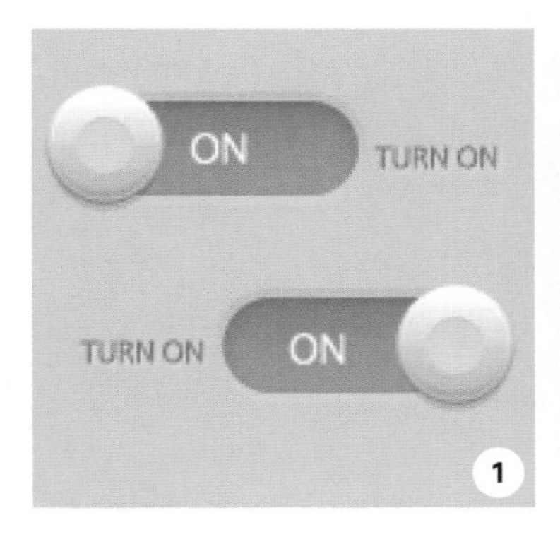

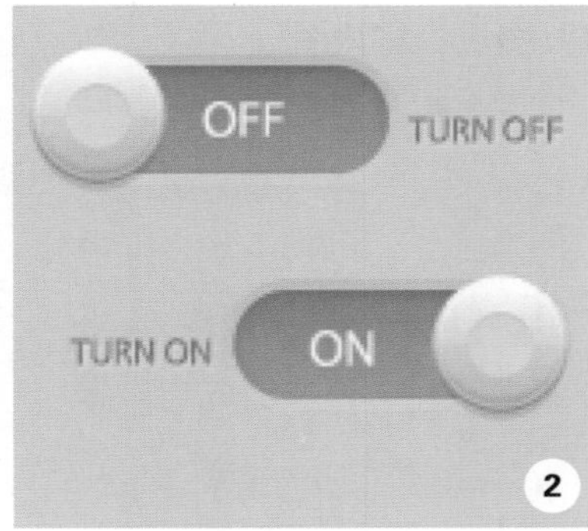

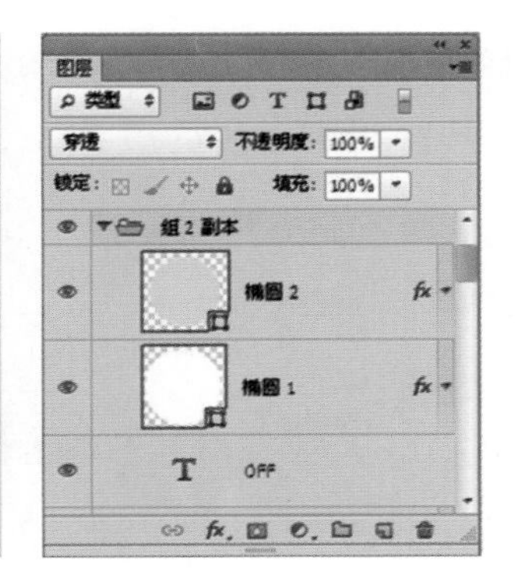

07 重置图层样式效果　将 off 所在的按钮选中，执行“清除图层样式”命令，改变其颜色为 R:153 G:153 B:153 打开“图层样式”对话框，选择“描边”“内阴影”选项设置参数，添加效果。

1. 清除图层样式，改变颜色。
2. 选择“描边”选项，大小 3 像素、不透明度 15%、填充类型渐变、设置渐变条，从左到右颜色 R:153 G:153 B:153、R:255 G:255 B:255。
3. 选择“内阴影”选项，混合模式正常，不透明度 15%，角度 90，去掉“使用全局光”对勾，距离 2 像素、大小 5 像素。

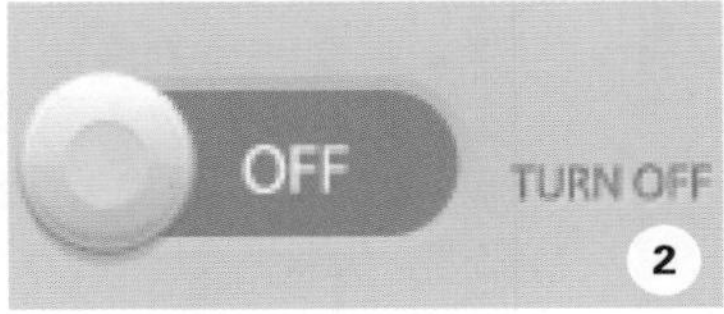

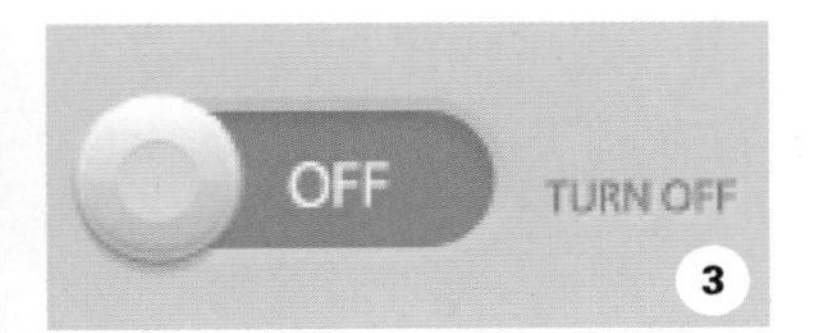

效果 3

01 绘制基本形 选择“圆角矩形工具”，在选项栏中设置半径为 100 像素，在图像上绘制圆角矩形，得到“圆角矩形 1”图层，将该图层的填充降低为 0%。

1. 绘制圆角矩形。
2. 降低填充为 0%。

02 添加效果 打开“椭圆 1”图层“图层样式”对话框，在左侧列表中分别选择“描边”“颜色叠加”“图案叠加”“投影”等选项，设置参数，为椭圆形状添加效果。

1. 选择“内阴影”选项，设置颜色为 R:103 G:89 B:82，不透明度 5%、距离 10 像素、大小 20 像素。
2. 选择“投影”选项，混合模式正常、颜色白色、距离 1 像素。

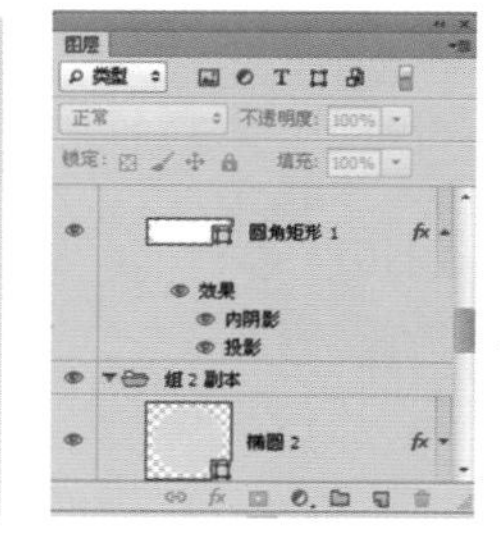

03 添加效果 选择“圆角矩形工具”，设置颜色为 R:203 G:203 B:203，绘制形状，打开“图层样式”对话框，选择“内阴影”选项，设置参数，添加效果。

1. 再次使用圆角矩形工具绘制按钮内部。
2. 选择“内阴影”选项，设置颜色为 R:61 G:56 B:54，不透明度 20%、距离 2 像素、大小 4 像素。

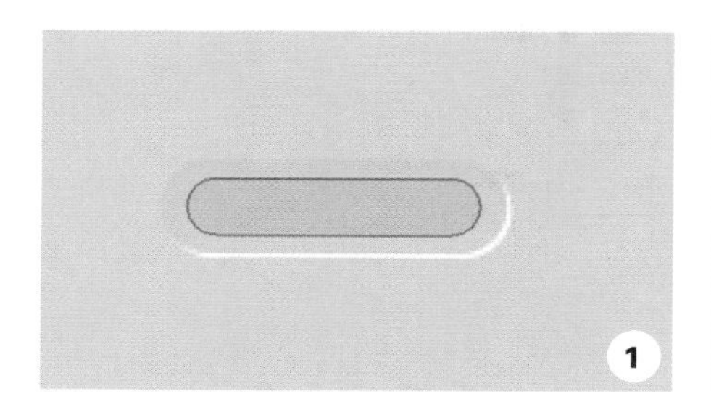

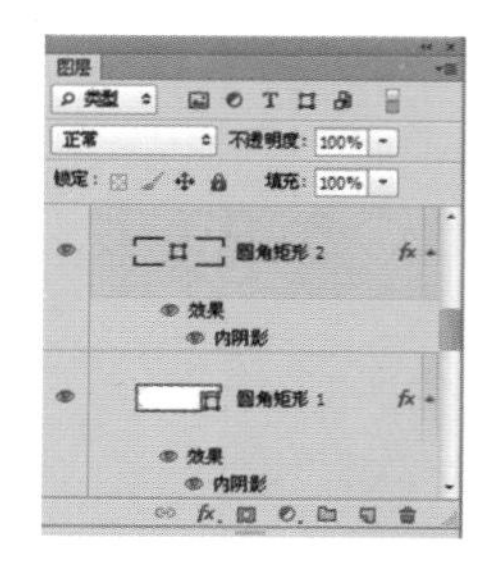

04 绘制按钮开关　选择“圆角矩形工具”，绘制按钮开关外形，打开“图层样式”对话框，选择“颜色叠加”“投影”选项设置参数，增加按钮立体感，然后使用“钢笔工具”绘制形状。

1. 使用圆角矩形工具绘制按钮开关。
2. 选择“颜色叠加”选项，设置颜色 R:237 G:232 B:230。
3. 选择“投影”选项，混合模式正常，颜色 R:76 G:76 B:76、不透明度 47%、距离 4 像素、大小 3 像素。
4. 选择钢笔工具绘制按钮开关上面的形状。

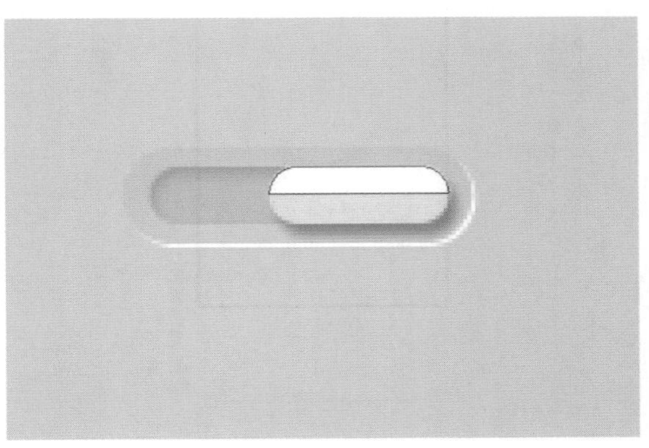

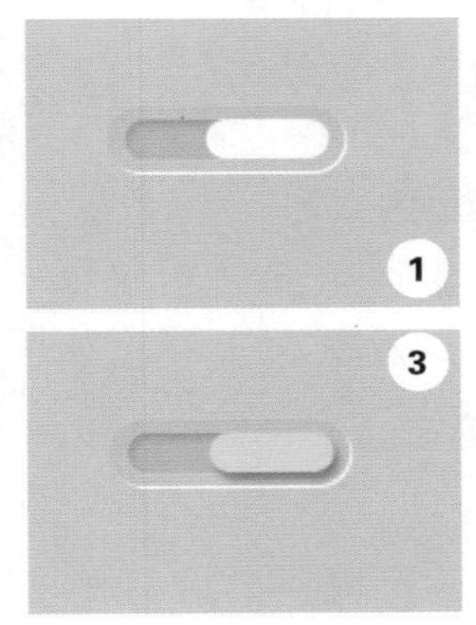

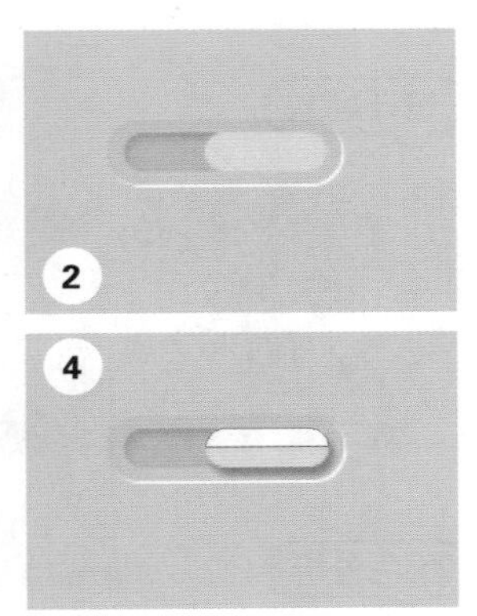

05 输入文字　选择“横排文字工具”，按钮左右两侧输入文字，新建“组 3”。

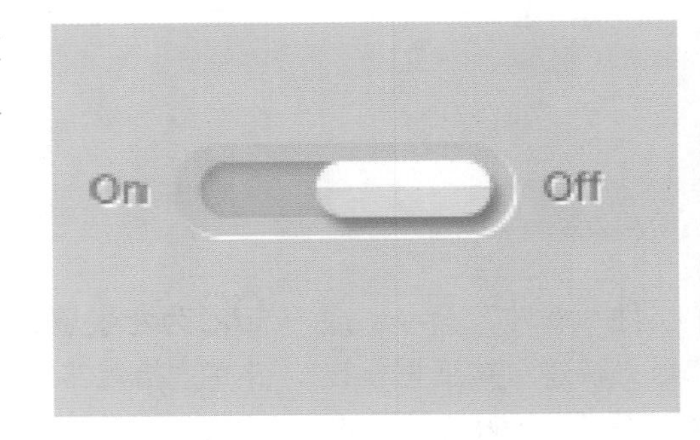

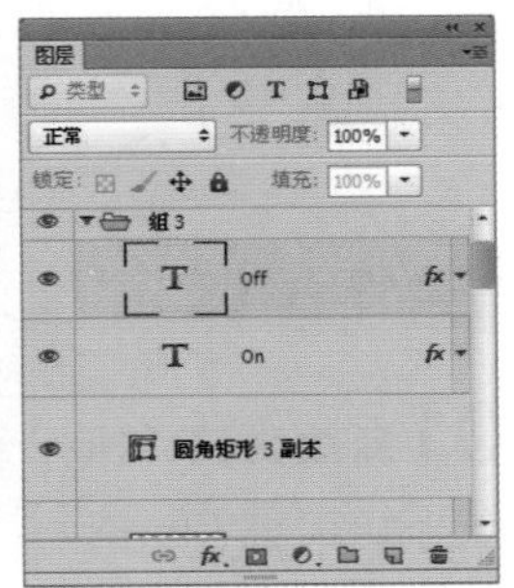

06 复制组　将“组 3”进行复制，得到“组 3 副本”，移动组中按钮及文字的位置，完成效果。

1. 复制组，移动按钮、文字位置。
2. 完成效果。

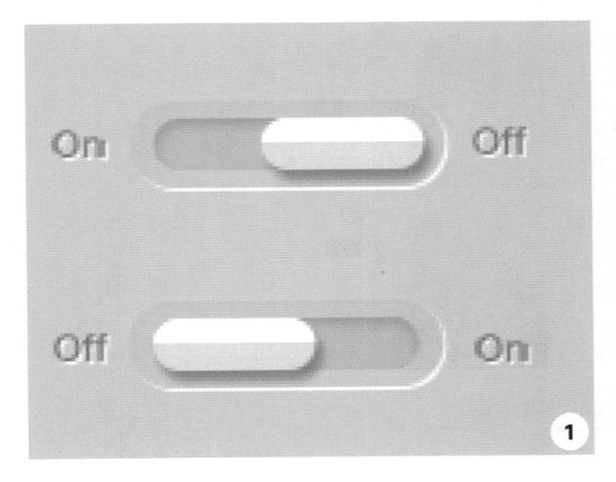

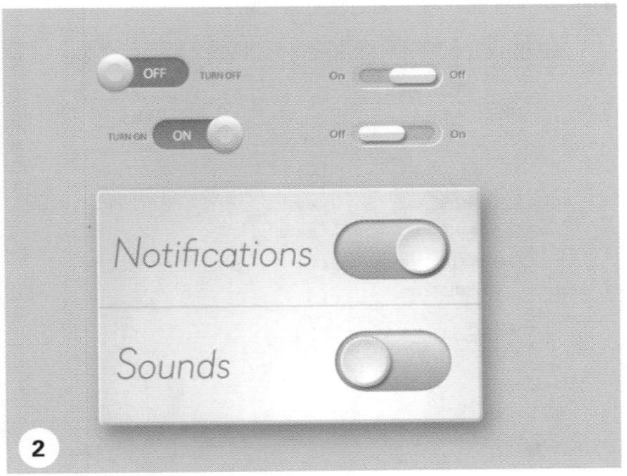

高调旋钮

案例综述

本例我们将制作一个高调的乳白色旋钮，这种设计被多次应用在了苹果系统的界面中。简约的造型和色彩搭配无不体现出播放器的清新素雅风格。

设计规范

尺寸规范	600×400（像素）
主要工具	圆形工具、图层样式
文件路径	Chapter08/8-5.psd
视频教学	8-5.avi

配色分析

本例使用了清新蓝色和简约灰色的色彩搭配，让整个视觉效果体现出轻松而安静的风格。

操作步骤

01 新建文档 执行“文件>新建”命令，或按下快捷键Ctrl+N，打开“新建”对话框，设置宽度和高度分别为650像素、560像素，分辨率为72像素/英寸，完成后单击“确定”按钮，新建一个空白文档，如图所示。

02 为背景填充颜色 单击前景色图标，在弹出的“拾色器（前景色）”对话框中设置参数，改变前景色，按下快捷键Alt+Delete为背景填充前景色。

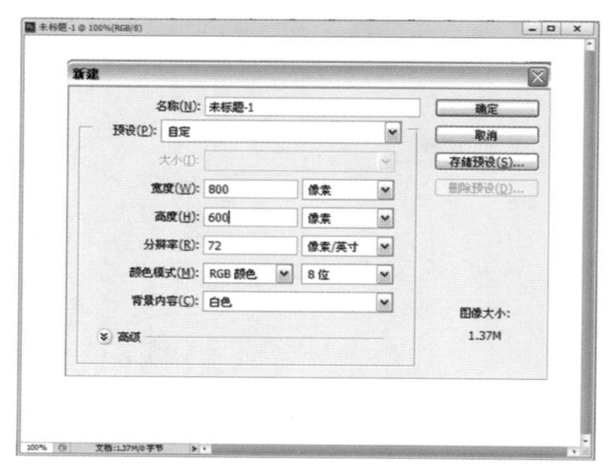

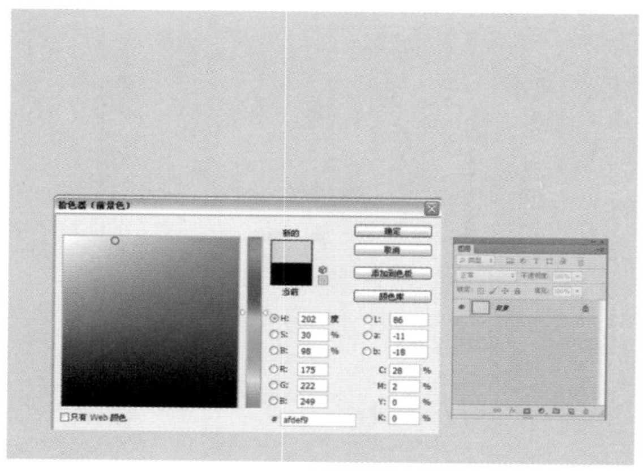

03 绘制基本形　选择“椭圆工具”，在画布上绘制正圆，然后在选项栏中选择“合并形状”选项，再次绘制正圆，使用同样的方法连续绘制 4 次，得到基本形，打开“图层样式”对话框，选择“内阴影”“渐变叠加”选项设置参数，添加效果。

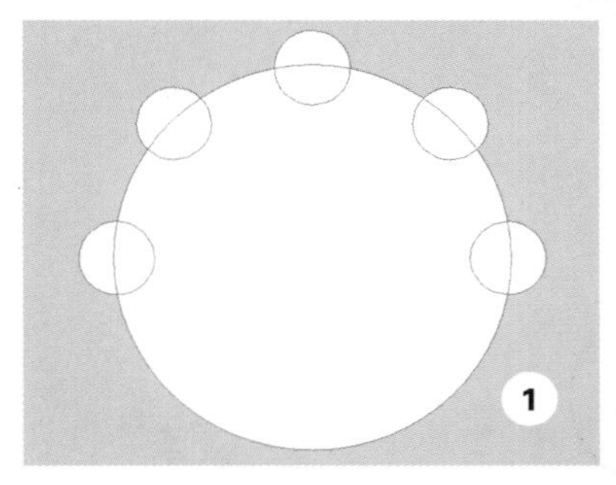

1. 使用椭圆工具绘制基本形。
2. 选择“内阴影”选项，设置不透明度 15%、角度 90 度，去掉“使用全局光”对勾，距离 2 像素、大小 4 像素。
3. 选择“渐变叠加”选项，设置渐变条，颜色由左到右依次为 R:228 G:228 B:228、R:238 G:238 B:238、R:247 G:247 B:247，角度 −90 度。

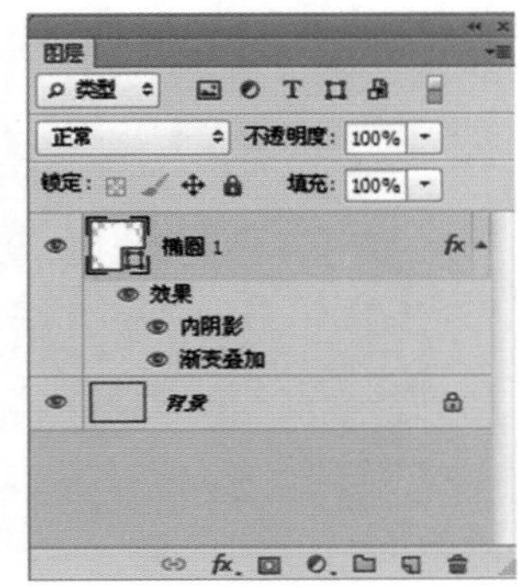

04 绘制内部形状　再次选择“椭圆工具”，绘制正圆，移动位置到基本形的中央位置，打开“图层样式”对话框，选择“内阴影”“渐变叠加”“投影”选项设置参数，添加效果。

1. 用椭圆工具绘制内部形状。
2. 选择“内阴影”选项，不透明度 28%，角度 90 度，去掉“使用全局光”对勾，距离 2 像素、阻塞 9%、大小 5 像素。
3. 选择“渐变叠加”选项，设置渐变条，颜色由左到右依次为 R:89 G:89 B:89、R:227 G:227 B:227、R:255 G:255 B:255、勾选“反向”对勾，角度 −90 度、缩放 150%。
4. 选择“投影”选项，设置混合模式为叠加，颜色白色、不透明度 61%、距离 3 像素。

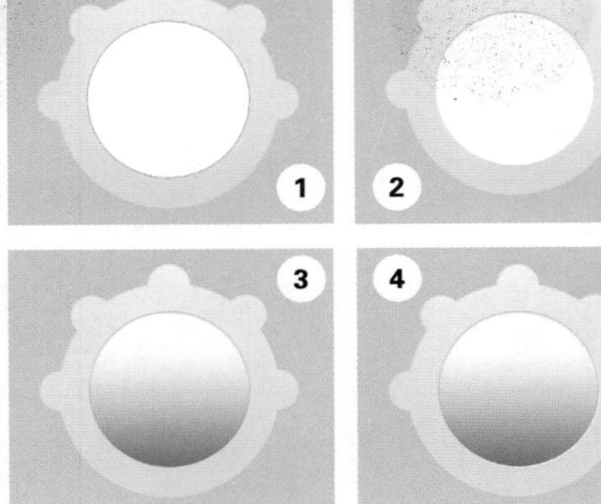

05 添加立体效果 选择“椭圆工具”绘制同心圆，打开“图层样式”对话框，选择“内阴影”“外发光”选项，设置参数，为按钮添加效果。

1. 用椭圆工具绘制同心圆。
2. 降低填充为 0%。
3. 选择“内阴影”选项，不透明度 15%、距离 5 像素、大小 5 像素。
4. 选择“外发光”选项，混合模式正常、颜色白色、大小 2 像素。

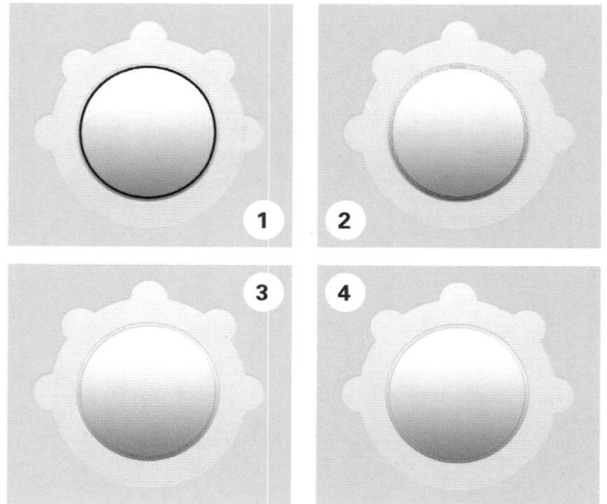

06 绘制阴影 选择“椭圆工具”绘制黑色椭圆，得到“椭圆 4”图层，单击鼠标右键，选择“转换为智能对象”命令，执行“滤镜 > 模糊 > 高斯模糊”命令，设置半径为 28 像素，单击“确定”按钮，模糊图像。

1. 选择椭圆工具绘制黑色正圆。
2. 将椭圆进行高斯模糊。

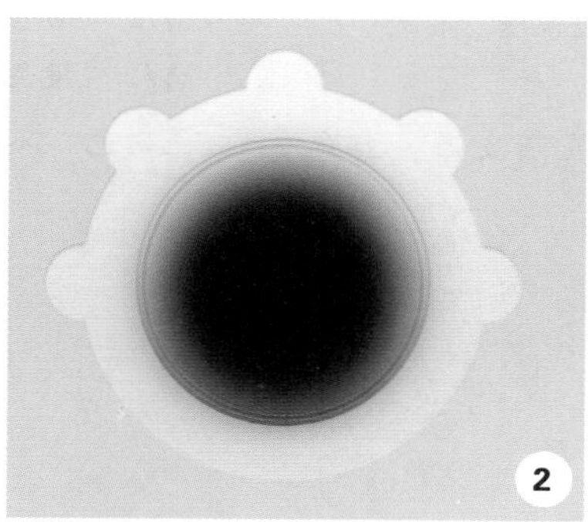

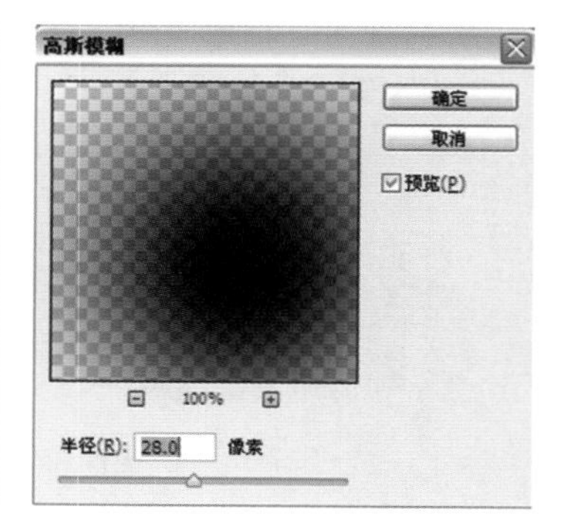

在“高斯模糊”对话框中，设置半径的值越大，模糊效果越强烈，半径值的范围在 0.1~250 之间。

07 添加阴影

再次使用“椭圆工具”，绘制黑色正圆，将填充减低为 0%，打开“图层样式”对话框，选择“投影”选项，设置参数，添加投影效果。

1. 使用椭圆工具绘制正圆。
2. 降低填充为 0%。
3. 选择“投影”选项，不透明度 60%、距离 9 像素、大小 10 像素。

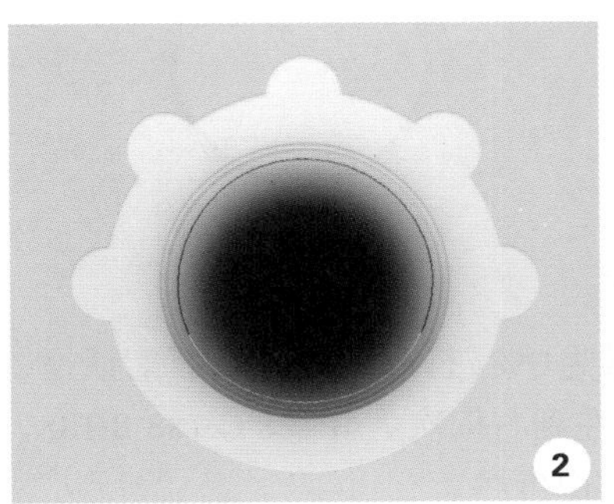

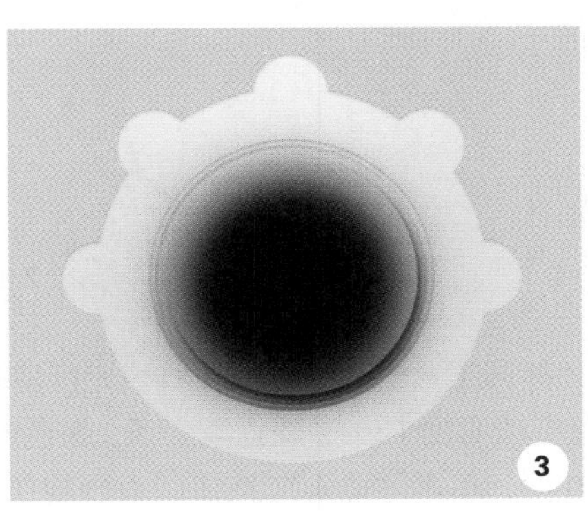

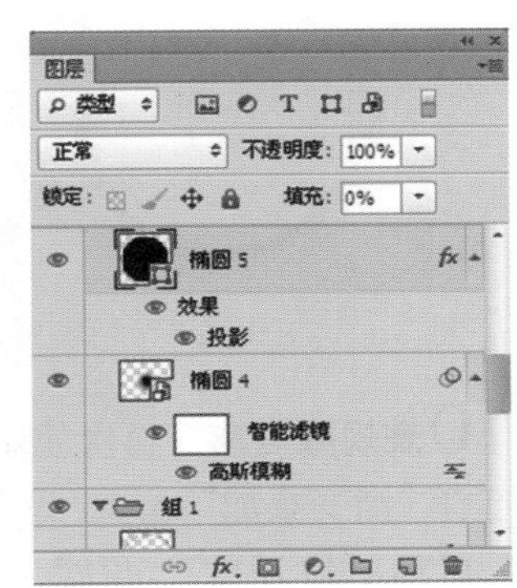

08 绘制旋钮

选择“矩形工具”，在按钮的中央位置绘制一个细小的矩形框，将其复制，旋转角度，按下 Enter 键确认，然后不断按下快捷键 Ctrl+Alt+Shift+T，可得到旋转的矩形，完成后，选择“椭圆工具”，在圆盘下方绘制白色正圆，得到旋钮。

1. 选择矩形工具，绘制矩形。
2. 复制矩形，将其旋转一个角度。
3. 按下快捷键 Ctrl+Alt+Shift+T，得到圆盘。
4. 用椭圆工具绘制旋钮背景。

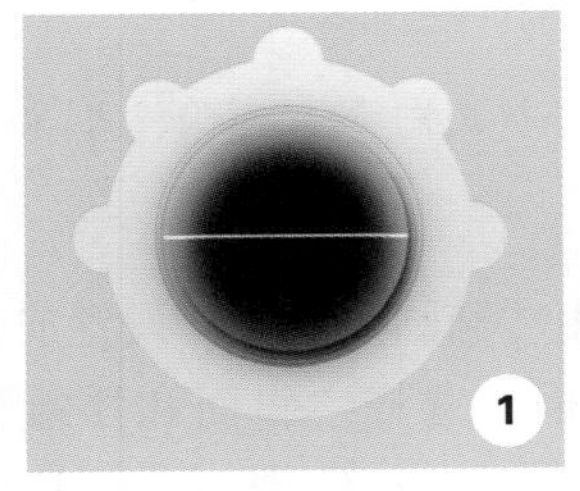

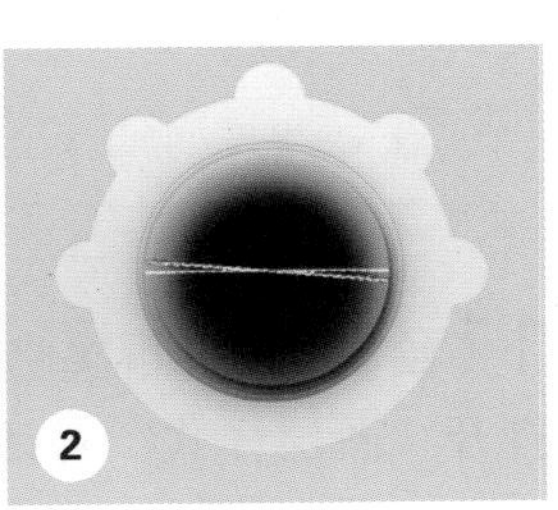

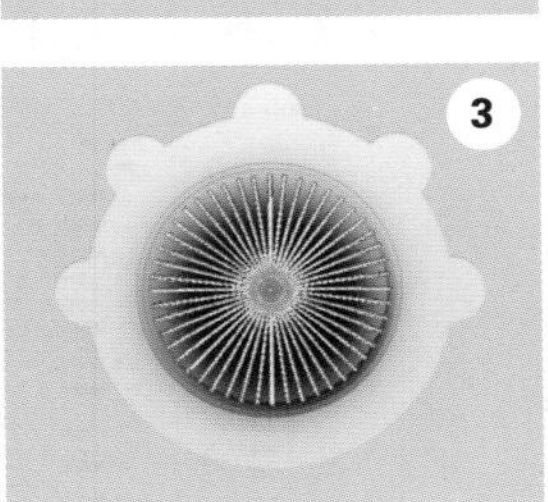

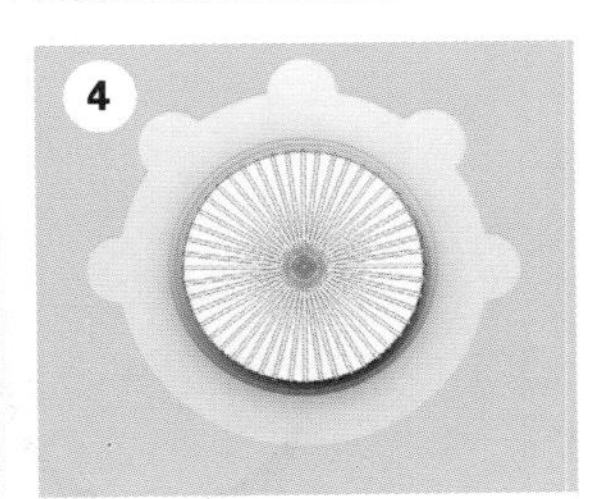

09 添加质感 将刚才绘制的图层合并，打开“图层样式”对话框，选择“渐变叠加”“外发光”“投影”选项设置参数，添加效果。

1. 选择“渐变叠加”选项，不透明度为 18%、设置渐变条，颜色由左到右依次为 R:211 G:211 B:211、R:242 G:242 B:242。
2. 选择“外发光”选项，混合模式正片叠加、不透明度 12%、颜色黑色、大小 10 像素。
3. 选择“投影”选项，不透明度为 63%、角度 95 度，去掉“使用全局光”对勾，距离 21 像素、大小 21 像素。

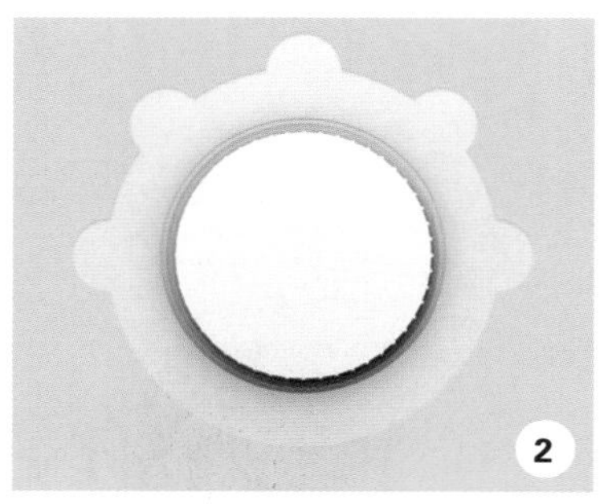

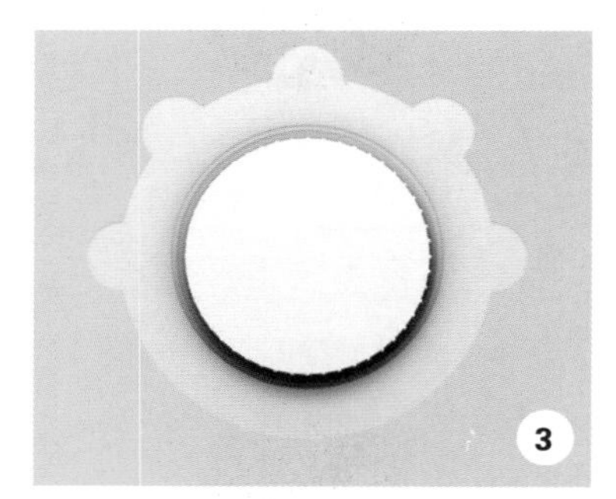

10 表现厚度感 再次使用“椭圆工具”，绘制正圆，将填充度降低为0%，打开“图层样式”对话框，选择“渐变叠加”选项，设置不透明度 12%，设置渐变条，颜色由左到右依次为 R:188 G:188 B:188、R:117 G:117 B:117，角度 –90 度，单击“确定”按钮，表现旋钮的厚度感。

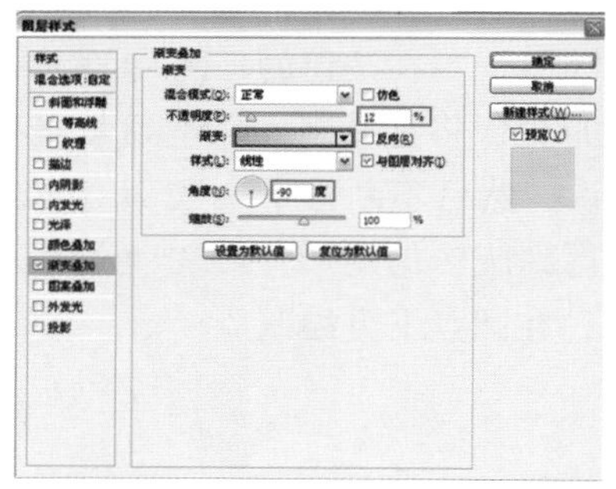
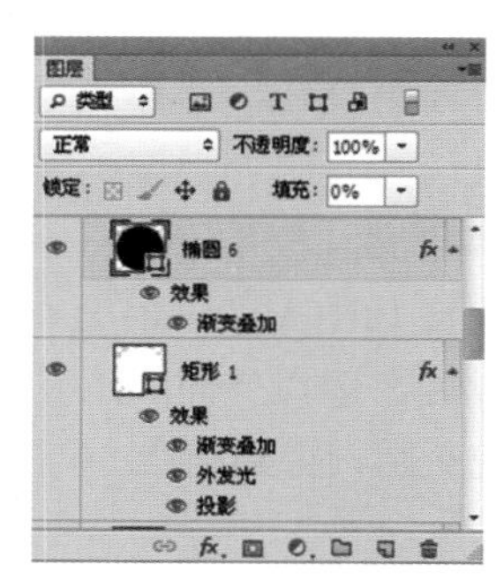

将“样式”面板中的一个样式拖动到“删除样式”按钮上，即可将其删除，此外，按住 Alt 键单击一个样式，也可直接将其删除。

11 绘制按钮 再次使用“椭圆工具”，设置前景色为 R:217 G:235 B:243，在旋钮上绘制正圆，打开“图层样式”对话框，选择“斜面和浮雕”选项，设置高光模式为颜色减淡、不透明度 33%、不透明度 22%，单击“确定”按钮，为按钮添加质感。

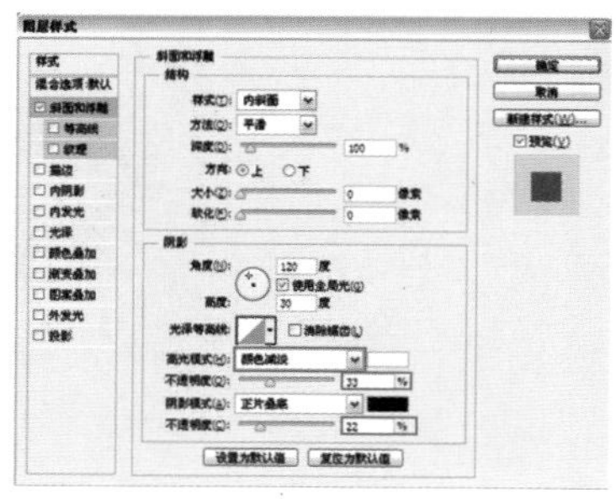

12 添加立体效果　将“椭圆　7”图层复制 4 次，改变大小，改变颜色，从而表现出按钮的立体效果。

1. 改变颜色为 R:182 G:225 B:244。
2. 改变颜色为 R:44 G:184 B:250。
3. 改变颜色为 R:149 G:219 B:253。
4. 改变颜色为 R:255 G:255 B:255。

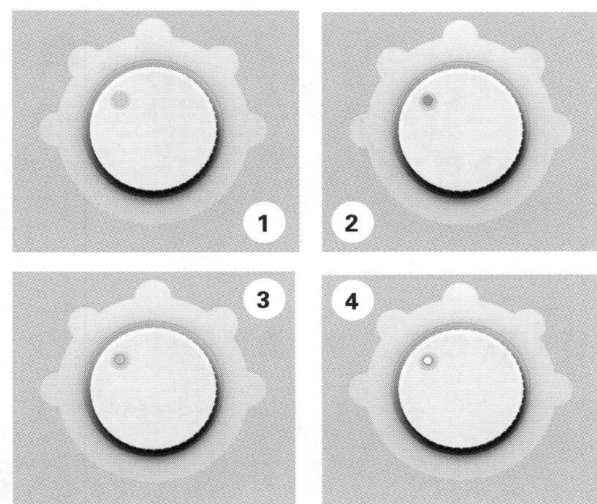

在 Photoshop 中，不仅可以创建图层组对图层进行管理，在创建的图层组中也可以再次对不同类型的图像进行归类整理，可通过再次创建图层组的方式使其形成类似于树形根目录的结构方式，方便进行管理和查看。

13 绘制收藏图标　再次使用“椭圆工具”，设置前景色为 R:233 G:233 B:233，绘制正圆，打开“图层样式”对话框，选择“渐变叠加”“内阴影”选项，设置参数。

1. 选择“颜色叠加”选项，设置渐变条，颜色由左到右依次为 R:228 G:228 B:228、R:238 G:238 B:238、R:247 G:247 B:247，勾选“反向”对勾，角度 −90 度。
2. 选择“投影”选项，不透明度 15%、角度 90 度，去掉“使用全局光”对勾，距离 2 像素、大小 4 像素。

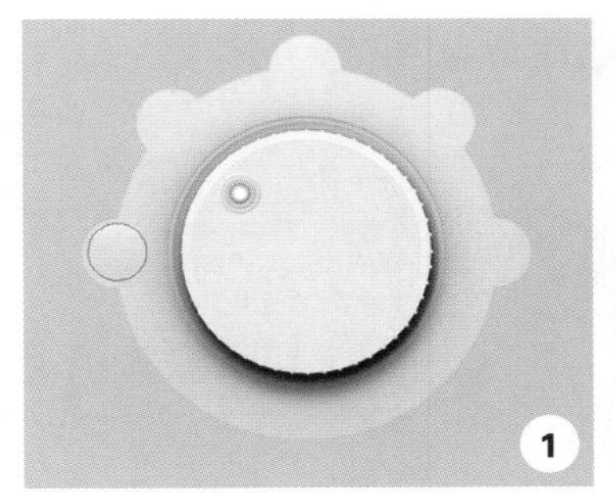

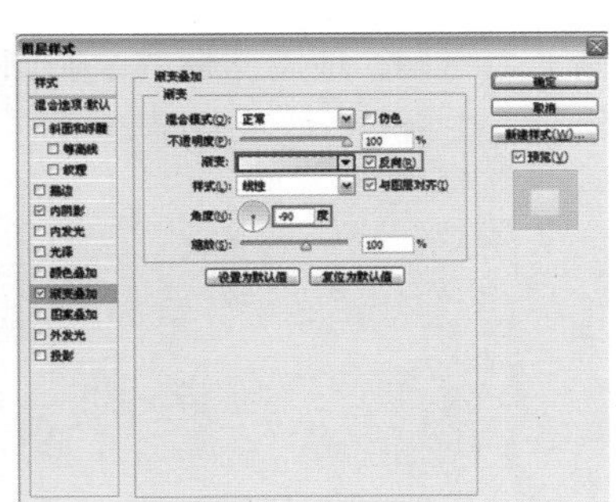

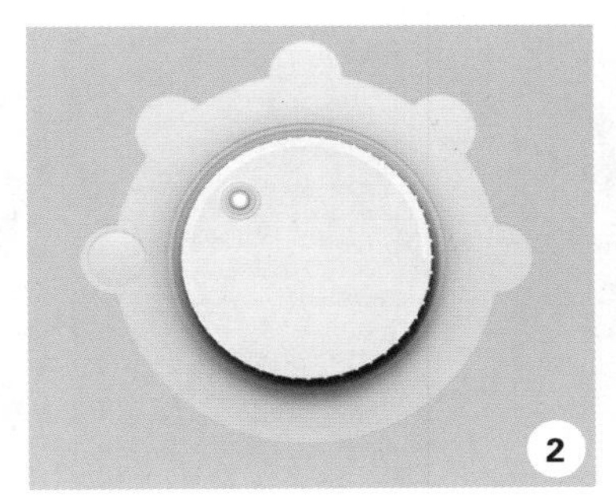

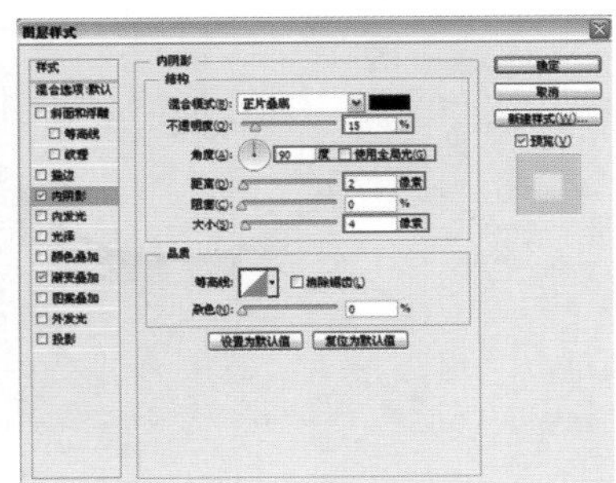

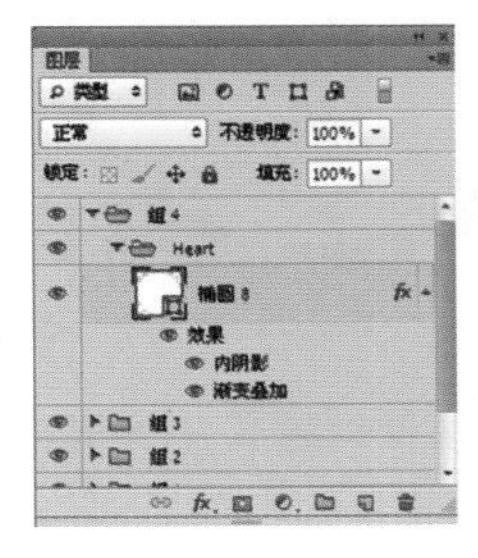

14 绘制心形 选择“自定义形状”工具，在选项栏中选择心形形状，进行绘制，打开“图层样式”对话框，选择“内阴影”选项，设置不透明度 23%、距离 1 像素、大小 2 像素，单击“确定”按钮。

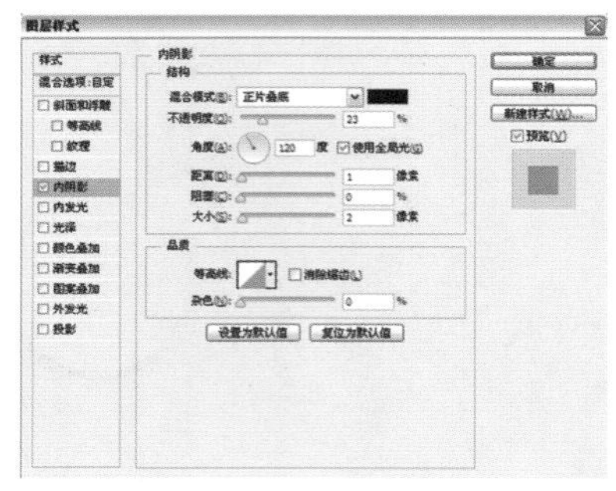

15 绘制图标外围 选择“椭圆工具”，绘制同心圆，设置同心圆的颜色，降低填充度为 35%。

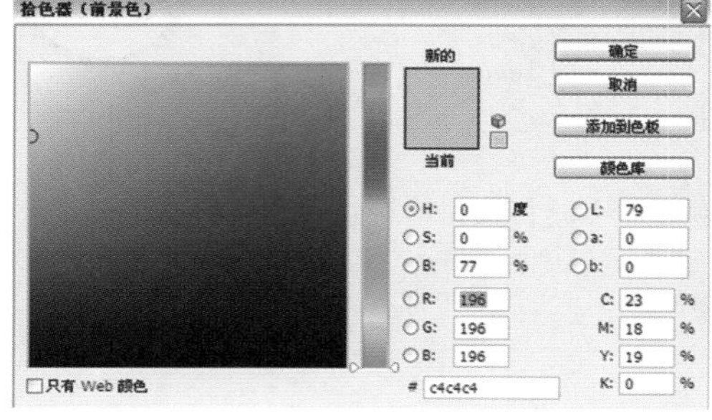

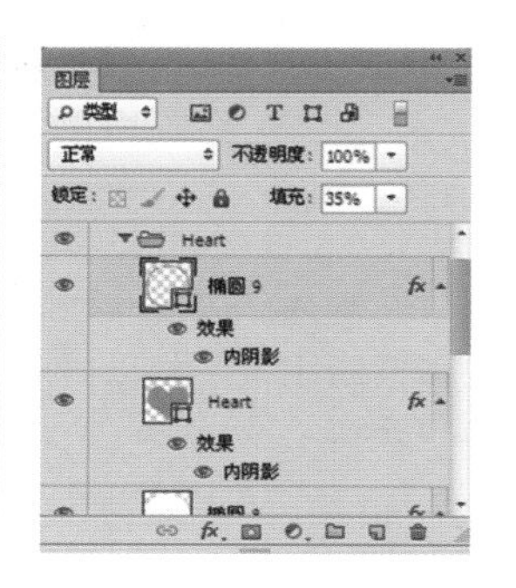

16 绘制其他图标 将刚才绘制的图标进行复制，移动位置，将心形所在图层删除，然后绘制其他图标，地图图标的绘制颜色改为蓝色，绘制方法相同，完成效果。

1. 复制图层，得到其他图标。
2. 改变颜色，绘制地图图标。

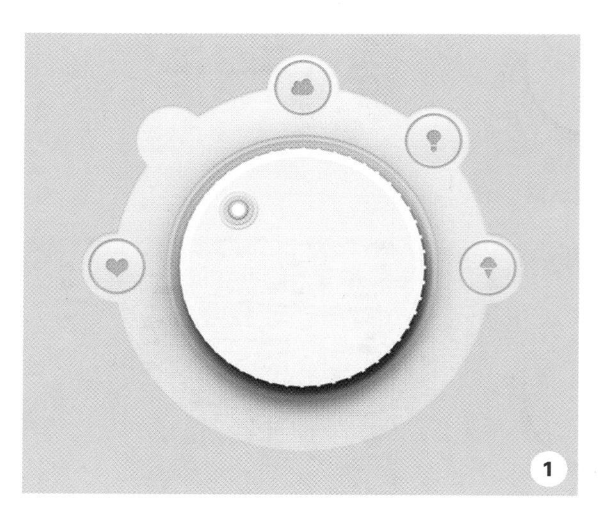

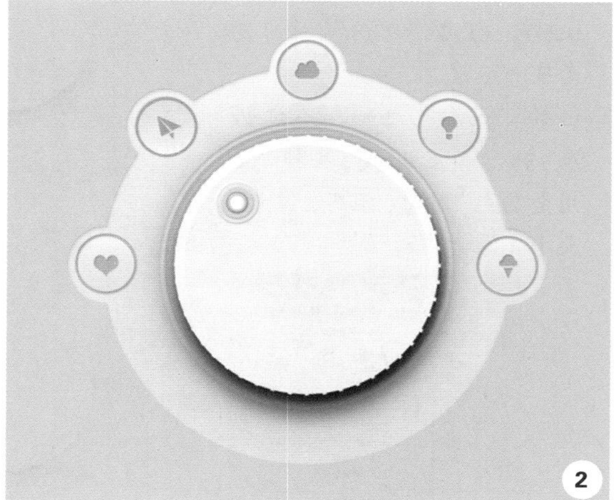

最终效果图

图标分解示意图

设计思路：如何设计和谐的交互

要想设计和谐的交互，需要注意以下 4 个方面。

1. 不要强迫用户与产品讨论，让用户直接操作产品

对于用户来说，设计的软件产品是为完成目标所需的工具，而不是一个可对话的对象。他们不希望工具很罗嗦和无知。他们喜欢的工具应该是用最高的效率来帮助他们实现目标。要是工具还能够提供一些贴心的过程服务以及附加的惊喜就更好了。

在用户实现目标的过程中，最理想的交互场景是用户快速使用工具，然后离开。像一些强行把用户融入到某个对话过程中，或者使用粗暴的对话框形式，用户是非常反感的。

2. 提供非模态的反馈

模态与非模态是一种严谨的表达。关于模态和非模态的使用场景以及在具体的场景下所呈现的固有形态，都是有一定要求的。反馈非模态化最简单地来说，就是改变了原有的粗暴反馈，用户更能容易在情绪上接受。另外一点，非模态不会打断用户任务的“流”。

对于用户来说，反馈是很有必要的，但不是必须的，所以非模态反馈不仅要兼顾必要的存在性，又要给用户提供可以选择的空间。

3. 为可能设计，为可能做好准备

每个设计师都知道，要为了“可能性”做设计。可是这个“可能性”有多大呢？可能性和常规操作的比重一样吗？其实不是的，这就像关闭 Word 文档时弹出的保存提示一样，用户在辛苦编辑了几个小时之后，虽然故意选择不保存的几率是接近 0，但也是有必要的。

4. 提供选择，而不是提问

在用户看来，不断的提问会让自己感到很厌烦，并不是设计师所想的是对用户意愿的尊重。一个不断提问的软件只能说明这个软件的功能很弱小，只会凸显出软件的无知和健忘以及无法自理和过分的要求。

其次，软件要“以用户目标为中心”，而不要“以任务为中心”。因为任务导向会使设计模型向技术模型靠拢，所以就忽略了用户在使用过程中的可用性和易用性。软件应该尽可能地接近用户和心理模型，这样就可以保证用户在最简单的操作中实现目标。如果任务是软件本身赋予的，那么对于用户来说，就显得有点强制的意思了。

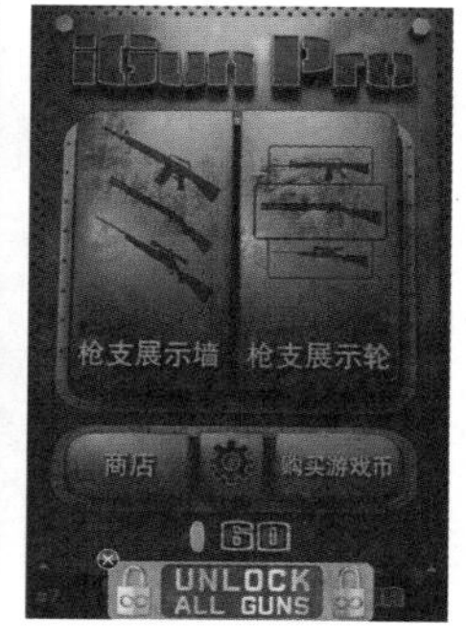

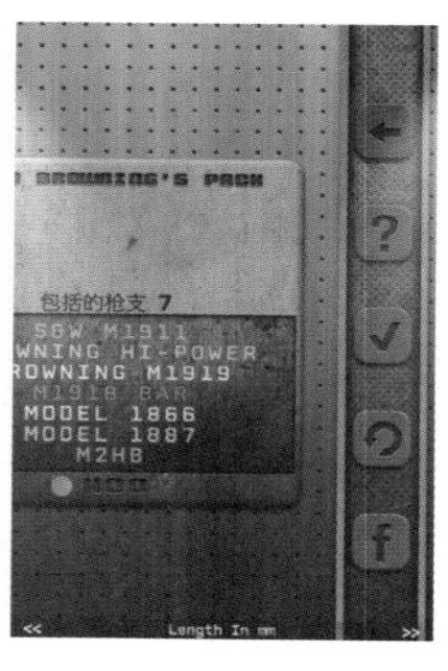

一款只需看图片就能操作的 UI 设计

知识扩展：设计师关于按钮设计的几点建议

设计按钮时，除了美观，还要根据它们的用途来进行一些人性化的设计，比如分组、醒目、用词等，下面我们就简单给出按钮设计的几点重要建议。

1. 关联分组

可以把有关联的按钮放在一起，这样可以表现出亲密的感觉。

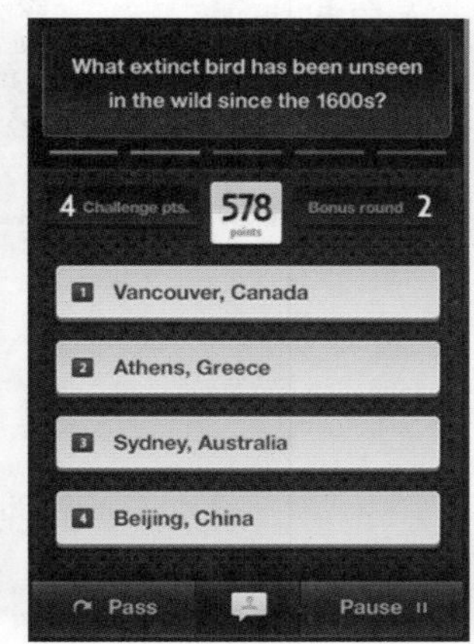

2. 层级关系

把没有关联的按钮拉开一定距离，这样既可以比较好区分，还可以体现出层级关系。

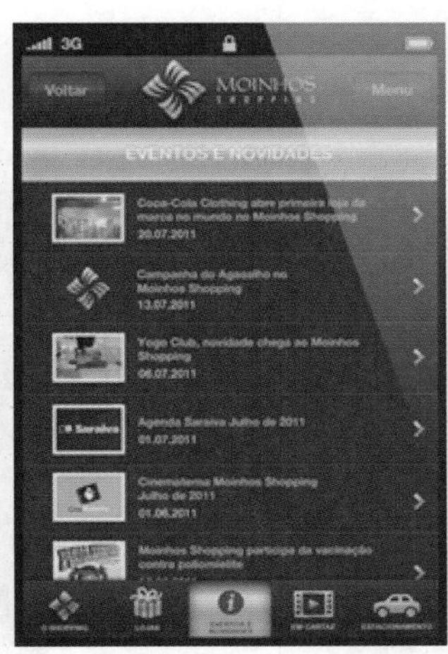

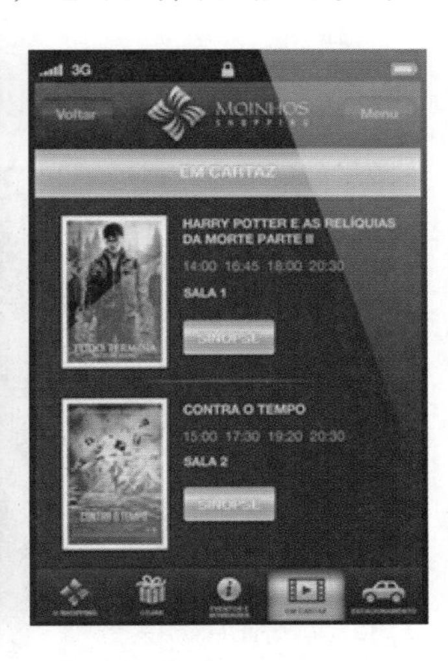

3. 善用阴影

阴影能产生对比，可以引导用户看明亮的地方。

4. 圆角边界

用圆角来定义边界，不仅很清晰，还很明显。而直角通常被用来“分割”内容。

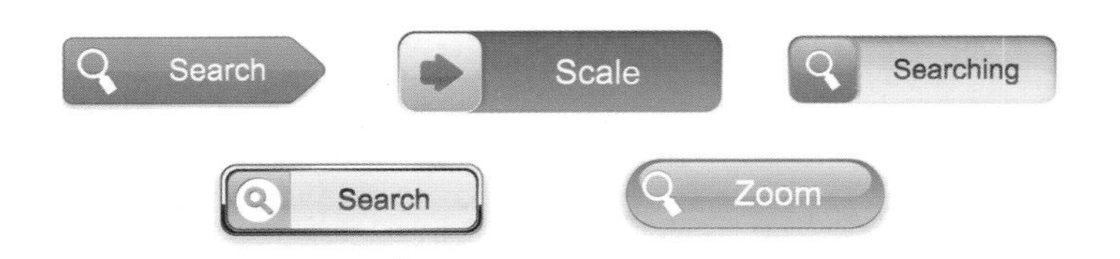

5. 强调重点

同一级别的按钮，我们要强调重要的那个。

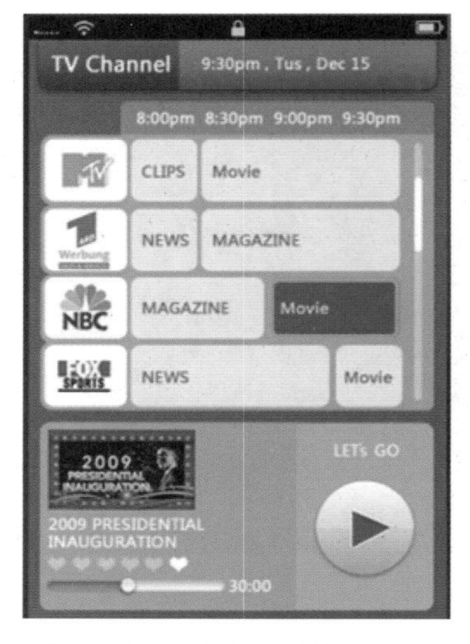

红色的按钮是最重要的一个

6. 按钮尺寸

因为点击面积增大了，所以块状按钮让用户点击得更加容易。

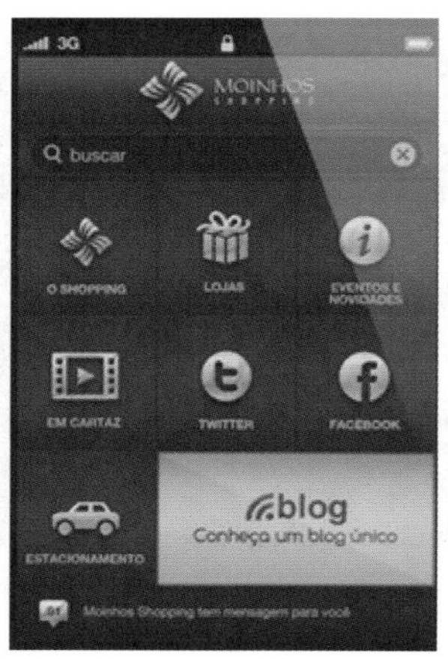

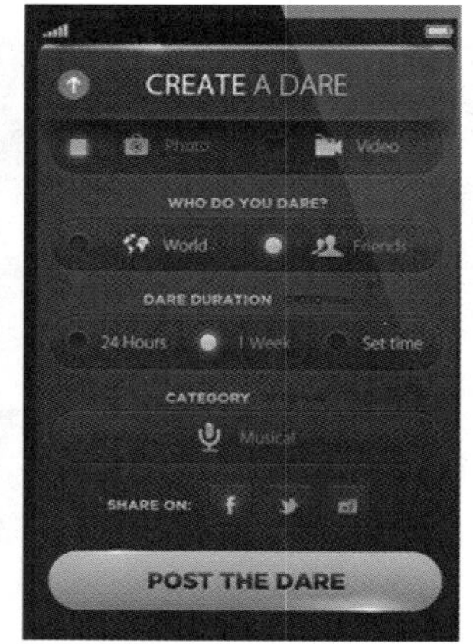

7. 表述必须明确

如果用户看到“确定”和“取消” “是”和“否”等提示按钮的时候，就需要思考两次才能确认。如果看到“保存” “付款”等提示按钮的时候，用户就可以直接拿定主意。所以，按钮表述必须明确。

手机 UI 局部设计

上一章我们学习了各种质感的按钮，相信大家对手机 UI 的细节制作有了一定的认识。本章我们将学习一些登录框、菜单、列表和日历等界面的设计，学会了这些知识，相信你已经掌握了 80% 以上的 UI 制作技巧了。

实战01 登录 UI

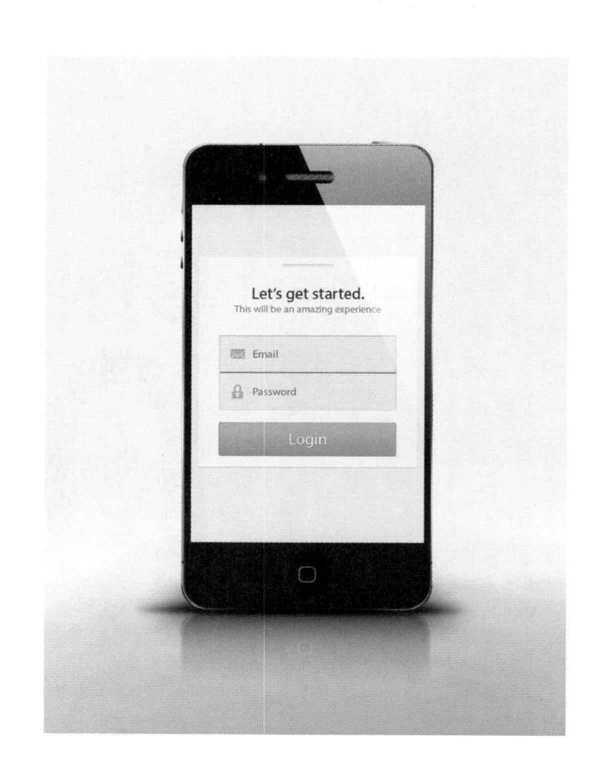

案例综述

本例我们制作一个登录界面输入框及按钮，登录界面在软件中较为常见，必须在有限的空间中妥善安排图文构成，在设计登录界面时首先应该考虑文字输入框的便利程度。

设计规范

尺寸规范	800×600（像素）
主要工具	各种矢量工具、图层样式
文件路径	Chapter9/9-1.psd
视频教学	9-1.avi

配色分析

灰色输入框要求用户在其中输入信息，然后单击绿色的登录按钮，整个配色简单清晰。

操作步骤

01 新建文档 执行“文件 > 新建”命令，或按下快捷键 Ctrl+N，打开“新建”对话框，设置宽度和高度分别为 800 像素、600 像素，分辨率为 72 像素 / 英寸，完成后单击“确定”按钮，新建一个空白文档，如图所示。

02 填充背景色 单击前景色图标，在弹出的“拾色器(前景色)”对话框中设置前景色为黑色，按下快捷键 Alt+Delete 为背景填充前景色。

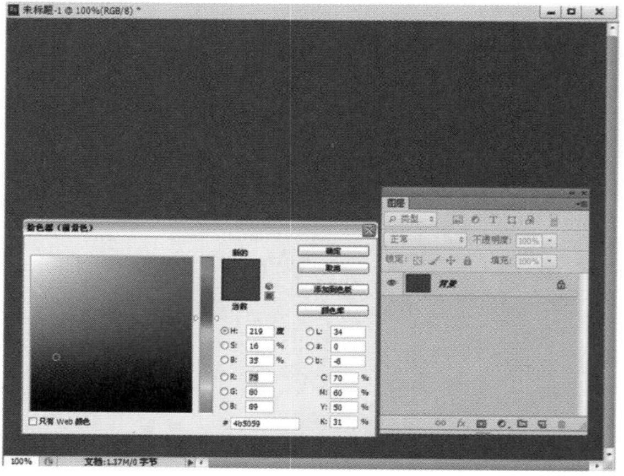

03 绘制基本形　打开标尺工具，拉出参考线，选择“圆角矩形工具”，在选项栏中设置半径为 5 像素，设置填充颜色为 R:241　G:242　B:244，在图像上绘制基本形，然后在选项栏中选择“从选区中减去”选项，设置半径为 100 像素，再次绘制圆角矩形工具，将其从基本形中减去，得到形状，打开“图层样式”对话框，选择“内阴影”选项，设置参数，添加效果。

1. 用圆角矩形工具绘制半径为 5 像素的基本形。
2. 减去半径为 100 像素的形状。
3. 选择“内阴影”选项，不透明度为 20%，角度 −90 度，去掉“使用全局光”对勾，距离 2 像素。

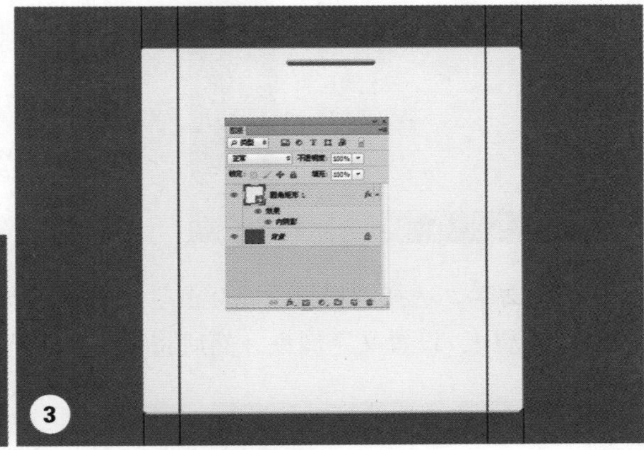

04 绘制输入框　选择“矩形工具”，在基本形上绘制矩形框，打开“图层样式”对话框，选择“描边”“内阴影”“投影”选项，设置参数，添加立体质感。

1. 用矩形工具绘制输入框。
2. 选择“描边”选项，大小 1 像素、位置内部、填充类型渐变，设置渐变条从左到右依次是 R:195 G:197 B:199、R:173 G:174 B:176。
3. 选择“内阴影”选项，不透明度为 45%，角度 90 度，去掉“使用全局光”对勾，距离 1 像素、大小 3 像素。
4. 选择“投影”选项，混合模式正常、颜色白色、角度 90 度，去掉“使用全局光”对勾，距离 2 像素。

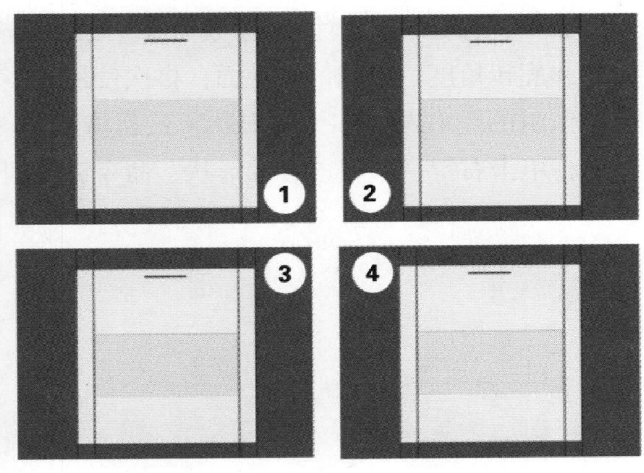

05 绘制分割线 选择“矩形工具”，在输入框中央位置绘制矩形线段，打开“图层样式”对话框，选择“投影”选项，设置混合模式为正常、颜色白色、角度 90 度，去掉“使用全局光”对勾，不透明度 100%、距离 1 像素、扩展 100%，单击“确定”按钮，为分割线添加投影效果。

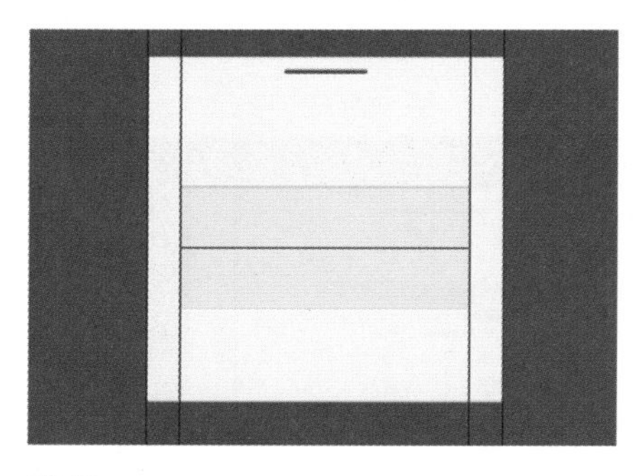

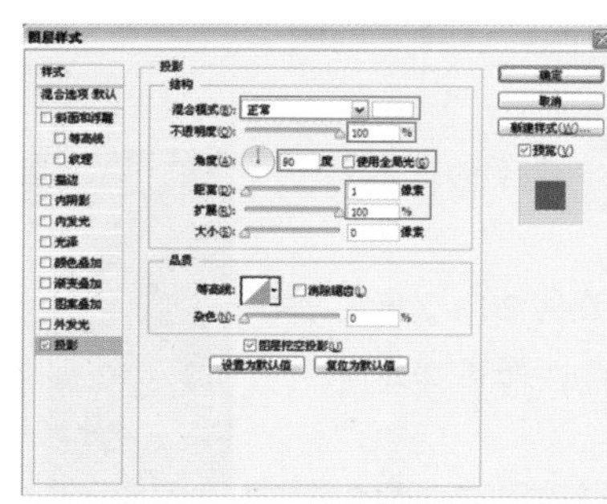

06 输入文字 选择“横排文字工具”，在登录界面上单击并输入文字，打开“字符”面板，将上排文字选中，设置文字属性，然后将下排文字选中，设置参数。

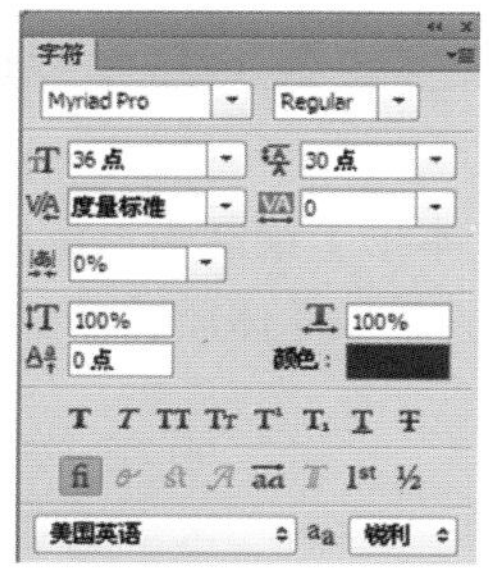

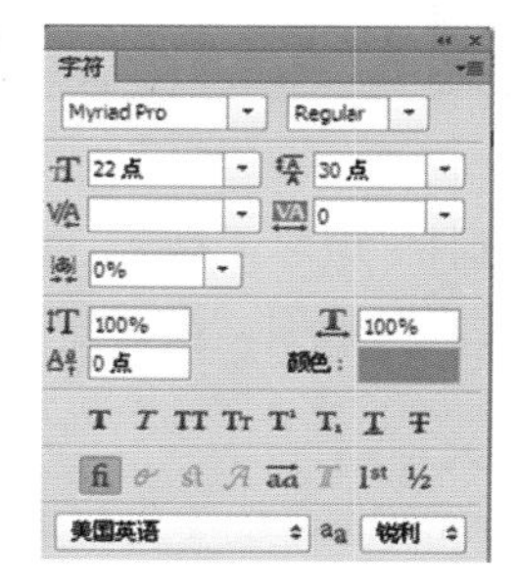

在使用横排文字工具输入文字时，按下回车键，可对文字进行换行，要改变文字的属性，需将文字选中。

07 绘制信封图标 选择“矩形工具”，设置前景色 R:177 G:179 B:183，在输入框内绘制矩形，然后选择“多边形工具”，在选项栏中设置边数为 3，绘制三角形，改变大小和旋转角度，得到信封上面，再次使用“多边形工具”绘制信封的左右两边和下边形状，最后将绘制得到的图层选中，单击右键，执行“合并形状”命令，得到信封图标。

1. 使用矩形工具绘制矩形。
2. 用多边形工具绘制三角形，改变大小和旋转角度。
3. 用多边形工具绘制信封左右两边。
4. 用多边形工具绘制信封下边。

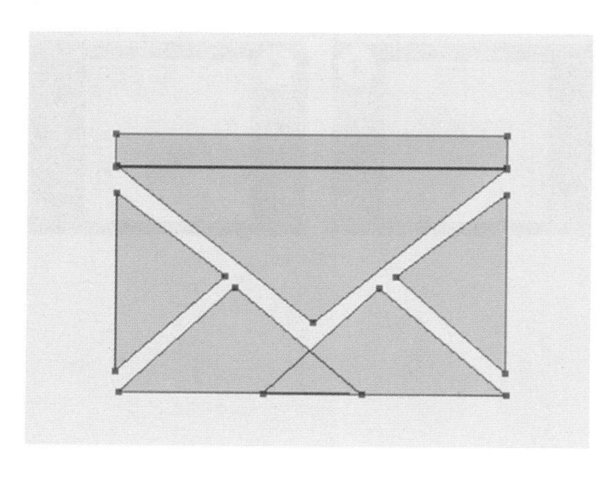

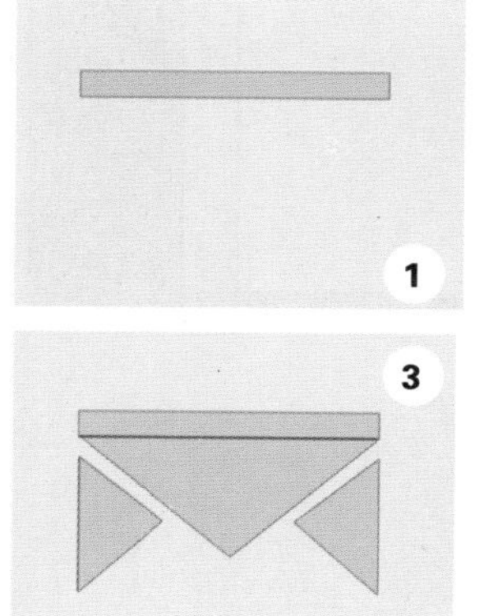

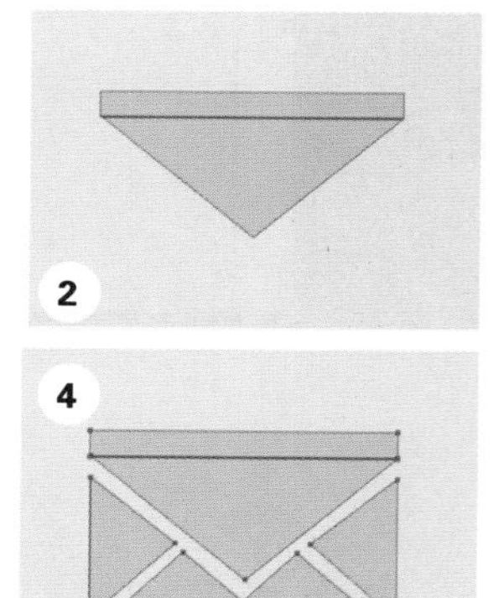

08 输入文字　选择“横排文字工具”，在输入框内输入文字，将其选中，在“字符”面板中设置文字的属性。

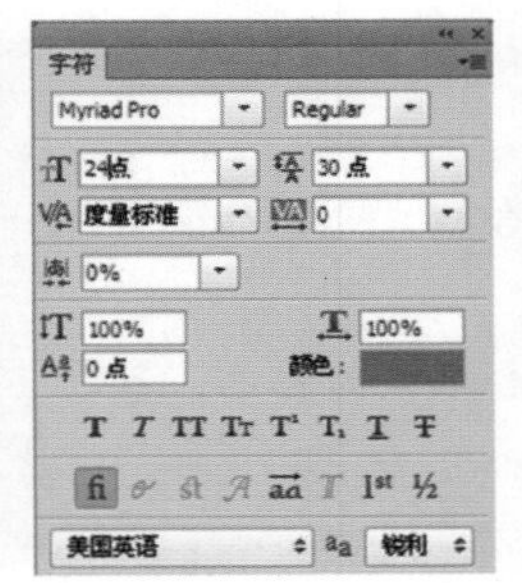

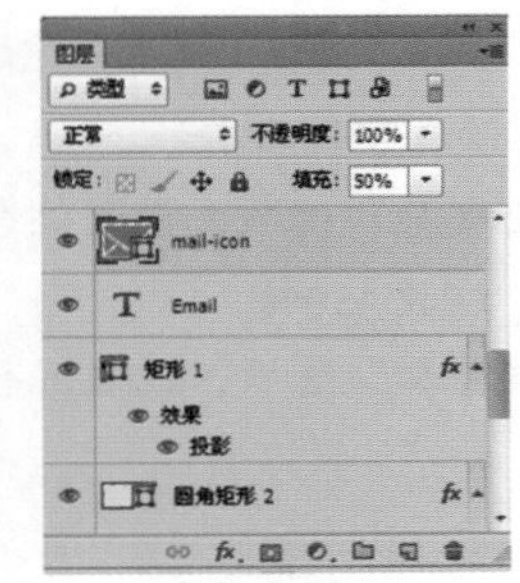

09 绘制密码锁图标　选择“圆角矩形工具”，在选项栏中设置半径为 100 像素，在图像上绘制圆角矩形，选择“减去顶层形状”选项，减去部分形状，再次选择“圆角矩形工具”，设置半径为 3 像素，选择“合并形状”选项，绘制锁箱，最后选择“椭圆工具”“圆角矩形工具”绘制锁箱上图样，得到密码锁图标。

1. 用半径为 100 像素的圆角矩形工具绘制锁。
2. 用半径为 3 像素的圆角矩形工具绘制锁箱。
3. 用椭圆工具减去一个正圆形状。
4. 用圆角矩形工具绘制出密码锁图标。

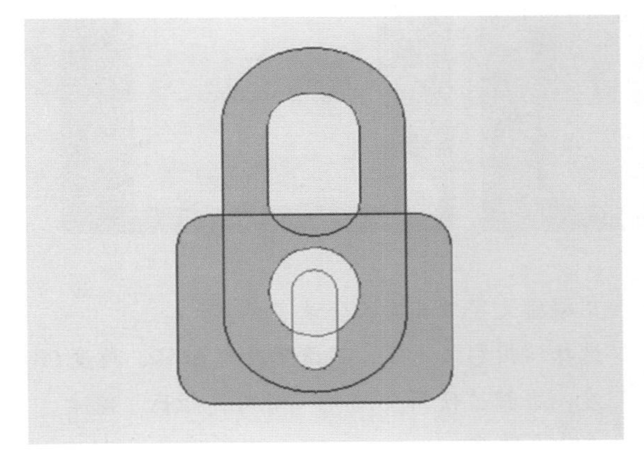

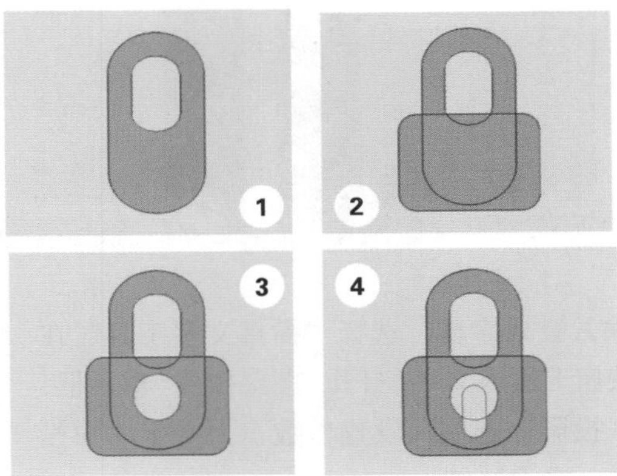

10 输入文字　选择“横排文字工具”，在输入框内输入文字，将其选中，在“字符”面板中设置文字的属性，该文字的属性与 E-mail 文字属性相同。

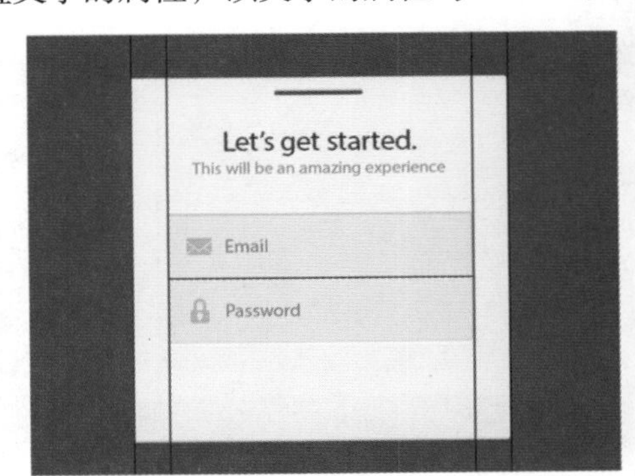

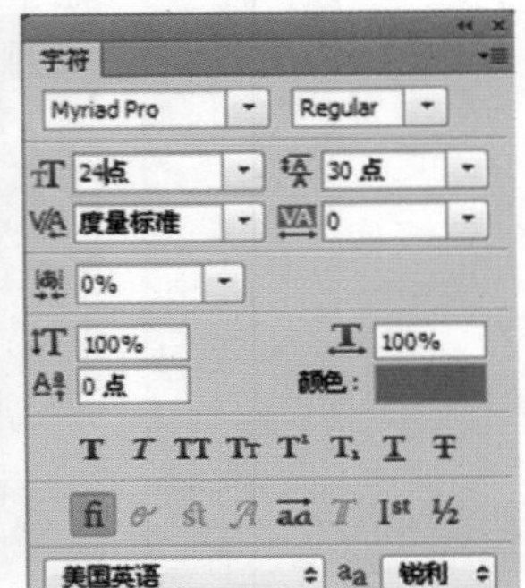

11 绘制登录按钮 选择“矩形工具”，设置前景色为R:96 G:200 B:187，在图像上绘制按钮外形，打开“图层样式”对话框，选择“渐变叠加”“图案叠加”“投影”“描边”选项，设置参数，添加立体效果。

1. 用矩形工具绘制按钮基本形。
2. 选择“渐变叠加”选项，设置混合模式为叠加，不透明度 37%、缩放 150%。
3. 选择“图案叠加”选项，设置混合模式为滤色，不透明度 100%，图案为黑色编织纸。
4. 选择“投影”选项，不透明度为 30%，角度 90 度，去掉“使用全局光”对勾，距离 1 像素、大小 3 像素。
5. 选择“描边”选项，大小 1 像素、位置内部，颜色为 R:42 G:139 B:123。

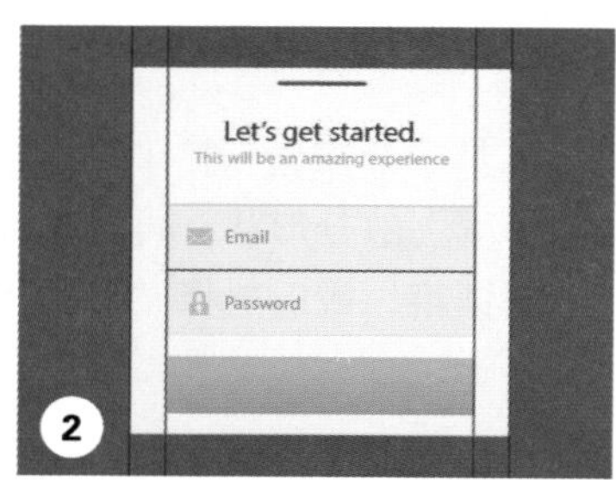

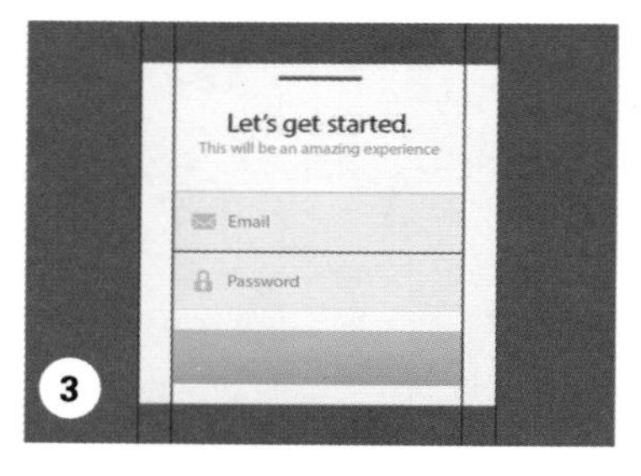

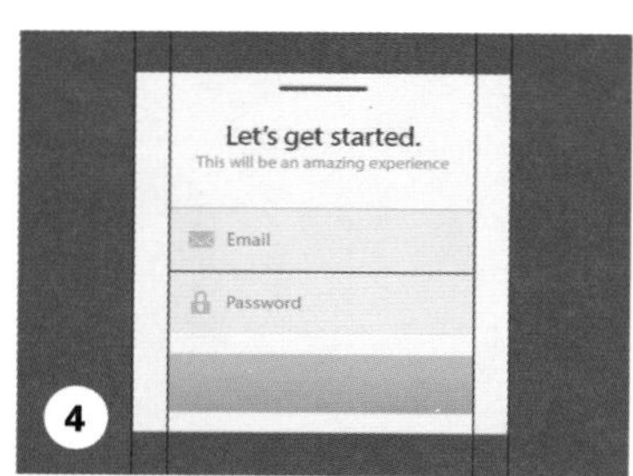

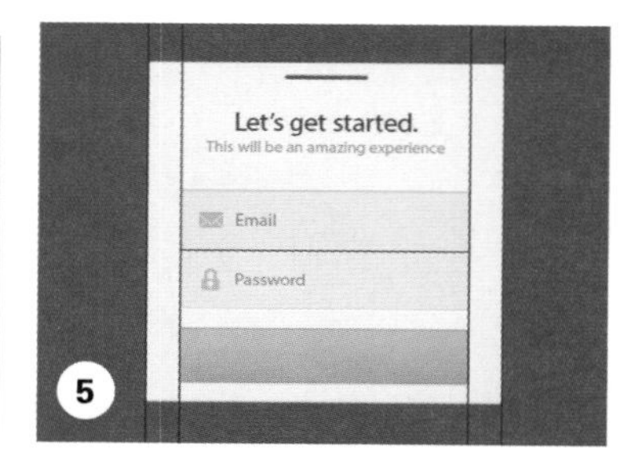

12 输入登录字样 选择“横排文字工具”在登录按钮上输入文字，打开“图层样式”对话框，选择“投影”选项，设置参数，为文字添加投影效果，完成制作。

1. 用横排文字工具输入登录字样。
2. 选择“投影”选项，不透明度为 55%，角度 90 度，去掉“使用全局光”对勾，距离 1 像素、大小 3 像素。

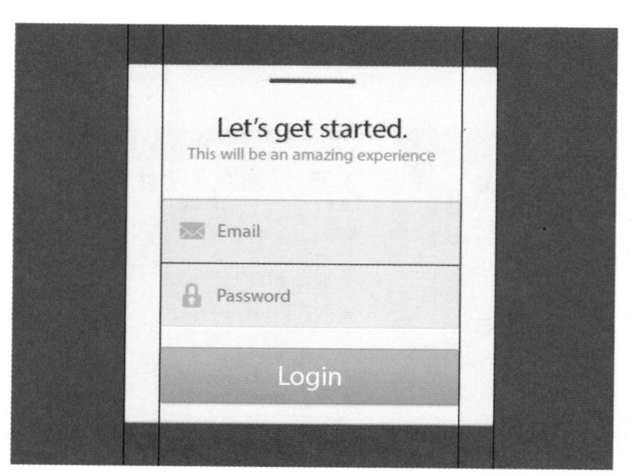

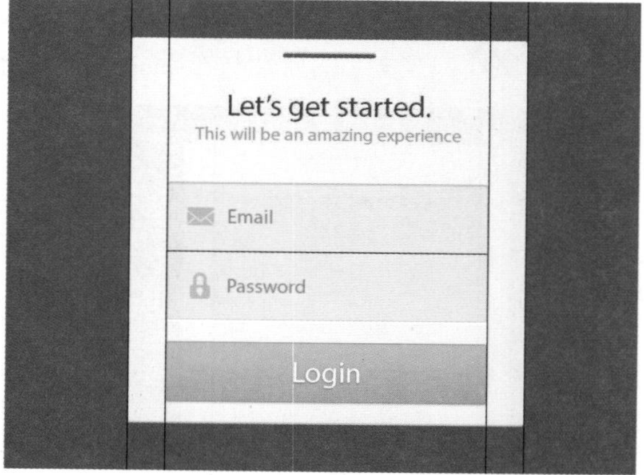

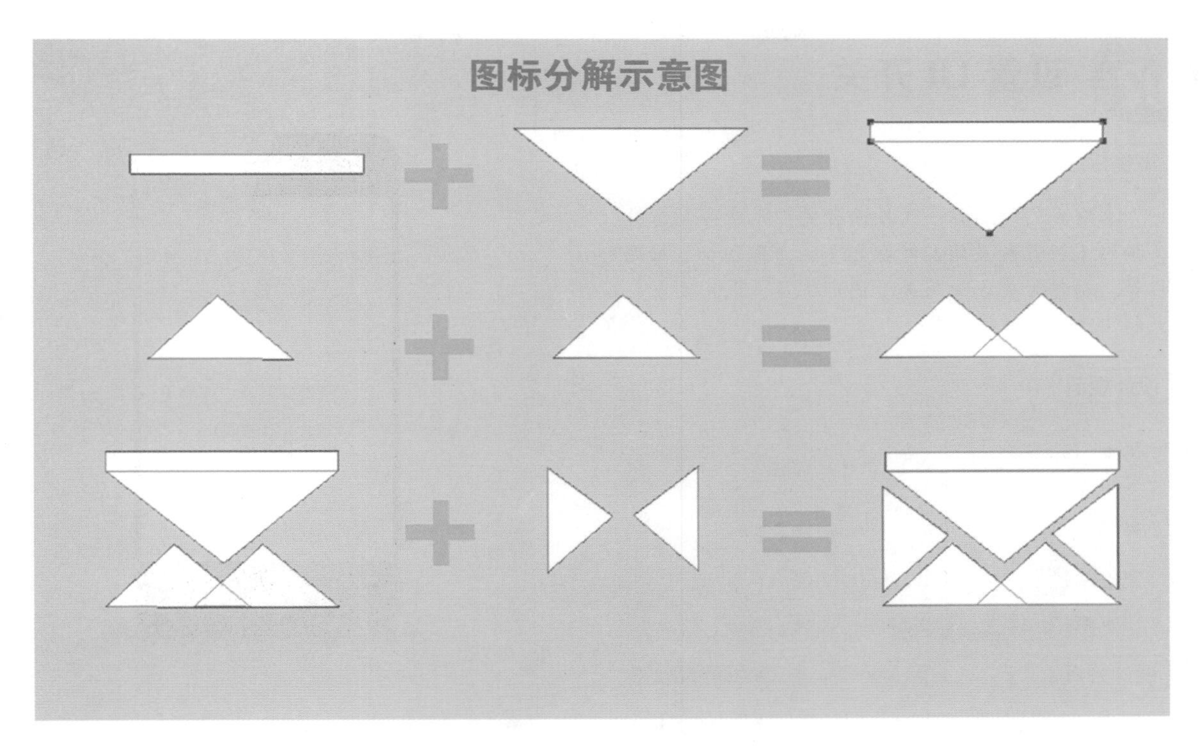
图标分解示意图

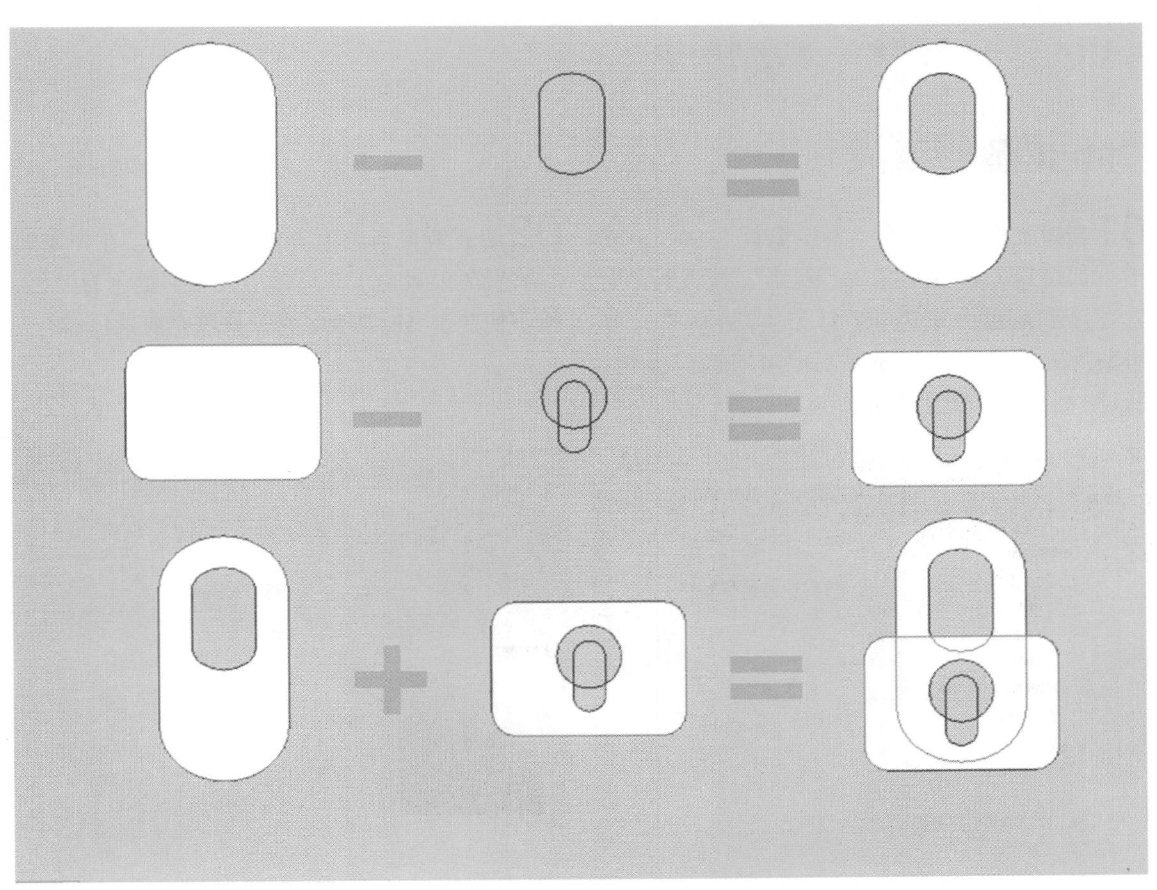

设置 UI 开关

案例综述

本例我们将制作一组界面开关，元素分别为开关按钮（打开和关闭两种状态）、立体图标、标题栏等。制作时要求使用矢量图形工具，采用图层样式制作立体和阴影效果。

设计规范

尺寸规范	480×330（像素）
主要工具	各种矢量工具、图层样式
文件路径	Chapter09/9-2.psd
视频教学	9-2.avi

设计分析

本例制作了好几个元素，其颜色和形状风格都十分一致，充分体现了设计师的整体把控能力，我们在设计时首先要确定界面的配色，然后再开始制作。

操作步骤

01 新建文档 执行“文件 > 新建”命令，或按下快捷键 Ctrl+N，打开“新建”对话框，设置宽度和高度分别为 480 像素、330 像素，分辨率为 72 像素 / 英寸，完成后单击“确定”按钮，新建一个空白文档，如图所示。

02 填充背景色 单击前景色图标，在弹出的“拾色器(前景色)”对话框中设置前景色为黑色，按下快捷键 Alt+Delete 为背景填充前景色。

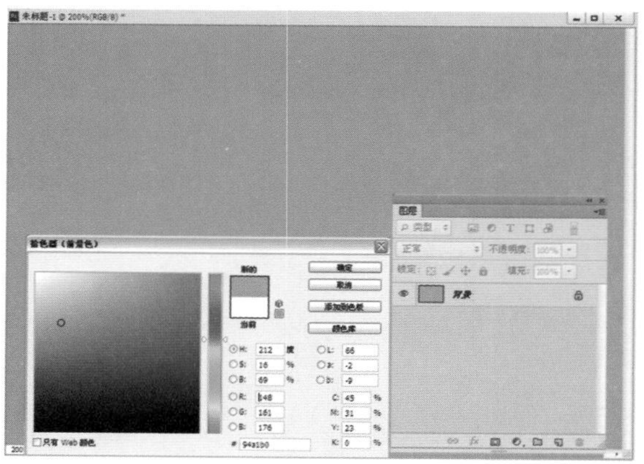

03 绘制基本形　选择“圆角矩形工具”，在选项栏中设置半径为 3 像素，在图像上绘制圆角矩形，打开“图层样式”对话框，分别选择“渐变叠加”“投影”选项，设置参数，添加效果。

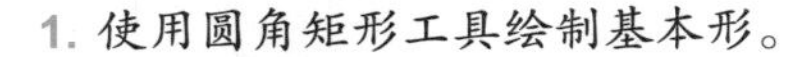

1. 使用圆角矩形工具绘制基本形。
2. 选择“渐变叠加”选项，设置渐变条，颜色由左到右依次为 R:228 G:228 B:228、R:253 G:253 B:253。
3. 选择“投影”选项，不透明度 30%、距离 1 像素、大小 2 像素。

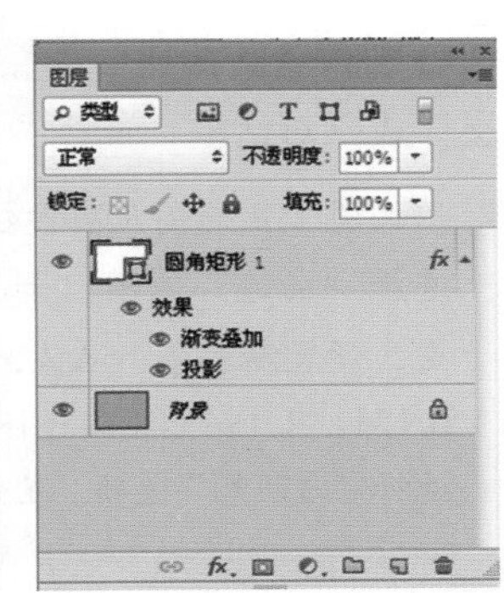

04 制作标题栏　选择“圆角矩形工具”，设置前景色为白色，在基本形最上方绘制圆角矩形，然后选择“矩形工具”，在选项栏中选择“合并形状”选项，再次绘制标题栏，打开“图层样式”对话框，选择“渐变叠加”“斜面和浮雕”选项，设置参数，添加立体效果。

1. 用圆角矩形工具绘制标题栏。
2. 用矩形工具合并形状。
3. 选择“渐变叠加”选项，设置渐变条，颜色由左到右依次为 R:176 G:176 B:176、R:214 G:214 B:214。
4. 选择“斜面和浮雕”选项，大小 3 像素、高光模式叠加、不透明度 40%、不透明度 0%。

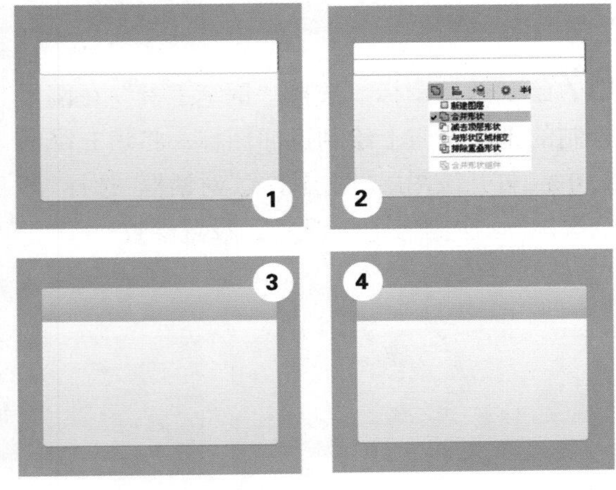

这一步使用圆角矩形工具和矩形工具共同绘制标题栏，目的在于使标题栏的边角与基本形保持一致，先使用圆角矩形工具绘制，可以使标题栏的上边贴合，使用矩形工具合并形状，使标题栏的下边贴合。

05 添加标题 选择“横排文字工具”，在标题栏输入文字，打开“图层样式”对话框，选择“投影”选项，设置混合模式为叠加，不透明度 40%、角度 120 度、距离 1 像素、大小 0 像素，单击“确定”按钮，为标题文字添加投影效果。

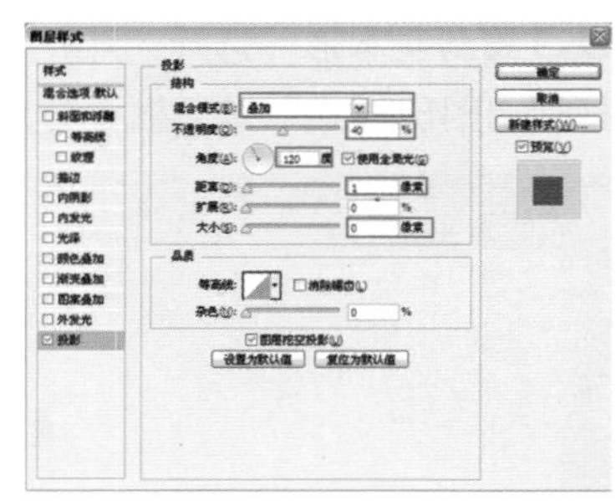

06 制作返回按钮 选择“椭圆工具”，在标题栏左侧绘制正圆，将填充减低为0%，打开该图层“图层样式”对话框，选择“描边”“内阴影”“渐变叠加”选项，设置参数，添加立体按钮效果。

1. 用椭圆工具绘制正圆按钮。
2. 选择“描边”选项，大小 1 像素、填充类型渐变，设置渐变条，从左到右依次是 R:125 G:125 B:125、R:186 G:186 B:186。
3. 选择“内阴影”选项，混合模式叠加、颜色白色、不透明度 60%、距离 2 像素、大小 1 像素。
4. 选择“渐变叠加”选项，设置渐变条，颜色由左到右依次为 R:193 G:193 B:193、R:246 G:246 B:246。

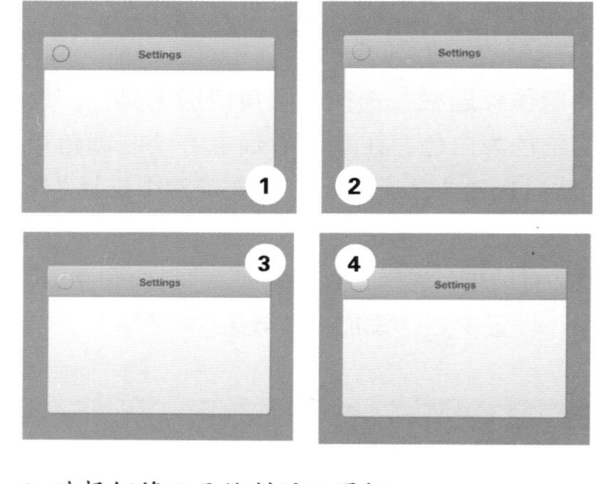

07 绘制返回图标 选择“钢笔工具”在刚才绘制的正圆按钮上绘制返回图标，将填充降低为0%，打开该图层“图层样式”对话框，选择“渐变叠加”“内阴影”、选项，设置参数。

1. 选择钢笔工具绘制返回图标。
2. 选择“渐变叠加”选项，设置渐变条，颜色由左到右依次为 R:138 G:138 B:138、R:91 G:91 B:91。
3. 选择“内阴影”选项，不透明度 60%、距离 1 像素、大小 1 像素。

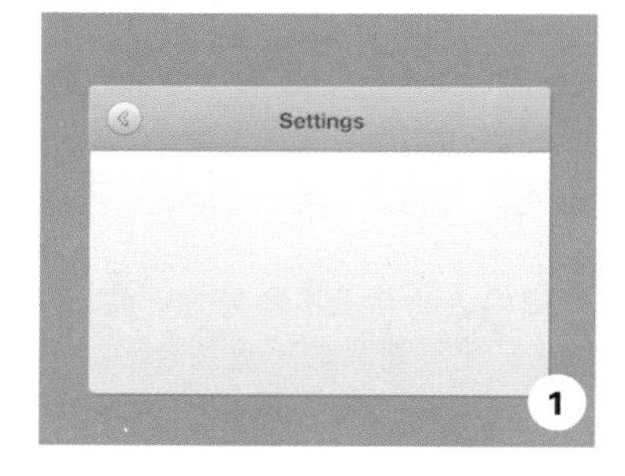

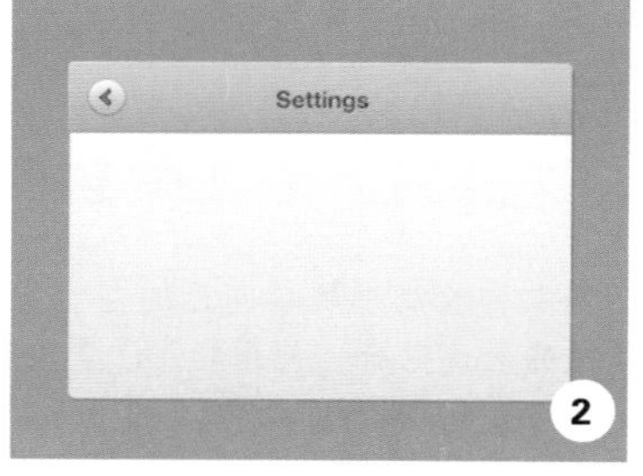

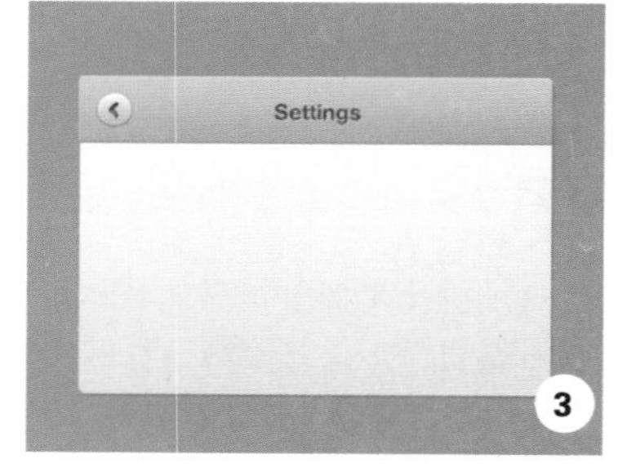

08 制作关闭按钮　将左侧正圆按钮进行复制，移动到标题栏的右侧，使用矩形工具绘制关闭图标，将返回图标的图层样式效果进行拷贝，粘贴到关闭图标上，得到相同的效果。

> 用矩形工具绘制矩形条后，将矩形条旋转角度，将其复制，执行“水平翻转”命令，将图层进行合并，即可得到关闭图标。

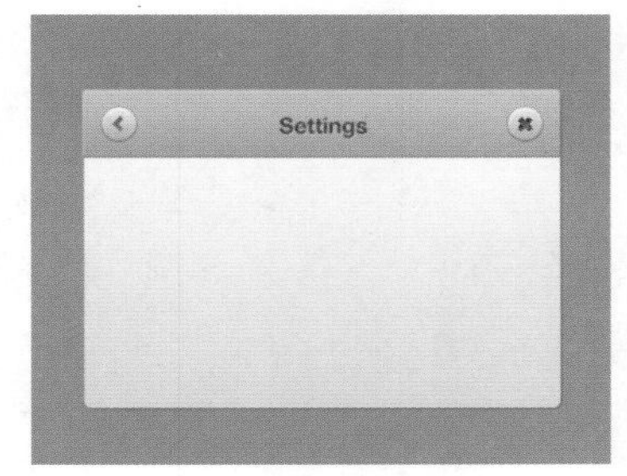

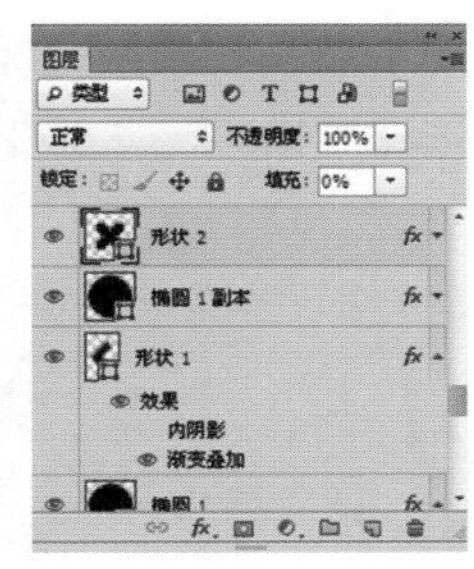

09 绘制标签栏　选择“矩形工具”，在标题栏下方绘制矩形框，打开“图层样式”对话框，选择“渐变叠加”选项，设置参数，为标签栏添加渐变效果，完成后，再次选择“矩形工具”，在标签栏下方绘制矩形框，将其作为分割线。

1. 用矩形工具绘制标签栏。
2. 选择“内阴影”选项，设置不透明度 15%、角度 90 度，去掉“使用全局光”对勾，距离 2 像素、大小 4 像素。
3. 用矩形工具绘制分割线。

10 添加文字　选择“横排文字工具”，在标签栏上输入文字，打开“图层样式”对话框，选择“投影”选项，设置混合模式为正常，颜色白色、不透明度 85%、角度 120 度、距离 1 像素、大小 0 像素，单击“确定”按钮，为文字添加投影效果。

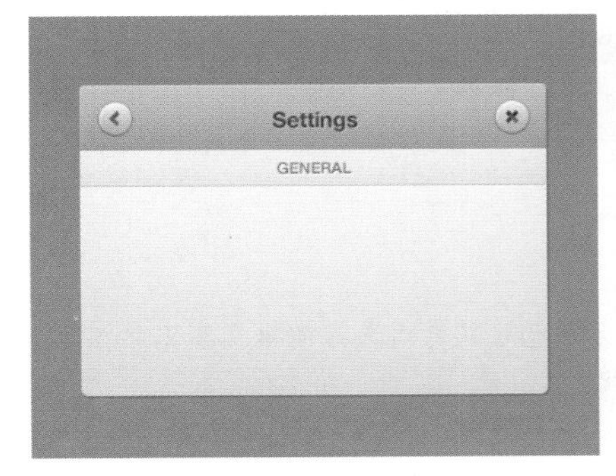

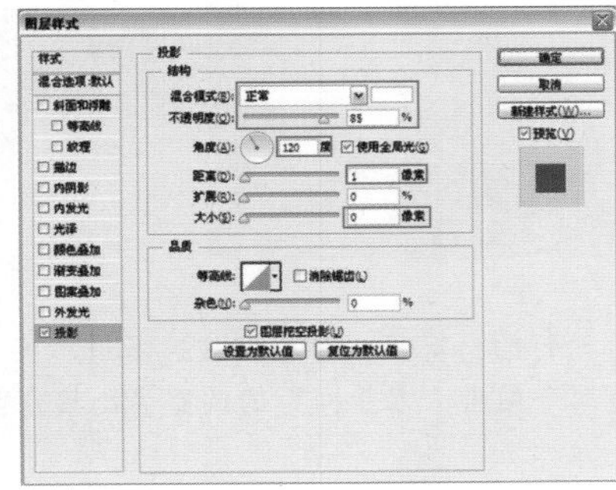

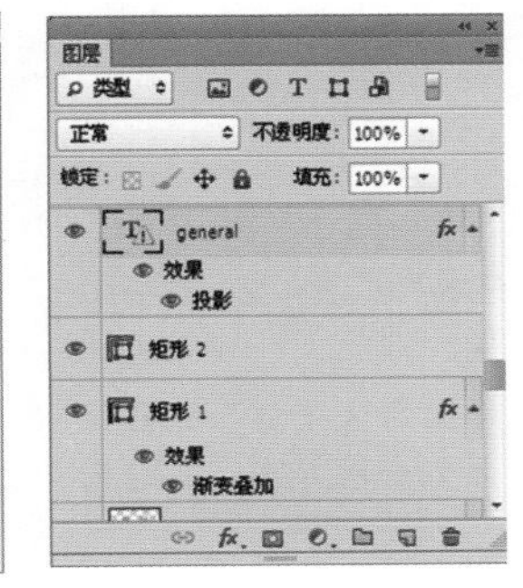

11 绘制无线网图标 使用“椭圆工具”的加减运算法则绘制无线网图标，打开“图层样式”对话框，选择“描边”“渐变叠加”选项，设置参数，为该图标添加效果。

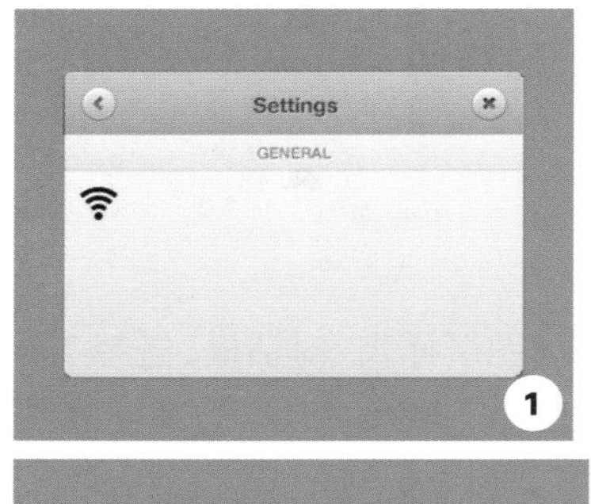

1. 使用椭圆工具绘制无线网图标。
2. 选择“描边”选项，大小1像素、位置内部、填充类型渐变，设置渐变条，颜色由左到右依次为R:178 G:178 B:178、R:108 G:108 B:108。
3. 选择“渐变叠加”选项，设置渐变条，颜色由左到右依次为R:219 G:219 B:219、R:178 G:178 B:178。

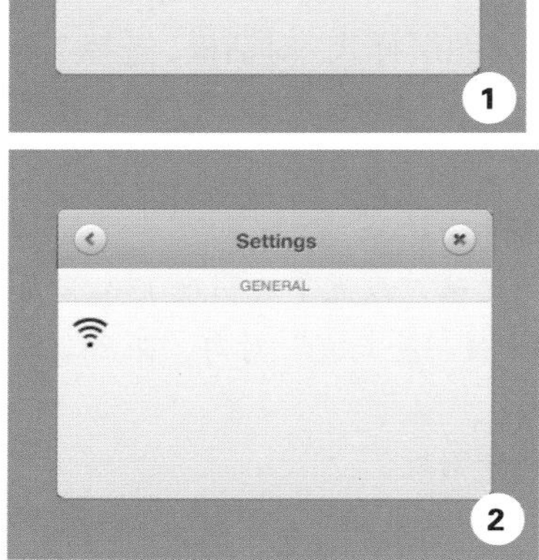

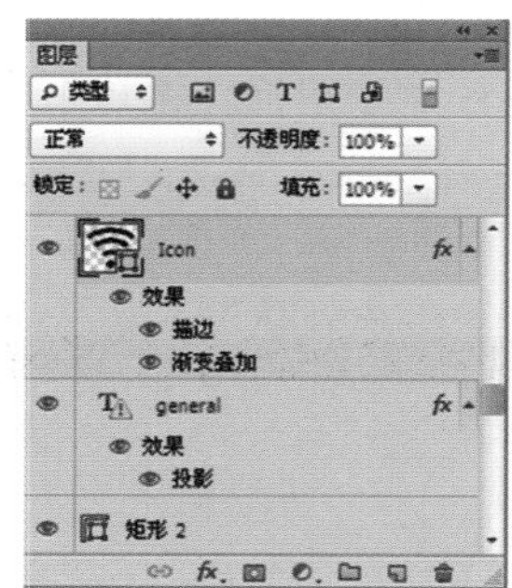

在绘制无线网图标之前，需要使用标尺工具确定中心点的位置，然后从中心点出发按住 Alt+Shift 键绘制由中心向外扩展的正圆，通过椭圆工具选项栏中的合并形状、减去顶层形状选项可绘制出无线网图标。

12 添加文字 选择“横排文字工具”，在无线网图标的后面单击输入文字，文字输入完成后，为其添加“投影”效果，设置混合模式为正常，颜色白色、不透明度100%、角度120度、距离1像素、大小0像素，单击“确定”按钮，添加效果。

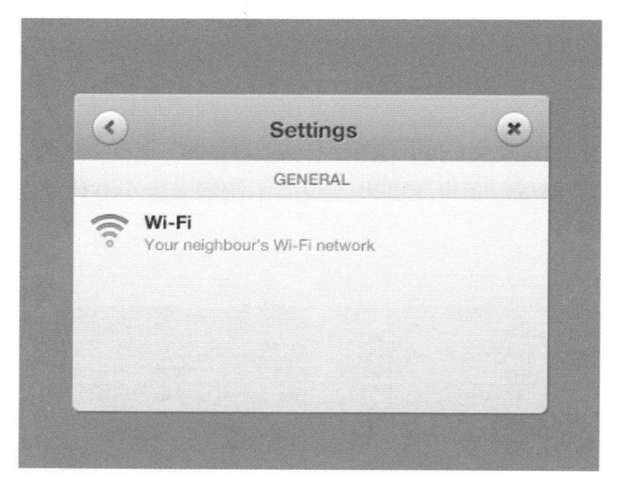

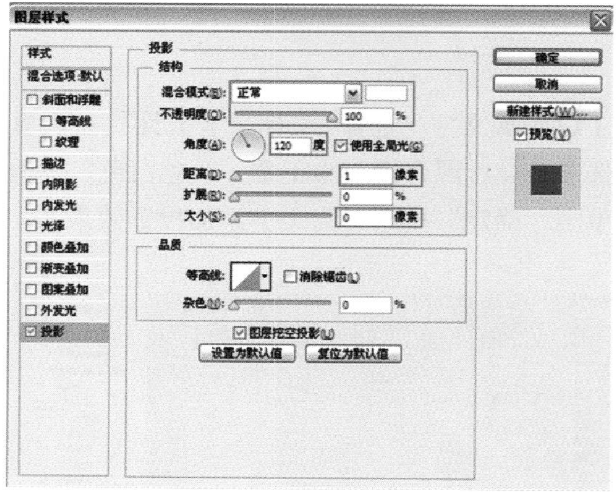

输入文字时，文字需要是两行的情况下，可以按住回车进行换行，也可以再次选择横排文字工具在下一行单击输入文字，这时分为两个图层，对于间距的调整会比较方便。

13 绘制开关按钮　选择“圆角矩形工具”，在选项栏中设置半径为 100 像素，在界面上绘制开关外形，打开“图层样式”对话框，选择“渐变叠加”“内阴影”“描边”，设置参数，为开关添加立体效果。

1. 用圆角矩形工具绘制开关按钮。
2. 选择“渐变叠加”选项，设置渐变条，颜色由左到右依次为 R:219 G:219 B:219、R:178 G:178 B:178。
3. 选择“内阴影”选项，不透明度 12%，距离 3 像素、大小 4 像素。
4. 选择“描边”选项，大小 1 像素、位置内部、填充类型渐变，设置渐变条，颜色由左到右依次为 R:178 G:178 B:178、R:108 G:108 B:108。

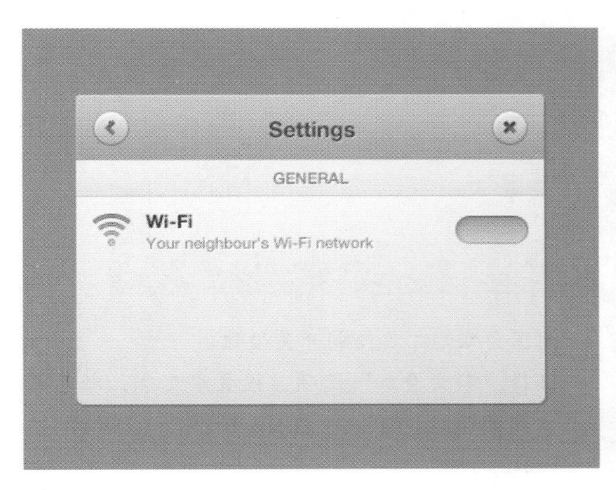

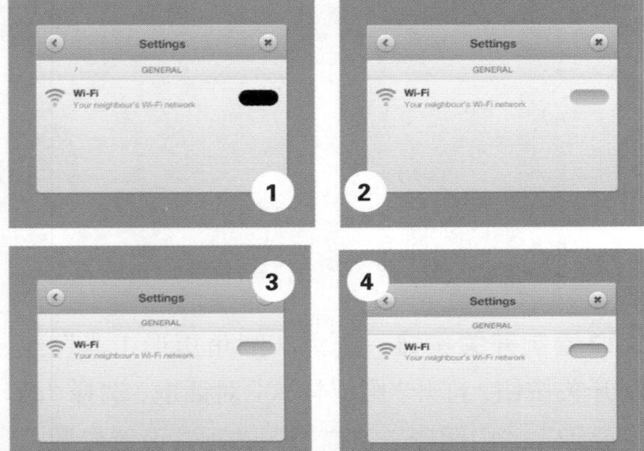

14 绘制按钮滑块　再次使用“圆角矩形工具”绘制滑块，打开“图层样式”对话框，选择“渐变叠加”“描边”选项，设置参数，为滑块添加立体质感。

1. 用圆角矩形工具绘制按钮滑块。
2. 选择“渐变叠加”选项，设置渐变条，颜色由左到右依次为 R:216 G:216 B:216、R:235 G:235 B:235、R:246 G:246 B:246。
3. 选择“描边”选项，大小 1 像素、填充类型渐变，设置渐变条，颜色从左到右依次为 R:0 G:0 B:0，不透明度 46%、R:0 G:0 B:0、不透明度 18%。

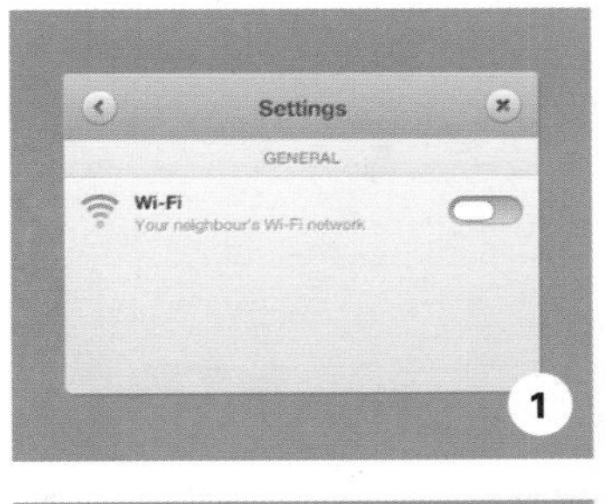

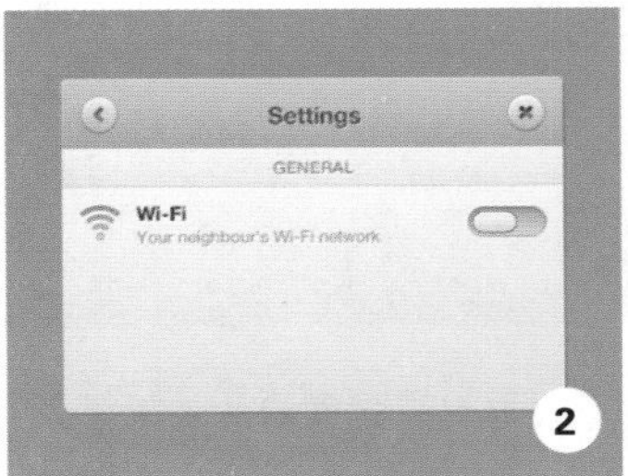

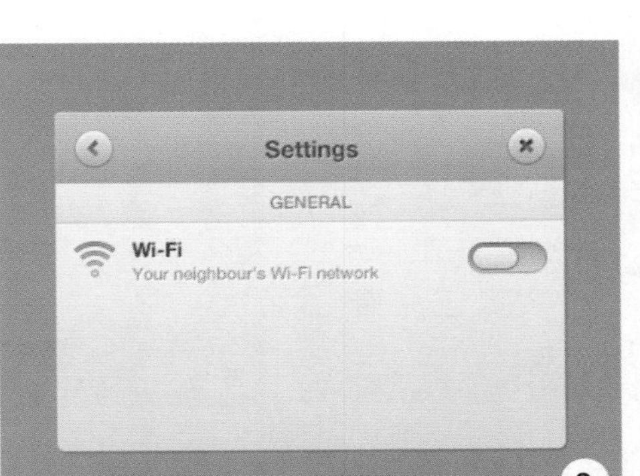

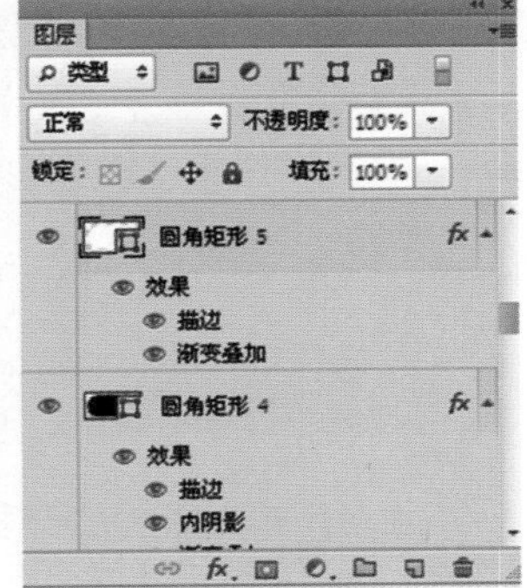

15 绘制地理位置图标 复制“矩形 2 图层”移动位置，得到分割线，选择“钢笔工具”绘制地理位置图标外形，然后选择“椭圆工具”，选择“减去顶层形状”选项，在基本形上减去一个小正圆，可得到图标，粘贴无线网图标图层样式效果，选择“横排文字工具”输入文字，粘贴文字效果。

1. 用钢笔和椭圆工具绘制图标，粘贴效果。
2. 用横排文字工具输入文字，粘贴效果。

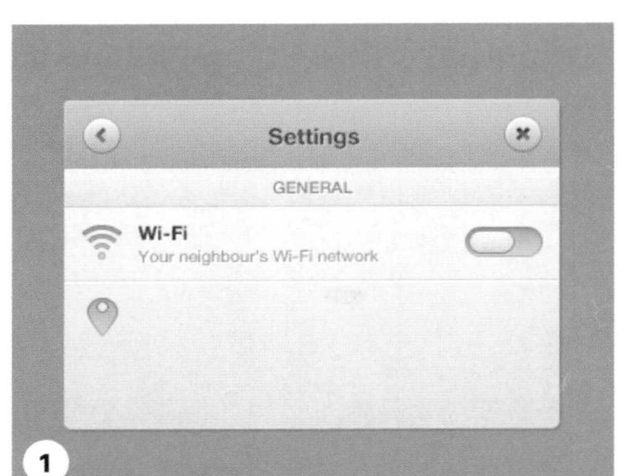

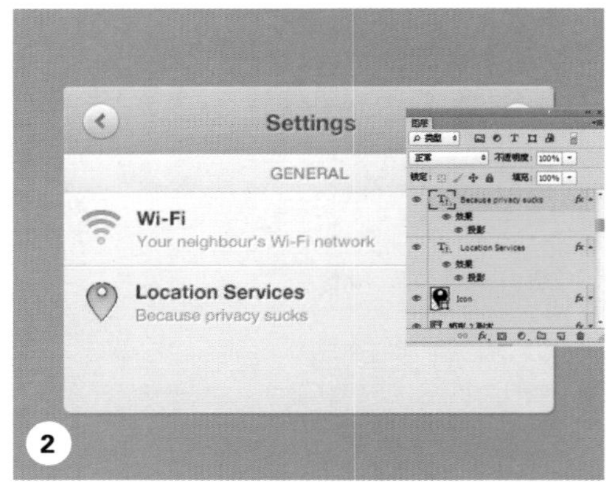

16 绘制开关按钮 选择“圆角矩形工具”绘制开关按钮，打开“图层样式”对话框，选择“渐变叠加”“内阴影”“描边”选项，设置参数，添加效果，将刚才绘制的滑块图层进行复制，移动到该开关按钮的右侧。

1. 用圆角矩形工具绘制开关按钮。
2. 选择“渐变叠加”选项，设置渐变条，颜色由左到右依次为 R:102 G:166 B:235、R:58 G:125 B:212。
3. 选择“内阴影”选项，不透明度 12%，距离 3 像素、大小 4 像素。
4. 选择“描边”选项，大小 1 像素、填充类型渐变，设置渐变条，颜色从左到右依次为 R:74 G:142 B:215、R:28 G:86 B:161。
5. 复制滑块，移动位置。

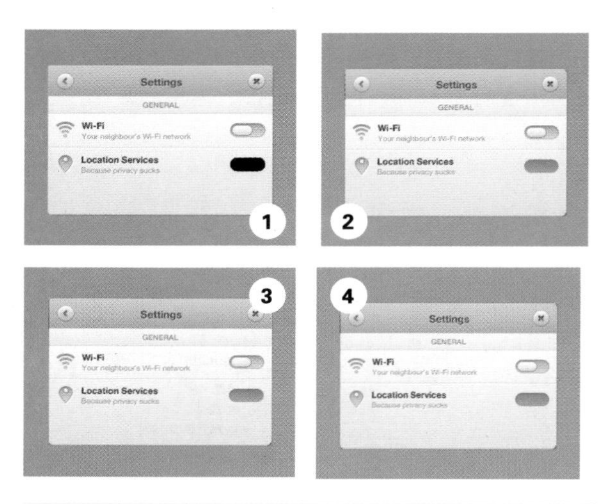

在制作开关按钮的时候，无线网的开关按钮呈现为灰色，表明是关闭状态，而地理位置的开关按钮为蓝色，表明是打开状态，滑块在左侧为关闭，在右侧为打开。

17 绘制系统平台　将分割线图层进行复制，移动位置，将选项进行分割，选择“钢笔工具”绘制系统平台图标，为其粘贴图标的图层样式效果，选择“横排文字工具”输入文字，粘贴文字效果。

1. 复制分割线。
2. 用钢笔工具绘制系统平台图标，粘贴效果。
3. 用横排文字工具输入文字，粘贴效果。

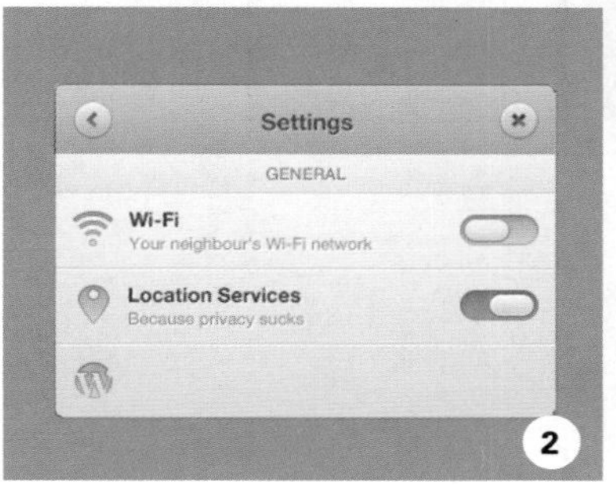

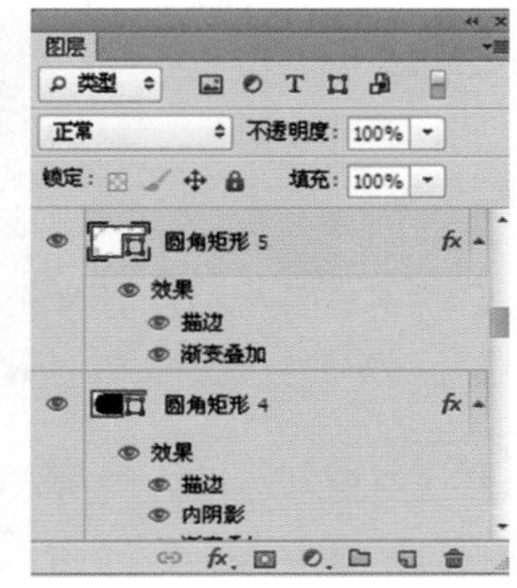

18 绘制翻页箭头　使用“钢笔工具”绘制箭头图标，打开“图层样式”对话框，选择“渐变叠加”“内阴影”　“投影”选项，设置参数，完成效果。

1. 用钢笔工具绘制箭头图标。
2. 选择“渐变叠加”选项，设置渐变条，颜色由左到右依次为 R:201 G:201 B:201、R:165 G:165 B:165。
3. 选择“内阴影”选项，混合模式叠加，不透明度 50%、距离 1 像素、大小 1 像素。
4. 选择“投影”选项，混合模式正常、颜色白色、不透明度 100%、距离 1 像素、大小 0 像素。

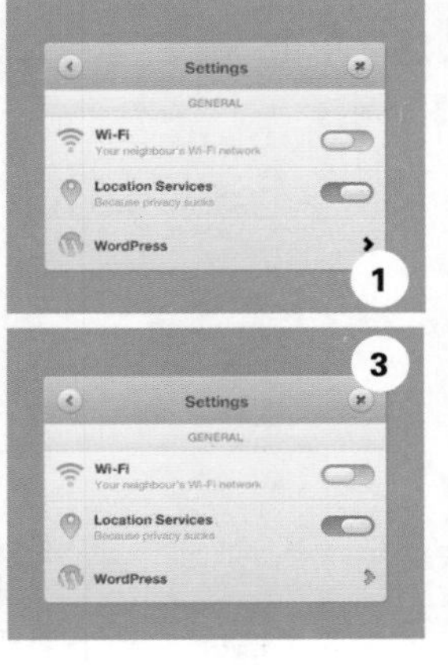

在绘制翻页箭头时，还可以将前面绘制的返回图标箭头进行复制，制作“水平翻转”命令，将其稍微变大一点，移动到界面右下角位置，重新设置“图层样式”参数即可。

通知列表 UI

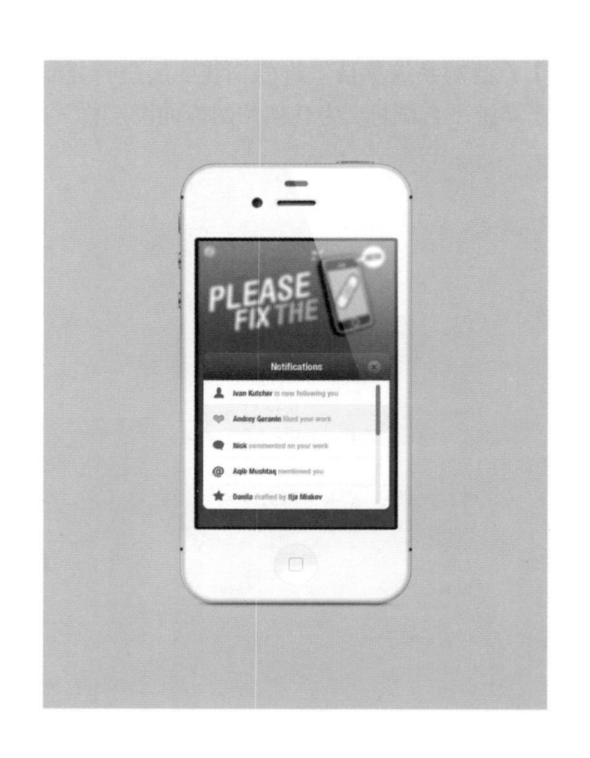

案例综述

本例我们将制作一个通知列表界面，这是一组拟物化的图标，界面让人感觉比较平，仔细观察会发现它的表面会有一些细微的结构变化，而这正是这个练习的目的，运用图层样式做出细微的表面变化，表现细节。

设计规范

尺寸规范	400×300（像素）
主要工具	各种矢量工具、图层样式
文件路径	Chapter9/9-3.psd
视频教学	9-3.avi

技术分析

这组图标主要练习各种图形的绘制方法，掌握基本的图形工具，例如矩形工具、圆角矩形工具、钢笔工具，以及描边的设置，如何让描边对象变为填充对象等。

操作步骤

01 新建文档 执行“文件 > 新建”命令，或按下快捷键 Ctrl+N，打开“新建”对话框，设置宽度和高度分别为 400 像素、300 像素，分辨率为 72 像素 / 英寸，完成后单击“确定”按钮，新建一个空白文档，如图所示。

02 填充渐变 选择“渐变工具”，在选项栏中单击点按可编辑渐变按钮，在弹出的“渐变编辑器”对话框中选择“褐色、棕褐色、浅褐色”渐变，单击“确定”按钮，在图像上拉出渐变条。

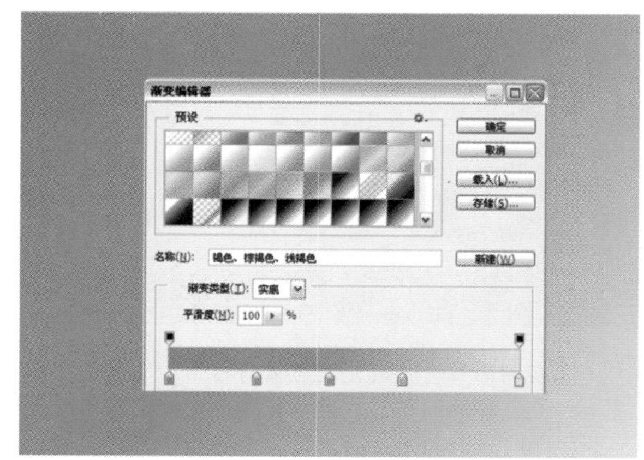

03 绘制基本形　选择“圆角矩形工具”，在选项栏中设置半径为 8 像素，在图像上绘制基本形，打开“图层样式”对话框，选择“颜色叠加”“投影”，设置参数，单击“确定”按钮，为基本形添加效果。

1. 选择“颜色叠加”选项，设置颜色为 R:248 G:248 B:248。
2. 选择“投影”选项，设置混合模式正常、不透明度 35%、角度 90 度，去掉“使用全局光”对勾，距离 2 像素、大小 3 像素。

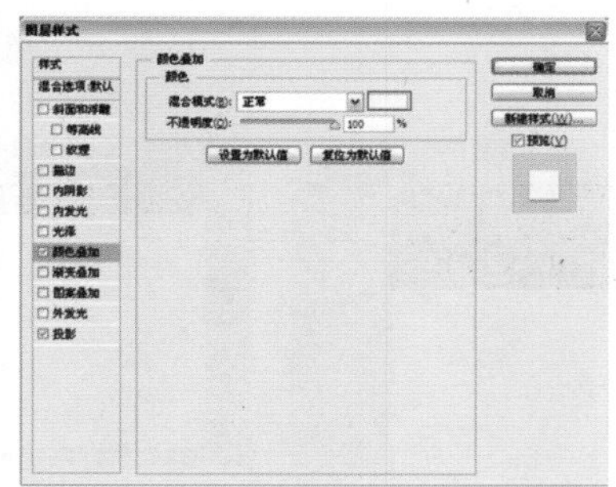

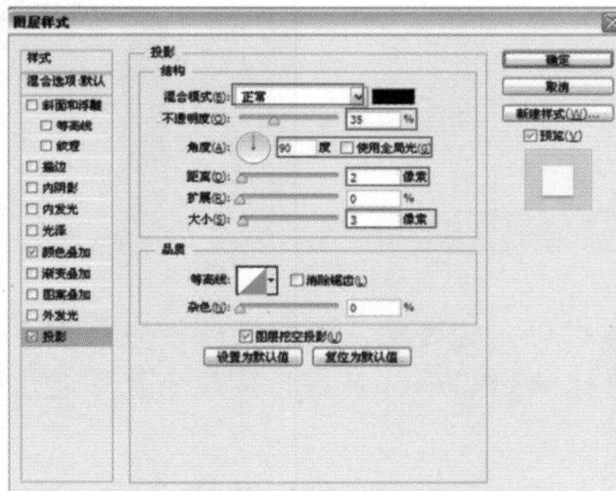

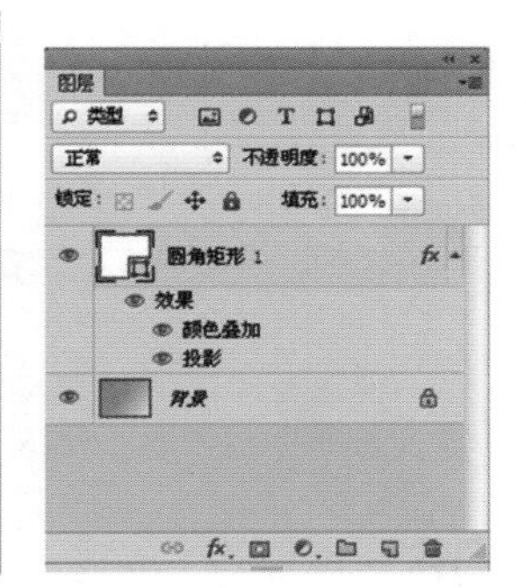

在制作基本形时，不需要提前定义前景色的颜色，因为我们后期添加的“颜色叠加”图层样式效果就是为了改变基本形的颜色，使其成为我们想要的色调。

04 制作标题栏　选择“圆角矩形工具”，在基本形上方绘制形状，然后选择“矩形工具”，在选项栏中选择“合并形状”选项，再次进行绘制，得到标题栏。

1. 用圆角矩形工具绘制形状。
2. 矩形工具合并到圆角矩形形状中，得到标题栏。

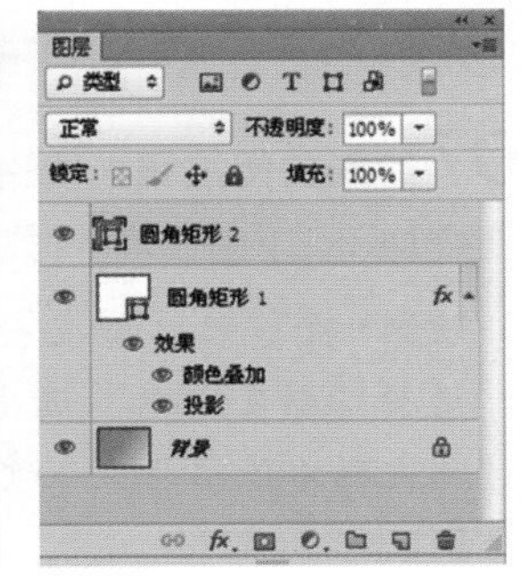

05 添加效果

打开该图层“图层样式”对话框，选择“渐变叠加”“描边”“内阴影”“图案叠加”选项，设置参数，为标题栏添加效果。

1. 选择“渐变叠加”选项，设置渐变条，颜色由左到右依次为 R:47 G:47 B:47、R:86 G:86 B:86。
2. 选择“描边”选项，大小 1 像素、填充类型渐变，设置渐变条，颜色由左到右依次为 R:18 G:18 B:18、R:58 G:58 B:58。
3. 选择“内阴影”选项，混合模式正常，颜色白色、不透明度 20%、角度 90 度，去掉“使用全局光”对勾，距离 1 像素、大小 0 像素。
4. 选择“图案叠加”选项，选择“深灰斑纹纸”图案。

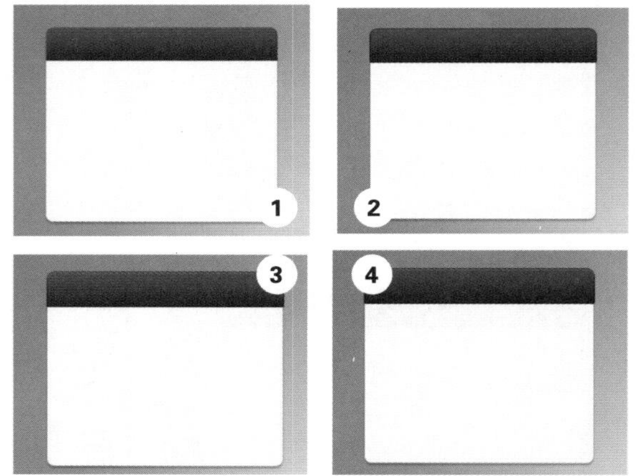

使用矩形工具绘制标题栏时，有时候得到的标题栏的大小不一定能与界面进行完美的贴合，没关系，可以后期进行调整，按下快捷键 Ctrl+T，自由变换命令就可进行调整。

06 添加标题

选择“横排文字工具”，在标题栏上输入文字，打开“图层样式”对话框，选择“渐变叠加”选项，设置渐变条，颜色由左到右依次为 R:231 G:231 B:231、R:255 G:255 B:255，单击“确定”按钮。

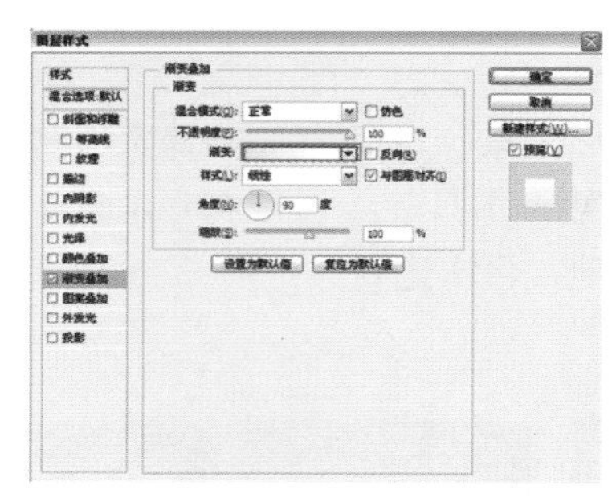

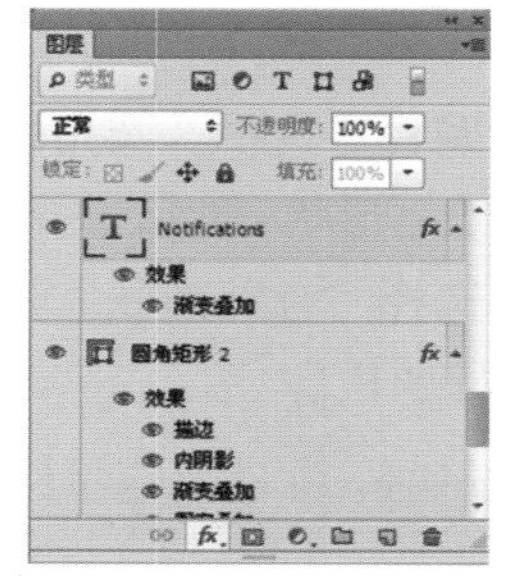

07 绘制关闭按钮

使用“椭圆工具”，在标题栏右侧绘制正圆，打开“图层样式”对话框，选择“渐变叠加”“内阴影”“投影”选项，设置参数。

1. 绘制一个按钮形状。
2. 选择“渐变叠加”选项，设置渐变条，颜色由左到右依次为 R:70 G:70 B:70、R:128 G:128 B:128。
3. 选择“内阴影”选项，混合模式正常，颜色 R:156 G:156 B:156，不透明度 100%、角度 90 度，去掉“使用全局光”对勾，距离 1 像素、大小 1 像素。
4. 选择“投影”选项，不透明度 52%、角度 90 度，去掉“使用全局光”对勾，距离 1 像素、大小 3 像素。

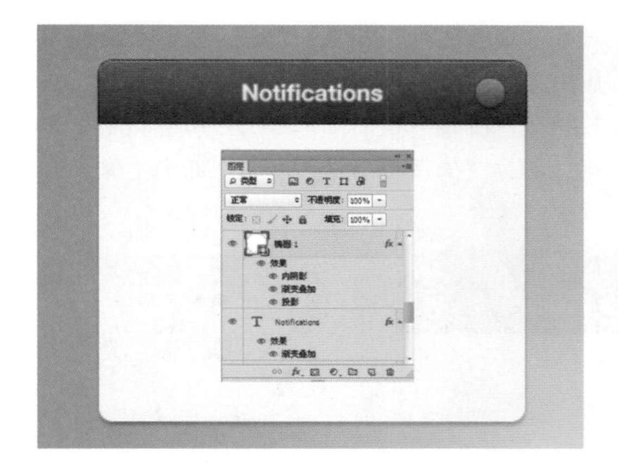

08 绘制关闭图标　选择“矩形工具”，绘制矩形条，按下快捷键 Ctrl+T，将其旋转，按下 Enter 键确认操作，将该矩形进行复制，执行“水平翻转”命令，得到关闭图标，为其添加“颜色叠加”“投影”效果。

1. 选择矩形工具绘制关闭图标。
2. 选择“图案叠加”选项，设置颜色为 R:49 G:49 B:49。
3. 选择“投影”选项，混合模式正常、颜色白色、不透明度 17%、角度 90 度，去掉“使用全局光”对勾，距离 1 像素、大小 0 像素。

09 制作联系人图标　选择“椭圆工具”，绘制椭圆，在选项栏中选择“合并形状”选项，再次绘制圆形，然后选择“矩形工具”，在选项栏中选择“减去顶层形状”选项，将多余的形状减去，得到联系人图标。

1. 用椭圆工具绘制圆形。
2. 选择合并形状选项合并圆形。
3. 选择减去顶层形状选项减去多余形状。

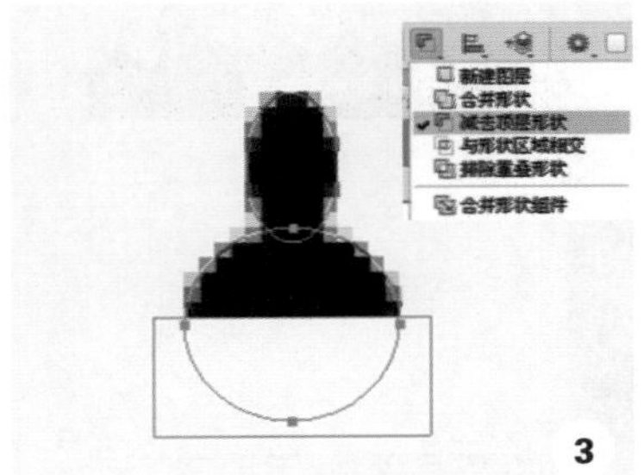

10 添加效果 将联系人图标所在图层的“图层样式”对话框打开，选择“颜色叠加”“内阴影”选项，设置参数，添加效果。

1. 选择“颜色叠加”选项，设置颜色为 R:90 G:90 B:90。
2. 选择“内阴影”选项，不透明度 70%、角度 90 度，去掉“使用全局光”对勾，距离 1 像素、大小 3 像素。

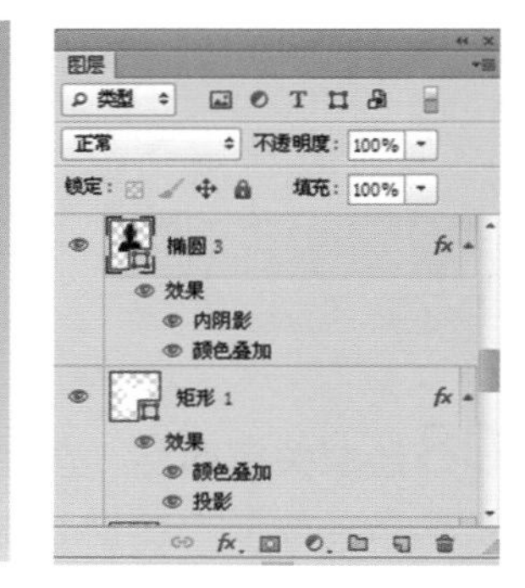

11 输入文字 选择“横排文字工具”在联系人图标的右侧单击并输入文字。

在输入文字的时候，需要选用不同的字体，我们可以将文字输入完成，然后将需要改变字体的文字选中，然后在选项栏中改变属性。

12 绘制选中底纹 选择“矩形工具”，设置前景色为白色，在图像上绘制矩形框，将该图层的填充降低为 10%，打开“图层样式”对话框，选择“颜色叠加”“描边”选项设置参数。

1. 选择矩形工具绘制底色。
2. 选择“颜色叠加”选项，设置颜色为 R:67 G:67 B:67，不透明度 5%。
3. 选择“描边”选项，大小 1 像素、不透明度 9%。

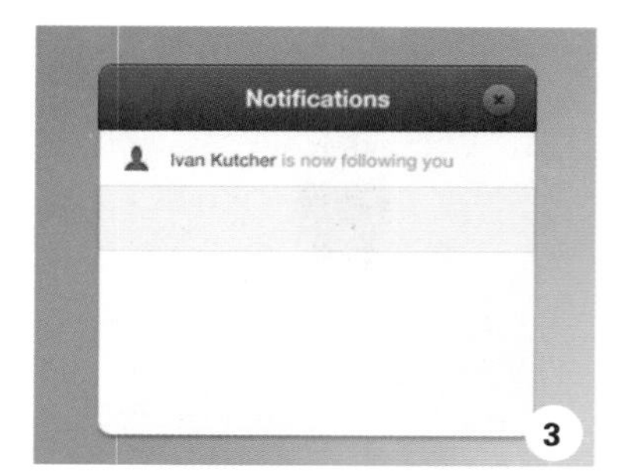

13 绘制心形图标　选择“自定义形状”工具，在选项栏中选择“心形”形状，在图像上绘制心形，打开“图层样式”对话框，选择“渐变叠加”“内阴影”选项，设置参数，添加效果，然后选择“横排文字工具”输入文字。

1. 用自定义形状工具绘制心形形状。
2. 选择“渐变叠加”选项，设置渐变条，颜色由左到右依次为 R:255 G:85 B:133、R:255 G:119 B:157。
3. 选择“内阴影”选项，不透明度 50%、角度 90 度，去掉“使用全局光”对勾，距离 1 像素、大小 3 像素。
4. 用横排文字工具输入文字。

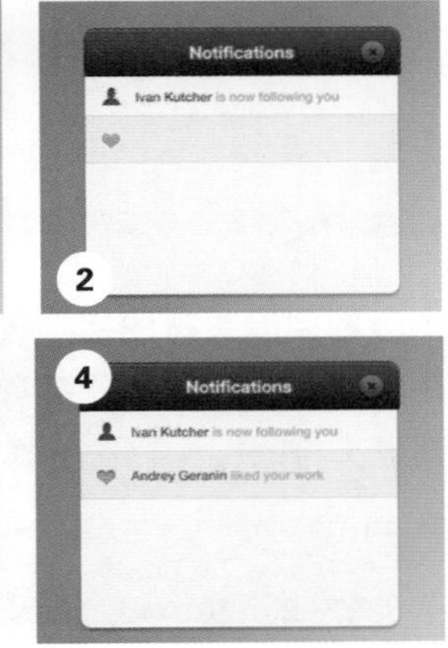

14 绘制图标　选择“椭圆工具”绘制椭圆，然后选择“钢笔工具”，在选项栏中选择“合并形状”选项，在椭圆上绘制形状，得到图标，为该图层添加联系人图标的“图层样式”效果。

1. 用椭圆工具绘制椭圆形状。
2. 用钢笔工具绘制完整图标。
3. 粘贴效果。

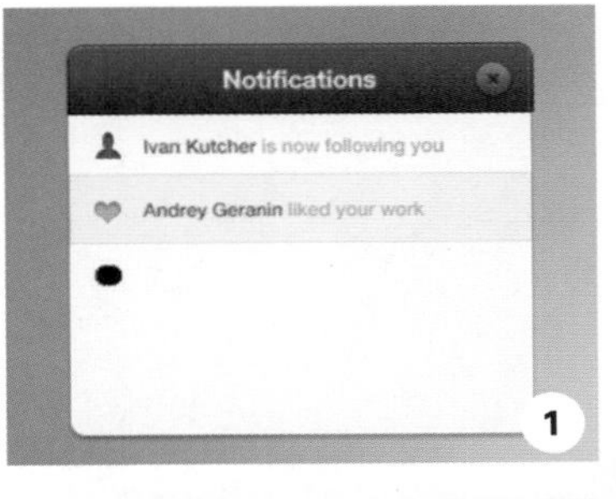

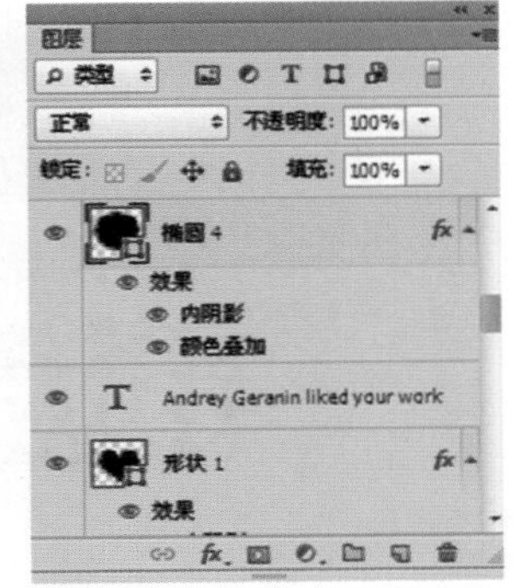

15 绘制分割线 使用“横排文字工具”输入文字，将刚才绘制的底色矩形框进行复制，移动位置，将“颜色叠加”图层样式选中拖曳到“图层”面板下方删除图层按钮上，可将该样式删除，得到分割线。

1. 用横排文字工具输入文字。
2. 将矩形框进行复制，移动位置。
3. 将“颜色叠加”图层样式效果删除。

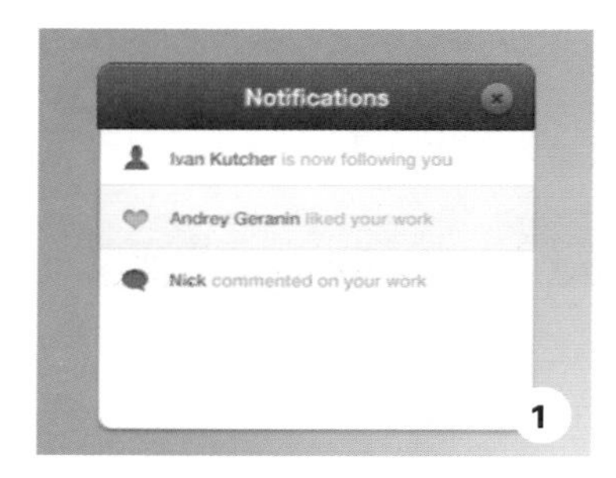

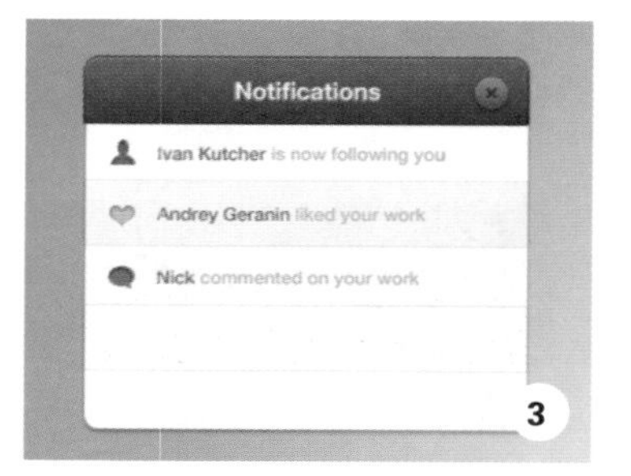

16 绘制虎头符图标 选择“横排文字工具”，在图像上单击，按住键盘上的 Shift+2 键，可得到虎头符图标，再次选择文字工具输入文字。

1. 用横排文字工具输入虎头符图标。
2. 用横排文字工具输入文字。

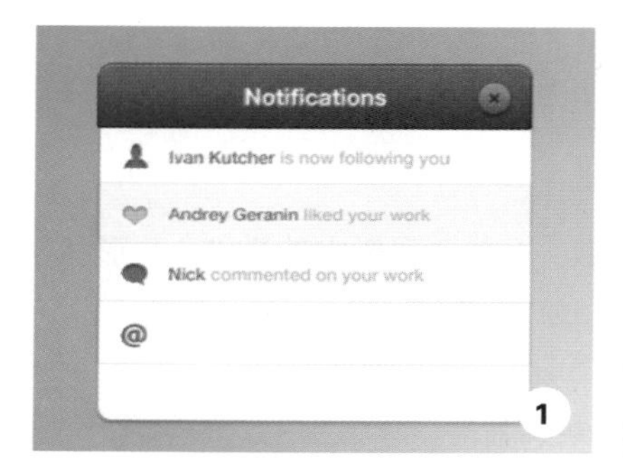

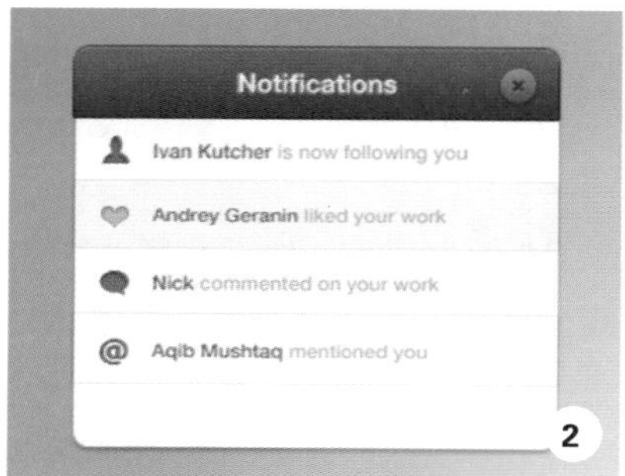

17 绘制星形图标 选择“自定义形状”工具，在选项栏中选择“星形”形状，在图像上绘制星形，为其粘贴图标的图层样式效果，然后选择“横排文字工具”输入文字。

1. 用自定义形状工具绘制星形。
2. 用横排文字工具输入文字。

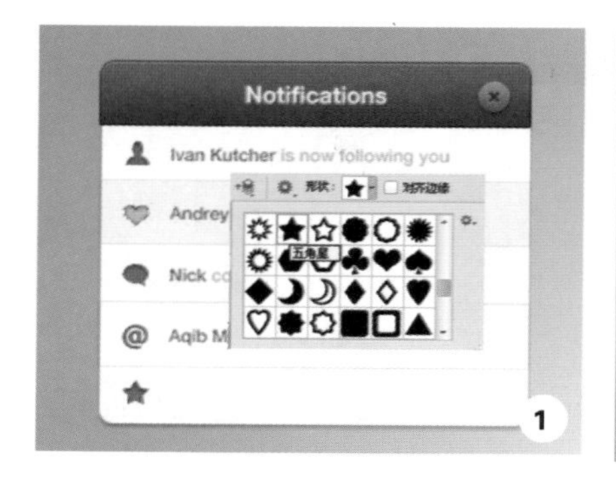

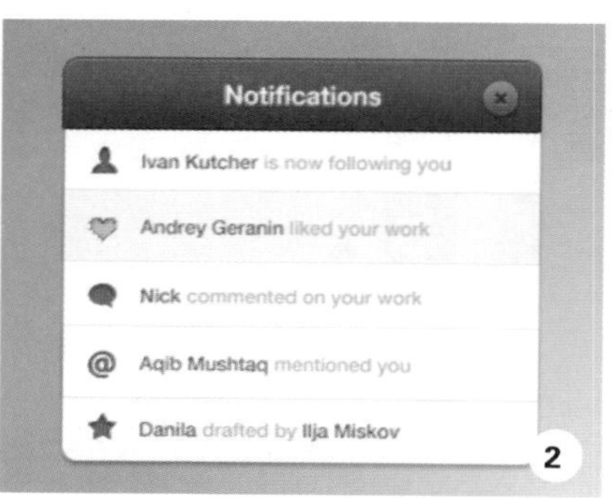

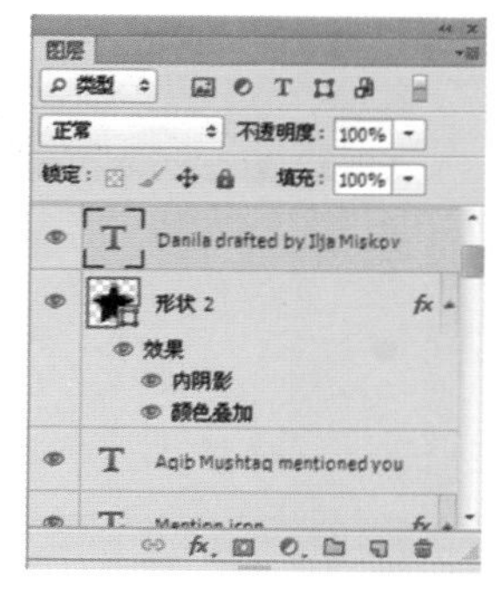

18 绘制拉动条　选择“圆角矩形工具”，在选项栏中设置半径为 100 像素，在界面的右侧绘制拉动条，打开“图层样式”对话框，选择“颜色叠加”“描边”选项，设置参数，添加效果。

1. 选择圆角矩形工具绘制拉动条。
2. 选择“颜色叠加”选项，设置颜色为 R:232 G:232 B:232。
3. 选择“描边”选项，大小 1 像素、位置内部，颜色设置为 R:217 G:217 B:217。

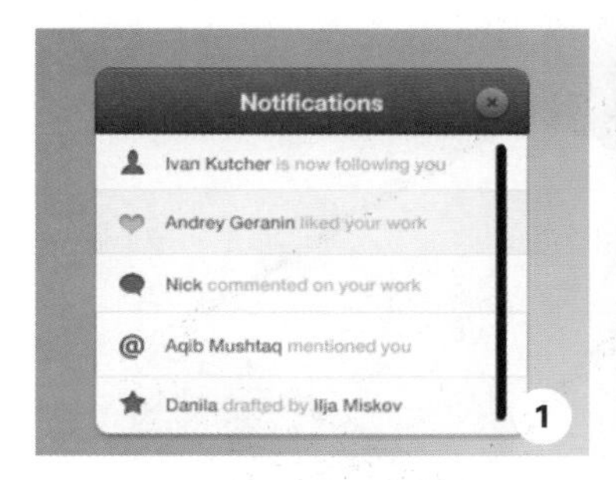

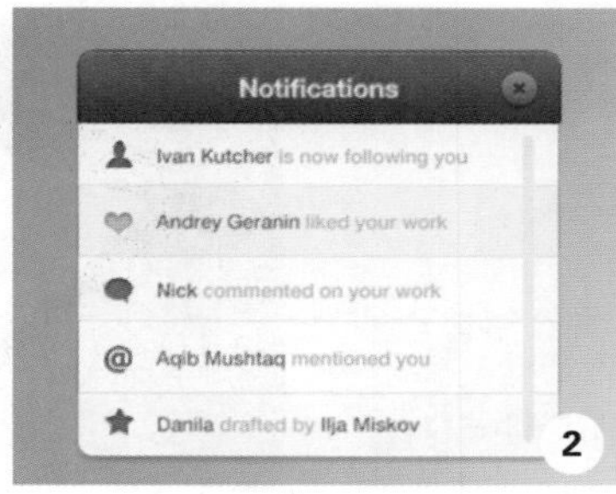

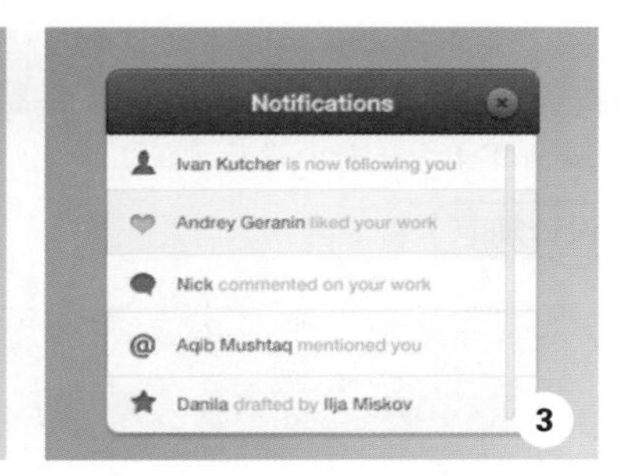

19 绘制拉动进度　再次选择“圆角矩形工具”，在拉动条上继续进行绘制，将填充降低为 0%，打开“图层样式”对话框，选择“描边”“颜色叠加”选项，设置参数，完成效果。

1. 用圆角矩形工具绘制拉动进度。
2. 选择“描边”选项，大小 1 像素、位置内部，颜色设置为 R:94 G:94 B:94。
3. 选择“颜色叠加”选项，不透明度为 50%。

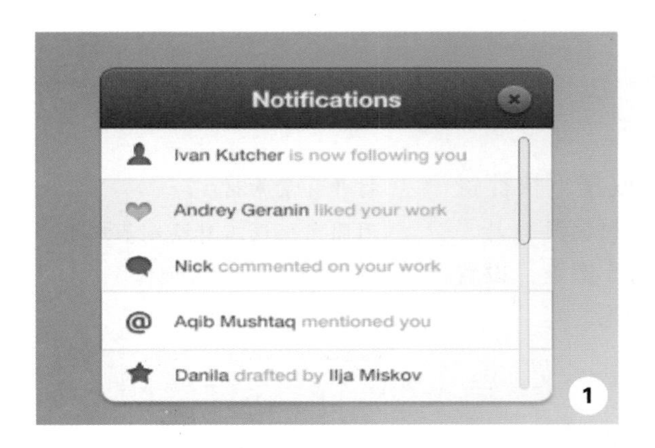

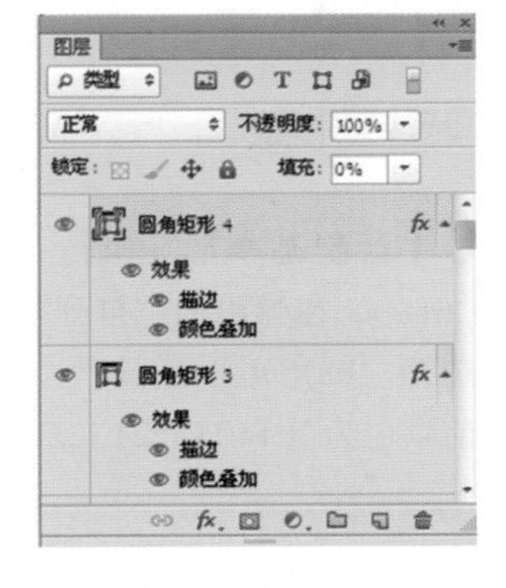

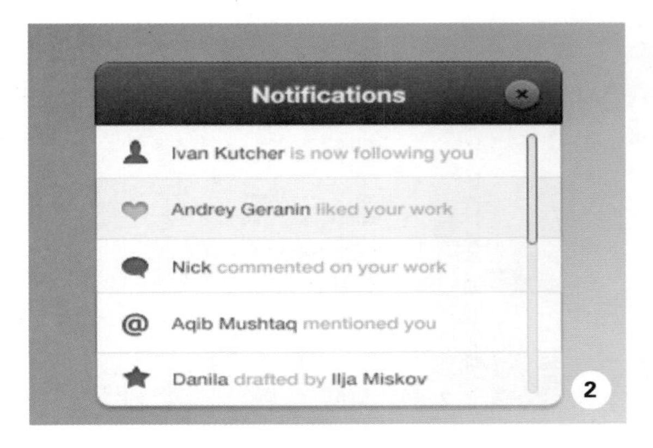

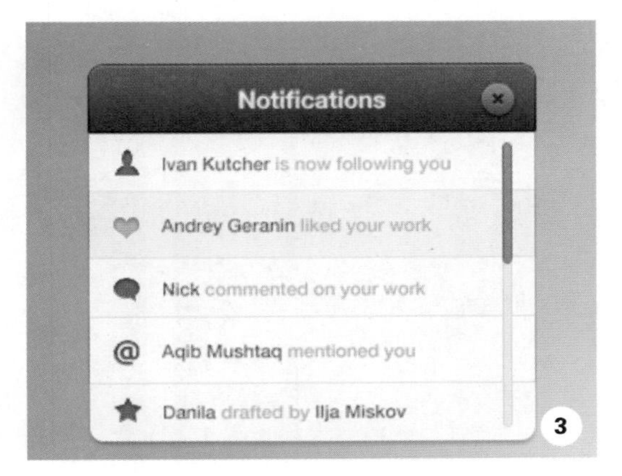

日历 UI

案例综述

本例我们将制作一个 ios7 系统下的日历界面，背景是一个磨砂玻璃效果的模糊图像，凸显出 ios7 的界面特性（这种风格偏向于扁平化，扁平化设计也是当下十分流行的设计方法）。

设计规范

尺寸规范	600×400（像素）
主要工具	各种矢量工具、图层样式
文件路径	Chapter09/9-4.psd
视频教学	9-4.avi

配色分析

暖紫色是一种神秘的色彩，它给人一种舒适休闲的心理感受，粉色和蓝色标出特殊日子，让人感觉特别浪漫。

操作步骤

01 绘制基本形 执行“文件 > 打开”命令，或按下快捷键 Ctrl+O，在弹出的“打开”对话框中，选择背景素材将其打开，选择“圆角矩形工具”，在选项栏中设置半径为 5 像素，设置前景色为 R:140 G:221 B:214，在图像上绘制圆角矩形。

1. 打开背景素材。
2. 用圆角矩形工具绘制基本形。

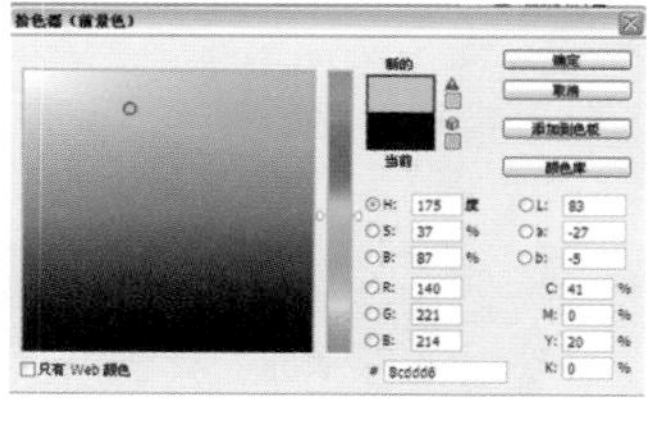

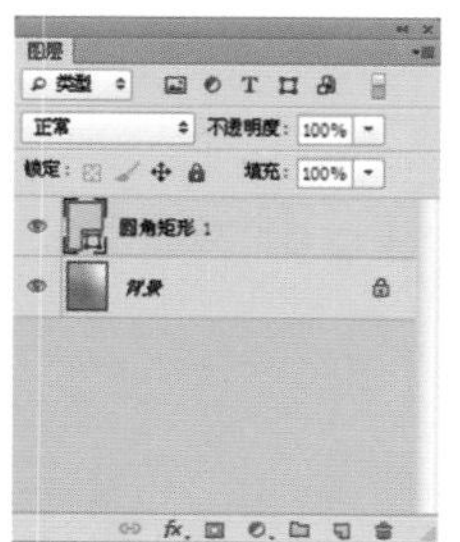

02 添加效果　将该图层的填充降低为 14%，打开“图层样式”对话框，选择“内发光”“投影”选项设置参数，为基本形添加投影发光特效。

1. 将填充降低为 14%。
2. 选择“内发光”选项，混合模式颜色减淡、不透明度 10%、大小 48 像素。
3. 选择“投影”选项，混合模式正常，颜色设置为 R:0 G:31 B:62，角度 90 度，去掉“使用全局光”对勾，距离 4 像素、大小 70 像素。

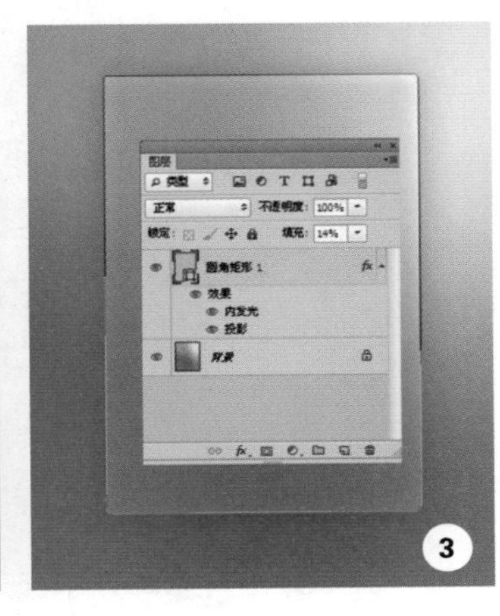

03 绘制标题栏　选择“钢笔工具”，设置前景色 R:39 G:200 B:187，得到“形状 1”图层，将该图层的填充降低为 10%。

1. 用钢笔工具绘制标题栏。
2. 降低填充为 10%。

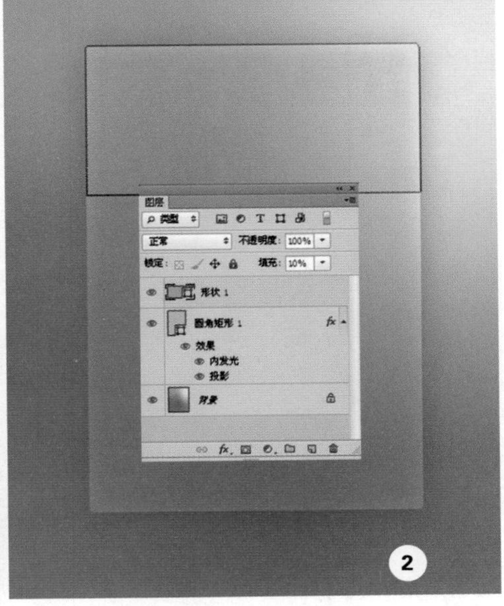

这一步中，也可以采用前几个例子中的方法，首先使用圆角矩形工具绘制上部，然后使用矩形工具，选择“合并形状”选项，绘制下部，得到形状。

04 绘制选项栏 选择“钢笔工具”，在界面的下方绘制形状，得到“形状 2”图层，将该图层的填充降低为 10%，使其呈现半透明状态。

1. 用钢笔工具绘制选项栏。
2. 降低填充为 10%。

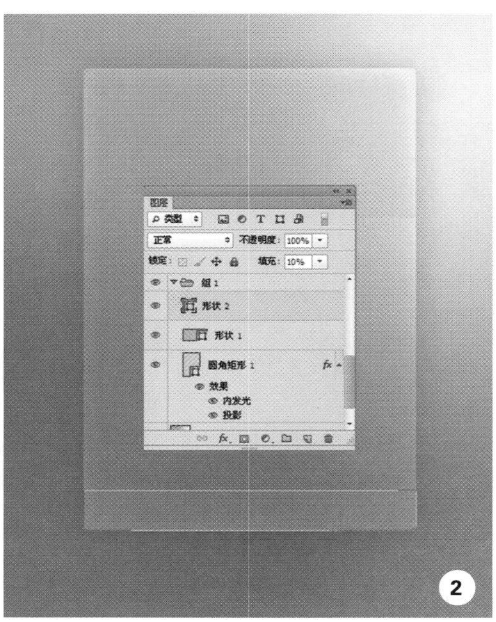

05 绘制形状 选择“钢笔工具”，在界面上面绘制形状，完成后将该图层的填充降低为 35%。

1. 用钢笔绘制形状。
2. 降低填充为 35%。

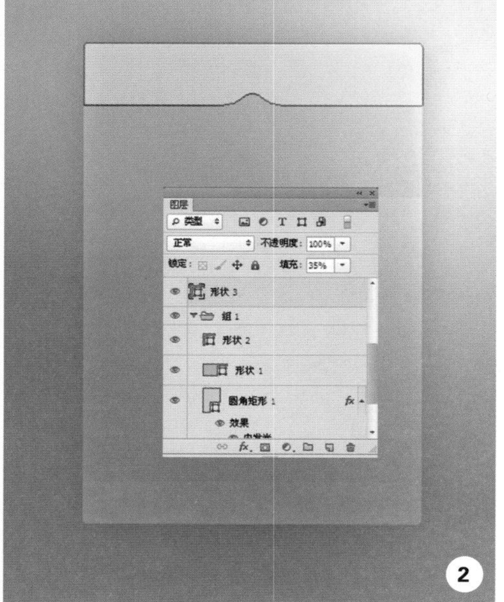

06 添加年份文字　选择“横排文字工具”，在标题栏上单击并输入文字，输入完成后将文字选中，打开“字符”面板，设置文字的属性，将文字所在图层的填充降低为 65%。

1. 输入文字，改变属性。
2. 降低填充为 65%。

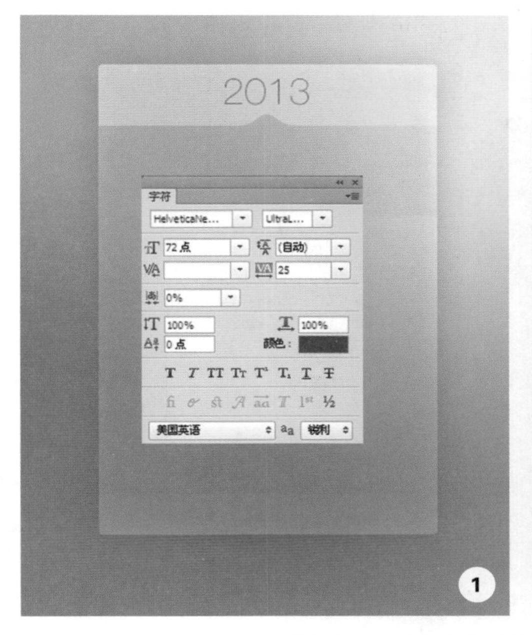

图层蒙版的原理是，黑色的地方被遮盖，因此在选用渐变工具在图层蒙版上涂抹时，首先要确定需要被遮盖的区域，把握好方向，拉出渐变，可以使图像过渡得自然。

07 绘制形状　再次选择“钢笔工具”，设置前景色为 R:68 G:121 B:172，在标题栏下方继续绘制形状，单击“图层”面板下方添加图层蒙版按钮，为该图层添加蒙版，选择黑色画笔工具，在该形状上拉出渐变，完成后降低该图层填充为 25%。

1. 用钢笔工具绘制形状。
2. 用图层蒙版拉出渐变。
3. 降低填充为 25%。

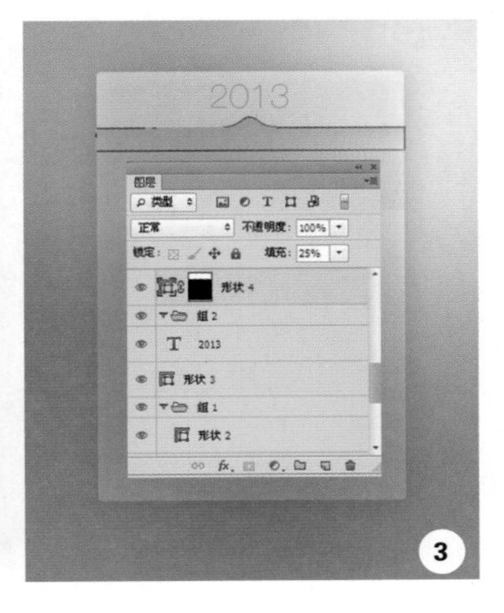

08 绘制分割线 选择“直线工具”，在图像上绘制白色直线，得到“形状 5”图层，将该图层的填充降低为30%。

1. 用直线工具绘制分割线。
2. 降低填充为30%。

09 绘制翻页按钮 选择“自定义形状”工具，在选项栏中选择箭头形状，在图像上绘制左右箭头，然后选择“横排文字工具”输入月份文字。

1. 用自定义形状工具绘制左箭头。
2. 用自定义形状工具绘制右箭头。
3. 用横排文字工具输入月份文字。

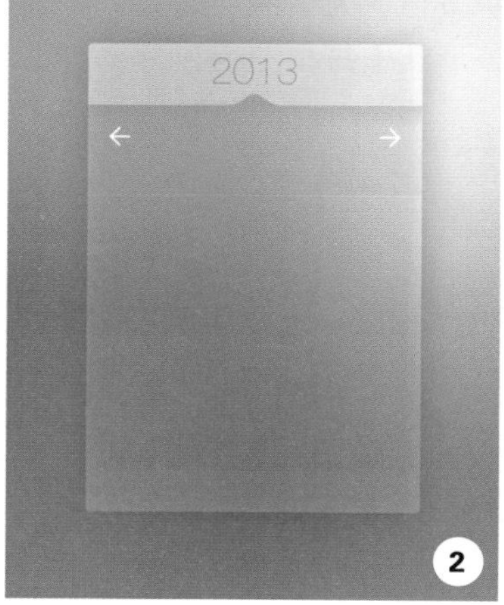

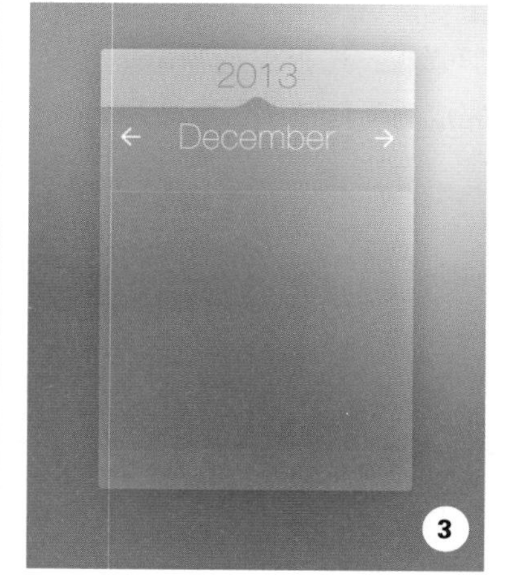

在绘制左右箭头的时候，为了保证箭头的大小统一，我们可以使用自定义形状工具绘制一个箭头后，将该箭头执行“水平翻转”命令，然后按住 Shift+J 键水平移动位置即可。

10 输入日历表　选择“横排文字工具”输入文字，按下回车键换行，继续输入文字，保证一竖行为一个图层。

1. 输入第一行日历。
2. 用同样的方法绘制整个日历。

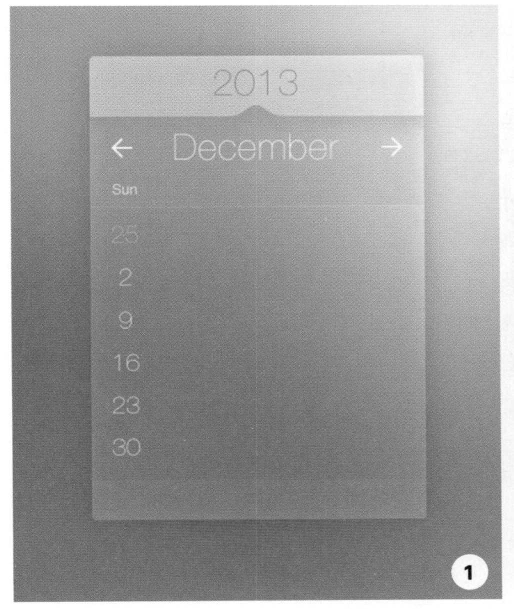

11 绘制正圆　选择“椭圆工具”，设置前景色为 R:255　G:50　B:50，按住 Shift 键绘制大红色正圆，得到“椭圆 1”图层，将该图层的混合模式设置为变亮，降低填充为 80%。

1. 用椭圆工具绘制正圆。
2. 改变混合模式，降低填充度。

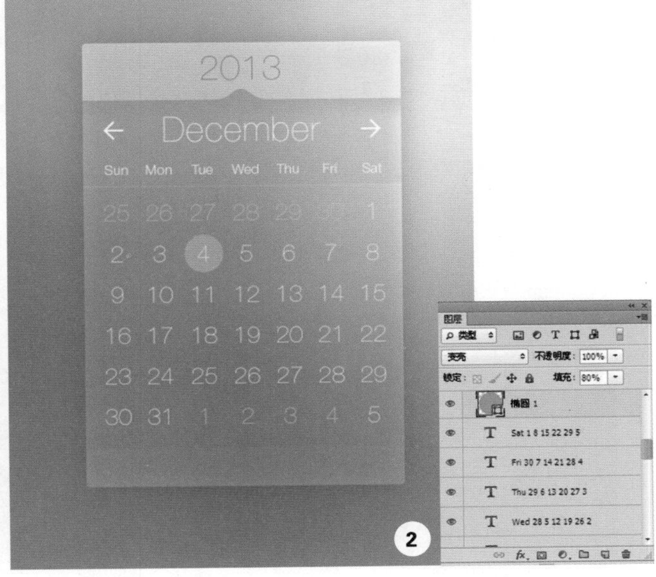

12 添加发光效果 打开“椭圆 1”图层的“图层样式”对话框，选择“外发光”选项，设置不透明度为 40%，颜色为 R:253 G:14 B:73，大小 75 像素，单击“确定”按钮，为正圆添加发光效果。

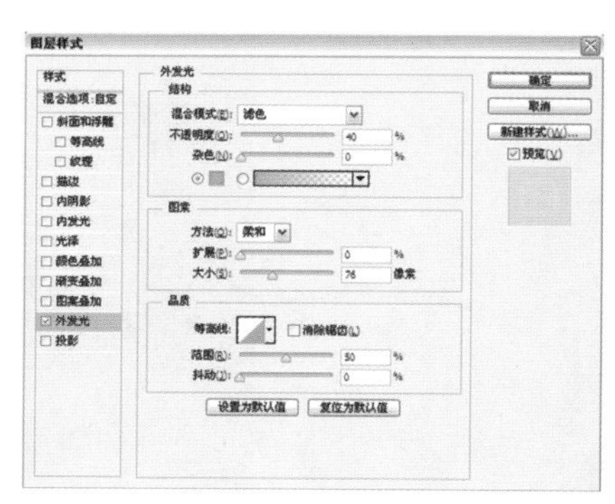

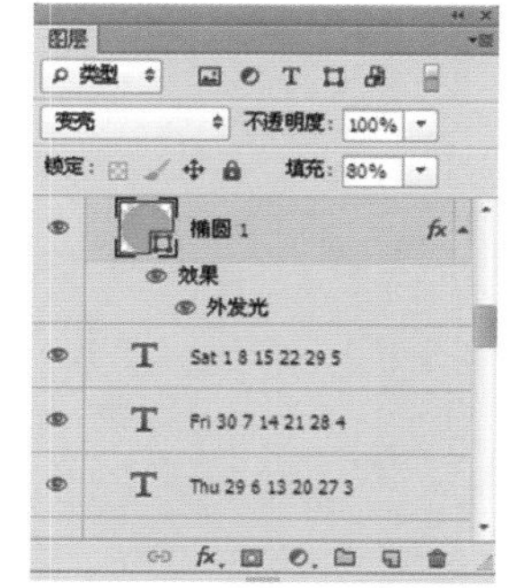

13 绘制蓝色圆点 使用同样的方法绘制蓝色正圆，颜色设置为 R:56 G:244 B:198，将该图层的混合模式设置为叠加，降低填充为 60%，添加“外发光”图层样式效果，完成后，将该圆点进行复制，移动位置。

1. 用椭圆工具绘制蓝色小圆点。
2. 改变混合模式和填充。
3. 选择“外发光”选项，设置不透明度 17%、大小 49 像素。
4. 复制蓝色圆点图层，移动位置。

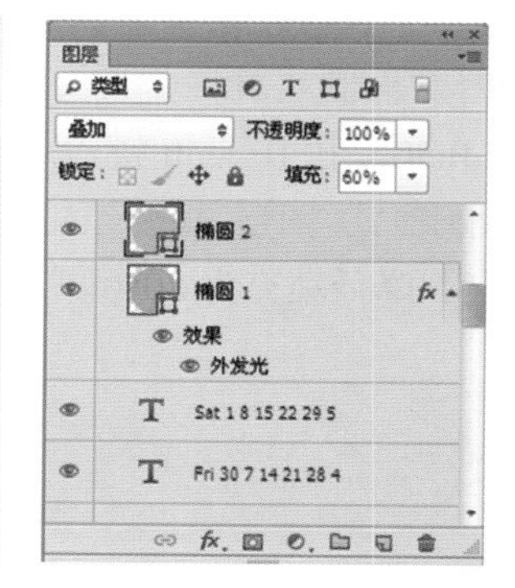

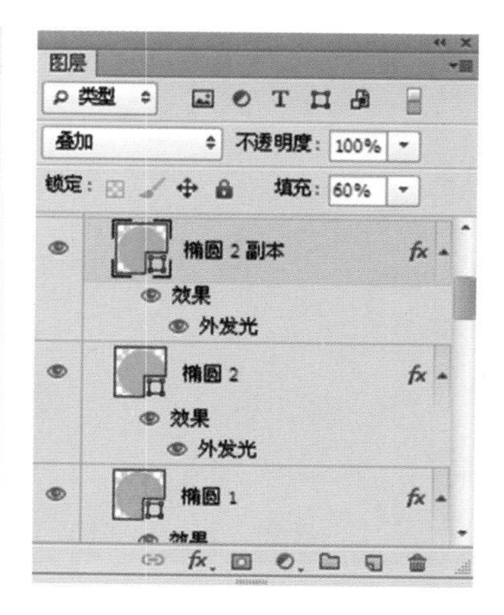

14 绘制灰色圆点 使用“椭圆工具”绘制黑色小圆点，降低填充为 10%，打开“图层样式”对话框，选择“描边”选项，设置参数，填充白色描边效果。

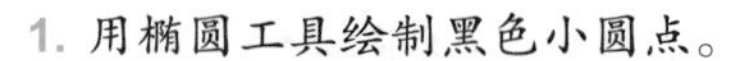

1. 用椭圆工具绘制黑色小圆点。
2. 降低填充为 10%。
3. 选择“描边”选项，大小 2 像素、位置内部，颜色设置为 R:255 G:255 B:255。

15 复制圆点 将红、蓝、灰色小圆点分别进行复制，改变大小，移动到界面最低端边框中，然后选择“横排文字工具”输入文字，完成制作。

1. 复制圆点，改变大小，移动位置。
2. 用横排文字工具输入文字。

设计思路：如何制作配色卡

在设计中，色彩一直是讨论的永恒话题。在一个作品中，视觉冲击力要占很大的比例，至少占 70%。关于色彩构成和基本原理的书籍有很多，讲得也很详细，我就不多讲了。在这里，我主要讲解如何制作配色色卡。

1. 向大自然学习配色，制作自己的配色卡

对于初学设计的人来说，经常为使用什么样的颜色而烦恼着。他们做的画面要不就是颜色用得太多显得太过花哨和俗气，要不就是只用同一个色相使画面显得既单调又没有活力。

乱用色和不敢用色成为初学者的一个通病。我们大可不必纠结这个问题，向真实的世界中的配色去学习，多看看大自然的美丽景致，然后归纳总结出一套自己的配色色卡，以供我们所用。

大家或许都知道，黑、白、灰这 3 个无彩色可以调和各种无彩色。我们也知道，大自然的美是千变万化的，这就要求设计师必须拥有一颗捕捉美的心。就拿天空来举例子，要是有人问天空是什么颜色的，很多人都回答蓝色，可是你要仔细观察的话，天空的颜色是千变万化、色彩斑斓的。艺术来源于生活又高于生活，所以设计师要经常总结。因为设计是一个“理解——分解——再构成”的艺术。

朝阳下的大海和山涧岩石

大自然的色彩是丰富多彩的，很多人造物在自然光线下也会呈现出很和谐的色彩搭配。比如北冰洋的积雪、红色的瓷器、黄色的花朵等，在自然光的照射下，它们都表现出丰富的色彩细节。

室外建筑和诱人的食物

2. 将配色卡应用到实际工作中

网页一般是由主色调、辅色调、点睛色和背景色等四部分构成，其中，主色调在网站的作用是无可取代的。有时候，色卡可以很方便地帮你找到哪一类的网站需要什么样的主色调。但是我们也可以多积累一些相关知识，活学活用。这样不仅可以自己增加和减少色块比重来调整整个画面，还可以为了达到增加颜色细节的目的使用两张相似的色卡。接下来，我们来看一些配色卡和网站实例的色调。

（1）蓝色和白色调和。蓝色和白色调和，是看起来很权威很官方的配色。需要注意的是，这个蓝色不是科技蓝。

（2）彩虹糖果色和黑色调和。彩虹糖果色和黑色调和，是一种梦幻、活泼、妖艳的配色。一般情况下，比较亮的彩虹色显得很粉很飘，在加入大面积协调色调后，画面就显得很美。

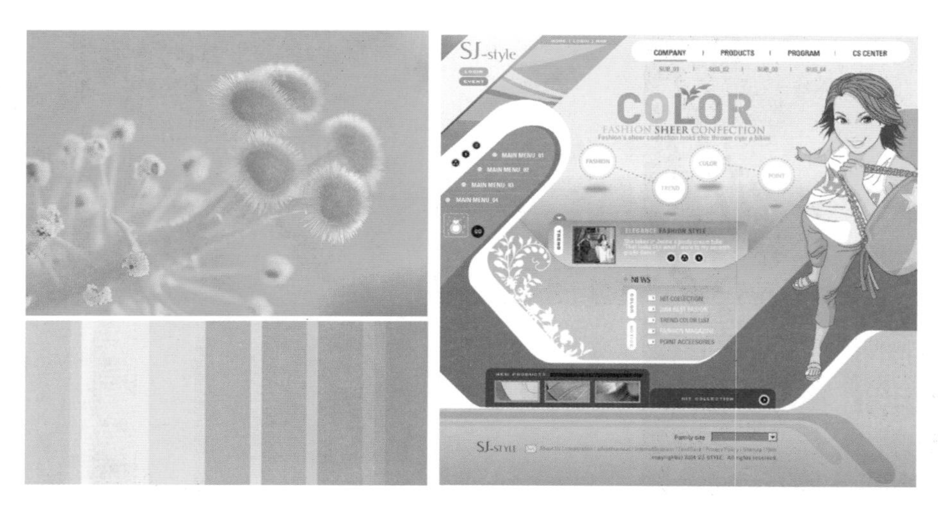

（3）橙色和蓝色调和。橙色和蓝色对比的和谐统一，不仅显得有活力，并且感觉很有时间感。因为橙色和蓝色是互补色，要是使用得不好就会显得很俗气，图上这个作品，在橙色里加了米色，蓝色里加重了深蓝，以用来拉开色相上的冲突，整体效果非常好。

（4）绿色和白色调和。绿色和白色调和后是一种自然的优雅的清新配色。图片中的作品运用白色和绿色，通过渐变来制造柔和轻松的气氛，还有光线照射下来，绿叶元素以及灰色菜单的亮点都让这个作品显得典雅清新。

（5）红色和黑色调和。红色和黑色调和后形成一种金属冷色和热烈的红色的对比配色。图上的作品首先运用黑、白、灰的金属色调来体现出科技感，然后又用热烈奔放的红色来体现出音乐手机的产品定义。

知识扩展：关于进度条设计的几点建议

这是一个浮躁的时代，常常会听到“好慢！”“等死了！”这样的抱怨，每次看到加载的进度条转啊转，或者是“loading…”后面的三个点不停地闪动，却一直还在加载中，心里总是有莫名的烦躁。通过以下几点对进度条的改造，可以减缓用户烦躁的等待情绪。

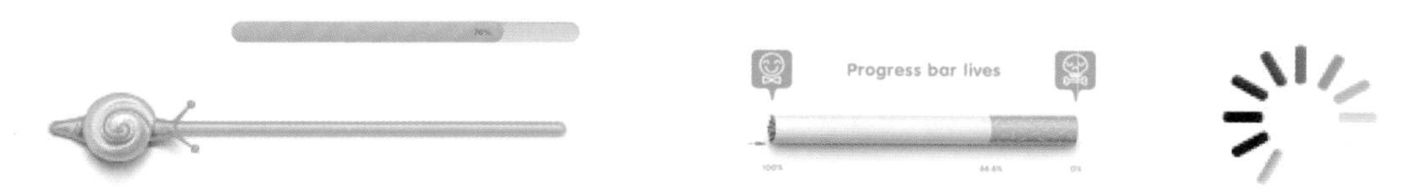

1. 将提示信息放在输入框内，紧凑、有效

我们常常会认为等待是个漫长的过程。在设计时可以利用这点来做出符合或者超越用户期待的假象，这样可以对提升用户体验有所帮助。

我们可以在扫描开始之前让用户有所心理准备，降低他们的期待。例如在扫描前通过弹框的方式提醒用户：扫描过程较为漫长，请您耐心等待。这样到最终扫描结束，用户可能会发觉其实扫描并不是那么漫长，这也就变相地超越了用户的期待。

2. 进度条可以让用户觉得等待时间变短

想象一下，如果当进度条出现后，所有信息都是静止的：进度条没有移动、没有当前扫描的进度、没有变化的数字，这种等待会让用户产生焦虑和不安，他们会疑惑“到底什么时候才会扫描完成？”“电脑是否在正常工作？”。因此在做进度条设计时，应该大量地提供变化的信息，给出足够的反馈，让用户了解扫描的进度，明白电脑在正常运作，知道他们的等待是合理的。

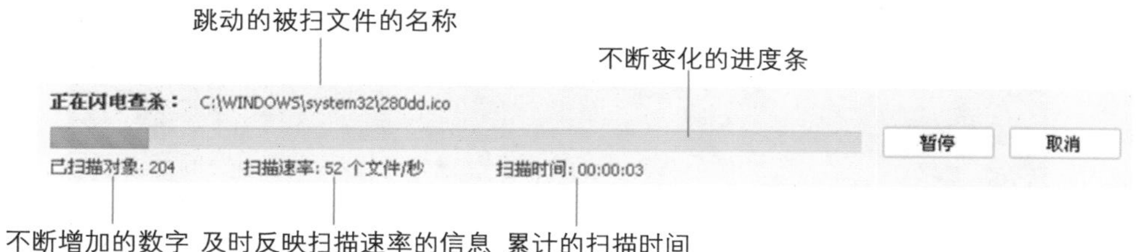

3. 在进度条里可以加入一些有趣的提示和技巧

在等待的过程中穿插一些有趣的事情，分散用户的注意力，来提高用户等待的体验。

比如在七雄争霸这个游戏加载的过程中会出现“打地鼠”小游戏，将用户的注意力吸引到小游戏上，从而不会关注加载的进度。某款安全软件也采用了这种方法，当用户进入较长的扫描等待时，界面上会弹出气泡提示用户可以进入皮肤中心换换界面的皮肤来玩一玩。从这点出发，很多加载比较慢的软件就可以利用，通过这种方式，既提高了用户等待的体验也起到了功能宣传的作用。

Chapter 10 手机 UI 零件设计大集合

记得业界牛人说过：细节决定成败。手机 UI 只有方寸大小，只有精细、精细再精细才能打动用户。本章作者将把自己的看家本领都拿出来贡献给大家。还有，不要忘了看每章后面的知识拓展，那些将使你在设计思路上有所提高。

进度条

案例综述

本例我们将制作一系列进度条，进度条的特点就是要让用户在等待进度的同时不致于过于枯燥，所以进度条的设计要比其他控件更加有趣味性。

设计规范

尺寸规范	多种规格的尺寸
主要工具	多种矢量工具、图层样式
文件路径	Chapter10/10–1.psd
视频教学	10–1.avi

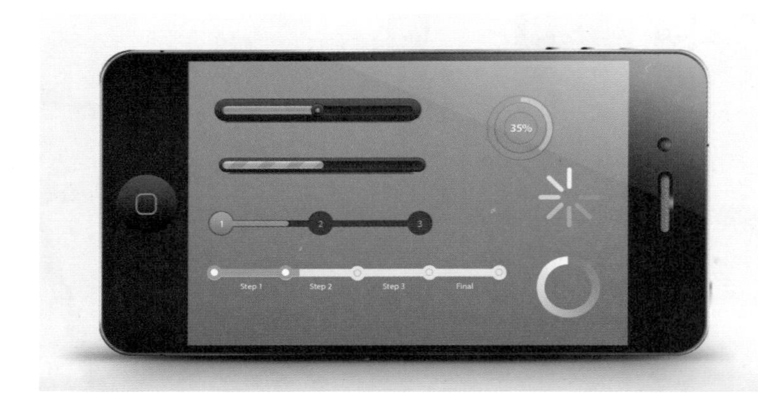

造型分析

本例选择了多种形状的进度条，有节点式（在读取进度时能够让用户体验到进程细节），有温度计式，还有圆形进度条，大家在学习时要注意细节，理解用户体验。

操作步骤

效果 1

01 绘制输入框 选择“圆角矩形工具”，在选项栏中设置半径为 100 像素，绘制进度条基本形，打开“图层样式”对话框，选择“描边”“内阴影”“渐变叠加”选项，设置参数，添加效果。

1. 用圆角矩形工具绘制进度条基本形，填充渐变，设置渐变条从左到右依次是 R:17 G:17 B:17、R:68 G:68 B:68。
2. 选择“描边”选项，大小 1 像素。
3. 选择“内阴影”选项，混合模式滤色、颜色白色、不透明度为 15%，角度 90 度，去掉“使用全局光”对勾，距离 1 像素、大小 0 像素。
4. 选择“渐变叠加”选项，混合模式正常、不透明度为 5%，设置渐变条，左右两边都是白色，不透明度为 20%、25%。

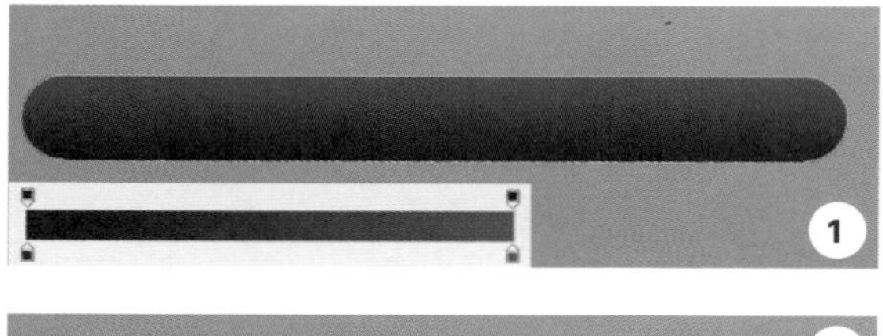

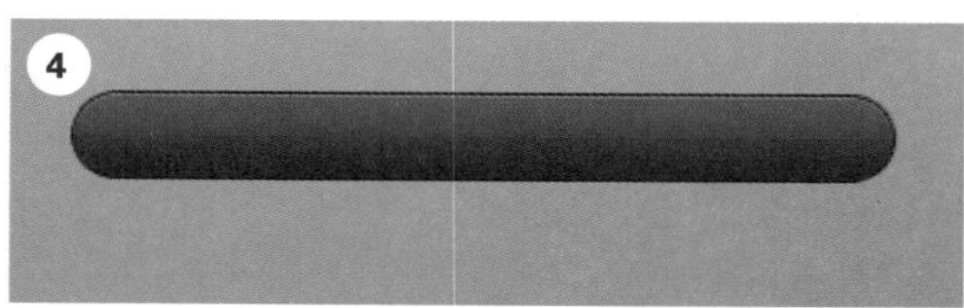

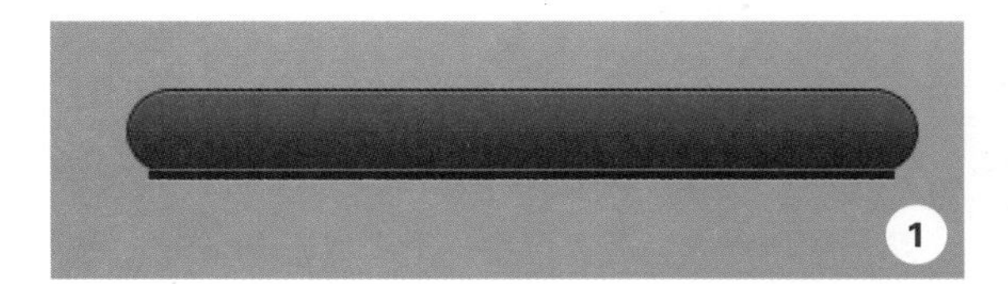

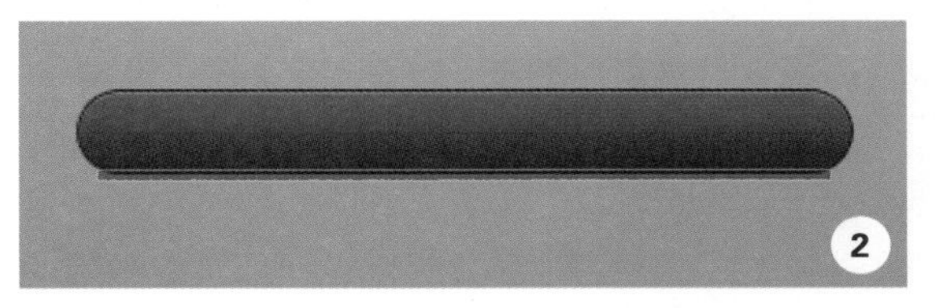

02 添加阴影　选择“矩形工具”，在基本形下方绘制黑色矩形条，将该图层的不透明度降低为 50%，为该图层添加图层蒙版，使用黑色画笔工具在蒙版上进行涂抹，得到阴影。

1. 用矩形工具绘制阴影。
2. 降低不透明度为 50%。
3. 添加图层蒙版，涂抹矩形条两端，将其隐藏。

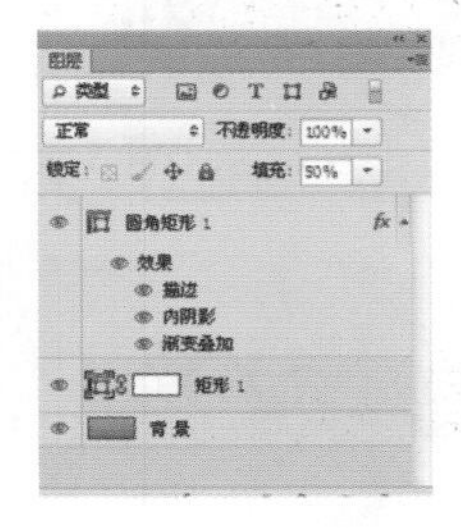

03 绘制进度框　再次选择“圆角矩形工具”，保持半径参数不变，在基本形上绘制进度框，得到“圆角矩形 2”图层，添加渐变效果后，打开“图层样式”对话框，选择“内阴影”“投影”选项，设置参数，添加凹陷效果。

1. 用圆角矩形工具绘制进度框，填充渐变，设置渐变条从左到右依次是 R:34 G:34 B:34、R:17 G:17 B:17。
2. 选择“内阴影”选项，不透明度 100%、角度 90 度、距离 1 像素、大小 2 像素。
3. 选择“投影”选项，混合模式滤色、颜色白色、不透明度 14%、角度 90 度、距离 1 像素、大小 0 像素。

04 绘制进度　将“圆角矩形 2”图层进行复制，得到“圆角矩形 2 副本”图层，改变该形状的颜色为蓝色，为该图层添加“斜面和浮雕”“颜色叠加”选项，设置参数，绘制进度效果。

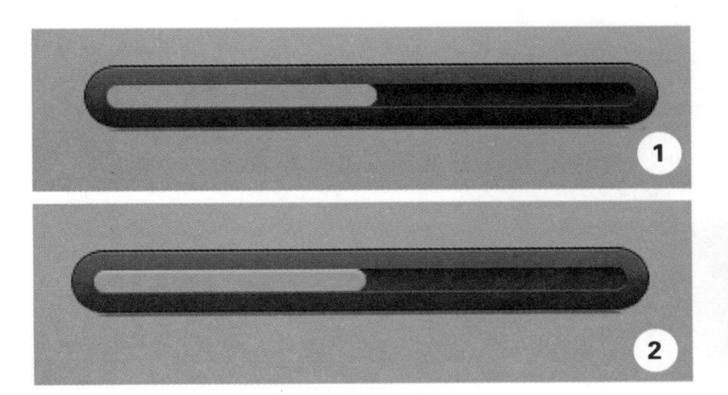

1. 复制“圆角矩形 2”图层，改变颜色为 R:0 G:130 B:231。
2. 选择“斜面和浮雕”选项，大小 1 像素、角度 90 度、不透明度 50%、不透明度 0%。
3. 选择“渐变叠加”选项，不透明度为 5%，设置渐变条，左右两边都是白色，不透明度为 20%、25%。

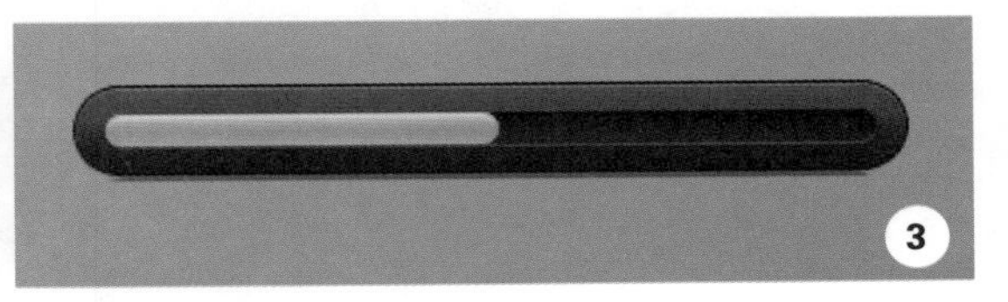

05 绘制进度点

选择“椭圆工具”，绘制进度的地方绘制正圆，添加渐变，打开“图层样式”对话框，选择“斜面和浮雕”“描边”“内阴影”“投影”选项，设置参数，添加立体效果。

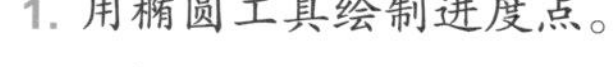

1. 用椭圆工具绘制进度点。
2. 选择“斜面和浮雕”选项，大小1像素、软化3像素、角度90度、高光模式颜色白色、不透明度10%、阴影模式滤色、颜色白色、不透明度10%。
3. 选择“描边”选项，大小1像素。
4. 选择“内阴影”选项，混合模式滤色、颜色白色、不透明度为25%，角度90度、距离1像素、大小1像素。
5. 选择“投影”选项，不透明度100%、角度45度，去掉“使用全局光”对勾，距离1像素、大小3像素。

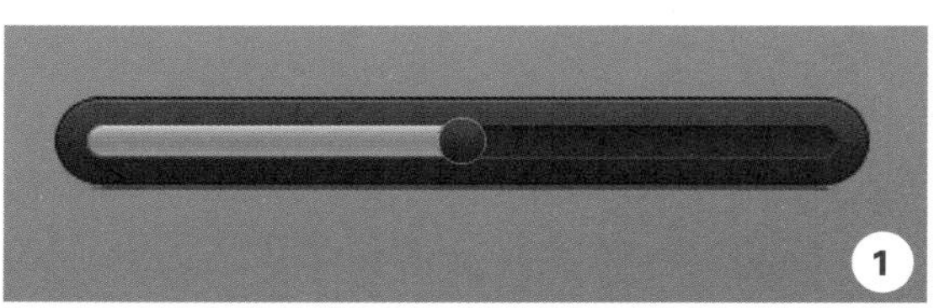

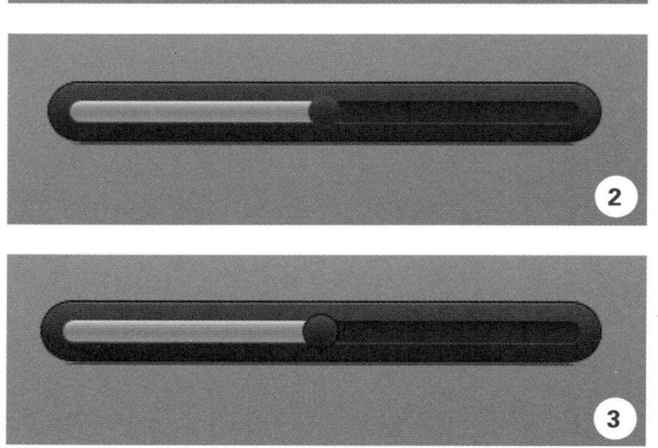

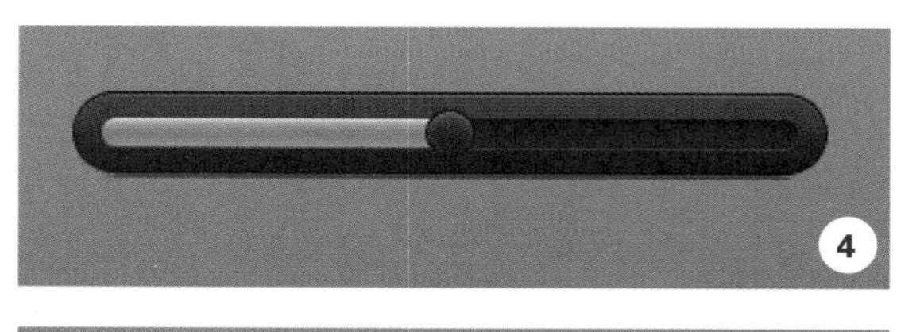

06 制作圆点

选择“椭圆工具”，绘制蓝色小圆点，打开“图层样式”对话框，选择“斜面和浮雕”“内阴影”“渐变叠加”选项，设置参数，添加效果。

1. 用椭圆工具绘制小圆点。
2. 选择“斜面和浮雕”选项，样式外斜面、方向下、大小1像素、软化0像素、角度90度、不透明度35%、不透明度70%。
3. 选择“内阴影”选项，混合模式滤色、颜色白色、不透明度为40%，角度90度，去掉“使用全局光”对勾，距离1像素、大小1像素。
4. 选择“渐变叠加”选项，混合模式正常、不透明度为5%，设置渐变条，左右两边都是白色，不透明度为20%、25%。

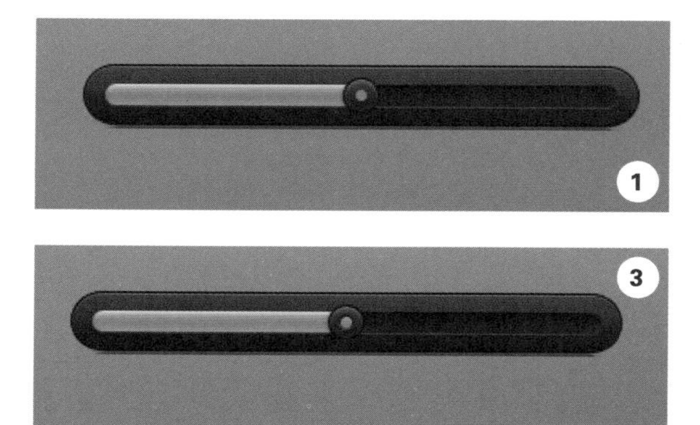

效果 2

01 绘制进度条　使用“圆角矩形工具”绘制基本形和进度条，将刚才绘制进度条的图层样式效果进行复制，粘贴到该形状上，将刚才绘制的阴影进行复制，移动到该进度条下方。

1. 粘贴效果。
2. 复制阴影。移动位置。

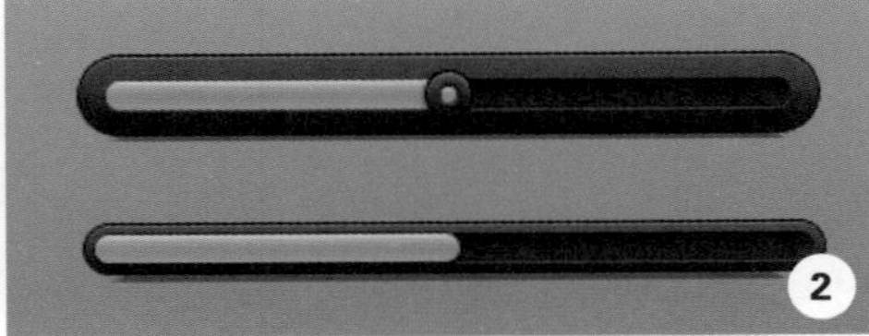

02 绘制进度　选择“矩形工具”绘制矩形框，执行“变形”命令，将其变形，不断复制、移动位置，得到条形状、将该图层的混合模式设置为滤色，降低不透明度为 40%，单击鼠标右键，选择“创建剪贴蒙版”命令，完成制作。

1. 用矩形工具绘制条形状。
2. 改变混合模式和不透明度。
3. 创建剪贴蒙版。

效果 3

01 绘制进度条形状　选择“椭圆工具”，设置前景色为 R:37 G:42 B:50，按住 Shift 键在图像上绘制正圆，然后按住 Alt 键移动正圆将其复制 2 次，选择“矩形工具”，在选项栏中选择“合并形状”选项，绘制矩形条，打开“图层样式”对话框，选择“内阴影”“投影”选项，设置参数，添加效果。

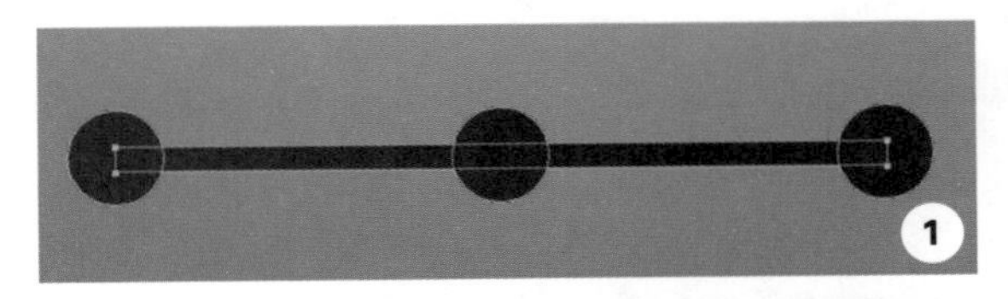

1. 使用椭圆工具和矩形工具绘制进度条形状。
2. 选择“内阴影”选项，混合模式叠加、不透明度 25%、角度 90 度，去掉“使用全局光”对勾，距离 2 像素、大小 8 像素。
3. 选择“投影”选项，混合模式叠加、颜色白色、不透明度 25%、角度 90 度，去掉“使用全局光”对勾，距离 1 像素、大小 0 像素。

02 制作进度 选择“椭圆工具”和“圆角矩形工具”绘制进度，打开“图层样式”对话框，选择“内阴影”“渐变叠加”“投影”选项，设置参数，添加效果。

1. 用椭圆工具和圆角矩形工具绘制进度。
2. 选择“内阴影”选项，混合模式正常、颜色白色、不透明度为20%，角度90度，去掉“使用全局光”对勾，距离1像素、大小0像素。
3. 选择“渐变叠加”选项，混合模式叠加、不透明度为30%、缩放150%。
4. 选择“投影”选项，混合模式正片叠底、不透明度30%、角度90度，去掉“使用全局光”对勾，距离1像素、大小1像素。

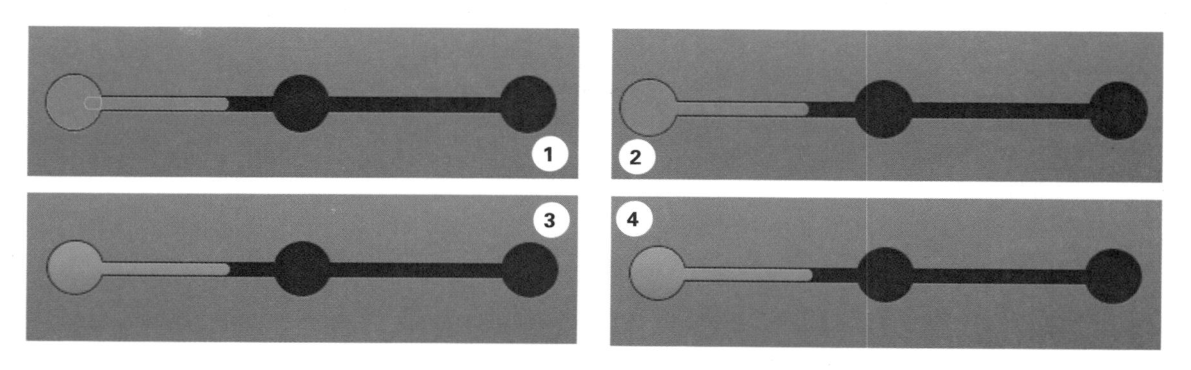

03 添加立体感 将进度条所在图层进行复制，得到“椭圆 2 副本”图层，重新打开“图层样式”对话框，选择“内阴影”“渐变叠加”选项，重新设置参数，添加效果。

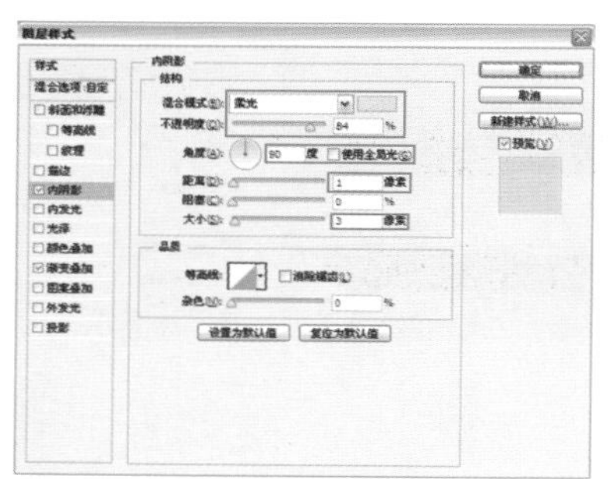

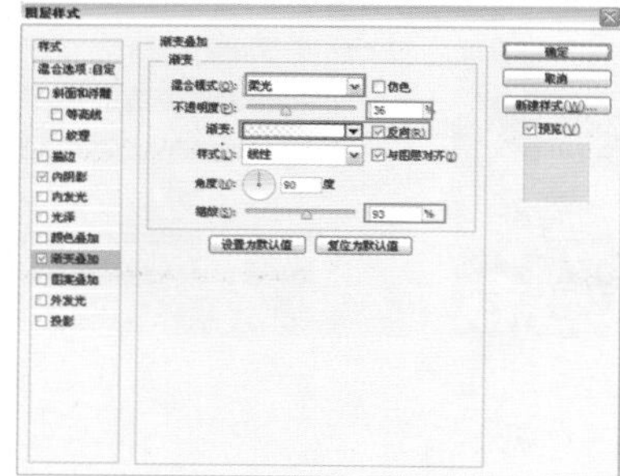

调出某个图层的选区，只需要按住Ctrl键的同时单击该图层的图层缩览图，即可选择该图层的选区。

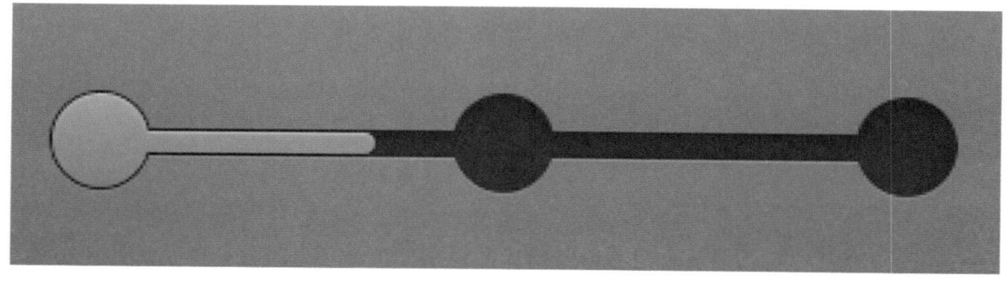

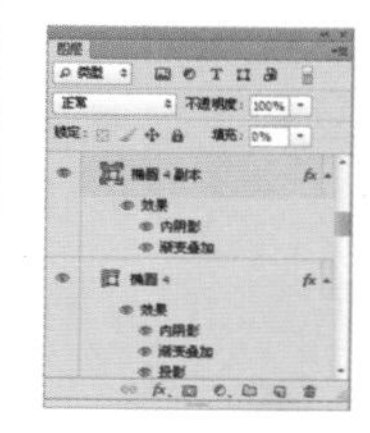

04 添加效果 将进度条所在图层进行复制，得到“椭圆 2 副本 2”图层，重新打开“图层样式”对话框，选择“渐变叠加”选项，设置混合模式为柔光、不透明度39%，颜色由黑到白，不透明度分别为100%、0%，缩放93%，设置完成后，单击“确定”按钮，添加效果。

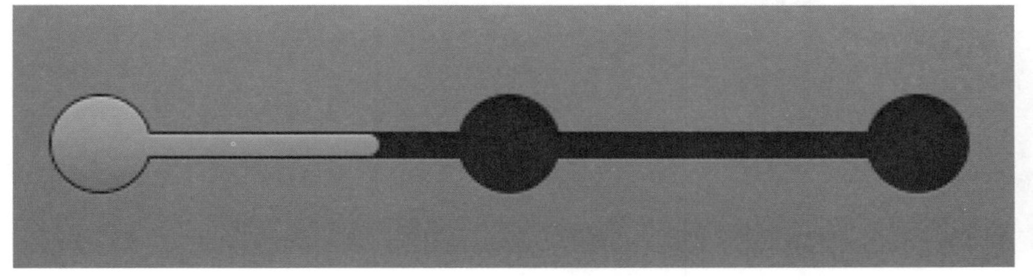

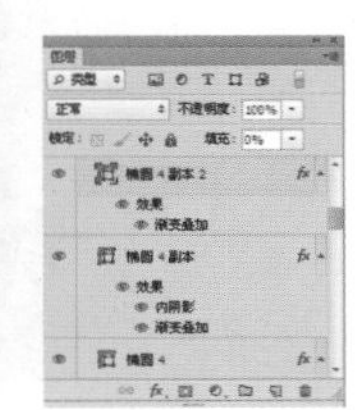

05 添加进度文字　选择“横排文字工具”，输入文字，为文字添加“图层样式”中的“投影”效果，设置不透明度 30%、角度 90 度，去掉“使用全局光”对勾，距离 1 像素、大小 0 像素，单击“确定”按钮，为文字添加投影效果。

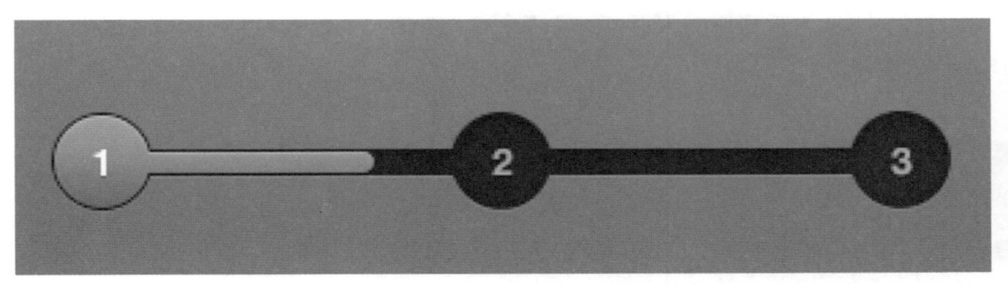

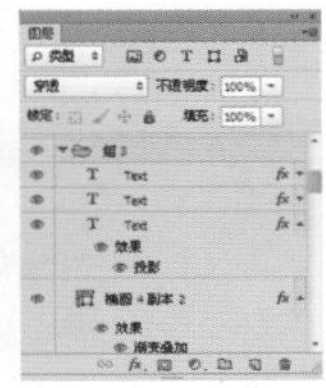

效果 4

01 绘制进度条外形　选择“椭圆工具”和“圆角矩形工具”绘制进度条外形，打开“图层样式”对话框，选择“投影”选项，混合模式正常、颜色白色、不透明度 86%、角度 90 度，去掉“使用全局光”对勾，距离 1 像素、大小 0 像素，单击“确定”按钮，添加效果。

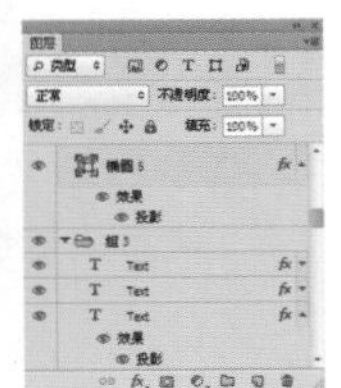

02 绘制进度框　选择“矩形工具”，设置前景色为 R:21 G:160 B:246，在图像上绘制蓝色矩形框，得到“矩形 2”图层，单击鼠标右键，选择“创建剪贴蒙版”按钮，得到进度框。

1. 用矩形工具绘制蓝色矩形框。
2. 创建剪贴蒙版，得到进度框。

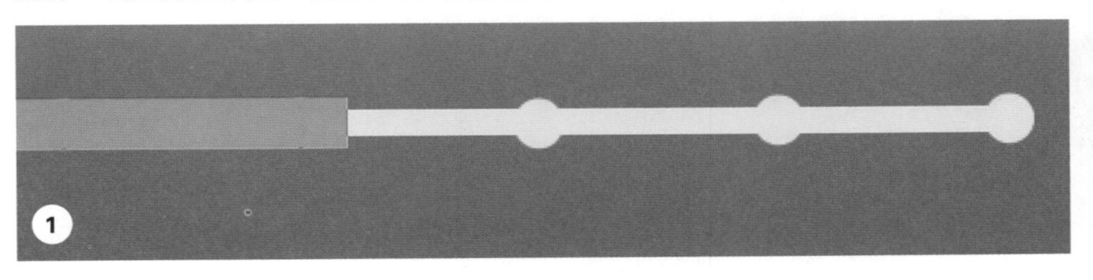

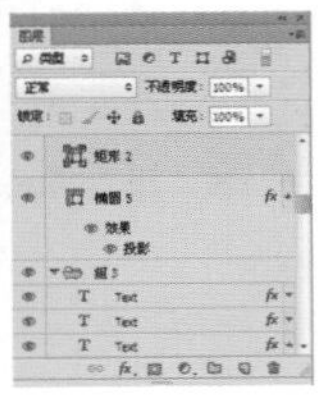

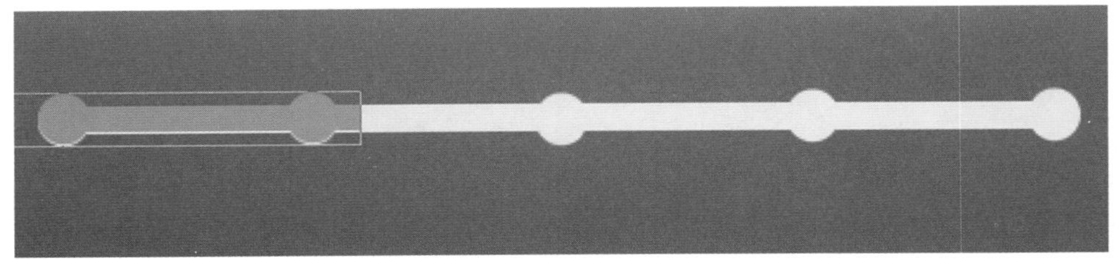

03 绘制完成进度 选择“椭圆工具”，设置前景色为白色，在进度条上绘制正圆，按住 Alt 键移动圆点，将圆点复制 4 次，为未完成的圆点，添加“描边”图层样式效果。

1. 用椭圆工具绘制正圆，复制正圆，移动位置。
2. 选择“描边”选项，大小 1 像素、位置内部、混合模式明度、颜色 R:149 G:149 B:149。

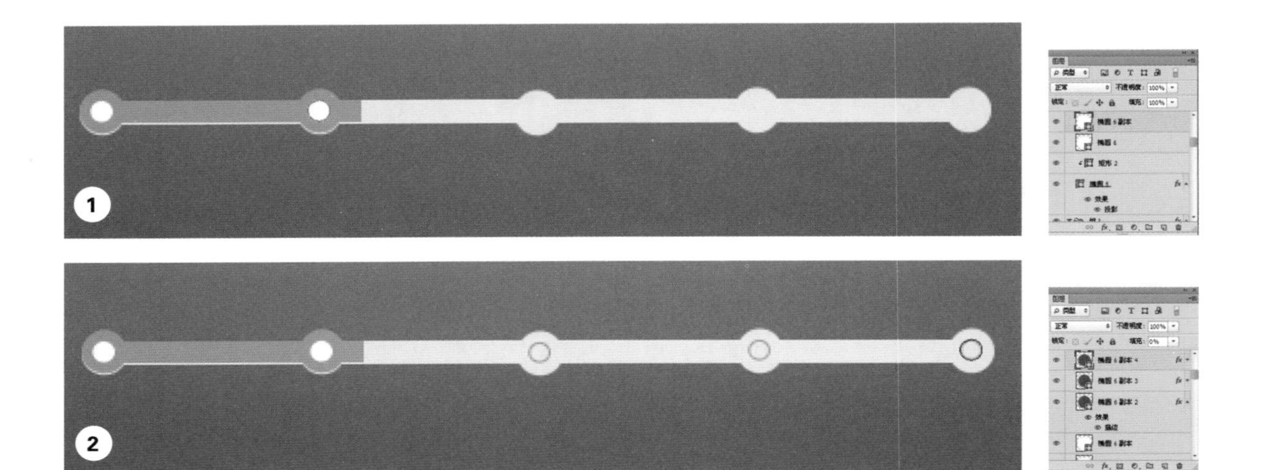

使用快捷键复制图层：除了在“图层”面板中复制图层外，还可以按下 Ctrl+J 组合键来复制图层。

04 添加进度文字 选择“横排文字工具”，输入文字，完成制作。

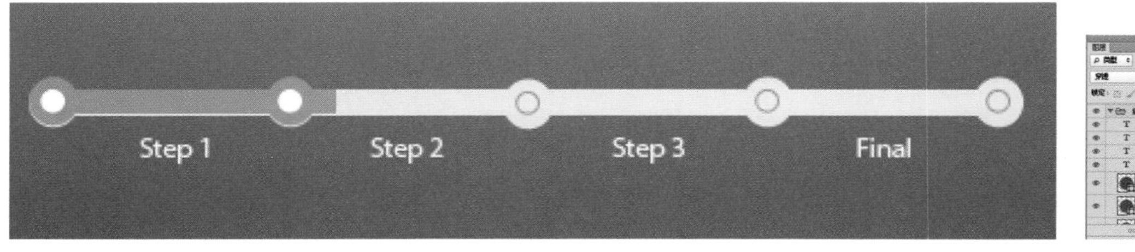

效果 5

01 绘制进度条形状 选择“椭圆工具”，在图像上绘制正圆，在选项栏中选择“减去顶层形状”选项，在正圆上进行绘制，可减去刚才绘制的区域，然后选择“合并形状”选项，再次绘制圆心，得到进度条形状。

1. 用椭圆工具绘制正圆。
2. 选择减去顶层形状选项减去形状。
3. 选择合并形状选项合并圆心。

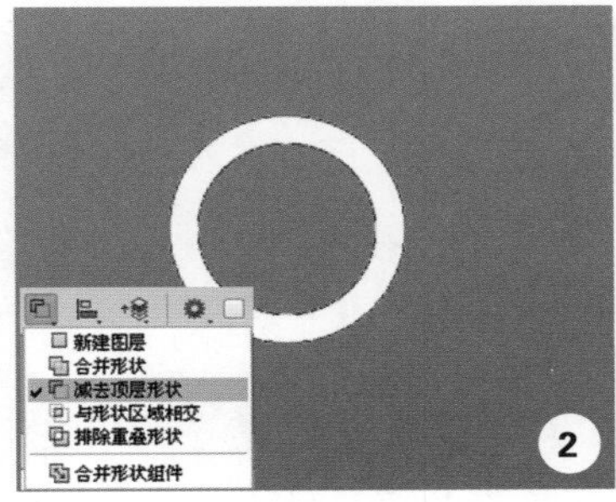

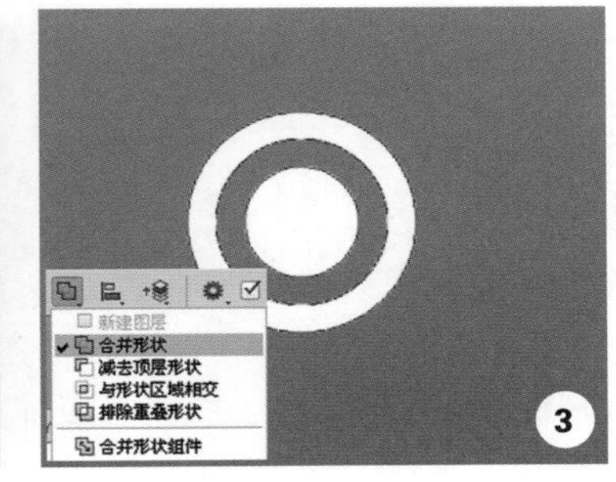

02 添加效果 选择“椭圆 5”图层，打开“图层样式”对话框，选择“描边”“内阴影”“渐变叠加”“投影”选项，设置参数，添加效果。

1. 选择“描边”选项，大小 1 像素，位置内部，颜色 R:73 G:69 B:80。
2. 选择“内阴影”选项，混合模式正常、颜色 R:63 G:85 B:73，不透明度 100%、角度 90 度，去掉“使用全局光”对勾，距离 0 像素、大小 5 像素。
3. 选择“颜色叠加”选项，R:126 G:124 B:132、不透明度 100%。
4. 选择“投影”选项，混合模式正常、颜色白色、不透明度 34%、角度 90 度，去掉“使用全局光”对勾，距离 1 像素、大小 0 像素。

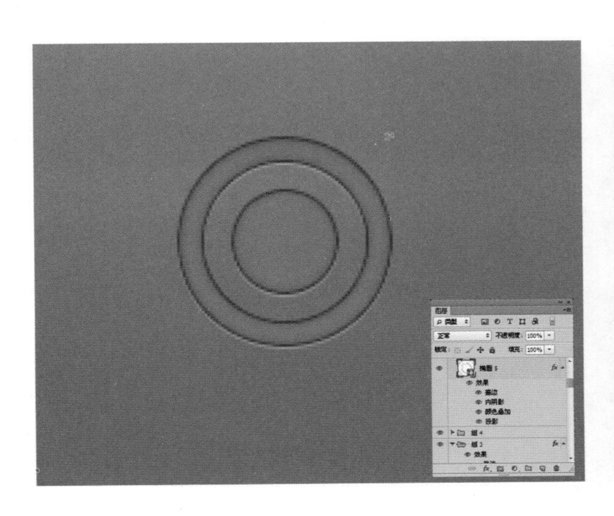

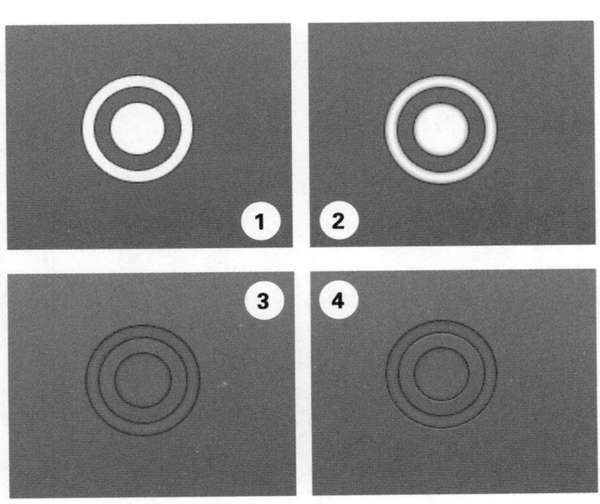

03 绘制进度 复制“椭圆 5”图层，得到“椭圆 5 副本”图层，将其变小，为该图层添加“图层蒙版”，选择黑色画笔工具将一部分隐藏，打开“图层样式”对话框，选择“渐变叠加”“投影”选项，设置参数，添加效果。

1. 复制椭圆，将其变小，使用蒙版隐藏部分。
2. 选择“渐变叠加”选项，设置渐变条，从左到右依次是 R:140 G:201 B:80、R:173 G:219 B:123。
3. 选择“投影”选项，不透明度 35%、角度 90 度，距离 0 像素、大小 3 像素。

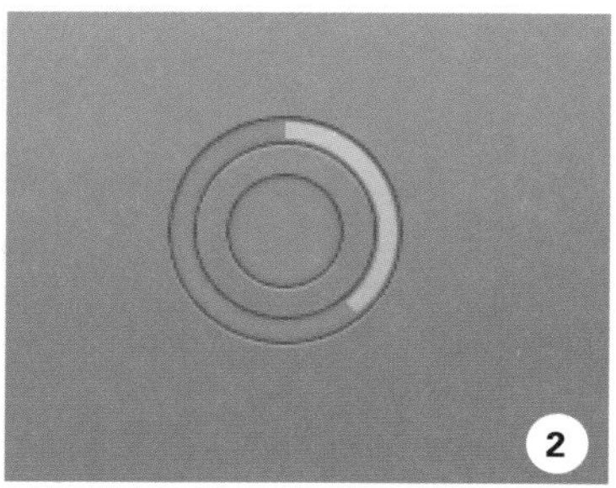

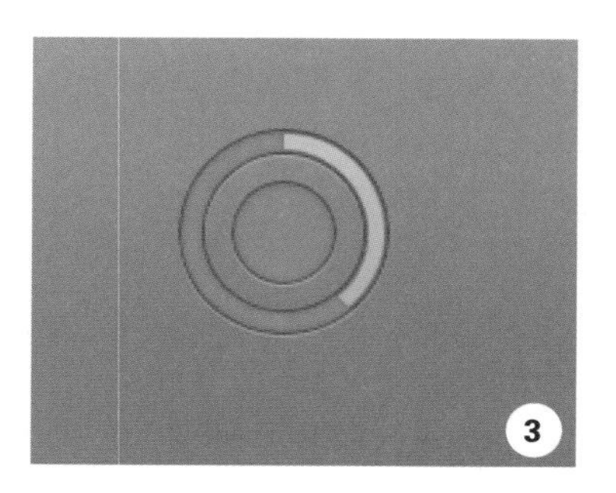

04 添加进度文字 选择“横排文字工具”，在进度条的中央位置输入文字，打开“图层样式”对话框，选择“投影”选项，设置颜色为 R:73 G:69 B:80，角度 90 度，去掉“使用全局光”对勾，距离 1 像素、大小 0 像素，单击“确定”按钮，为文字添加投影效果。

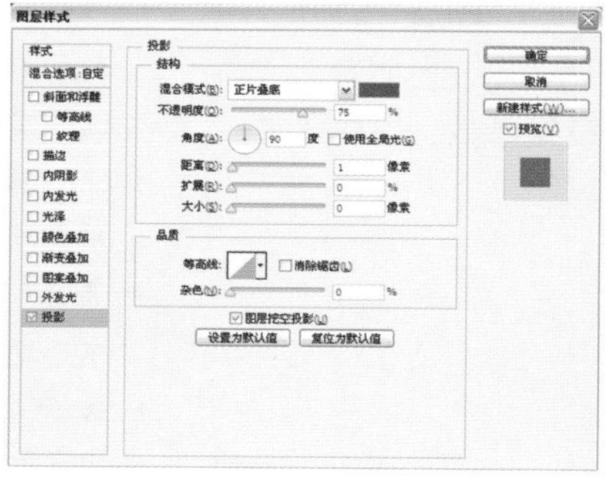

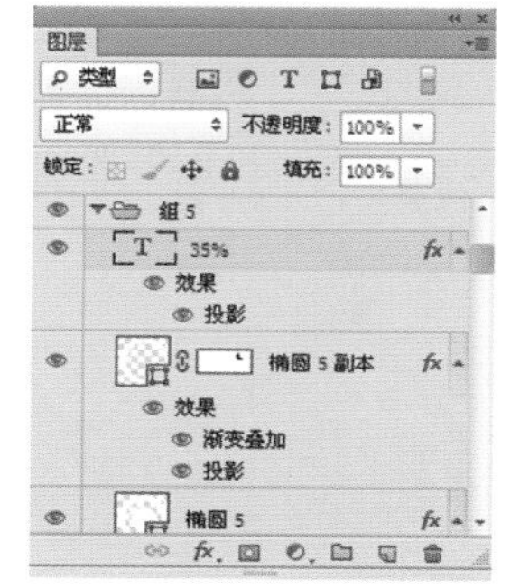

效果 6

绘制进度条 使用同样的方法绘制同心圆，降低填充为 0%，打开“图层样式”对话框，选择“渐变叠加”选项，设置参数，添加效果。

1. 使用椭圆工具绘制同心圆。
2. 降低填充为 0%。
3. 选择“渐变叠加”选项，设置参数渐变条为白色，不透明度从左到右为 100%、0%，勾选“反向”对勾。

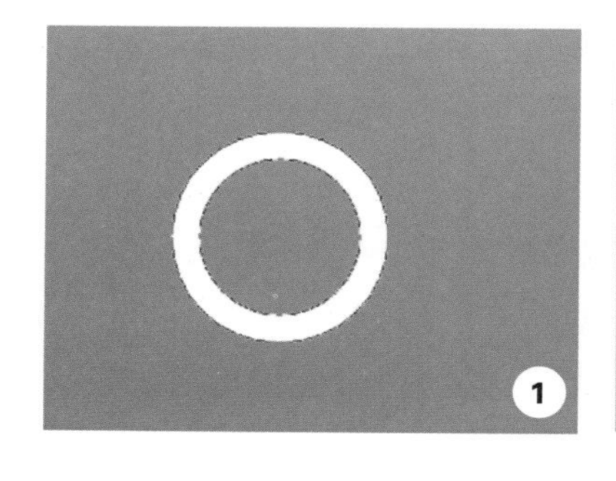

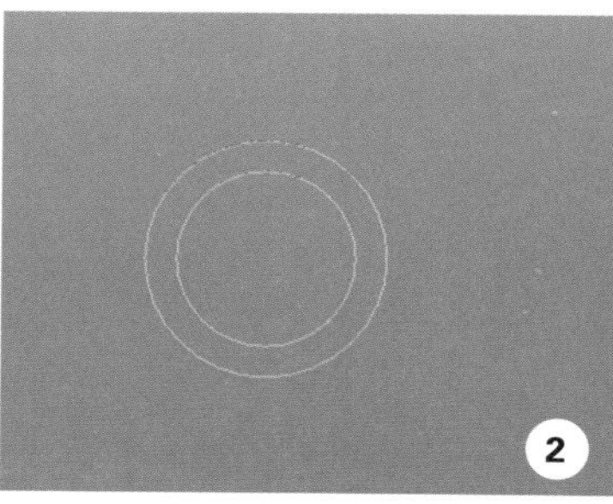

效果 7

01 绘制进度条　打开标尺工具，拉出辅助线，选择“圆角矩形工具”，绘制形状，将形状进行复制，旋转角度，移动位置，按住 Alt 键将中心点移动到原点的位置，按下 Enter 键确认。

1. 绘制基本形。
2. 复制图层，旋转角度、移动位置。
3. 移动中心点的位置。

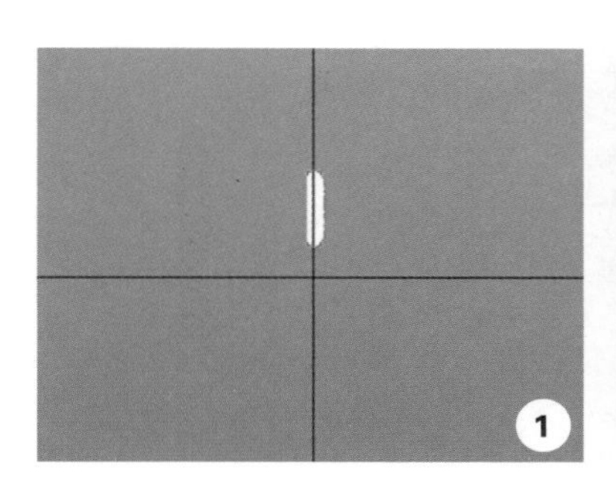

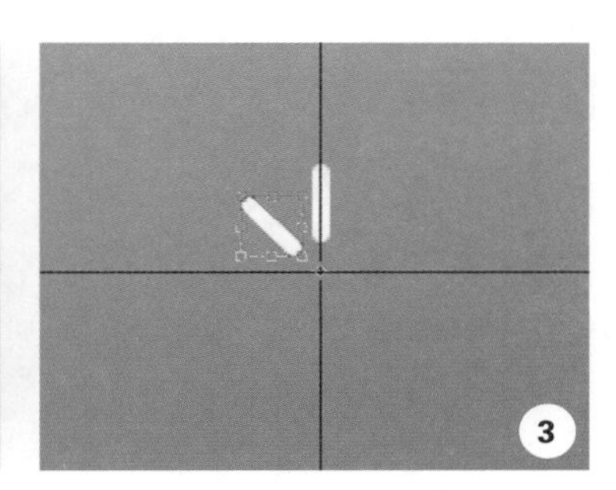

02 绘制进度　按下快捷键 Ctrl+Alt+Shift+T，得到进度，将该图层的填充降低为 0%，粘贴刚才图层的图层样式，完成制作。

1. 旋转复制，得到进度条。
2. 降低填充为 0%。
3. 粘贴图层样式效果。

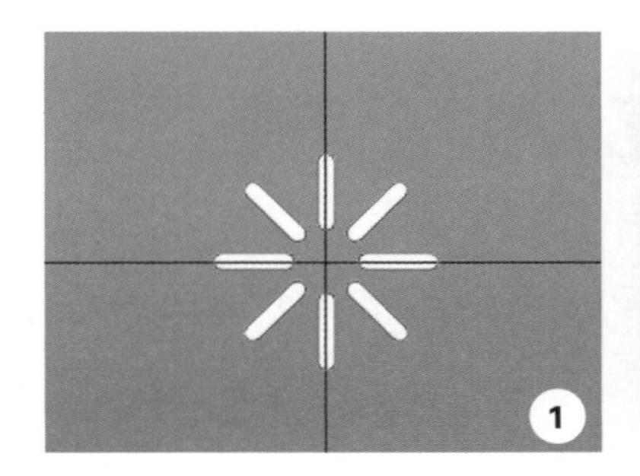

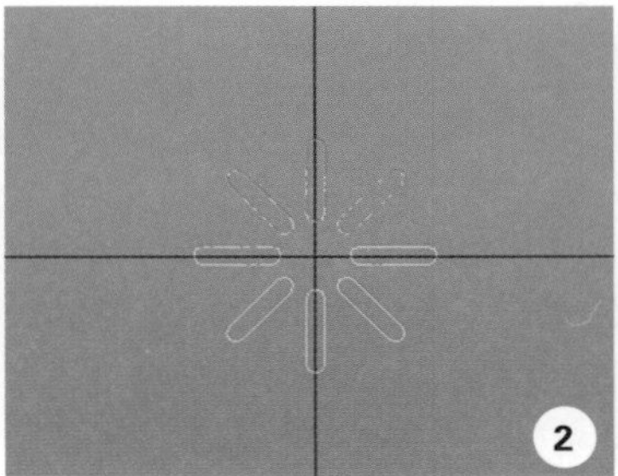

最终效果

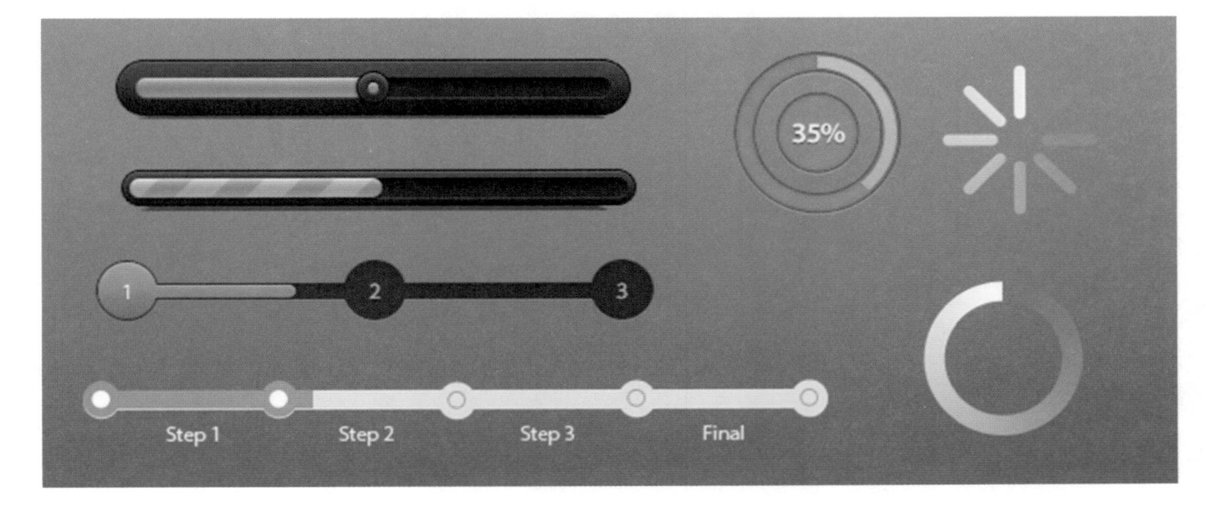

实战02 音量设置

案例综述

本例我们制作一系列音量设置图标，音量设置在 App 中经常遇到，通常在音乐和视频软件中是不可或缺的控件。

设计规范

尺寸规范	多种规格的尺寸
主要工具	多种矢量工具、图层样式
文件路径	Chapter10/10-2.psd
视频教学	10-2.avi

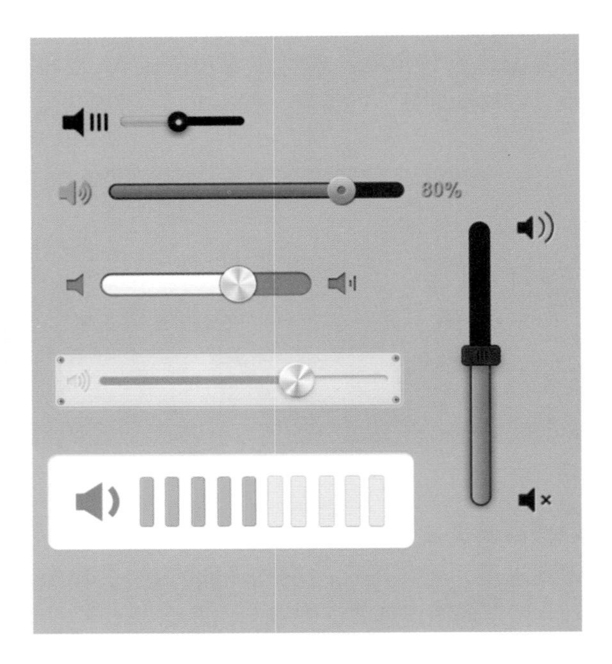

造型分析

在制作控件的过程中，还要考虑到一些问题，如在触屏上的感应问题，按钮过小会严重影响用户的交互心理，而且在一些恶劣环境下使用会很难操作，比如在颠簸的公车上，在行走的时候。

操作步骤

效果 1

01 新建文档 执行“文件 > 新建”命令，在弹出的“新建”对话框中，设置宽度和高度为 600 像素、800 像素，单击“确定”按钮，新建文档，为其填充颜色。

1. 新建空白文档。
2. 为背景填充颜色 R:192 G:192 B:192。

02 绘制音量符号　选择“钢笔工具”，绘制音量符号，打开“图层样式”对话框，选择“描边”“颜色叠加”选项，设置参数，添加效果。

1. 用钢笔工具绘制音量符号。
2. 选择“描边”选项，大小 1 像素、不透明度 20%、颜色 R:65 G:63 B:71。
3. 选择“颜色叠加”选项，设置颜色 R:0 G:0 B:0。

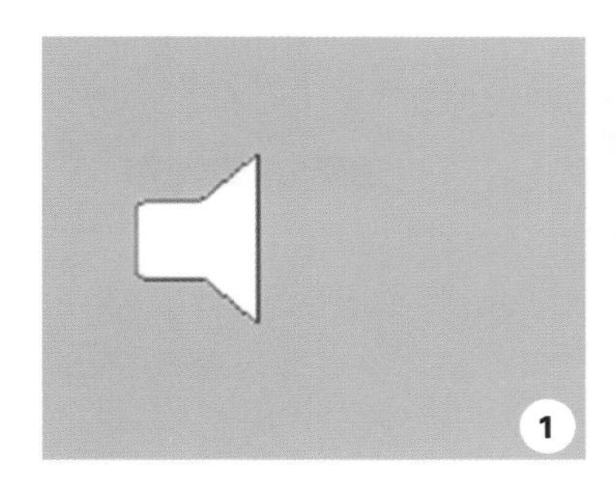

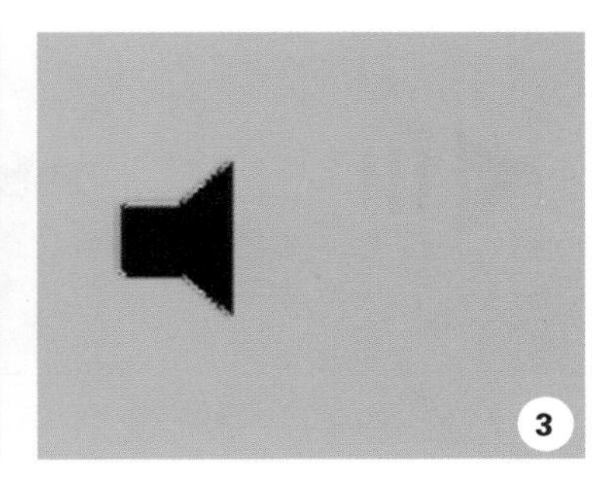

默认情况下前景色为黑色，背景为白色，单击切换前景色和背景色图标 ，或按下 X 键，可以切换前景色和背景色的颜色。

03 绘制音波　选择“圆角矩形工具”，在选项栏中设置半径 100 像素，绘制圆角矩形，按住 Alt 键移动并进行复制，得到音波，粘贴图层样式效果。

1. 用圆角矩形工具绘制音波。
2. 粘贴图层样式效果。

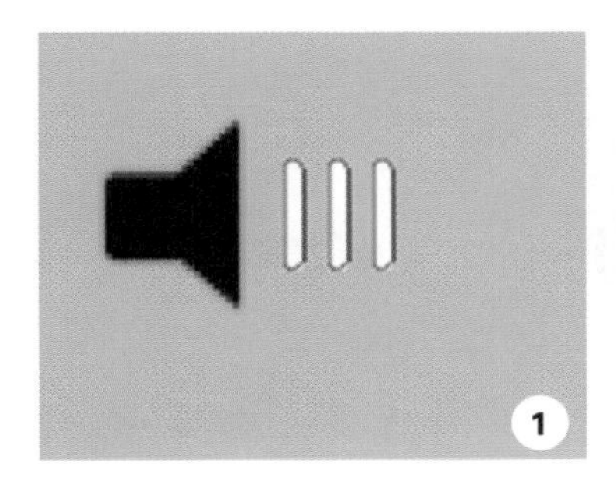

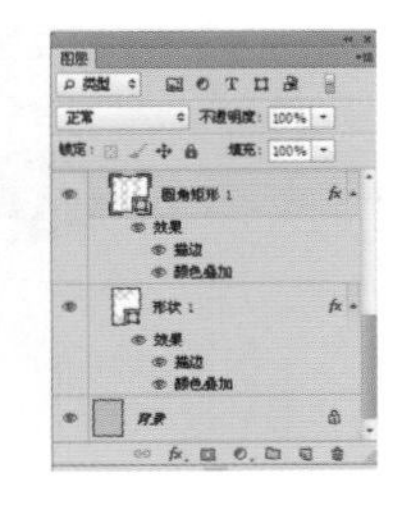

04 绘制音量基本形　选择“圆角矩形工具”，绘制基本形，得到“圆角矩形 2”图层，粘贴图层样式效果。

1. 用圆角矩形工具绘制基本形。
2. 粘贴图层样式效果。

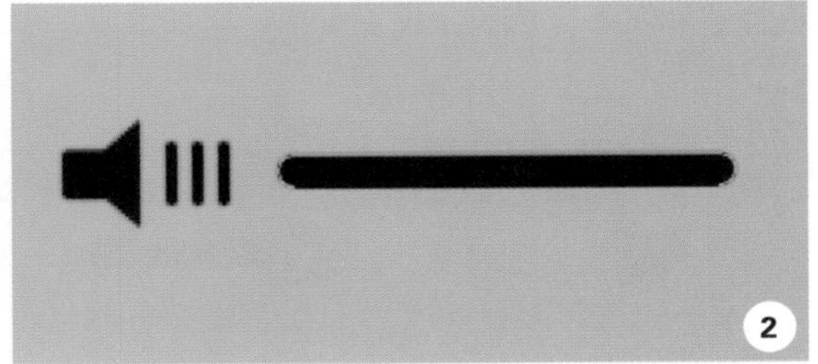

05 绘制音量大小 将“圆角矩形 2”图层进行复制，得到“圆角矩形 2 副本”图层，将其变小，打开“图层样式”对话框，选择“渐变叠加”选项，设置参数。

1. 复制圆角矩形，将其缩小。
2. 打开“渐变叠加”选项，设置渐变条，从左到右依次为 R:109 G:207 B:246、R:13 G:170 B:237、R:0 G:222 B:255。

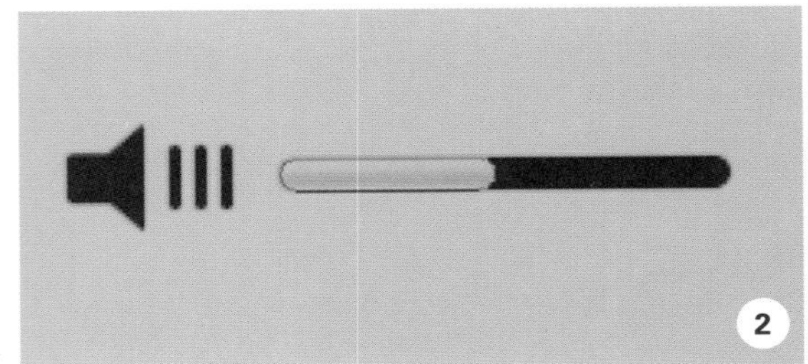

06 绘制调节按钮 选择“椭圆工具”在音量调节的地方绘制正圆，为其粘贴图层样式效果，打开“图层样式”对话框，选择“投影”选项，设置参数，添加投影效果。

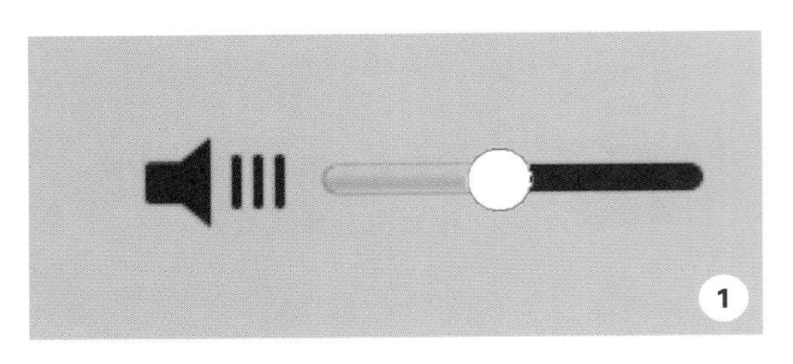

1. 用椭圆工具绘制可调节按钮。
2. 粘贴图层样式效果。
3. 选择“投影”选项，设置不透明度 60%、角度 90 度，去掉“使用全局光”对勾，距离 3 像素、大小 7 像素。

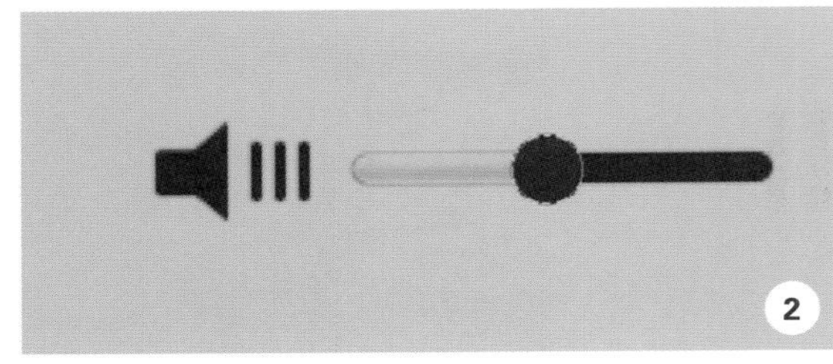

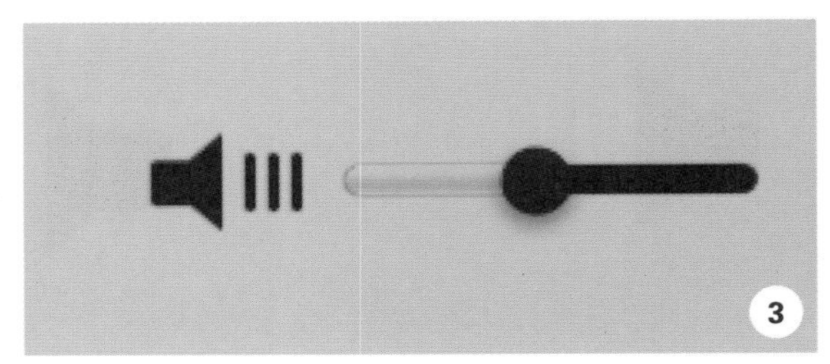

07 绘制圆点 将“椭圆 1”图层进行复制，得到“椭圆 1 副本”图层，将其缩小，改变圆点的颜色为青色，打开”图层样式“对话框，选择“外发光”选项，设置参数，添加效果。

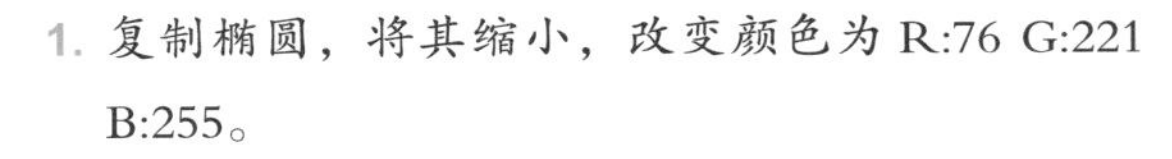

1. 复制椭圆，将其缩小，改变颜色为 R:76 G:221 B:255。

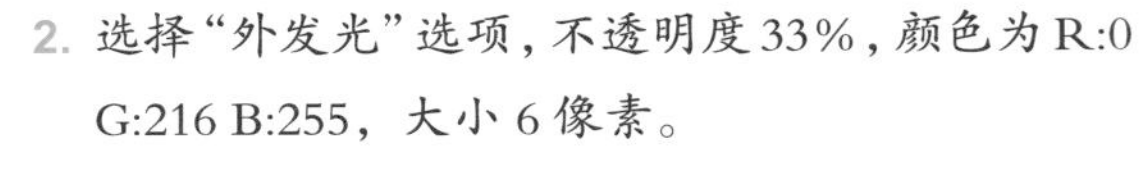

2. 选择“外发光”选项，不透明度 33%，颜色为 R:0 G:216 B:255，大小 6 像素。

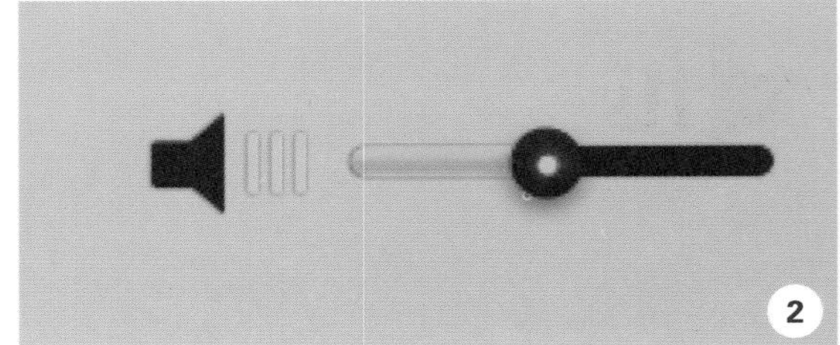

效果 2

01 绘制音量符号　选择“钢笔工具”，绘制音量符号，选择“椭圆工具”绘制音波，最后选择“钢笔工具”，在选项栏中选择“减去顶层形状”选项，绘制形状，得到音量符号。

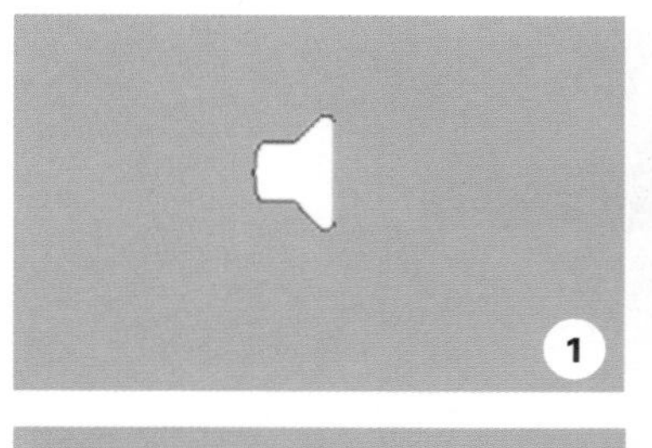

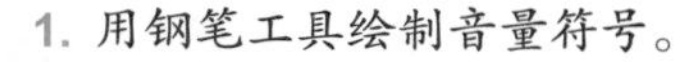

1. 用钢笔工具绘制音量符号。
2. 用椭圆工具绘制第一层音波。
3. 同样的方法绘制第二层音波。
4. 同样的方法绘制第三层音波。
5. 用钢笔工具减去顶层形状。

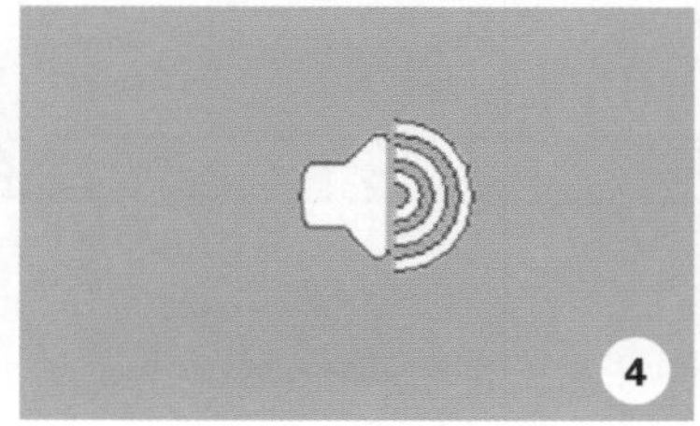

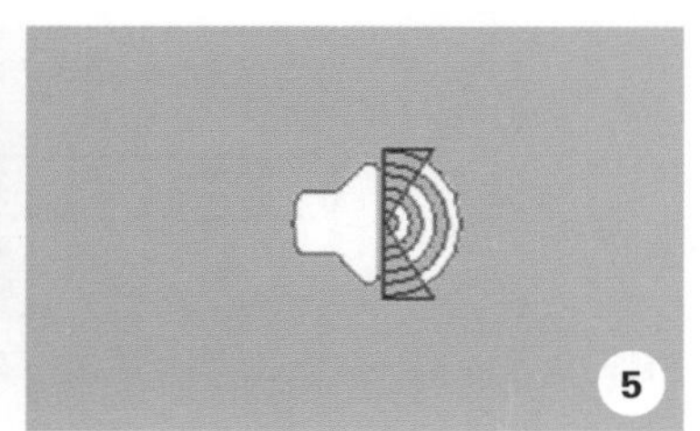

02 添加立体效果　绘制完成后得到“形状 1”图层，打开“图层样式”对话框，选择“颜色叠加”“内阴影”“投影”选项，设置参数，添加立体效果。

1. 选择“颜色叠加”选项，设置参数为 R:159 G:164 B:168。
2. 选择“内阴影”选项，混合模式为正常，颜色白色、不透明度 27%、距离 1 像素、大小 0 像素。
3. 选择“投影”选项，混合模式为正常，不透明度 71%、距离 1 像素、大小 1 像素。

03 绘制音量　选择“圆角矩形工具”，绘制形状，打开“图层样式”对话框，选择“颜色叠加”选项，设置颜色参数为 R:37 G:40 B:42，单击“确定”按钮，添加效果。

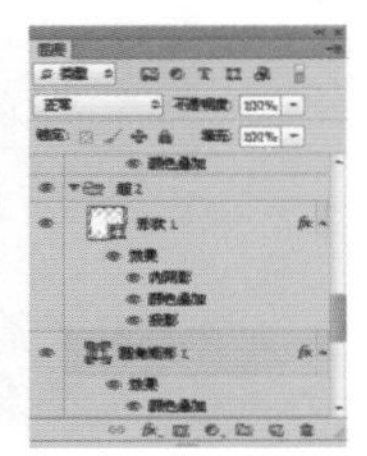

04 绘制音量大小 将刚才绘制的形状进行复制，得到“圆角矩形 1 副本”图层，将其缩小，打开“图层样式”对话框，选择“渐变叠加”选项，设置参数。

1. 复制椭圆，将其缩小。
2. 选择“渐变叠加”选项，设置渐变条，从左到右依次为 R:32 G:88 B:133、R:70 G:137 B:219。

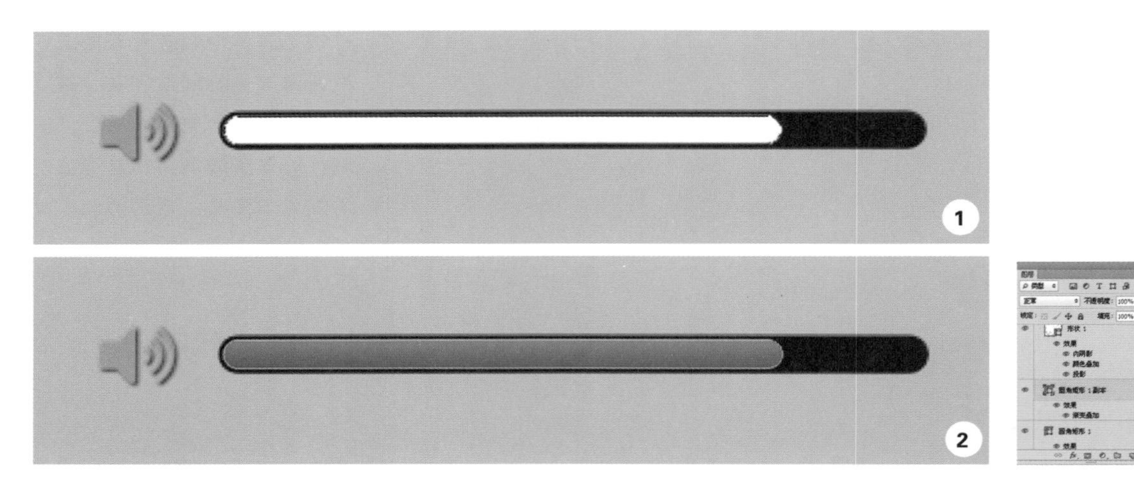

05 绘制调节点 选择“椭圆工具”图层，绘制调节点，打开“图层样式”对话框，选择“颜色叠加”“内阴影”“投影”选项，设置参数，添加效果。

1. 用椭圆工具绘制可调节点。
2. 选择“颜色叠加”选项，设置参数 R:159 G:164 B:168、不透明度 100%。
3. 选择“内阴影”选项，混合模式正常、颜色白色、不透明度 27%、距离 1 像素、大小 0 像素。
4. 选择“投影”选项，混合模式正常、不透明度 71%、距离 1 像素、大小 1 像素。

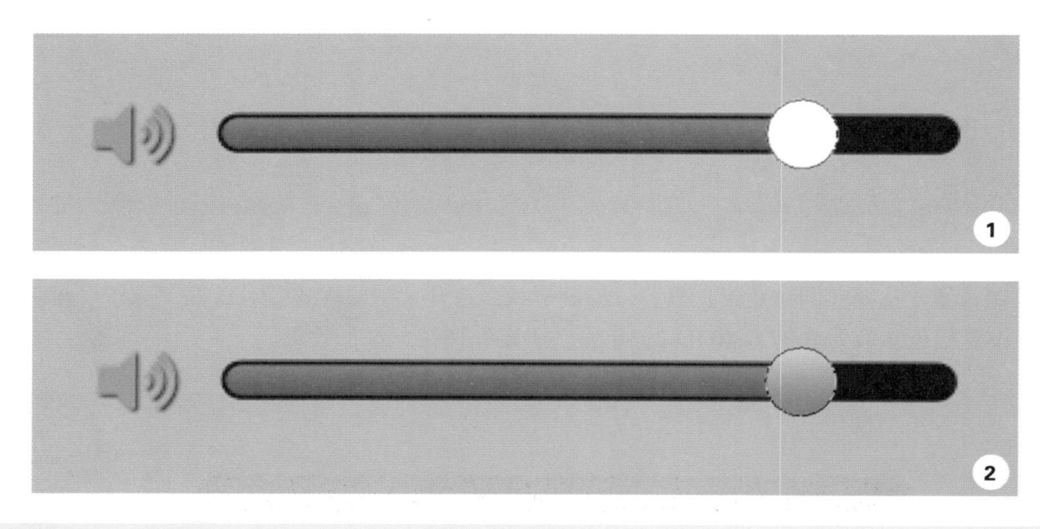

图层样式是非常灵活的，我们可以随时修改效果的参数，隐藏效果，或者删除效果，这些操作都不会对图层中的图像造成任何破坏。

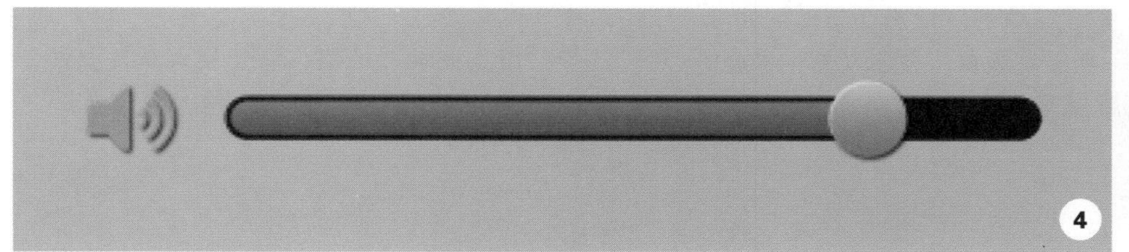

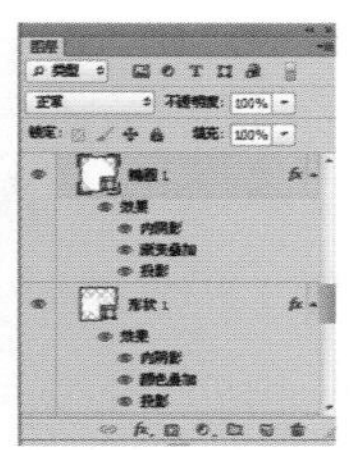

06 绘制小圆点　将“椭圆 1”图层进行复制，得到“椭圆 1 副本”图层，打开“图层样式”对话框，选择“颜色叠加”选项，设置参数 R:109 G:113 B:115，添加效果。

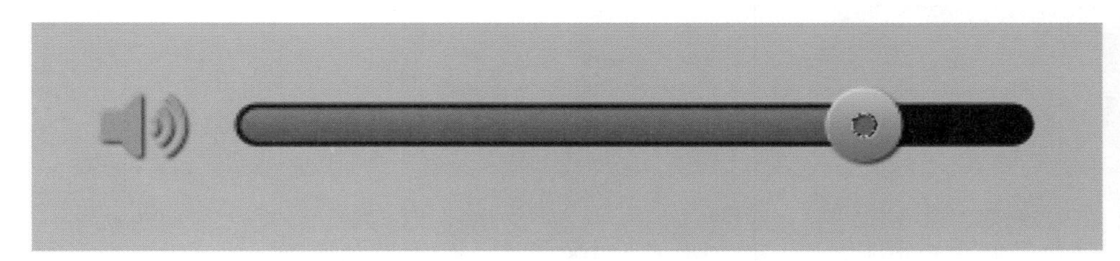

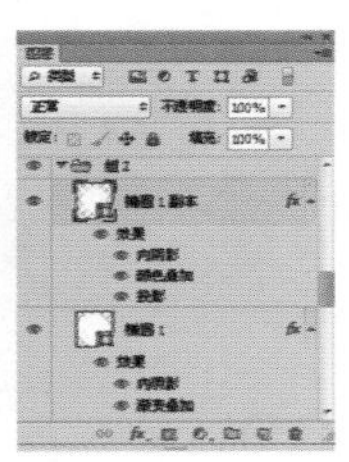

07 输入文字　选择“横排文字工具”，输入文字，粘贴图层样式效果，完成制作。

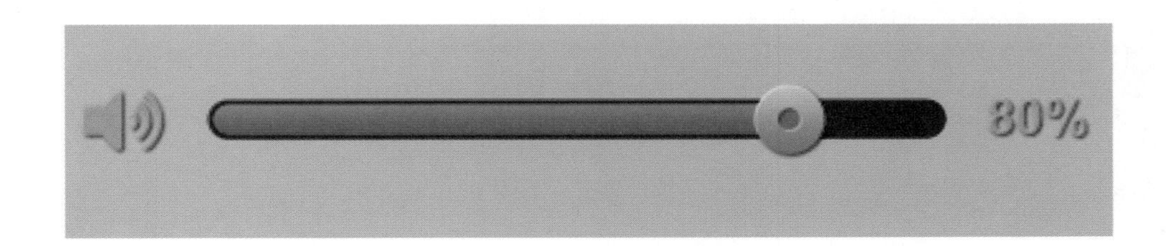

在制作的过程中，常常需要将其他图层进行隐藏来观看画面的效果，这里我们学习一个小技巧：如何快速隐藏其他图层。按住 Alt 键的同时用鼠标左键单击一个图层的眼睛图标，可以将该图层外的其他所有图层都隐藏；按住 Alt 键的同时再次用鼠标左键单击同一眼睛的图标，可恢复其他图层的可见性。

效果 3

01 绘制音量符号 选择“钢笔工具”，绘制音量符号，打开“图层样式”对话框，选择“斜面和浮雕”“内阴影”“图案叠加”选项，设置参数，添加效果。

1. 用钢笔工具绘制音量符号。
2. 选择“斜面和浮雕”选项，方法雕刻清晰、深度 1%、角度 90 度，去掉“使用全局光”对勾，高度 20 度、高光模式正常、颜色黑色、不透明度 100%、阴影模式正常，不透明度 38%。
3. 选择“内阴影”选项，不透明度 58%、角度 90 度，去掉“使用全局光”对勾，距离 1 像素、大小 3 像素。
4. 选择“图案叠加”选项，混合模式正片叠加、不透明度 100%，图案为木炭斑纹纸。

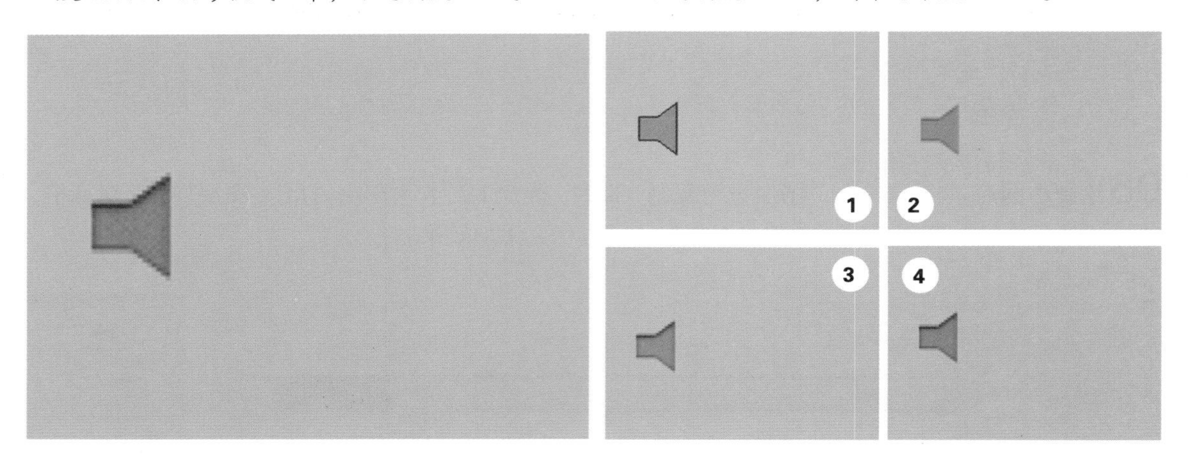

02 绘制音量 选择“圆角矩形工具”，设置半径为 100 像素，绘制圆角矩形，为其粘贴音量符号的图层样式效果，将该圆角矩形进行复制，缩小，添加“渐变叠加”图层样式效果。

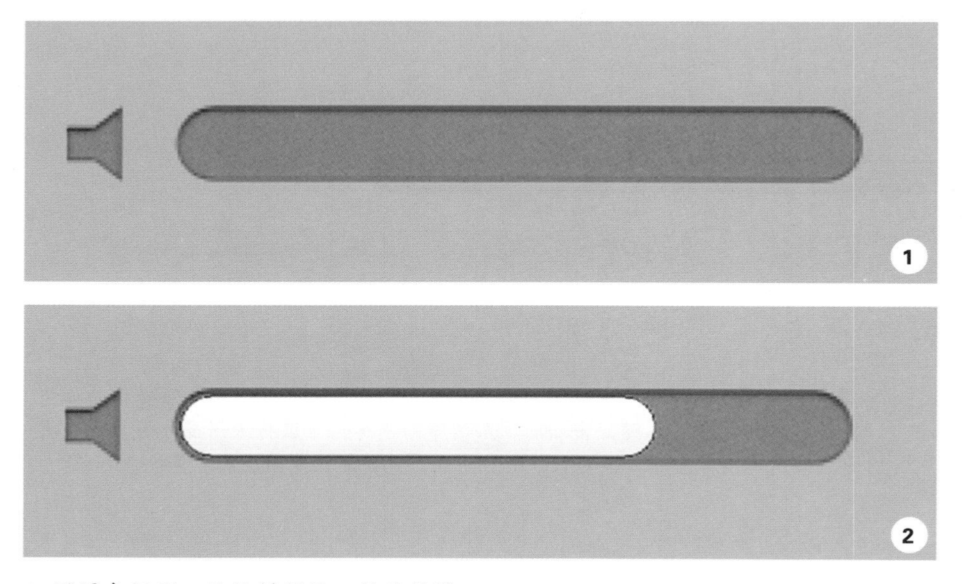

1. 用圆角矩形工具绘制形状，粘贴效果。
2. 复制圆角矩形形状，将其缩小，添加“渐变叠加”选项，设置混合模式为叠加，不透明度 100%、缩放 150%。

03 绘制可调节点　选择“椭圆工具”，绘制白色正圆，打开“图层样式”对话框，选择“渐变叠加”“斜面和浮雕”“描边”“内阴影”“投影”选项，设置参数，添加效果。

1. 用椭圆工具绘制白色正圆。
2. 选择“斜面和浮雕”选项，方法雕刻清晰、深度 10%、大小 2 像素、角度 90 度，去掉“使用全局光”对勾，高度 30 度，高光模式正常，不透明度 60%、不透明度 0%。
3. 选择“描边”选项，大小 1 像素、位置外部、混合模式正片叠加、不透明度 45%。
4. 选择“内阴影”选项，混合模式正常、颜色白色，不透明度 80%、角度 90 度，去掉“使用全局光”对勾，距离 0 像素、阻塞 100%、大小 1 像素。
5. 选择“渐变叠加”选项，样式角度、设置渐变条，从左到右依次为 R:180 G:181 B:184、R:239 G:240 B:242、R:226 G:226 B:226、R:246 G:247 B:249、R:223 G:223 B:223、R:229 G:230 B:231、R:180 G:181 B:184、R:229 G:230 B:231、R:197 G:197 B:199、R:247 G:247 B:247、R:180 G:181 B:184，缩放 150%。
6. 选择“内阴影”选项，不透明度 70%、角度 90 度，去掉“使用全局光”对勾，距离 1 像素、大小 3 像素。

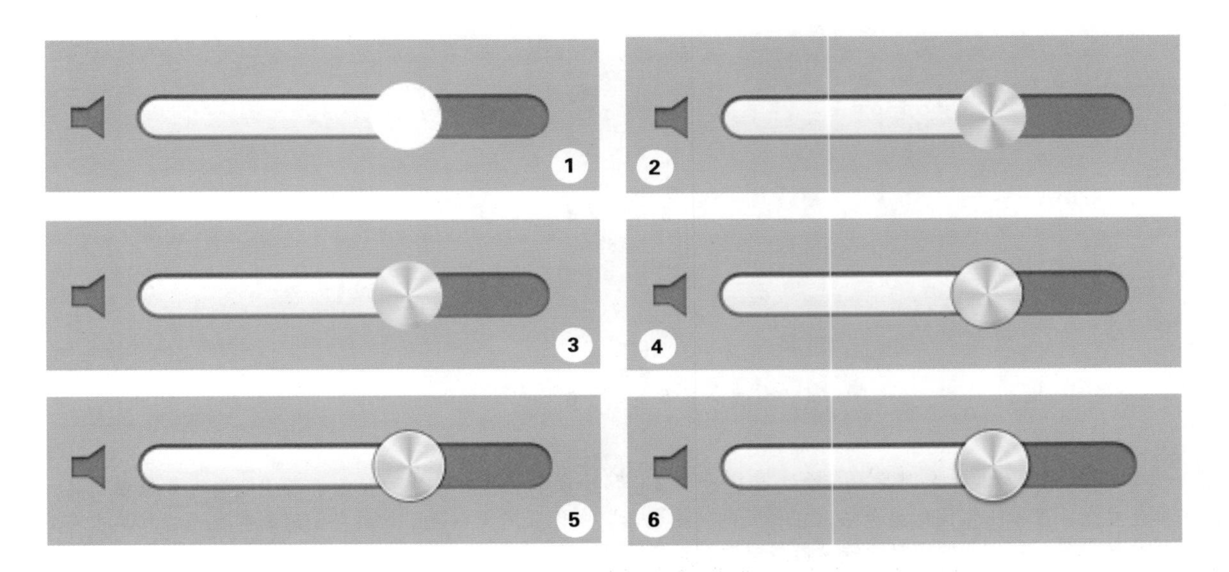

“斜面和浮雕”面板中的“样式”下拉列表中有个“描边浮雕”选项，若是要使用“描边浮雕”，需要先为“图层”添加“描边”图层样式效果。

04 绘制静音符号　选择“钢笔工具”绘制音量符号，然后选择“圆角矩形工具”绘制音波，得到静音符号，为其　粘贴音量符号的图层样式效果，完成制作。

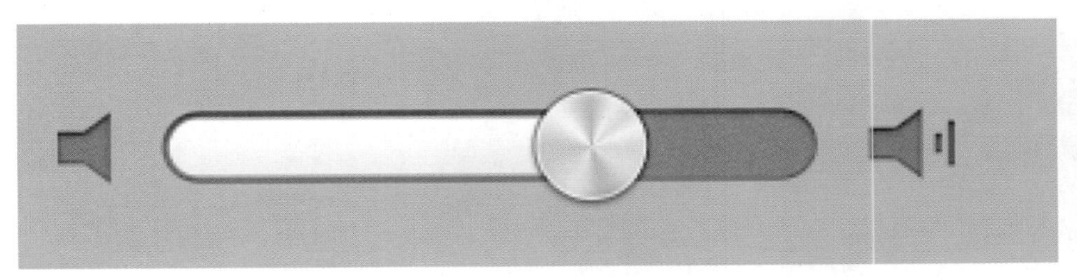

效果 4

01 绘制基本形状 选择“圆角矩形工具”，设置半径为10像素，打开“图层样式”对话框，选择“颜色叠加”“描边”“内发光”“外发光”“投影”选项，设置参数，添加效果。

1. 用圆角矩形工具绘制基本形。
2. 选择“颜色叠加”选项，设置颜色 R:230 G:230 B:230。
3. 选择“描边”选项，大小 1 像素、位置外部、不透明度 8%。
4. 选择“内发光”选项，混合模式正常、不透明度 4%、颜色黑色、大小 16 像素。
5. 选择“外发光”选项，混合模式正常、不透明度 38%、颜色白色、大小 1 像素。
6. 选择“投影”选项，混合模式正常、颜色白色、不透明度 37%、距离 1 像素、大小 1 像素。

“外发光”效果中的“发光颜色”是通过“杂色”选项下面的颜色块和颜色条来控制的。如果要创建单色发光，可单击左侧的颜色块，在打开的“拾色器”中设置发光颜色；如果要创建渐变发光，可单击右侧的渐变条，在打开的“渐变编辑器”中设置渐变颜色。

02 绘制音量进度条 再次选择“圆角矩形工具”，设置半径为100像素，在基本形上绘制形状，将填充减低为 0%、不透明度降低为 30%。

1. 绘制音量进度条。
2. 降低填充 0%、不透明度 30%。

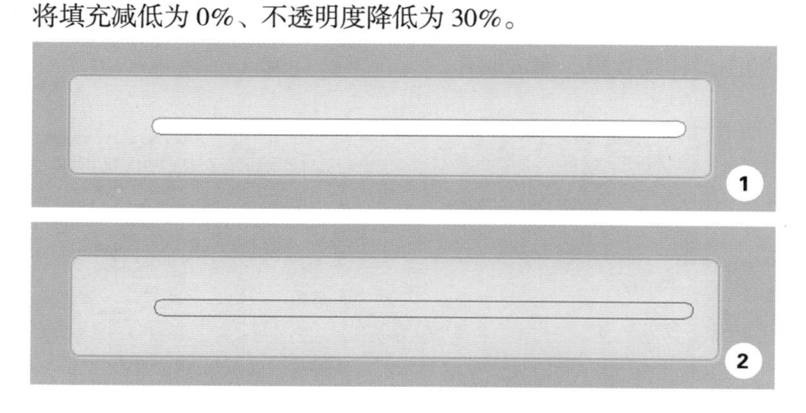

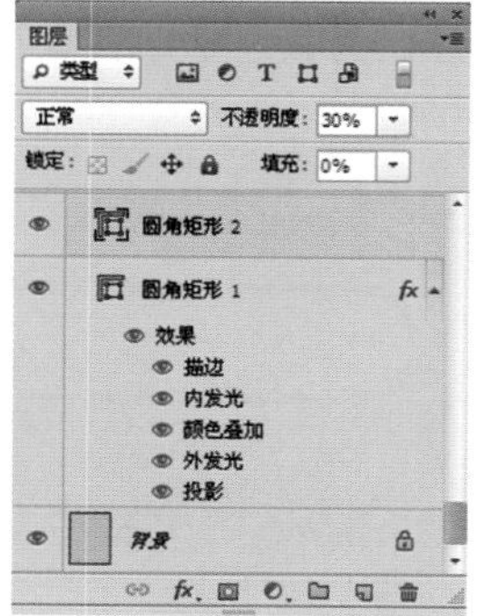

03 添加效果　打开“圆角矩形 2”图层的“图层样式”对话框、选择“内阴影”“投影”选项，设置参数，添加凹陷效果。

1. 选择“内阴影”选项，混合模式正常、不透明度 100%、距离 2 像素、大小 4 像素。
2. 选择“投影”选项，混合模式正常、颜色白色、不透明度 82%、距离 1 像素、大小 1 像素。

04 绘制音量大小　将“圆角矩形 2”图层进行复制。得到“圆角矩形 2 副本”图层，将其缩小，改变颜色为紫色，将其转换为智能对象，选择“图案叠加”选项，添加图案，执行“滤镜 > 杂色 > 添加杂色”命令，在弹出的对话框中，设置参数，添加杂色。

1. 复制形状，将其缩小，改变颜色为紫色。
2. 选择“图案叠加”选项，不透明度 8%，选择自定义图案。
3. 设置“添加杂色”参数为数量 1%，高斯分布，勾选“单色”复选框。

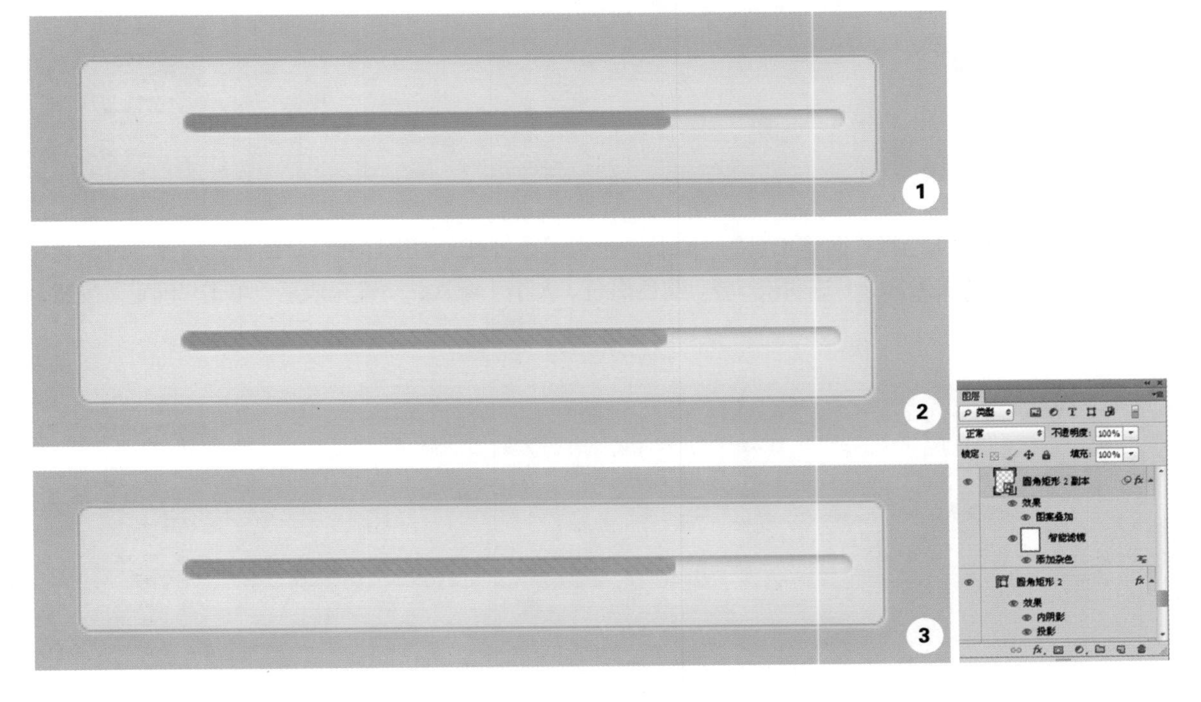

05 绘制可调节点 选择“椭圆工具”，绘制浅灰色正圆，打开“图层样式”对话框，选择“渐变叠加”“斜面和浮雕”“投影”选项，设置参数，添加效果。

1. 用椭圆工具绘制浅灰色正圆。
2. 选择“斜面和浮雕”选项，大小 1 像素、角度 111 度，去掉“使用全局光”对勾，高度 42 度、高光模式正常、不透明度 100%、阴影模式正常、不透明度 32%。
3. 选择“渐变叠加”选项，样式角度，设置渐变条，从左到右依次为 R:170 G:170 B:170、R:247 G:247 B:247、R:200 G:200 B:200、R:247 G:247 B:247、R:197 G:197 B:197、R:255 G:255 B:255、R:187 G:187 B:187、R:242 G:242 B:242、R:170 G:170 B:170，角度 −97 度。
4. 选择“投影”选项，混合模式正常、不透明度 15%、角度 56 度，去掉“使用全局光”对勾，距离 2 像素、大小 10 像素。

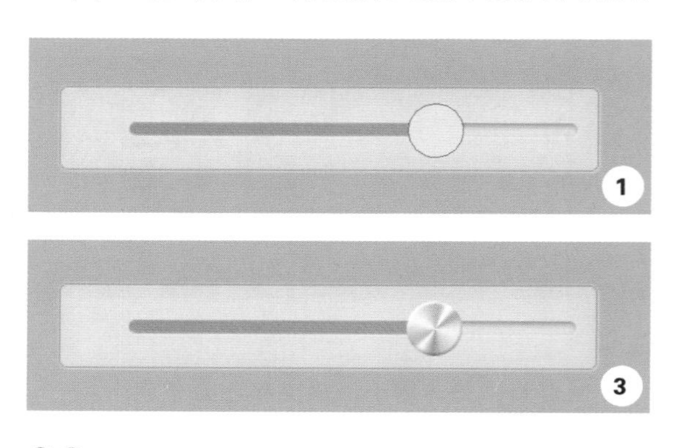

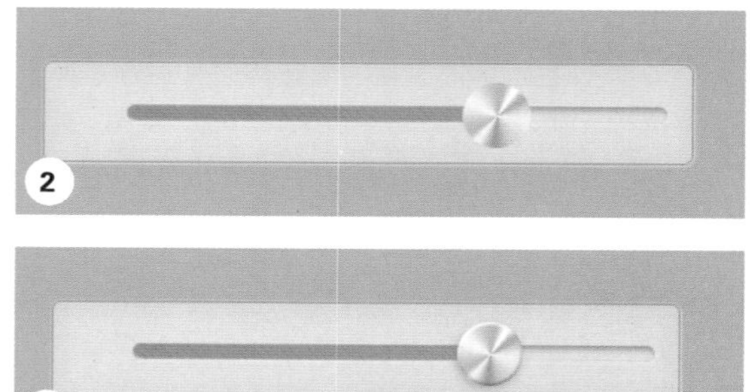

06 添加螺丝 打开素材文件，将螺丝素材拖入到当前绘制的文档中，改变大小和位置，得到左边螺丝，将该图层进行复制，移动位置，得到右边螺丝。

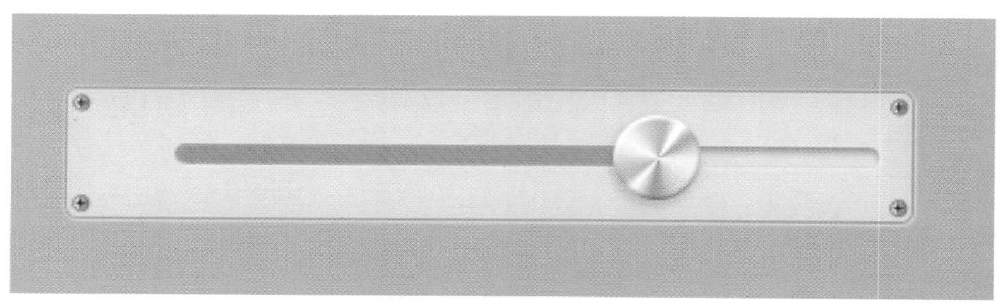

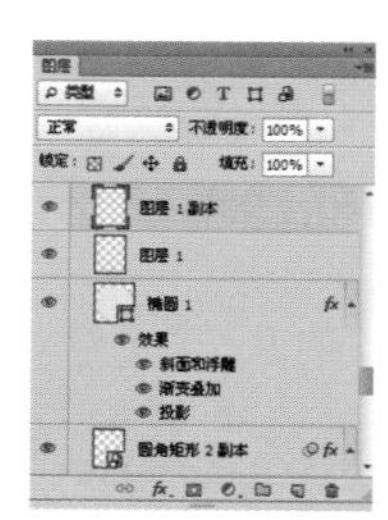

07 绘制音量符号 选择“钢笔工具”，绘制音量符号，打开“图层样式”对话框，选择“内发光”选项，设置混合模式正常、不透明度 5%、颜色黑色、大小 1 像素，设置完成后，单击“确定”按钮，完成制作。

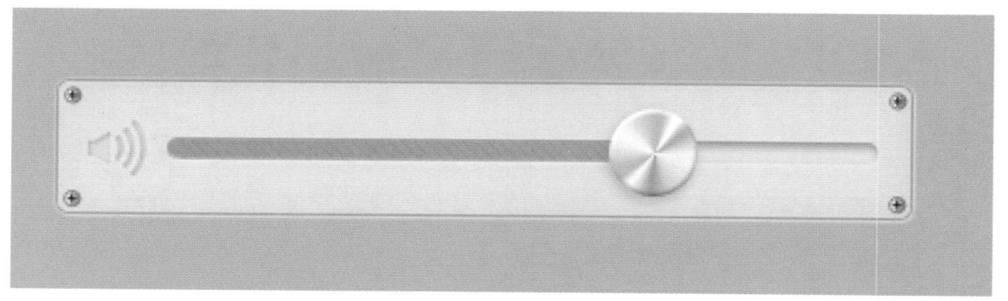

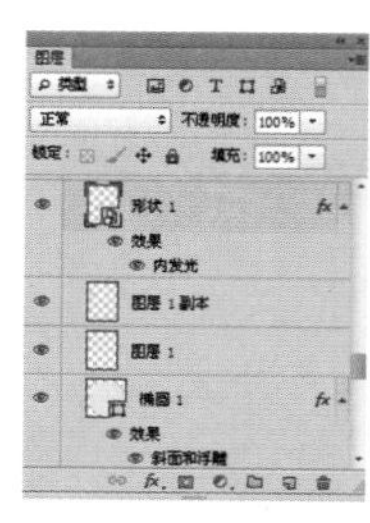

效果 5

01 绘制可调节点 选择“圆角矩形工具”，设置半径为 10 像素，绘制圆角矩形，打开“图层样式”对话框，选择“内阴影”选项，设置参数，添加效果。

1. 用圆角矩形工具绘制基本形。
2. 选择“内阴影”选项，混合模式正常、颜色为 R:228 G:220 B:198，不透明度 100 %、距离 2 像素、大小 3 像素。

02 绘制音量符号 选择“钢笔工具”，绘制音量符号，打开“图层样式”对话框，选择“颜色叠加”选项，设置参数，添加效果。

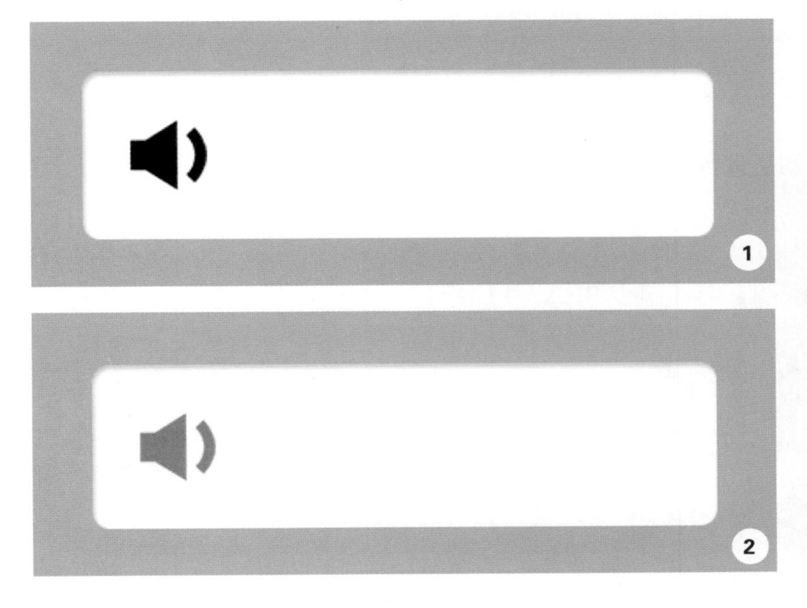

1. 用钢笔工具绘制音量符号。
2. 选择“颜色叠加”选项，颜色为 R:155 G:139 B:128。

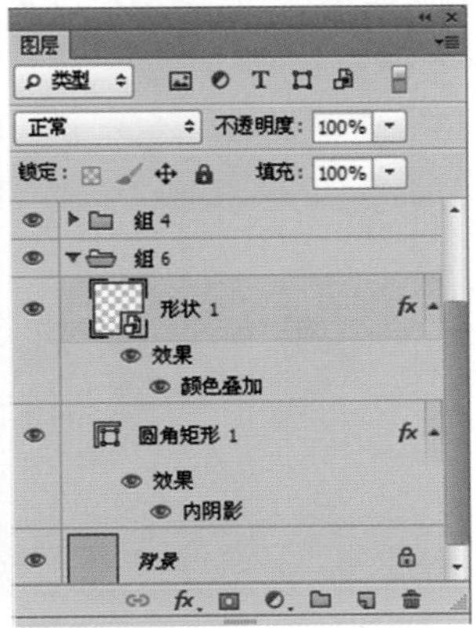

03 绘制音量大小 选择“圆角矩形工具”，设置半径为2像素，打开“图层样式”对话框，选择“描边”“颜色叠加”“内阴影”选项，设置参数，添加效果。

1. 选择“描边”选项，设置大小1像素、位置外部，颜色设置为R:226 G:146 B:4。
2. 选择“内阴影”选项，混合模式正常、颜色白色、不透明度37%、距离1像素、大小0像素。
3. 选择“颜色叠加”选项，颜色设置为R:250 G:163 B:9。

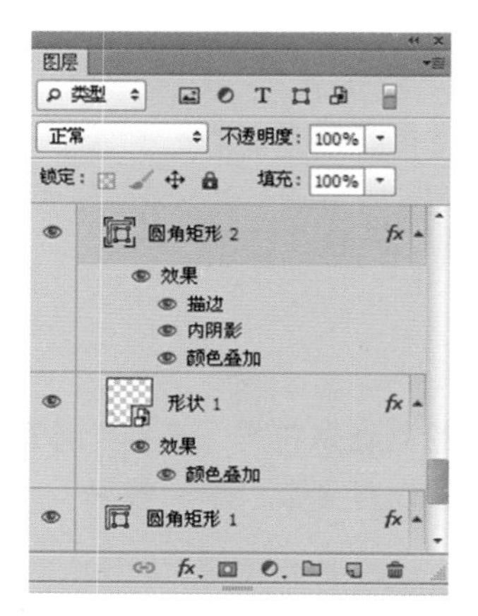

04 复制图层 将“圆角矩形2”图层进行多次复制，移动位置。

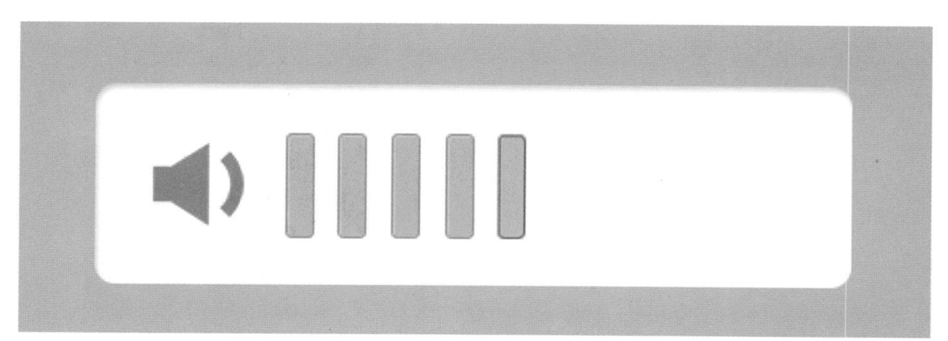

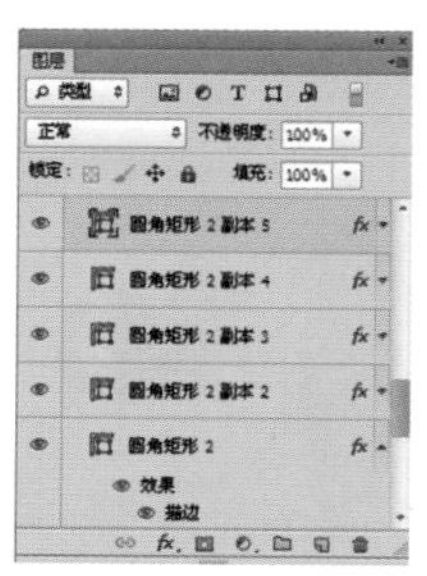

05 绘制音量选项

再次选择"圆角矩形工具"，绘制形状，得到"圆角矩形 3"图层，打开"图层样式"对话框，选择"描边""颜色叠加"选项，设置参数，添加效果。

1. 选择"描边"选项，大小 1 像素、位置外部、填充类型渐变，渐变条设置从左到右依次为 R:178 G:168 B:153、R:218 G:211 B:199、R:218 G:211 B:199。
2. 选择"颜色叠加"选项，设置颜色为 R:235 G:232 B:225。

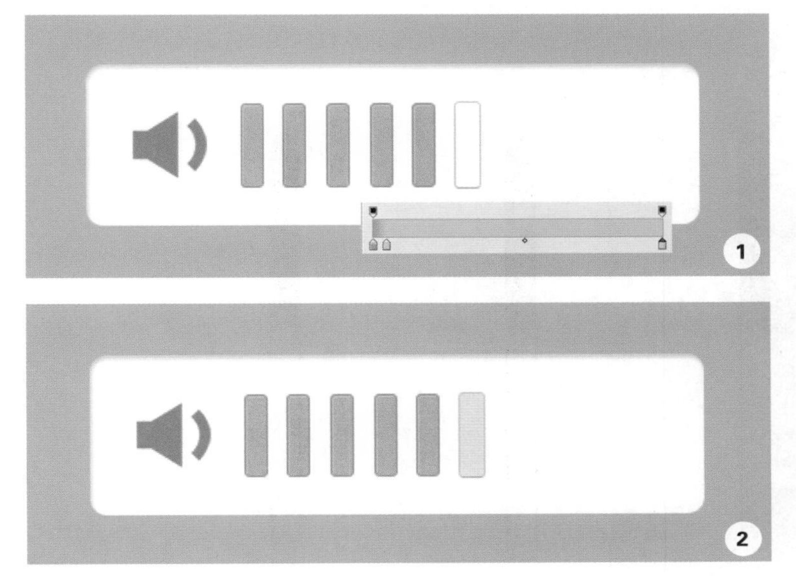

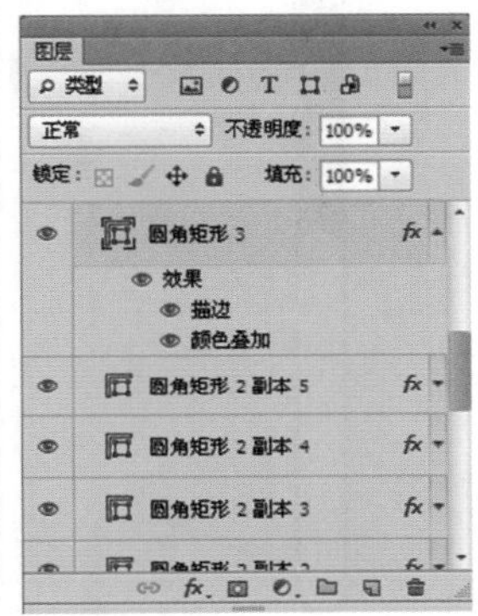

06 复制图层

将"圆角矩形　3"图层进行多次复制，移动位置，完成制作。

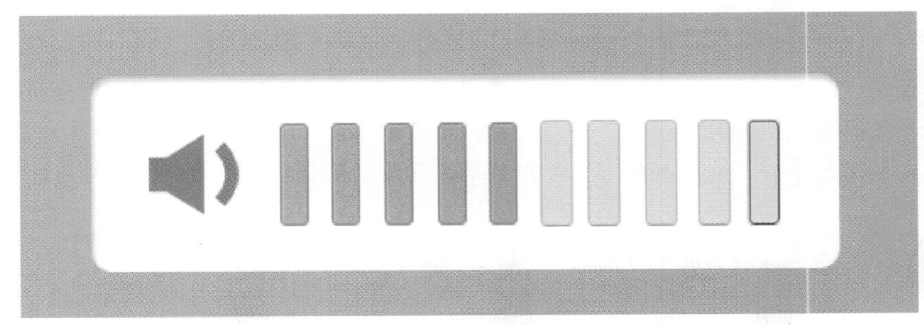

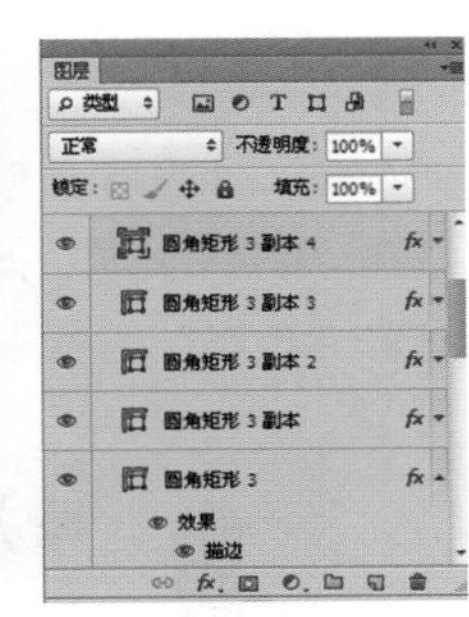

效果 6

01 绘制基本形

选择"圆角矩形工具"，设置前景色的颜色，在图像上绘制圆角矩形形状，得到"圆角矩形 1"图层。

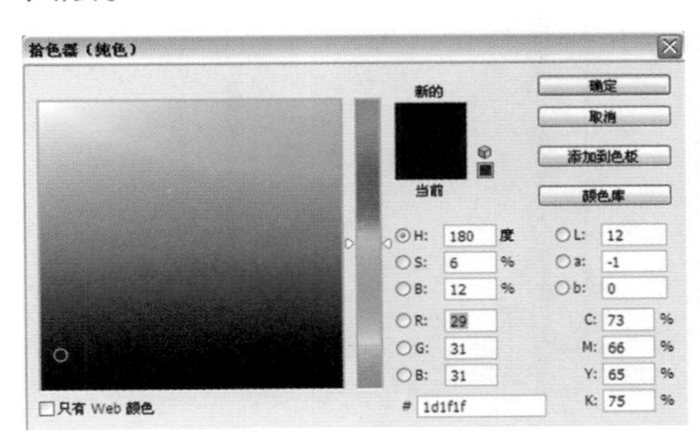

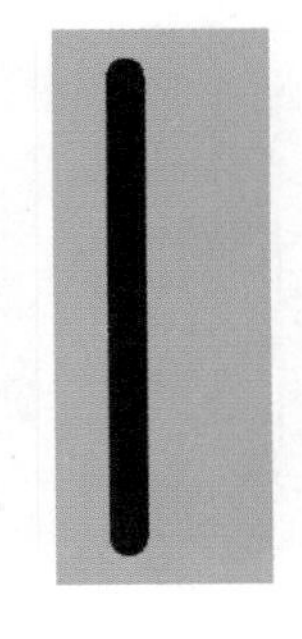

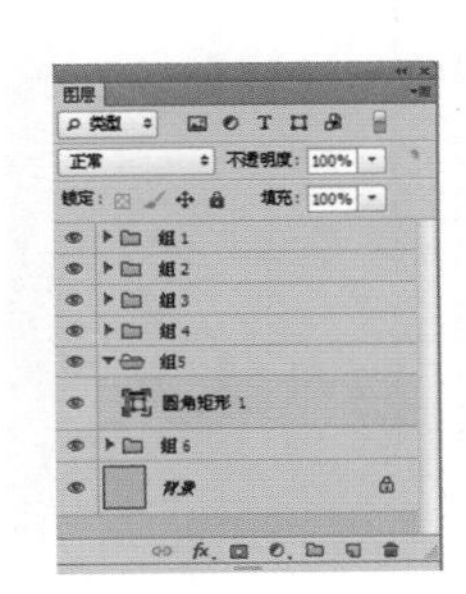

02 绘制音量大小 将“圆角矩形 1”图层进行复制，得到“圆角矩形 1 副本”图层，将其缩小，改变颜色为白色，打开“图层样式”对话框，选择“渐变叠加”“内阴影”“外发光”选项，设置参数，添加效果。

1. 复制圆角矩形，将其缩小，改变颜色。
2. 选择“渐变叠加”选项，设置渐变条，从左到右依次为 R:42 G:183 B:255、R:0 G:101 B:196，角度 0 度。
3. 选择“内阴影”选项，混合模式正常、颜色白色、不透明度 38%、角度 135 度，去掉“使用全局光”对勾，距离 1 像素、阻塞 11%、大小 0 像素。
4. 选择“外发光”选项，混合模式正常、不透明度 70%、颜色 R:0 G:52 B:111、大小 11 像素。

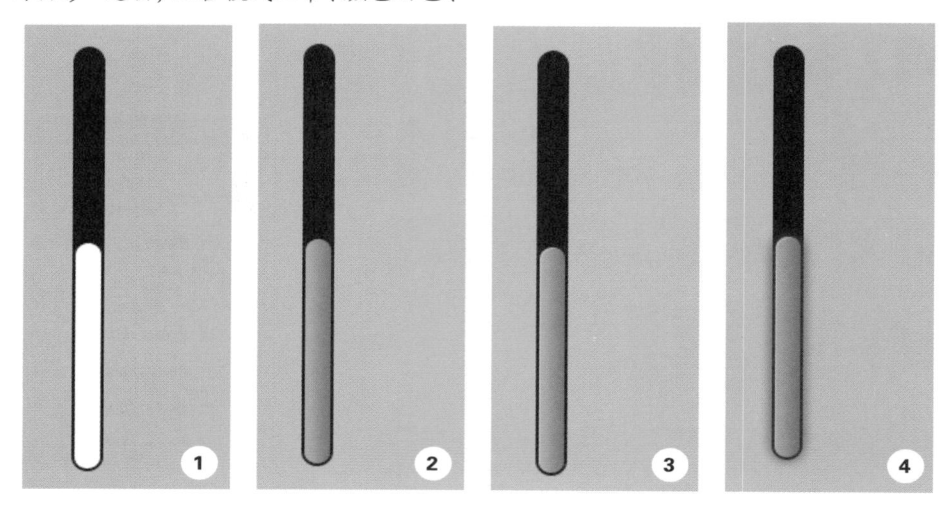

03 绘制音量符号 选择“钢笔工具”，绘制音量符号，打开“图层样式”对话框，选择“描边”“投影”选项，设置参数，添加效果。

1. 用钢笔工具绘制音量符号。
2. 选择“描边”选项，大小 1 像素、不透明度 48%。
3. 选择“投影”选项，混合模式叠加、颜色白色、不透明度 53%、角度 135 度，去掉“使用全局光”对勾，距离 1 像素、阻塞 100%、大小 0 像素。
4. 用钢笔工具绘制静音符号。粘贴图层样式效果。

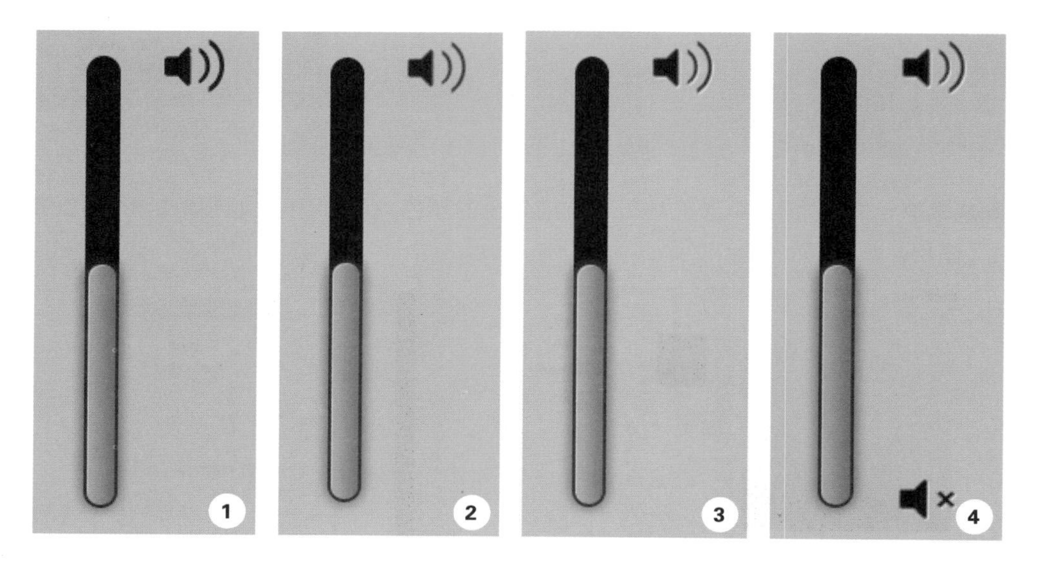

04 绘制可调节点　选择“圆角矩形工具”，设置半径为 2 像素，绘制圆角矩形，打开“图层样式”对话框，选择“描边”“内阴影”“投影”选项，设置参数，添加效果。

1. 选择“描边”选项，设置大小 1 像素、位置外部、不透明度 100%。
2. 选择“内阴影”选项，混合模式叠加、颜色白色、不透明度 45%，去掉“使用全局光”对勾，距离 1 像素，阻塞 100%、大小 0 像素。
3. 选择“投影”选项，不透明度 30%、角度 90 度，去掉“使用全局光”对勾，距离 5 像素、大小 12 像素。

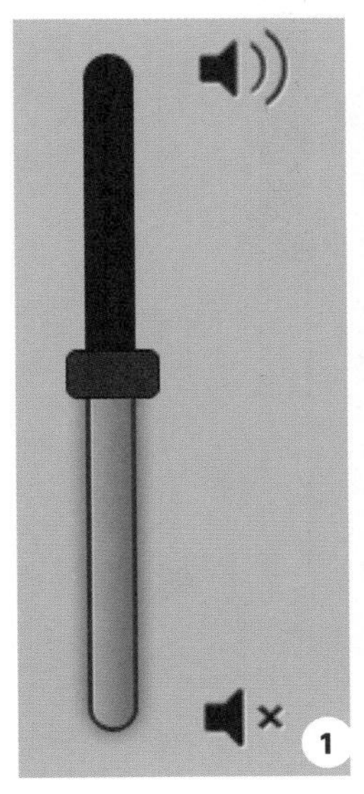

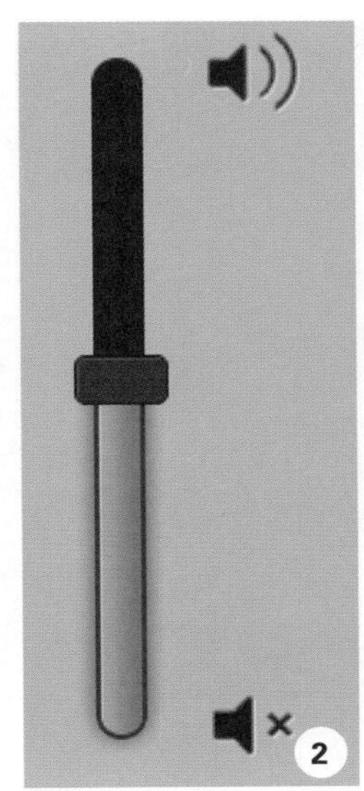

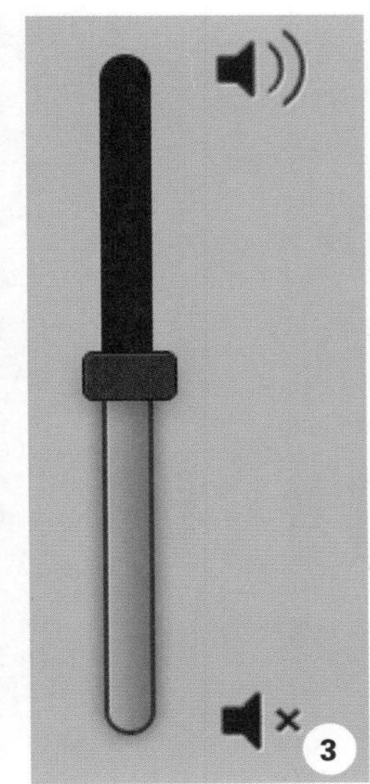

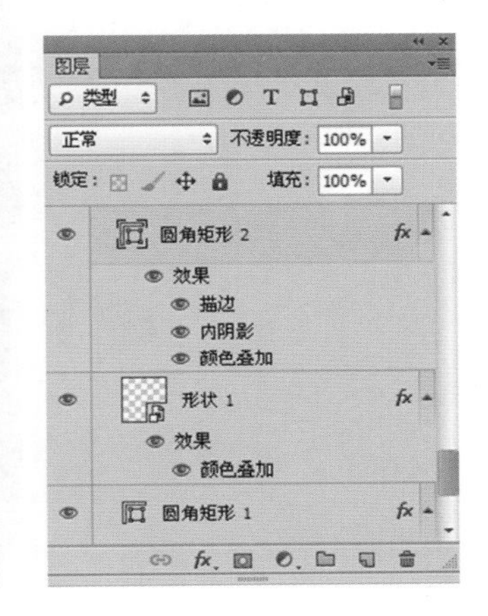

05 绘制矩形　选择“矩形工具”工具，在可调节点上绘制矩形，打开“图层样式”对话框，选择“颜色叠加”“投影”选项，设置参数，添加效果。

1. 用矩形工具绘制白色矩形框。
2. 选择“颜色叠加”选项，颜色设置为 R:31 G:35 B:35，不透明度 100%。
3. 选择“投影”选项，混合模式正常，颜色设置为 R:98 G:106 B:106，不透明度 21%、角度 0 度，去掉“使用全局光”对勾，距离 1 像素、阻塞 100%、大小 0 像素。
4. 将该矩形形状进行复制，移动位置。

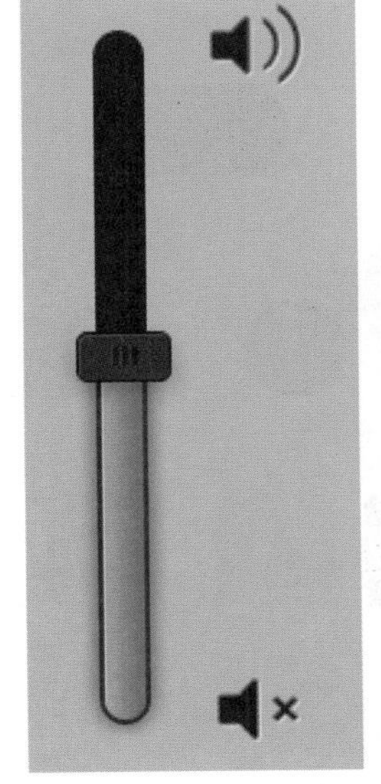

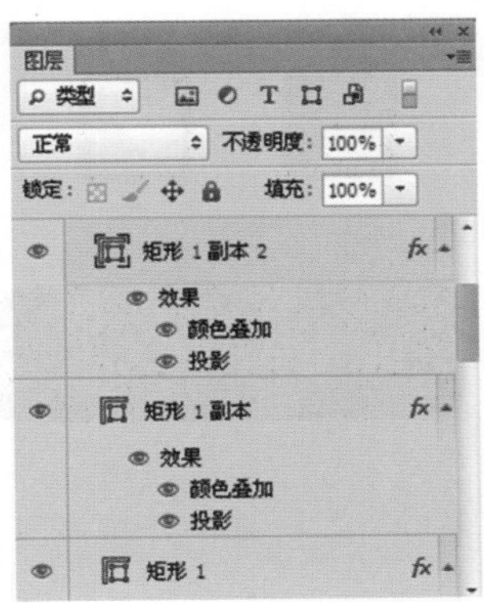

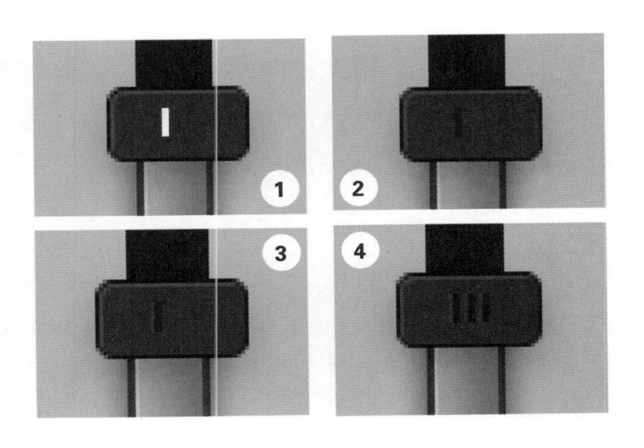

最终效果

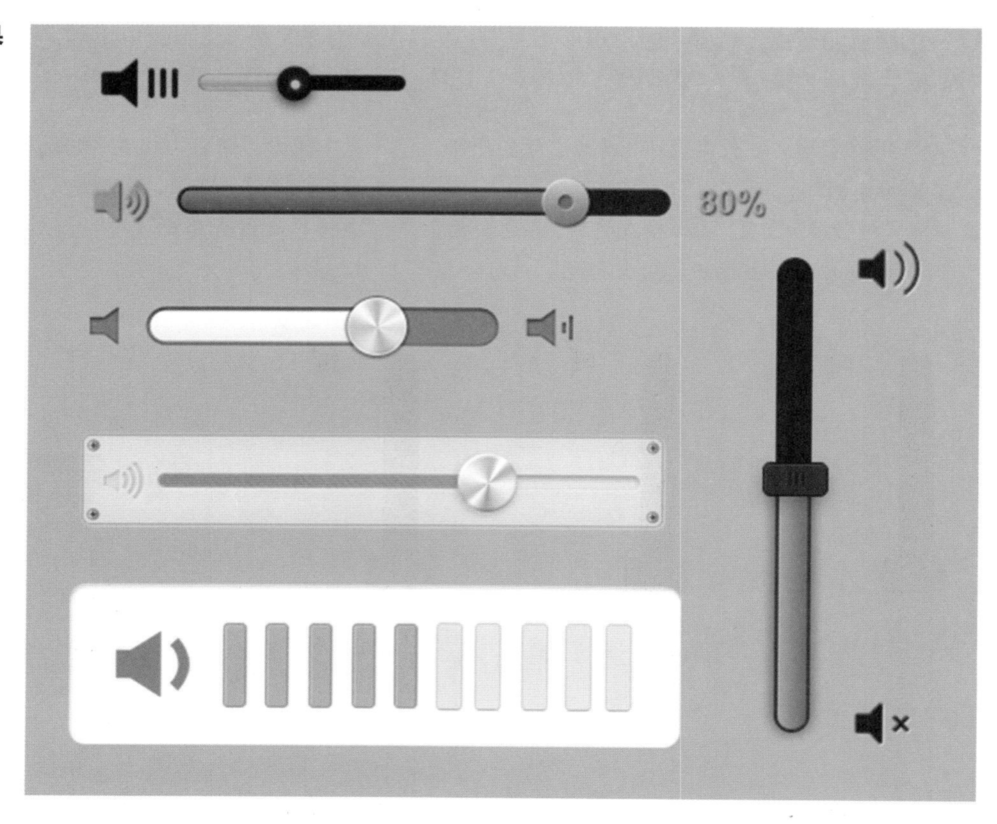

实战 03 选项设置

案例综述

本例我们将制作一系列选项按钮，这些选项按钮经常出现在 App 设置窗口内，用于实现对功能的选取。这里给出了圆形、方形和椭圆形几种按钮用于练习。

设计规范

尺寸规范	多种规格的尺寸
主要工具	多种矢量工具、图层样式
文件路径	Chapter10/10-3.psd
视频教学	10-3.avi

造型分析

选项按钮在被触击之后要给用户一个图像反馈，告诉用户此时的变化，所以设计时我们还要考虑按钮触击时的反馈状态。

操作步骤

效果 1

01 绘制基本形 选择“圆角矩形工具”，设置半径为 10 像素，在图像上绘制圆角矩形，打开“图层样式”对话框，选择“内阴影”“投影”选项，设置参数，添加效果。

1. 用圆角矩形工具绘制基本形，设置颜色为 R:33 G:65 B:110。
2. 选择“内阴影”选项，混合模式为正常，不透明度 100%、角度 90 度，去掉“使用全局光”对勾，距离 1 像素、大小 4 像素。
3. 选择“投影”选项，混合模式为正常，不透明度 40%、角度 90 度，去掉“使用全局光”对勾，距离 2 像素、大小 2 像素。

02 绘制选项 再次使用“圆角矩形工具”绘制形状，打开“图层样式”对话框，选择“描边”“内阴影”“投影”选项，设置参数，添加效果。

1. 用圆角矩形工具绘制形状，设置颜色为 R:39 G:44 B:51。
2. 选择“描边”选项，大小 1 像素、位置外部、不透明度 100%。
3. 选择“内阴影”选项，不透明度 30%、角度 90 度，去掉“使用全局光”对勾，距离 1 像素、大小 2 像素。
4. 选择“投影”选项，混合模式叠加、不透明度 50%、角度 90 度，去掉“使用全局光”对勾，距离 2 像素、大小 1 像素。

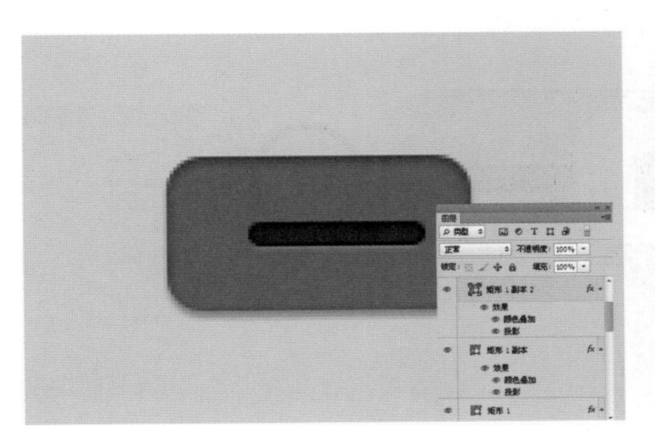

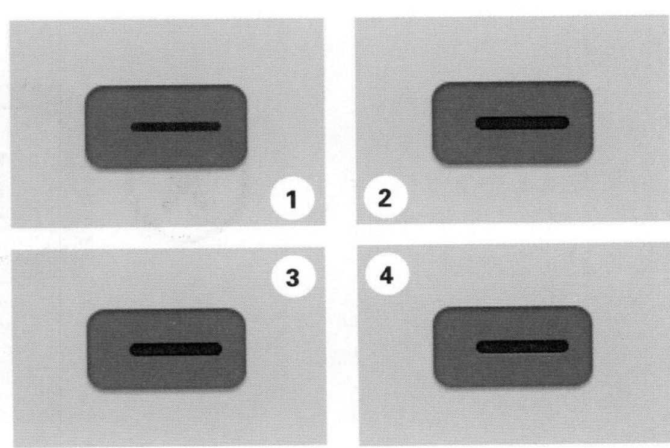

03 绘制可调节点 用圆角矩形工具绘制形状，打开“图层样式”对话框，选择“描边”“投影”选项，设置参数，添加立体效果。

1. 用圆角矩形工具绘制形状，设置颜色为 R:200 G:200 B:200。
2. 选择“描边”选项，大小 1 像素、不透明度 100%，设置颜色为 R:51 G:51 B:51。
3. 选择“投影”选项，混合模式为正常，不透明度 40%、角度 90 度，去掉“使用全局光”对勾，距离 2 像素、大小 2 像素。

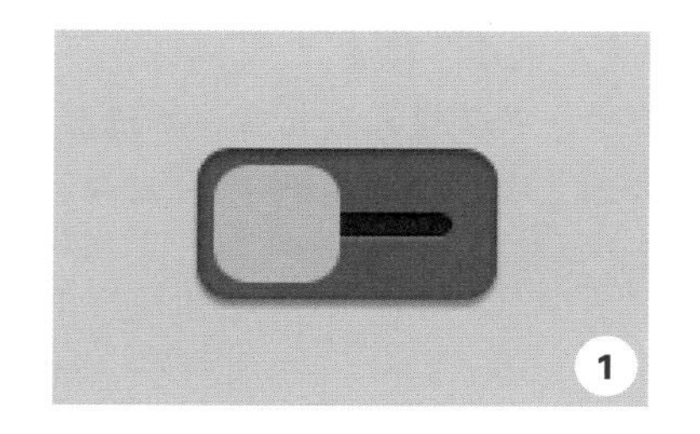

04 绘制矩形 选择矩形工具，设置前景色为黑色，在可调节控制框上绘制黑色矩形，得到“矩形 1”图层。

05 绘制选项 使用椭圆工具和矩形工具绘制开关图标。

绘制图标时，首先使用椭圆工具选项中的“减去顶层形状”得到外围同心圆，然后选择“矩形工具”绘制矩形条，复制矩形条，将其旋转，最后合并形状图层，得到图标效果。

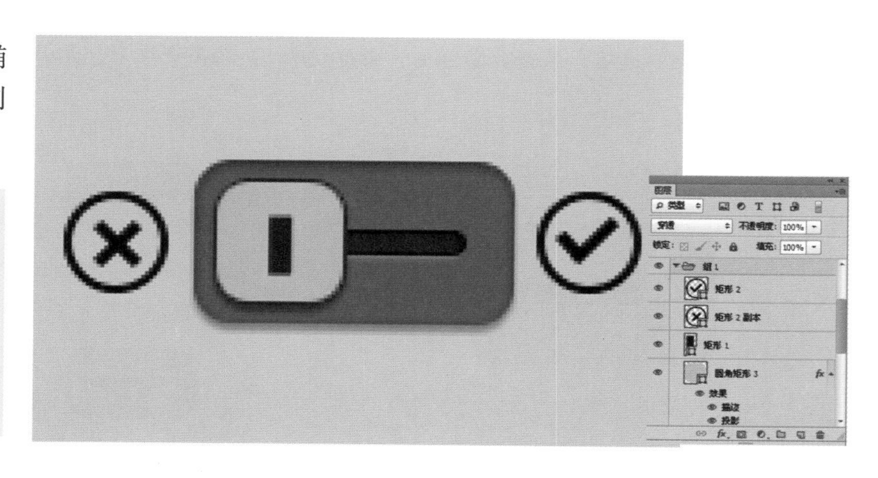

效果 2

01 绘制基本形　用圆角矩形工具绘制形状，打开“图层样式”对话框，选择“描边”“投影”选项，设置参数，添加立体效果。

1. 用圆角矩形工具绘制形状，设置颜色为 R:255 G:255 B:255。
2. 选择“颜色叠加”选项，不透明度 100%，设置颜色为 R:21 G:21 B:21。
3. 选择“投影”选项，混合模式为正常，设置颜色为 R:63 G:63 B:63、不透明度 63%，距离 1 像素、大小 0 像素。

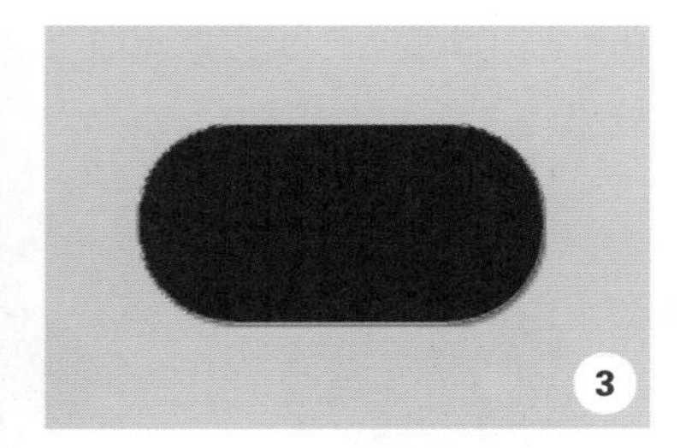

02 绘制按钮　选择“椭圆工具”绘制白色椭圆，将填充减低为 0%，打开“图层样式”对话框，选择“投影”选项，设置混合模式为正常、不透明度 72%、角度 105 度，去掉“使用全局光”对勾，距离 2 像素、大小 5 像素，单击“确定”按钮，添加投影效果。

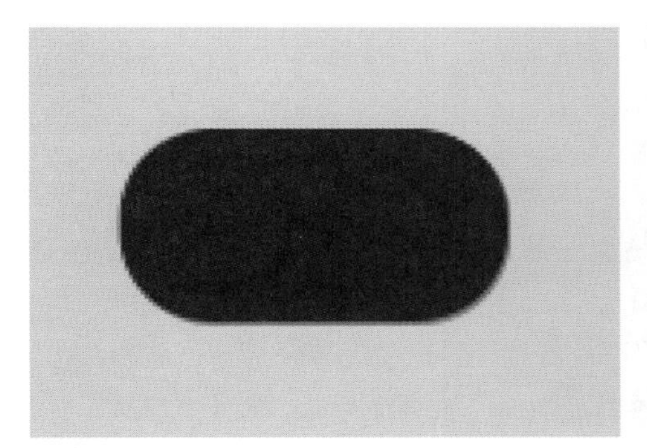

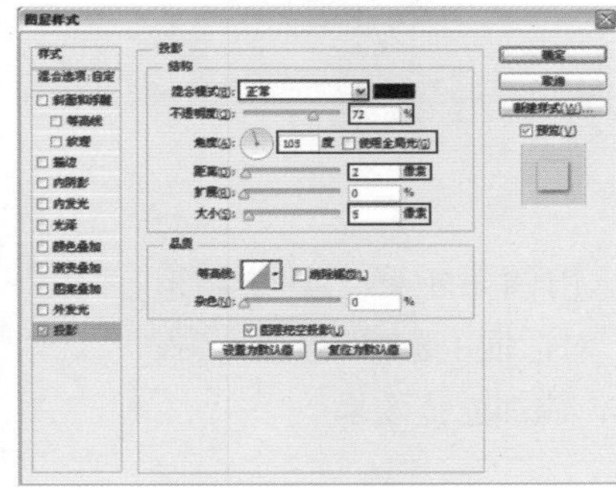

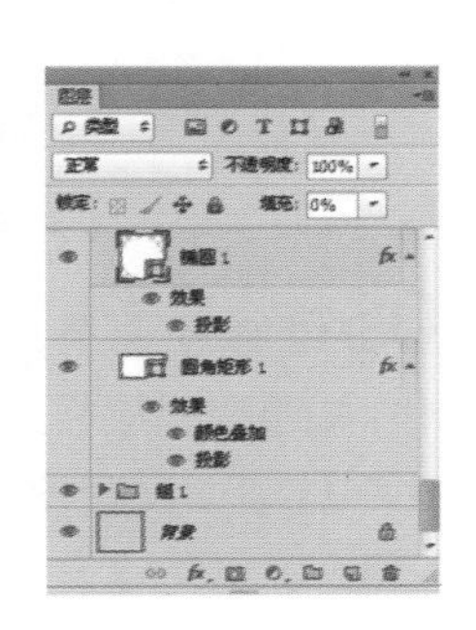

03 复制图层　将“椭圆 1”图层进行复制，得到“椭圆 1 副本”图层，打开“图层样式”对话框，选择“渐变叠加”“内阴影”“投影”选项，设置参数，添加效果。

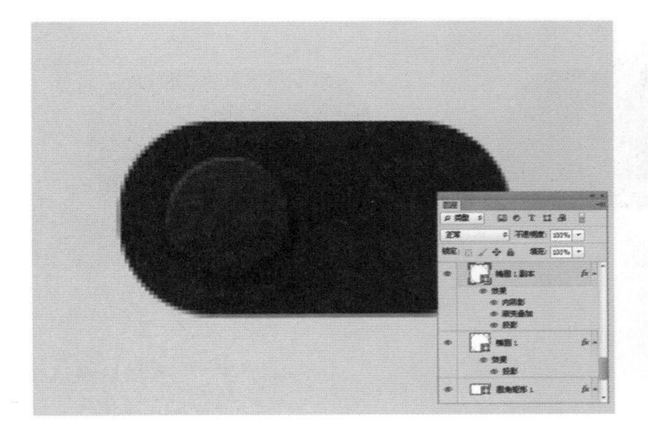

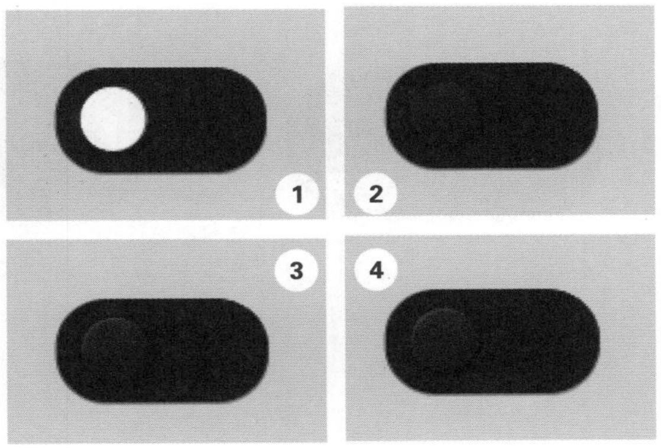

1. 复制“椭圆 1”图层，清除图层样式效果。
2. 选择“渐变叠加”选项，设置渐变条，从左到右依次为 R:21 G:21 B:21、R:39 G:39 B:39。
3. 选择“内阴影”选项，混合模式叠加、颜色白色、不透明度 72%、距离 1 像素、大小 0 像素。
4. 选择“投影”选项，混合模式正常、不透明度 69%、距离 2 像素、大小 1 像素。

04 绘制选项 再次使用“圆角矩形工具”绘制形状，打开“图层样式”对话框，选择“描边”“内阴影”“投影”选项，设置参数，添加效果。

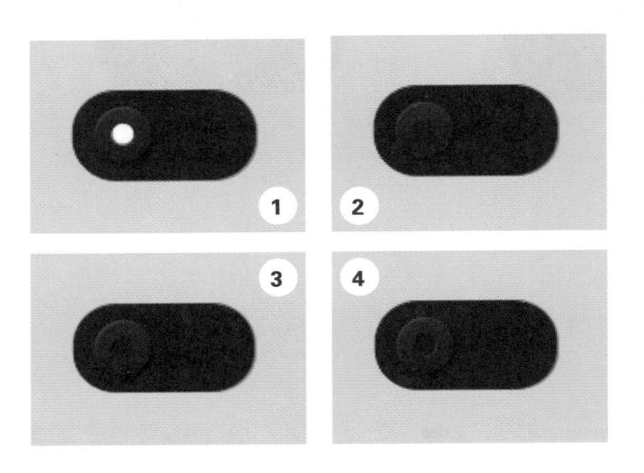

1. 用圆角矩形工具绘制正圆，设置颜色为 R:255 G:255 B:255。
2. 选择“颜色叠加”选项，设置颜色参数为 R:21 G:21 B:21。
3. 选择“内阴影”选项，不透明度 80%、距离 1 像素、大小 2 像素。
4. 选择“投影”选项，混合模式正常，颜色设置为 R:63 G:63 B:63，不透明度 53%、距离 1 像素、大小 0 像素。

05 绘制可调节点 用圆角矩形工具绘制形状，打开“图层样式”对话框，选择“描边”“投影”选项，设置参数，添加立体效果。

1. 用椭圆工具绘制正圆，设置颜色为 R:34 G:34 B:34。
2. 选择“内阴影”选项，混合模式叠加、颜色白色、不透明度 72%、距离 1 像素、大小 0 像素。
3. 选择“投影”选项，混合模式为正常、不透明度 69%、距离 2 像素、大小 1 像素。

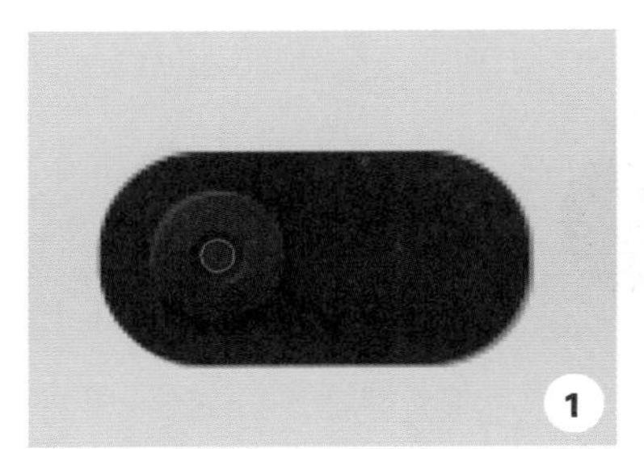

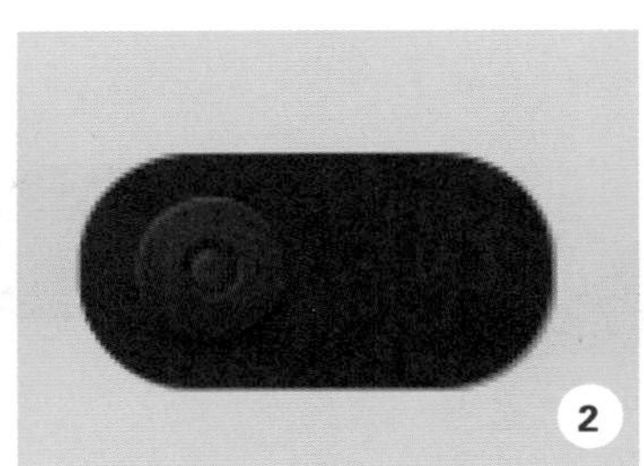

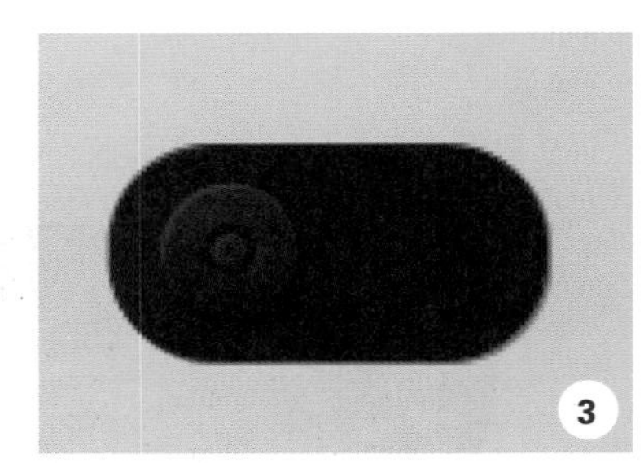

06 复制按钮　将左侧按钮进行复制，移动位置，选择“椭圆 3 副本”图层，打开“图层样式”对话框，选择“渐变叠加”选项，设置渐变条从左到右依次为 R:56 G:41 B:35、R:190 G:140 B:120，单击“确定”按钮，添加效果，完成制作。

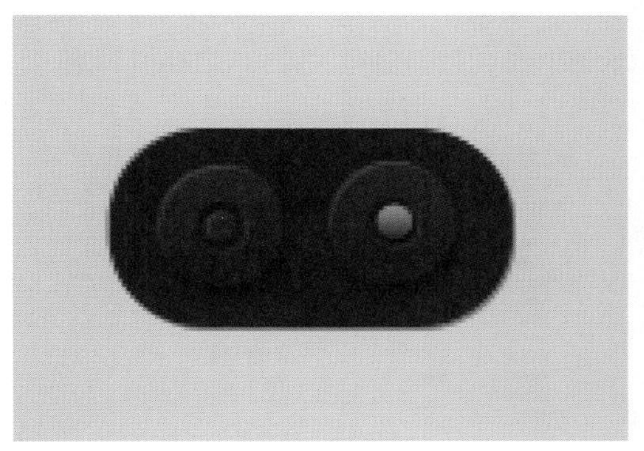

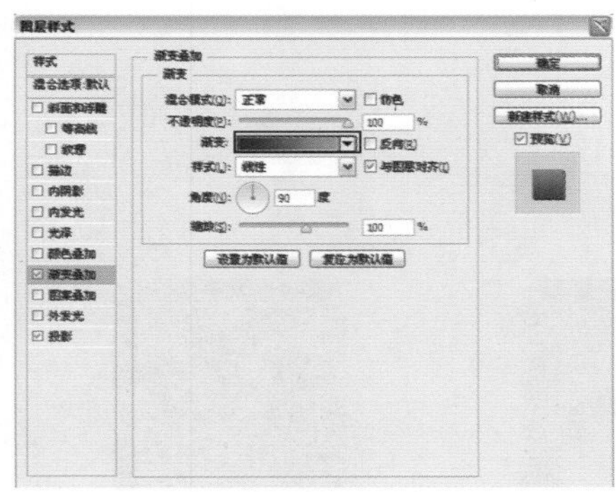

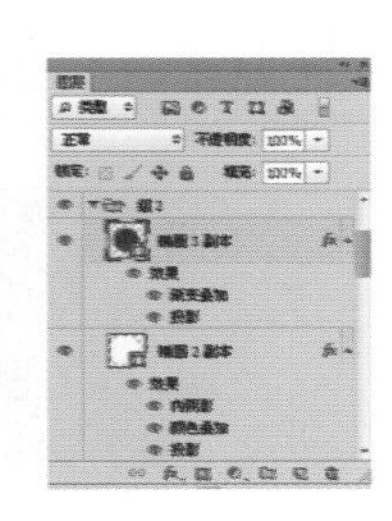

效果 3

01 绘制选项　选择“圆角矩形工具”，设置半径为 3 像素，绘制选项基本形，打开“图层样式”对话框，选择“描边”选项，设置参数，添加描边效果。

1. 用圆角矩形工具绘制黑色基本形。
2. 选择“描边”选项，大小 2 像素、位置外部、不透明度 100%、填充类型渐变，设置渐变条从左到右依次为 R:91 G:91 B:91、R:59 G:59 B:59、R:56 G:56 B:56。

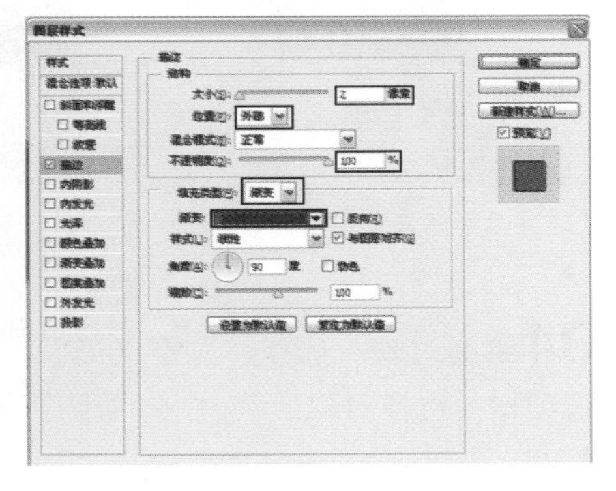

02 绘制选项内部　再次选择“圆角矩形工具”绘制形状，打开“图层样式”对话框，选择“描边”“渐变叠加”选项，设置参数，添加效果。

1. 选择“描边”选项，大小 2 像素、不透明度 100%、填充类型渐变，设置渐变条从左到右依次为 R:71 G:71 B:71、R:93 G:93 B:93。
2. 选择“渐变叠加”选项，设置渐变条从左到右依次为 R:38 G:38 B:38、R:63 G:63 B:63。

03 复制选项 将左侧选项进行复制，移动位置，选择“圆角矩形 2 副本”图层，打开“图层样式”对话框，选择“描边”“渐变叠加”选项，设置参数，添加效果。

1. 选择“描边”选项，大小 1 像素、填充类型渐变，设置渐变条从左到右依次为 R:27 G:130 B:194、R:75 G:155 B:105、R:148 G:193 B:222。
2. 选择“渐变叠加”选项，设置渐变条从左到右依次为 R:2 G:116 B:188、R:58 G:146 B:203。

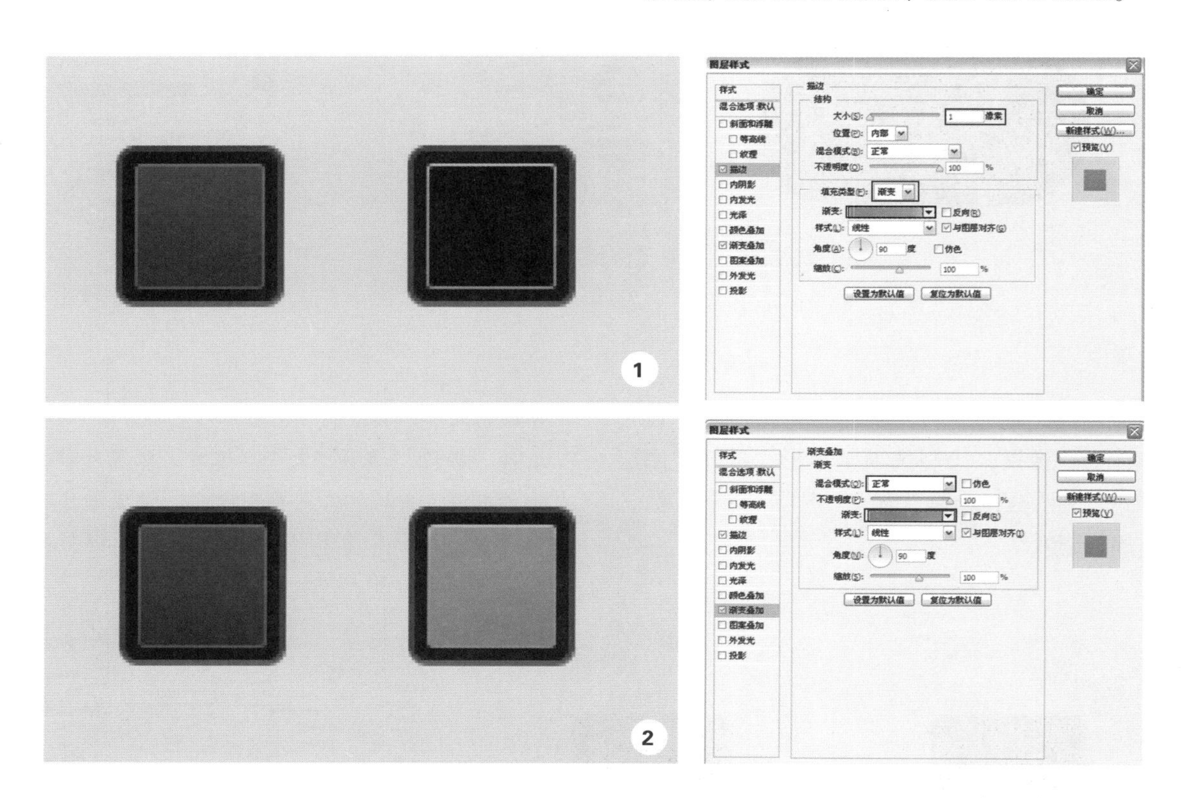

04 绘制对勾 选择“自定义形状”工具，在选项栏中选择对勾形状，在选项卡中绘制对勾，打开“图层样式”对话框，选择“内阴影”选项，设置参数，添加效果，完成后，使用同样的方法制作圆形选项。

1. 选择“内阴影”选项，设置不透明度 40%、角度 90 度，去掉“使用全局光”对勾，距离 1 像素、大小 4 像素。
2. 用同样的方法绘制圆形选项。

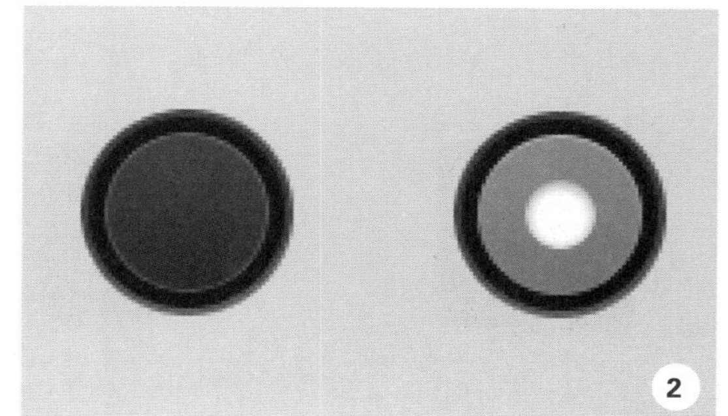

效果 4

01 绘制选项基本形　将左侧选项进行复制，移动位置，选择“圆角矩形 2 副本”图层，打开“图层样式”对话框，选择“描边”“渐变叠加”选项，设置参数，添加效果。

1. 选择“颜色叠加”选项，设置颜色为 R:21 G:21 B:21。
2. 选择“投影”选项，混合模式正常，颜色设置为 R:63 G:63 B:63，不透明度 63%、距离 1 像素、大小 0 像素。

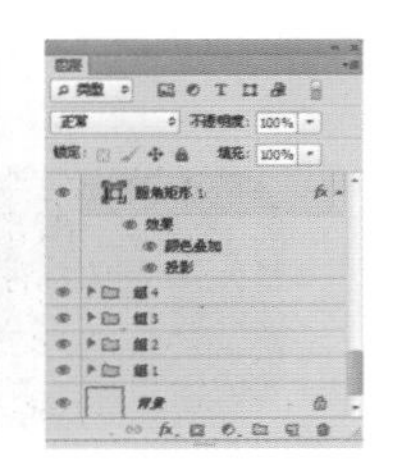

02 输入文字　选择“横排文字工具”输入文字，打开“图层样式”对话框，选择“颜色叠加”选项，设置参数，改变文字的颜色。

1. 用横排文字工具输入文字。
2. 选择“颜色叠加”选项，设置颜色为 R:157 G:157 B:157。

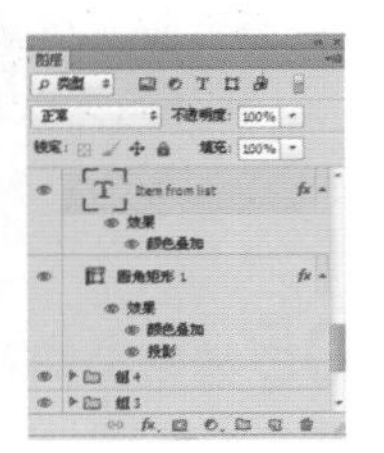

03 绘制选项卡　选择“圆角矩形工具”绘制形状，打开“图层样式”对话框，选择“渐变叠加”“内阴影”“投影”选项，设置参数，添加立体效果。

1. 用圆角矩形工具绘制形状。
2. 选择“渐变叠加”选项，设置渐变条从左到右依次为 R:27 G:27 B:27、R:48 G:48 B:48。
3. 选择“内阴影”选项，混合模式正常、颜色白色、不透明度 22%、距离 1 像素、大小 0 像素。
4. 选择“投影”选项，混合模式正片叠加、不透明度 21%、距离 4 像素、扩展 3%。

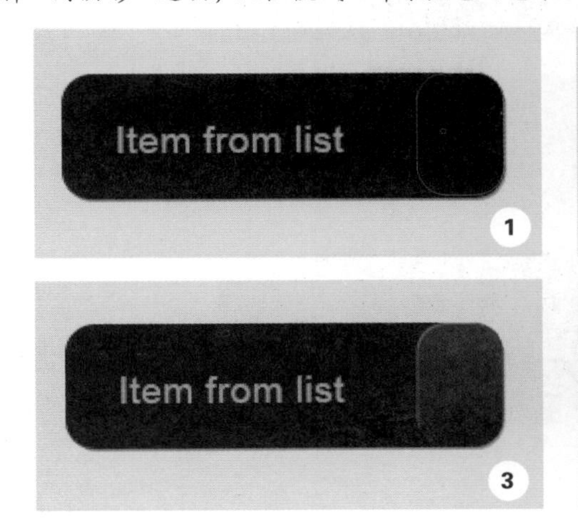

04 绘制选项按钮 选择“多边形工具”，在选项栏中设置边数为3，绘制三角形，打开“图层样式”对话框，选择“颜色叠加”“内阴影”“投影”选项，设置参数，添加效果。

1. 用多边形工具绘制三角形。
2. 选择“颜色叠加”选项，设置颜色为R:21 G:21 B:21。
3. 选择“内阴影”选项，不透明度80%、距离2像素、大小5像素。
4. 选择“投影”选项，混合模式正常，颜色设置为R:63 G:63 B:63，不透明度63%、距离1像素、大小0像素。

05 绘制分隔符 选择矩形工具绘制形状，打开“图层样式”对话框，选择“颜色叠加”“投影”选项，设置参数，添加效果。

1. 用矩形工具绘制形状，选择“颜色叠加”选项，设置颜色为R:23 G:23 B:23。
2. 选择“投影”选项，混合模式正常，颜色设置为R:63 G:63 B:63，不透明度63%、距离1像素、大小0像素。

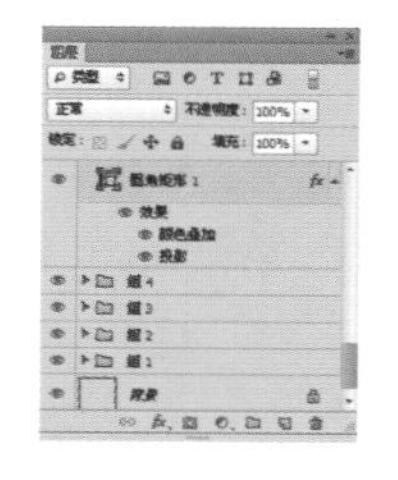

06 复制选项按钮 将刚才绘制的倒三角按钮进行复制，执行“垂直翻转”命令，将其旋转角度，移动位置到分隔符的上方，完成制作。

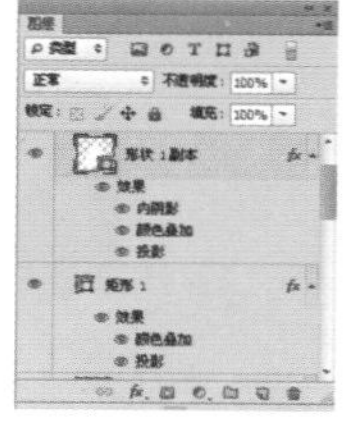

效果 5

01 绘制基本形 选择“圆角矩形工具”工具，绘制形状，打开“图层样式”对话框，选择“内发光”“渐变叠加”、“投影”选项，设置参数，添加效果。

1. 用圆角矩形工具绘制形状，设置颜色为 R:86 G:86 B:86。
2. 选择“内发光”选项，混合模式正常、颜色黑色、大小 1 像素。
3. 选择“渐变叠加”选项，混合模式叠加、不透明度 40%，设置渐变条从左到右依次为 R:149 G:149 B:149、R:1 G:1 B:1、R:255 G:255 B:255。
4. 选择“投影”选项，不透明度 50%、距离 1 像素、大小 3 像素。

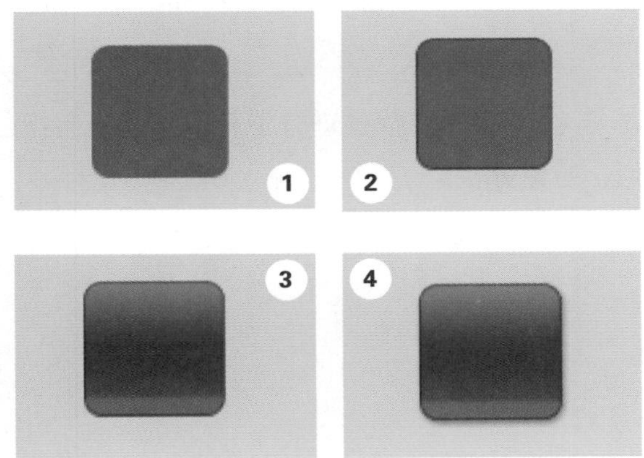

02 绘制选项 再次使用“圆角矩形工具”绘制形状，打开“图层样式”对话框，选择“描边”“内阴影”“投影”选项，设置参数，添加效果。

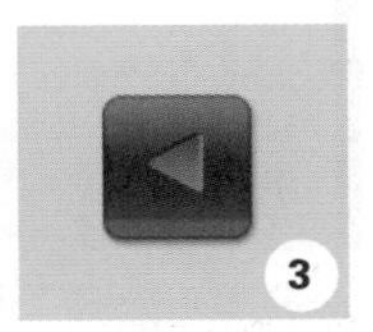

1. 选择“内阴影”选项，不透明度 50%、距离 1 像素、大小 0 像素。
2. 选择“渐变叠加”选项，混合模式叠加、不透明度 24%、角度 −90 度。
3. 选择“投影”选项，混合模式正常、颜色白色、不透明度 50%、距离 1 像素、大小 0 像素。

03 复制选项按钮 将左侧按钮进行复制，移动位置，选择“形状 1 副本”图层，将该形状的颜色设置为 R:89 G:171 B:213，完成制作。

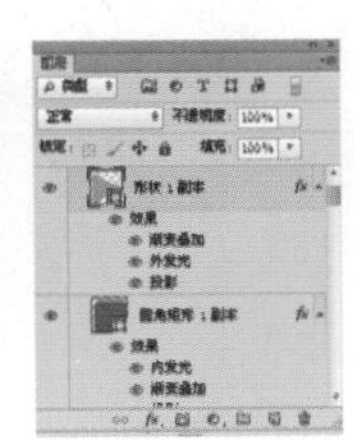

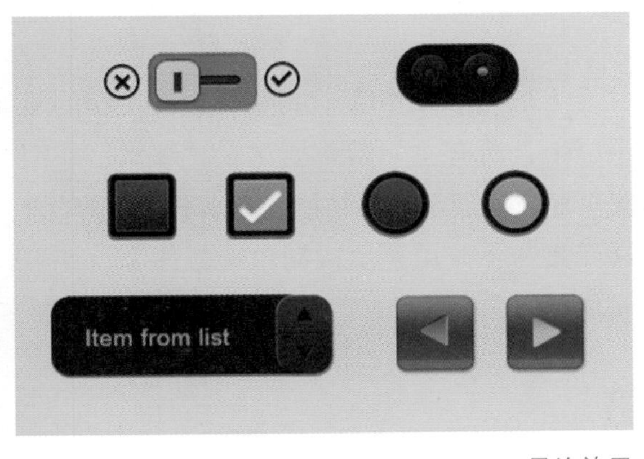

最终效果

设计思路：导航列表的设计原则

对于设计而言，移动 UI 满足人们高效快速的信息浏览，注重排版和信息整合；而客户端可以实现更加丰富的交互体验，注重层级关系和操作引导。

iPhone 拥有紧致的尺寸，目前有 480×320 像素和 640×960 像素两种分辨率。它包含了完整的 Safari 浏览器，可以完整显示 HTML、XML 网页。利用多点触摸可以做到跟桌面平台一样的网页浏览体验。

但受“屏幕小、触屏操作、网速限制”的影响，Web 的设计需要考虑诸如精简布局、降低图片加载、减少输入等。具体办法似乎可以这么做：

（1）对原有信息进行整合重组，横向排列、避免分栏。

（2）动作传感器可以感应用户横握手机时自动转为横屏显示，因此信息排版要做到自适应宽度，横屏 480（960）像素，竖屏 320（640）像素。

（3）精简、精简、再精简！在小小的显示屏上，所有主元素都要尽量“够大”，因此页面只需展示核心功能，去掉不必要的“设计元素”（使用色块或简单背景图），使页面易操作、浏览顺畅。

（4）功能界面

遵守 IOS 的交互习惯，功能界面的结构通常自上而下，分别是导航栏、标签栏、工具栏。

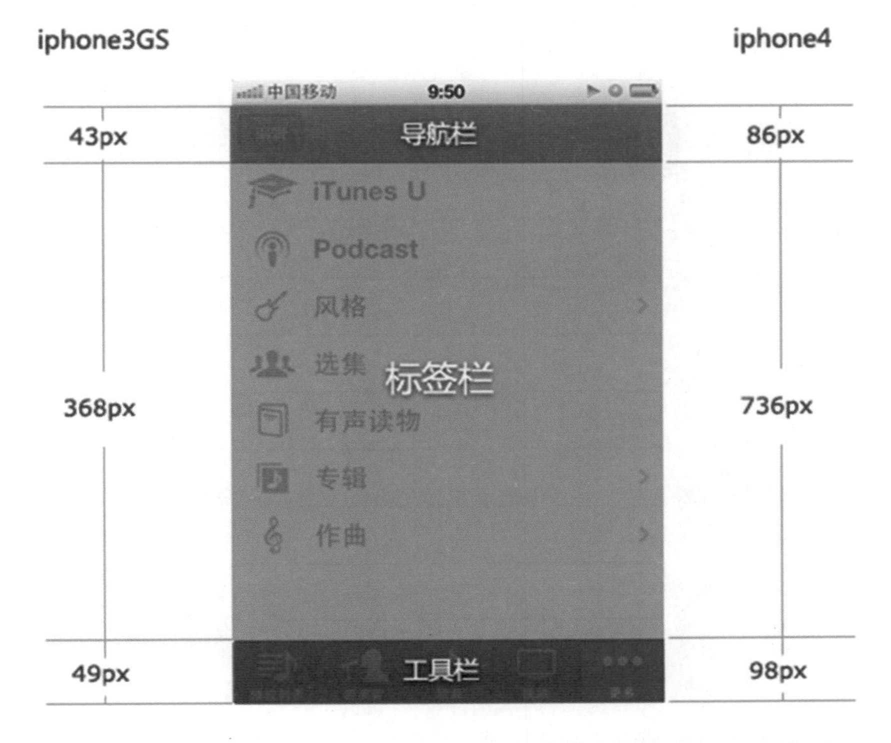

导航栏主要显示“当前状态”“返回”“编辑”“设置”等基本操作。

工具栏作为热点触摸区域，用来展示主菜单。形式可以是文字、图标、图标 + 文字（不可超过 5 栏）。

标签栏是主要展示区，也是设计的重点。根据不同功能的界面，常见有以下几种设计方式。

①列表视图。适合目录、导航等多层级的界面。将信息一级级地收起，最大化地展示分类信息。

②分层的界面。利用 iPhone 本身独有的特性让其固定，或垂直、水平滚动，节省空间。

Chapter

11 手机 UI 整体制作

本书前面已经介绍了手机 UI 的各种零件的制作，本章将综合前面所有的知识，介绍三个不同手机系统（Windows Phone、IOS 和 Android）的界面总体制作案例。

实战 01 Windows Phone 手机 UI 总体设计

案例综述

Windows Phone 是微软公司发布的一款手机操作系统，它将微软公司旗下的 Xbox LIVE 游戏、Zune 音乐与独特的视频体验整合至手机中。2010 年 10 月 11 日晚上 9 点 30 分，微软公司正式发布了智能手机操作系统 Windows Phone，同时将谷歌公司的 Android 和苹果公司的 IOS 列为主要竞争对手。2011 年 2 月，诺基亚公司与微软公司达成全球战略同盟并深度合作共同研发，建立庞大的手机系统。本例我们将设计一组如下图所示的 Windows Phone 风格的界面。

设计规范

尺寸规范	640 × 1136（像素）
主要工具	文字工具、图层样式
文件路径	Chapter11/11–1.psd
视频教学	11–1.avi

配色分析

白色与蓝色搭配，有一种清新、欢快、舒服、放松的氛围，本例就体现了这种氛围。

操作步骤

1. 音乐播放界面

01 新建文档 执行“文件 > 新建”命令，或按下快捷键 Ctrl+N，打开“新建”对话框，设置宽度和高度分别为 640 像素、1136 像素，分辨率为 72 像素 / 英寸，完成后单击“确定”按钮，新建一个空白文档。

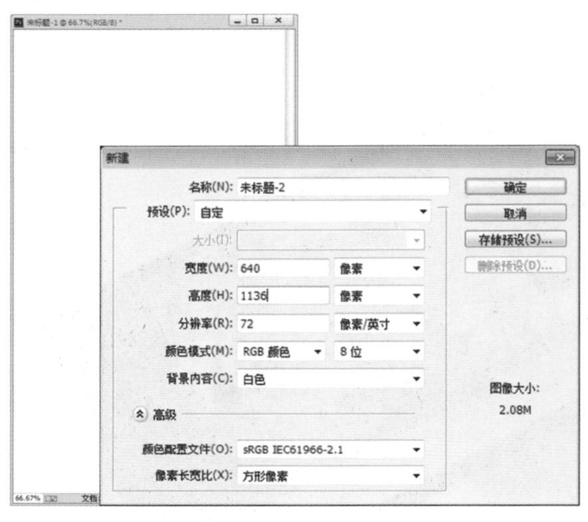

02 填充颜色 设置前景色为黑色，按下 Alt+Delete 组合键为背景填充黑色。

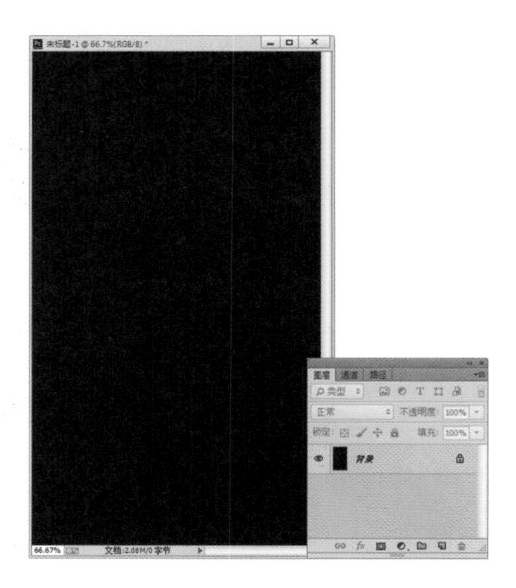

03 导入素材 打开“11-1-1.jpg”、“11-1-2.jpg”素材，将其拖曳至场景文件中，设置“11-1-1”图层的不透明度，“11-1-2”图层的图层样式为柔光。

1. 执行“文件 > 打开”命令，在弹出的对话框中选择“11-1-1.jpg”素材，单击“打开”按钮，将其拖曳至场景文件中，设置图层的不透明度为 33%。
2. 打开“11-1-2.jpg”素材，将其拖曳至场景文件中，设置图层的图层样式为柔光。

04 制作进度条　设置前景色，在工具栏中选择“矩形工具”，在画面底部绘制矩形，设置图层不透明度。新建图层，选择“矩形工具”，绘制进度条，复制一层，自由变换大小制作成另一条进度条。选择“椭圆工具”绘制滑块，添加图层样式，最后加上文字。

1. 设置前景色为白色，选择矩形工具，在状态栏中设置模式为形状，绘制矩形，设置图层的不透明度为 80%。
2. 选择矩形工具，设置前景色为 R:101 G:112 B:122，绘制矩形进度条。
3. 将进度条图层复制一层，设置前景色为 R:81G:196 B:212，按下 Alt+Delete 组合键，填充颜色，按下 Ctrl+T 组合键缩放到一半长度，按下 Enter 键结束。
4. 设置前景色为白色，选择椭圆工具绘制正圆，制作滑块效果。
5. 双击椭圆图层，打开“图层样式”对话框。选择“外发光”，设置不透明度 10%，颜色黑色，大小 2 像素。选择“投影”，混合模式线性加深，不透明度 15%，距离 2 像素，大小 1 像素。
6. 选择“横版文字工具”，设置合适字体、字号，在画面中单击输入文字。

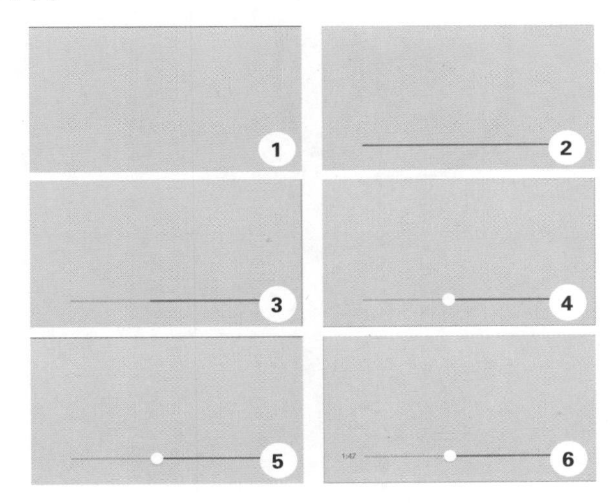

05 绘制播放按钮　设置前景色，在工具栏中选择“椭圆工具”在画面中绘制正圆，复制正圆，按圆心自由变换大小，在状态栏中选择“减去顶层形状”。选择多边形工具，设置边为 3，选择“合并形状”，绘制三角形，将三角形移动到合适位置。选择“移动工具”，选中图层自由变换，移动按钮造型。

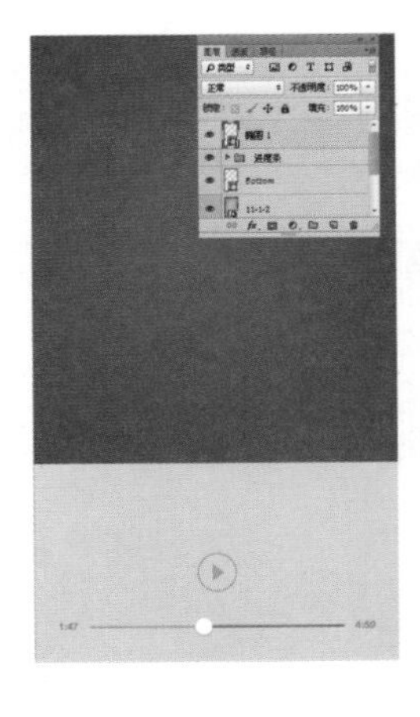

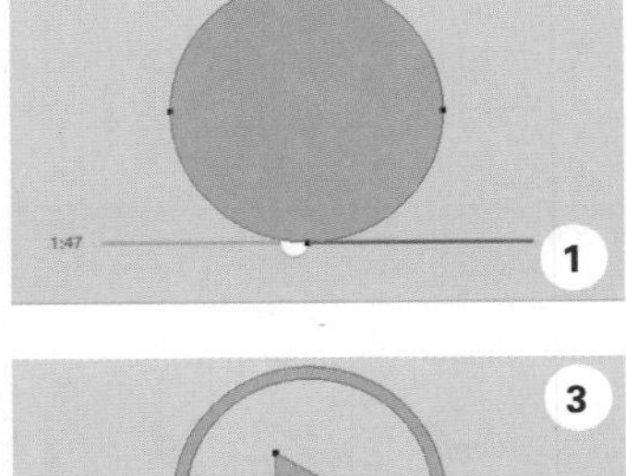

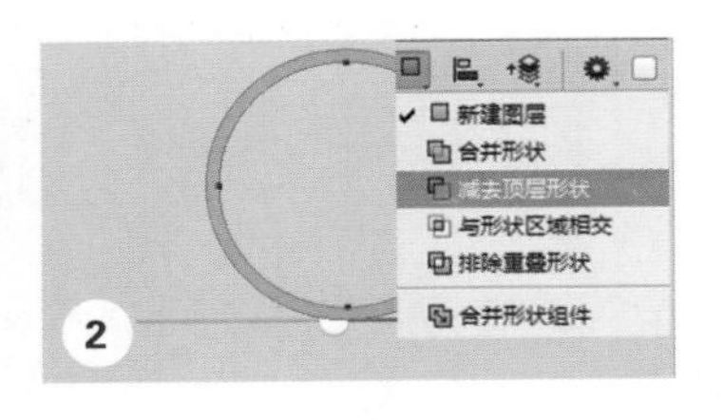

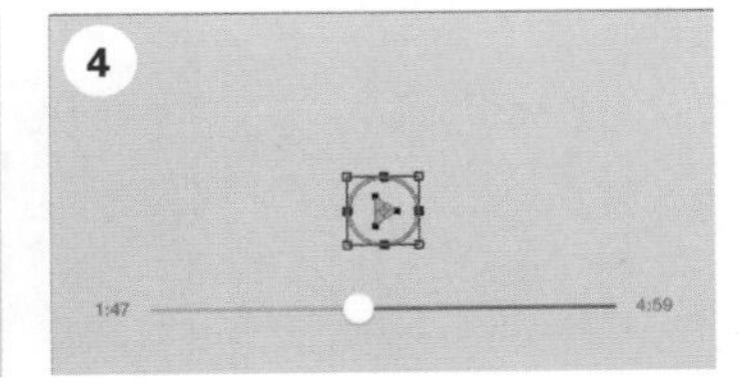

1. 设置前景色为 R：81 G：196 B：212，选择椭圆工具，在状态栏中设置模式为形状，按下 Shift 键绘制正圆。
2. 按下 Ctrl+C 组合键，再按下 Ctrl+V 组件键复制正圆，按下 Ctrl+T 组合键自由变换，按下 Shift+Alt 键同时向圆心等比例缩放，按下 Enter 键结束。在状态栏中设置模式选项为“减去顶层形状”。
3. 选择多边形工具，在状态栏中设置边为 3，模式选项为“合并形状”，在画面中绘制三角形，按下 Ctrl+T 组合键自由变换大小、位置，按下 Enter 键结束。
4. 选择路径选择工具，按下 Shift 键同时选中按钮的所有路径，按下 Ctrl+T 组合键自由变换播放按钮的大小、位置，按下 Enter 键结束。

06 制作更多按钮 用相似的方法配合“矩形工具”，“钢笔工具”制作更多按钮。

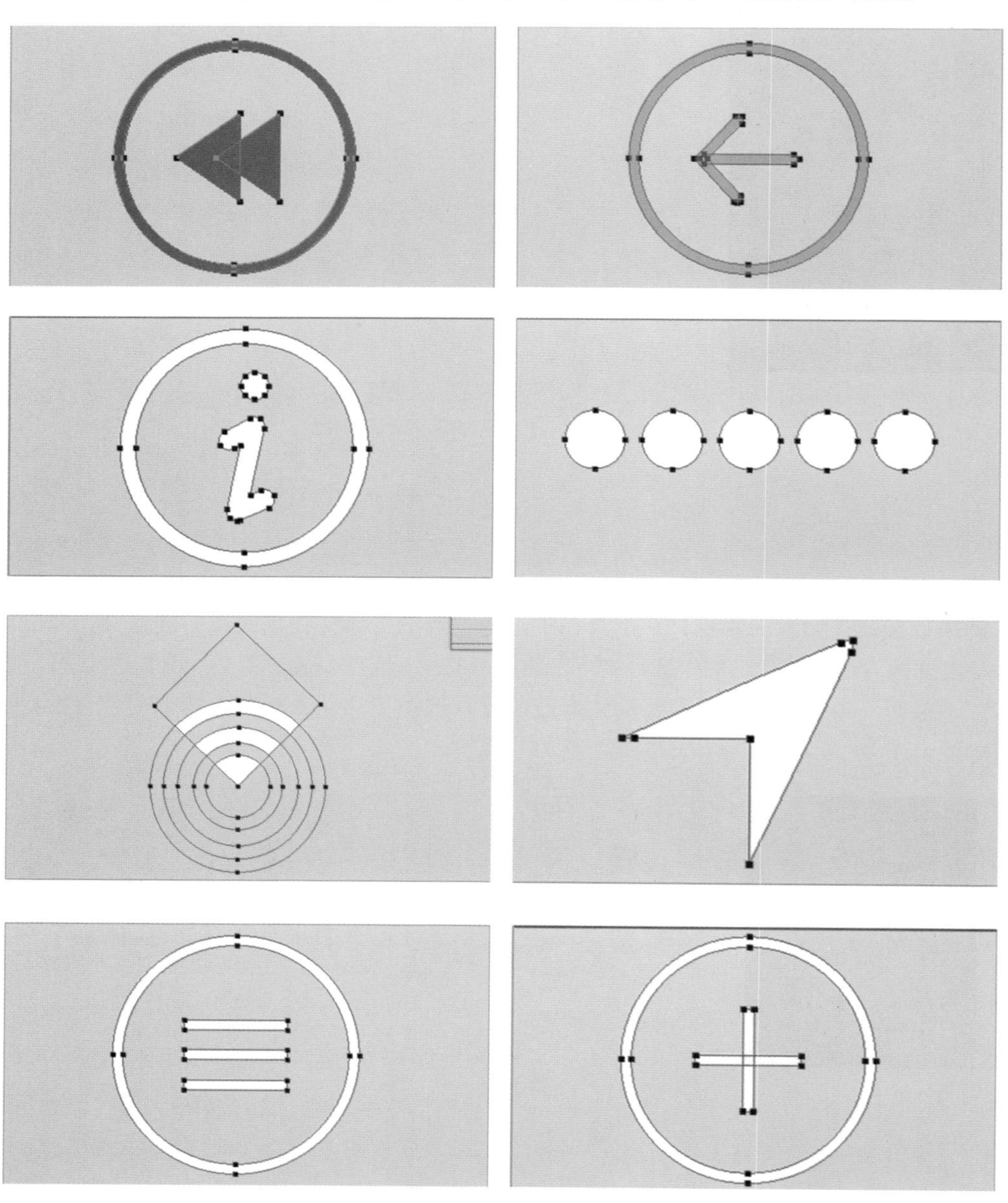

07 添加文字　在工具栏中选择“矩形工具”，设置前景色，在画面中绘制矩形，选择“横版文字工具”，设置字体、字号、颜色，在画面中单击输入文字。

1. 在工具栏中选择“矩形工具”，设置前景色为白色，在状态栏中设置模式为形状，在画面中绘制矩形。
2. 选择“横版文字工具”，在状态栏中设置字体为 HelveticaNeue，字号 28 点，前景色为 R:75 G:193 B:210，在画面中单击输入文字。

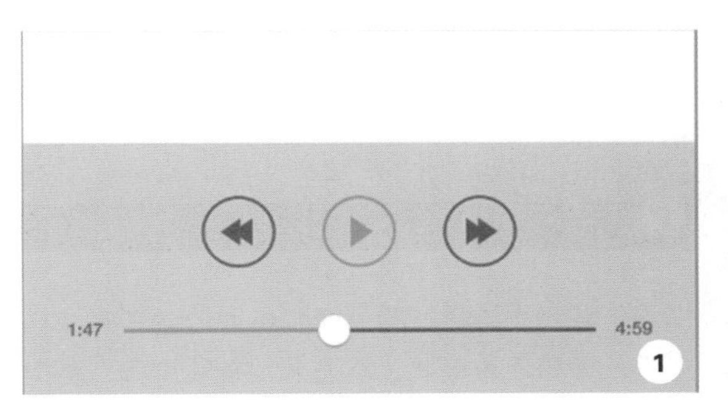

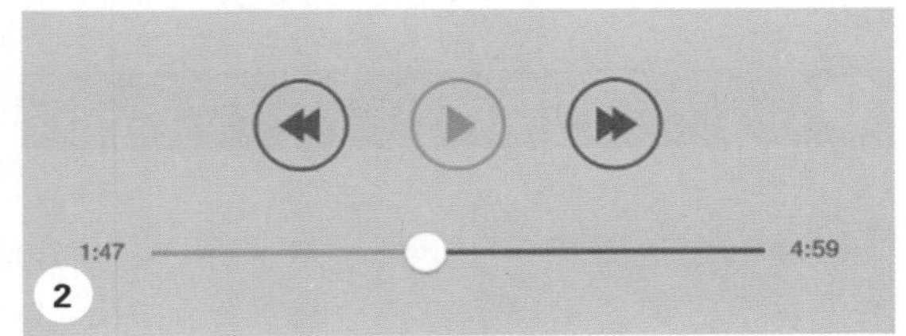

08 绘制曲线　新建图层，在工具栏中选择“钢笔工具”，在状态栏中设置参数，结合 Alt 键在画面中绘制曲线。选择画笔工具，设置前景色为白色，在状态栏中设置参数，在路径面板中，使用画笔描边路径。用同样的方法绘制更多曲线，设置图层的不透明度。

1. 新建图层，在工具栏中选择“钢笔工具”，在状态栏中设置模式为路径，在画面中绘制曲线，可结合 Alt 键改变路径节点。
2. 选择“画笔工具”，设置前景色为白色，在状态栏中设置画笔大小 4 像素，硬度 100%，在图层面板中单击“路径”按钮，右键单击路径图层，选择描边路径。在描边路径对话框中选择画笔，取消勾选模拟压力，单击“确定”按钮结束。
3. 用同样的方法绘制不同的路径和透明度。

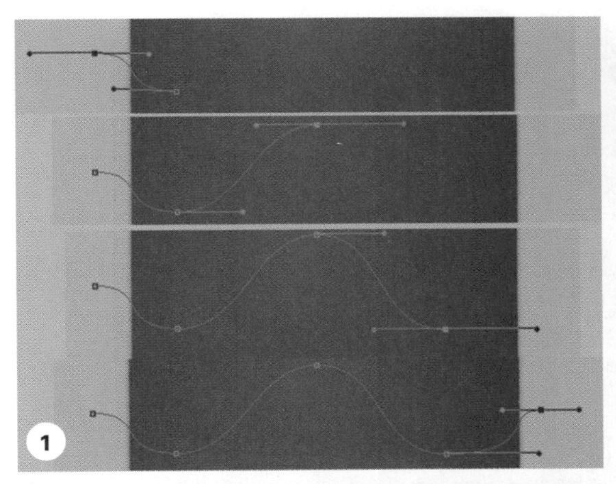

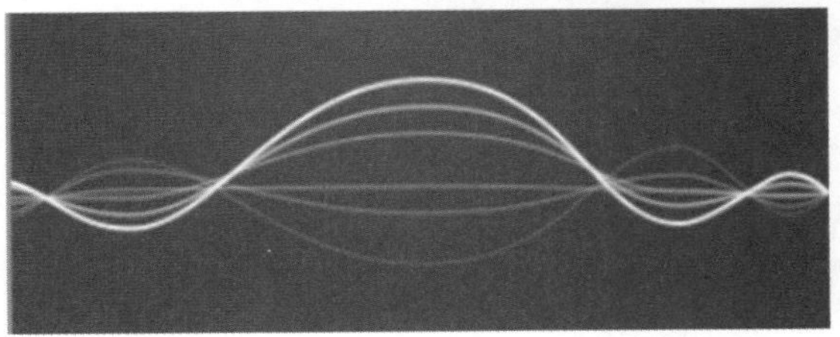

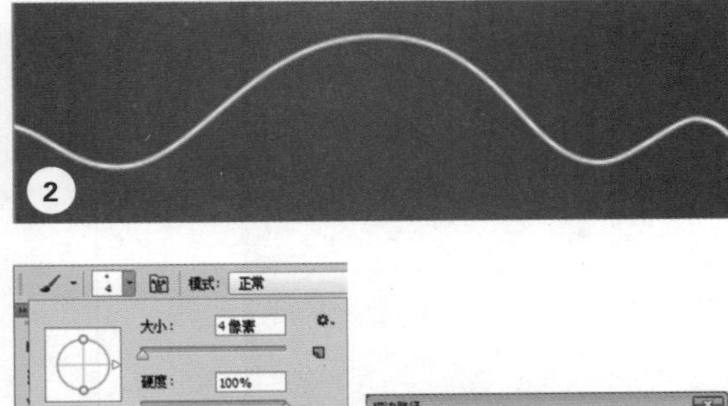

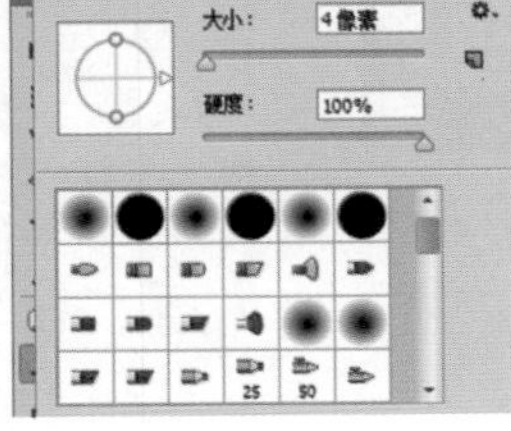

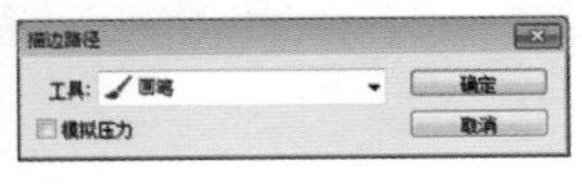

09 添加文字 在工具栏中选择“矩形工具”，设置前景色，在画面中绘制矩形，选择“横版文字工具”，设置字体、字号、颜色，在画面中单击输入文字。

1. 在工具栏中选择“矩形工具”，设置前景色为 R:75 G:193 B:210，在状态栏中设置模式为形状，在画面中绘制矩形。双击图层添加图层样式，选择投影，设置不透明度 60%，角度 90°，距离 2 像素，大小 5 像素，单击“确定”按钮结束。
2. 选择“横版文字工具”，在状态栏中设置字体为 HelveticaNeue, 字号分别为 40 点、28 点、25 点，前景色为白色，在画面中单击输入文字。

10 绘制电池图标 在工具栏中选择“圆角矩形工具”，在状态栏中设置参数，在画面中绘制圆角矩形。重新设置状态栏参数，在上一个圆角矩形内绘制圆角矩形，选择“椭圆工具”，设置状态栏中的模式为合并形状，在画面中绘制圆形，选择“直接选择工具”删除圆形左边锚点。

1. 在工具栏中选择“圆角矩形工具”，在状态栏中设置模式为形状，填充无，描边白色，大小 1 像素，半径 2 像素，在画面中绘制圆角矩形。
2. 在状态栏中设置填充白色，描边无，在上一圆角矩形内绘制圆角矩形。
3. 在工具栏中选择“椭圆工具”，在状态栏中设置模式为合并形状，在画面中绘制正圆。
4. 在工具栏中选择“直接选择工具”删除圆形左边锚点。

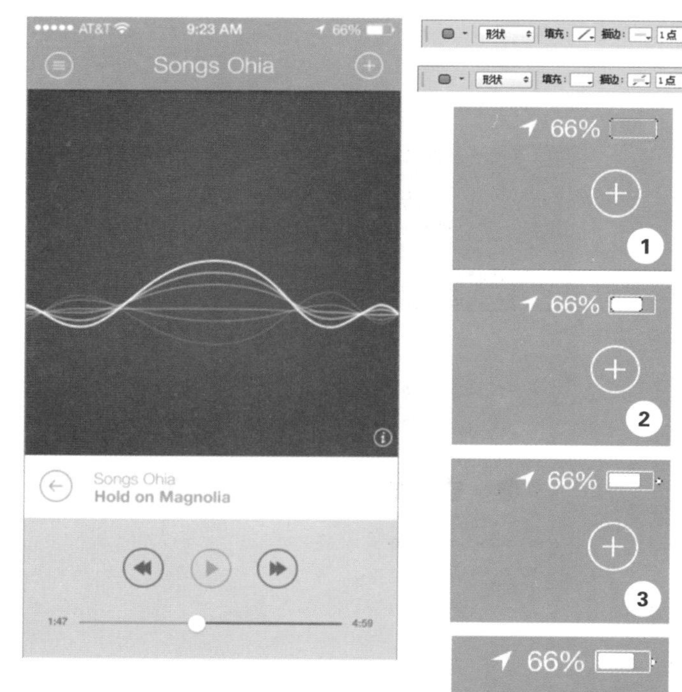

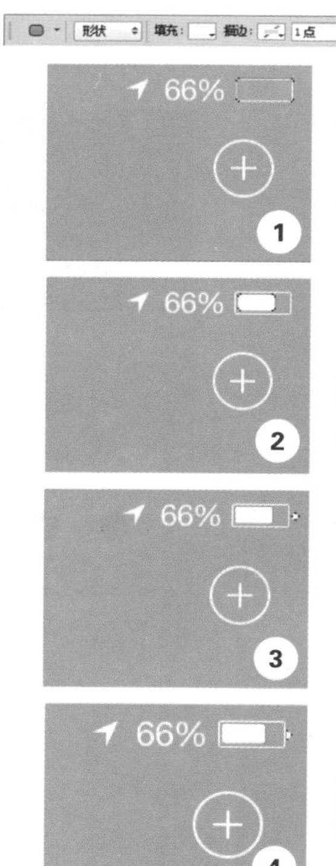

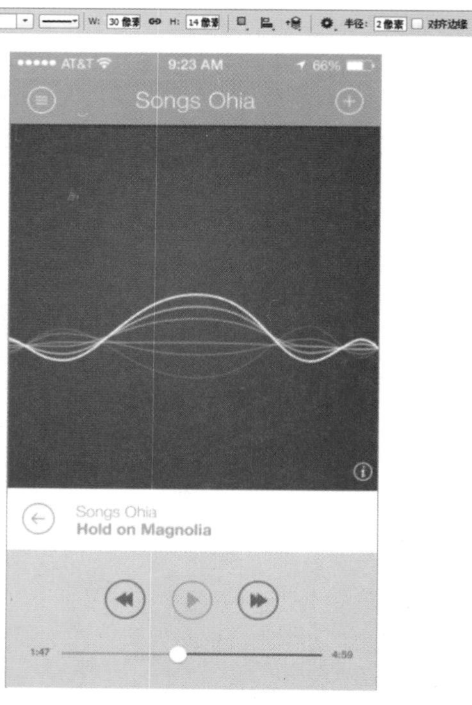

最终效果展示

2. 制作日历界面

下面我们将使用矩形工具以及文字工具制作日历界面。

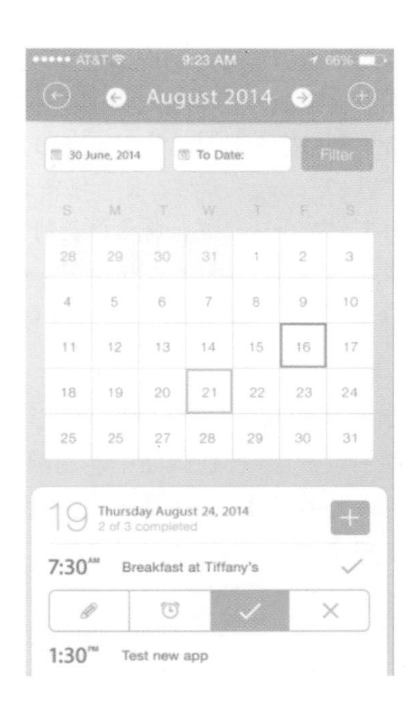

设计规范

尺寸规范	640 × 1136（像素）
主要工具	矩形工具、文字样式
文件路径	Chapter11/11-2.psd
视频教学	11-2.avi

01 打开素材　执行“文件 > 打开”命令，或按下快捷键 Ctrl+O，打开“打开”对话框，选择“11-2-1.jpg”素材，单击“打开”按钮打开。

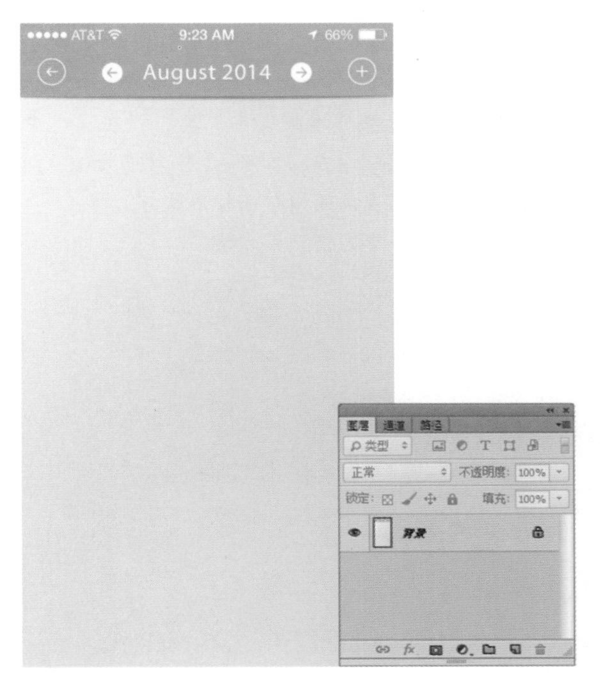

02 绘制圆角矩形　选择“圆角矩形工具”，在状态栏中设置参数，在画面中绘制圆角矩形，将圆角矩形复制一层。打开“11-2-2.jpg”素材，将其拖曳至场景文件中，自由变化到合适位置，将素材复制一层放到合适位置。选择“横版文字工具”，在状态栏中设置参数，在画面中单击输入文字。

1. 在工具栏中选择“圆角矩形工具”，在状态栏中设置模式为形状，填充白色，描边 R：186 G：193 B：197，大小 1 像素，半径 10 像素，在画面中绘制圆角矩形，将圆角矩形复制一层。
2. 打开“11-2-2.jpg”素材，将其拖曳至场景文件中，按下 Ctrl+T 组合键自由变化到合适位置，将素材复制一层放到合适位置。
3. 在工具栏中选择“横版文字工具”，在状态中设置字体为 Myriad Pro，字号为 22 点，颜色为 R：101 G：112 B：122。

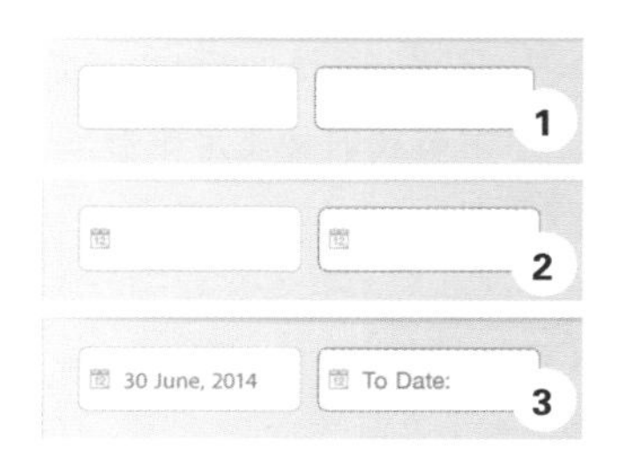

03 绘制圆角矩形

选择“圆角矩形工具”，在状态栏中设置参数，在画面中绘制圆角矩形，选择“横版文字工具”，在状态栏中设置参数，在画面中单击输入文字。

1. 在工具栏中选择“圆角矩形工具”，在状态栏中设置模式为形状，填充 R：81 G：196 B：212，描边无，半径 10 像素，在画面中绘制圆角矩形。
2. 在工具栏中选择“横版文字工具”，在状态中设置字体为 Myriad Pro，字号为 28 点，颜色为白色。

04 绘制日历方格

选择“矩形工具”，在状态栏中设置参数，在画面中单击，在“创建矩形”对话框中设置参数，单击“确定”按钮结束绘制，将矩形移动到合适位置，复制三个放在合适位置，设置图层不透明度。选择“横版文字工具”，在状态栏中设置参数，在画面中单击输入文字。用相似方法制作完整日历方格。

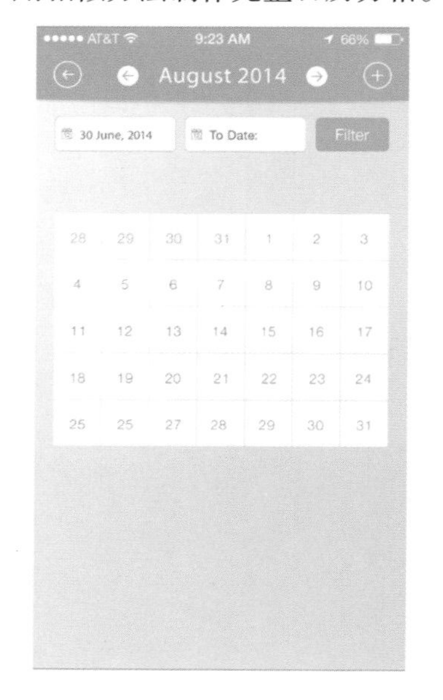

1. 在工具栏中选择“矩形工具”，在状态栏中设置模式为形状，填充白色，在画面中单击，在弹出的“创建矩形”对话框中设置宽度 80 像素，高度 80 像素，单击“确定”按钮完成绘制，将矩形移动到合适位置。
2. 按下 Shift+Alt+Ctrl 组合键将矩形复制三个。
3. 在工具栏中选择“横版文字工具”，在状态中设置字体为 Myriad Pro，字号 24 点，颜色为 R:178 G:183 B:188，在画面中单击输入文字
4. 用相似方法制作完整日历方格。

05 绘制日历细节

选择“矩形工具”，在状态栏中设置参数，在画面中绘制矩形，选择“横版文字工具”，在状态栏中设置参数，在画面中单击输入文字。

1. 在工具栏中选择“矩形工具”，在状态栏中设置模式为形状，填充无，描边 R:249 G:91 B:84，大小 2 像素，在画面中绘制矩形。
2. 在状态栏更改描边 R:81 G:196 B:212，在画面中绘制矩形。
3. 在工具栏中选择“横版文字工具”，在状态中设置字体为 Myriad Pro，字号 24 点，颜色为 R:81 G:196 B:212，在画面中单击输入文字。

06 绘制圆角矩形

选择“圆角矩形工具”，在状态栏中设置参数，在画面中绘制矩形。双击图层添加图层样式，选择“外发光”，设置参数，单击“确定”按钮结束。

1. 在工具栏中选择“圆角矩形工具”，在状态栏中设置模式为形状，填充白色，半径 20 像素，在画面中绘制圆角矩形。
2. 双击图层，选择“外发光”，设置混合模式正常，不透明度 10%，颜色黑色，扩展 0，大小 2 像素。

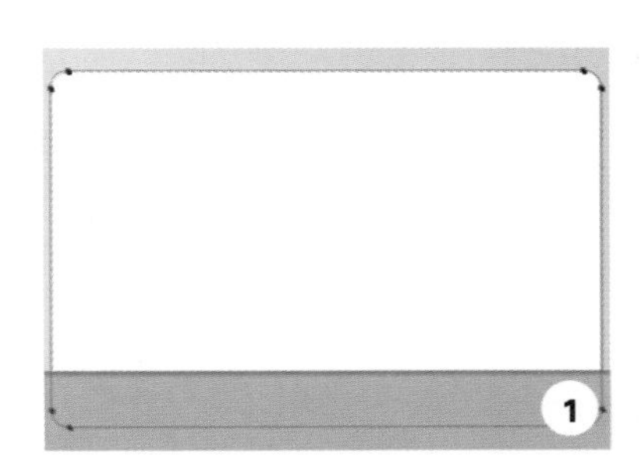

07 绘制直线

选择“直线工具”，在状态栏中设置模式为形状，填充颜色为 R:225 G:229 B:231，在画面中绘制直线。

08 输入文字

选择“横版文字工具”，在状态栏中设置参数，在画面中单击输入文字。

1. 在工具栏中选择“横版文字工具”，在状态中设置字体为 Myriad Pro，字号为 72 点，颜色为 R:81 G:196 B:212，在画面中单击输入文字。
2. 新建图层，在状态中设置字体为 Myriad Pro，字号 24 点，颜色为 R:101 G:112 B:122，在画面中单击输入文字。
3. 新建图层，设置字号为 40 点，颜色为 R:101 G:112 B:122，在画面中单击输入文字，按下 Ctrl+T 键，选中要做上标的文字，在“字符”面板中单击上标按钮。
4. 新建图层，设置字号为 22 点，颜色为 R:178 G:183 B:188，在画面中单击输入文字。

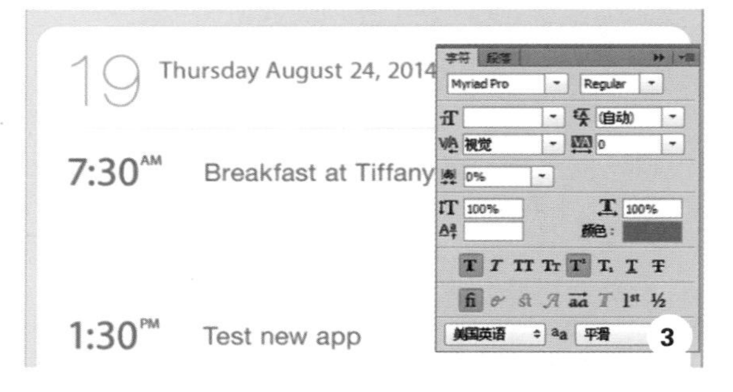

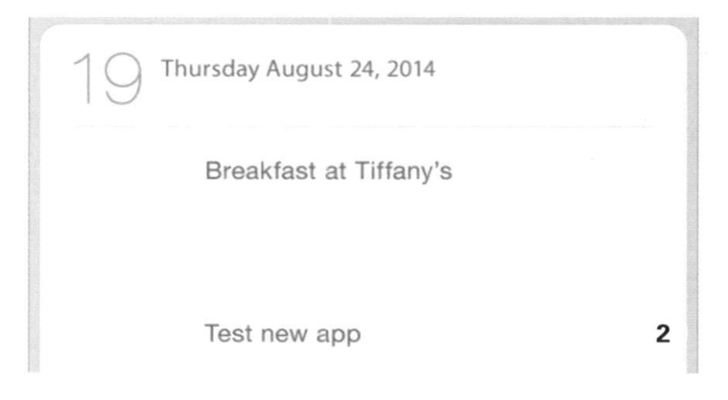

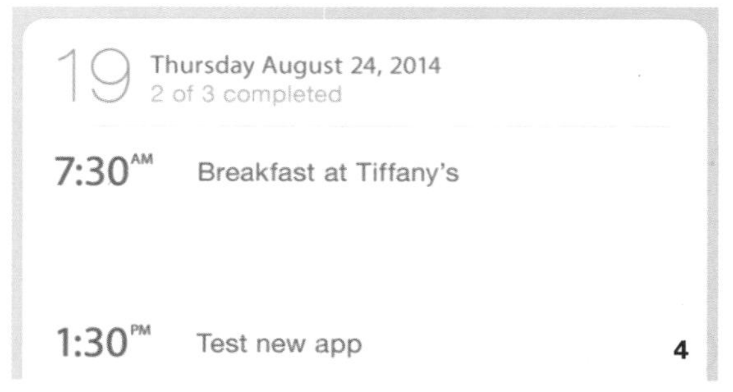

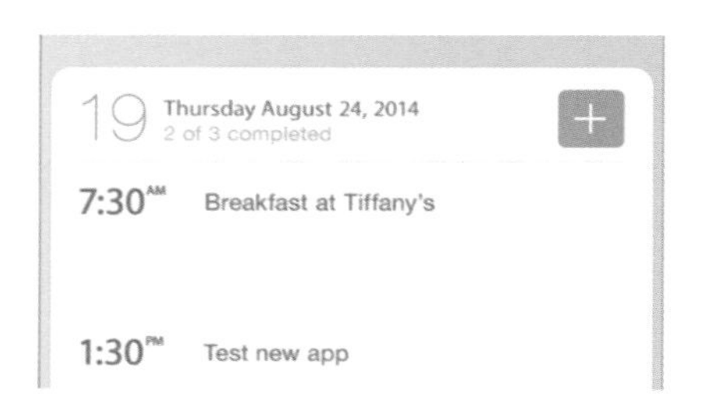

09 制作小图标 选择“圆角矩形工具”，在状态栏中设置参数，在画面中绘制圆角矩形。选择矩形工具，在状态栏中设置参数，更改模式为“减去顶层形状”，在圆角矩形绘制矩形。

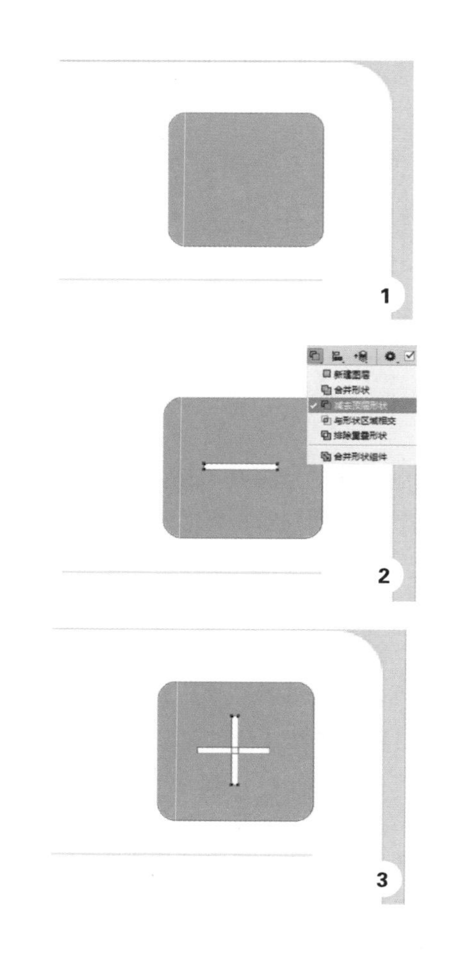

1. 在工具栏中选择“圆角矩形工具”，在状态栏中设置模式为形状，填充 R:81 G:196 B:212，描边无，半径 10 像素，在画面中绘制圆角矩形。
2. 选择“矩形工具”，在状态中设置模式选项为“减去顶层形状”，在圆角矩形上绘制横向矩形。
3. 在圆角矩形上绘制纵向矩形，按下 Ctrl 键将其移动到合适位置。

10 制作更多小图标　用相似方法制作更多小图标。

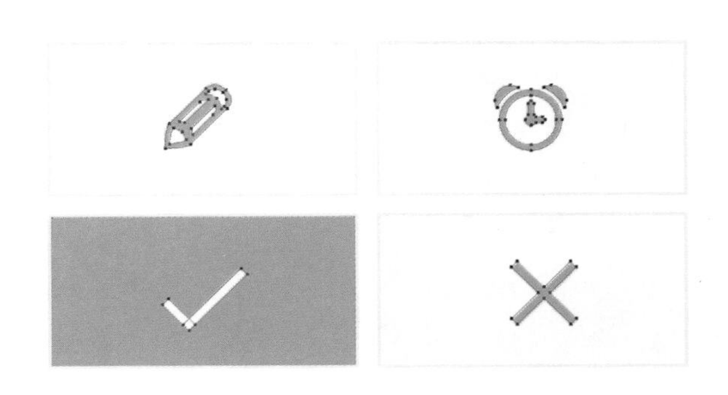

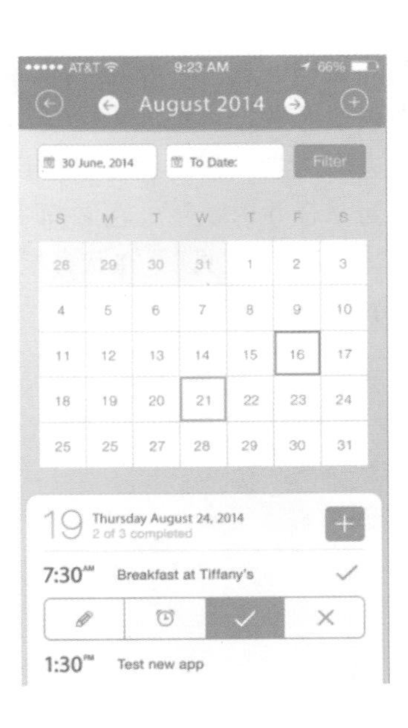

最终效果展示

3. 制作对话框

下面我们将使用矩形工具以及文字工具制作对话框界面。

设计规范

尺寸规范	640×1136（像素）
主要工具	矩形工具、文字样式
文件路径	Chapter11/11-3.psd
视频教学	11-3.avi

01 打开素材　执行“文件 > 打开”命令，或按下快捷键 Ctrl+O，打开“打开”对话框，选择“11-3-1.jpg”素材，单击“打开”按钮打开。

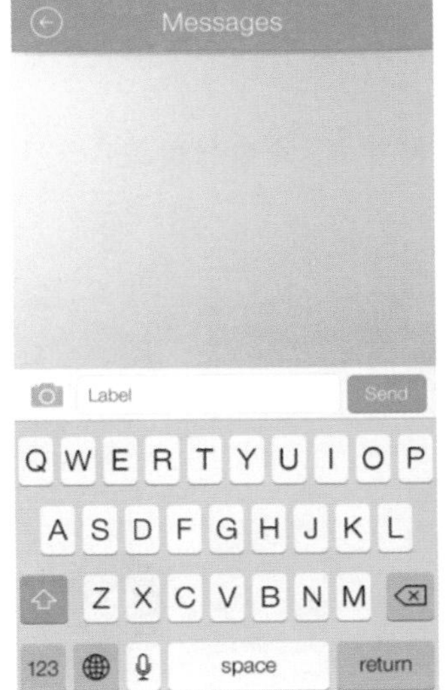

02 绘制对话框 选择“圆角矩形工具”，在状态栏中设置参数，在画面中绘制圆角矩形。选择“多边形工具”，在状态栏中设置参数，模式选项为“合并形状”，在画面中绘制三角形。选择“横版文字工具”，在状态栏设置参数，在画面中单击输入文字。

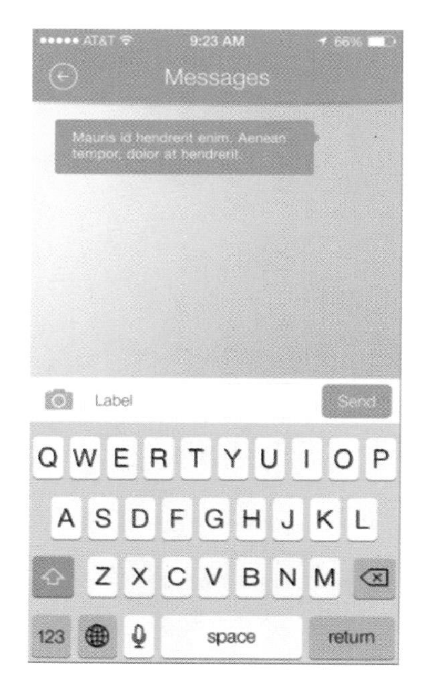

1. 在工具栏中选择“圆角矩形工具”，在状态栏中设置模式为形状，填充 R:81，G:196，B:212，半径 6 像素，在画面中绘制矩形。
2. 选择“多边形工具”，在状态栏中设置模式选项为“合并形状”，边为 3，在画面中绘制三角形。
3. 在工具栏中选择“横版文字工具”，在状态中设置字体为 HelveticaNeue，字号 24 点，颜色为白色，在画面中单击输入文字。

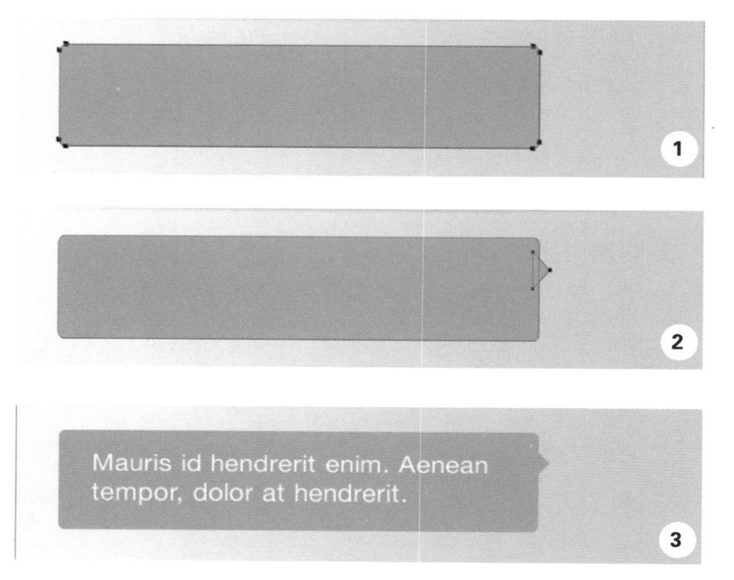

03 制作头像 选择“椭圆工具”，在状态栏中设置参数，在画面中绘制正圆，双击图层添加图层样式，选择“投影”设置参数。打开“11-3-2.jpg”素材，将其拖曳至场景文件中，自由变换合适的大小、位置，让其只作用于椭圆图层。

1. 在工具栏中选择“椭圆工具”，在状态栏中设置模式为形状，按下 Shift 键同时在画面中绘制椭圆。
2. 双击椭圆图层，选择投影，设置混合模式正常，不透明度 12%，角度 90°，距离 1 像素，大小 2 像素，单击“确认”按钮结束。
3. 执行“文件 > 打开”命令，在“打开”对话框中选择“11-3-2.jpg”素材打开，将其拖曳至场景文件中，按下 Ctrl+T 组合键自由变化合适的大小、位置。
4. 按下 Alt 键在素材图层和椭圆图层中间单击，令素材图层只作用于椭圆图层。

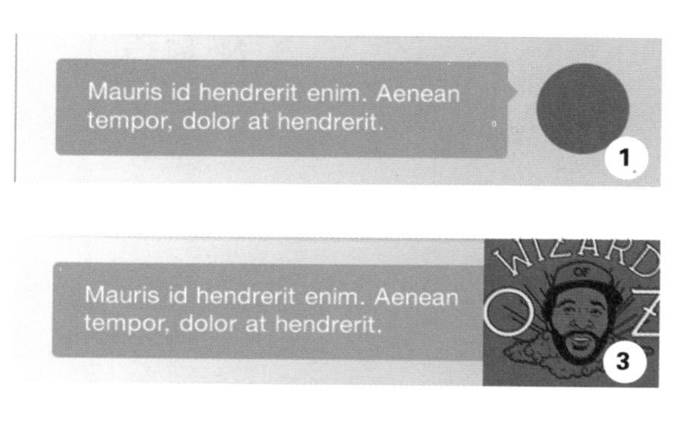

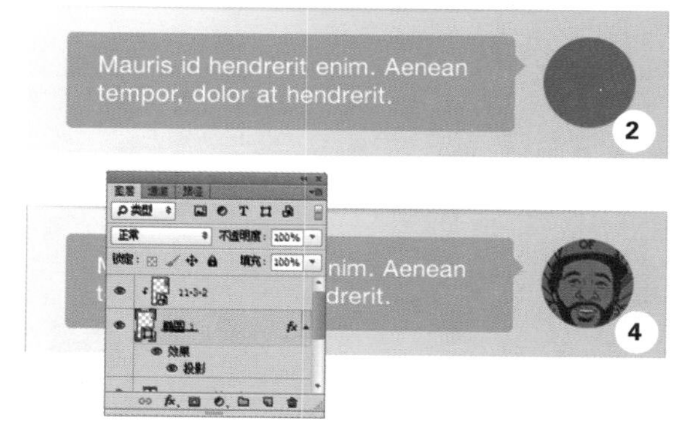

04 更多效果　用本例方法做出更多效果。

4. 制作图库界面

下面使用矩形工具以及图片制作图库界面。

设计规范

尺寸规范	640×1136（像素）
主要工具	文字工具、图层样式
文件路径	Chapter11/11-4.psd
视频教学	11-4.avi

01 打开素材　执行“文件 > 打开”命令，或按下快捷键 Ctrl+O，打开“打开”对话框，选择“11-4-1.jpg”素材，单击“打开”按钮打开。

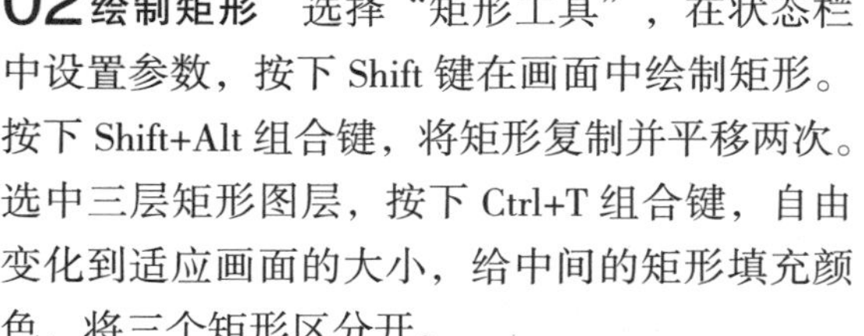

02 绘制矩形 选择“矩形工具”，在状态栏中设置参数，按下 Shift 键在画面中绘制矩形。按下 Shift+Alt 组合键，将矩形复制并平移两次。选中三层矩形图层，按下 Ctrl+T 组合键，自由变化到适应画面的大小，给中间的矩形填充颜色，将三个矩形区分开。

1. 在工具栏中选择“矩形工具”，在状态栏中设置模式为形状，按下 Shift 键同时在画面中绘制矩形。
2. 按下 Shift+Alt 组合键，将矩形复制并平移两次。
3. 选中三层矩形图层，按下 Ctrl+T 组合键，自由变化到适应画面的大小。
4. 给中间的矩形填充颜色，将三个矩形区分开。

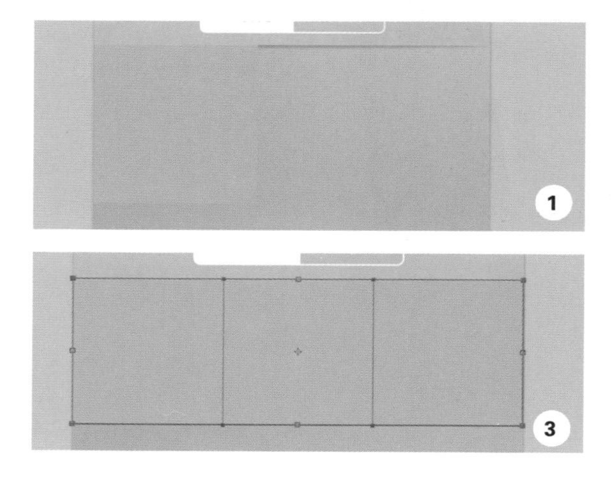

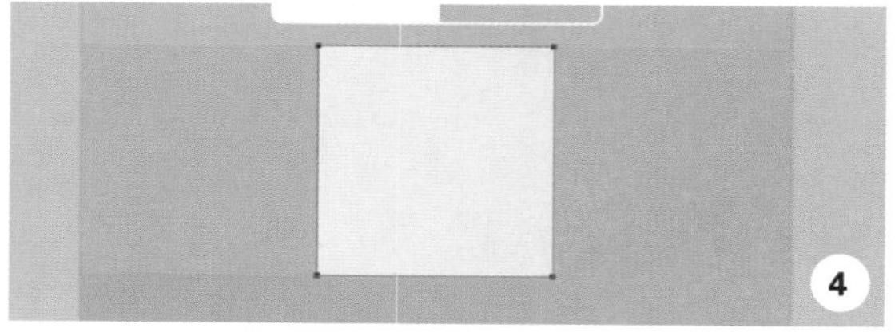

03 添加素材 打开“11-4-2.jpg”素材，将其拖曳至场景文件中，自由变化素材大小、位置，将“11-4-2”图层移动到矩形 1 图层上，使“11-4-2”图层只作用于矩形 1 图层。

1. 执行“文件 > 打开”命令，在“打开”对话框中选择“11-4-2.jpg”素材打开，将其拖曳至场景文件中。
2. 按下 Ctrl+T 组合键，自由变化素材大小、位置，按下 Enter 键结束。
3. 将“11-4-2”图层移动到矩形 1 图层上，按下 Alt 键在两个图层间单击，使“11-4-2”图层只作用于矩形 1 图层。

04 绘制图标　用相同方法制作更多图像。新建图层，选择“矩形工具”，在状态栏中设置参数，在画面中绘制矩形，设置图层的不透明度。重新设置状态栏参数，在画面中绘制加号。

1. 新建图层，在工具栏中选择“矩形工具”，在状态栏中设置模式为形状，填充 R:81 G:196 B:212，在画面中绘制矩形，设置图层的不透明度为 90%。
2. 新建图层，重新设置状态栏填充白色，在画面中绘制横向矩形。
3. 设置状态中的模式选项为合并形状，在画面中绘制纵向矩形。

05 添加细节　选择“钢笔工具”，在状态栏中设置参数，在画面中绘制心形。选择“横版文字工具”，在状态栏中设置参数，单击画面输入文字。

1. 在工具栏中选择“钢笔工具”，在状态栏中设置模式为形状，填充白色，在画面中绘制心形。
2. 选择“横版文字工具”，在状态栏中设置字体 HelveticaNeue，字号 22 号，颜色白色，在画面中单击输入文字。

本例制作完成。

界面展示示意图

苹果手机 IOS UI 总体设计

案例综述

本例我们将学习设计制作一组如右图所示的系统的扁平化风格界面，这里我们选择了一个电影网站作为制作案例。

设计规范

尺寸规范	640 × 1136（像素）
主要工具	文字工具、图层样式
文件路径	Chapter11/11-5.psd
视频教学	11-5.avi

配色分析

深灰色和土黄色搭配可以产生华丽的金色幻觉，这种搭配经常应用于影视游戏网站。

操作步骤

1. 制作底板

01 打开文件　执行“文件 > 打开”命令，或按下快捷键 Ctrl+O，在“打开”对话框中，选择“11-6-1.jpg”素材打开。

02 绘制矩形　在工具栏中选择“矩形工具”，在状态栏中设置模式为形状，填充 R:25 G:23 B:17，在画面中绘制矩形。

03 绘制图标 选择“椭圆工具”“矩形工具”“圆角矩形工具”，绘制搜索、菜单图标，选择“横版文字工具”，在状态栏设置合适字号、字体，单击画面输入文字。

1. 选择“椭圆工具”，在状态栏中设置模式为形状，填充 R:224 G:186 B:103，按下 Shift 键在画面中绘制正圆。
2. 在工具栏中选择“矩形工具”，在状态栏中设置模式形状，合并形状，在画面中绘制矩形，按下 Ctrl+T 键将矩形自由变化到合适位置。
3. 在工具栏中选择“椭圆工具”，在状态栏中设置模式形状，减去顶层形状，在画面中绘制正圆。
4. 选择“圆角矩形工具”，在状态栏中设置模式为形状，填充 R:250 G:207 B:114，半径 10 像素，在画面中绘制圆角矩形。
5. 选择直接选择工具，按下 Alt 键，将圆角矩形复制两个，放在合适位置。

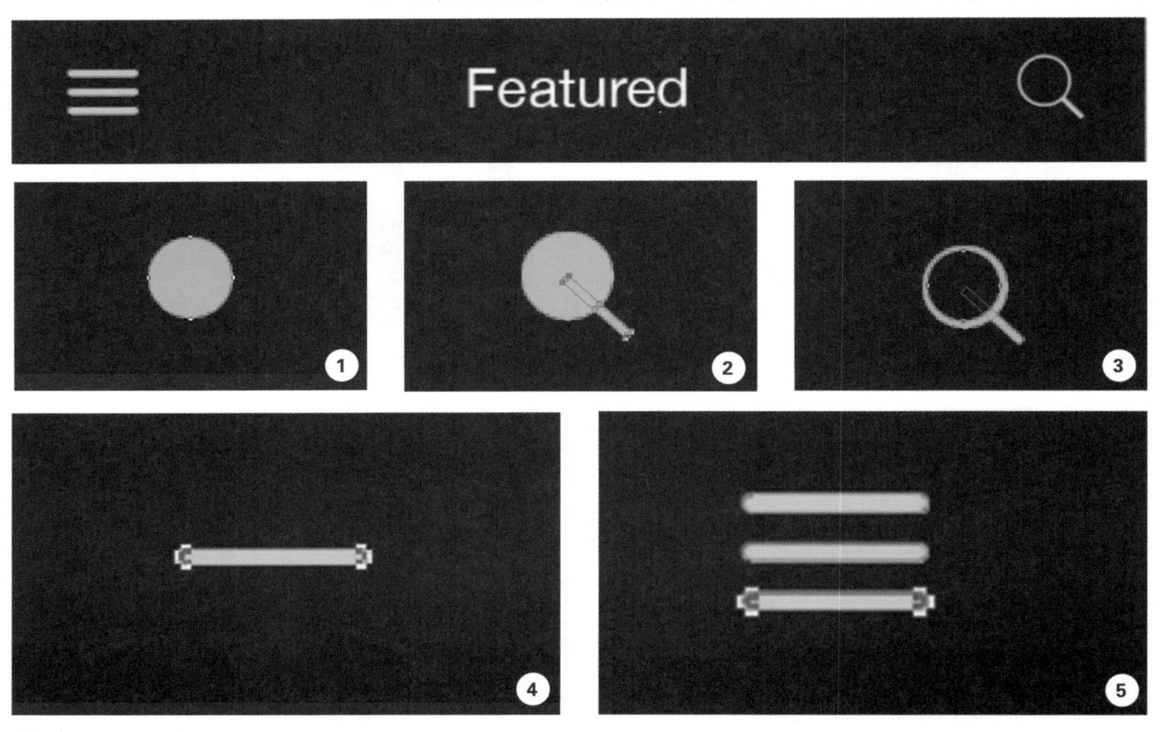

04 绘制图标 选择“圆角矩形工具”，在状态栏中设置参数，在画面中绘制圆角矩形。选择矩形工具在状态栏中设置参数，在画面中绘制矩形。选择“横版文字工具”，在状态栏设置合适字号、字体，单击画面输入文字。

1. 选择“圆角矩形工具”，在状态栏中设置模式为形状，填充 R:58 G:59 B:45，在画面中绘制圆角矩形。
2. 选择“矩形工具”，在状态栏设置减去顶层形状，在圆角矩形上绘制矩形。
3. 将圆角矩形图层复制一层，在工具栏中设置前景色为 R:250 G:207 B:114，按下 Alt+Delete 组合键填充颜色。
4. 选择“矩形工具”，在状态栏设置与形状区域相交，在圆角矩形上绘制矩形。

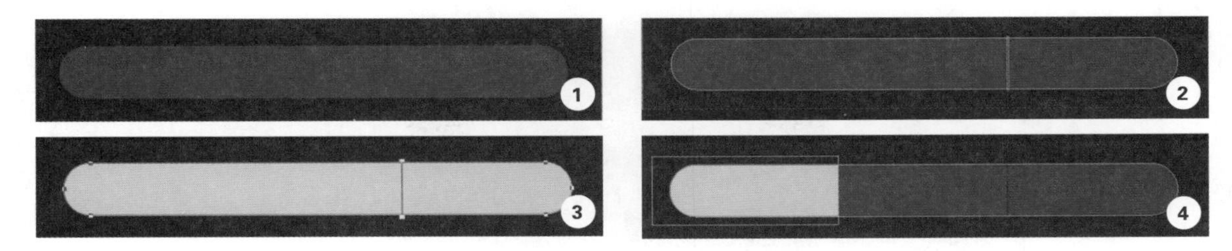

05 绘制直线　新建图层，选择“矩形工具”，在状态栏中设置模式为形状，填充 R:58，G:55，B:59，在画面中绘制矩形。

2. 制作大图滑动界面

设计规范

尺寸规范	640 × 1136（像素）
主要工具	文字工具、图层样式
文件路径	Chapter11/11-6.psd
视频教学	11-6.avi

01 打开文件　执行“文件 > 打开”命令，或按下快捷键 Ctrl+O，在“打开”对话框中，选择“11-6-2.jpg”素材打开。

02 绘制图标 选择“矩形工具”，在状态栏中设置参数，在画面中绘制矩形。双击矩形图层，添加图层样式，选择“描边”“内阴影”“投影”，设置参数。

1. 选择“矩形工具”，在状态栏中设置模式为形状，填充黑色，在画面中绘制矩形。
2. 选择“描边”，设置大小 1 像素，位置内部，混合模式正常，不透明度 100%，填充类型渐变，渐变两边 R:250 G:207 B:114，中间白色。
3. 选择“内阴影”，混合模式正片叠底，颜色黑色，不透明度 44%，角度 90°，距离 0，阻塞 100%，大小 2 像素。
4. 选择“投影”，混合模式正片叠底，不透明度 49%，角度 90°，距离 0，大小 54 像素。

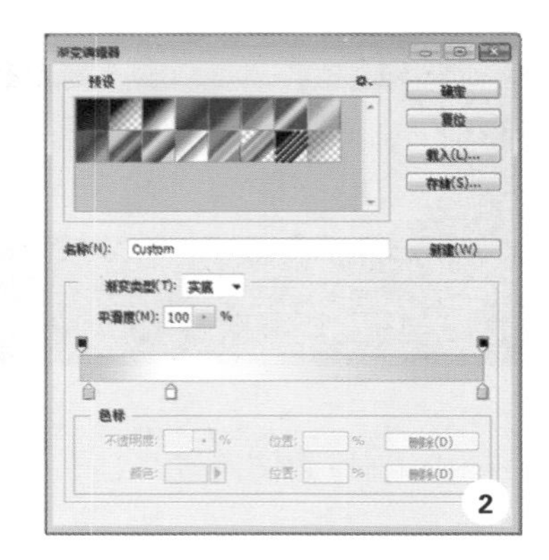

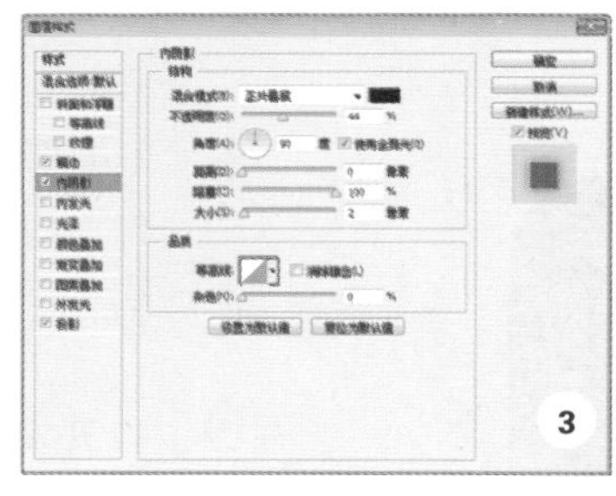

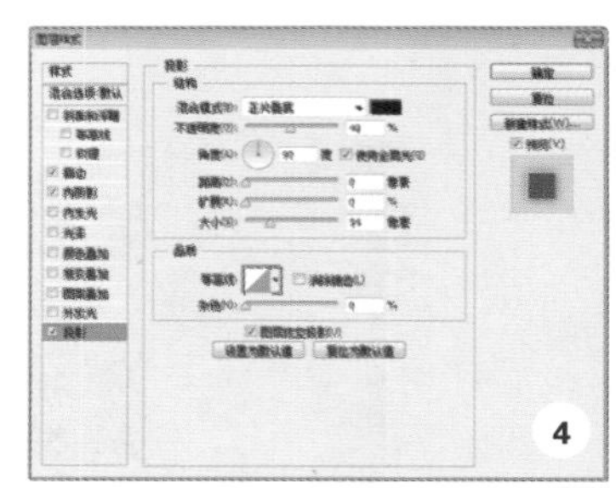

03 透视效果 将矩形图层复制一层，放在矩形图层下面，自由变化位置、大小、透视。将矩形拷贝图层复制一层，垂直翻转，移动到对应位置。

1. 选中矩形图层，按下 Ctrl+J 组合键复制一层，将复制的矩形图层放在矩形图层下方，按下 Ctrl+T 组合键，变换位置、大小。
2. 在画面中右键单击，选择透视，将一条边制作成透视效果，按下 Enter 键结束。
3. 将矩形拷贝图层复制一层，按下 Ctrl+T 组合键，右键单击画面，选择垂直翻转，移动到对应位置，按下 Enter 键结束。

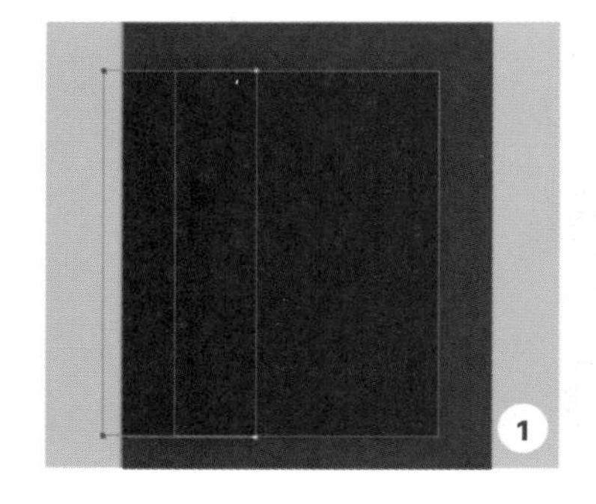

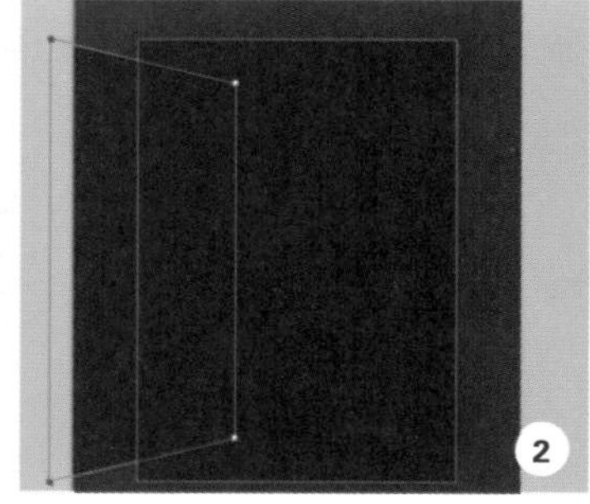

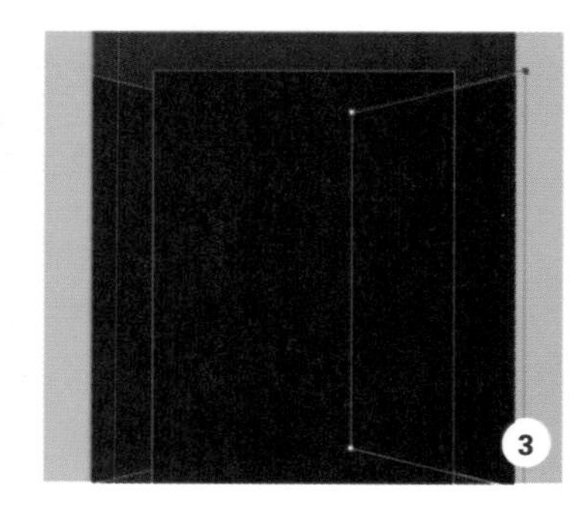

04 添加海报 打开“11–6–3.jpg”素材，将其拖曳至场景文件中，自由变换到合适的大小。将“11–6–3”图层放在矩形图层上，令“11–6–3”图层只作用于矩形图层。用同样方法添加海报。

1. 执行“文件 > 打开”命令，在“打开”对话框中选择“11–6–3.jpg”素材打开，将其拖曳至场景文件中，按下 Ctrl+T 组合键，自由变换到合适的大小，按下 Enter 键结束。
2. 将“11–6–3”图层移动到矩形图层上，按下 Alt 键在两个图层间单击，使“11–6–3”图层只作用于矩形图层。
3. 用同样方法制作海报。

05 绘制浮动菜单 选择“椭圆工具”，在状态栏中设置参数，在画面中绘制正圆。双击图层添加图层样式，选择“描边”“投影”，设置参数。在图层面板中设置图层填充，将画面中正圆移动到合适位置。

1. 选择“椭圆工具”，在状态栏中设置模式为形状，填充黑色，按下 Shift 键在画面中绘制正圆。
2. 选择“描边”，设置大小 2 像素，位置外部，混合模式正常，不透明度 100%，颜色 R:250 G:207 B:114。
3. 选择“投影”，混合模式正片叠底，不透明度 12%，距离 4 像素，大小 8 像素，单击“确定”按钮结束。
4. 在图层面板上方设置填充 80%，在画面中将正圆移动到合适位置。

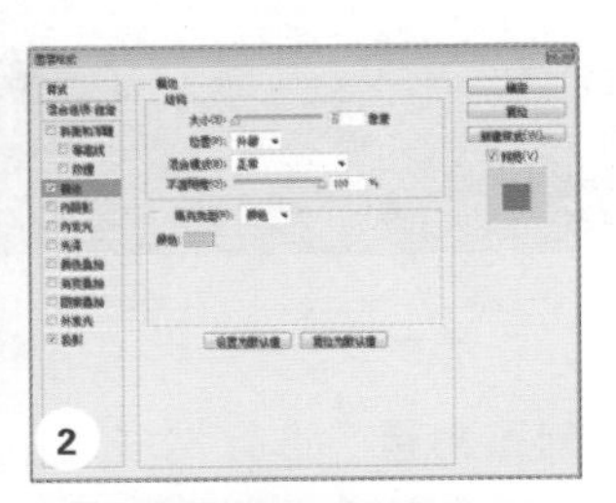

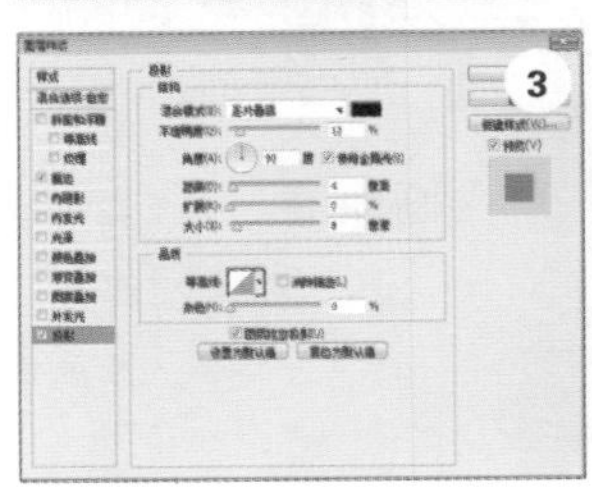

06 绘制浮动图标 将椭圆图层复制一层，更改填充为 100%，自由变化合适位置、大小。选择“矩形工具”，在状态栏中设置参数，在画面中绘制图标。利用相似方法制作其他图标。

1. 选择椭圆图层，更改填充为 100%，按下 Ctrl+J 组合键复制一层，按下 Ctrl+T 组合键自由变换合适位置、大小，按下 Enter 键结束。
2. 选择“矩形工具”，在状态栏中设置模式为形状，填充 R:250 G:207 B:114，在画面中绘制矩形。
3. 选择“直接选择工具”，选中矩形，按下 Shift+Alt 组合键复制矩形。

07 绘制五角星 选择“多边形工具”，在状态栏中设置参数，在画面中绘制五角星。复制五角星图层，制作更多五角星。选择“横版文字工具”，在状态栏中设置参数，单击画面输入文字。

1. 选择“多边形工具”，在状态栏中设置模式为形状，填充 R:250 G:207 B:114，勾选星形，边为 5，在画面中绘制五角星。
2. 复制五角星图层，制作更多五角星。
3. 选择“横版文字工具”，设置合适字体、字号，在画面中单击输入文字。

3. 制作日历界面

设计规范

尺寸规范	640 × 1136（像素）
主要工具	文字工具、图层样式
文件路径	Chapter11/11–7.psd
视频教学	11–7.avi

01 打开文件 执行“文件 > 打开”命令，或按下快捷键 Ctrl+O，在“打开”对话框中，选择“11–6–2.jpg”素材打开。

02 绘制圆点 选择“椭圆工具”，在状态栏中设置参数，在画面中绘制正圆，将正圆复制一层，放在相应位置。选择“横版文字工具”，在状态栏设置合适字号、字体，单击画面输入文字。

1. 选择“椭圆工具”，在状态栏中设置模式为形状，填充 R:250 G:207 B:114，按下 Shift 键在画面中绘制正圆，将正圆图层复制一层，放在对应位置。
2. 选择“横版文字工具”，在状态栏设置合适字体、字号，在画面中单击输入文字。

03 绘制直线 选择“矩形工具”，在状态栏中设置参数，在画面中绘制直线。复制直线图层，自由变换到合适位置、大小。

1. 选择“椭圆工具”，在状态栏中设置模式为形状，填充 R:58 G:55 B:49，在画面中绘制直线。
2. 将直线图层复制多层，放到相应位置，自由变换合适位置、大小。

04 制作日历 选择“横版文字工具”，在状态栏设置参数，在画面中单击输入文字。新建图层，重新设置状态栏参数，在画面中单击输入文字。选择“椭圆工具”，在状态栏设置参数，在画面中绘制正圆，调整图层顺序。

1. 选择“横版文字工具”，在状态栏中设置字体 HelveticaNeue，字号 4.86 点，填充 R:106 G:98 B:83，在画面中单击输入文字。
2. 新建图层，选择“横版文字工具”，在画面中单击输入数字，更改数字 29、30、1、2 颜色为 R:58 G:55 B:49，数字 10 颜色为背景色，其余数字颜色为 R:250 G:207 B:114。
3. 选择“椭圆工具”，在状态栏中设置模式为形状，填充 R:250 G:207 B:114，按下 Shift 键在画面中数字 10 上方绘制正圆，将正圆图层移动到数字图层下方。

05 制作图标　将正圆图层复制一层，设置填充为 0，双击图层添加图层样式，选择“描边”，设置参数，将复制的正圆图层移动到对应位置上。选择“矩形工具”，在状态栏设置参数，在画面中绘制矩形。选择“椭圆工具”在状态栏中设置参数，在画面中绘制圆形。用相同方法制作其他图标。

1. 选择正圆图层，按下 Ctrl+J 组合键将正圆图层复制一层，在图层面板中设置填充为 0。双击图层，选择“描边”，设置大小 1 像素，位置外部，混合模式正常，不透明度 100%，颜色 R:250 G:207 B:114，单击“确定”按钮结束，将复制正圆图层移动到对应位置上。
2. 选择“矩形工具”，在状态栏中设置模式为形状，填充 R:155 G:89 B:182，在画面中绘制矩形。
3. 将矩形图层复制多层，放在相应位置上。
4. 选择“椭圆工具”，在状态栏中设置模式为形状，填充白色，在画面中绘制圆形。

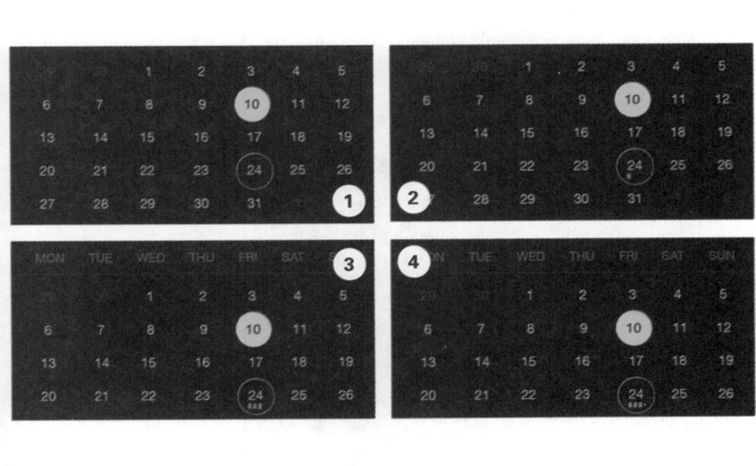

06 制作海报简介 利用上一案例方法制作海报简介。

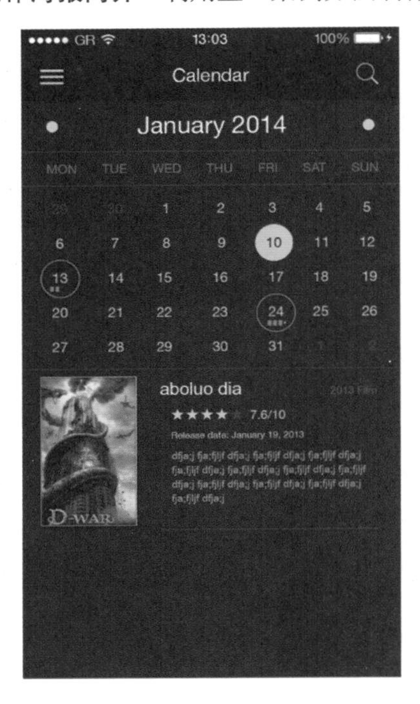

4. 制作侧拉菜单界面

设计规范

尺寸规范	640×1136（像素）
主要工具	文字工具、图层样式
文件路径	Chapter11/11-8.psd
视频教学	11-8.avi

01 打开文件 执行"文件 > 打开"命令，或按下快捷键 Ctrl+O，在"打开"对话框中，选择"11-6-9.jpg"素材打开。

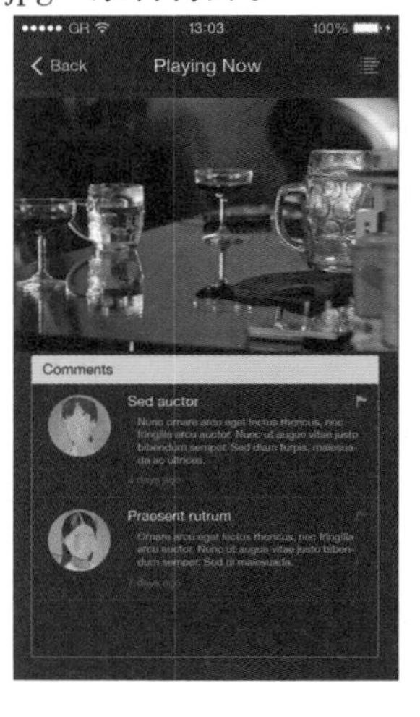

02 绘制侧拉菜单背景　选择“矩形工具”，在状态栏中设置参数，在画面中绘制矩形背景。重新设置状态栏参数，在矩形背景上绘制直线。

1. 选择“矩形工具”，在状态栏中设置模式为形状，填充黑色，在画面中绘制矩形。
2. 选择“矩形工具”，在状态栏中设置模式为形状，填充 R:58 G:55 B:49，在画面中绘制直线。
3. 将直线图层复制多层，放在相应位置上。

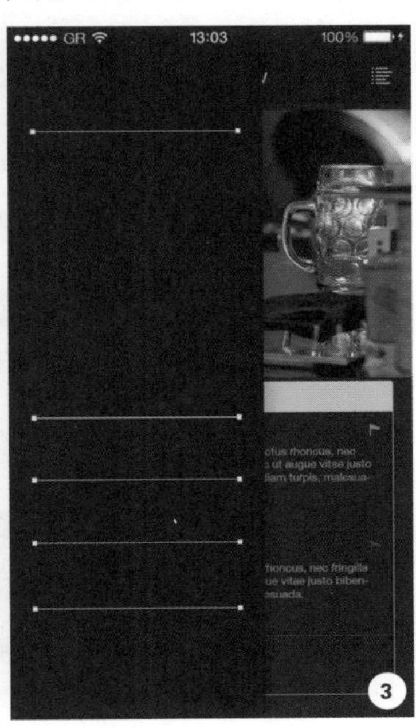

03 绘制图标　选择“椭圆工具”，在状态栏中设置参数，在画面中绘制正圆。复制正圆，自由变换大小，在状态栏中重新设置选项模式。

1. 选择“椭圆工具”，在状态栏中设置模式为形状，填充 R:155 G:89 B:182，按下 Shift 键在画面中绘制正圆。
2. 按下 Ctrl+C、Ctrl+V 组合键，将正圆复制一层，按下 Ctrl+T 组合键，再按下 Shift+Alt 组合键向圆心等比例缩放正圆，在状态栏中更改选项模式为“减去顶层形状”。
3. 利用相似方法绘制完整图标。

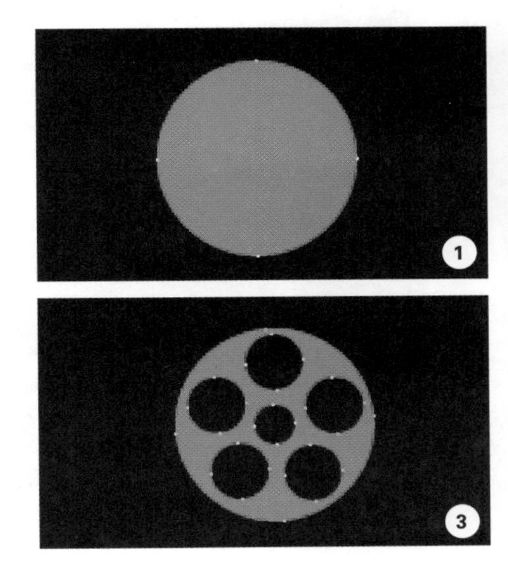

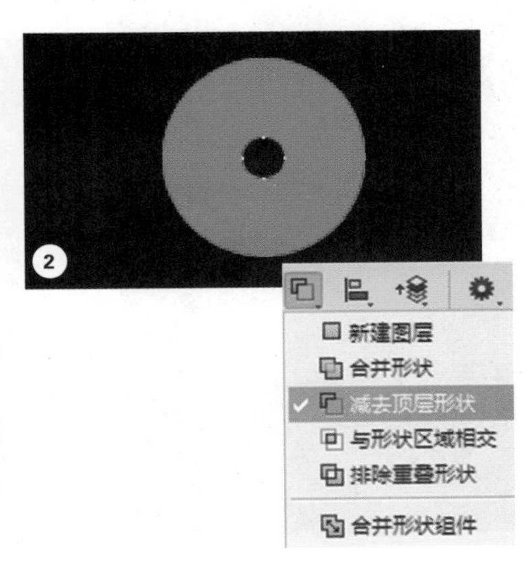

04 绘制更多图标 利用相似方法，绘制更多图标。

05 添加文字 选择“横版文字工具”，在状态栏中设置合适的字体、字号、颜色，在画面中单击输入文字，如图所示。

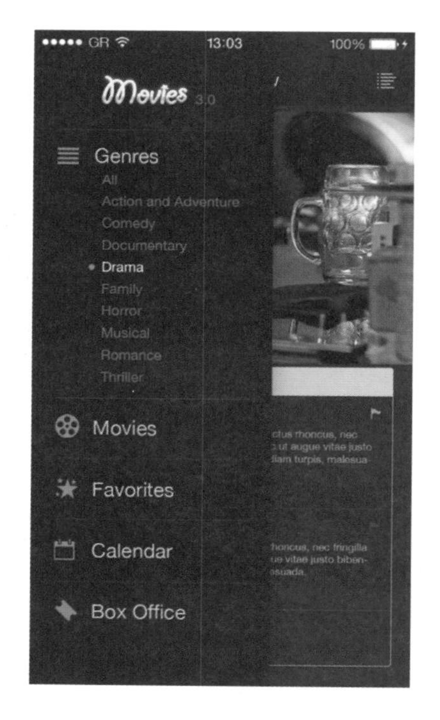

GR
13:03
100%
Featured
Top Viewed
Popular
Recent
RUSH
RUSH
8.3/10

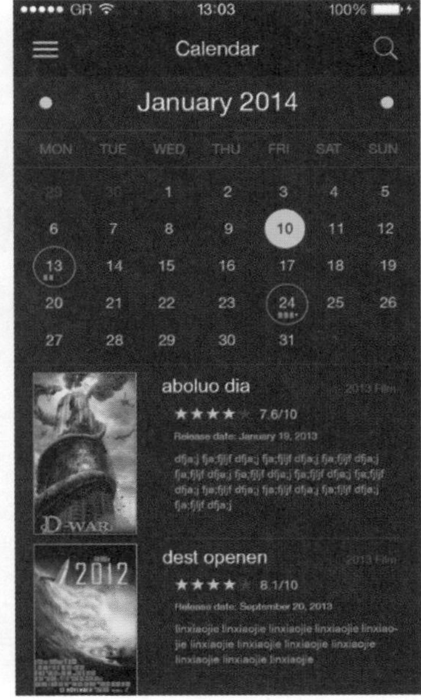
GR
13:03
100%
Calendar
January 2014
MON TUE WED THU FRI SAT SUN
aboluo dia
7.6/10
Release date: January 19, 2013
dest openen
8.1/10
Release date: September 20, 2013

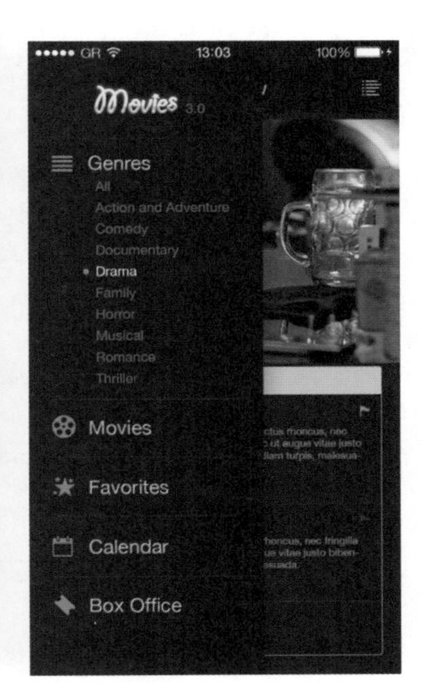
GR
13:03
100%
Movies
Genres
All
Action and Adventure
Comedy
Documentary
Drama
Family
Horror
Musical
Romance
Thriller
Movies
Favorites
Calendar
Box Office

界面展示示意图

Calendar
January 2014
aboluo dia
dest openen
Back
Playing Now
Comments
Sed auctor
Praesent rutrum
Featured
Top Viewed
Popular
Recent
RUSH
RUSH
8.3/10

实战 03 Android 手机 UI 总体设计

案例综述

Android 手机界面 UI 的特点是界面细腻精致，3D 视觉效果强，精准的拖曳操控让手机的使用更简单、更直观。本例我们将制作一款简约的蓝灰色手机界面。

设计规范

尺寸规范	640 × 1136（像素）
主要工具	文字工具、图层样式
文件路径	Chapter11/11-9.psd
视频教学	11-9.avi

配色分析

蓝灰色的表现方式给人以严肃、正式、机械化的氛围，本例的手机界面就体现了这种氛围。

操作步骤

1. 制作登录界面

01 新建文件 执行“文件 > 新建”命令，或按下快捷键 Ctrl+N，在“新建”对话框中，设置宽度和高度分别为 640 像素、1136 像素，分辨率为 326 像素 / 英寸，完成后单击“确定”按钮，新建一个空白文档。

02 填充背景颜色 在工具栏中设置前景色为 R:38 G:38 B:38，按下 Alt+Delete 组合键为背景图层添加颜色。

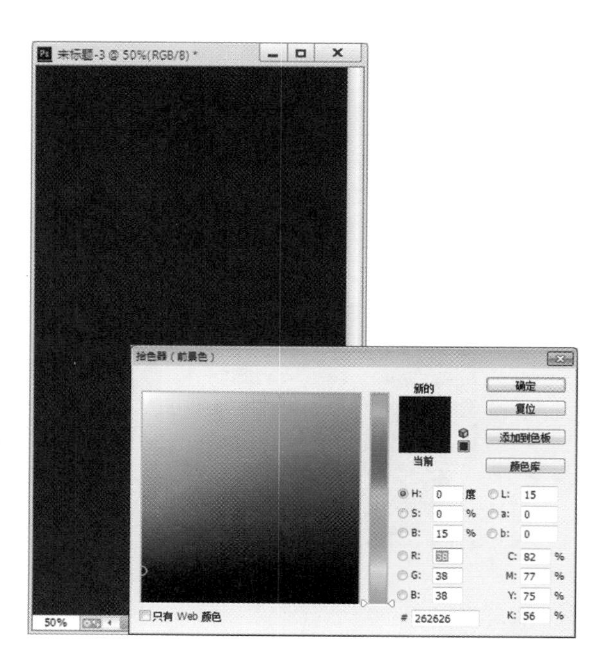

03 导入素材 打开“11-9-1.png、11-9-2.png”素材，将其拖曳至场景文件中，对图层进行调整。新建图层，填充颜色，设置图层的不透明度，调整所有图层位置。在工具栏中选择“矩形工具”，在状态栏中设置参数，在画面中绘制直线。

1. 执行“文件 > 打开”命令，在“打开”对话框中选择“11-9-1.png、11-9-2. png”素材打开，将其拖曳至场景文件中。
2. 选择“11-9-1”图层，在图层面板中设置图层的图层样式为滤色。
3. 在工具栏中设置前景色为黑色，新建图层，将图层 1 放在“11-9-1”图层下，按下 Alt+Delete 组合键，为图层 1 填充黑色，设置图层 1 的填充为 50%。
4. 在工具栏中选择“矩形工具”，在状态栏中设置模式为形状，填充 R:119 G:168 B:209，在画面中绘制直线。

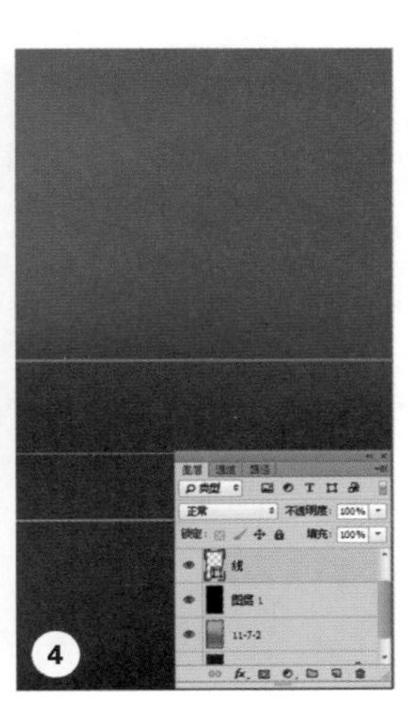

04 制作圆环 在工具栏中选择“椭圆工具”，在状态栏中设置参数，在画面中绘制空心圆环。新建图层，选择“椭圆工具”，在状态栏中设置参数，在画面中绘制圆环，在状态栏中选择“钢笔工具”，在状态栏中设置参数，在画面中绘制形状。

1. 在工具栏中选择“椭圆工具”，在状态栏中设置模式为形状，填充无，描边 0.3 点，颜色 R:250 G:204 B:61，按下 Shift 键在画面中绘制正圆。
2. 选择“椭圆工具”，在状态栏中设置叠加模式为减去顶层形状，在画面中绘制同心圆。
3. 新建图层，在工具栏中选择“椭圆工具”，在状态栏中设置模式为形状，填充 R:250 G:204 B:61，描边无，按下 Shift 键在画面中绘制正圆。
4. 选择“椭圆工具”，在状态栏中设置叠加模式为减去顶层形状，在画面中绘制同心圆。
5. 选择“钢笔工具”，在状态栏中设置叠加模式为减去顶层形状，在画面中绘制形状。

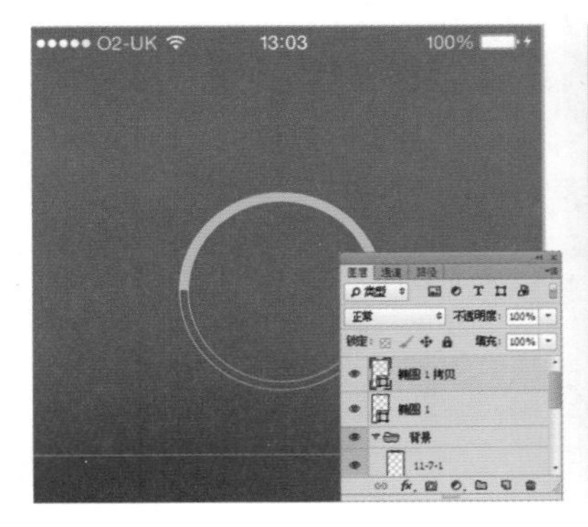

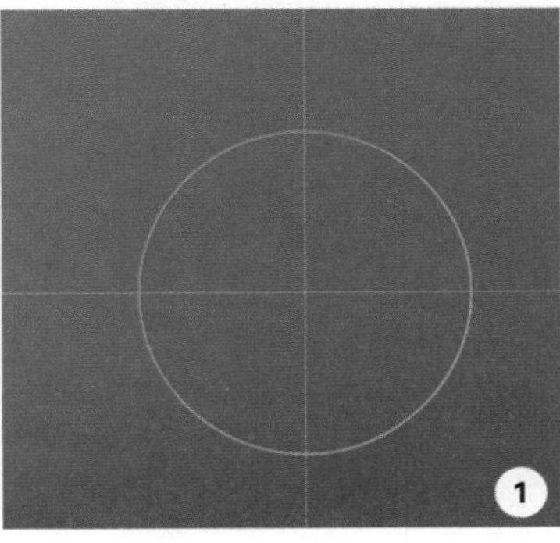

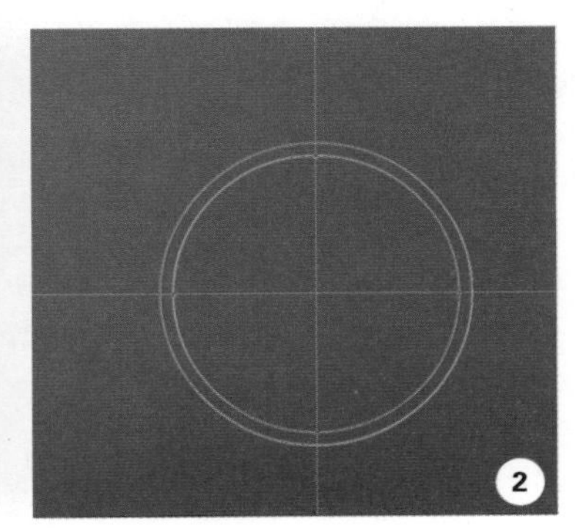

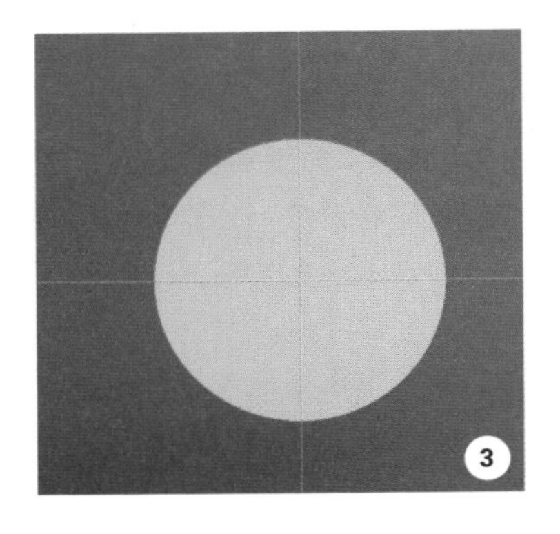

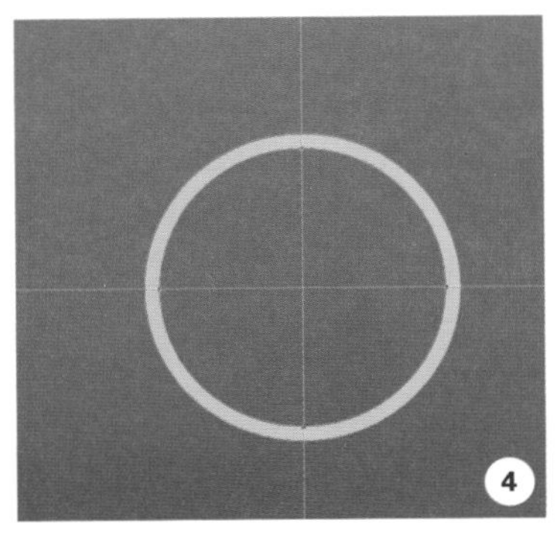

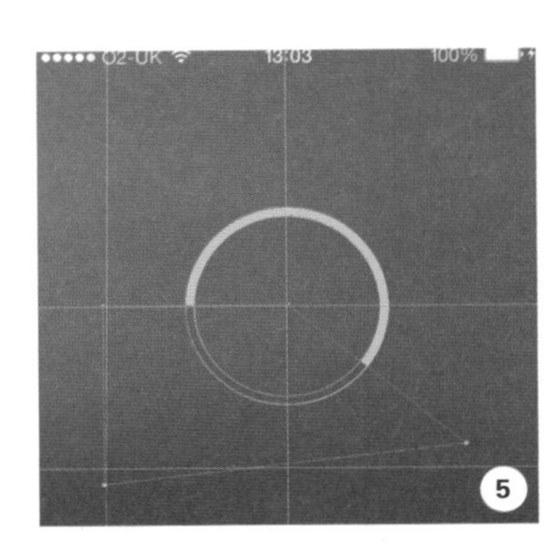

05 绘制刻度　在工具栏中选择“矩形工具”，在状态栏中设置参数，在画面中绘制直线。选择“路径选择工具”，选中直线，复制直线，移动直线位置，同时选中两条直线进行复制旋转，制作大刻度。用同样的方法制作小刻度，在图层面板中设置小刻度不透明度。选择横版文字工具，在状态栏中设置参数，在画面中单击输入文字。

1. 选择“矩形工具”，在状态栏中设置模式为形状，填充白色，在画面中绘制竖线。
2. 选择“路径选择工具”，选中直线，按下 Ctrl+C、Ctrl+V 组合键复制直线，按下 Shift 键将直线移动到对应位置。
3. 按下 Shift 键，同时选中两条直线，按下 Ctrl+C、Ctrl+V 组合键复制直线，按下 Ctrl+T 组合键，自由变换旋转 45°，按下 Enter 键结束。
4. 连续按下 Shift+Ctrl+Alt+T 组合键，将直线复制并旋转。利用同样方法制作小刻度，在图层面板中设置图层的填充为 20%。

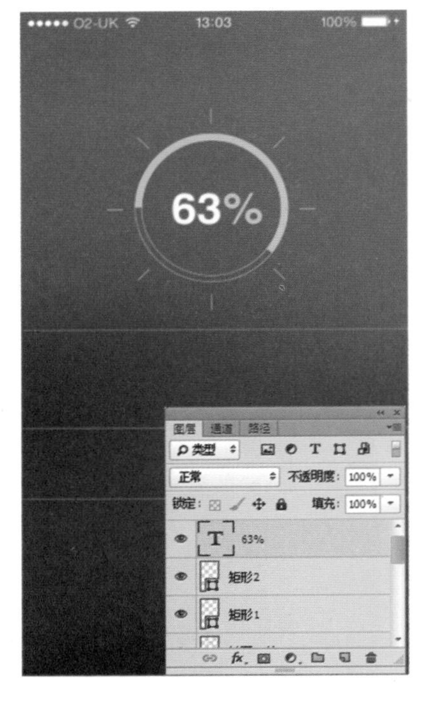

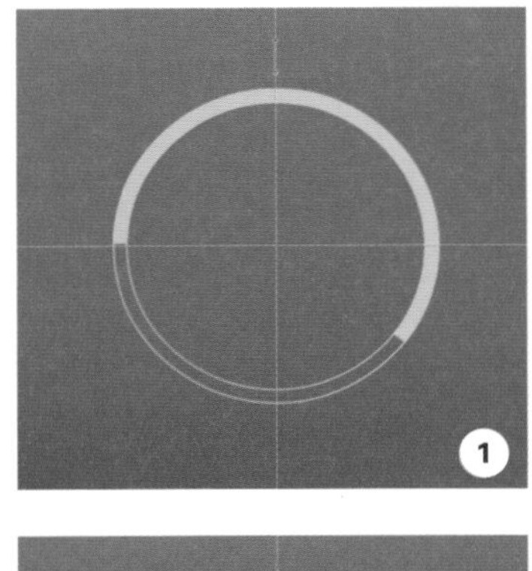

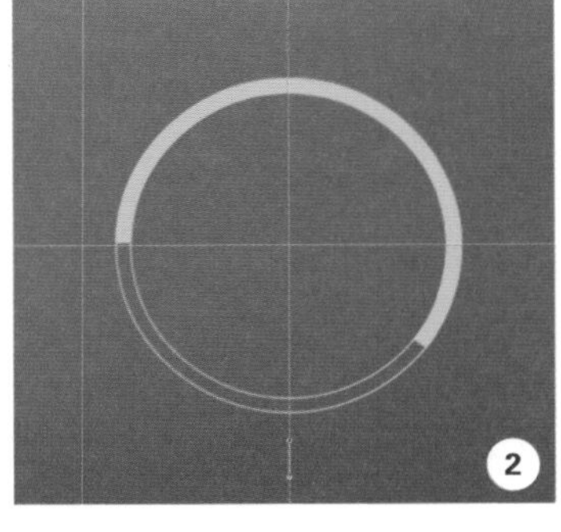

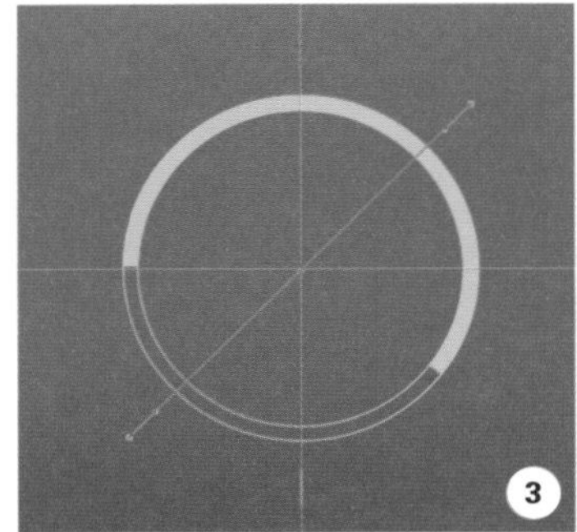

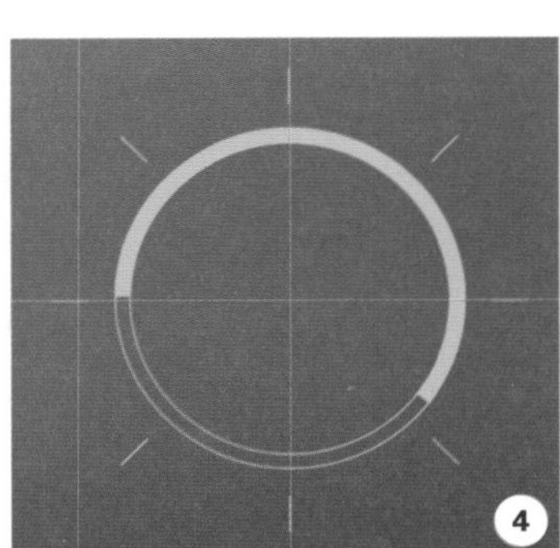

06 制作图标　在工具栏中选择“椭圆工具”，在状态栏中设置参数，在画面中绘制正圆。选择“钢笔工具”，在状态栏中设置参数，在画面中绘制形状，选择“椭圆工具”,在状态栏中设置参数，在画面中绘制正圆。双击椭圆图层，添加图层样式。

1. 在工具栏中选择“椭圆工具”,在状态栏中设置模式为形状,填充无,描边 0.3 点,颜色 R:0 G:201 B:115,按下 Shift 键在画面中绘制正圆。
2. 取消选中椭圆形状，选择“钢笔工具”，在状态栏中设置叠加模式为减去顶层形状，在画面中绘制形状。
3. 在工具栏中选择“椭圆工具”，在状态栏中设置叠加模式为合并形状，在画面中绘制同心圆。
4. 选择“椭圆工具”，在状态栏中设置叠加模式为减去顶层形状，在画面中绘制同心圆。
5. 选择“内阴影”，设置混合模式为线性减淡（添加），颜色白色，不透明度 12%，角度 120°，距离 1 像素，大小 0。
6. 选择“投影”，设置混合模式为正片叠底，颜色黑色，不透明度 10%，角度 120°，距离 9 像素，大小 12 像素。

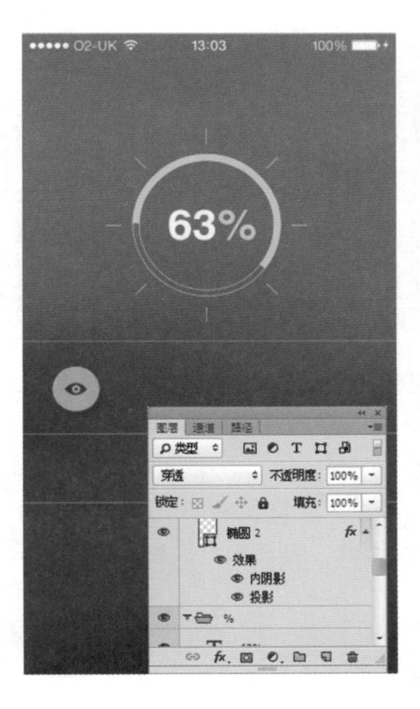

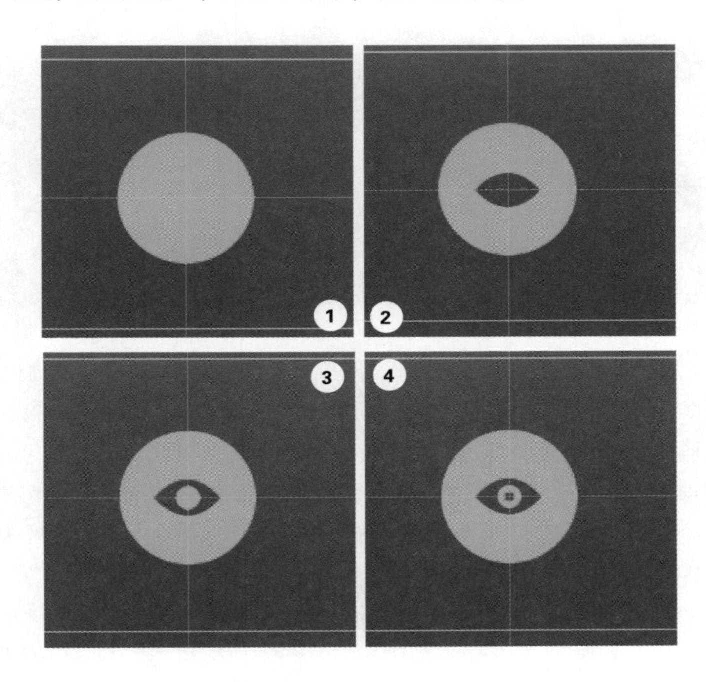

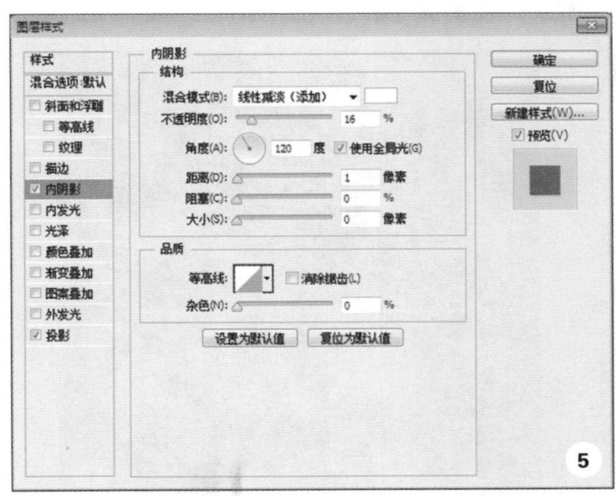

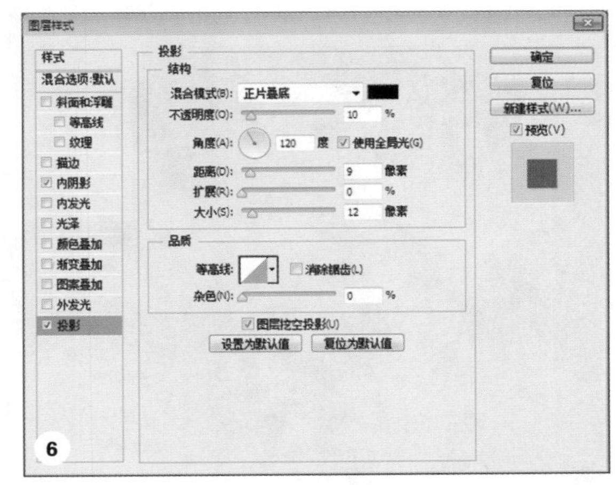

07 制作更多图标

用类似方法，绘制更多图标。

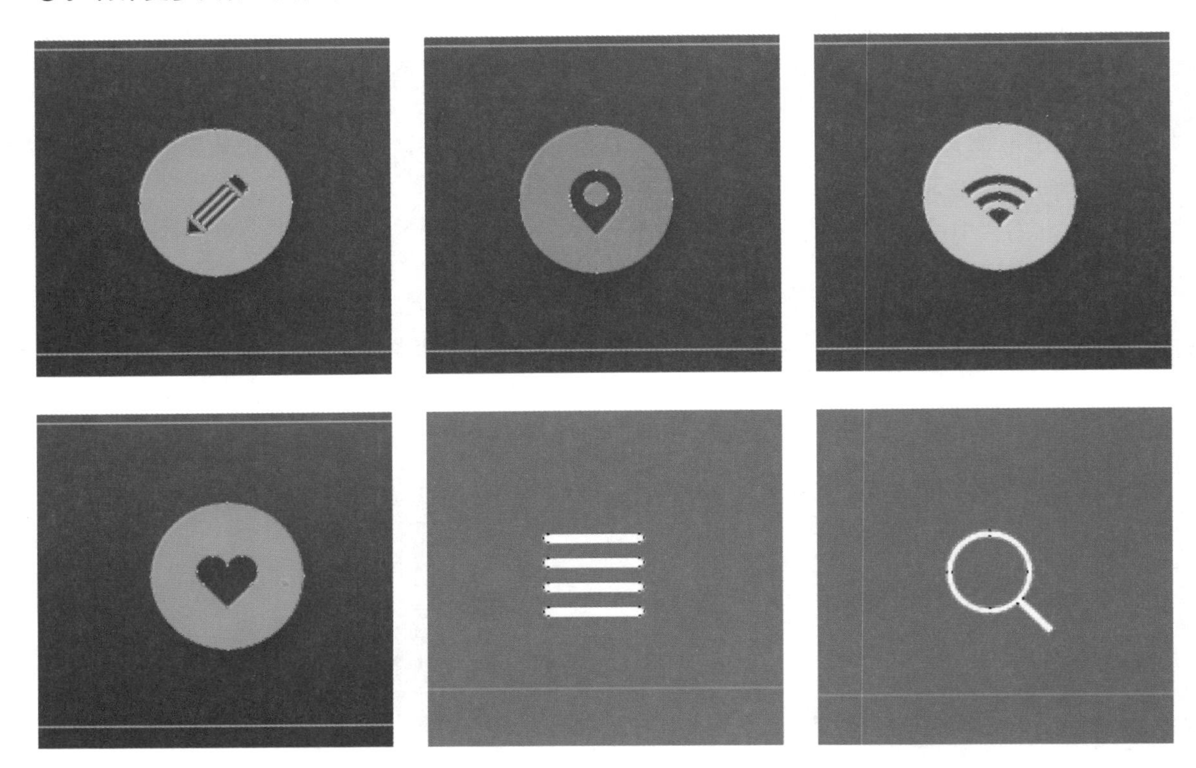

08 制作星形

在工具栏中选择“圆角矩形工具”，在状态栏中设置参数，在画面中绘制圆角矩形。选择“多边形工具”，在状态栏中设置参数，在画面中绘制五角星，设置圆角矩形图层的填充参数。新建图层，选择“多边形工具”，在状态栏中设置参数，在画面中绘制五角星。

1. 在工具栏中选择“圆角矩形工具”，在状态栏中设置模式为形状，填充无，描边 0.3 点，颜色白色，在画面中绘制圆角矩形。
2. 取消选中圆角矩形形状，选择“多边形工具”，在状态栏中设置叠加模式为减去顶层形状，勾选星形，边为 3，在画面中绘制五角星。
3. 设置圆角矩形图层填充为 20%。
4. 新建图层，在工具栏中选择“多边形工具”，在状态栏中设置模式为形状，填充 R:250 G:204 B:61，在画面中绘制五角星。

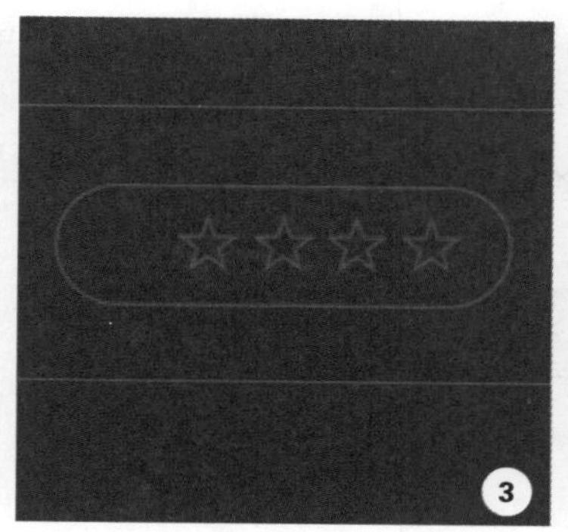

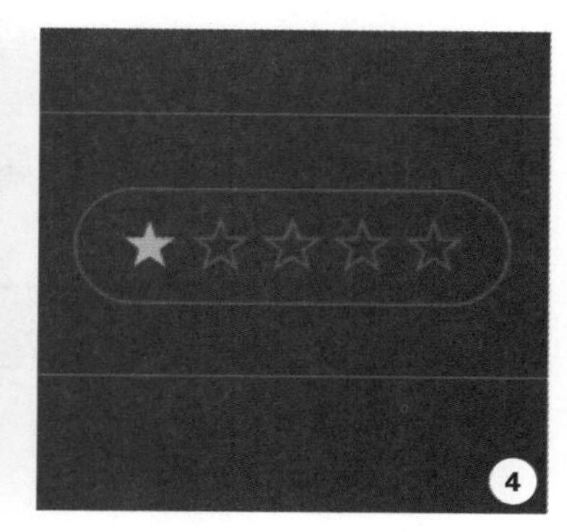

09 制作更多形状　利用相似方法制作更多形状。

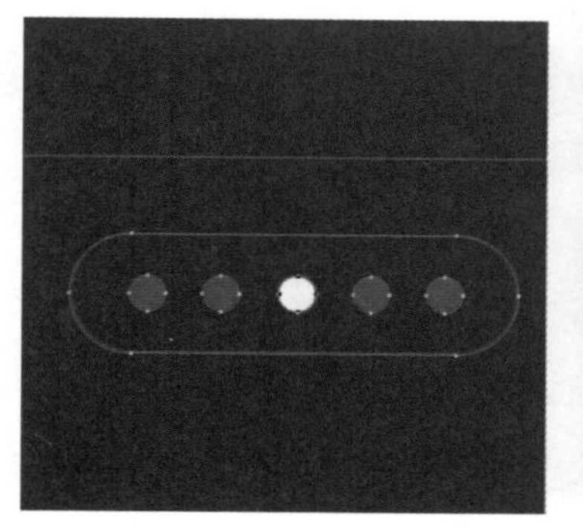

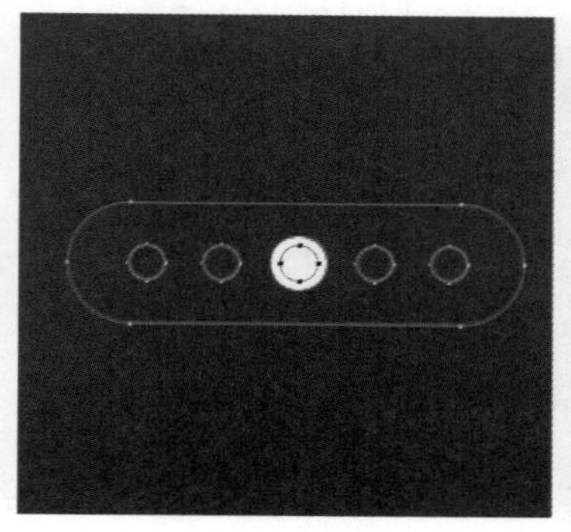

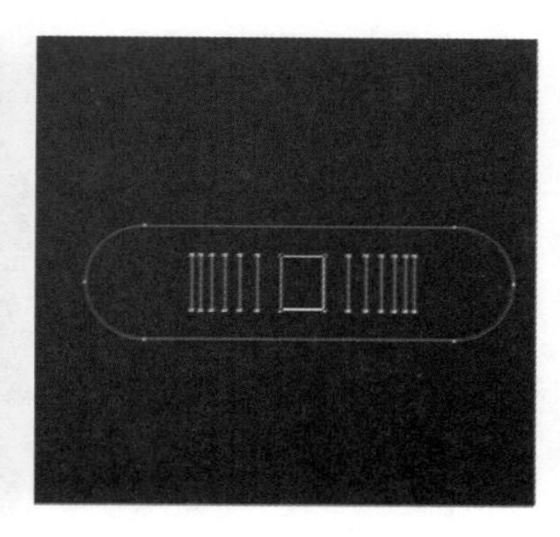

2. 制作日历界面

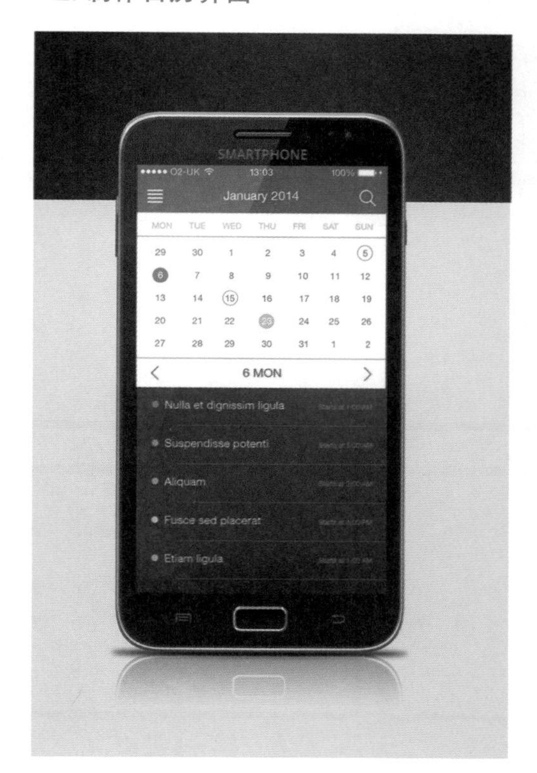

01 打开文件　执行“文件 > 打开”命令，或按下快捷键 Ctrl+O，在“打开”对话框中，选择“11–9–3.jpg”素材打开。

02 绘制矩形 在工具栏中选择“矩形工具”，在状态栏中设置参数，在画面中绘制矩形。选择“矩形工具”，在状态栏中设置参数，在画面中绘制直线。

1. 在工具栏中选择“矩形工具”，在状态栏中设置模式为形状，填充白色，在画面中绘制矩形。
2. 选择“矩形工具”，在状态栏中设置叠加模式为减去顶层形状，在画面中绘制直线。

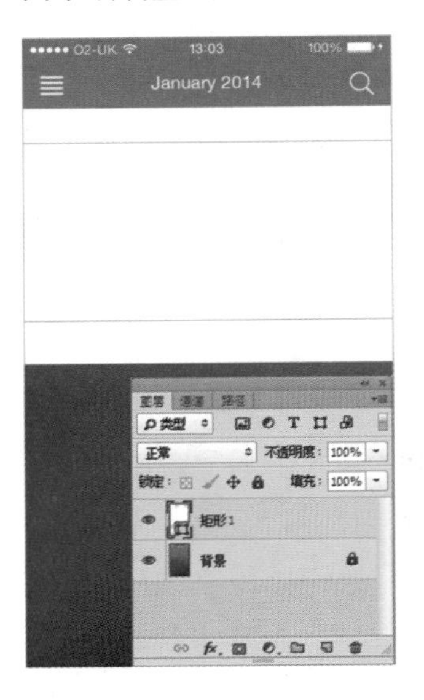

03 制作日历 在工具栏中选择“横版文字工具”，在状态栏中设置参数，在画面中单击输入文字。选择“椭圆工具”，在状态栏中设置参数，在画面中绘制圆形。利用相似方法制作其他椭圆，调整图层位置。

1. 在工具栏中选择“横版文字工具”，在状态栏中设置字体为Helvetica Neue（TT），字号 5.3 点，在画面中单击输入文字。
2. 选择“椭圆工具”，在状态栏中设置模式为形状，填充 R:157 G:97 B:181，描边无，按下 Shift 键在画面中绘制正圆，将所有图层移动到文字图层下方。
3. 利用相似方法制作其他椭圆效果。

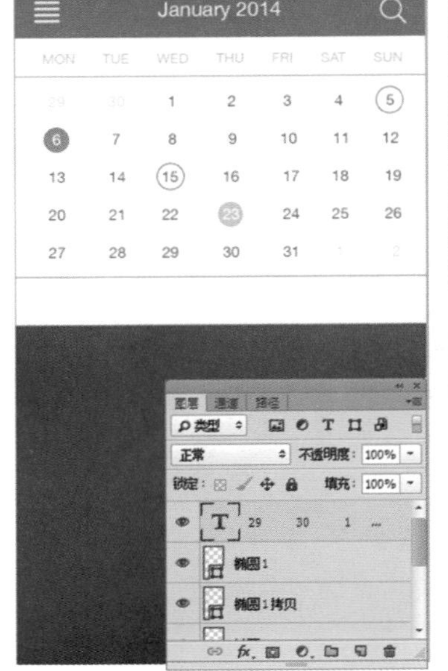

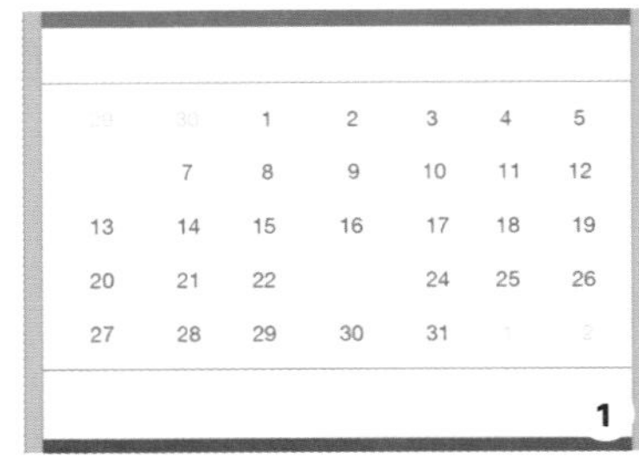

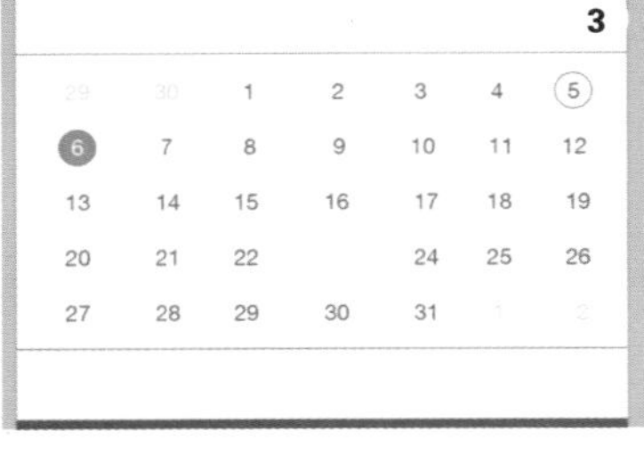

04 制作翻页按钮 在工具栏中选择“矩形工具”，在状态栏中设置参数，在画面中绘制矩形，自由变换旋转，复制矩形，垂直翻转。复制图层，水平翻转按钮，移动到合适位置。选择“横版文字工具”，在状态栏中设置参数，在画面中单击输入文字。

1. 选择“矩形工具”，在状态栏中设置模式为形状，填充 R:24 G:73 B:114，在画面中绘制矩形，按下 Ctrl+T 组合键旋转，按下 Enter 键结束。
2. 按下 Ctrl+C、Ctrl+V 组合键复制矩形，再按下 Ctrl+T 组合键，在画面中右键单击选择垂直翻转，移动到合适位置。
3. 将矩形图层复制一层，同时选中同一图层中的两个矩形，按下 Ctrl+T 组合键，在画面中右键单击选择水平翻转，将按钮移动到合适位置。
4. 选择“横版文字工具”，在状态栏中设置字体 Helvetica Neue(TT)，字号 6.85 点，颜色 R:24 G:73 B:114，在画面中单击输入文字。

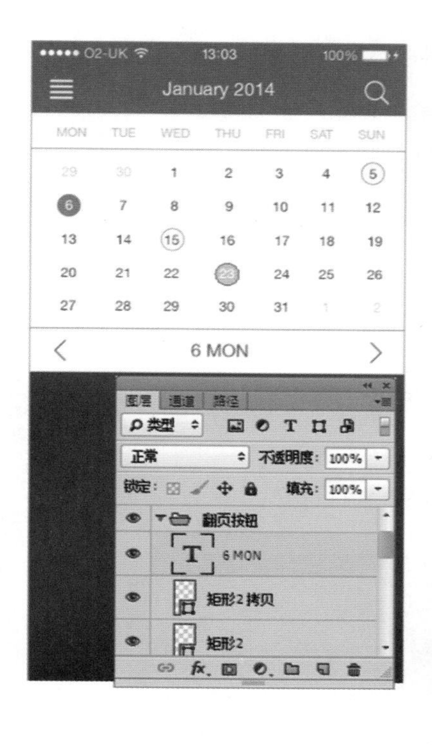

05 绘制备注栏 在工具栏中选择“椭圆工具”，在状态栏中设置参数，在画面中绘制正圆。选择“横版文字工具”，在状态栏中设置参数，在画面中单击输入文字。选择“矩形工具”，在状态栏中设置参数，在画面中绘制直线，设置直线图层填充值。利用相同方法制作更多效果。

1. 选择“椭圆工具”，在状态栏中设置模式为形状，填充 R:157 G:94 B:181，在画面中绘制椭圆。
2. 选择“横版文字工具”，在状态栏中设置字体 Helvetica Neue（TT），字号 6.4 点，颜色白色，在画面中单击输入文字。
3. 新建图层，在状态栏中设置字体 Helvetica Neue(TT)，字号 3.98 点，颜色 R:125 G:154 B:178，在画面中单击输入文字。
4. 选择“矩形工具”，在状态栏中设置模式为形状，填充白色，在画面中绘制矩形，在图层面板中设置图层的填充为 30%。

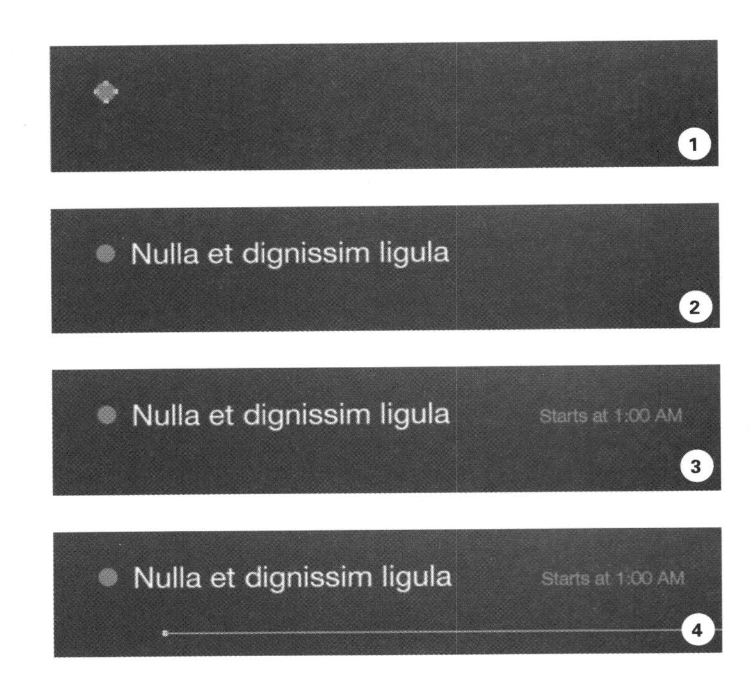

3. 制作时间轴界面

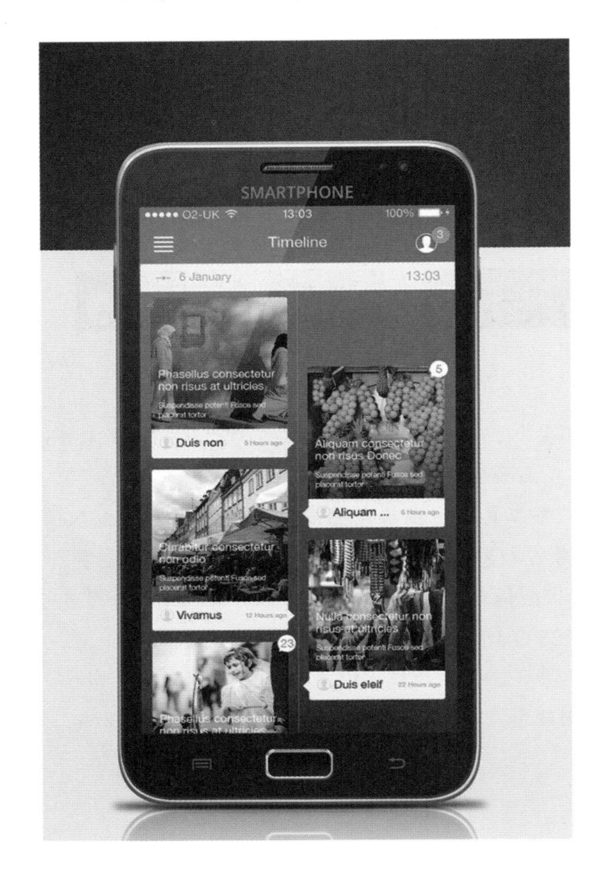

01 打开文件 执行“文件 > 打开”命令，或按下快捷键 Ctrl+O，在“打开”对话框中，选择“11-9-4.jpg”素材打开。

02 绘制矩形　在工具栏中选择“矩形工具”，在状态栏中设置参数，在画面中绘制矩形。新建图层，选择“矩形工具”，重新设置状态栏参数，在画面中绘制形状。选择“横版文字工具”，在状态栏中设置参数，在画面中单击输入文字。

1. 选择“矩形工具”，在状态栏中设置模式为形状，填充 R:236 G:240 B:241，在画面中绘制矩形。
2. 新建图层，选择“矩形工具”，在状态栏中设置模式为形状，填充 R:151 G:159 B:165，在画面中绘制矩形。
3. 单击“矩形工具”，在状态栏中设置叠加模式为减去顶层形状，在画面中绘制矩形。单击“矩形工具”，在状态栏中设置叠加模式为合并形状，在画面中绘制矩形。
4. 选择“横版文字工具”，在状态栏中设置字体 Helvetica Neue（TT），字号 5.3 点，颜色 R:151 G:159 B:165，在画面中单击输入文字。新建图层，重新设置字号为 6.18 点，在画面中单击，输入文字。

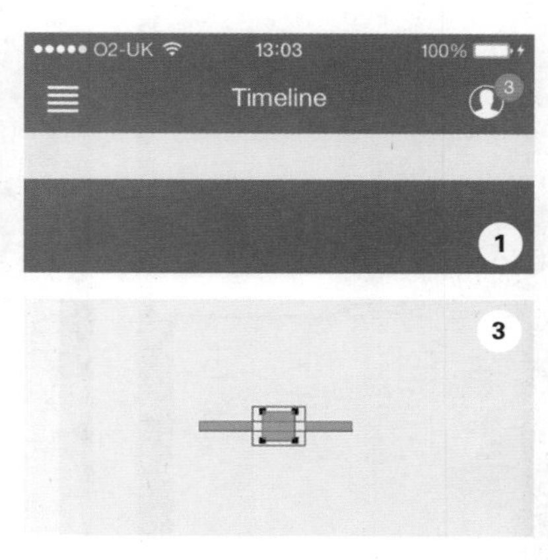

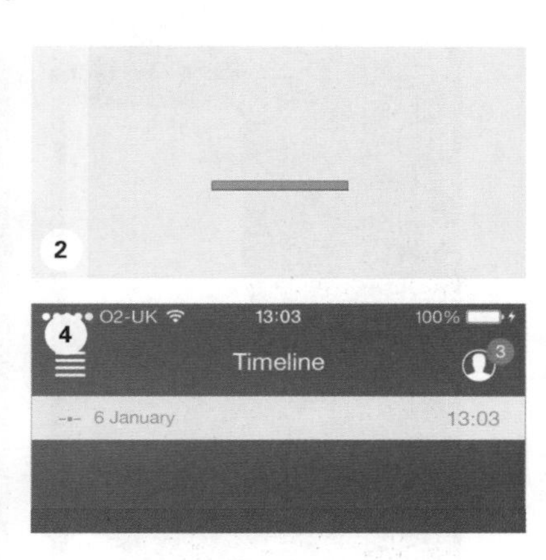

03 绘制对话框　在工具栏中选择“矩形工具”，在状态栏中设置参数，在画面中绘制直线，设置直线图层填充值。选择“圆角矩形工具”，在状态栏中设置参数，在画面中绘制圆角矩形，选择“多边形工具”，在状态栏中设置参数，在画面中绘制三角形。

1. 选择“矩形工具”，在状态栏中设置模式为形状，填充白色，在画面中绘制直线，设置直线图层填充为 30%。
2. 选择“圆角矩形工具”，在状态栏中设置模式为形状，填充 R:236 G:240 B: 241，半径 5 像素，在画面中绘制圆角矩形。
3. 选择“多边形工具”，在状态栏中设置叠加模式为合并形状，取消勾选星形，边为 3，在画面中绘制三角形。

04 导入素材 在工具栏中选择“钢笔工具”，在状态栏中设置参数，在画面中绘制形状，双击图层，为图层添加图层样式。打开“11-9-5.jpg”素材，将其拖曳至场景文件中，自由变化大小、位置，使素材图层只作用于形状图层。

1. 选择“钢笔工具”，在状态栏中设置模式为形状，在画面中绘制形状。
2. 双击形状图层，选择渐变叠加，设置混合模式正常，不透明度63%，由黑色到透明的渐变，样式线性，角度90°，缩放77%。
3. 执行“文件 > 打开”命令，选择“11-9-5.jpg”素材打开，将其拖曳至场景文件中，按下Ctrl+T组合键，自由变换大小、位置，按下Alt键，在素材图层和形状图层间单击，使素材图层只作用于形状图层。

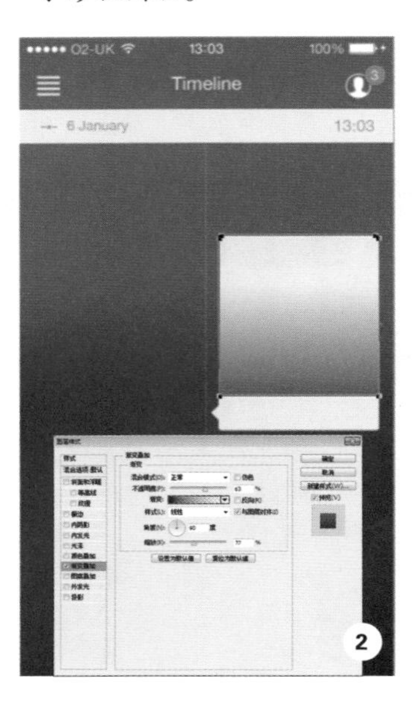

05 绘制形状 选择“椭圆工具”，在状态栏中设置参数，在画面中绘制正圆，选择“钢笔工具”，在状态栏中设置参数，在画面中绘制形状。选择“自定义形状工具”，在状态栏中设置参数，在画面中绘制形状，选择“横版文字工具”，在状态栏中设置参数，在画面中单击输入文字。

1. 选择“椭圆工具”，在状态栏中设置模式为形状，填充R:211 G:211 B:211，在画面中绘制正圆，重新设置状态栏中的叠加模式为减去顶层形状，在画面中绘制同心圆。
2. 选择“钢笔工具”，在状态栏中设置模式为合并形状，在画面中绘制形状。
3. 选择“自定义形状工具”，在状态栏中设置模式为形状，填充白色，选择形状，在画面中绘制形状。
4. 选择“横版文字工具”，在状态栏中设置字体Helvetica Neue（TT），字号5.3点，颜色R:136 G:136 B:132，在画面中单击输入文字。

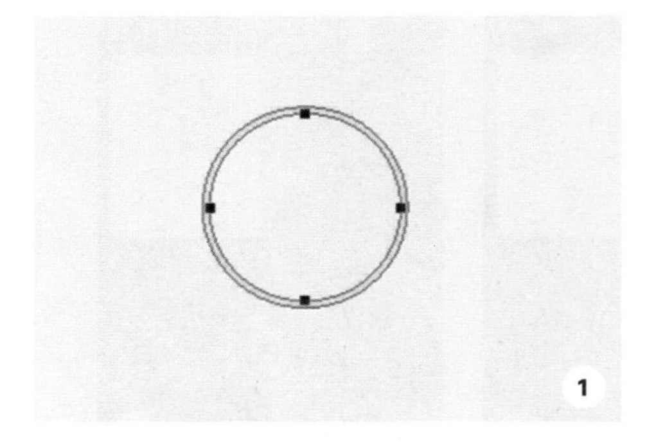

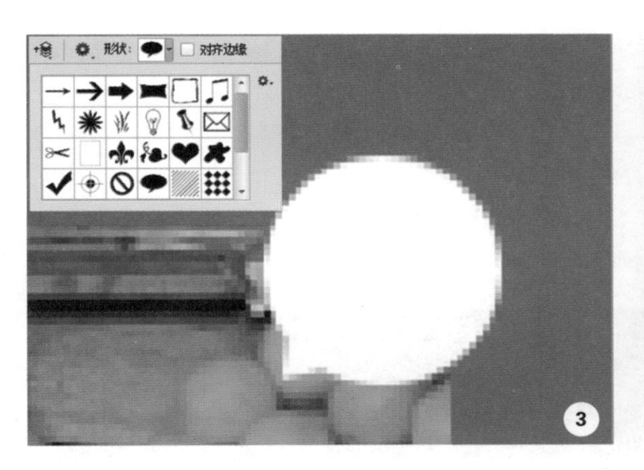

06 添加文字　选择“横版文字工具”，在状态栏中设置参数，在画面中单击输入文字。利用相同方法制作完整时间轴。

1. 选择“横版文字工具”，在状态栏中设置字体 Helvetica Neue(TT)，字号 5.3 点，颜色白色，在画面中单击输入文字。
2. 新建图层，在状态栏中设置字号 3.53 点，颜色白色，在画面中单击输入文字。
3. 新建图层，在状态栏中设置字号 5.3 点，颜色 R:27，G:40，B:50，在画面中单击输入文字。
4. 新建图层，在状态栏中设置字号 3.09 点，颜色 R:139 G:43 B:146，在画面中单击输入文字。

07 绘制刷新界面 选择“矩形工具”，在状态栏中设置参数，在画面中绘制矩形。选择“钢笔工具”，在状态栏中设置参数，在画面中绘制形状。

1. 选择“矩形工具”，在状态栏中设置模式为形状，填充黑色，在画面中绘制矩形。
2. 选择“钢笔工具”，在状态栏中设置模式为形状，填充 R:82 G:93 B:101，在画面中绘制形状。
3. 选择“钢笔工具”，在状态栏中设置叠加模式为减去顶层形状，在画面中绘制形状。

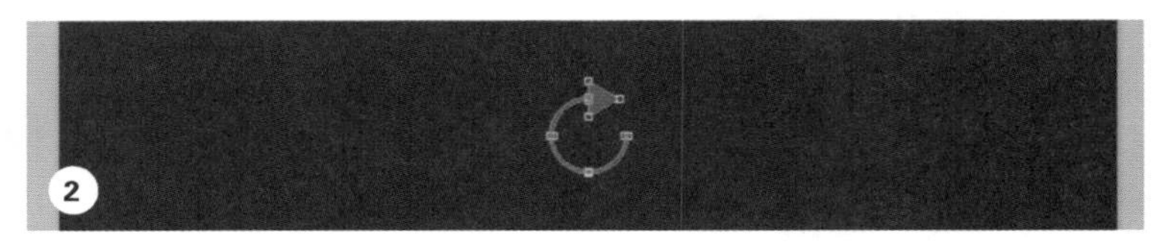

4. 制作侧拉菜单

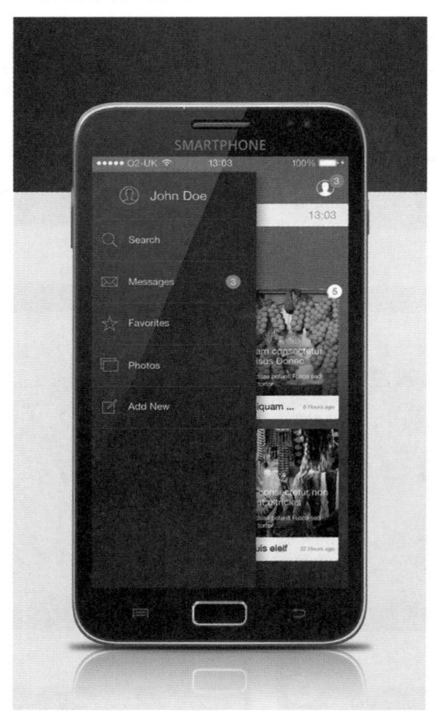

01 打开文件 执行“文件 > 打开”命令，或按下快捷键 Ctrl+O，在“打开”对话框中，选择“11-9-6.jpg”素材打开。

02 绘制背景　选择“矩形工具”，在状态栏中设置参数，在画面中绘制矩形。重新在状态栏中设置参数,在画面中绘制直线。

1. 选择“矩形工具”，在状态栏中设置模式为形状，填充 R:38 G:41 B:45，在画面中绘制矩形。
2. 选择“矩形工具”，在状态栏中设置模式为形状，填充 R:68 G:78 B:73，在画面中绘制直线。
3. 选择“矩形工具”，在状态栏中设置叠加模式为合并形状，在画面中绘制直线。

03 绘制用户图标　选择“椭圆工具”，在状态栏中设置参数，在画面中绘制椭圆。选择“钢笔工具”，在状态栏中设置参数，在画面中绘制形状。选择“横版文字工具”，在状态栏中设置参数，在画面中单击输入文字。

1. 选择“椭圆工具”，在状态栏中设置模式为形状，填充无，描边 0.4 点，颜色 R:241 G:196 B:15，按下 Shift 键在画面中绘制正圆。
2. 选择“钢笔工具”，在状态栏中设置叠加模式为合并形状，在画面中绘制形状。
3. 选择“横版文字工具”，在状态栏中设置字体 Helvetica Neue（TT），字号 7.3 点，颜色白色，在画面中单击输入文字。

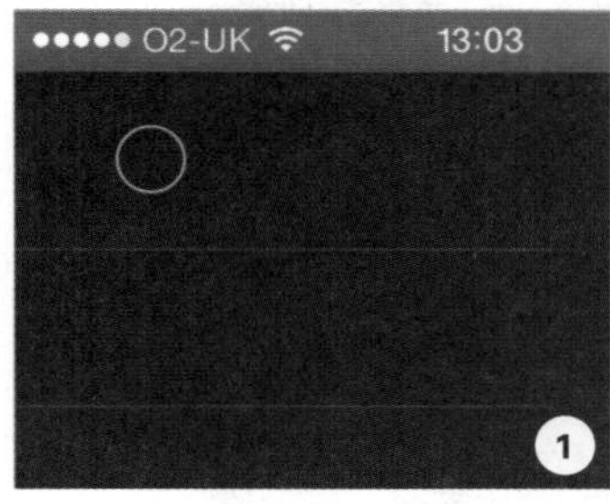

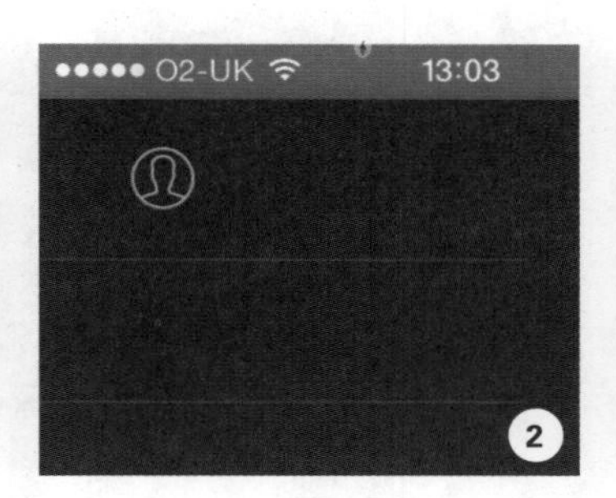

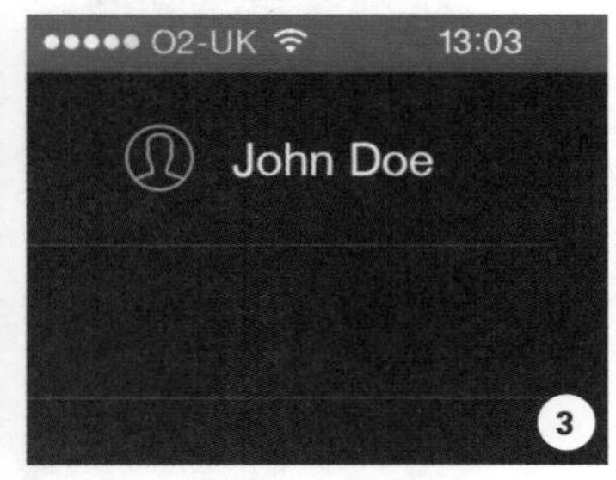

04 绘制图标　选择“钢笔工具”，在状态栏中设置参数，在画面中绘制形状。选择“横版文字工具”，在状态栏中设置参数，在画面中单击输入文字。

1. 选择“钢笔工具”，在状态栏中设置模式为形状，填充无，描边 0.4 点，颜色 R:111 G:119 B:126，在画面中绘制形状。
2. 选择“横版文字工具”，在状态栏中设置字体 Helvetica Neue（TT），字号 5.52 点，颜色白色，在画面中单击输入文字。

05 绘制更多图标 利用相似方法制作更多图标。

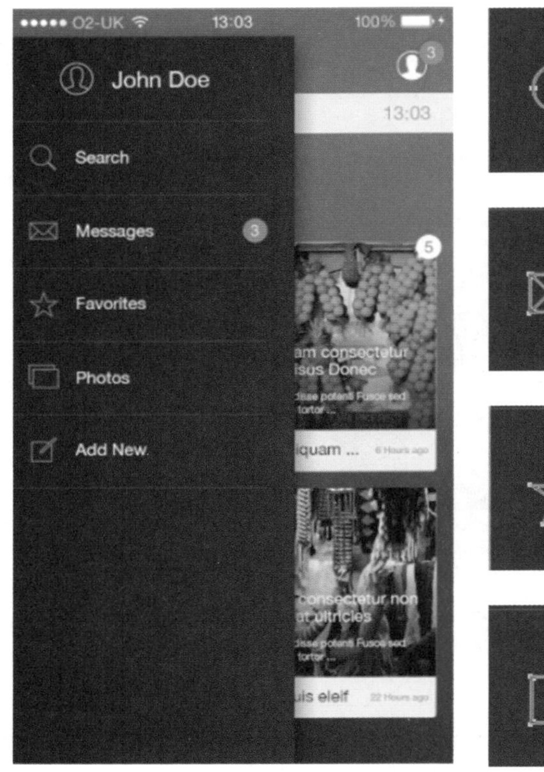

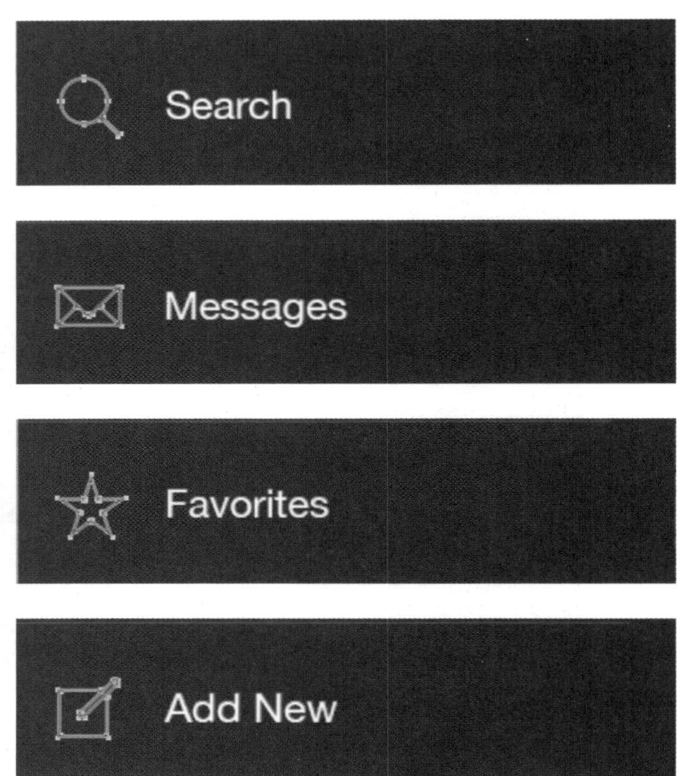

界面展示示意图

附 录

网络资源与常用 UI 设计工具

最后本书介绍了一些论坛和网上下载资源的地方，都是作者常去的网站，还介绍了几种好用的 UI 设计工具，绝对让你事半功倍，大家可以试试。

1. 网络资源

论坛交流

http://dribbble.com/

Dribbble 是一个面向创作家、艺术工作者、设计师等创意类作品的网站，提供作品在线服务，供网友在线查看已经完成的作品，或者正在创作的作品。Dribbble 还针对手机推出了相应的软件，可以通过苹果应用商店下载使用很多移动应用。

http://www.iconfans.com/

iconfans, 专业界面交互设计论坛。是一个以“设计师”为中心，本着“小圈子、大份量”的原创理念，服务于所有爱好设计交互人群的理想平台。该论坛以学习、交流、分享为核心，为设计师朋友的工作与学习提供更多的创作灵感和参考资料。

http://www.uimaker.com/

Uimaker 是为 UI 设计师提供 UI 设计资源学习分享的专业平台，拥有 UI 教程、UI 素材、ICON、图标设计、手机 UI、UI 设计师招聘、软件界面设计、后台界面、后台模板等相关内容。在这里你可以找到很多设计灵感。

http://www.zcool.com.cn/

站酷网聚集了中国绝大部分的专业设计师、艺术院校师生、潮流艺术家等年轻创意人群，是国内最活跃的原创设计交流平台。该网站涉及交互设计、影视动漫、时尚文化等诸多创意产业。

http://www.aliued.cn/

阿里巴巴中国站 UED 成立于 1999 年，全称是用户体验设计部（User Experience Design Department），花名“有一点”，是阿里巴巴集团最资深的部门之一。你可以在这里阅读设计师们的文章。

http://mux.baidu.com/

百度无线用户体验部，是百度移动云事业部下的用户体验团队。负责百度无线搜索、百度、百度手机浏览器、百度手机输入法、百度云、百度手机助手等。在这里你可以找到百度设计师们的很多设计文章。

http://cdc.tencent.com/

腾讯 CDC 是一个设计团队，做世界一流的互联网设计团队，为用户创造优质在线生活体验。CDC 关注于互联网视觉设计、交互设计、用户研究、前端开发。在这个网站你可以找到腾讯设计师们的诸多设计帖子。

http://www.uisdc.com/

优秀网页设计联盟，SDC（Superior Design Consortium）是有着专业设计师交流氛围的设计联盟。坚持开放、分享、成长的宗旨，为广大设计师及设计爱好者提供免费的交流互动平台。

http://www.iguoguo.net/

爱果果 iguoguo 是一个专门从事酷站收藏、酷站欣赏、网页设计推荐、UI 推荐的网站。还提供优秀 UI 素材下载的网页设计分享，设计师自己的酷站收藏、酷站欣赏，UI 设计家园等功能。

图库资源

http://www.huaban.com/

用户可以将网上看见的一切信息都保存下来，上手简单，玩味无限。通过专属于“花瓣网”的浏览器插件——“采集到花瓣”快速完成信息的收集。

堆糖

http://www.duitang.com/

堆糖网是一个全新社区，主题是收集发现喜爱的事物，以图片的方式来展示和浏览。堆糖提供超快捷的图文收集工具，一键收集分享兴趣，还有各种兴趣主题小组。

http://appui.mobi/

优秀网页设计联盟，SDC（Superior Design Consortium）是有着专业设计师交流氛围的设计联盟。坚持开放、分享、成长的宗旨，为广大设计师及设计爱好者提供免费的交流互动平台。

源文件下载

http://freepsdfiles.net/

免费素材下载网是一个提供多种素材的站点，包括免费 PSD 下载、免费模板、背景、插图、矢量图等。

http://www.psdgraphics.com/

该网站分类提供了很多 PSD 源文件，是国内外众多商业级 UI 设计师的作品交流园地。

PSDblast

http://psdblast.com/

该网站罗列了大量的 App UI 素材和 PSD 源文件提供免费下载，供网友们欣赏、学习和交流。

常用字体

Android 系统

The quick 

DroidSans-Bold.ttf

The quick
DroidSans.ttf

The quick 
DroidSerif-BoldItalic.ttf

The quick 
DroidSerif-Regular.ttf

iOS 系统

The quick 
Helvetica.ttf

012345ABCDEF 
STHeiti-Light.ttc

The quick
LockClock.ttf

012345ABCDEF
Helvetica_Neue.ttf

windows phone 系统

ABCDEFGH 
SegoeWP.ttf

Zegoe 
ZegoeWP.ttf

2. 原型设计辅助工具

ui stencil kit

ui stencil kit 模板套件对于 UI 的草图设计非常有帮助，非常方便，它有针对 iPhone、iPad 和 Android 的模板，还有 Web 应用 UI 设计模板。还提供专用模板笔和模板纸，淘宝就有卖的。

POP

POP 就是这样一款应用。有了它之后，做出一款产品原型只需要五个工具：POP、iPhone、纸、笔和橡皮擦。让你轻松做出可在 iPhone 上演示的应用原型。

画图：在纸上画出完整构架图，最常规的几个页面、按钮、主流程跑通就好。

拍照：用 POP 拍下这些草图，应用会自动调整亮度和对比度使其清晰可见，存到 POP app 内部。

编辑：将拍下的照片按你理想中的顺序放置，利用链接点描摹出各个板块之间的逻辑关系，点击 Play 就可以演示整个应用了（网址为 http://popapp.in/no-ie）。

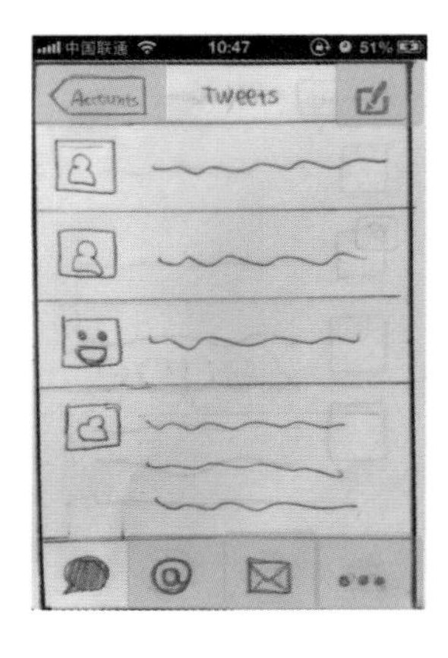

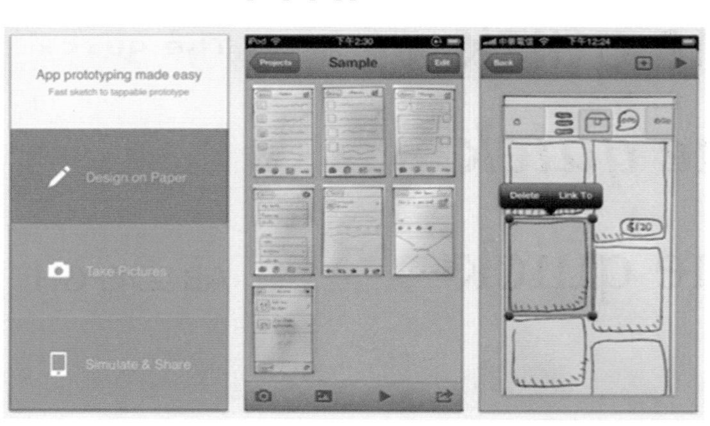

AppCooker

AppCooker 不仅是一个创建原型的优秀工具，它提供的许多功能还可以帮助你将程序发布到 App store 中。它集成了 Dropbox，Box.net 和 photo roll，你可以直接将图标和其他 UI 资源导入到原型设计工具中。你可以利用渐变和填充等功能来创建简单的形状，并且可以访问几乎所有苹果默认提供的 UI 控件。如果你不准备深入图形设计，可以使用 App Cooker 将图片资源合理地放在一起，以创建一个粗糙的、统一的原型。AppCooker 还有一个很容易使用的动态链接功能，通过该功能，你可以把各种画面连接起来（网址为 http://appcooker.com）。

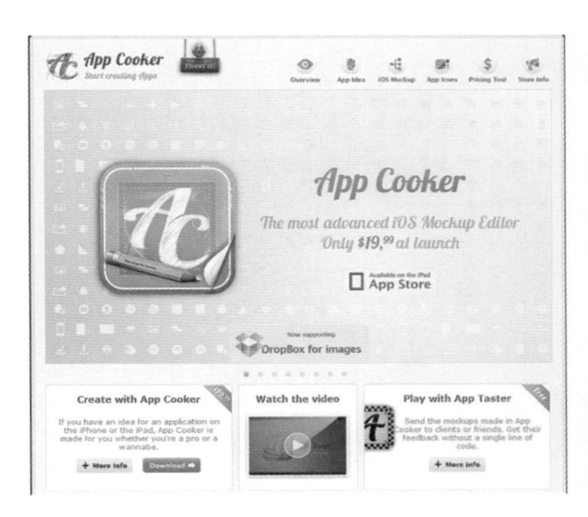

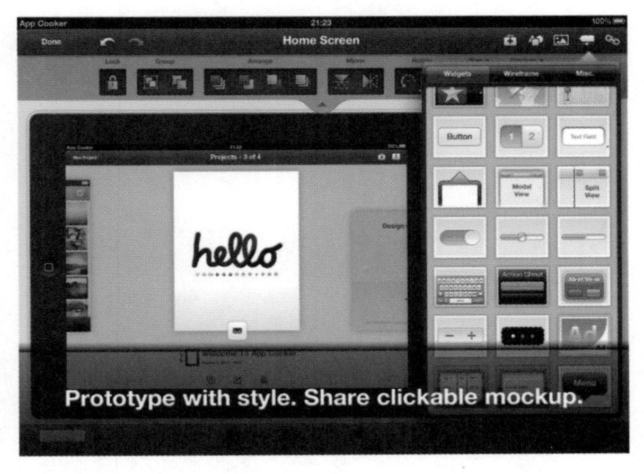

Fluid UI

Fluid UI 是一款用于移动开发的 Web 原型设计工具，可以帮助设计师高效地完成产品原型设计。优点是无设备限制，无平台限制（Windows、Mac 以及 Linux 系统），支持 Chrome 和 Safari 浏览器（Chrome 浏览器上的 App 也可离线使用）。采取拖曳的操作方式，不需要程序员来写代码。另外，Fluid UI 资源库非常丰富，有针对 iOS、Android 以及 Windows 8 的资源。如果你觉得库存资源不能满足你的需求，你也可以自行添加（网址为 http://FluidUI.com）。